高等学校“十三五”规划教材

电镀工艺学

第二版

王 玥 冯立明 主编

化学工业出版社

·北京·

《电镀工艺学》（第二版）内容涵盖电镀基本概念、电化学基本理论、影响镀层质量因素、单金属电镀、合金电镀、化学镀、轻金属氧化、钢铁发蓝、金属着色等，并介绍了镀液及镀层性能测试方法、电镀清洁生产与质量管理的基本知识及典型实践案例和课程实验。本书工艺部分突出内容的实用性、可操作性，在介绍工艺配方、工艺条件的同时，对镀液成分、电沉积条件、镀液中杂质成分对镀层质量的影响作了较详尽的分析，为读者全面掌握电镀工艺、解决电镀过程中出现的问题拓展了思路。

《电镀工艺学》（第二版）可作为高等院校材料类、化学化工类专业学生的教材，也可供从事电镀生产、科研、设计的工程技术人员参考。

图书在版编目（CIP）数据

电镀工艺学/王玥，冯立明主编．—2版．—北京：化学工业出版社，2018.8（2025.1重印）
高等学校“十三五”规划教材
ISBN 978-7-122-32718-5

Ⅰ.①电…　Ⅱ.①王…　②冯…　Ⅲ.①电镀-工艺学-高等学校-教材　Ⅳ.①TQ153

中国版本图书馆CIP数据核字（2018）第168723号

责任编辑：宋林青　　文字编辑：刘志茹
责任校对：王　静　　装帧设计：关　飞

出版发行：化学工业出版社（北京市东城区青年湖南街13号　邮政编码100011）
印　　装：三河市双峰印刷装订有限公司
787mm×1092mm　1/16　印张22¾　字数596千字　　2025年1月北京第2版第7次印刷

购书咨询：010-64518888　　售后服务：010-64518899
网　　址：http://www.cip.com.cn
凡购买本书，如有缺损质量问题，本社销售中心负责调换。

定　　价：58.00元

前 言

电镀作为一种重要的表面处理技术，在材料防护、精饰和获得功能镀层等方面具有重要应用。《电镀工艺学》也是材料类、化工类专业中表面工程领域重要的专业课程之一。

本书第一版自2010年9月出版以来，被国内多所高校选为教材，多次重印，受到了广大读者的欢迎，也提出了一些宝贵的建议。随着电化学理论与实践的快速发展，相关测试技术的不断改进与完善，以及国家对清洁生产、生态文明建设的不断强化，电镀新工艺、新技术不断出现。同时，高校对学生的实验、实践技能提出了更高的要求，部分学校还增加了实验周等集中实践教学环节。为适应电镀行业发展与高校人才培养的需求，我们进行了调整、再版。删除第一版教材中不符合我国产业政策的电镀工艺，增加环保型新工艺；增加“实验部分”的内容；并新增第11章工程实践案例，强化学生以产品为导向，制定电镀工艺的能力以及综合运用所学知识，解决实际问题的能力。附录中增加相应的国家及行业标准号及内容简介。

本书内容涵盖电镀基本概念、电化学基本理论、影响镀层质量因素、单金属电镀、合金电镀、化学镀、轻金属氧化、钢铁发蓝、金属着色等，并介绍了镀液及镀层性能测试方法、电镀清洁生产与质量管理的基本知识及典型实践案例和课程实验。编写过程中，力求符合学生认知规律，注重内容的连续性和逻辑性，使学生对电镀原理、电镀工艺和电镀质量管理形成完整的概念。工艺部分力求内容的实用性和可操作性。在介绍工艺配方、工艺条件的同时，对镀液成分、电沉积条件、镀液中杂质成分对镀层质量的影响作了较详尽的分析，为读者全面掌握电镀工艺、解决电镀过程中出现的问题拓展了思路。

全书共十一章，第1章，第5章，第6.4、6.5、7.3、7.5、8.1、9.6节由冯立明、江荣岩编写；第2章，第3章，第4章，第6.1、6.3、7.1、7.4、8.2、9.1、9.5节和实验部分由王玥编写；第6.2、9.2、9.3、9.4节和第10章由蔡元兴、王学刚、李仁厚、宋正军编写；第6.6、6.7节由张华平、刘春霞编写；第7.2、8.3节由郭晓斐编写；第11章由张华平、陈伟强、李红、胡楠楠、迟美月编写；附录中国家标准由薄向国整理；石磊、赵洪浩、姬明、朱赫、尹晓彤、程宏宇等参与了部分文字的校对整理工作。全书由王玥、冯立明任主编并统稿。

本书编写过程中，得到了哈尔滨三泳金属表面技术有限公司崔永利先生的帮助和支持，借鉴了王续建、龙杰州等电镀专业技术人员提供的相关技术资料，参考了国内外专家和同行的大量著作和文献，在此表示诚挚的感谢！

为方便教学，本书的配套课件已制作完毕，使用本书作教材的院校可向出版社免费索取：songlq75@126.com.

由于我们水平所限，疏漏及不足之处在所难免，恳请读者批评指正。

编　者

2018 年 5 月

第一版前言

电镀作为一种重要的表面处理技术，在材料防护、精饰和获得功能镀层等方面具有重要的应用。《电镀工艺学》也是材料类、化工类专业中表面工程领域重要的专业课程之一。

为了满足高等院校相关专业本、专科教学需要及电镀技术领域的需求，我们编写了《电镀工艺学》。编写过程力求遵循认知规律，注重内容的连续性和逻辑性，使大家能对电镀原理、电镀工艺和电镀质量管理形成完整的概念。在简要介绍电镀电极过程、影响镀层组织及分布的因素等基本理论的基础上，重点介绍了电镀前处理工艺、单金属电镀、合金电镀、化学镀及不同材料的转化膜处理工艺，简单介绍了镀液及镀层性能测试方法、电镀清洁生产的基本知识。工艺部分力求内容的实用性，可操作性。在介绍工艺配方、工艺条件的同时，对镀液成分、电沉积条件、镀液中杂质成分对镀层质量的影响作了较详尽的分析，为读者全面掌握电镀工艺、解决电镀过程出现的问题拓展了思路。因此，本书对从事电镀生产、科研、设计的工程技术人员也很有参考价值。《电镀工艺学》是一门以实验为基础、实践性很强的课程，为此，在书后列出了与本课程教学内容密切相关的七个实验，供选用。

全书内容分为十章。第 1 章、第 5 章、6.4、6.5、7.3、7.5、8.1、9.6 由冯立明编写，第 2 章～第 4 章、6.1、6.3、7.1、7.4、8.2、9.1、9.5 和实验部分由王玥编写，6.2、9.2～9.4 和第 10 章由蔡元兴编写，7.2、8.3 由郭晓斐编写，6.6、6.7 由张华平、刘春霞编写。王续建、龙杰州等电镀技术人员提供了相关技术资料，石磊、魏雪、刘艳等参与了部分文字的整理工作。全书由冯立明、王玥主编，石金生、刘静萍对书稿提出了许多建议。

本书编写过程中，参考了国内外专家和同行的大量著作和文献，借鉴了一些企业的工艺资料，在此表示诚挚的感谢！

由于编者水平所限，疏漏及不足之处在所难免，恳请读者批评指正。

编　者

2010 年 4 月

目　录

第 1 章　电镀基本知识

1.1　电镀的基本概念

电镀（ electroplating）是用电化学方法在导电固体表面沉积一层薄金属、合金或复合材料的过程，是一特殊的电解过程。电镀装置如图 1-1 所示，将欲镀零件或基材与电镀电源负极相连，欲镀覆的金属或不溶性的导体与电镀电源正极相连，以含有欲镀覆金属离子的溶液为电解质溶液，接通电源后，控制适当的工艺条件，使欲镀金属、合金或复合材料在阴极上沉积析出。

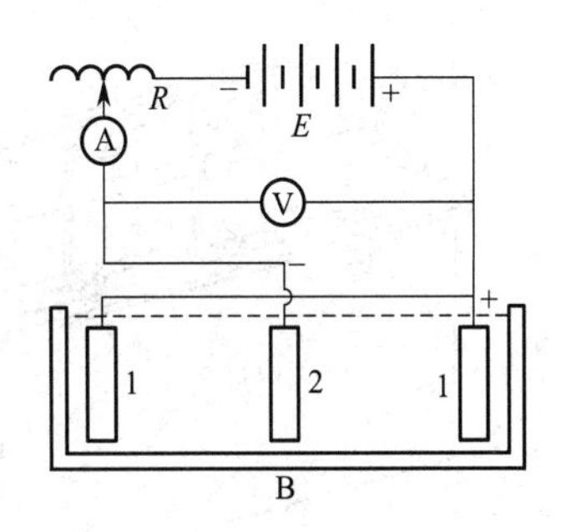

图 1-1　电镀装置示意

A—直流电流表；B—电镀槽；V—直流电压表；E—直流电源；R—可变电阻；1—阳极；2—阴极

据初步统计，目前可以获得的工业镀层达到 60 多种，其中单金属镀层 20 多种、合金镀层 40 多种，而进行过研究的合金电镀层则有 250 多种，极大地丰富和延伸了冶金学中关于合金的概念，因此，电解液（镀液）、阳极材料也是千差万别。

欲镀零件可以是钢铁、铝、锌、铜及其合金等导体，也可以是塑料、布料、陶瓷等非金属材料，但这些非金属材料自身不导电，电镀前须进行导电化处理。

1.2　电镀电源

根据电镀的基本概念，欲形成电镀层，必须有电镀电源，也称为电镀整流器。电镀电源可向镀槽的阴阳两极提供一定的电压、电流和符合工艺要求的输出波形，保证不同镀层的质量要求。电镀电源的特点是输出电压低、电流大。根据工艺要求，额定输出电压一般在 6～30V，额定电流一般为几百安培至数千安培，有的高达数万安培。电镀所施加的电压值取决于电镀液的组成和工艺规范，电流值除了与镀液的组成和工艺规范有关外，还与镀件面积有关。电源波形可以根据实际镀层要求选择全波、直流、交直流叠加和脉冲电流等。

电镀电源一般采用硅整流电源、可控硅电源或高频开关电源。硅整流电源因效率低、体积大、成本高及难以实现自动控制等缺点，在电镀领域中应用受到限制，属于淘汰产品；可控硅电源靠晶闸管及二极管整流，具有稳压、稳流、软启动等功能，可灵活应用于生产线中。

冷却方式分为自冷、风冷、水冷和油浸自冷等。由于可控硅电源输出波形为脉动直流，电压低时不连续，为了提高输出波形的平滑性，可增加滤波器或采用多相整流电路。近几年随着微机控制技术在晶闸管整流器中的广泛应用，可以实现输出波形的换向、直流叠加脉冲、波形分段控制等，还可以实现计时、定时、自动控温、电量计量和定量等控制功能。高频开关电源自20世纪90年代开始在电镀领域使用，现已大范围推广应用。普通开关电源的输出波形为高频调制的脉冲直流，若对平滑性有较高要求，可以增加直流滤波器，冷却方式一般采取风冷。该类电源因效率高、体积小、节约能源等突出特点，在3000A以下通用型电镀电源中有较强的竞争力。通过实际生产的运行检验，其稳定性、输出波形和控制方面已能够满足生产的需要，现正在向5000～10000A，甚至更大容量扩展，有望在大多数电镀领域中取代可控硅电源。

1.3 电镀槽的结构

镀槽（plating bath/tank）是贮存镀液的容器，是电镀车间主要设备之一。图1-2是常规电镀槽的基本结构，主要包括槽体和导电装置，有的镀槽还有槽液加热或冷却装置、搅拌装置等。

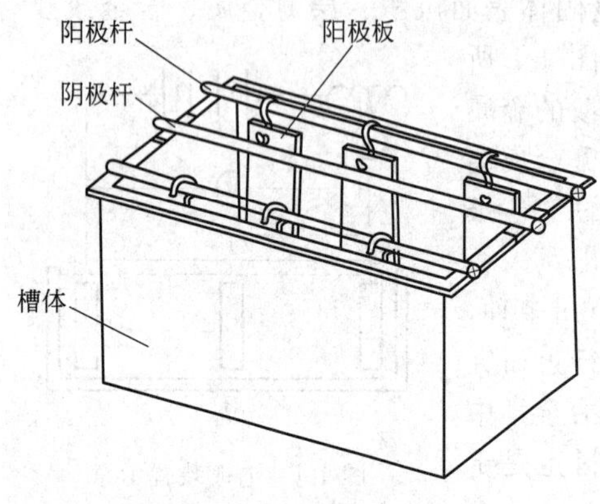

图1-2 常规电镀槽结构

槽体也称为槽身或槽壳，是镀槽的主体。槽体有时直接盛装溶液，有时作衬里的基体或骨架。对槽体的基本要求是不渗漏并具有一定的刚度与强度，以免由于槽体变形过大造成衬里层的破坏。制作槽体的材料可用钢板、聚氯乙烯板（PVC）、聚丙烯板（PP）等，也有的使用钛板。小型槽体还可以用有机玻璃板制作，具体使用的材料可根据贮存溶液的性质和材料供应情况来选择，同时应考虑经济效益。其中硬聚氯乙烯塑料槽，耐腐蚀性能较高，可直接盛放多种液体，在溶液体积较小、操作温度低于60℃的情况下使用广泛。PP板材的强度和耐热性高于PVC，可用于操作温度低于110℃的各种电镀液、化学镀液和前处理溶液等。对于大容量镀槽，可用钢板焊接制成，如需盛放腐蚀性液体，可加PVC、聚乙烯（PE）及环氧玻璃钢等耐腐蚀衬里。

导电装置主要是指电极杆，其作用是在固定槽中悬挂工件和极板，并向其输送电流。电极杆可用紫铜、黄铜、铝或钢铁制成，支撑在槽口的绝缘支座上，由汇流排或软电缆连接到直流电源上。导电杆与电源的连接可用软电缆直接通过接线夹固定在导电杆一端，也可将导电杆放在槽端导电座的凹口上，导电座再与电源电缆或汇流排（busbar）相连接。极杆的长度可根据槽体长度确定。由于极杆用绝缘夹片固定安装在镀槽的上边并留有与导电线连接的一段长度（约50mm），因此，每根极杆的长度应大于槽体长度的外部尺寸。如采用阴极往复移动装置，则极杆长度还要加上往复移动的距离（一般为100mm以上），并通过与偏心轮的连接实现往复运动。导电极杆要能通过镀槽所需的全部电流而不至于温度过高，能承受装挂零件及挂具的重量而不至于变形过大，还要便于擦洗，因此，极杆的横截面积既要满足电流密度要求，又要有足够的抗弯强度。导电铜杆或铜管的材料可以采用黄铜和紫铜，其许用电流可按表1-1、表1-2选用。

表1-1 黄铜（H62）极杆的许用电流

直径/mm	10	12	16	20	25	28	30	32	35	40	50
电流/A	120	150	240	350	470	620	750	900	1000	1100	1350

表 1-2 紫铜管的许用电流 单位：A

铜管外径/mm		20	30	40	50	60	70	80	90	100
壁厚/mm	2	344	490	630	750	865	990	1100	1200	1320
	2.5	380	540	690	835	975	1100	1230	1350	1460
	3	415	590	760	920	1060	1200	1330	1470	1600
	4	470	675	840	1040	1200	1370	1530	1690	1850
	5	560	735	950	1150	1340	1520	1700	1900	2070

电镀槽选用导电极杆的规格和标准见表 1-3。

表 1-3 电镀槽选用导电极杆规格和标准 单位：mm

电镀槽公称尺寸/mm		600×500×800	800×600×800	1000×800×800	1200×800×800	1200×800×1200	1500×800×1200	2000×800×1200	2500×800×1200	3000×800×1200
一般电镀槽	黄铜杆	ϕ12	ϕ16	ϕ20	ϕ25	ϕ28	ϕ28	ϕ32	ϕ35	ϕ40
	黄铜管	ϕ20×3	ϕ25×4	ϕ30×4	ϕ35×4.5	ϕ35×4.5	ϕ40×5	ϕ40×5	ϕ45×6	ϕ50×7
镀铬及电抛光槽	黄铜杆	ϕ16	ϕ20	ϕ25	ϕ28	ϕ30	ϕ35	ϕ40	ϕ45	ϕ50
	黄铜管	ϕ25×4	ϕ30×4	ϕ35×4.5	ϕ35×4.5	ϕ40×5	ϕ45×6	ϕ50×7		

注：表中黄铜管尺寸均指外径/mm×壁厚/mm。

槽体一般都选用矩形槽，当镀件形状和尺寸特殊时，也采用其他形式。例如长轴镀硬铬时，常采用大圆柱形镀槽，有利于四周悬挂阳极，使镀层厚度均匀。在选择槽体内部尺寸时，既要满足产量上的需要，又要使最大的工件（包括挂具）能够顺利入槽。一般使阳极和工件之间的距离在 150mm 以上，工件和槽底距离在 200mm 以上，工件最高点距液面 50mm 以上，液面距槽口上边沿 100～200mm，工件与两端槽壁之间距离 50～100mm，加热管与阳极之间距离 50～100mm。一般来说，每米（有效长度）极杆可悬挂工件的面积为 0.4～0.8m^2，每升镀液可通过的电流为 0.8～1.5A，以免镀液发生过热现象。

1.4 电镀通用挂具

挂具（plating rack）在电镀过程中主要起导电、支撑和固定零件等作用，使零件在电镀槽中尽可能得到均匀的电流，因此挂具制作是否合理对保证产品质量、提高生产效率、降低成本意义重大。挂具材料和绝缘材料选择要合理，其结构要保证镀层厚度的均匀性；挂具要有良好的导电性能，能满足工艺要求；零件装、卸操作要方便，生产率高。

电镀挂具的形式和结构，应根据工件的几何形状、镀层的技术要求、工艺方法和设备的大小决定。例如，片状镀件在上、下道工序之间会因镀液的阻力而飘落，在选用挂具时要将镀件夹紧或用铜丝扎紧。若镀件较重而有孔时，可选用钩状的挂具。如自行车钢圈是圆形的，而且只镀内侧，此时可选用较大的夹具将钢圈外侧夹住。

电镀通用夹具大都用于镀层不太厚、允许零件在镀槽内晃动以及电流密度不太高的镀种，如镀锌、镉、锡、铜、镍等。通用挂具可将各部分焊接成固定式，也可将挂钩和支杆制作成可调节的装配式。电镀时零件与零件之间应考虑自由空间和电力线的影响。通用电镀挂具的形式和结构如图 1-3 所示，挂钩形式如图 1-4 所示。

总之，挂具的形式必须视镀件的形状和被镀表面而定。在电镀中挂具形式和结构的选用是否合理，材料使用是否恰当会直接影响产品质量和生产效率。电镀挂具常用的金属材料见表 1-4，常用金属材料的相对电导率比较见表 1-5。

挂具截面积的大小选择是很重要的，若挂具截面积过小，需要很长的时间才能使镀层厚度达到要求。若截面积过大，则会造成材料的浪费。

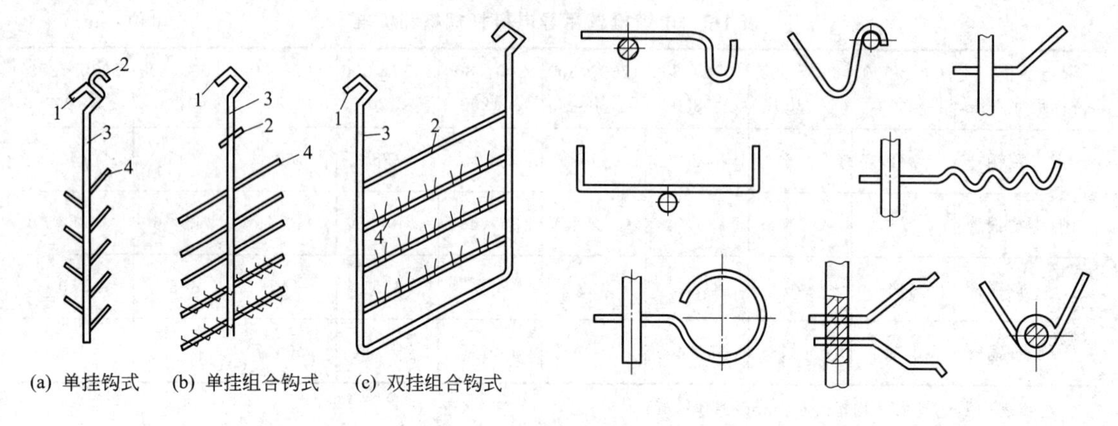

图 1-3　电镀挂具形式和结构

1—吊钩；2—提杆；3—立杆；4—支杆

图 1-4　挂钩形式

表 1-4　电镀挂具常用的金属材料

镀液种类	电流密度/(A/dm²)	挂具主杆材料	挂具支杆材料
酸性镀铜	1～8	紫铜、黄铜	黄铜、磷青铜
氰化镀铜	0.5～7	紫铜、铁	黄铜、铜丝
镀镍	0.5～7	紫铜、黄铜	黄铜、铜丝
镀铬	10～40	紫铜	紫铜
镀锡	1～3	紫铜、黄铜	黄铜、磷青铜
镀镉	1.5～5	紫铜、黄铜	黄铜、磷青铜
酸性镀锌	2～3	紫铜、黄铜	黄铜、磷青铜
镀黄铜	0.3～0.5	铁、黄铜	黄铜、磷青铜
镀金	0.1～2	黄铜	不锈钢、黄铜
镀银	0.5～2	黄铜	不锈钢、黄铜
镀铁	2～20	镍	不锈钢、黄铜
氟硼酸镀液	1～3	铜	紫铜、黄铜
阳极氧化	0.8～2	铝	铝
碱性镀锌	2～5	紫铜、黄铜	黄铜、磷青铜

表 1-5　常用金属材料的相对电导率比较

材 料 名 称	相对电导率(相对于铜)	材 料 名 称	相对电导率(相对于铜)
铜	100%	镍	25%
铝及铝合金	60%	低碳钢	17%
黄铜	28%	不锈钢	7%
磷青铜	25.8%	钛	0.5%～1%
铅	8%		

几种镀件所需挂具的截面积计算公式如下。

① 镀镍挂具的截面积

$$A=\frac{5SIn}{4m} \tag{1-1}$$

② 镀铜、锌、锡、铜锡合金挂具的截面积

$$A=\frac{3SIn}{5m} \tag{1-2}$$

③ 装饰性镀铬挂具截面积

$$A=\frac{5SIn}{m} \tag{1-3}$$

④ 耐磨性硬铬挂具的截面积

$$A=\frac{(30\sim50)SIn}{3m} \tag{1-4}$$

式中 A——挂具的截面积，mm^2；

S——镀件的有效面积，dm^2；

n——镀件数量；

I——电流，A；

m——主杆数量。

挂具和阴极杆的接触是否良好，对电镀质量至关重要，尤其是在大电流镀硬铬及装饰性电镀中采用阴极移动搅拌时，往往因接触不良而产生接触电阻，使电流不畅通。因而产生断续停电现象，引起镀层结合力不良，还会影响镀层厚度，造成耐蚀性能降低。因此要求在加工挂具和使用时，要保持挂具与阴极杆之间接触点的清洁和良好的接触。导电杆截面常用的有圆形及矩形，要求挂钩设计时的悬挂方法也不同。图1-5为几种悬挂方法的比较。

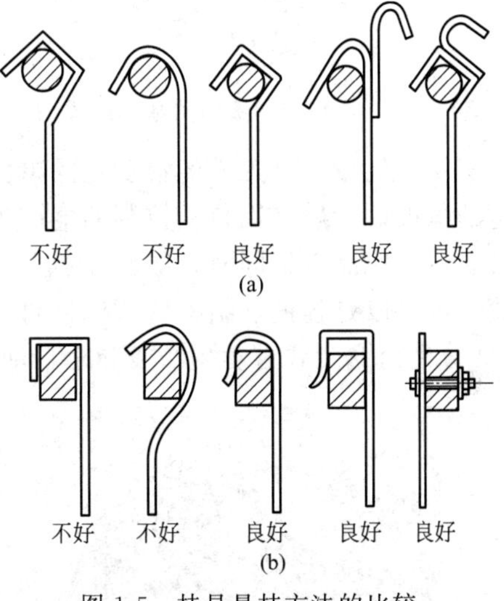

图1-5 挂具悬挂方法的比较

挂具的主、支杆应进行绝缘处理。挂具绝缘前应去除毛刺、焊垢并整平。实际使用时可用包扎法和涂层处理。包扎法通常采用宽度为10～20mm，厚度为0.3～1mm的聚氯乙烯塑料薄膜带或者玻璃纤维布在挂具上需要绝缘的部位自下而上进行包扎并拉紧，再用透明绝缘漆浸渍，干燥后即可使用。目前这种方法主要用在批量较小的挂具，大量使用的是将绝缘涂料通过浸涂或流化床等方式形成致密的绝缘涂层。

1.5 电镀生产的形式

电镀操作方式因工件大小、工件形状、生产纲领不同差异很大，如根据工件大小、形状，可采用挂镀（rack plating）、滚镀（barrel plating）、连续镀（continuous plating）和刷镀（brush plating）等方式。根据生产规模，可选择手工操作，机械化、自动化操作等。

挂镀是将工件挂在特别设计的挂具上，具有导电效率高、电镀质量好等优点，是常用的电镀形式，适用于一般尺寸的制品，但该电镀形式，工件上卸挂具麻烦，镀件上有挂具印。

对于工件小、批量大、不容易装挂的工件可选择滚镀，如紧固件、垫圈、销子等。滚镀是将零件装在用PVC、PP等材质做成的六边形、八边形或圆形滚筒中，通过滚筒转动搅拌。滚筒的基本形式如图1-6所示。滚镀省略了上、卸挂具手续，节约工时，生产效率比挂镀高4～6倍；因为工件不断滚动，相当于强烈搅拌，可使镀件表面气泡及早脱离，防止杂质黏附，镀层光亮；但滚镀零件的形状和大小受到限制，镀层厚度一般低于挂镀，多数在10μm以下，而且镀层厚度不易掌握；工件容易变形、碰损，要求保持棱角的零件，不能采用滚镀。连续镀适用于成批生产的线材和带材。刷镀则适用于局部镀或修复。

图1-6　滚筒的基本形式

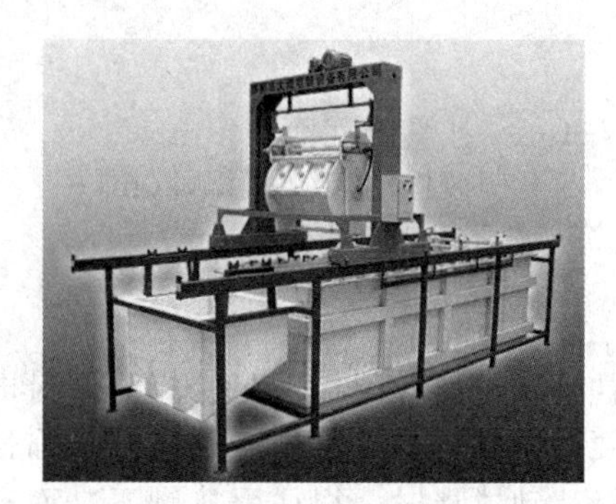

图1-7　连续滚镀设备

对于批量小、工件经常变化的单位，适于采用间歇式手工操作；而产量大、产品相对稳定的电镀厂一般采用自动控制的电镀生产线，各种工艺参数维持在最佳工艺状态，保证了镀层质量和成品率；同时，减轻了操作者的劳动强度和对健康的危害。自动生产线可以是滚镀，也可以是挂镀，结构形式因工件形状、重量而异。图1-7是连续滚镀设备，图1-8、图1-9分别为龙门式自动生产线和全自动单臂式电镀生产线的示意图。

图1-8　龙门式自动生产线

图1-9　全自动单臂式电镀生产线

除了挂镀、滚镀两种常用的电镀形式外，一些特殊的产品还可以采用其他电镀形式，如针状工件可以采用振动电镀，对于局部电镀的电子产品可以采用喷射电镀等。

1.6　电镀层的分类及作用

目前，金属镀层通常按镀层的用途或镀层与基体金属的电化学关系分类，有的也根据镀层的组成或结构区分，如合金镀层、复合镀层等。

按镀层的用途可把镀层分为三大类，即防护性镀层、防护-装饰性镀层和功能性镀层。

（1）防护性镀层

镀层主要用于金属零件的防腐蚀，镀层厚度及其均匀性对防护性能起重要作用。镀锌层、镀镉层、镀锡层以及锌基合金（Zn-Fe、Zn-Co、Zn-Ni）镀层均属于此类镀层。

（2）防护-装饰性镀层

镀层既要求防腐蚀，又要求具有经久不变的外观，称为防护-装饰性镀层。该类镀层常采用多层电镀，如 Cu-Ni-Cr 多层电镀就是典型的防护-装饰性镀层，常用于自行车、缝纫机、小轿车的外露部件。目前正流行的花色电镀、黑色电镀及仿金镀层也属于此类镀层。

（3）功能性镀层

为了满足光、电、磁、热、耐磨性等特殊物理性能或物理化学性能需要而沉积的镀层称为功能性镀层，目前品种较多。如耐磨和减摩镀层、导电性镀层、磁性镀层等，在机械、电器、信息材料等领域广泛应用。

信息材料具有很大的发展潜力，磁性记忆材料是其中重要的分支，如录音带、磁环线、磁鼓、磁盘等存储装置均需磁性材料，常用的有钴-镍、镍-铁、钴-镍-磷等磁性合金镀层；作为磁光记录材料，有钐-钴、铽-铁-钴等。另外磁性材料作为屏蔽材料，应用也很广泛，如在布料、纤维等软体上电沉积铁、镍及其合金后，广泛用于军用设备包装及民用产品的防辐射。

随着科技的发展，电镀还可用于制备纳米材料、高性能材料薄膜，如超导氧化物薄膜、电致变色氧化物薄膜、金属化合物半导体薄膜、形状记忆合金薄膜、梯度材料薄膜等。电镀在功能材料领域的应用有待进一步拓展。

按照基体金属与镀层的电化学关系，镀层可分为阳极镀层和阴极镀层两大类。

所谓阳极镀层（anodic coating）就是当镀层与基体金属构成腐蚀微电池时，镀层为阳极，首先溶解，这种镀层不仅能对基体起机械保护作用，还起电化学保护作用。就铁上镀锌而言，在通常情况下，由于锌的标准电位比铁负，当镀层有缺陷（针孔、划伤等）而露出基体时，如果有水蒸气凝结于该处，则锌-铁就形成了腐蚀电偶。此时锌作为阳极而溶解，铁作为阴极，H^+ 在其上放电而逸出氢气，从而保护铁不受腐蚀。因此，我们把这种情况下的锌镀层叫做阳极镀层。为了防止金属腐蚀，应尽可能选用阳极镀层，并保证镀层有一定的厚度。

所谓阴极镀层（cathodic coating）是镀层与基体构成腐蚀微电池时，镀层为阴极，这种镀层只能对基体金属起机械保护作用。例如，在钢铁基体上镀锡，当镀层有缺陷时，铁-锡形成腐蚀电偶，但锡的标准电极电位比铁正，它是阴极，因而腐蚀电偶作用的结果将导致铁阳极溶解，而氢在锡阴极上析出。这样一来，镀层尚存，而其下面的基体却逐渐被腐蚀，最终镀层也会脱落下来。因此，阴极镀层只有当它完整无缺时，才能对基体起机械保护作用，一旦镀层被损伤，不但保护不了基体，反而加速了基体的腐蚀，所以阴极性镀层要尽量减少孔隙率。

由于金属的电极电位随介质而发生变化，因此镀层究竟属于阳极镀层还是阴极镀层，需视介质而定。例如，锌镀层对钢铁基体来讲，在一般条件下是典型的阳极镀层，但在70～80℃的热水中，锌的电位变得比铁正，因而变成了阴极镀层；锡对铁而言，在一般条件下是阴极镀层，但在有机酸中却成为阳极镀层。

并非所有比基体金属电位负的金属都可以用作防护性镀层，因为镀层在所处的介质中如果不稳定，将迅速被介质腐蚀，失去对基体的保护作用。如锌在大气中能成为黑色金属的防护性镀层，是由于它既是阳极镀层，又能形成碱式碳酸锌保护膜，所以很稳定。但在海水中，尽管锌对铁仍是阳极镀层，但在氯化物中不稳定，从而失去保护作用，所以，航海船舶上的仪器不能单独用锌镀层来防护，而用镉层或代镉镀层。

1.7 电镀层的标识方法

GB/T 13911—2008《金属镀覆和化学处理标识方法》规定了单金属及多层镀覆及化学后处理的通用标识方法，如表1-6所示。

表1-6 单金属及多层镀覆及化学后处理的通用标识

基本信息					底镀层			中镀层			面镀层			
镀覆方法	本标准号	/	基体材料	/	底镀层	最小厚度	底镀层特征	中镀层	最小厚度	中镀层特征	面镀层	最小厚度	面镀层特征	后处理

典型标识示例如：电镀层 GB/T 9797-Fe/Cu20a Ni30b Cr mc

国家标准中规定镀覆方法应采用中文表示，如电镀、化学镀、气相沉积等。

标准号为相应的国家标准或行业标准，也可写企业标准，不允许无标准号的产品。

标准号后连接短“-”，基体材料后用“/”隔开。双“//”用于表示某一步骤或操作没有被列举或被省略。

基体材料表示符号参见表1-7。

表1-7 基体材料和金属镀层的表示符号

材料名称	表示符号	材料名称	表示符号
铁、钢	Fe	钛及钛合金	Ti
铜及铜合金	Cu	塑料	PL
铝及铝合金	Al	硅酸盐材料(陶瓷、玻璃等)	CE
锌及锌合金	Zn	其他非金属	可采用元素符号或通用名称英文缩写
镁及镁合金	Mg		

根据镀层或镀层组合按顺序书写镀层的材料，最小厚度（单位为 μm），如有要求还需注明镀层的特征符号，对镀层特征无要求时可省略镀层特征符号。表1-8列举出不同镀层特征符号。如果镀层为合金镀层，必要时需标注合金元素成分及含量，表示形式为在主要元素后面加括弧标注主要元素的含量，并用“-”连接次要元素。例如：Sn（60）-Pb 表示锡铅合金镀层，其中锡质量含量为60%；对于三元合金需标注出两种元素成分的含量，依此类推。

表1-8 铜、镍、铬镀层特征符号

镀层种类	符号	镀层特征
铜镀层	a	延展、整平铜
镍镀层	b	全光亮镍
	p	机械抛光的暗镍或半光亮镍
	s	非机械抛光的暗镍、半光亮镍或缎面镍
	d	双层或三层镍
	sf	无硫镍
	sc	含硫镍
	pd	镍母液中分散有微粒的无硫镍
铬镀层（常规厚度为0.3μm）	r/hr	普通铬(常规铬)/常规硬铬
	mc/hc	微裂纹铬/微裂纹硬铬
	mp/hp	微孔铬/微孔硬铬
	hd	双层硬铬
	hs	特殊类型的铬

续表

镀层种类	符号	镀层特征
锡或锡合金镀层	m	无光镀层
	b	光亮镀层
	f	熔流处理的镀层

镀后处理主要包括化学处理、电化学处理和热处理。表 1-9 列出热处理的特征符号，部分热处理的特征符号也适用于镀前处理。表 1-10 列出电镀锌、镉后铬酸盐处理的表示符号。

表 1-9　热处理特征符号

热处理特征	符号
表示消除应力的热处理	SR
表示降低氢脆敏感性的热处理	ER
表示其他的热处理	HT

表 1-10　电镀锌或镉后铬酸盐处理的表示符号

后处理名称	符号	分级	类型
光亮铬酸盐处理	c	1	A
漂白铬酸盐处理			B
彩虹铬酸盐处理		2	C
深处理			D

下面以典型的镀层标识为例分别加以介绍。

(1) 金属基体上镍＋铬和铜＋镍＋铬电镀层标识（GB/T 9797）

例 1：电镀层 GB/T 9797-Fe/Cu20a Ni30b Cr mc

该镀覆标识表示，在钢铁基体上镀覆最小厚度为 20μm 延展并整平的铜镀层，之后再镀最小厚度为 30μm 光亮镍，最后镀最小厚度为 0.3μm 的微裂纹铬。

(2) 塑料基体上镍＋铬电镀层标识（GB/T 12600）

例 2：电镀层 GB/T 12600-PL/Ni20dp Ni20d Cr mp

该镀覆标识表示，在塑料基体上镀覆最小厚度为 20μm 的延展镍，之后镀最小厚度为 20μm 的双层镍，最后镀最小厚度为 0.3μm 的微孔铬。

注：dp 表示从专门预镀溶液中电镀延展性柱状镍镀层。

(3) 金属基体上装饰性镍、铜＋铬电镀层标识（GB/T 9798）

例 3：电镀层 GB/T 9798-Zn/Cu10a Ni30p

该镀覆标识表示，在锌合金基体上镀覆最小厚度为 10μm 的延展并整平的铜镀层，之后再镀最小厚度为 30μm 的半光亮镍。

(4) 钢铁基体锌镀层、镉镀层的标识（GB/T 9799、GB/T 13346）

例 4：电镀层 GB/T 9799-Fe/Zn 25 c1A

该镀覆标识表示，在钢铁基体上电镀锌最小厚度为 25μm，之后镀层做光亮铬酸盐处理。

(5) 工程用镍、铬电镀层的标识（GB/T 11379）

例 5：电镀层 GB/T 9799-Fe/[SR(210)2]Ni10sf/Cr25hr/[ER(210)22]

该镀覆标识表示，在钢铁基体上电镀前在 210℃下进行消除应力的热处理 2h，然后电镀最小厚度为 10μm 的无硫镍，之后再镀最小厚度为 25μm 的常规硬铬，然后在 210℃下进行降低脆性的热处理 22h。

(6) 化学镀(自催化)镍磷合金镀层的标识（GB/T 13913）

化学镀镍-磷镀层用符号 NiP 标识，并在紧跟其后的圆括弧中填入镀层中磷的含量数值，之后标注出镀层的最小局部厚度（单位为 μm）。

例 6：化学镀镍-磷镀层 GB/T 13913-Fe〈16Mn〉[SR(210)22] /NiP(10)15/Cr0.5 [ER(220)22]

该镀覆标识表示，在 16Mn 钢基体上化学镀含磷 10%（质量分数），最小局部厚度不低于 15μm 的镍磷合金镀层，化学镀前要求在 210℃下进行 22h 的消除应力热处理，化学镀镍后再其表面电镀最小厚度为 0.5μm 的铬，之后在 210℃下进行 22h 的消除氢脆的热处理。

（7）金属基体上电镀合金的标识方法

例 7：电镀层 GB/T 17461-Fe/Ni5 Sn60-Pb 10f

该镀覆标识表示，在钢铁基体上镀覆最小厚度为 5μm 的镍镀层，之后再镀最小厚度为 10μm 的含锡 60%（质量分数）的锡铅合金镀层，然后做熔流处理。

1.8　电镀中的基本计算

1.8.1　法拉第定律

当电流通过电解质溶液或熔融电解质时，电极上将发生电化学反应，并伴有物质析出或溶解，法拉第定律可定量表达电极上通过的电量与反应物质的量之间的关系。即电流通过电解质溶液时，在电极上析出或溶解的物质的质量（W）与通过的电量（Q）成正比，如式（1-5）所示。

$$W=KQ=KIt \tag{1-5}$$

式中　W——在电极上析出或溶解物质的质量，g；

Q——电极上通过的电量，C；

I——电流强度，A；

t——通电的时间，s 或 h；

K——电化学当量，g/C 或 g/（A·h）。

以阴极电化学反应为例，假设金属离子 M^{n+} 在阴极上得到电子还原为金属 M，其电极反应方程式可写成：

$$M^{n+}+ne^{-}=\!=\!=M \tag{1-6}$$

由方程式（1-6）可知，1mol 的金属阳离子 M^{n+} 还原生成 1mol 的金属 M 需要得到 $n$mol 的电子，1mol 的电子含有阿伏伽德罗常数个电子（即 6.02×10^{23} 个），1 个电子所带的电量为 1.6×10^{-19}C，因此 1mol 电子所带电量约为 96500C。1mol 的金属 M 的质量在数值上就等于其摩尔质量，因此理论上生成 1mol 金属 M 需要消耗的电量 $n\times96500$C。

由于工程上使用时通电量常以小时（h）为计，因此 96500C 相当于 26.8A·h。由此可以得到电化学当量计算的通式为：

$$K=\frac{W}{n\times96500}，单位为 g/C \tag{1-7}$$

$$K=\frac{W}{n\times26.8}，单位为 g/(A·h) \tag{1-8}$$

表 1-11 列出了一些元素的电化学当量。

表 1-11　一些元素的电化学当量

元　素	符　号	原子价	当　量	电化学当量	
				mg/C	g/(A·h)
金	Au	1	197.2	2.043	7.357
		3	65.7	0.681	2.452
银	Ag	1	107.88	1.118	4.025
镉	Cd	2	56.21	0.582	2.097
锌	Zn	2	32.69	0.339	1.220
铬	Cr	6	8.67	0.0898	0.324
		3	17.34	0.180	0.647
钴	Co	2	29.47	0.306	1.100
铜	Cu	1	63.54	0.658	2.372
		2	31.77	0.329	1.186
铁	Fe	2	27.93	0.289	1.0416
氢	H	1	1.008	0.010	0.0375
铟	In	3	38.25	0.399	1.429
镍	Ni	2	29.35	0.304	1.095
氧	O	2	8.00	0.0829	0.298
铅	Pb	2	103.61	1.074	3.865
铂	Pt	4	48.81	0.506	1.821
铑	Rh	3	34.30	0.355	1.280
锡	Sn	2	59.35	0.615	2.214
		4	29.68	0.307	1.107

在酸性硫酸盐镀铜工艺中，Cu^{2+} 被还原生成 Cu，其电化学当量为 1.186g/(A·h)。而在氰化镀铜工艺中是 Cu^{+} 被还原生成 Cu，其电化学当量为 2.372g/(A·h)，也就是说如果假设两种工艺的电流效率均为 100%，当两种镀液通过相同的电量时，氰化镀铜的镀层质量要比酸性镀铜多一倍。如果零件尺寸相同，电流强度一样，则获得同样厚度的镀层，氰化镀铜所需时间只是酸性镀铜的一半，但实际上并非如此，因为存在电流效率的问题。

合金电化学当量可按下式计算：

$$K_{\text{A-B}}=1/(w_{\text{A}}/K_{\text{A}}+w_{\text{B}}/K_{\text{B}}) \tag{1-9}$$

式中　$K_{\text{A-B}}$——A-B 合金的电化学当量，g/(A·h)；

K_{A}，K_{B}——金属 A 与 B 的电化学当量，g/(A·h)；

w_{A}，w_{B}——合金中组分金属 A、B 的质量分数。

例如，含锡 10%的 Cu-Sn 合金的电化学当量计算如下（锡以+4 价计，铜以+2 价计）：

$$K_{\text{Cu-Sn}}=1/(90\%/1.186+10\%/1.107)\text{g/(A·h)}$$

1.8.2　镀液的电流效率

在电镀过程中，电极上往往发生不止一个反应。电流效率（η）是指当一定电量通过电极时，消耗于所需反应的电量与总电量之比的百分数。阴极的电流效率用 η_{K} 表示，阳极的电流效率用 η_{A} 表示。以阴极的还原反应为例，其电流效率可用式（1-10）表示。

$$\eta_{\text{K}}=\frac{Q_1}{Q_2}\times 100\%=\frac{m_1}{m_2}\times 100\% \tag{1-10}$$

式中　Q_1——沉积镀层金属消耗的电量，C；

Q_2——通过电极的总电量，C；

m_1——沉积镀层金属的实际质量，g；

m_2——由总电量折算的理论沉积镀层金属质量，g。

阴极的电流效率是评价镀液应用能力的一项重要指标。电流效率高可加快镀层沉积速率，减少电耗。由于析氢等副反应的发生，使其电流效率不会超过100%，不同镀种电流效率不一定相同，同一镀种不同镀液体系电流效率也不一定不同，电流效率与镀液组分的选择、电流密度、温度、pH值等均有密切的关系。表1-12为常见镀液的阴极电流效率。对阳极的电流效率而言，由于部分可溶性的阳极在镀液中存在化学溶解的现象，因此会出现电流效率大于100%，对于这种情况，我们需在不生产时取出阳极或采用不溶性阳极，防止其化学溶解对槽液浓度产生的不良影响。例如，在碱性锌酸盐镀锌工艺中，阳极可采用网状或具有格栅的铁板，槽边设置溶锌槽，定期向镀锌槽中按比例打入溶解好的澄清液，以减少杂质的引入，可大幅度提高镀锌层的质量。

表1-12 常见镀液的阴极电流效率

镀种	镀液类型	阴极电流效率
电镀锌	钾盐镀锌	约100%
	碱性锌酸盐镀锌	70%～85%
	硫酸盐镀锌	约100%
电镀铜	氰化物镀铜	60%～70%
	酸性硫酸盐镀铜	95%～100%
	焦磷酸盐镀铜	＞90%
电镀镍	硫酸盐镀镍	95%～98%
电镀锡	硫酸盐酸性镀锡	85%～95%
电镀铬	六价铬电镀铬	12%～16%
电镀黄铜	氰化物电镀黄铜	60%～70%

（1）镀液电流效率的测定

镀液电流效率的测量采用铜库仑计法。铜库仑计是一种电流效率为100%的镀铜槽，其电极上的析出物容易收集，且镀槽中无漏电现象，测试的精度可满足电沉积工艺的要求。铜库仑计的电解液组成为$CuSO_4 \cdot 5H_2O$ 125～150g/L，H_2SO_4（相对密度1.84）26mL/L，C_2H_5OH（乙醇）50mL/L。铜库仑计的阳极为纯的电解铜板，阴极为经过表面处理的活性铜板，阴、阳极面积大小相仿，阴极电流密度维持在0.2～2A/dm²。

测量时将待测镀槽与铜库仑计串联，测量装置如图1-10所示。测量时分别记录电镀前后铜库仑计与待测镀槽阴极的质量，利用铜库仑计的电流效率为100%的特点，依据法拉第定律，通过铜库仑计的阴极质量增量计算通过闭合电路的总电量，进而得出待测镀槽理论上应沉积的金属的质量。由此，待测镀槽的电流效率可由式（1-11）计算得到。

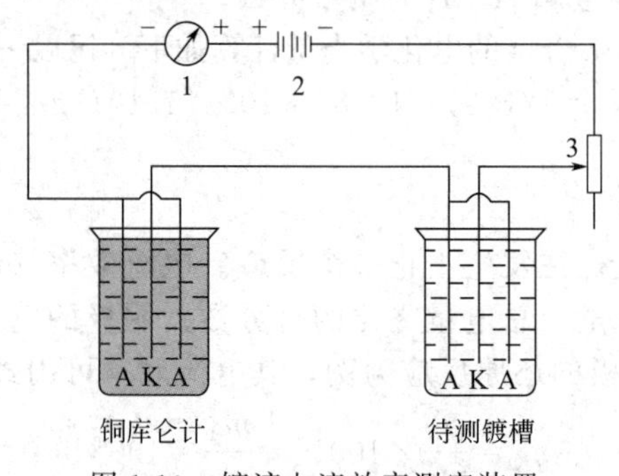

图1-10 镀液电流效率测定装置

1—电流表；2—直流电源；3—可变电阻；A—阳极；K—阴极

$$\eta_K = (1.186\Delta m_{待测})/(K_{待测}\Delta m_{铜库仑计}) \tag{1-11}$$

式中 $\Delta m_{待测}$——待测镀槽阴极试片实际增加质量，g；

$\Delta m_{铜库仑计}$——铜库仑计阴极试片实际增加质量，g；

$K_{待测}$——待测镀槽阴极上析出物质的电化学当量值，g/(A·h)；

1.186——铜库仑计铜的电化学当量值，g/（A·h）。

为使铜库仑计的阴极电流密度控制在工作范围内，可适当调整其阴极极板进入镀液的尺寸。

（2）镀液电流效率对生产的影响

在水基的电镀液中，阴极上极易发生析氢的副反应，阳极则可能发生析氧的副反应，两种副反应发生的程度不同会使阴极和阳极的电流效率产生一定的差异，当两极的电流效率相差较大时，随着电镀时间的延长，镀液的pH值就会发生改变。例如在酸性镀镍工艺中，随着电镀时间的延长，镀液的pH值会逐渐升高，这是因为其阴极的电流效率远远小于阳极的电流效率，阴极析氢的副反应发生，使阴极区氢离子的浓度下降，氢氧根浓度增加，因此镀液的pH值逐渐增大。镀液中硼酸的加入可对电解液酸度的改变起到一定的缓冲作用，但是当酸度超过工艺规范时，就需要定期外加稀释的酸进行调节。对锌合金压铸件预镀氰铜时，镀液的pH值会出现上升，当pH值大于10.5时，基体易在碱性下发生腐蚀而起泡，影响镀层的质量，因此可加入稀释的酒石酸或冰醋酸加以调整，但要注意采取措施，防止氰化氢气体对操作者的危害。

对阴极而言，影响镀液阴极电流效率的副反应不仅来源于析氢，也可能来源于添加剂在阴极上的还原以及镀液中杂质金属离子在阴极上的放电反应。这些副反应会给阴极镀层的沉积带来不利的影响。如析氢会增加镀层出现氢脆、针孔、麻点、粗糙、烧焦以及工件局部质量变差或无镀层等弊端；而添加剂在阴极的还原产物如不能及时脱附，也会增加镀层的有机夹杂，致使镀层脆性增大；不同杂质金属离子的放电更无疑会在不同的电流密度区引起镀层的故障。为了避免这些不良影响，生产中会采用不同的应对措施。如在镀镍的生产中，在镀液的配方中加入润湿剂，降低镀液的表面张力，减少气体对极板的附着；为防止析氢反应常在镀液中补加一定量的过氧化氢，使其在阴极放电生成水，而非氢气；对镀液中的有机杂质常采用活性炭吸附过滤的方法，当有机分子体积较大时，可考虑加入过氧化氢或高锰酸钾等氧化剂对大分子进行分解，但是要注意氧化剂加入不能损坏镀液中的其他组分。活性炭吸附的效果也与活性炭规格、是否含有致孔剂、镀液的pH值以及操作的温度、搅拌、时间有关，要先进行小试验再生产处理；在镀槽中辅助循环过滤搅拌，及时将镀液中的杂质滤出，也可减少析氢反应的发生，但需注意压缩空气会与具有还原性的物质发生反应，因此有些镀液是不适合的。

虽然电流效率的下降会给生产带来不利的影响，但有时也可利用阴极上发生的副反应为我们服务。如阴极发生析氢反应时，利用初生态的氢具有非常强的还原能力的特点来还原金属表面的氧化层或钝化层，使基体活化，进而提高镀层对基体的附着力。氰化碱性预镀铜、不锈钢闪镀镍、铬上镀铬的阶梯给电法都是利用了这种析氢活化的作用。

具有电化学防护作用的双层镍就是在亮镍层电镀时利用添加剂在阴极还原的副反应使镀层中含有一定量的硫，致使亮镍层的电位比暗镍层（或半亮镍层）负120mV以上，从而实现了牺牲阳极的电化学的防护作用。

1.8.3 电流密度、电镀时间及镀层平均厚度之间的关系

已知电流密度、电镀时间和阴极电流效率可由式（1-12）计算出阴极上沉积金属的平均厚度。

$$d=100KD_{k}t\eta_{k}/60\rho \qquad (1\text{-}12)$$

式中 d——镀层厚度，μm；

K——待镀金属的电化学当量，g/(A·h)；

D_k——阴极电流密度，A/dm^2；

t——电镀时间，min；

η_k——阴极电流效率，%；

ρ——待镀金属密度，g/cm^3。

通常用单位时间内沉积镀层厚度表示电沉积速率，以 $\mu m/h$ 表示。

1.9 国内外电镀工艺的现状及发展趋势

电镀是一种对基体表面进行装饰、防护以及获得某些特殊性能的表面处理技术。最先公布的电镀文献是1800年由意大利Brugnatelli教授提出的镀银工艺，1805年他又提出了电镀金工艺；到1840年，英国Elkington提出了氰化镀银的第一个专利，并用于工业生产，这是电镀工业的开始，他提出的镀银电解液一直沿用至今；同年，Jacobi提出了从酸性溶液中电铸铜的第一个专利；1843年，酸性硫酸铜镀铜工艺用于工业生产，同年R. Böttger提出了镀镍工艺；1915年实现了在钢带表面酸性硫酸盐镀锌，1917年Proctor提出了氰化物镀锌，1923～1924年，C. G. Fink和C. H. Eldridge提出了镀铬的工业方法，从而使电镀逐步发展成为完整的电化学工程体系。

电镀合金开始于19世纪40年代的铜-锌合金（黄铜）和贵金属合金电镀。由于合金镀层具有比单金属镀层更优越的性能，人们对合金电沉积的研究也越来越重视，已由最初的获得装饰性为目的的合金镀层发展到装饰性、防护性及功能性相结合的新合金镀层的研究上。到目前为止，电沉积能得到的合金镀层大约有250多种，但用于生产上的仅有30余种。其代表性的镀层有Cu-Zn、Cu-Sn、Ni-Co、Pb-Sn、Sn-Ni、Cd-Ti、Zn-Ni、Zn-Sn、Ni-Fe、Au-Co、Au-Ni、Pb-Sn-Cu、Pb-In、Sn-Co、Cu-Zn-Sn等。

随着科学技术和工业的迅速发展，人们对自身的生存环境提出了更高的要求。1989年联合国环境规划署工业与环境规划中心提出了“清洁生产”的概念，电镀作为一种重污染行业，急需改变落后的工艺，采用符合“清洁生产”的新工艺。美国学者J. B. Kushner提出了逆流清洗技术，大大节约了水资源，受到了各国电镀界和环境保护界的普遍重视；在电镀生产中研发各种低毒、无毒的电镀工艺，如无氰电镀、代六价铬电镀、代镉电镀、无氟电镀、无铅电镀，从源头上消减了污染严重的电镀工艺；达克罗（Dacromet）与交美特技术（Geomet）作为表面防腐的新技术在代替电镀Zn、热镀Zn等方面得到了应用，在实现对钢铁基体保护作用的同时，减少了电镀过程中产生的酸、碱、Zn、Cr等重金属废水及各种废气的排放。

我国电镀工业在新中国成立后，特别是改革开放之后得到快速发展。在不断完善传统电镀工业的同时，在清洁生产工艺研发和推广方面做了大量工作。为解决氰化物污染问题，从20世纪70年代开始无氰电镀，无氰镀锌、镀铜、镀镉、镀金等工艺先后投入生产；大型制件镀硬铬、低浓度铬酸镀铬、低铬酸钝化、无氰镀银及防银变色等相继应用于工业生产；实现了直接从镀液中获得光亮镀层，如镀光亮铜、光亮镍等，不仅提高了产品质量，也改善了繁重的抛光劳动；在新工艺与设备的研究方面，出现了双极性电镀、换向电镀、脉冲电镀等；高耐蚀性的双层镍、三层镍、镍铁合金和减摩镀层亦用于生产；刷镀、真空镀和离子镀在一些领域代替了电镀。

近几年，随着国际、国内一系列法律、法规的颁布实施，尤其是我国“清洁生产促进法”“循环经济促进法”的颁布实施，节能、环保和资源循环利用成为电镀工作者的三大工作主题，并取得了很多突破。化学镀镍-磷合金技术、三价铬盐镀铬、电镀锌三价铬及无铬钝化等代铬技术得到推广应用；以金刚石、氧化铝、聚四氟乙烯等作为弥散相的各种复合电镀取得较大进展，有的已得到工业应用，成为耐磨、减摩领域的重要发展方向；无铅电子电镀领域取得长足进步，纳米电镀、各种花色电镀的开发都取得重大进展。各种节能、节水技术，如膜技术、高压水清洗工艺、各种节能电源在电镀生产中得到广泛应用。

电镀是重要的表面处理技术，在机械、电子等领域具有其他工艺不可替代的地位，但电镀本身是一耗水、耗电、重污染行业，如何扬长避短，直接关系到电镀行业的发展。首先，要实现电镀生产的规模化、集约化，有利于废水的集中处理和资源的回收利用；第二，进一步提高机械化、自动化程度，提高生产效率和成品率，减轻从业人员的劳动强度；第三，加强清洁生产新工艺、新技术的研发和工业化，从源头上解决污染、能耗等制约电镀工业发展的问题；第四，拓展功能镀层的应用领域。电镀是功能镀层制备中运行成本较低、容易大批量生产的工艺，因此如何充分利用电镀技术制备各种功能镀层是电镀研究的重要方向，如电沉积光电转换薄膜材料，实现良好的光电转化性能；电沉积各种合金薄膜，制备锂电池电极材料；电沉积制备高性能多孔材料及磁性屏蔽材料等都具有很大潜力，有待于电镀科技工作者深入研究。

1.10　电镀工艺学的学习方法

电镀是一门涉及多种学科，应用性非常强的专业技术。随着科技的不断进步，新的镀种、镀覆手段及技术发展很快，因此要学好电镀工艺学，必须要多看、多学、多动手。

① 要掌握电化学的基本理论和长期实践得来的基本规律；

② 要加强实践，增强动手能力的培养，通过实验、实验周、课程设计等实践环节，不断强化理论学习，并积累经验；

③ 通过多方面、多渠道获取知识，合理运用书籍、期刊、报告及网络等资源；

④ 珍惜每一次实习、讲座、参观的机会，做好记录。

思考题

1. 实施电镀需有哪些基本的设备？请举例说明。

2. 目前工业上使用的电镀电源有哪几种？各有什么优缺点？

3. 挂镀与滚镀有何利弊？设备组成有何区别？

4. 挂镀中挂具设计时应注意哪些问题？试列举常见工件（如自行车圈、小五金件等）的挂具设计要点，画出简图加以说明。

5. 通过查阅资料，说明钢铁基体电镀锌、电镀锡、电镀镍、电镀铜等得到的镀层是阳极性镀层还是阴极性镀层？图示其腐蚀机理和过程。

6. 计算电镀镍、电镀铁、电镀镍铁合金（镍含量为 40%）、电镀锌镍合金（含镍 12%）的电化学当量。

7. 采用锌酸盐电镀锌工艺，当电流密度为 1.5A/dm^2 时，若要求镀层厚度为 15μm，请估算需要电镀的时间。（锌的密度为 7.17g/cm^3，碱性锌酸盐镀锌的电流效率按 70%计算）

第 2 章　电镀电极过程

2.1　电极反应过程

2.1.1　电极反应

电镀槽中与直流电源正极相连的为阳极，与电源负极相连的为阴极。当镀槽通电时，电子从电源的负极沿导线流入镀槽的阴极（欲镀零件），并从电解槽的阳极放出，沿导线流回电源的正极。在镀槽中电流的传递依靠溶液中阴、阳离子的定向移动来实现，电子导电与离子导电是性质完全不同的导电方式，两者之间的转变依靠阴、阳两极与溶液界面间发生的电极反应。其中阳离子在阴极上得到电子发生还原反应，如镀镍槽中的镍离子在阴极上获得电子，还原为金属镍而沉积在被镀零件的表面，氢离子也可得到电子还原为氢气在阴极上析出；阴离子在阳极上失去电子发生氧化反应，如镀镍槽中的镍阳极板在极板与溶液界面上放出电子，镍原子本身就氧化成镍离子而进入镀液，同时向阴极方向迁移，这便是电镀镍时阳极镍板不断变薄的原因。因此电极反应是电镀过程中保证电流流通的一个重要环节，而电流流动的全面机理应由电子导电、离子导电和电极反应三方面共同构成。

2.1.2　离子双电层的结构模型

由电极反应过程可知，在电镀过程中，获得金属镀层的电化学反应及其他相关的电化学反应都是在电极与溶液的界面上发生的，因此界面的性质显然会影响电化学反应的过程，从而影响镀层的质量。

界面性质的影响主要表现在两个方面：一方面是电极本身的催化能力，它是由材料自身的性质及其表面状态决定的；另一方面是在界面上存在的电场强度对电化学反应活化能的影响。

当金属电极浸入电解质溶液时，表面的金属受到极化分子的作用发生水化。若水化时产生的能量大于金属离子与电子之间的引力，则离子将脱离金属而进入溶液，形成水化离子，而电子保留在金属上。与此同时，由于热运动及静电引力，也会使溶液中的水化离子失去水分子而回到金属表面。当两个过程的速度达到相等、呈动态平衡时，金属表面会有一定数量的过剩电子。它将吸引相接触的液层中同等数量、符号相反的水化金属离子，并在金属与溶液界面形成电荷相反、数量相等的双电层（electric double layer）。如果金属离子的水化能力不足以克服离子与电子间的引力，则溶液中的部分金属阳离子可能被金属表面所吸附而使表面带正电荷，溶液一侧因阴离子过剩而带负电荷，这样便形成另一种形式的双电层。双电层的存在使金属与溶液的界面产生电位差而形成电场。由于界面上两层电荷间的距离极小，故可使期间的电场强度达到 10^{10} V/m，这是任何电容器无法比拟的。在电极与溶液界面上有如此大的场强，既能使一些在其他条件下无法进行的化学反应得以顺利进行，又可使电极过程的速率发生极大的变化。

迄今为止，在关于双电层结构的研究中，以斯特恩模型较为成熟、完整。斯特恩模型认为，溶液中除一部分过剩离子因静电作用而紧靠电极表面形成"紧密层"外，还有一部分过剩离子因热运动和同号电荷间的排斥作用而离开电极表面，在邻近的溶液层中形成"分散层"，这是静电力与热运动共同作用的总结果。双电层厚度一般为 100～1000nm，其中紧密层厚度（d）约为 20～30nm，等于一个水化离子的半径。分散层厚度（δ）随条件而变化，最大可达 1μm。电极界面剩余电荷与电位分布，如图 2-1 所示。由图 2-1 可见，在距电极表面距离 $x \leqslant d$ 的范围内，即在紧密双电层中，由于不存在异号电荷（此时的离子电荷均视作"电荷球"，它具有一定的半径，因此任何离子电荷与电极表面的距离均不能小于 d，所以在 d 距离之内不存在电荷），因此，d 是离子电荷能接近电极表面的最小距离，该层内的电位分布是线性变化的，而且此线亦很陡直。在 $x > d$ 的分散层中，因为有异号电荷存在，电场强度与电位梯度的数值也随之减小，最后趋近于零。因而在分散层中，电位随距离 x 呈曲线变化，且此曲线的形状为先陡后缓。距离电极表面 d 处的平均电位称为 φ_1，若以 φ_a 表示整个双电层的电位差，则紧密层电位差的数值为（$\varphi_a - \varphi_1$）；分散层电位差的数值为 φ_1。这里的 φ_a 和 φ_1 均是相对于溶液深处的电位（规定为零）而言。

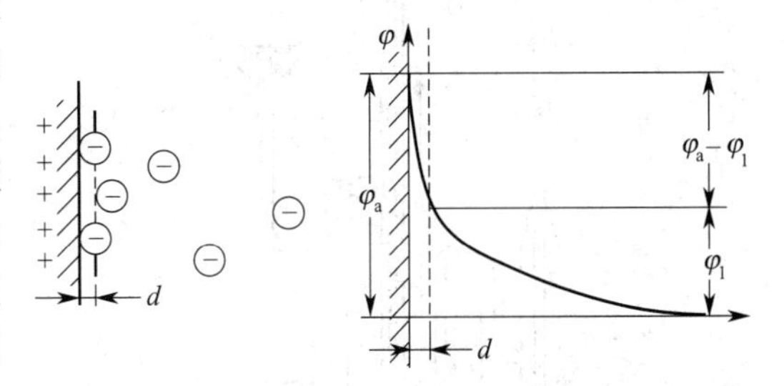

图 2-1　电极界面剩余电荷与电位分布

如果电极表面所带电荷愈多，因静电作用占优势，离子的热运动就愈困难，故分散层厚度将减小，双电层结构比较紧密，在整个电位差中紧密层电位占的比重较大，即 φ_1 的绝对值变小。也就是说，电极与溶液间的总电位差 φ_a 对双电层结构有一定影响。

溶液浓度增大时，离子热运动困难，故分散层厚度减小，φ_1 绝对值亦减小。所以，电极表面所带电荷很多，并且溶液中离子浓度很大时，分散层厚度几乎等于零。可以认为 $\varphi_1 \approx 0$，这时双电层近似于上述的"紧密双电层"模型，在一般的电镀过程中，因使用的电流密度较大，加之镀液浓度高，故电极界面双电层中的分散层部分所占比重很小，因此可近似地看作只有紧密层；反之，当金属表面所带电荷极少，且溶液很稀时，分散层厚度可以变得相当大，可近似认为双电层中的紧密层不复存在。若电极表面所带电荷下降为零，可认为离子双电层达到了极度的分散，离子双电层随之消失。

温度升高时，质点热运动动能增大，故分散层厚度增大，φ_1 绝对值亦增大。当溶液浓度与温度不变时，双电层分散性随离子价数的增大而减小。

2.1.3　电毛细现象及在电镀中的应用

任何相界面都存在界面张力（interfacial tension），电极与溶液界面间也存在界面张力，界面张力不仅与界面层的物质组成有关，还与电极电位有关。约一百余年前，有人用外电源给毛细管中与电解液相接触的汞充电，发现汞柱随电极电位的变化而上下伸缩，其装置如图 2-2 所示。测量时在每一个电位下调节汞柱高度（h），使倒圆锥形的毛细管（K）内汞弯月面的位置保持一定，因此界面张力与汞柱的高度成正比。界面张力与电极电位的关系曲线称为电毛细曲线，图 2-3 为电毛细曲线及电极表面电荷密度（q）与电极电位 φ 的关系曲线，这种界面张力随电极电位变化的现象称为电毛细现象。

由于界面存在双电层，界面的任一侧都带有相同符号的剩余电荷，无论是带正电荷或负电荷，因同性电荷间的排斥作用，都力图使界面扩大，恰好与界面张力使界面缩小的作用相反，故带电界面的界面张力比不带电时小。电极表面电荷密度越大，界面张力则越小，如图 2-3 曲线实线所示。电极表面剩余电荷密度与电极电位的关系则由图 2-3 曲线虚线表示。

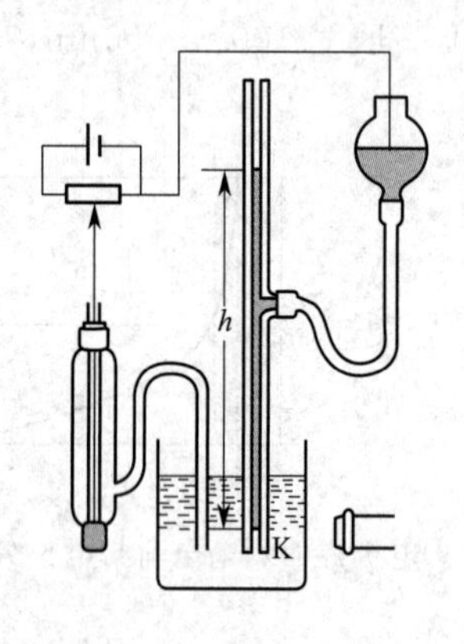

图 2-2 毛细管静电计

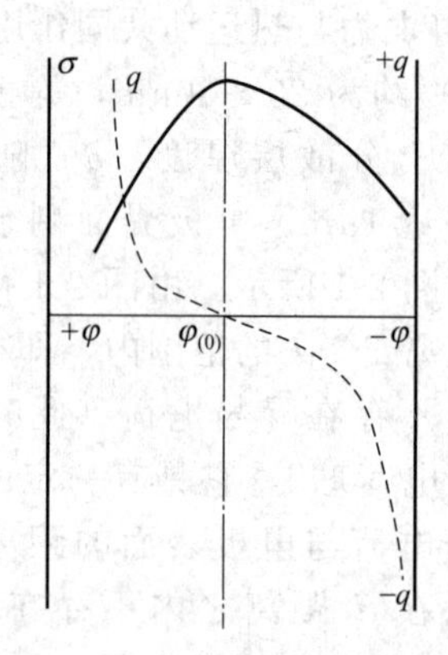

图 2-3 电毛细曲线和 q-φ 曲线

实线—电毛细曲线；虚线—q-φ 曲线

从吉布斯（Gibbs）吸附公式出发，可以推导出界面张力（σ）和电极电位（φ）之间的定量关系式。

在恒温、恒压下，吉布斯吸附公式为：

$$d\sigma = -\sum \Gamma_i d\mu_i \tag{2-1}$$

式中，μ_i 是溶液中组分 i 的化学势；Γ_i 是组分 i 的表面剩余量，它表示组分 i 在单位表面层中的物质的量与溶液本体浓度中物质的量的差值。

对电位可以改变的电极而言，电子可以看成是一种能在表面上吸附的活性粒子。若电极上剩余电荷密度为 q，则电子的表面吸附量为 $\Gamma_e = -q/F$（负号表示 Γ_e 与 q 的符号相反），当电子向界面转移时，它的偏摩尔自由焓的变化 $d\mu_e = -F d\varphi$。因此：

$$\Gamma_e d\mu_e = q d\varphi \tag{2-2}$$

将上述两者的贡献代入式(2-1) 可得：

$$d\sigma = -\sum \Gamma_i d\mu_i - \Gamma_e d\mu_e = -\sum \Gamma_i d\mu_i - q d\varphi \tag{2-3}$$

若在测量不同电位下的界面张力时，维持溶液组成不变，对每一组分来说，$d\mu_i = 0$，因此式(2-3) 可简化成：

$$d\sigma = -q d\varphi$$

或

$$q = -\frac{d\sigma}{d\varphi} \tag{2-4}$$

这个描述 σ、φ 与 q 三者关系的式子，称为李普曼（Lippmann）方程或电毛细微分方程。

式中，q 为电极表面剩余电荷密度，C/cm^2；φ 为电极电位，V；σ 为界面张力，J/cm^2。

若电极表面剩余电荷为零 $[\varphi = \varphi_{(q=0)} \neq 0]$，即无离子双电层存在时，则 $q = 0$，$d\sigma/d\varphi = 0$，此时电毛细曲线出现最高点，界面上没有因同性电荷相斥所引起使界面扩大的作用力，故界面张力达到最大值。当电极表面存在正的剩余电荷时，$q > 0$，则 $d\sigma/$

$d\varphi<0$，此时随电极电位变正，界面张力减小（即图 2-3 中电毛细曲线的左半部分）；当电极表面存在负的剩余电荷时，$q<0$，则 $d\sigma/d\varphi>0$，此时随电极电位变负，界面张力也减少（即图 2-3 中电毛细曲线的右半部分），因此无论电极表面存在正或负剩余电荷，界面张力均将随着其数量的增加而降低。图 2-3 中的实线并不是一个完全对称的抛物线，在电极表面正电荷的一边陡，负电荷的一边缓，这是因为当电极表面带正电时，水化阴离子变形大，所形成的双电层较薄，所以电容值比阳离子组成的双电层大，因此曲线左方较陡。

电毛细曲线对研究表面活性物质在电极上的吸附也同样有一定的指导意义。

上述电毛细现象是以液态金属电极（如汞、汞齐、镓等）为对象而研究的，因为它们的表面均匀，其相界张力也易于直接观察。但在实际工作中经常碰到的却是固体电极，如电镀和其他电化学生产等，所以研究固体电极的电毛细现象是十分重要的。溶液与固体电极界面上相间张力的变化，直接影响电解液对电极的润湿性，而电极的润湿情况对于镀层质量又有直接的关系，它会影响阴极镀件析出的气泡（或阴极表面上存在的油滴）大小和附着能力。

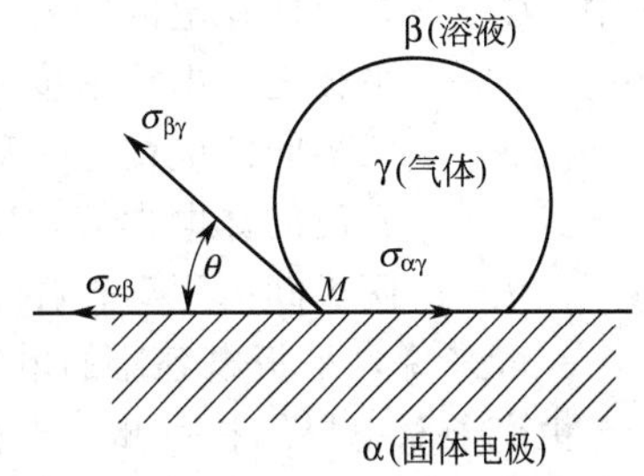

图 2-4　固体电极表面上三个相间张力的平衡图

当电极上产生气泡时，在电极、溶液和气体间的三个界面上各存在一个相间张力 $\sigma_{\alpha\beta}$、$\sigma_{\alpha\gamma}$ 分别表示金属与溶液以及金属与气体界面上的张力，$\sigma_{\beta\gamma}$ 表示溶液与气体界面上的张力。气泡稳定存在时，在 M 点（称为液、固、气三相点）三个界面张力处于平衡状态，如图 2-4 所示。它们之间应当存在下列关系：

$$\cos\theta=(\sigma_{\alpha\gamma}-\sigma_{\alpha\beta})/\sigma_{\beta\gamma} \tag{2-5}$$

式中，θ 角称为润湿接触角，θ 越小，表示溶液对电极润湿性越强。

当对电极充电时，$\sigma_{\alpha\beta}$ 按照电毛细曲线规律随着电位 φ 的变化而改变，$\sigma_{\alpha\gamma}$、$\sigma_{\beta\gamma}$ 随电位 φ 虽有一些微小变化，但与 $\sigma_{\alpha\beta}$ 变化相比，可以忽略不计。这样，当 φ 偏离 $\varphi_{(q=0)}$ 而不断变化时，$\sigma_{\alpha\beta}$ 将减小，$(\sigma_{\alpha\gamma}-\sigma_{\alpha\beta})$ 增大，接触角 θ 不断变小，气泡越圆，电解液对电极的润湿性因而提高，当 θ 接近于零时，达到完全润湿，溶液把气泡从电极表面挤走，如图 2-5 所示。这就是说，当双电层的电荷密度增大时，溶液对固体电极表面的润湿性增大了，或者说，气泡对电极表面的附着力降低了，故气泡来不及继续长大，即离开电极表面逸出，形成的气泡尺寸较小。当电极表面电荷为零，即电位等于零电荷电位时，$\sigma_{\alpha\beta}$ 最大，接触角 θ 也最大，此时电极不易被溶液润湿，或气泡在电极表面附着力较强，不易离去，气泡尺寸较大。这种变化关系在电化学生产中有很大实际意义。

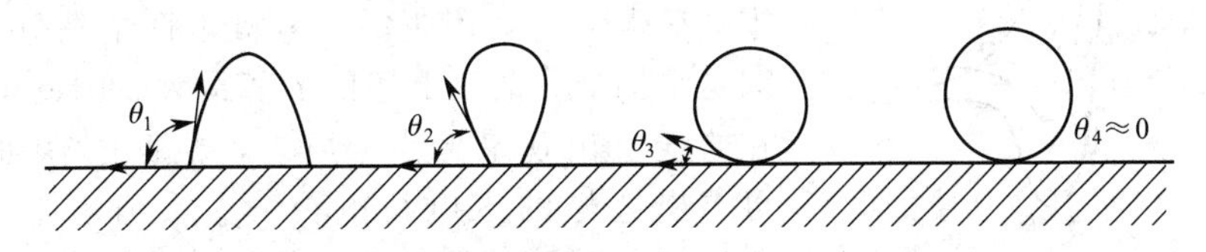

图 2-5　电极极化程度不同时 θ 角的变化情况

电镀过程中，要求 θ 小，镀液对阴极镀件表面有良好的润湿性。因电镀过程中，阴极形成镀层的同时，往往伴有 H_2 析出，若镀液润湿性差，则形成的气泡易吸附于镀层之上，导致镀层产生针孔、麻点等，降低镀层质量。此时，在镀液中添加适量"润湿剂"即可消除该弊病。提高阴极极化，使阴极电位 φ 远离 $\varphi_{(q=0)}$，虽然可以提高镀液的润湿性能，但易使电流超过工艺规定的电流上限，导致镀层“烧焦”，所以不适合采用。然而，在电镀前处理工序，如电解除油中，可采用此法提高溶液对镀件的润湿性能，使油膜与金属黏着力降低而发生破裂，再在碱等共同作用下，将破裂的油膜聚集成易从镀件表面脱落的油滴。这时电极表面黏附的油类物质与气泡存在时的情况相同。电极电位变化时，油滴的润湿角也发生类似的变化。因此极化较大时，电极表面上的油滴完全可以被溶液挤走。

2.1.4　微分电容曲线及在电镀中的应用

如果把双电层看成一个平板电容器，则其电容 C 可用下式表示：

$$C=\frac{q}{\Delta\varphi}=\frac{\varepsilon_0\varepsilon_r}{l} \tag{2-6}$$

式中　C——单位面积上的电容，F/cm^2；

q——平板上的电荷密度，C/cm^2；

$\Delta\varphi$——两板间的电位差，V；

$\varepsilon_0, \varepsilon_r$——介质的介电常数，F/cm；

l——两极间的距离，cm。

一般来说，平板电容器的电容是一个恒值，不随电位差变化而变化。

由离子双电层结构可知，电极表面剩余电荷的变化将引起界面电位差的改变，即双电层具有电容的特性。在较浓的溶液中，双电层受到压缩，几乎所有的电荷都集中在紧密层中，双电层相当于一个结构与尺寸相对固定的平板电容器，所以其电容可视为常数，不随 φ_a 而变化。在稀溶液中，由于双电层比较分散，情况将有所不同，其电容随电极电位的变化而变化。因此，应该用微分形式来表示双电层的电容，即：

$$C_d=\frac{dq}{d\varphi} \tag{2-7}$$

式中，C_d 为微分电容，表示电极电位发生微小变化时所具有的贮存电荷的能力。

双电层的微分电容可用交流电桥法或其他暂态法精确测量。对同一电极体系测量出不同电极电位下的微分电容值，便可得到 C_d-φ 的关系曲线——微分电容曲线。用此曲线可研究双电层的结构及各种因素对双电层结构的影响，并可进一步了解结构对电极反应的影响。图2-6为实验测出的Hg电极在KCl溶液中的微分电容曲线。由图可见，电极电位、溶液浓度均对曲线形状有明显影响。当溶液很稀时，电容曲线出现了最小值（曲线1与曲线2），而且溶液越稀，最小值也越偏下。这是因为双电层分散度与电极电位有关，当电位处于零电荷点 $\varphi_{(q=0)}$ 附近时，电极表面电荷几乎为零，故双层结构最分散，上述的 l 值最大，因此电容值最小，在曲线上出现最低点。所以，根据电容曲线的情况，可求出电极的零电荷电位 $\varphi_{(q=0)}$ 值，此条件下约为 -0.2V，溶液越稀，双层结构越分散，因而电极电位对曲线1的影响也越明显，电容曲线上的最低点也越偏下。反之，提高溶液浓度，双层分散性降低，电极电位的影响自然变小，曲线最低点也逐渐变得不明显。当浓度提高到一定数值时，电容曲线上就不再出现最低点了，

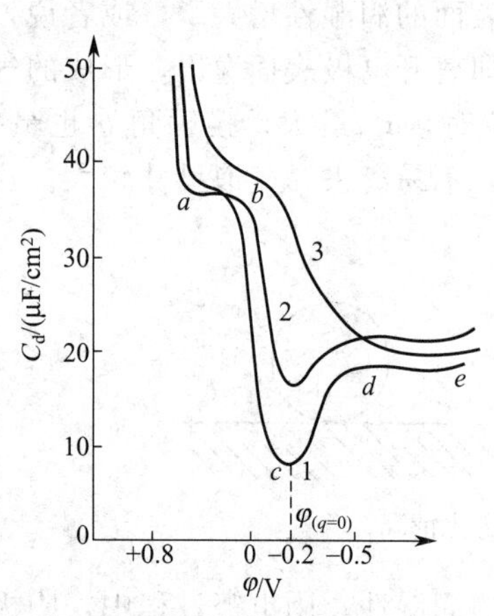

图2-6　Hg电极在KCl溶液中的微分电容曲线

1—0.001mol/L KCl；2—0.01mol/L KCl；3—0.1mol/L KCl

在浓度相同时，电极电位对 C_d 的影响也不相同。在 $\varphi_{(q=0)}$ 附近，因双电层分散性大，电位对 C_d 的影响显著（如曲线 1 的 *bcd* 段），当电位偏离 $\varphi_{(q=0)}$ 较远时，电极表面电荷密度增大，双电层分散性大大降低，以至电位变化对 C_d 无明显影响（曲线 1 的 *ab* 与 *de* 段），C_d 趋近于稳定值。由图可见，此稳定值，一个为 $36\mu F/cm^2$ 左右，另一个为 $18\mu F/cm^2$ 左右（这主要是因为水化阴离子在带正电荷的电极表面附近发生了较大程度的变形，使电荷中心更靠近电极表面，相当于 *d* 值减小，故电容较大），即相当于紧密层电容，说明此时因静电作用加强，分散层中电荷几乎全部被“压缩”至紧密层中，分散层近于消失，故电位的影响为零。在电容曲线的两端，即电位正于 *a* 点电位和负于 *e* 点电位时，电容值剧烈上升，这是由于此时电位的正值已达到了汞的溶解电位和电位的负值已达到溶液中 K^+ 的还原电位，从而发生了电化学反应所引起的。发生电化学反应时，双电层相当于一个漏电的电容器，此时欲使电位改变同一数值，所需电量当然增多，故电容大大上升。

2.1.5　活性粒子在电极与溶液界面上的吸附

有机物分子或离子多半具有表面活性，只要加入少量，就能吸附在电极/溶液的界面上，显著地影响着电极过程的反应速率和沉积物的形貌。例如电镀前处理中采用的各种乳化剂、缓蚀剂以及电镀过程中应用的各种整平剂、光亮剂、润湿剂等，这些添加剂影响电极过程的机理大多是通过它们在电极表面上吸附而实现的。

所谓吸附，是指某种物质的分子或原子、离子在固体或溶液的界面富集的一种现象，包括物理吸附、化学吸附及静电吸附。吸附能改变电极表面状态与双电层中电位的分布，从而影响反应粒子的表面浓度及界面反应的活化能，因此对电极过程有直接影响。电极与溶液界面发生某些粒子的吸附后，界面张力和界面电容都要发生变化。因而，我们可借助电毛细曲线与微分电容曲线来研究吸附的情况。

凡在电极与溶液界面上发生吸附，明显降低溶液表面张力的物质，称为“表面活性物质”，它可以是分子、原子，也可以是正离子、负离子。这些分子、原子和离子则称之为“活性粒子”。

（1）无机离子在“电极/溶液”界面上的吸附

大多数无机阴离子是表面活性物质，具有典型的离子吸附规律，而无机阳离子表面活性很小，只有少数离子，如 Ti^+、Th^{4+}、La^{3+} 等表现出表面活性。汞电极测得的不同无机阴离子的电毛细曲线（见图 2-7）和微分电容曲线（见图 2-8）表明，所有曲线在较负的电位区域趋于重合，表征界面结构基本相同；但在较正的电位区域差别较大，表示阴离子的吸附与电极电位密切相关。吸附主要发生在比零电荷电位更正的电位范围，即发生在带异号电荷的电极表面；在带同号电荷的电极表面上，当剩余电荷密度稍大时，静电斥力大于吸附作用力，阴离子很快就脱附了。汞电极的界面张力重新增大，电毛细曲线与无特性吸附时（Na_2SO_4 溶液）的曲线完全重合。因此，阴离子的特性吸附作用发生在比零电荷电位更正的电位范围和零电荷电位附近。电位越正，阴离子吸附量越大。由图 2-7 还可以看出，在同一种溶液中，加入相同浓度阴离子时，同一电位下界面张力下降的程度不同，这说明不同阴离子的吸附能力或表面活性是不同的。界面张力下降越多，表明该种离子的表面活性越强。在汞电极上，无机阴离子的表面活性顺序为 $S^{2-}>I^->Br^->Cl^->OH^->SO_4^{2-}>F^-$。图 2-7 还表明，阴离子吸附使电毛细曲线最高点，即零电荷电位向负移动，表明活性愈强的离子引起零电荷电位负移的程度也愈大。这是由于阴离子的吸附改变双电层结构的缘故。

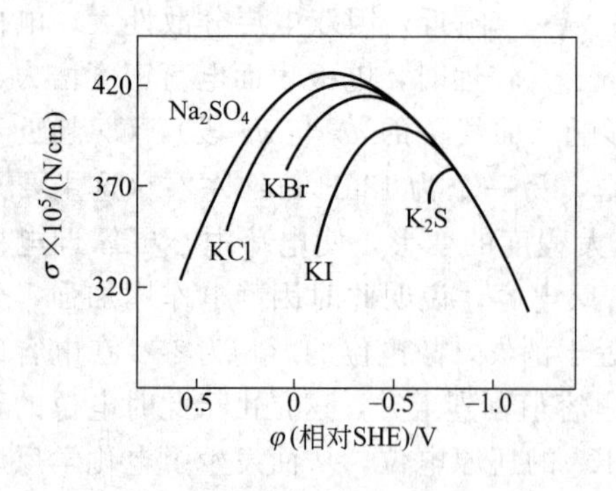

图 2-7　无机阴离子吸附对电毛细曲线的影响

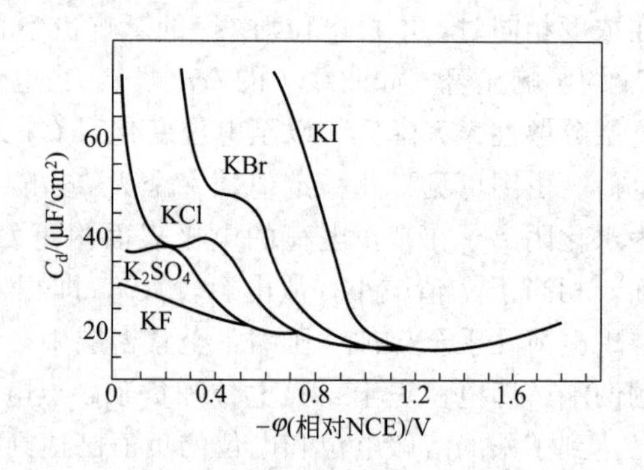

图 2-8　无机阴离子吸附对汞电极微分电容曲线的影响

图 2-8 为阴离子吸附对微分电容曲线的影响，溶液浓度除 K_2SO_4 为 0.05mol/L 外均为 0.1mol/L。阴离子吸附时将脱去水化膜，挤进水偶极层，直接与电极表面接触，形成内紧密层结构，从而使紧密层有效厚度减小，微分电容增大。所以，在零电荷电位 $\varphi_{(q=0)}$ 附近和比零电荷电位更正的电位范围内，微分电容曲线比无特性吸附时升高了。

这些阴离子在电极表面的吸附通常是库仑力以外的作用力所引起的吸附，称之为特性吸附。这样就使得双电层中，负电荷超过了电极表面上的正电荷。这种过剩的负电荷又静电吸引溶液中的阳离子，形成了如图 2-9 所示的三电层。这时，φ_1 电位的符号与 φ 相反。

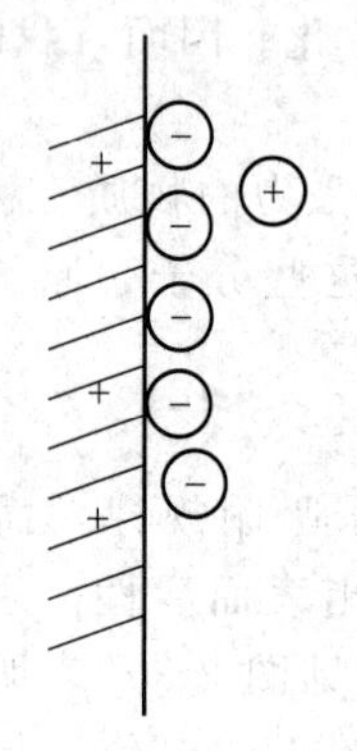

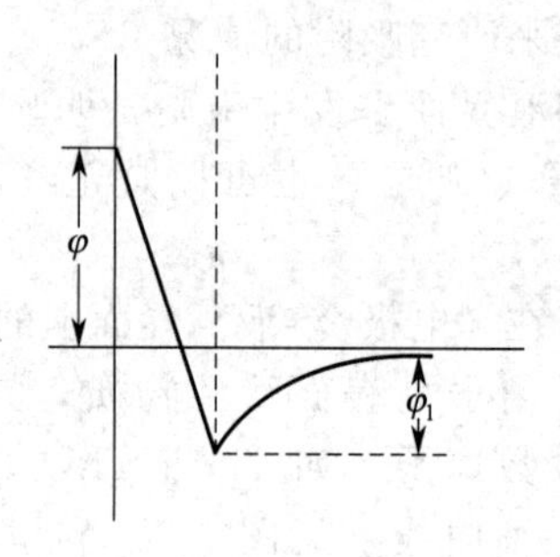

图 2-9　三电层结构及其电位分布

单靠库仑力，紧密层中阴离子的电荷不可能超过电极表面剩余的正电荷。但是考虑到特性吸附后，就有可能出现这种情况，可以称之为超载吸附。因此，当不存在特性吸附时，φ_1 与 φ 的符号是一致的，但出现超载吸附时，就会出现 φ_1 与 φ 符号相反的现象。

（2）有机分子在“电极/溶液”界面上的吸附

绝大部分能溶于水的有机分子如醇、醛、酸、酮、胺等，在“电极/溶液”界面上都具有不同程度的表面活性，能在“电极/溶液”界面上吸附。这些分子中均包含不能水化的碳氢链和能水化的极性基团。前者倾向于脱离溶液内部，称为“憎水部分”，后者则倾向于保持在溶液中，称为“亲水部分”。它们在“电极/溶液”界面上形成如图 2-10 所示的吸附层。最经典的测定电极表面有机分子吸附量的实验方法是前面介绍过的电毛细曲线法和微分电容曲线法。

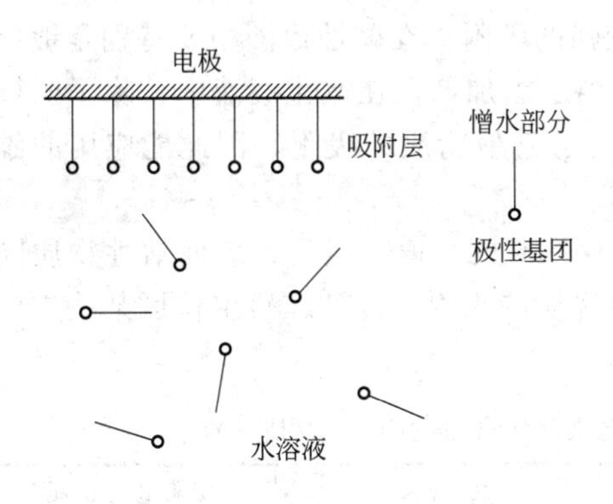

图 2-10　吸附层有机分子的排列方式

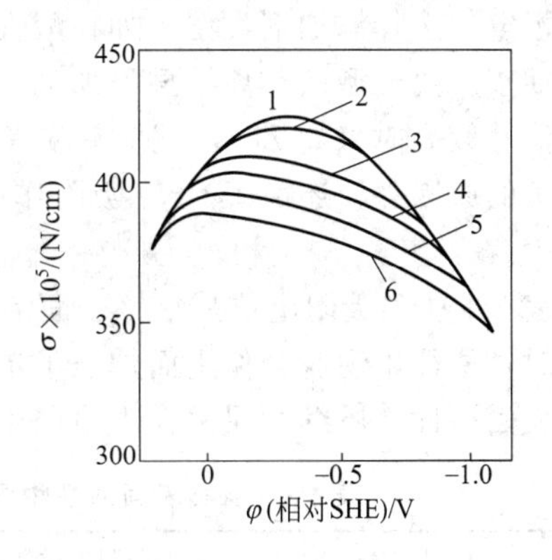

图 2-11　含有 t-$C_5H_{11}OH$ 的 1mol/L NaCl 溶液中测得的电毛细曲线

醇浓度：1—0mol/L；2—0.01mol/L；3—0.05mol/L；4—0.1mol/L；5—0.2mol/L；6—0.4mol/L

当向溶液中加入有机活性分子后，在零电荷电位附近的一段电位范围内可以观测到“电极/溶液”界面的界面张力下降，同时电位略向正方向移动，并且吸附作用只发生在最高点附近的电位范围内。图 2-11 表明，活性分子加入浓度愈大，吸附电位范围也愈宽，界面张力就愈低。在电毛细曲线上，之所以会发生零电荷电位移动，是因为极性的有机分子在电极表面定向吸附，取代了原来在电极表面定向排列的水分子，形成吸附双电层的结果。若极性有机分子的正端靠近电极表面，则此吸附双层电位为正值，电毛细曲线最高点正移，反之，最高点负移。

电镀生产中采用的光亮剂、润湿剂、整平剂等多数是表面活性物质，当电极电位偏离平衡电极电位时，它们能在一定电位范围内产生吸附行为，改变电极与镀液的界面性质，从而对金属离子的阴极还原产生影响。通过测量及分析电毛细曲线，不仅可直观得到电极表面的荷电性质，添加剂的吸附电位范围、添加剂的合适用量，也可根据李普曼方程的微分方程求某一电位下电极表面的剩余电荷密度，按照吉布斯吸附等温式以及朗缪尔单分子层吸附模型也可求算电极表面添加剂最大吸附量，对研究添加剂在电极上的吸附行为具有重要指导意义。

应用微分电容曲线，可研究电极与溶液界面的结构与性质，对了解添加剂在电极表面的吸、脱附行为很有帮助。图 2-12 反映了有机表面活性剂对微分电容曲线的影响。由图可以看出，在一定电位范围内，表面活性剂吸附使电容值下降，同时在吸附区边界电位上，微分电容出现两个峰值（一般称为“假电容”）。随着活性物质浓度加大，$\varphi_{(q=0)}$附近 C_d 的数值逐渐减小，最后达到极限值。可以根据电容峰值出现的电位，粗略估计表面活性物质的脱附电位。表 2-1 列出了各类表面活性物质的吸附电位范围，对电镀中选择添加剂有一定的参考意义。

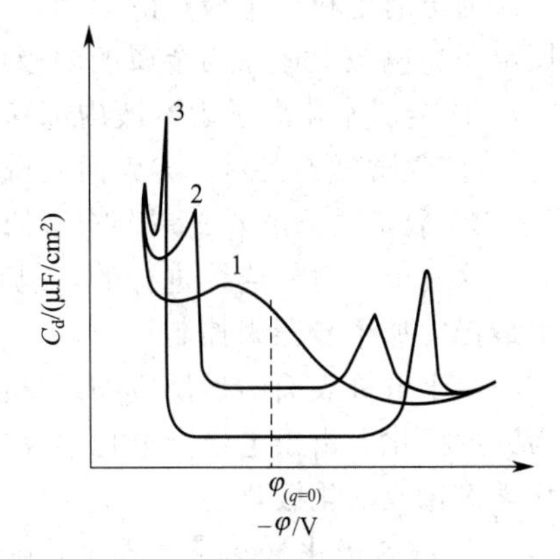

图 2-12　有机表面活性剂对微分电容曲线的影响

1—未加表面活性物质；
2—加入表面活性物质，在 $\varphi_{(q=0)}$附近未达到饱和吸附；
3—在 $\varphi_{(q=0)}$附近达到饱和吸附

由表 2-1 所列吸附电位数值可见，在电镀常用的电位范围内（即使在碱性镀锌溶液中也很少超过－1.5V），很容易找到镀液中有效的添加剂，而且，还可根据电镀时电极电位选择添加剂类型。如在酸性镀液中且镀层金属活性不高时（如 Pb、Cu、Sn 等），可以期望阴离子型及非离子型添加剂在电极上有较强的吸附；在碱性镀液中，特别是镀层金属活泼性较高时（如 Zn），就应首先考虑多聚型非离子添加剂；在氰化镀液中，除了阴极电位较负的原因外，还由于 CN^- 吸附作用很强，影响了其他物质的吸附，因此能应用的添加剂很少。

表 2-1 所列吸附电位是指该表面活性物质单独存在时的数值，当几种表面活性物质同时存在时，往往出现联合作用而加强了单个表面活性物质的吸附，以致在负电位区某些本应脱附的表面活性物质继续保留在吸附层中。

表 2-1 各类表面活性物质的吸附电位范围（按含量约为 0.1%估计）

添加剂	吸附电位范围/V	添加剂	吸附电位范围/V
有机离子(磺酸、脂肪酸)	−0.8～−1.1	有机阳离子(季铵盐等)	−1.4～−1.6
芳烃酚	−0.8～−1.1	多聚型添加剂(平平加、动物胶等)	−1.6～−1.8
脂肪醇、胺	−1.1～−1.3		

2.2 电极的极化

2.2.1 极化与析出电位

（1）极化（polarization）

所谓极化，是指电流通过电极时，电极电位（electrode potential）偏离其平衡电极电位（equilibrium electrode potential）的现象。阴极极化使阴极电极电位向负方向偏移；阳极极化使电位朝正方向偏移。电极通过的电流密度越大，电极电位偏离平衡电极电位的绝对值就越大，其偏离值可用超电势或过电位 $\Delta\varphi$ 来表示，一般过电位用正值表示，故阴极过电位 $\Delta\varphi_K=\varphi_{K,平}-\varphi_K$，而阳极的过电位 $\Delta\varphi_A=\varphi_A-\varphi_{A,平}$。

通电时电极产生极化的原因，是由于电极反应过程中某一步骤速度缓慢所引起的。以金属离子在电极上还原为金属的阴极反应过程为例，其反应过程包括下列三个连续的步骤：

① 金属水化离子由溶液内部移动到阴极界面处——液相中物质的传递步骤；

② 金属离子在阴极与界面上得到电子，还原成金属原子——电化学步骤；

③ 金属原子排列成一定构型的金属晶体——生成新相步骤。

这三个步骤是连续进行的，但其中各个步骤的速度不相同，因此整个电极反应的速度是由最慢的那个步骤来控制。

由于电极表面附近反应物或反应产物的扩散速度小于电化学反应速度而产生的极化，称为浓度极化。由于电极上电化学反应速度小于外电路中电子运动速度而产生的极化，称为电化学极化或活化极化。

① 浓差极化（concentration polarization） 在电极过程中，反应粒子自溶液内部向电极表面传送的单元步骤，称为液相传质步骤。当电极过程为液相传质步骤所控制时，电极产生的极化称为浓差极化。液相传质过程可以由电迁移、对流和扩散三种方式来完成。

在酸性镀锌溶液中，未通电时，镀液中各部分的浓度是均匀的。通电后，镀液中首先被消耗的反应物应当是位于阴极表面附近液层中的锌离子，故阴极表面附近液层中的锌离子浓度不断降低，与镀液本体形成了浓度差异。此时，溶液本体的锌离子，应当扩散到电极表面附近来补充，使浓度趋于相等。由于锌离子扩散的速度跟不上电极反应消耗的速度，遂使电极表面附近液层中离子浓度进一步降低。那么，即使 $Zn^{2+}+2e \longrightarrow Zn$ 的反应速度跟得上电子转移的速度，但由于电极表面附近锌离子的缺乏，阴极上仍然会有电子的积累，使电极电位变负而极化。由于此时在电极附近液层中必然出现锌离子浓度的降低，从而与本体溶液形成浓度差异，所以称为浓度极化。阳极的浓度极化也同样如此，锌阳极溶入溶液的锌离子不能及时地向溶液内部扩散，导致阳极表面附近液层中的锌离子浓度增高，电极电位将向正方向移动而发生阳极的浓度极化。

在阴极区，当电流增大到使欲镀的金属离子浓度趋于零时的电流密度称为极限电流密度，在电化学极谱分析曲线上出现平台。当阴极区达到极限电流时，由于欲镀离子的极度缺乏，导致 H^+ 放电而大量析氢，阴极区急速碱化，此时镀层中有大量氢氧化物夹杂，形成粗糙多孔的海绵状的电镀层，这种现象在电镀工艺中称为“烧焦（burnt）”。

② 电化学极化（activation polarization）　阴极反应过程中的电化学步骤进行缓慢所导致的电极电位的变化，称为电化学极化。电极电位的这一变化也可认为是改变电极反应的活化能，从而对电极反应速度产生影响。

镀锌过程中，当无电流通过时，镀液中的锌电极处于平衡状态，其电极电位为 $\varphi_{平}$。通电后，假定电极反应的速度无限大，那么，尽管阴极电流密度很大（即单位时间内供给电极的电子很多），还是可以在维持平衡电位不变的条件下，让锌离子在阴极进行还原反应。这就是说，所有由外线路流过来的电子，一到达电极表面，便立刻被锌离子的还原反应消耗掉，因而电极表面不会产生过剩电子的堆积，电极的电荷仍与未通电时一样，原有的双电层也不会发生变化，即电极电位不改变，电极反应仍在平衡电位下进行。

如果电极反应的速度是有限的，即锌离子的还原反应需要一定的时间来完成，但在单位时间内供给电极的电量无限小（即阴极电流密度无限小）时，锌离子仍有充分的时间与电极上的电子相结合，电极表面仍无过剩电子堆积的现象，则电极电位也不变，仍为平衡电位。

然而，事实上这两种假设情况均不存在，电镀时，电荷流向电极的速度（即电流）不是无限小，锌离子在电极上还原的速度也不是无限大。由于任何得失电子的电极反应总要遇到一定的阻力，所以在外电源将电子供给电极以后，锌离子来不及被立即还原，外电源输送来的电子也来不及完全消耗掉，这样电极表面就积累了过剩的电子（与未通电时的平衡状态相比），使得电极表面上的负电荷比通电前增多，电极电位向负的方向移动而极化。

同样道理，由于阳极上锌原子放出电子的速度小于电子从阳极流入外电源的速度，阳极上有过剩的正电荷积累（锌离子的积累），使阳极电位偏离平衡电位而变正，即发生了阳极的电化学极化。

由于电化学的极化是因为电化学反应速率慢而造成的，因此其难易程度首先与金属离子的本性有关，金属的交换电流密度越小，金属离子到电极表面放电就越困难，势必带来较大的电化学极化作用，例如铁族元素在简单盐镀液中就具有很好的电化学极化作用。此外也可采用向镀液中加入添加剂或采用络合物体系来提高镀液的电化学极化作用。研究表明，添加剂可在阴极表面的某一电位段发生吸附，如果添加剂未完全覆盖在阴极表面，则起到了减少金属离子有效放电面积的作用，使金属离子放电的实际电流密度增大，从而提高了阴极极化作用。如果添加剂完全覆盖在阴极表面上，则形成了具有屏蔽作用的阻挡膜，金属离子必须穿过这层阻挡膜才能放电，因此也起到了降低金属离子放电速率，增大阴极极化的作用。选择络合体系，使金属离子与配体形成具有一定配位数的金属络离子，增大其在阴极上放电的难度，进而实现提高电化学的极化作用。

由以上电极极化过程的讨论可知，电极之所以发生极化，实质上是因为电极反应速度、电子传递速度与离子扩散速度三者不相适应造成的。阴极浓度极化的发生，是因离子扩散速度小于电极反应消耗离子的速度所致，而阴极电化学极化则是由于电子传递速度大于电极反应消耗电子的速度所致。

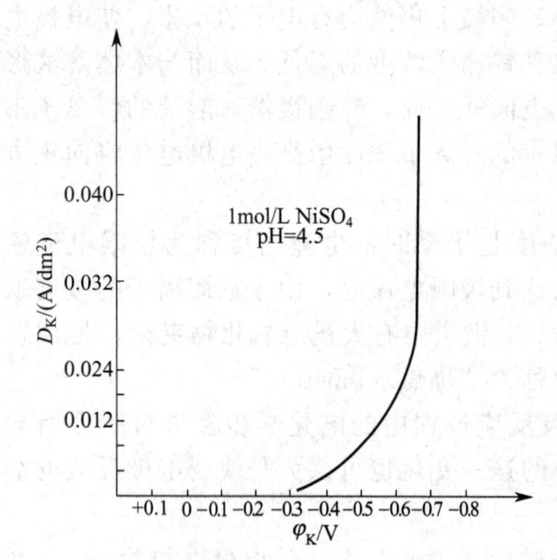

图 2-13 镀镍溶液的阴极极化曲线

（2）析出电位

在阴极上，各种金属析出时，都表现出一定程度的极化，换言之欲使金属在阴极镀出，必须使电极电位相对其平衡电位负移一定的数值。

例如，在镀镍溶液中，从极小的电流开始，测极化曲线时，阴极上并不是一通电就有镀层，而只是当电流增大到某一数值，电极极化至某一电位时，才能镀上镀层。图 2-13 是镀镍溶液的阴极极化曲线，由图看出，当阴极电位负于−0.46V时，极化逐渐变小，说明在此电位下，发生了某种“去极化（depolarization）”的电极反应，同时，在测量过程中发现，在未负至此电位以前，铜阴极上无镍层析出，一旦电位负至此值，原来淡红的铜阴极，立刻变成浅灰色，说明此时在阴极发生了镍离子的放电反应，使极化作用变小。同时还说明，要镀出金属镍是有条件的。在上述实验中，必须使阴极极化至一定程度，让电位负至−0.46V 时，才能镀出镍。像这种使金属在阴极开始镀出的最正电位，称为它的“析出电位”。若电位值比−0.46V 再正一点，则阴极上就镀不出镍。若比−0.46V 再负一点，虽能镀出镍，但这电位就不是镍的析出电位。

通过计算，上述镀镍液的平衡电位约为−0.25V。因此根据过电位计算公式，在该镀液中，镍析出时的过电位 $\Delta\varphi_K=\varphi_平-\varphi_K=-0.25+0.46=0.21V$。

又如，在氰化镀铜液中，铜的平衡电位约为−0.76V，而它的析出电位约为−1.0V，其析出过电位 $\Delta\varphi_K=\varphi_平-\varphi_K=0.24V$。

阳极发生反应，也需一定程度的极化作用，与阴极析出电位的定义相反，把阳极开始溶解或其他物质开始析出的最负电位，称溶解电位或析出电位。

倘若物质在完全不发生极化的情况下于电极上析出，则这时的电位称为“理论析出电位”，反之称为“实际析出电位”。理论析出电位只是一种理想状况，一般讲的析出电位就是指实际析出电位。

十分清楚，既然完全不发生极化作用，则理论析出电位即等于平衡电位，而实际析出电位 $\varphi_{K,析}=\varphi_{K,平}-\Delta\varphi_K$。

析出电位越正，越优先在阴极析出，反之，析出电位越负，越难以在阴极析出。这是因为析出电位负的物质，必须要求阴极有一个较大程度的极化，才能达到其析出电位，而在此之前，对于其他析出电位较正的物质来说，电极电位负值早已超过了它们的析出电位，因而它们也就在阴极上析出了。

阳极过程正好与阴极相反。析出电位（或溶解电位）越负，越容易在阳极析出（或溶解）。这是因为阳极极化时，与阴极相反，电极电位向正方向移动。

金属不同，析出电位也不相同，如镀镍时，铜离子杂质对镀层质量的影响远比锌离子杂质的影响显著，这是因为铜在镀镍溶液中的析出电位比镍为正，所以铜比镍容易在阴极镀出，而对镀层质量有显著的影响；锌的析出电位比镍为负，不容易在阴极析出，因此锌离子杂质对镀层无明显影响。若锌离子杂质过分大量存在，则析出电位会向正向移动，因而也会对镀层质量产生严重影响。

又如在镀锌生产中，也常常发现有些金属离子，如铜、铅、锡等，使镀层粗糙、发黑、疏松和抗蚀性下降，这也是因为这些金属的析出电位都比锌正，因而它们首先迅速镀出，破坏了金属锌在阴极有规则的沉积。正是由于它们比较容易在阴极析出，所以当镀液中存在少量该类杂质时，可用“电解法”，即通以小电流、长时间电解将它们除去。

同一金属在不同的电镀液中，其析出电位也不相同。如氰化镀液中，锌的析出电位是－1.30V，而在酸性镀锌溶液中，其析出电位则为－0.80V。

在实际电镀生产中，阴极电位都不是正好等于镀层金属的析出电位，而是比金属的析出电位更负，因为电镀生产中，不是能镀出金属就达到了要求，而是要使镀出的金属满足一定的质量要求，如光亮度、致密性、抗蚀性等，这些质量只有在适当大的阴极极化作用下才能实现。如在镀锌生产中，与镀液配方相对应，所采用的电流密度一般都为0.5～2.5A/dm^2，与此相应的阴极电位远比锌在该镀液中的析出电位负，从而充分满足了镀出优质锌层的条件。电流密度范围的确定，除满足镀层质量要求外，还应考虑电镀生产效率。在保证镀层质量的前提下，适当加大电流，可提高金属的沉积速度，进而提高电镀生产率。在电镀工艺规范中，都注明阴极电流密度范围，此值是综合考虑生产效率和镀层质量要求而得出的。

目前，电镀大都在水溶液中进行，因而在阴极上析出金属的同时，还会有氢气析出；在阳极上，金属溶解的同时，还会有氧气析出（即氢氧根离子放电）。H^+和OH^-也同样存在析出电位与过电位，其数值与溶液的组成、温度、电极材料及表面状况有关，表2-2列出了某些电极上析氢与析氧的过电位数值。

表2-2　开始析出气泡时，氢和氧的过电位数值

金属电极	析氢过电位 (0.5mol/L H_2SO_4) $\Delta\varphi_{H_2}$/V	析氧过电位 (1mol/L KOH) $\Delta\varphi_{O_2}$/V	金属电极	析氢过电位 (0.5mol/L H_2SO_4) $\Delta\varphi_{H_2}$/V	析氧过电位 (1mol/L KOH) $\Delta\varphi_{O_2}$/V
Pt(镀铂)	0	0.25	Cu	0.23	—
Pd	0	0.43	Cd	0.48	0.43
Au	0.02	0.53	Sn	0.53	—
Fe	0.08	0.25	Pb	0.64	0.31
Pt(滑)	0.09	0.45	Zn	0.70	—
Ag	0.15	0.41	Hg	0.78	—
Ni	0.21	0.06			

2.2.2　极化曲线及极化度

当电流通过电极时，电极电位会偏离平衡值而产生极化作用。随着电极上电流密度的增加，其电位值偏离平衡值也越大。这种变化关系可用电流密度与电极电位之间的曲线来表示，称为极化曲线（polarization curve）。

图2-14为焦磷酸盐镀铜溶液的阴极极化曲线，横坐标为阴极电位的负值，即$-\varphi_K$，纵坐标为阴极电流密度D_K。可见阴极电流密度越大，电位向负方向偏离得越多，而且在不同的电流范围内，偏离的程度不一样。如在B点以前，电流密度小于4A/dm^{2}时，极化程度较小，而在B点以后，电流密度增大，极化程度较大。

图2-15为镀镍溶液中的两条阳极极化曲线，横坐标为阳极电位$+\varphi_A$，纵坐标为阳极电流密度D_A。可见随D_A增大，电极电位均向正方向偏移，但两者偏移的情况不大一样。AE线偏移量较小，说明阳极极化程度小；$ABCD$线则不同，在B点以后，电位向正方剧

烈偏移，极化猛增。

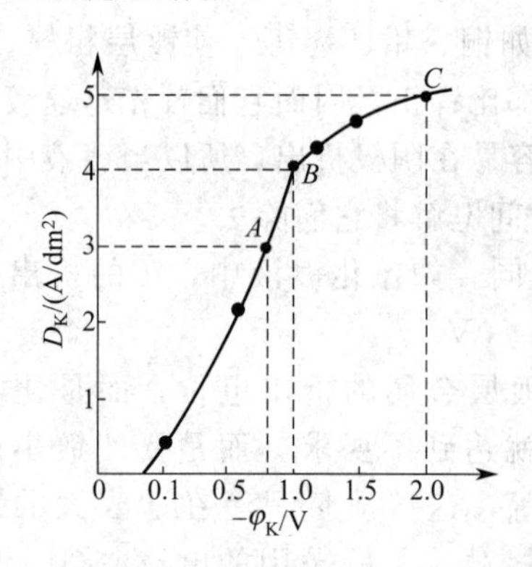

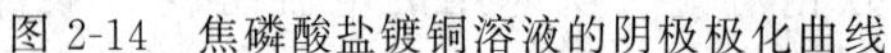
图 2-14　焦磷酸盐镀铜溶液的阴极极化曲线

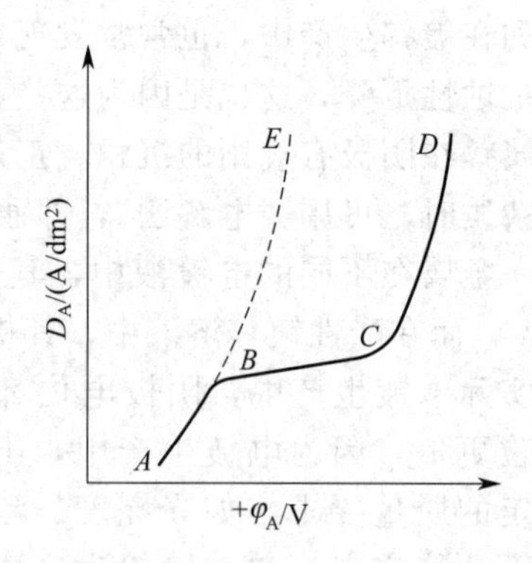

图 2-15　镀镍溶液中两条阳极极化曲线

为了比较各不同电流密度下极化的变化趋势，提出了极化度（polarizability）的概念。所谓极化度是指对应于单位电流密度变化值的电极电位变化值，即 $d\varphi/dD$ 值。对任一极化曲线来说，由于各点对应的 $d\varphi/dD$ 值不同，所以各点的极化度也不同。

由极化曲线形状分析可得出以下结论：

① 若极化曲线为一条直线，则曲线上各点的极化度相同，在生产中，这类镀液类型几乎没有；

② 极化曲线的发展趋势平行于 D_K 轴，此时极化度趋于 0，镀液的分散能力很差，如镀铬液的阴极极化曲线就属于此类型；

③ 若极化曲线的发展趋势平行于 φ_K 轴，则极化度趋于 $+\infty$，如氰化镀中，极化度都较大，镀层细致光亮，但当极化度趋于无限大时，就会出现极限电流，镀层易烧焦。

因此研究一种新的电镀工艺时，总希望其极化曲线向 φ_K 轴倾斜，但不平行于 φ_K 轴，具有较大的阴极极化度，从而利于镀层质量的提高。

电镀生产中，阴极电流密度工作范围选取的原则是在镀层不烧焦的前提下，尽可能开大电流，以提高阴极极化作用与镀层的沉积速度，进而提高劳动生产效率。对于可溶性阳极，其工作电流密度应在钝化电流密度以下，以保证阳极正常溶解。生产中可通过调节阴、阳极板的面积，将阴、阳极电流密度分别控制在所要求的范围内。

极化曲线是选择电流密度的重要根据，因此准确测定极化曲线是电镀工艺研究的重要内容。极化曲线测定（JB/T 7704.6—95）可采用恒电流法或恒电位法。图 2-16 为测定镀液极化曲线装置图。

恒电流法（简称恒流法）是通过恒电流仪等仪器控制不同的电流密度，测定相应的电极电位值，将测得的一系列电流密度和电极电位对应值绘成曲线或通过记录仪自动记录画出曲线，即为恒流极化曲线。该法所用仪器简单，容易实现，所以应用较早，但控制电流法只适用于测量单值函数的极化曲线，即一个电流密度只对应一个电极电位值。如果极化曲线中出现电流极大值，如测定阳极钝化曲线时，一个电流密度可能对应几个电极电位值，此时，通过恒流法就难以准确地体现出对应关系。

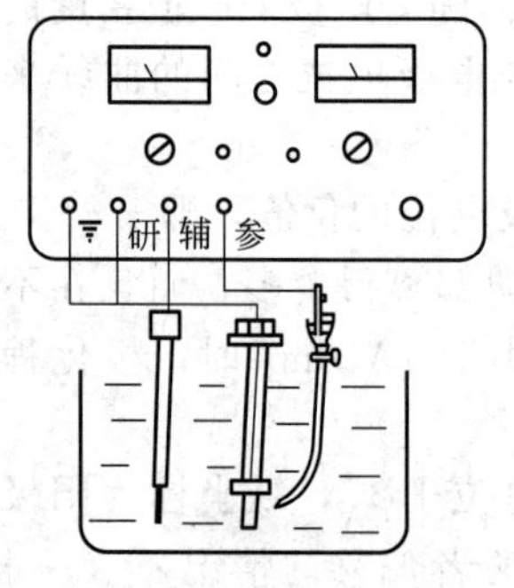

图 2-16　极化曲线测量装置图

恒电位法也叫控制电位法，即采用恒电位仪，将研究电极电位依次恒定在不同数值，测量相应的电流值。将所测得的电位值与电流密度对应值作图或自动记录下来，即得恒电位极化曲线。恒电位法尤其适合测定电极表面状态发生某种特殊变化的极化曲线，如镀铬过程的阴极极化曲线和具有钝化行为的阳极极化曲线等，这类具有复杂形状的极化曲线用恒流法是测量不出来的，只能用恒电位法才可得到真实完整的极化曲线。

恒电位法测量极化曲线时，如果采用逐点式测量（静态法），即将研究电极的电位恒定在某一数值，同时测量相应的稳定电流值，绘制得到的极化曲线称为准稳态极化曲线。如果采用连续扫描法（动态法）自动绘制极化曲线，得到的是电位与电流的瞬间对应值，所得极化曲线称为暂态极化曲线。

2.2.3　极化曲线在电镀中的应用

镀层质量与电极极化有极其密切的联系，如镀层结晶的细致程度、光亮度、整平度与分散能力等评定镀层质量的主要指标，都直接受电极极化行为的影响，而电极的极化行为则依赖于极化曲线的测量。

一般地，凡能适当增大阴极极化度的各种因素，均能提高镀层的细致、光亮度、整平度与分散能力，因此，通过极化曲线可从理论上直观地分析各种工艺条件对镀层质量的影响，并进行选择，然后结合赫尔槽试验和电镀生产实践确定最优的工艺参数。下面分别叙述极化曲线在电镀中的应用。

（1）镀液性能的比较与选择

图 2-17 为室温下测得的五种镀锌溶液的阴极极化曲线，可见在相同的电流密度下（如 $2A/dm^2$），它们所对应的阴极电位依次趋负，这说明在 1～5 号溶液中，第 5 号溶液产生的阴极极化作用最大，其余依次递减。从镀液的组成可见，单纯的氯化锌溶液不如加入氯化铵的溶液极化作用大，但这种极化的增大，又不如再加入氨三乙酸（NTA）后显著。由此可见，氨三乙酸是无氰镀锌的一种较好的络合剂。同时添加剂聚乙二醇和硫脲可使极化进一步提高，从而可能获得细致、光亮与分散能力强的镀锌层。

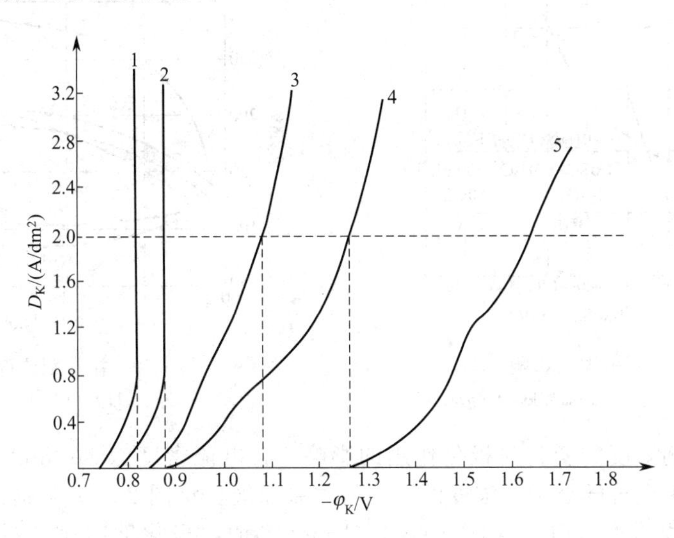

图 2-17　镀锌溶液极化曲线

1—$ZnCl_2$ 50g/L；2—$ZnCl_2$ 50g/L＋NH_4Cl 250g/L；3— $ZnCl_2$ 50g/L＋NH_4Cl 250g/L＋氨三乙酸 40g/L；4—$ZnCl_2$ 50g/L＋NH_4Cl 250g/L＋氨三乙酸 40g/L＋硫脲 2g/L＋聚乙二醇 2g/L；5—氰化镀液

图 2-18 为几种碱性镀锌液的阴极极化曲线。由曲线 1 可见，单纯的锌酸盐镀液是不能获得良好镀层的。因其在工作电流范围内极化很小，只能获得海绵状疏松的黑色镀层。曲线 1 还出现了一个明显的极限电流，在此电流下电镀，镀层同样是疏松或粗糙的。曲线 2 的阴极极化作用在工作电流范围内已比曲线 1 有明显增大，因而能获得较好的镀层。曲线 3 为使

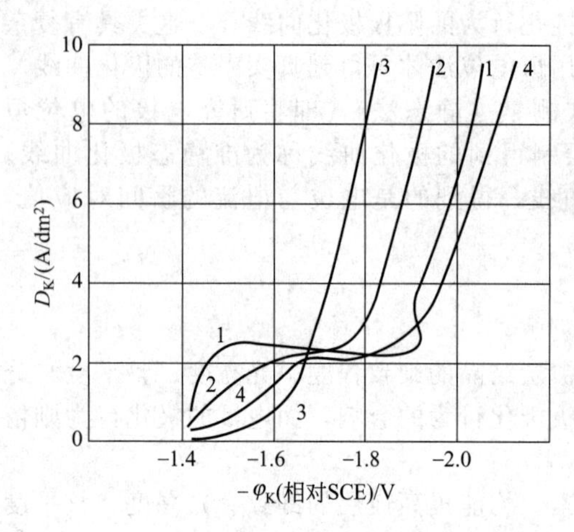

图 2-18　几种碱性镀锌液的阴极极化曲线

1—ZnO 10g/L + NaOH 100g/L；2—ZnO 10g/L + NaOH 70g/L+三乙醇胺 20g/L+乙二胺 5g/L+六亚甲基四胺 3g/L+明胶 1g/L；3—ZnO 20g/L+KOH 70g/L+三乙醇胺 100g/L+KCl 10g/L+添加剂（环氧氯丙烷与六亚甲基四胺的反应物）适量；4—ZnO 35g/L+NaCN 90g/L+NaOH 75g/L+Na_2S 2g/L

用复合添加剂的镀液，在低电流密度区，阴极极化显著增大，构成获得结晶细致镀层的条件，而在高电流密度区，极化作用减小，与曲线 1、2 相比较，极限电流完全消失，整个电极反应由电化学极化控制，因而使得电流密度的工作范围大大扩大。在电流密度等于 $2A/dm^2$ 时，曲线 2 所对应的镀液的阴极电位已明显负移，其后便是阴极大量析氢的过程，所以它的电流密度范围狭小。对比上述三种镀锌液，当然以第 3 种镀液为佳。若将这三种镀液与氰化溶液的曲线相比较，仍以后者的极化度较大，因而可知在分散能力上，与氰化镀液仍会有一些差距。

（2）添加剂的影响

由图 2-19 可见，当电流密度在 $0.25A/dm^2$ 以下时，添加硫脲极化值稍有增大；在 0.25～$2A/dm^2$ 的范围内，极化度反而减小；电流密度达 $2A/dm^2$ 以上时，极化度又增大。因而，欲在加硫脲的镀铜液内获得细致的镀层，必须采用大的电流密度。

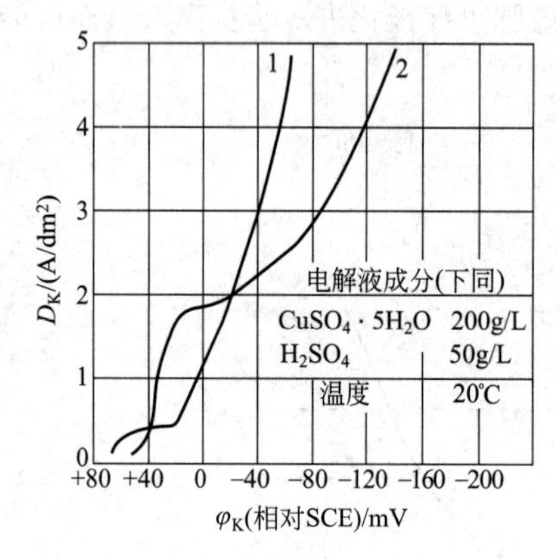

图 2-19　硫脲的影响

1—没有添加剂；2—添加硫脲 10mg/L

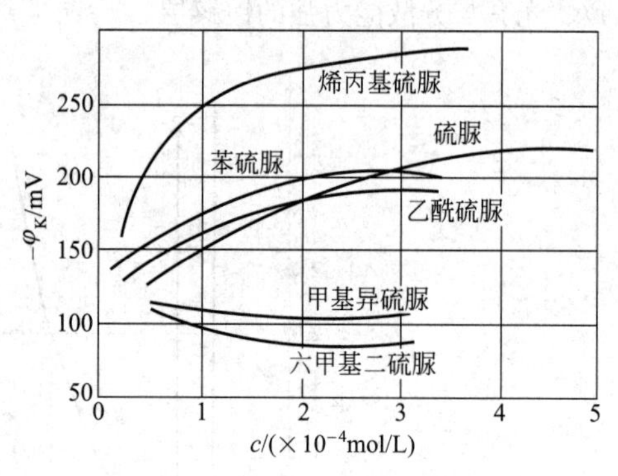

图 2-20　添加剂浓度的影响

（$D_K=3A/dm^2$）

为研究添加剂浓度的变化对极化作用的影响，在电流密度为 $3A/dm^2$ 下，测出了硫酸镀铜溶液中的阴极电位随添加剂浓度而变化的关系曲线，见图 2-20。当提高硫脲的浓度时，极化度几乎呈直线增大，但至 $(4～5)\times10^{-4}$ mol/L 时，极化度则保持不变。添加乙酰硫脲、烯丙基硫脲及苯硫脲时，当添加量达 1×10^{-4} mol/L，极化度显著增大，若再继续增加，极化度的增大就很缓慢，至 $(2～3)\times10^{-4}$ mol/L 时，极化度几乎不变。添加甲基异硫脲和六甲基二硫脲时，随着浓度的提高，极化度反而下降，因此通过对极化曲线的测定，为选择适宜的添加剂及浓度提供可靠依据。

（3）附加盐的影响

如图 2-21 所示，在焦磷酸盐镀铜锡合金的溶液中加入硝酸钾，有扩大电流密度范围的作用。曲线 1 不含 KNO_3，加入 KNO_3 后，曲线即向正方向显著移动，表明阴极极化降低，电极反应更易进行，即使在较高的电流密度下工作，也无烧焦之虑，从而提高了工作电流密度的上限。若取同一电位加以比较，如 $\varphi_K = -0.6V$，则 KNO_3 浓度为 45g/L 的镀液电流密度最大，浓度为 25g/L 的其次，无 KNO_3 的电流密度最小。可见，45g/L KNO_3 的加入可以使电流密度的工作范围变宽。

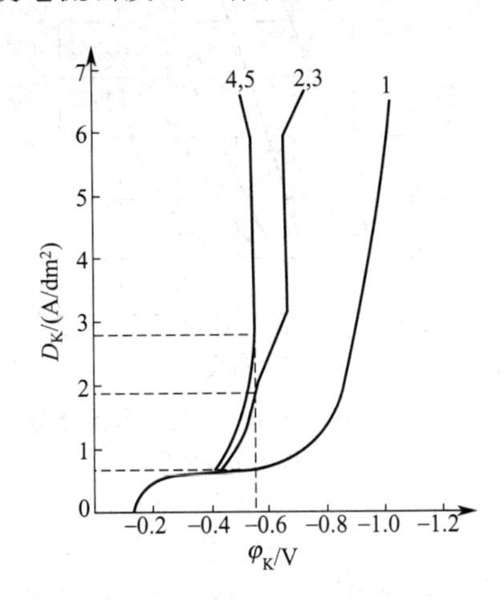

图 2-21　硝酸根对阴极极化的影响

1—无 KNO_3；2—KNO_3 25 g/L；

3—KNO_3 35g/L（2、3 两线重合）；

4—KNO_3 45g/L；

5—KNO_3 55 g/L（4、5 两线重合）

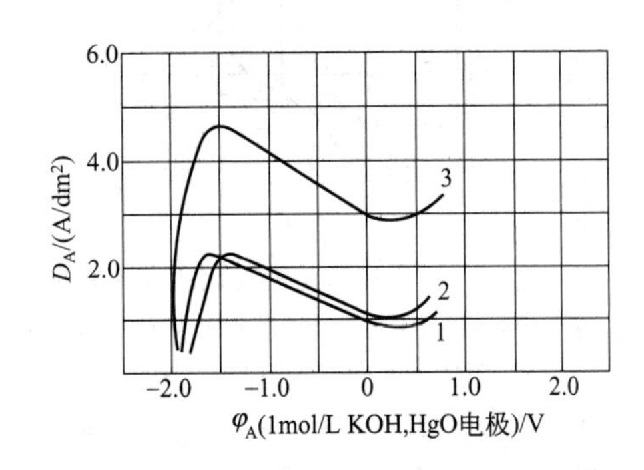

图 2-22　锌酸盐-三乙醇胺镀锌液阳极极化曲线

1—ZnO 20g/L＋KOH 70g/L＋TEA 100g/L＋日用胶 1g/L；

2—1 液＋$K_3C_6H_5O_7 \cdot H_2O$ 30g/L；

3—1 液＋KCl 10g/L

为了提高锌酸盐-三乙醇胺镀锌液的阳极电流密度，曾加入柠檬酸钾和氯化钾，其阳极极化曲线见图 2-22。由测得的极化曲线可知，未加附加盐时，锌阳极的电流密度不能超过 $2A/dm^2$，否则便发生阳极“钝化”，此时阳极电位急剧正移，电流下降。当电位正至一定数值时，析氧开始，同时电流回升，可见在钝化时阳极金属的溶解受阻。当加入 30g/L 柠檬酸钾溶液时，发生钝化的电流（D_P）仍与未加入时一样，因此仍然不能提高电流密度，氯化钾的加入却显示了良好的作用，它使阳极发生钝化的电流差不多加大了一倍，至于氯化钾能否用于生产还要考虑它在其他方面的影响。

（4）pH 值与温度的影响

图 2-23 表明，在焦盐镀铜液中，pH 值不可过高，否则在较低的电流密度下便有一明显的极限电流（pH＝11 时），使镀层容易“烧焦”；图 2-24 表明，随着温度的不断升高，在铜锡合金的镀液内，阴极极化作用也不断下降，因而温度过高对镀层质量不利，究竟使用什么温度可结合其他条件适当选取。

（5）探讨电镀时的阴极过程

采用恒电位法能测出各个相应电位下的电流值，但当电位以一定的扫描速度连续很快地变动时，则每个电位所对应的电流值很可能没有稳定，可电位又已经变到下一个值。这样，就会在极化曲线上出现相应的电流波（即曲线拐点），从而说明在此电位区内有新的电化学反应发生。

以铁电极为阴极，采用恒电位扫描法测得锌-钛合金镀液 6 条阴极极化曲线如图 2-25 所示。

由图 2-25 可见，曲线 1 只在－0.94V 附近有一拐点，说明在钛络离子单独存在的溶液中，只发生一种电化学反应。观察证明，此反应是氢气在铁电极上的析出反应，溶液中的钛络离子不在阴极上发生放电反应是符合热力学规律的。

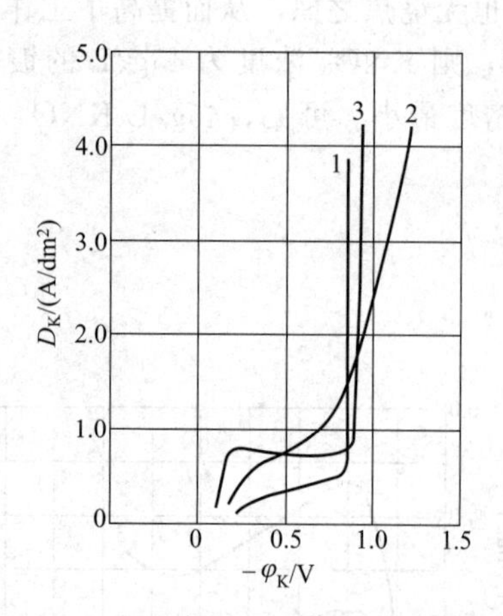

图 2-23　pH 值对铜阴极极化曲线的影响

Cu 20.8g/L+$K_4P_2O_7$ 300g/L+Na_2HPO_4 40g/L

1—pH=11；2—pH=9；3—pH=7

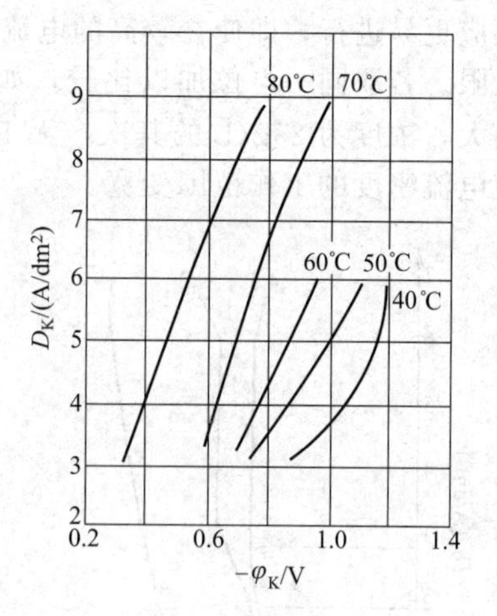

图 2-24　温度对某焦磷酸盐铜-锡合金镀液阴极极化曲线的影响

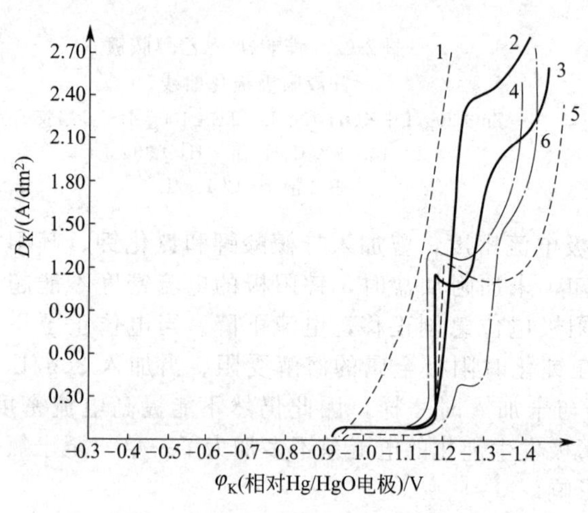

图 2-25　锌-钛合金阴极极化曲线

1—钛络离子单独存在时的阴极极化曲线；2—锌络离子单独存在时的阴极极化曲线；3—锌、钛络离子共同存在时的阴极极化曲线；4—在锌、钛络离子共存的溶液中加入添加剂 A；5—在锌、钛络离子共存的溶液中加入添加剂 B；6—在锌、钛络离子共存的溶液中加入添加剂 C

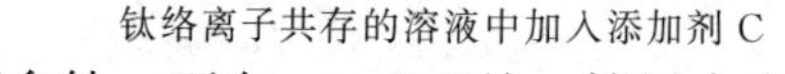

曲线 2 则有三个拐点，分别出现在 −0.94V、−1.18V 与 −1.38V 附近。由观察可知，在 −0.94V 附近，是氢气在铁电极上析出；在 −1.18V 处是金属锌在铁电极上析出；在 −1.38V 附近，则是氢气在锌金属上析出，这与事先对此液的估计也完全相符，因为在此液中只有锌络离子与氢离子可能在阴极放电。

曲线 3 有四个拐点，依次出现在 −0.94V、−1.18V、−1.28V 与 −1.40V 附近。由观察可知，第一与第四拐点处均为析氢反应，第二、第三两拐点处发生什么反应可用分析方法确定。为此将阴极电位控制在 −1.20V 与 −1.35V 处进行电镀，然后分析镀层成分。结果表明，在 −1.20V 处，镀层只由锌金属组成，不含钛，而在 −1.35V处，镀层中有锌也有钛。由此可知，在 −1.18V 时，阴极只发生析锌反应，在 −1.28V 时，阴极发生锌-钛共析反应。因此，通过对极化曲线的分析，锌-钛合金镀液中的阴极过程就比较清楚了。

图 2-25 中 4、5、6 三条曲线是添加剂对于锌-钛合金阴极沉积的影响曲线。经分析可知，添加剂 A 使锌-钛共析的极化值和极化度均有所提高，故此类添加剂能改善锌-钛合金镀层的质量；添加剂 B 对锌-钛的共析过程也同样具有较大的影响作用；添加剂 C 不仅在一定的范围内提高了阴极析出锌-钛合金时的极化作用，使镀层细致，同时也提高了阴极单独析锌时的极化值与极化度。

2.3　金属的电沉积

金属电沉积（metal electrodeposition）是指在外电流作用下，金属离子或金属络离子等反应离子在阴极表面发生还原反应，并生成新相金属的过程，其目的在于改变固体材料的表面特性，或制取特定成分和性能的金属材料，一般包括电解冶炼、电镀和电铸等。电解冶炼用于制备金属材料或提纯；电镀是为零件或材料表面提供防护层或改变基材的表面特性；而电铸则用于生产特殊形状的薄壁零件。电沉积可以在水溶液、有机溶液或熔融盐中进行。

2.3.1　金属电沉积的条件

对电镀过程而言，镀液中的任何金属离子，只要阴极电位足够负，原则上都能沉积镀出。但因水的还原电位要比镀液中某些金属离子的还原电位更正，故对某些金属离子来说，就难以实现阴极还原过程。根据这种事实，可对元素周期表中各元素阴极还原的可能性进行分析，如表 2-3 所示。黑线框内元素可从单盐溶液中析出，虚线框内可从氰化络盐溶液中析出。

表 2-3　金属离子阴极还原的可能性

周期＼族	ⅠA	ⅡA	ⅢB	ⅣB	ⅤB	ⅥB	ⅦB	Ⅷ			ⅠB	ⅡB	ⅢA	ⅣA	ⅤA	ⅥA	ⅦA	O
三	Na	Mg											Al	Si	P	S	Cl	Ar
四	K	Ca	Sc	Ti	V	Cr	Mn	Fe	Co	Ni	Cu	Zn	Ga	Ge	As	Se	Br	Kr
五	Rb	Sr	Y	Zr	Nb	Mo	Tc	Ru	Rh	Pd	Ag	Cd	In	Sn	Sb	Te	I	Xe
六	Ca	Ba	稀土	Hf	Ta	W	Re	Os	Ir	Pt	Au	Hg	Tl	Pb	Bi	Po	At	Rn

元素周期表中愈靠左边的元素，在阴极上还原沉积的可能性愈小，位于铬左方的金属元素如 Li、Na、K、Be、Mg、Ca 等，不能在阴极上电沉积；铬和位于铬右方的金属元素的简单离子，均能容易地从水溶液中电沉积；Fe、Co、Ni 等金属在单盐水溶液中即可获得较好的电镀层，W、Mo 则难以从水溶液中单独沉积。如果水溶液中的金属离子以络离子的形态存在，由于络离子放电困难，金属析出电位显著负移，因此将有更多的金属析出电位负于氢析出电位而不能沉积，原有铬的分界将向右移，例如在氰化物溶液中只有铜分族及位于其右方的金属元素 Cu、Ag、Au、Zn、Cd 等可以沉积出致密的镀层。

金属离子在镀液中的存在形式，因镀液的组成不同而不同，在单盐溶液中是水化了的简单离子，而在络合物溶液中是与络合剂络合的络离子。不同的存在形式在阴极上的还原过程不同。

（1）单盐镀液中金属离子的阴极还原

单盐镀液中的金属离子是以水化离子形式存在，其在阴极上的还原过程可用通式表示为：

$$[M(H_2O)_x]^{2+} + 2e^- \longrightarrow M_{晶格} + xH_2O \tag{2-8}$$

可见，水化金属离子的阴极还原过程，不仅要实现电子的传递，还必须失去水化层而形成金属相粒子，即电极过程包括电子的传递和离子的传递。其过程可认为经历了以下几个阶段：首先是阴极表面液层中的金属离子水化数降低或水化层重排，然后部分失水的金属离子（中间活化态粒子）得到电子而还原，形成仍然保留水化层的金属原子，继而吸附原子失去剩余水化层进入金属晶格。

根据金属与其离子所组成的电极的交换电流值（i°）可将简单离子镀液分为两种类型。一类是交换电流很小的电极体系，如铁族金属（Fe、Co、Ni）与其离子之间组成的电极，由于交换电流很小，电极反应速度很低，金属离子的还原过程呈明显的电化学极化，镀层结晶细致；另一类是交换电流大的电极体系，主要是周期表中铜分族及位于其右方的金属元素与相应的金属离子组成的电极，由于这些金属在其简单盐溶液中有较高的交换电流，因此电化学极化较小，镀层粗糙，镀液的分散能力差。

（2）络合物镀液中金属络离子的阴极还原

在络合物镀液中，金属离子与络合剂之间存在着络合-离解平衡，这时“未络合”的水合金属离子和具有不同配位数的各种络离子在镀液中同时存在，人们对其放电机理提出了许多见解，其中比较成熟的理论是络离子直接放电理论。此理论认为，镀液中的金属络离子能在阴极上直接还原而镀出金属；而且其中配位数较低的络离子在电极上放电，而不是浓度最大的络离子（一般配位数较高）在电极上放电。表 2-4 列出几种电极体系下，在阴极上直接放电的络离子形式。这是因为高配位数的络离子在镀液中的能量低、较稳定，放电时需要较大的能量；而配位数低的络离子，因为能量较高，有适中的反应能力和浓度，所以在电极上容易放电；并且电镀中大部分络离子的配位体带负电荷，因此配位数越高的络离子带负电荷越高，而镀层又是在带负电的阴极表面生成，因此配位数越高，受到双电层的斥力越大，越不易在电极界面上直接放电。关于络离子还原的大致过程，有人提出了“吸附态离子”直接还原模型，即首先放电的络离子移向阴极，在靠近阴极表面一侧失去一个配体而离解，向低配位数络离子转化，低配位数的金属络离子以吸附的水分子为桥梁，过渡到直接吸附于阴极表面，形成“吸附态离子”，吸附态离子在阴极表面能量较低的位置上放电，还原为金属原子，然后周围的配位体逐渐为水分子置换。因此，金属自络合物镀液中沉积时出现较大的电化学极化，不仅是由于络离子的复杂结构，而且与多步骤的还原过程有关。

表 2-4　在阴极上直接放电的络离子形式

电极体系	络离子的主要存在形式	直接在电极上放电的络离子
$Zn(Hg)\|Zn^{2+},CN^-,OH^-$	$Zn(CN)_4^{2-}$	$Zn(OH)_2$
$Zn(Hg)\|Zn^{2+}, NH_3$	$[Zn(NH_3)_3(OH)]^+$	$Zn(NH_3)_2^{2+}$
$Cd(Hg)\|Cd^{2+}, CN^-$	$Cd(CN)_4^{2-}$	$Cd(CN)_2[(CN^-)<0.05mol/L]$，$Cd(CN)_3^-[(CN^-)>0.05mol/L]$
$Ag\|Ag^+, CN^-$	$Ag(CN)_3^{2-}$	$Ag(CN)[(CN^-)<0.1mol/L]$，$Ag(CN)_2^-[(CN^-)>0.2mol/L]$
$Ag\|Ag^+,NH_3$	$Ag(NH_3)_2^+$	$Ag(NH_3)_2^+$

2.3.2 金属的电结晶过程

从根本上讲，镀层质量的优劣取决于金属沉积层的结晶组织。结晶愈细小，镀层也愈致密、平滑，防护性能也愈高，这种结晶细小的镀层称为“微晶沉积层”。要获得微晶沉积层，必须生成大量的微小的新晶体，而大量新晶体的生成又必须从生成大量的晶种开始，然后逐渐长大成晶体。

（1）微晶沉积层形成条件

金属离子放电后进入晶格形成晶体的过程称为电结晶，也是电沉积新相形成的过程。电结晶过程与其他结晶过程有共同的规律：从液态金属变成固态金属需要过冷度；由盐溶液结晶出盐晶体需要过饱和度；自电解质溶液中电沉积金属则需要过电位。随着过电位的增加，晶核形成速度将迅速增大，晶粒数目增多，镀层结晶细致。

形成晶核过程的能量变化包括两部分，即形成晶核的金属由液相变为固相释放能量，使体系自由能下降；形成新相，建立相界面需要吸收能量，使体系自由能升高。所以，形成晶核过程的自由能变化 ΔG 应等于两部分能量变化之和。假设晶核是二维的圆柱形状，从而导出形成晶核的速度与过电位的关系。

体系自由能变化 ΔG 是晶核尺寸 r 的函数，即：

$$\Delta G=-\pi r^2 h\rho nF\Delta\varphi_K M^{-1}+2\pi rh\sigma_1+\pi r^2(\sigma_1+\sigma_2-\sigma_3) \tag{2-9}$$

式中　ρ——晶核密度；

h——一个原子的高度；

n——金属离子的化合价；

F——法拉第常数；

M——沉积金属的原子量；

$\Delta\varphi_K$——阴极过电位；

σ_1——晶核与溶液之间的界面张力；

σ_2——晶核与电极之间的界面张力；

σ_3——溶液与电极之间的界面张力。

由式(2-9) 可知，当 r 较小时，晶核的比表面大，表面形成能难以由沉积金属的化学位下降所补偿，此时 ΔG 升高，晶核不稳定，形成的晶核会重新进入溶液；当 r 较大时，晶核的比表面减小，表面形成能可以由化学位下降所补偿，此时体系的 ΔG 是下降的，形成的晶核才能稳定。所以，ΔG 随 r 的变化曲线有一极大值，对应极大值的半径称为临界半径，晶核尺寸大于临界半径时，才能稳定存在。根据上式一阶微商为 0，求得临界半径为：

$$r_K=\frac{h\sigma_1}{h\rho nFM^{-1}\Delta\varphi_K-(\sigma_1+\sigma_2-\sigma_3)} \tag{2-10}$$

由此可以看出，r_K 随过电位的升高而减小。

当晶核与电极是同种金属时，$\sigma_1=\sigma_3$，$\sigma_2=0$，可得 ΔG 与过电位 $\Delta\varphi_K$ 的关系为：

$$\Delta G_K=\frac{\pi h^2\sigma_1^2}{h\rho nFM^{-1}\Delta\varphi_K-(\sigma_1+\sigma_2-\sigma_3)} \tag{2-11}$$

二维晶核形成速度与过电位有下列关系：

$$V=K\exp\left(-\frac{\Delta G_K}{RT}\right) \tag{2-12}$$

以上公式表明，加大阴极过电位，可使晶种临界半径变小，成核速度加快。换言之，要达到微晶沉积层，必须提高阴极极化，这就是电镀中常采用各种措施增大阴极极化，改善镀层质量的原因。

(2) 晶体的生长过程

实际金属表面总存在大量位错、空穴等缺陷，金属电沉积时，晶面上的吸附原子可以通过表面扩散进入位错的阶梯边缘，沿着位错线生长。随着位错线的不断向前推移，晶体将沿着位错线螺旋成长。

① 外延生长　在金属基体电沉积的开始阶段，电结晶层有按原晶格生长并维持原有取向的趋势，这种生长形式称为外延生长。外延的程度取决于基体金属与沉积金属的晶格类型和晶格常数。两种金属是同种或不同种，但晶格常数相差不大时，都可以得到明显的外延。如果沉积金属与基体是同种金属，基体结构的外延可能达到 4μm 或更厚；在后一种情况下，外延仍可达到相当的厚度（0.1～0.5μm）。随着晶体结构及参数差异增大，外延的困难程度

也增加。基体对沉积层结晶定向的影响只能延伸到一定限度，随着沉积层厚度的增加，外延生长终将消失。外延生长时基体与镀层原子的错配程度小，镀层应力降低，不易出现开裂或脱落，因此外延生长显然有助于提高镀层与基体的结合力。

② 择优取向　外延终止时首先生成一定数目的孪晶，而后沉积变成具有随机取向的多晶体沉积层。在多晶体生长的较后阶段，沉积层趋向于建立一种占优势的晶体取向，即结晶的择优取向。影响沉积层组织的因素很多，主要包括溶液组成、电流密度、温度及基体金属的表面状态等。有人指出取向生长主要有两种，一是层状生长，即显示出平行于基体的主要表面；另一种是外向生长，即最集中的晶位取向显示出垂直于基体表面。

2.3.3 电结晶条件对镀层质量的影响

金属的电结晶过程是一个相当复杂的过程，包括金属离子放电、新晶粒的形成和形成晶格。能影响晶面和晶体生长的因素很多，如镀层金属自身的催化性能、电镀温度、电流密度、电解液的组成等。这些因素对电结晶过程的影响直接表现在所得沉积层的各种性质上，如沉积层的致密程度、分布的均匀程度、光亮性、整平性、镀层和基体金属的结合强度以及力学性能等。

（1）镀层金属交换电流密度的影响

过渡族元素金属电极体系的 i° 一般都很小。例如 Fe | 1mol/L $FeSO_4$ 体系的交换电流密度约为 1×10^{-8} A/cm²，Ni | 1mol/L $NiSO_4$ 体系的 i° 只有 2×10^{-9} A/cm²，如表 2-5 所示。这些金属可以在其简单盐的水溶液中，出现较高的电化学极化，获得比较均匀、平滑的电沉积层；铜分族元素及在周期表中位于铜分族右方的金属电极体系，其交换电流密度比过渡元素的电极体系的大，这些金属在其简单的盐溶液中电化学极化较小，所得电沉积层质量较差。对于这些镀种，常使用各种含有络合剂（特别是氰化物）的镀液，提高阴极的极化程度，以获得性质优良的镀层。另一种也可在镀液中加入适当的表面活性物质，依靠其在电极上的吸附来提高阴极极化作用，提高镀层质量。

表 2-5　某些电极反应的交换电流密度

电极体系	交换电流密度 i°/(A/cm²)	电极体系	交换电流密度 i°/(A/cm²)
Fe/1mol/L $FeSO_4$	1×10^{-8}	Cd/0.005mol/L Cd^{2+} +0.4mol/L K_2SO_4	1.5×10^{-3}
Ni/1mol/L $NiSO_4$	2×10^{-9}	Pt 电极 H_2/1mol/L HCl	1.6×10^{-3}
Ag/0.03mol/L Ag^+	1.7	Hg 电极 H_2/0.5mol/L H_2SO_4	7.6×10^{-13}
Cu/1mol/L $CuSO_4$	9	Pb 电极 H_2/0.5mol/L H_2SO_4	6.5×10^{-15}
Zn/1mol/L $ZnSO_4$	2×10^{-5}	Zn 电极 H_2/0.5mol/L H_2SO_4	3×10^{-11}

（2）电镀工艺及规范对结晶形态的影响

当前文献中提出的电结晶形态，主要有层状、棱锥状、块状、脊状、立方层状、螺旋、晶须、枝晶等。层状是由宏观台阶组成的，台阶的平均高度达到 10nm 左右时即可观察到，层状本身含有大量微观台阶；棱锥状是在螺旋位错的基础上，低电流密度时沉积获得，棱锥的对称性与基体的对称性有关，锥面似乎是由宏观台阶所组成；块状相当于截头的棱锥，截头可能是杂质吸附阻止生长的结果，所以这种形态对溶液的纯度尤为敏感；脊状是在有吸附杂质存在的条件下生成的一种特殊层状形态；立方层状是块状和层状之间的一种过渡结构；对于向顶部盘绕而上的螺旋，可以当作分层的棱锥体，其台阶高度可小至 10nm，台阶的间隔约为 1～10μm，且随电流密度的减少而增加；晶须是一种长的线状体，在相当高的电流密度下，尤其是溶液中存在有机杂质时容易形成；枝晶是一种树枝状的结晶，多数从低浓度的单盐溶液中沉积出现，枝晶可以是二维的，也可以是三维的。

2.4　电镀的阳极过程

2.4.1　电镀中的阳极和钝化现象

在电镀过程中，阴、阳极两者互相依赖，阳极（anode）状态对镀层质量同样有较大影响。电镀中的阳极可分为两大类，一类是电镀中发生氧化溶解，成为金属离子进入镀液，称“可溶性阳极”，如镀铜、镀镍、镀锌等镀槽中使用的金属阳极，都属于该类；另一类阳极是在电流作用下，本身基本不发生溶解，电极上有氧气、氯气等气体析出，该电极称为“不溶性阳极（inert anode）”，如镀铬中的铅合金阳极、电化学除油槽中的铁阳极及其他情况下应用的石墨阳极等。

电镀中阳极具有重要作用，如与阴极、镀液共同组成电解体系，传导电流；通过阳极金属的电化学溶解补充镀液中放电消耗的金属离子，保持镀液组成的稳定；采用象形阳极可使阴极电流密度分布均匀；还可发生影响镀层质量的其他氧化反应，如镀铬液中可将过多的Cr(Ⅲ）氧化成 Cr(Ⅵ)，保证镀层质量等。

在使用可溶性阳极的镀液中，要维持其中放电金属离子的稳定性，应存在下列平衡：

$$m_{阳极溶解}=m_{阴极沉积}+m_{泥渣、沉积}+m_{排风带出}+m_{镀件带出} \tag{2-13}$$

式中，m 为金属质量。

为实现上述平衡，要求阳极在一定电流密度范围内以一定速度正常溶解。由于通过阴、阳极的电流强度相同，而工作电流密度不尽相同，因此生产中通常通过控制阴、阳极的面积比调整。

电镀时，阳极过程比阴极过程复杂得多，大体可分为阳极的正常溶解和钝化两种情况。

金属阳极正常溶解时，可能包含如下步骤：金属晶格的破坏、电子的转移、新生成金属离子的水化或络合以及通过电迁移、扩散、对流等使它们从阳极表面移去。上述各步中，金属晶格的破坏和电子的转移步骤，可能为速度控制步骤。

根据塔菲尔公式：

$$\Delta\varphi_A=a+b\lg D_A \tag{2-14}$$

由电化学步骤控制的阳极溶解过程中，阳极过电位 $\Delta\varphi_A$ 与阳极电流密度 D_A 成对数关系，符合电化学极化的塔菲尔公式。

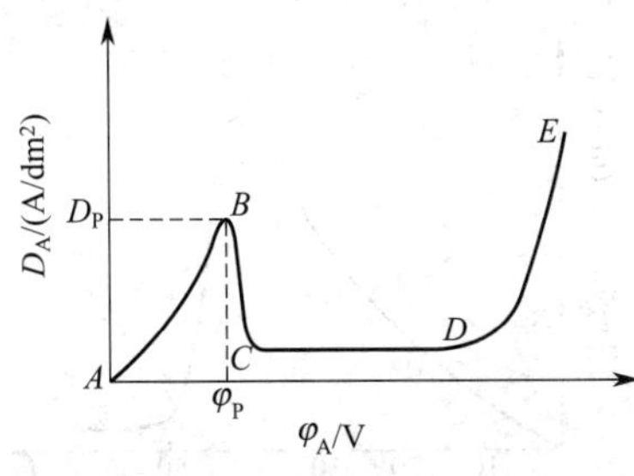

图 2-26　阳极极化曲线（恒电位法）

图 2-26 是在恒电位条件下测得的阳极极化曲线，其中 AB 段即为阳极的电化学极化曲线，符合式(2-14)，在 AB 段对应的电位范围内，阳极正常溶解，表面处于活化状态，称为“正常溶解区”。

金属阳极不同，交换电流 i° 的数值亦不相同，因而阳极极化作用也不相同（见表 2-6）。对多数镀种而言，如 Sn、Cd、Ag、Pb、Cu、Zn 等，金属阳极交换电流较大，所以阳极极化作用一般不大。

若继续极化使电位变正，当到达某一临界值时（如 B 点电位)，出现阳极电流密度急剧变小的现象，称为“钝化现象（passivation）”，此时阳极表面由活化溶解状态变成几乎不溶的钝化状态。开始阳极钝化的 B 点电位称为“临界钝化电位（critical passivation potential）”，以 φ_P 表示，与 φ_P 相应的电流密度称为“临界钝化电流密度（critical passivation current density）”，以 D_P 表示。

表 2-6　金属电极交换电流近似值

低过电位金属 $i^\circ \approx 10 \sim 10^{-3}$ A/cm^2	中过电位金属 $i^\circ \approx 10^{-3} \sim 10^{-8}$ A/cm^2	高过电位金属 $i^\circ \approx 10^{-8} \sim 10^{-15}$ A/cm^2
Pb	Cu	Fe
Sn	Zn	Co
Hg	Bi	Ni
Cd	Sb	其他过渡族金属
Ag		贵金属

注：金属离子浓度的单位是 mol/L。

BC 段，阳极金属表面由活化态转变为钝态，故称“过渡钝化区”。

CD 段，金属钝态达到稳定，金属溶解速度降到最低值（如 0.5mol/L H_2SO_4 溶液中，铁阳极钝态溶解电流密度仅为 8μA/cm^2），且基本不随电位变化；CD 近似为一水平直线，此段称“稳定钝化区”。

到 DE 段，若继续增大阳极极化，阳极电流又重新增大，可能是在电位很正的情况下，阳极金属以高价离子形式溶解，发生所谓“超钝化现象”，如铬阳极，在钝化区以 Cr（Ⅲ）溶解，而在超钝化区，以 Cr（Ⅵ）溶解生成铬酸盐；另一可能是发生了其他的阳极反应，如 OH^- 在阳极放电析出氧气；有时，金属超钝化与氧的析出同时发生，此时阳极电流就相当于两个电极反应速度的总和。

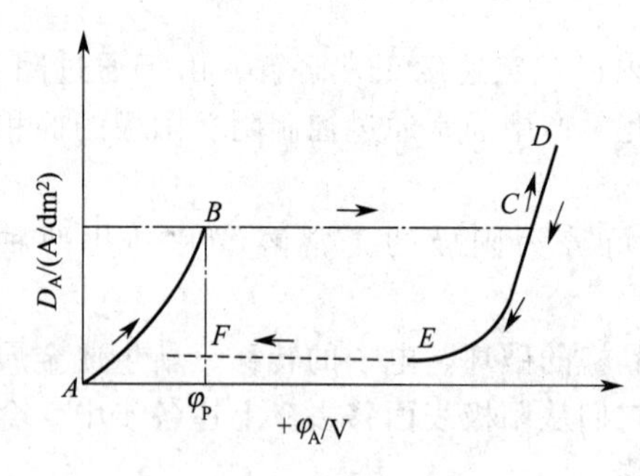

图 2-27　阳极极化曲线（恒电流法）

并非所有钝化金属都能观察到超钝化现象，如对于那些不能形成高价离子的金属，或高价离子只能在析氧之后才能形成的金属，则不会发生超钝化。

在某些阳极体系中，不存在 DE 段，CD 段的宽度可延伸到几十伏以上。

若在恒电流条件下进行阳极极化，则得图 2-27 所示的极化曲线。图中箭头表示极化的方向，可见两种极化方向上的极化曲线各不相同，如 $ABCD$ 和 $DCEF$ 所示，且都不如恒电位法测得的曲线完整。

由上可知，若阳极处于正常溶解状态，则符合电化学步骤的动力学规律；若阳极发生钝化，则不符合已研究过的一般电极过程的规律，属金属阳极过程中的一个特点。

事实上，除上面阳极极化使金属发生钝化外，某些氧化剂（钝化剂）亦能使金属转为钝态。前一种钝化称“阳极钝化”或“电化学钝化”，后一种称“化学钝化（chemical passivation）”。

图 2-28 反映了工业纯铁溶解速度与 HNO_3 的浓度关系。起初铁片的溶解速度随硝酸浓度的升高而增大，当含量提高至 40%左右时，铁片的溶解速度急剧变小，即发生了钝化。与电化学钝化相似，发生化学钝化时金属电位也显著向正方向移动。如果用溶液中氧化剂浓度对金属溶解速度作图，所得曲线往往与阳极

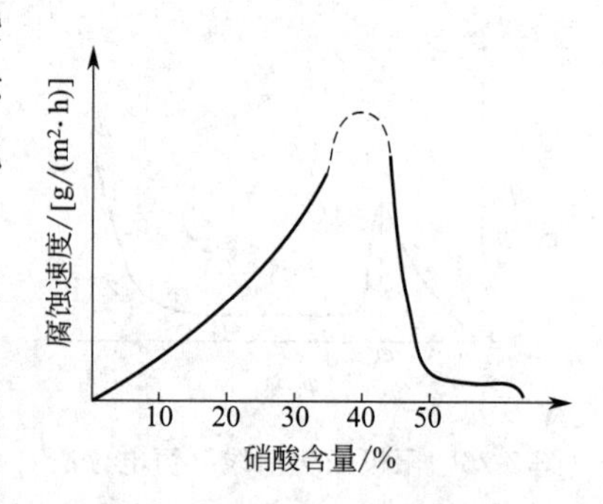

图 2-28　工业纯铁溶解速率与 HNO_3 浓度关系（25℃）

钝化曲线相似。为使金属进入钝态，溶液中氧化剂浓度不能小于某个临界值，即“临界钝化浓度”。图 2-28 对应的 HNO_3 临界钝化含量约为 40%。在低于此含量时，提高 HNO_3 的含量不但不会钝化，金属的溶解速度反而会加快。

由此可知，钝化是由具有一定强度的“钝化因素”，如超过钝化电位 φ_P 的“阳极极化”和超过临界钝化浓度的“氧化剂”等造成的。在大多数场合下，钝态与活化态之间的转变往往具有不可逆性。如一旦用较大阳极电流使电极钝化后，只需用小得多的阳极电流就可将金属保持在钝态；在浓硝酸中钝化了铁转移到较稀的硝酸中，虽然稀硝酸本来不能使铁钝化，但金属仍然保持钝态。

由于金属钝化具有一定程度的不可逆性，所以，若要使钝化金属转变为活化态金属，有时除了取消和降低上述“钝化因素”的强度外，还需采用一些活化措施，如加热、通入还原性气体、阴极极化、加入某些活性离子、改变溶液 pH 等。

研究钝化现象有很大实际意义，因为处于钝态的金属具有很低的溶解速度，可以用来达到减缓金属腐蚀的目的。例如，一般钢铁经常采用浓的 HNO_3、$NaNO_2$、$K_2Cr_2O_7$ 溶液进行钝化处理，或在 Fe 中加入某些易钝化的金属组分（如 Cr、Ni 等）形成不锈钢；在碱性溶液中常将 Fe、Ni 等作为不溶性阳极，也是利用它们在碱性介质中易钝化的特性。另一方面，有时为了保证金属能够正常溶解，就要避免钝化现象的出现，如化学电源中的负极等。

对于电镀生产而言，有时要设法避免钝化现象，有时则加以利用。如对可溶性阳极，总是设法防止其钝化，使阳极在小于临界钝化电流密度下工作，保证其正常溶解。如镀镍时，为了保证镍阳极的正常溶解，必须加入一定量的 Cl^-。在 1mol/L $NiSO_4$ + 0.25mol/L H_3BO_3 的镀镍液中，当温度为 17℃时，0.25mol/L 的 Cl^- 的存在，会使阳极极化从 1.78V 大幅度下降到 0.37～0.43V，对阳极的正常溶解，起到了显著的活化作用。也可创造条件提高临界钝化电流密度的数值；对不溶性金属阳极，则需利用它们在相应介质中易钝化的性质。此外，也可利用阳极钝化的特性提高镀层质量，如碱性镀锡中锡阳极等。

对锌、镉、铜及铜-锡合金等镀层进行钝化处理以提高耐蚀能力或作为工序间防锈的措施，是生产中常见的应用化学钝化的具体实例。

2.4.2　金属钝化的机理

钝化现象的研究已有一百余年的历史，但由于其过程相当复杂，而且研究对象和研究方法差异较大，所以至今仍未能提出一个解释全部实验现象的理论。

但不管情况如何复杂，在研究钝化时首先要弄清钝化现象究竟是金属相和溶液相本身的“整体性质”变化所引起，还是仅由两个界面性质变化所引起，这在探讨钝化机理的初期曾是一个有争议的问题，后由阿基莫夫等人所做的实验给出了一个肯定的答复。实验用机械方法不断清除金属表面（如用磨料刮削金属表面），发现金属的电位剧烈地向负方移动，说明仅靠修复金属表面即能使钝化态金属重新活化，因而无可置疑地证明了钝化是一种表面现象。

由表 2-7 可见，在碱性溶液中，由于很多金属倾向生成不溶性的氧化物膜或氢氧化物膜，因而在清除其膜时，电位向负方向移动（或者在形成膜时电位向正方移动），且移动值越大，说明越易钝化。两性金属（如 Al、Zn、Sn、Pb）形成的膜可以溶解在碱中，故它们在碱液中电位很小或没有变化；在盐酸溶液、中性溶液和硝酸溶液中的各种金属的电位变化值都不一样，则说明它们在不同介质中的钝化能力是不同的。

表 2-7　在溶液中不断清除表面时，金属电位向负方向移动之值 $\Delta\varphi$　　单位：mV

0.1mol/L NaOH		0.1mol/L HCl		0.5mol/L NaCl		0.1mol/L HNO_3	
金属	$\Delta\varphi$	金属	$\Delta\varphi$	金属	$\Delta\varphi$	金属	$\Delta\varphi$
Mn	827	Cr	556	Al	670	Al	424
Cr	680	Nb	463	Cr	577	Cr	350
Be	552	Al	438	Nb	449	Nb	345
Fe	476	Mo	416	Mo	445	Mo	344
Co	450	Ag	285	Ni	330	Ag	108
Ni	426	Cu	211	Ag	288	Be	68
Nb	380	Ni	22	Be	263	Mn	27
Mg	361	Fe	7	Co	216	Cd	1
Mo	330	Be	5	Mn	198	Sn	1
Ag	218	Zn	5	Sn	198	Pb	1
Cu	212	Pb	1	Cu	159	Fe	0
Cd	180	Mg	1	Fe	106	Co	0
Al	15	Sn	0	Zn	68	Ni	0
Zn	3	Mn	0	Mg	68	Cu	0
Sn	0	Co	0	Pb	36	Mg	0
Pb	0	Cd	0	Cd	0	Zn	0

钝化现象既然是一种界面现象，那么当电流通过时，阳极界面究竟可能发生哪些变化呢？

① 金属阳极溶解后，使表面层中金属离子浓度升高；阳极电位向正方向移动。还可能在表面层中造成饱和甚至过饱和溶液，因而可能产生固相产物。

② 通电后，因 H^+ 或 OH^- 的电迁移作用，电极表面附近液层中 pH 升高，溶液中其他阴离子也会因电迁移作用在表面层中富集，因此会更显著地影响阳极过程。

③ 由于电位变化和表层中组成的变化，可能在电极表面产生各种各样的吸附层、表面化合物层及成相的化合物层等。

通电后，阳极表面的变化虽是如此，但究竟是其中的哪些变化导致了钝化的发生，迄今尚无定论，长期以来，并存两种解释金属钝化的学说，即所谓“成相膜理论”和“吸附理论”，现分别介绍如下。

（1）成相膜理论

此理论认为金属溶解时，可在表面生成紧密的、覆盖性良好的固态产物，这些产物形成独立的相，称为“钝化膜”或“成相膜”。它们把金属表面和溶液机械地隔离开来，因此使金属溶解速度大大降低，即金属转入钝态。这种钝化膜极薄，金属离子和溶液中的负离子可以通过膜进行迁移，即具有一定的离子导电性，因而金属达到钝态后，溶解并未完全停止，只是速度大大降低了。

成相膜理论最直接的实验证据是可以在钝化了的金属表面观察到膜的存在，且可测出其厚度与组成。钝化膜大多约为 100～500nm，更厚的可达几百个埃，甚至几微米。

膜的组成可用电子衍射法进行分析。结果证实大多数钝化膜均由金属氧化物组成，如铁的钝化膜为 γ-Fe_2O_3，铝的钝化膜为无孔的 γ-Al_2O_3 上面覆盖着多孔的 β-$Al_2O_3 \cdot 3H_2O$，除了金属的氧化物外，铬酸、磷酸、硅酸的盐类以及难溶的硫酸盐、氯化物等，都可在一定条件下组成钝化膜。

若将钝态金属通以阴极电流以除去钝化膜使金属活化，则在一些金属中，如 Cd、Ag、Pb 等，测得的活化电位 φ_A 与钝化电位 φ_P 十分接近，表示膜的生成与消失是在近乎可逆的条件下进行的，又发现这两电位往往与金属氧化物的热力学平衡电位 $\varphi_{平,MO_n}$ 相近，并且它们随溶液 pH 变化的规律与金属氧化物电极的平衡电位公式基本相符。

如果氧化物电极反应为：

$$M+nH_2O \rightleftharpoons MO_n+2nH^++2ne^-$$

则

$$\varphi_{平,MO_n}=\varphi^{\ominus}_{MO_n}-2.3RT\mathrm{pH}/F \tag{2-15}$$

这说明钝态金属表面确实存在着氧化物膜层。根据热力学计算，大多数金属电极上金属氧化物的生成电位都比氧的析出电位负得多，因此在金属电极上可以不通过分子氧的作用直接生成氧化物。

上述事实都有力地支持了成相膜理论。

（2）吸附理论

此理论认为，要使金属钝化，并不需形成成相的固态产物膜，而只要在金属表面或部分表面上生成氧或含氧粒子的吸附层就可以了。这一吸附层至多只有单分子层厚，可以是 O^{2-}、OH^-，多数人认为是氧原子，这些粒子在金属表面吸附后，改变了金属/溶液界面结构，使阳极反应活化能提高。与成相膜理论不同，吸附理论认为钝化原因是由于金属表面本身反应能力下降之故，而不是由于膜的机械隔离作用。

吸附理论的主要实验依据是电量的测量。在某些情况下，为使金属钝化，只需在每平方厘米的电极上通过十分之几毫库仑的电量，而这点电量甚至不足以生成氧的单原子吸附层，更谈不上形成连续的氧化物膜层了。例如，在一定条件下，只需通过 0.3mC/cm² 的电量就能使铁电极钝化，对锌电极只需 0.5mC/cm²，又如 Pt 电极，只要 6%表面被氧覆盖，就可以使溶解速度降为 1/4，12%表面被覆盖时，则降为 1/16，这些均不能用成相膜理论加以解释。

测量界面电容的结果发现，在有些金属表面上，如镍、不锈钢等发生钝化时，界面电容变化并不大，这与成相膜理论相矛盾。因为界面若是生成了哪怕极薄的膜，界面电容也应下降很多，既然电容变化不大，则说明成相氧化膜并不存在。

虽然吸附理论有一定的实验根据，能解释成相膜理论不能解释的一些问题，但在这些理论中，到底是哪一种含氧粒子的吸附引起了金属钝化，以及含氧粒子的吸附改变金属表面反应能力的具体机理，至今仍不清楚。

上述两种钝化理论虽然能较好地解释许多实验现象，但并不能综合地对全部实验现象分析清楚。首先，虽然在不少钝化了的金属表面上存在着成相的氧化膜，但此膜是否为钝化的原因则很难说，因为该膜也可能是在金属已经钝化之后才形成的。如碱溶液中已经钝化的锌表面上确实存在氧化物膜，但该膜还原电位比锌的钝化电位更正，因而它不可能是导致钝化的原因，所以说，不能单凭膜的存在与否来解释钝化的原因，这是成相膜理论存在的根本性问题。其次，吸附理论的依据之一是，某些金属表面只要通过不足以形成单原子氧化层的电量就可以使金属钝化，但这应该是对金属表面在钝化前不存在任何氧化膜的情况而言的。若钝化前金属表面就存在某些氧化膜（其量尚不致钝化），那么在通电时，当然就不需多少电量即能导致钝化，因为此时只要一点点电量来“修补”原来的氧化膜使金属发生钝

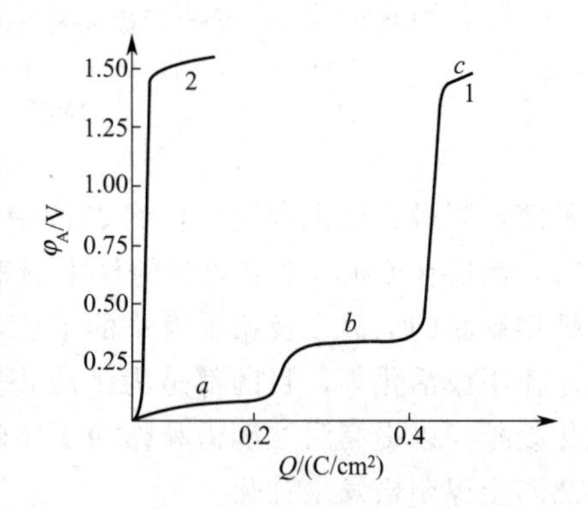

图 2-29　在碱溶液中测得的铁阳极极化曲线

化就够了。所以说，不能根据电量的测量结果，就肯定吸附理论全部正确无误，图 2-29 的极化曲线即很好地证明了此点，曲线 1 相应的铁电极预先在高温下用 H_2 还原，除尽表面氧化膜（其中 a 段发生的是 $Fe \longrightarrow Fe^{2+}$ 反应，b 段是 $Fe^{2+} \longrightarrow Fe^{3+}$，$c$ 段为析 O_2）；曲线 2 相应的铁电极用 H_2 还原后，在空气中与 O_2 接触，再进行阳极极化。可见曲线 2 几乎与纵坐标重合，铁在溶液中几乎不溶而直接放出 O_2，曲线 1 的电位急剧正移则发生在通过相当量以后。

还有一种解释，认为这两种理论并不矛盾，而是相辅相成的。在钝态下金属表面即有氧化膜，也有吸附氧层，吸附的氧起着“修补”氧化膜的作用。

总之，对于钝化现象及其机理的认为还有待于深入研究，只有弄清钝化现象的实质，严格钝化现象的定义，方可建立钝化的完整理论。

2.4.3 影响电镀中阳极过程的主要因素

在以上讨论中，已知在金属阳极过程中有正常溶解和钝化两种状态，如何掌握这两种状态相互转化的条件，以便根据电镀生产的需要防止金属钝化或利用钝化为生产服务，则是我们所关心的问题。目前虽对钝化产生的机理未搞清楚，但人们在长期的生产实践中积累了大量的感性知识，已对影响钝化发生的有关因素有一定的了解，并能初步按需要控制阳极过程，下面就电镀生产有关的几种主要因素加以讨论。

(1) 金属本性的影响

金属不同，钝化的难易程度和钝态的稳定性也不相同，最易钝化的金属有铬、钼、铝、铼、钛等，这些金属在含有溶解氧的溶液中以及空气中就能自发钝化，并且具有稳定的钝化状态，这种钝态受到偶然性的破坏，如机械破坏后，往往能重新恢复，而其他的一些金属，常常要在含有氧化剂的溶液中或在一定的阳极极化下，才可能发生钝化。

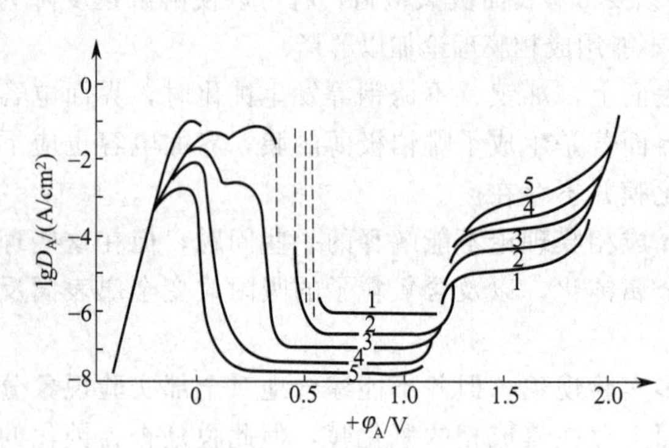

图 2-30 Fe-Cr 合金阳极极化曲线

含 Cr 量：1—2.8%；2—6.7%；3—9.5%；4—14%；5—18%

如将易钝化金属组分加入固溶体合金中，则将其易钝化性质带给合金，如用铬、镍与铁合金化得到的不锈钢，正是利用了这一规律。由图 2-30 还可看到，随着合金中铬含量的提高，铬-铁合金变得更易钝化（φ_P 向负方向移动，D_P 变小），同时进入钝态后也更显得稳定了（稳定钝化区对应的电位范围扩大，钝态溶解电流亦减小）。

在电镀中，常用不锈钢或镍板、钛板作不溶性阳极，这是利用它们在碱液中易于钝化的性质；镀镍零件因故在断电的铬槽中停留时，镍层在 CrO_3 强氧化剂的作用下表面发生钝化而不易上铬或镀层结合不良；铝制品及不锈钢制品的电镀以及铬上镀铬的工艺，都必须采用相应的措施，如浸锌处理、反电处理和小电流阴极活化等，目的都是为了防止金属的钝化。对锌、镉、铜与铜-锡合金等镀层进行钝化处理，以提高耐蚀能力和作为工序间（抛光前）防锈的措施；镀镍时加入氯化物，则是设法防止镍阳极发生钝化。

阳极过程中超钝化现象的发生与否亦与金属本性有关，只有那些能形成高价离子的金属，如铬、铁、镍及其合金，才会在一定阳极电位下发生超钝化现象，而其他金属如锌等，则没有这种现象。

(2) 溶液组成的影响

电镀溶液的组成往往比较复杂，对阳极过程的影响也很复杂，现主要从能否促进阳极正常溶解，还是引起阳极钝化这两个方面加以讨论。

① 络合剂　目前很多镀种都采用络合物电解液，因为络合物电解液不但能提高阴极极化，改善镀层质量，络合剂对阳极溶解过程也有很大影响。当络合剂含量足够高时，阳极表面附近的金属离子能及时与络合剂形成可溶性的金属络离子，从而降低了阳极表面层中的金属离子浓度，降低了阳极极化，保证阳极能正常溶解；如络合剂含量不足，阳极溶解下来的金属离子不能及时与络合剂络合成可溶性络离子，则这些金属离子就可能在电极表面生成金属盐类或氧化物、氢氧化物覆盖于阳极表面，使阳极真实表面积缩小，而真实电流密度升高，导致阳极钝化的发生，如氰化镀铜溶液中，当 NaCN 含量不足时，阳极表面生成 CuCN 覆盖层，使极化增大；铜阳极以 Cu^{2+} 溶解生成了难溶性的蓝色氢氧化铜等，所以一旦看到氰化镀铜槽中阳极发蓝，就说明完全钝化了。

所以，有时为保证阳极正常溶解，常使镀液中含有一定游离量的络合剂，有些镀种有时也采用辅助络合剂促进阳极溶解。

② 活性离子　有些离子加入电解液后，可以促进阳极的正常溶解，通常将这些离子称为“活性离子”。如某些阴离子，尤其是卤素离子，对阳极有很好的活化作用，是电镀中防止阳极钝化的常用活化剂，卤素离子中以 Cl^- 活化作用最强，长期以来均用作镀镍溶液中有效的阳极活化剂，如图 2-31 中“1”为加入 Cl^- 后的镀镍溶液中的镍阳极极化曲线，“2”为无 Cl^- 存在时的镍阳极极化曲线。

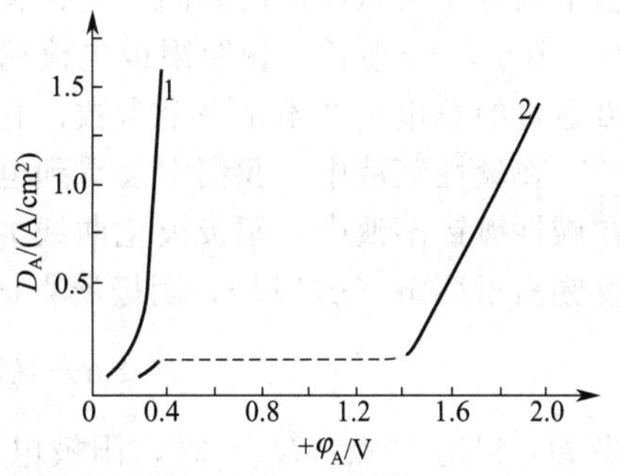

图 2-31　镀镍溶液中镍阳极极化曲线

Cl^- 不仅能防止阳极钝化，还能使已经钝化的电极重新活化。究其原因，目前尚无统一看法，一般认为，对吸附氧引起的钝化而言，因 Cl^- 能与金属形成氯化物或氯的吸附层，排挤了原来在电极表面的氧原子吸附层，故使钝态消除；如果镍电极钝化是由于形成了氧化物成相膜，则氯离子可能与氧化物薄膜作用形成可溶性化合物，从而使钝态破坏；还可能是吸附在钝化膜与溶液界面上的氯离子，由于扩散及电场作用进入氧化物层，成为膜内杂质组分，从而显著改善膜的离子导电性能和电子导电性能，使金属溶解速度加快。

③ 氧化剂　溶液中存在氧化剂时，如重铬酸钾、高锰酸钾、铬酸钾、硝酸银等均能促使金属发生钝化，溶解于溶液中的氧，包括阳极析出的氧，也是促进金属钝化的氧化剂。

④ 有机表面活性物质　电镀时常添加某些有机表面活性物质以改善镀层性能，有的往往对金属的阳极溶解起阻化作用，如在酸性镀液中添加含氮或含硫的有机化合物时，能阻化铁族金属的阳极溶解，这类添加剂又称阳极缓蚀剂。其阻化作用可能是由于在电极表面的吸附，改变了双电层结构，提高了阳极反应活化能。也有人认为，所形成的吸附层相当于一个阻挡层，妨碍了金属离子自由转入溶液，使阳极溶解受阻。

⑤ 溶液 pH 值　金属在中性溶液中一般较易钝化，而在碱性溶液中则困难得多，这与阳极反应产物的溶解度有关。如果溶液中不含有络合剂或其他能与金属离子生成沉淀的阴离子，那么，对大多数金属来说，在中性溶液中会因阳极反应生成溶解度很小的氧化物或氢氧化物（有时也可能是难溶性盐类，如铬酸盐、磷酸盐等）使金属表面钝化；在强酸性溶液中，则一般生成溶解度很大的金属离子化合物，故不易钝化。某些金属在碱性溶液中也会生成具有一定溶解度的酸根离子，如 ZnO_2^{2-} 、PbO_2^{2-} 等，因而也不易钝

化，但不能因此认为阳极反应生成难溶性产物就一定导致钝化，对在液相反应中生成的疏松沉淀物，因其根本不附着于电极表面，不能对阳极过程起明显的阻化作用，所以不会引起阳极钝化。

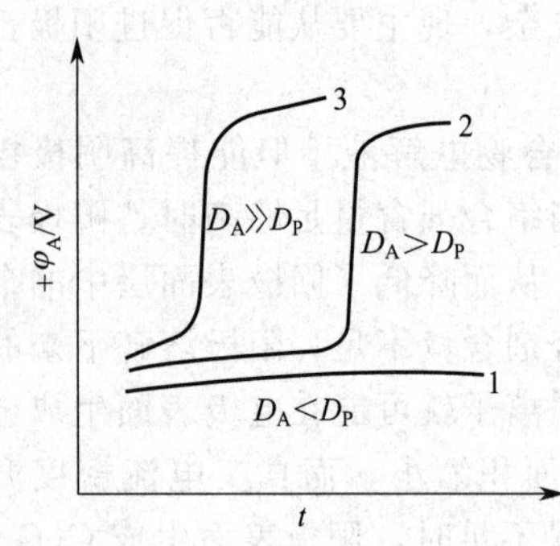

图 2-32 阳极充电曲线

（3）电镀工艺的影响

① 电流密度 电流密度是影响阳极过程最显著的因素，当阳极电流密度小于临界钝化电流密度时，金属正常溶解而不发生钝化，此时提高电流密度，阳极溶解加速，从图 2-32 阳极充电曲线上可以看到，此时阳极电位只随时间缓慢地变化（曲线 1），这是由于金属阳极溶解使电极表面液层中金属离子增大引起的。

当阳极电流密度大于临界钝化电流密度时，在电流通过一定时间后，阳极就发生电位突跃（曲线 2、3）。从开始通电到电位突跃所需的时间称为钝化时间 t_P，t_P 与电流密度 D_A 有关，D_A 愈大，t_P 愈短；D_A 愈小，t_P 愈长。说明阳极电流密度愈大，愈容易建立钝态，但 D_A 与 t_P 的乘积，即阳极通过的总电量并不是一个常数，它随着 t_P 的延长而增大。

在碱性镀液中，我们常会看到电流密度对阳极过程的明显影响，进而影响镀层质量。如在碱性镀锡溶液中，阳极极化曲线如图 2-33 所示，开始时，随着 D_A 的增加，锡阳极以二价锡离子溶解（BC 段），阴极所得镀层灰暗：

$$Sn + 4OH^- \longrightarrow Sn(OH)_4^{2-} + 2e^-$$

当 D_A 到达 C 点（D_P）时，阳极电位急剧变正而钝化，此时阳极表面生成金黄色钝化膜，锡阳极以四价锡离子溶解（CE 段）：

$$Sn + 6OH^- \longrightarrow Sn(OH)_6^{2-} + 4e^-$$

此时阴极镀层为乳白色，结晶细软，正是我们需要的。

如果 D_A 过高，超过 E 点，则阳极表面生成坚固的黑色钝化膜，此时阳极几乎不溶解，只大量析出氧气：

$$4OH^- - 4e^- \longrightarrow 2H_2O + O_2 \uparrow$$

这样，溶液中四价锡不断减少，破坏了镀液的稳定性。

因此，在镀锡生产中，为使阳极处于金黄色的正常工作状态，常在镀前预先将 D_A 提高到 E 点，然后再逐渐将 D_A 降为正常值电镀，D_A 降低时，阳极电位沿图 2-33 中的虚线 EFB 变化。

② 温度 温度对阳极钝化有很大影响，降低温度，钝化容易发生，因为一般随温度降低，电极反应速度和离子扩散速度都减慢，阳极极化则随之增大。因此，为避免钝化发生，可用提高温度的办法来加速金属的阳极过程，如在上述碱性镀锡溶液中，提高温度，则阳极极化曲线右移，如图 2-33 中虚线 $D'E'C'B$，这样就提高了临界钝化电流密度 D'_P，使阳极不易于钝化。

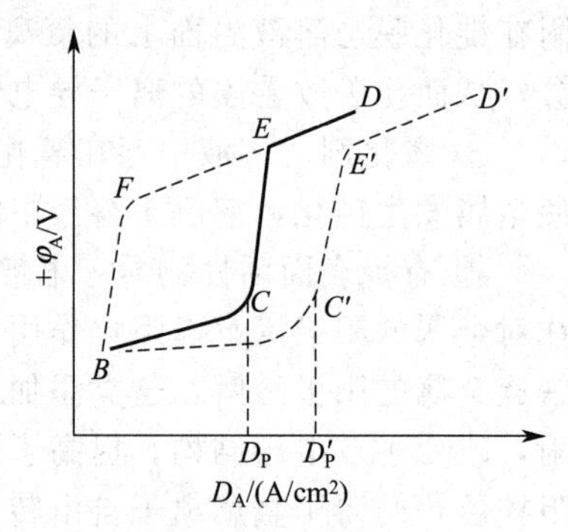

图 2-33 碱性镀锡溶液中的阳极极化曲线

③ 搅拌 如果在恒电流极化的同时搅拌溶液，则在相同的电流密度下，随着搅拌的加强，钝化时间延长，若电流密度不太大，则强烈的搅拌甚至可以防止钝化现象的出现。但如果电流密度太大，以致阳极钝化时间很短，则搅拌的影响作用就不明显。

搅拌的这种影响表明，钝化现象和电极表面液层中的浓度极化现象有关，由于搅拌加速了扩散作用，使电极表面附近液层中的浓度变化减弱了，因此能在某种程度上延缓金属的钝化。

思考题

1. 金属与溶液界面间的电位差是由哪些部分组成的？

2. 什么是电毛细现象？其在电镀生产中有何意义？

3. 试用微分电容曲线解释不同电位下的双电层结构。

4. 简要说明有机表面活性物质对电极过程的影响。有机表面活性物质在电镀前处理及电镀过程中有何作用？

5. 与金属简单离子相比，金属络离子的阴极还原过程有何特点？

6. 金属络离子的不稳定常数较小，金属的析出过电位是不是必然较大？为什么？

7. 有机表面活性物质对金属电沉积起什么作用？它的重要意义何在？

8. 要获得性能优良的金属电沉积层，为什么必须增大金属析出过电位？通常可以采取哪些措施？

9. 说明阳极在电镀生产中的作用，影响阳极过程的因素有哪些？

10. 如何实现金属的钝化？简要说明金属的钝化在电镀领域中的应用。

第 3 章　影响镀层组织及分布的因素

作为金属镀层，不管其用途如何，镀层必须结构致密，厚度均匀，与基体结合牢固。镀液的组成（包括主盐种类和浓度、络合剂、添加剂和附加盐等）、电镀工艺规范（电流密度、温度、pH 值、搅拌、电源波形等）均对电沉积层结构有影响。前者是影响结构的内因，后者是影响结构的外因。此外析氢及基体金属的性质也对镀层的组织有一定的影响作用。

3.1　镀液组成的影响

3.1.1　主盐

阴极上能够沉积出镀层金属的盐称为主盐，可以是盐，也可为氧化物。如碱性锌酸盐镀锌采用氧化锌为主盐、六价铬镀铬采用铬酐为主盐。如采用可溶性阳极电镀，则消耗的主盐金属离子可由阳极溶解补充；而采用不溶性阳极电镀，则需要及时补加预镀金属离子。

一般而言，主要金属离子为简单离子的镀液，其阴极极化作用较小（铁、镍、钴的单盐溶液除外），镀层晶粒较粗，镀液的分散能力也较差。在温度、电流密度等条件不变时，随主盐浓度增大，镀液电导率高，扩散传质的速度加快，浓差极化下降，允许采用的阴极电流密度越高，镀层越不易烧焦。所以在可能的情况下，尽可能采用高浓度镀液，以提高生产率。对由于主盐浓度高，造成镀层结晶较粗的问题，可通过提高电流密度或加入添加剂等克服。由于稀溶液分散能力高，所以对形状复杂的零件或零件的预镀，可选择采用较低的主盐浓度。

主盐浓度的提高受某些因素的限制，如主盐的溶解度、络合物的络合比等。对氯化物镀锌、酸性镀铜等简单盐镀液，主盐浓度过高反而有害，因为单靠增大添加剂的量来增大电化学极化作用是不行的，添加剂过多，有害无益，因此必须保持适度的浓差极化，来提高镀液的分散能力和覆盖能力。由此可知，不能片面地追求大的阴极电流密度而将主盐浓度控制得太高。

在同样电流密度下，主盐浓度的高低对多数络盐镀液的影响效果不显著，因为络盐镀液的电化学极化很大，络合金属离子的浓度可以在较大范围内变化，同样可获得良好的镀层。

3.1.2　络合剂

主要金属离子为络合离子的镀液其阴极极化作用较大，镀层比较细致，镀液的分散能力也较好。因此，由络盐镀液中所得的镀层质量一般比单盐镀液为优，所以生产上采用络盐的镀液较多。

电镀中常用的络合剂（complexant）除了氰化物外，还有焦磷酸盐、铵盐、氨三乙酸盐、三乙醇胺、乙二胺、柠檬酸盐等。在大多数情况下，采用双络合剂或多络合剂比单络合剂效果好，特别在合金电镀中更为明显。如无氰镀锌中的氯化铵和氨三乙酸；焦磷酸盐光亮镀铜中的焦磷酸钾和柠檬酸盐；焦磷酸盐镀铜锡合金中的焦磷酸钾和酒石酸钾等，在选择络合剂时，既要顾到镀层质量，又要考虑到镀液控制方便。

络合物镀液中，都要保证存在一定游离量的络合剂，可起到稳定镀液、促进阳极正常溶解和增大阴极极化等作用。

当其他条件不变时，游离络合剂含量提高，络离子更稳定，转化成能在电极上直接放电的活化络合物更加困难，于是增大了阴极极化作用。但游离络合剂含量过高，允许电流密度的上限下降，金属离子放电困难，沉积速度下降，易析氢，镀层易烧焦。所以，对一定镀液来说，游离络合剂的浓度应控制在一定范围内。

在配制络合物镀液时，应将要络合的金属盐或氧化物用水调成糊状，在搅拌下将其慢慢加到络合剂中，成为均匀透明的溶液。

3.1.3　导电盐

电镀溶液中，除了主盐外，还常加入某些碱金属、碱土金属或铵盐类，称为导电盐（conducting salt）。导电盐的作用是提高镀液的导电性，改善镀液的分散能力。在总电流一定时，镀液导电性越好，槽电压越低，越节能。如钾盐镀锌中加入的氯化钾。

研究中还发现，附加盐对提高阴极极化有一定的影响作用，主要因为外来离子的加入，使离子强度增大，沉积金属离子的活度降低，从而提高了阴极极化。例如硫酸盐镀镍液中加入硫酸钠和硫酸镁，既增加溶液的电导率，又能使镀层更加细致均匀。目前的理论不足以预测一种导电盐对提高阴极极化的效果，因为有些导电金属离子的水化能力特别强，使主盐离子去水化而容易放电，从而减低了阴极极化的作用，因此只能通过试验来确定。

导电盐中除阳离子外，阴离子也起一定作用，如焦磷酸盐镀铜锡合金中使用的硝酸钾或硝酸铵，就是利用其中的硝酸根来扩大阴极电流密度范围；又如镀镍中的氯化钠，利用其中的氯离子来促进阳极正常溶解。

导电盐的选择不仅要考虑导电效果，而且要考虑导电盐电离出的阴、阳离子是否对镀液、镀层有副作用。一般而言，钾盐比钠盐的导电效果好，碱性条件下不宜用铵盐。由于 K^+、NH_4^+ 会增加镀镍层的硬度和脆性，所以一般镀镍宜加入钠盐，专门镀硬镍可加入氯化铵；而焦磷酸盐镀铜则只能用钾盐，因为焦磷酸钠溶解度很小，会损失焦磷酸根。

导电盐的加入量也并非越多越好，根据工艺的不同，导电盐用量有一个最佳值。超过最佳含量，电导率反而下降。当导电盐多时还会有其他副作用，如钾盐镀锌中，氯化钾过多，盐析现象会降低添加剂中表面活性物质的溶解度及其浊点，导致添加剂呈油状浮出。酸性镀镍中如氯化钠含量过高，过多的氯离子会加速阳极溶解，使阳极呈粉状脱落，镀液中镍离子含量过高。

3.1.4　缓冲剂

镀液中加入缓冲剂（buffering agent）的目的是稳定溶液的 pH 值，特别是阴极表面附近的 pH 值，并对提高阴极极化有一定作用，也有利于提高镀液的分散能力和镀层质量。

根据镀液 pH 值的不同，电镀生产中常用的缓冲剂有硼酸、乙酸-乙酸盐、氨水-铵盐等，如镀镍溶液中的 H_3BO_3 可以减缓阴极表面因析氢而造成的局部 pH 值的升高，并能将其控制在最佳值范围内，所以对提高阴极极化有一定作用，也有利于提高镀液的分散能力和镀层质量。

任何一种缓冲剂都只能在一定的范围内具有较好的缓冲作用，超过这一范围其缓冲作用将不明显或完全没有缓冲作用，过多的缓冲剂既无必要，还有可能降低电流效率或产生其他副作用。

3.1.5　添加剂

电解液中添加少量即可显著改善镀层质量的物质称为添加剂（additive）。凡能使镀层产生光泽的添加剂称发光剂（也叫光亮剂或增光剂）；凡能使镀件微观谷处获得比微观峰处厚的镀层，使镀层表面平整的添加剂称整平剂；凡能降低电极与溶液界面张力的添加剂称润湿剂；凡能降低镀层的内应力，提高镀层韧性的添加剂称为应力消除剂；凡能使镀层结晶细致的添加剂称为镀层细化剂。

添加剂可分为无机和有机两类。无机添加剂多数采用硫、硒、铅、铋、锑及稀土等金属化合物，有机添加剂的种类较多。电镀生产中广泛采用的是有机添加剂，它对镀层结构的影响在于对金属电沉积过程动力学的影响，如在硫酸盐镀锡液中加入二苯胺等表面活性物质，对锡电沉积时阴极极化的影响如图 3-1 所示。从图中可以看出，在远远小于极限电流密度时，表面活性物质使阴极电位显著变负，当极化增大到一定数值时，电流密度急剧上升。此外，两种表面活性物质联合使用，对阴极极化影响更大。

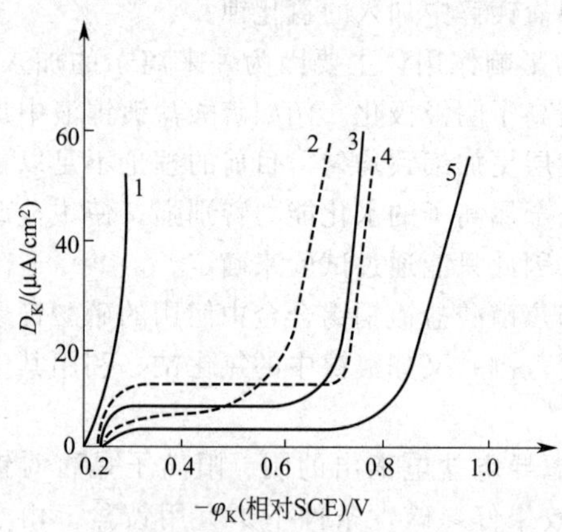

图 3-1　添加剂存在下锡电沉积时的极化曲线
1—0.2mol/L $SnSO_4$ 溶液；
2—“1”+0.005mol/L 二苯胺；
3—“1”+10g/L 甲酚磺酸+1g/L 明胶；
4—“1”+0.005mol/L α-萘酚；
5—“1”+0.005mol/L α-萘酚+1g/L 明胶

有机添加剂提高阴极极化作用有两种不同的解释，即所谓的“封闭效应”与“穿透效应”。“封闭效应”认为电极表面局部被有机添加剂覆盖，金属离子的放电反应速度相当低，与未覆盖部分反应速度相比可忽略不计。添加剂的阻化作用表现为减小了进行反应的电极表面，即对一部分电极表面起了封闭作用，所以使阴极极化增加，但添加剂没有改变界面反应的过程。“穿透效应”认为电极表面完全被覆盖，金属离子到达电极表面，必须穿过这个吸附层，而吸附层的能垒又相当高，致使金属离子越过能垒放电更为困难，此时电极反应速度受吸附层控制，所以出现了数值很小的极限电流。

根据目前积累的实验资料，各种表面活性物质吸附层对电极反应阻化作用大致归纳如下。

① 由烷基组成的吸附层，对大多数金属离子和氢的析出过程均有一定阻化作用。烷基链愈长，吸附层愈厚，对电极过程的阻化作用也愈大，但达到 $C_5\sim C_6$ 以后，由于链的卷曲，差别就不大了。

② 对芳烃基组成的吸附层，在荷正电的电极表面上，芳环的平面与电极表面平行，形成平卧式吸附层；当电极表面荷负电时，则转变为芳环平面与电极表面垂直的直立式吸附层。这两类吸附层对金属析出过程均有阻化作用，但直立式的芳烃吸附层往往会促进氢的析出。

③ 吸附层中活性物质粒子所带的电荷是影响电极反应阻化作用的重要因素之一。若金属离子所带电荷的符号与活性物质粒子相同，则在电极表面，前者往往受到后者的排斥，使

极化增大，如两者所带电荷相反，则极化减小。

④“多聚”型活性物质分子的吸附能力及对电极反应的影响比“单体”活性物质分子更强。

在碱性电解液（如碱性镀锌、锡）中，由于金属的析出电位较负，表面活性物质的作用较小，只有那些烃基不长而极性基团多、介电常数较大的有机化合物（如甘油、乙二醇、非离子型表面活性物质）有可能在电极上吸附。

采用有机添加剂来改善沉积层质量的优点是，只需很小的用量便可收到显著效果，因而成本低。但是，有机添加剂往往夹杂到沉积层之中，使沉积层的脆性增大，并使其他物理化学性质发生改变。

3.1.6　阳极去极化剂

当阳极产生过大的阳极极化作用时，易发生阳极的钝化，造成阳极导电不良，影响电流分布的均匀性；对于可溶性的阳极，还会造成阳极溶解不良，导致镀液中欲镀离子的缺乏，甚至镀层的烧焦。加入阳极去极化剂（阳极活化剂，depolarizing agent）的目的是促进阳极的正常溶解，防止阳极钝化。如电镀镍时加入的氯化钠，其中氯离子就是阳极的活化剂。活化剂加入过多时，阳极溶解过快，导致呈粉状脱落为阳极泥渣而损失。

3.2　工艺条件的影响

除镀液组成影响镀层性能之外，工艺规范（包括电流密度、温度、pH 值、搅拌、电源波形等）对镀层结构也有影响。

3.2.1　电流密度

电流密度（current density）包括阴极电流密度（D_K）和阳极电流密度（D_A），在生产中可通过调节阴、阳极板面积比使阴、阳极处于各自允许的电流密度范围内。

电流密度对镀层结晶状况、沉积速度等影响较大。从提高生产效率上讲，宜采用较大的阴极电流密度，但在生产中，阴极电流密度范围受镀液的性质、主盐浓度、主盐和络合剂的比例、添加剂的性质和浓度、pH 值、缓冲剂的浓度、温度和搅拌以及工件的复杂程度和装挂方式等因素影响，因此必须全面加以考虑。

一般地说，主盐浓度增加，pH 值降低（对弱酸性电解液），温度升高，搅拌强度增加，允许电流密度的上限增大；工件形状越简单、工件装挂越合理、镀槽越宽，则允许的阴极电流密度越大。对于光亮性电镀，阴极电流密度越大，越接近极限电流密度，镀层光亮和整平性越好，故宜采用尽可能大的阴极电流密度。

当阴极电流密度低于允许电流密度的下限时，阴极上沉积速度慢，甚至是无镀层；若电流密度超过允许电流密度的上限，由于阴极附近放电金属离子贫乏，一般在棱角或凸出部位放电，出现结瘤或枝状结晶（枝晶）。如电流密度继续升高，会使镀层烧焦。在允许的电流密度范围内，适当提高电流密度，不仅能使镀层结晶细致，而且能加快沉积速度，提高生产效率。

阳极允许电流密度一般比阴极小，若使用的电流密度高于阳极允许电流密度的上限，则阳极易钝化或阳极溶解电流效率下降，使得溶液中金属离子浓度不稳定，影响镀层质量。

3.2.2 温度

镀液温度（temperature）是指电镀液允许使用的温度范围。镀液温度不仅影响着电镀液组分的溶解度、表面活性物质的浊点、液相传质的速度、镀液的黏度，而且也影响表面活性物质在电极表面的吸附以及阴极采用的电流密度范围等。

在其他条件不变时，升高温度，阴极极化降低，镀层结晶较粗。这是因为温度提高，增大了离子的扩散速度，导致浓差极化降低；同时，温度升高，离子脱水速度加快，增强了金属离子与阴极表面的活性，因而降低了电化学极化。

在需要加温的工艺中，镀液温度应保证不低于工艺下限值，且保证镀槽内各处温度基本一致。比如光亮镀镍，当镀液温度低于45℃时，即使采用再好的光亮剂也难获得光亮、整平的镀层。

对于大多数碱性配合物电解液（锡酸盐镀锡除外），在较高温度下容易使其中的某些组分发生变化，以致造成溶液组成不稳定，所以温度一般不超过40℃。

在改变镀液离子浓度和电流密度等其他操作条件，并配合适宜时，升高温度对电镀有利。在实际电镀生产中不少电解液还是采用升温作业，以增加盐类的溶解度，改善阳极溶解性，提高镀液导电性，减少镀层的吸氢量等。但必须注意影响镀液使用温度的因素有许多，其最佳范围的确定要以大量的试验为基础。

3.2.3 pH值

当镀液的pH＜1时，为强酸性，如酸性镀锡、酸性镀铜；当镀液的pH＞12时，为强碱性，如碱性锌酸盐镀锌；而当镀液的pH值在1～12之间时，工艺中一般均表明允许的pH值范围。

在单盐电解液中，常含有与主盐相对应的游离酸。根据游离酸含量，简单盐电解液可分为强酸性和弱酸性两类。强酸性电解液中的游离酸不是靠主盐水解而来的，而是在配制电解液时添加的，如酸性镀铜和镀锡中常加入过量的硫酸；在氟硼酸盐镀铅及铅锡合金的镀液中常加入过量的氟硼酸，其主要目的是为了防止主盐水解，同时还可提高溶液的电导率，降低槽电压；在一定程度上提高阴极极化作用，以获得较细致的镀层。但游离酸度的提高将降低主盐的溶解度。弱酸性简单盐电解液也含有一定的游离酸，以防止主盐水解，如硫酸盐镀镍。为防止析氢使电流效率下降，镀液必须保持在一定酸度范围内。对于弱酸性的电镀液，虽然降低pH值，可扩大阴极电流密度的范围，但添加剂的吸附性能会降低，而使其消耗量增大，造成生产成本的提高。因此对于此类镀液可适当采用较高的pH值，不仅可减少光亮剂的消耗，而且可减弱由于铁件、铜件等的掉件腐蚀而引起的杂质积累。

对于单金属的碱性条件下的络合物电镀，由于随着pH值的升高，络合能力增强，所以在相同的配合比下，可通过对pH值的调整来控制配合强度。但生产中应注意两性金属的使用限制。

对于络合物合金电镀，pH值影响镀层合金组分的比例，工艺要求较严格。如氰化镀黄铜时，pH值高会使合金中锌含量增加而对仿金不利；氰化镀青铜时，增加氢氧化钠时，锡不易析出，故镀白铜-锡时，pH值以低些为宜。

3.2.4 搅拌

搅拌（stirring）可提高液相的对流传质速度，及时补充阴极区欲镀离子，浓差极化减小，允许的阴极电流密度上升，不仅可提高镀速，还可减少镀层烧焦的可能性；搅拌还可及时驱除工件表面的气泡，减少镀层针孔、麻点的产生。

在光亮酸性镀铜和镀镍工艺中，通过搅拌开大电流，大大提高生产效率，并及时补充光亮剂，可获得高光亮、高整平的镀层。此外，搅拌还可影响合金镀层的成分。如电镀装饰性镍-铁合金时，搅拌强度增大可使合金镀层中含铁量显著增加，因而通过选择不同的搅拌强度，在同一镀槽内可获得不同铁含量的合金镀层。搅拌还使复合镀和高速电镀变为现实，如采用平流法或喷射法使镀液在阴极表面高速流动，电流密度可高达 150～450A/dm^2，铜、镍、锌的沉积速度可达 25～100μm/min，铁、金、铬的沉积速度分别为 25μm/min、18μm/min、12μm/min。

常用的搅拌方式有阴极移动、压缩空气搅拌、连续循环过滤及超声波等。

阴极移动包括水平或垂直的阴极运动、阴极旋转、阴极振动等。一般用于遇空气不稳定的镀液，如氰化物电镀液、碱性镀液和含有易氧化的低价金属的电解液（如酸性镀锡、镀铁）等。阴极移动速度通过规定的水平行程及每分钟的次数来决定。一般采用 2～5m/min 或 10～30 次/min，移动行程为 50～140mm。

压缩空气搅拌一般应用于对空气稳定的镀液，如光亮镀镍、光亮酸性镀铜等。空气搅拌的强度比阴极移动大，可较显著地提高允许电流密度。以光亮镀镍为例，无空气搅拌时，使用的电流密度一般为 3～4A/dm^2；有空气搅拌时，电流密度可提高到 8～10A/dm^2。但应注意，采用压缩空气搅拌时，压缩空气应先经净化处理，并配以连续循环过滤，以免槽底沉渣泛起，与镀层共沉积，造成镀层粗糙或产生毛刺，同时也最好配合使用阳极袋或阳极护筐。搅拌的强度可通过阀门控制进气量来调节。

连续循环过滤是利用循环泵并串联过滤机，既起到搅拌作用，又起到对镀液杂质过滤的作用，是保证镀层质量的有效措施，近几年使用量逐渐增大。过滤机的标称流量（均指清水流量）应为镀液体积的 8～12 倍。过滤精度越高时，过滤介质越易堵塞，流量及泵的扬程越大。镀锌时可用 20μm 的精度，镀铜、镍用 5～10μm 的精度，化学镀要求用 2μm 的精度。

超声波是利用空化作用实现对液体的强烈搅拌，其中超声波电解除油在工业中得到了广泛的应用。

此外，在高速电镀中，为采用较大的阴极电流密度，要求十分强烈的搅拌，如采用喷射法、高速液流法、硬粒子摩擦法等。

3.2.5　阴、阳极板面积比

当阴极所用电流密度确定后，可依据工件受镀总面积来确定电流强度（I）。具有规则几何外形的零件可通过相应几何图形面积的计算公式进行计算。附表 2 中列出了典型几何面积的计算公式。对于形状不规则或难以计算的零件，可采用以下方法处理。

（1）不规则形状表面积计算

先准备已知面积的坐标纸，然后根据零件各不规则部分的大致形状剪下相仿的纸片贴于该处，将所有待测表面贴满后，用已知的整块坐标纸的面积减去剩余坐标纸的面积就是待测表面的面积。

（2）滚镀小件表面积计算

滚镀溶液的温度、浓度、滚镀件数量、形状、尺寸等都是影响配送电流大小的依据，要估算每个滚筒中工件的表面积难度较大，但对各电镀公司而言，由于滚镀件相对比较稳定，通常可采用制订表格，将每一批不同形态工件数量、质量、所估的总面积乃至所配送的电流强度及所获质量分别记录下来，以供以后滚镀相同或近似形态的产品时作为配送电流的依据。

除此之外，也可先计算一个工件的面积，然后乘以滚镀的工件总数。

一般要求阴、阳极板面积比（S_K∶S_A）在1.5～2.0之间（碱性镀锡除外）。

3.2.6 电流波形

电镀中使用的整流器，依据交流电源的相数及整流波形（current waveform），有稳压直流、单相半波、单相全波、三相半波、三相全波及脉冲电流等，如图3-2所示。

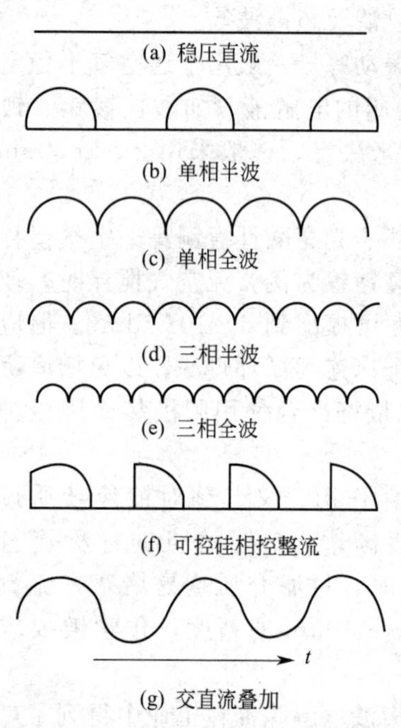

图3-2 各种整流方式及其输出波形

电流波形对镀层性能有显著影响，如装饰性镀铬中，采用三相全波或稳压直流，光亮电流密度范围宽，镀层光亮度好；若采用单相全波，对新配制的电解液影响不大，对老化后的电解液，即Cr（Ⅲ）浓度较高时，高电流密度区光亮度降低，即光亮电流密度范围缩小；若采用脉动系数更大的单相半波，则得不到光亮镀层。与此相反，在焦磷酸盐镀铜时，采用单相半波或单相全波，却可以提高镀层的光亮度和允许电流密度的上限。

除常用的电流外，目前在电镀生产中已使用的电流还有换向电流、脉冲电流、不对称交流和交直流叠加。

所谓换向电流就是周期性地改变直流电的方向。电流为正向时，镀件作阴极；电流为反向时，镀件作阳极。正向时间（t_K）和反向时间（t_A）之和称为换向周期（t），t_K∶t_A的大小影响镀层质量，一般为7∶3、5∶1、6∶1，根据具体情况而定。生产实践证明，在氰化物镀铜、氰化物镀黄铜和氰化物镀银中，采用周期换向电流，镀层质量较好，而且允许电流密度的上限较高，并可获得厚镀层。

周期换向电流的良好作用表现为，当镀件为阳极时，表面尖端及不良的镀层优先溶解，使镀层周期性地被整平；当电流反向时，阴、阳极的浓度极化都减小，提高了允许电流密度的上限。换向电流不适于短时间内镀覆形状复杂的零件，尤其是在酸性电解液中，镀件作为阳极时，深凹处的基体表面会溶解，电解液将受污染。有时，镀件作为阳极时，镀层会发生钝化，严重影响镀层的结合强度。

脉冲电流是指单相（阴极）电流周期性被一系列开路（无电流通过）所中断的电流。脉冲电流通常由周期性的方波或正弦脉冲组成。与直流电流相比，脉冲电流可以调整的参数比较多，如脉冲波形、脉冲幅值、通断比和脉冲频率等，通过这些参数的改变，再与适当的镀液配合，就能获得质量较好的镀层。因为脉冲可获得较大的峰值电流，增加了阴极的电化学极化，在断电时又降低了浓差极化，所以镀层结晶细致。

用脉冲电流进行电镀，可以提高镀层的致密性和耐磨性，降低镀层的孔隙率和电阻率。目前，脉冲电流已用于金、银等的电镀生产。

在镀厚银及磁性合金（如Co-Ni合金）时，采用叠加交流的直流电，能改善镀层外观和提高电流密度。根据叠加交流值的大小，交直流电流叠加的波形有脉动直流、间歇直流和不对称交流。

叠加交流时应注意降低电压，否则易发生危险。交流电的频率不能太高，否则物质的扩散与迁移不能与频率相适应，效果不大。随着频率降低，效果逐步提高，交流电的频率应小于 50Hz。

3.2.7　极间距

极间距（inter-electrode distance）为镀槽中阴、阳极之间的距离。增大阴极和阳极间的距离虽可使镀液的分散能力有所提高，但是极间距过大，会增大镀槽的尺寸，增大镀液的量而使镀液的维护困难，生产成本增加；同时由于镀液增多，镀液的电阻也增大，要保证电流密度不变，电镀时所需要的外加电压相应增高，这就多消耗了电能，因此极间距宜选择 200～300mm。当阴、阳极杆相距小于 150mm 时，由于电流强度过大，电力线较为集中，镀层易出现粗糙。

镀槽中阳极与阳极间的距离也影响着镀层的质量，当阳极与阳极间距超过 300mm 时，则电力线分布不到两个阳极间空隙处，就会使阴极上电力线分布不均，镀层出现阴阳面的雾白花状。

3.3　阴、阳极材料的影响

3.3.1　基体金属

镀层金属与基体金属（basis/substrate metal）的结合力与基体的化学性质有密切关系。在电解液中，如果基体金属的电位负于镀层金属，由于存在化学置换，不易获得结合良好的镀层。例如钢铁件在酸性镀铜液中，当没有电流通过时，铜离子被置换而附着在制件表面，该镀层通常称为“置换镀层”或者“接触镀层”。这种镀层与基体金属的结合往往是不好的，此后所得的电镀层当然与基体结合力很差。钢铁零件在焦磷酸盐镀铜或铜-锡合金中，也有这种置换现象，虽然这种现象不很明显，甚至连肉眼也看不出置换镀层，但它已足够影响镀层的结合力。解决的方法之一是在焦磷酸盐镀铜溶液中进行预镀，或在特定的溶液中电解活化。还有一些电位很负的金属如锌及其合金，它们的活性很强，置换的倾向更大。因而要在这类金属上进行电镀，困难更大。

有些金属，特别像不锈钢、铬等具有钝化性质，金属表面容易生成一层氧化膜，虽然用肉眼一般不易看出，但这类金属进行电镀时，如不经活化处理，很难取得结合牢固的镀层。生产中常采用反相电解处理或冲击电流等。

3.3.2　基体镀前加工性质

零件进入电镀车间前的加工性质（substrate character of preplating ）与镀前的准备工作对镀层质量也有着各种各样的影响。

铸铁件表面往往凹凸不平、多孔，在这样的表面上容易得到粗糙而多孔的镀层，铸铁中的石墨，具有降低氢过电位的作用，造成氢容易在该处析出，阻碍了金属的沉积，如铸铁在氰化镀锌中不能获得均匀连续的锌层就是一例。

在有加工缺陷，如有气孔、裂纹的零件上，镀得的锌层、镉层或锡层，经过一定时间后，常常出现黑色斑点，即所谓的“泛点”或“渗点”。其主要原因是由于零件浸入电镀槽时，电解液渗入零件的孔隙内，当电镀完毕并经过一定的时间后，藏于孔隙内的电解液向外渗出，并与镀层作用，生成斑点状的腐蚀产物。

在有孔隙和裂纹的零件上，出现镀层缺陷的另一形式是产生气泡或镀层隆起（起泡）。产生这种现象的原因与产生斑点相似，亦是由于溶液渗入孔隙内所引起的。因为渗入的电解液与基体金属作用产生氢气，若后者的压力大于镀层与基体金属结合力，则镀层将起泡。

另外在加工过程中形成表面组织上的缺陷，若不在镀前处理中除掉，镀层沉积在有缺陷的表面上，就会形成起泡或结合不良等弊病。生产中常采用硝酸或硝酸与硫酸的混合液进行腐蚀，以除去表面不良组织。

为了消除零件表面上凹凸不平的孔隙等缺陷，常把零件进行磨光、抛光加工。金属在平滑表面上的沉积比在粗糙表面上容易，因为在粗糙表面上，实际的电流密度比表现的电流密度小，如果局部实际电流密度达不到金属析出电位，该处就没有镀层。然而加工过于光滑的表面，反而使镀层与金属的结合力也不好，不及在稍微粗糙的表面上所得镀层的结合力好，故在电镀前要进行最后一道弱浸蚀，或称为活化处理，使表面具有轻微粗化的作用。

3.3.3 阳极材料

对于阳极材料（anode materials），不仅有面积要求，而且不同的镀种也有各自的要求。

（1）考虑阳极的溶解性质

不同的生产方式所得的阳极板材料、金属晶体的分布、均匀程度、杂质的含量等有所不同，其溶解性质也不同，如氰化镀铜有的工艺要求采用轧制铜板、焦磷酸镀铜采用电解铜板；在碱性锌酸盐镀锌阳极溶解过快，为防止锌碱比例失调，而采用少量的锌板与多数不溶性铁阳极混挂，在酸性镀镍中为使阳极溶解均匀，通常采用含硫的镍阳极。某些无氰镀银工艺要求对银板进行热处理生产大的晶体以利于溶解。镀铬时采用不溶性的铅锡或铅锑合金。

（2）考虑镀液对杂质的敏感性

锌酸盐镀锌对多种杂质敏感，锌阳极必须采用 0 号的锌，防止铅、镉等杂质对镀锌层质量的影响。

在酸性光亮镀铜工艺中，若使用电解铜阳极，极易产生铜粉，引起镀层粗糙，而且光亮剂的消耗快，所以应采用含有少量磷（0.03%～0.05%）的磷铜阳极，可以显著地减少铜粉。但若采用含磷量过高的铜阳极，则将使阳极溶解性能变差，致使镀液中的铜含量下降。

（3）注重生产中阳极状态的变化

阳极的状态对于镀液的维护和电镀的正常生产是很重要的。阳极状态的变化能直接在阳极的颜色上反映出来，所以观察阳极的颜色也是电镀生产控制的重要手段之一。

例如，在镀低锡青铜时，铜锡合金阳极呈现黑灰色时是因为阳极的电流密度低于正常工艺值，阳极溶解生成了二价锡离子和亚铜离子。当镀液中二价锡浓度达到一定程度时，镀层便发黑、有瘤，抛光时发乌且不易抛光；而当铜锡合金阳极呈现金黄色时，则此时阳极电流密度处于正常工艺范围内，镀层质量良好；如铜锡合金阳极呈现黄绿色到绿色，此时阳极的电流密度超过正常工艺范围，阳极处于钝化状态，由于预镀离子的缺乏，镀层变得疏松发暗。在碱性镀锡生产中，阳极板为纯锡板，如阳极呈现灰暗色，说明阳极电流密度低于工艺值，溶解下的二价锡对碱性镀锡来说是有害的金属离子，由于它的存在使获得的镀层灰暗无光泽；如果阳极呈现淡黄绿色，说明阳极处于正常溶解状态；而阳极板呈现黑色则表示阳极处于完全钝化状态，必须把阳极板取出，用盐酸除去钝化膜。在碱性镀锌生产中，正常的阳极板颜色应为灰白色，此时阳极还未出现明显的释放气泡现象；如果阳极呈现黑灰色，说明阳极溶解效率大于100%，镀液中的锌离子浓度过高，最终影响到镀层的质量。

3.4 析氢

当氢气析出的过电位小于金属在阴极上析出的过电位时，氢气就会在阴极上析出，即发生析氢现象（hydrogen evolution）。

3.4.1 析氢对镀层质量的影响

氢气在阴极上的析出对基体金属的性质和镀层的质量均有重要的影响，有时甚至使镀件报废或得不到合格的镀层。

（1）氢脆（hydrogen embrittlement）

析氢的影响最主要的是氢脆。氢脆是指金属内部渗入原子态的氢而造成金属强度下降的现象，通常表现为应力作用下的延迟断裂。氢脆是表面处理中最严重的质量隐患之一，轻则降低基体金属的疲劳强度，增大镀层内应力。重则使零件碎裂，造成严重的事故。

产生氢脆的原因，一般认为是由于零件内部的氢向应力集中的部位扩散聚集，应力集中部位的金属缺陷多（原子点阵错位、空穴等）。氢扩散到这些缺陷处，氢原子变成氢分子，产生巨大的压力，这个压力与材料内部的残留应力及材料受的外加应力，组成一个合力，当这个合力超过材料的屈服强度，就会导致断裂发生。因此氢脆与氢原子的扩散速度与浓度梯度、温度和材料种类有关。

高强度钢对氢脆比较敏感，且强度越高，敏感性越大。因此电镀此类产品时应特别注意。薄壁件、弹簧件对氢脆也很敏感。此外冷加工变形和加工造成的缺陷、微裂纹等，也提高了钢材对氢脆的敏感性。

氢原子具有最小的原子半径，容易在钢、铜等金属中扩散，而在镉、锡、锌及其合金中氢的扩散比较困难。常温下氢的扩散速度相当缓慢，所以需要加热去氢。加热温度及时间的选择针对不同的镀层稍有差异，并且除氢温度和时间对镀层的性能也有一定的影响。对于常用的镀锌件，一般是在带风机的烘箱中，于190～230℃保温2～3h。这个工序一般是在钝化之前，这样不会造成由于驱氢而导致钝化层的破裂。一般用渗碳件和锡焊件的除氢温度是140～160℃，保温3h。

温度升高，增加氢在钢中的溶解度，过高的温度会降低材料的硬度，所以镀前去应力和镀后去氢的温度选择，必须考虑不至于降低材料硬度，不得处于某些钢材的脆性回火温度，不破坏镀层本身的性能。

（2）针孔和麻点（pinhole & pits）

由于析氢副反应及镀液润湿性不好时，在镀件上析出的氢气泡不能及时逸出而滞留在工件表面上，阻止了该处金属离子的放电沉积。如果气泡在整个电镀过程中一直滞留，则该处始终无金属沉积，而形成小孔眼，称为“针孔”；如果气泡间歇性滞留与逸出，则该点为间歇电镀，最终形成凹下去的坑点，称为“麻点”。

避免氢气泡在工件上黏附的方法是向镀液中加入适量的润湿剂（如十二烷基硫酸钠、十二烷基己基硫酸钠等），润湿剂是一种表面活性剂，少量加入镀液中能显著地降低电极与溶液之间的界面张力，提高镀液对电极的润湿能力。搅拌也能使气泡尽快逸出。此外，加强电镀前处理、定期过滤镀液，减少镀液中的杂质对减少针孔和麻点的产生也很重要。

（3）鼓泡（blistering）

聚集在基体金属微孔中的氢，当周围环境温度升高时，因体积的膨胀而对镀层产生压力，使镀层“鼓泡”，此现象在锌、镉、铅等镀层内经常发生。这种小鼓泡有时在镀后就出现，有时要经过一段时间才出现，特别是在零件的边角或焊接处（析氢过电位低）最易发生。

（4）电流效率（current efficiency）下降

析氢增加，消耗于副反应上的电流越多，电流效率越低。这不仅增加了电能的消耗，使金属的沉积速度减慢，而且也增加了带出损失，并污染生产环境，进而带来抽风设备的投资。

（5）使工件局部无镀层或镀层不正常

对于管状、深凹件等不利气体逸出的零件，在电镀中要采用适宜的装挂方式，利于气体的排除。

3.4.2 影响析氢的因素

氢气析出的过电位与溶液的组成、温度、电极材料及表面状况有关。

（1）金属材料本性的影响

塔菲尔在大量的实践中发现，在许多电极上，氢的过电位与电流密度间存在着半对数关系，即：

$$\Delta\varphi=a+b\lg i$$

在大多数纯净金属的表面上，公式中的经验常数 b 具有几乎相同的数值，约为 0.11～0.12V。有时虽也观察到比较高的 b 值（$>$0.14V），其原因常常是由于表面状态发生了变化所致。公式中经验常数 a 主要决定于电极材料。电极不同，a 也不同，说明电极及其表面对氢的析出过程有着不同的“催化能力”。

一般按 a 值的大小，可将电极材料大致分为以下三类：

① 高过电位金属（$a\approx$1.2～1.5V），如 Pb、Cd、Hg、Tl、Zn、Sn 等；

② 中过电位金属（$a\approx$0.5～0.7V），如 Fe、Co、Ni、Ca、Au 等；

③ 低过电位金属（$a\approx$0.1～0.3V），如 Pt、Pd。

凡是 a 值大的阴极材料，析氢就困难；a 值愈小，愈易析氢。例如电镀铸铁、高碳钢及高合金钢工件时，开始电镀时析出的氢气要比低碳钢、低合金钢多，这是因为前者含有较多的碳或含镍、铬、钛等合金元素，其降低了氢析出的过电位。又如铁件刚入锌槽时，发现有较多的氢气泡，但当零件全被锌层覆盖后，氢气泡就显著减少了，这是因为氢在锌上的析出过电位比铁上高的缘故。因此生产中，有时采用冲击电流的方法，使刚入槽的零件表面迅速镀上一层析氢过电位较大的金属镀层，以防止大量析氢对镀件造成的不良影响。

（2）金属材料的表面状态及加工性质的影响

金属表面状态粗糙时，一方面金属表面的活性比较大，使电极反应的活化能降低，因而析氢反应容易进行；另一方面粗糙表面的真实表面积要比表观的表面积大得多，相当于降低了电流密度，析氢的过电位必然减低，大的表面积也使电化学反应的机会增加，从而利于析氢反应的进行。生产中发现，经喷砂的钢铁零件与磨光、抛光的钢铁零件表面析出氢气的快慢是不同的，前者容易析氢，后者不易析氢；铸造件镀铬时，镀前表面加工得越光滑，金属越易镀上。同理，酸洗除锈时，若出现过腐蚀，使金属表面变得粗糙或形成“挂灰”，也会使镀件析氢多，镀层上得慢。

当金属表面存在油污、锈蚀或存在加工缺陷等时，也会降低析氢过电位，利于析氢反应的发生，因此加强零件的镀前处理对减少析氢是非常必要的。

(3) 镀液成分对阴极析氢的影响

① 络合剂的影响　络合剂的种类和数量对镀液中金属离子的能级有直接的影响，络合能力强，游离量多，金属离子的能级下降也多，此时需要更大的活化能才能将其还原镀出，即提高了金属析出的过电位，使金属析出变得困难，氢的析出相对增多，电流效率下降。氰化镀液中电流效率低是因为氰化物与金属的络合能力较强，若在镀液中任意提高氰化物的含量，甚至可使阴极上镀不出金属，只能看到猛烈的析氢。因此无论是何种镀液，络合剂的种类和数量都要选择得当，一方面保证镀层的质量，另一方面保证高的电流效率。

② 表面活性剂（surface active agent）的影响　表面活性阴离子、阳离子及表面活性有机分子都对析氢过电位的大小有影响。

对汞电极来说，当溶液中含有表面活性卤素阴离子（如 Cl^-、Br^-、I^-），则在一定的电位范围内，析氢过电位显著降低。图 3-3 为卤素阴离子对汞电极上析氢过电位的影响。四条对比曲线所采用的基础溶液都是酸性溶液，当添加硫酸钠时，由于 SO_4^{2-} 的表面活性很小，在 $5\times10^{-8}\sim10^{-2}A/cm^2$ 范围内，析氢过电位与 $\lg i$ 之间的关系是一条直线。在含有表面活性卤素离子的溶液中，在低电流密度内，析氢过电位显著降低（曲线 2、3、4），并且随着阴离子吸附能力越强（吸附能力顺序 $I^- > Br^- > Cl^-$），析氢过电位降低越多。当电流密度升高，使电位负移到阴离子的脱附电位时，这种影响就消失了。

有机表面活性物质，如有机酸和醇等，可使析氢过电位显著提高，可达 0.1～0.2V。这相当于使氢的析出速度降低几十倍到几百倍。但是，这种析氢过电位增加，只出现在一个不很大的电位范围内。如图 3-4 曲线 1 为 2mol/L 纯盐酸中汞电极上析氢过电位与电流密度的关系；曲线 2 表示 2mol/L 盐酸中含有已酸时析氢过电位与电流密度的关系。从两条曲线可以看到已酸对析氢过电位的影响只在低电流密度时才表现出来，当电流密度大于 $10^{-3}A/cm^2$ 以后，这种影响就消失了。实验还发现，随着有机物碳链的增长，在一定浓度下其影响也随着增加。值得特别指出的是，加入有机表面活性物质后，析氢过电位发生变化的电位范围与这些活性物质在电极表面发生吸附的电位范围能很好地吻合，而且析氢过电位增加的数值与其表面活性的强弱有关，表面活性越强，氢过电位增加得越多。由此可见，这些活性物质对析氢过电位的影响，是通过它们在电极表面上吸附而实现的。除了有机酸和醇外，其他如琼脂、糖精等，也可提高阴极析氢过电位，从而使其在缓蚀剂方面有所应用。

由上可知，在溶液中添加的表面活性物质对析氢过电位影响各有不同，有的降低析氢过电位，有的则可提高析氢过电位，阻止氢的析出，后者又称“阻氢剂”。常用的阻氢剂有：某些重金属盐类及硫脲、已酸等。这些阻氢剂是否适应于所需的镀液，还需在具体的工艺中有目的地加以选择。

(4) 温度的影响

温度升高，可使反应活化能降低。因此，在同样的电流密度下，温度高时析氢过电位降低，而在相同的过电位下，温度高时反应速度则要更快。研究发现，对于汞和铅等高过电位的金属来说，在中等电流密度下，温度每升高 1℃，析氢过电位大约要下降 2～5mV。

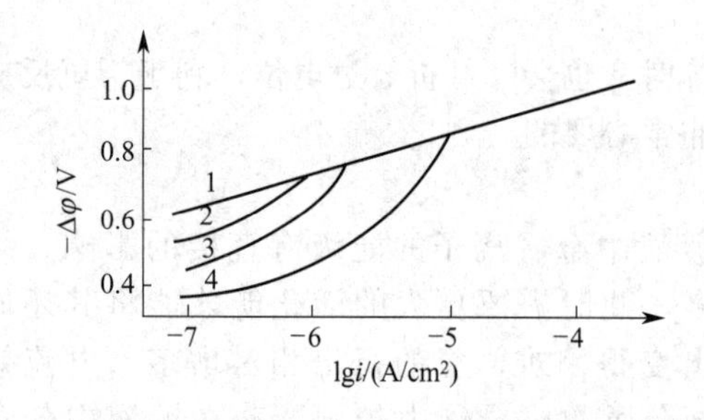

图 3-3　卤素阴离子对汞电极上析氢过电位的影响

1—0.05mol/L H_2SO_4＋1mol/L Na_2SO_4；

2—0.1mol/L HCl＋1mol/L HCl；

3—0.1mol/L HCl＋1mol/L KBr；

4—0.1mol/L HCl＋1mol/L KI

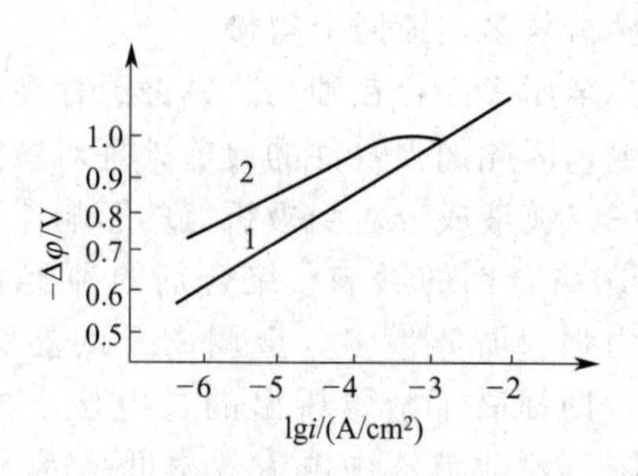

图 3-4　有机表面活性分子对析氢过电位的影响

溶液组成：1—2mol/L HCl；

2—2mol/L HCl＋己酸

（5）pH 值的影响

若保持镀液中离子总浓度不变，在一定的电流密度下，析氢过电位随着溶液 pH 值增大而增大（pH＝1～7），然后随着 pH 值增大而减小（pH＞7），且过电位与 pH 值的变化比例呈现相近值。$\Delta\varphi/\Delta pH$≈55～58mV。当溶液中 pH 值固定时，再加入大量的中性局外电解质以提高溶液中电解质的总浓度（c），此时随着总浓度的增大，析氢过电位也增大，$\Delta\varphi$ 与 lg$c$ 呈直线关系，直线斜率约为 55～56mV。

（6）阴极电流密度的影响

在电镀过程中，阴极除析氢外，还有金属的析出，因此阴极析氢的多少，不仅取决于析氢过电位绝对值的大小，而且也取决于析氢过电位与金属析出电位的相对大小。两者都随阴极电流密度的增大而增大，如果金属过电位的增加大于氢过电位的增加，则金属析出量相对减少，氢析出量相对增多，因此在一般的络合物镀液中，都是随着阴极电流密度的增加，析氢也增加，故电流效率不断下降。镀铬是例外，因为随着阴极电流密度的增加，氢过电位比铬过电位增加得多，使析氢相对减少，所以阴极的电流效率增大。

3.4.3　减少析氢的注意事项

（1）减少金属中渗氢的数量

在除锈和氧化皮时，尽量采用机械法除锈，若采用酸洗，需在酸洗液中添加若丁、乌洛托品等缓蚀剂；在除油时，采用化学除油、清洗剂或溶剂除油，渗氢量较少，若采用电化学除油，先阴极后阳极；在电镀时，碱性镀液或高电流效率的镀液渗氢量较少。

（2）采用低氢扩散性和低氢溶解度的镀层

在电镀 Cr、Zn、Cd、Ni、Sn、Pb 时，渗入钢件的氢容易残留下来，而 Cu、Ag、Au 等金属镀层具有低氢扩散性和低氢溶解度，渗氢较少。在满足产品技术条件要求的情况下，可采用不会造成渗氢的镀种或工艺。

（3）镀前去应力和镀后去氢以消除氢脆隐患

若零件经淬火、焊接等工序后内部残留应力较大，镀前应进行回火处理，减少发生严重渗氢的隐患。

对电镀过程中渗氢较多的零件原则上应尽快去氢，因为镀层中的氢和表层基体金属中的氢在向钢基体内部扩散，其数量随时间的延长而增加。新的国际标准草案规定“最好在镀后1h内，但不迟于3h，进行去氢处理”。国内也有相应的标准，具体的处理温度和时间应根据零件大小、强度、镀层性质和电镀时间的长短而定。

此外，零件的使用安全系数要求大的，零件的几何形状带有容易产生应力集中的缺口的；极易被氢饱和的细小的弹簧钢丝、较薄的弹簧片，均应加强去氢。

思 考 题

1. 电镀液的组成及作用是什么？
2. 基体材料对镀层质量有何影响？
3. 析氢产生的原因、危害是什么？
4. 影响析氢的因素是什么？
5. 影响电镀层组织及分布的因素有哪些？

第 4 章　镀液与镀层的性能

4.1　镀液性能及测试方法

4.1.1　分散能力

为了评定金属或电流在阴极表面的分布情况，人们常采用“分散能力（throwing power）”表示。所谓分散能力（或称均镀能力）是指电解液使零件表面镀层厚度均匀分布的能力。因此，分散能力是金属在阴极表面上分布均匀程度的量度。在各种电镀工艺中，络盐电镀分散能力优于单盐电镀，如氰化物电镀液分散能力很高，酸性镀铜、酸性镀锌等简单盐电解液的分散能力较差，镀铬液的分散能力更差。

在电镀生产实践中，金属镀层的厚度及镀层的均匀性与完整性是检验镀层质量的重要指标之一，因为镀层的防护性能、孔隙率等都与镀层厚度有直接关系，特别是阳极性镀层，随着厚度增加，镀层的防护性能也随之提高。如果镀层厚度不均匀，往往在其最薄的地方首先破坏，其余部位镀层再厚也会失去保护作用。

镀层厚度的均匀性取决于电解液本身的性能和电镀规范。从法拉第定律可知，镀层厚度的均匀性主要反映在阴极表面上电流分布的均匀性。如果电流在阴极表面上分布均匀，一般说来镀层的厚度也均匀。但是，在实际电镀过程中，由于零件外形复杂及电解液性能不同，往往在其表面上电流的分布不均匀，造成镀层厚度也不均匀。

（1）镀液分散能力的数学表达式

如图 4-1 所示，当直流电通过电解槽时，遇到三部分阻力，即金属电极的欧姆电阻，以 $R_{电极}$ 表示；电解液的欧姆电阻，以 $R_{电液}$ 表示；发生在固体电极与电解液（金属、溶液）两相界面上的阻力，这种阻力是由于电化学反应或放电离子扩散过程缓慢引起的，也就是由于电化学极化或浓差极化造成的，我们等效地称为极化电阻，以 $R_{极化}$ 表示。

一般使用较大的电极面积，因此 $R_{电极}$ 可以忽略不计。设加在电解槽上的电压为 U，根据欧姆定律，通过电解槽的电流强度（I）为：

$$I=U/(R_{电液}+R_{极化}) \tag{4-1}$$

由于金属电极的电阻可以忽略不计，那么在电镀时，阴极上任何一点与阳极间的电压降都相等，也就是近阴极与阳极的电压降和远阴极与阳极的电压降相等，都等于槽压 U。设通过近阴极上的电流强度为 I_1，通过远阴极上的电流强度为 I_2；近阴极与阳极间电解液的电阻为 $R_{电液1}$，远阴极与阳极间电解液的电阻为 $R_{电液2}$，近阴极的极化电阻为 $R_{极化1}$，远阴极的极化电阻为 $R_{极化2}$；阳极极化一般忽略不计，则：

$$I_1=U/(R_{电液1}+R_{极化1}) \tag{4-2a}$$

$$I_2=U/(R_{电液2}+R_{极化2}) \tag{4-2b}$$

若所采用的近阴极与远阴极的面积相等，那么在近阴极和远阴极上电流密度之比就可以表示阴极上电流的分布，即：

$$D_{K1}/D_{K2}=I_1/I_2=(R_{电液2}+R_{极化2})/(R_{电液1}+R_{极化1}) \tag{4-3}$$

从式(4-3) 可以看出，电流在阴极不同部位上的分布与电流到达该部位的总阻力成反比，即决定电流在阴极上分布的主要因素是电流达到阴极的总阻力，包括电解液的欧姆电阻和电极与溶液两相界面上的极化电阻。电解液的欧姆电阻与两相界面上的极化电阻是影响电流在阴极上分布的主要矛盾。下面将讨论两种电流分布，从而得到电解液分散能力的数学表达式。

① 初次电流分布（或一次电流分布，primary current distribution）　初次电流分布是假定不存在阴极极化，即 $R_{极化}\approx 0$ 时，电流在阴极各部位上的分布。研究初次电流分布的目的是在排除电化学因素及其他方面的干扰后，单纯研究几何因素对电流分布的影响。

电解液的电阻 $R=\rho l/S$，由于所采用的远近阴极的截面积 S 相同，电解液相同，则 ρ（电阻率）也相同，所以电解液的电阻只与长度（l）成正比，即：

$$D_{K1}/D_{K2}=I_1/I_2=R_{电液2}/R_{电液1}=l_2/l_1=Kl_1/l_1=K \tag{4-4}$$

式中，l_1、l_2 为阳极与近、远阴极的距离，并设 $l_2=Kl_1$。

可见，当没有阴极极化时，近阴极和远阴极上的电流密度和它们与阳极的距离成反比。初次电流分布等于远阴极与阳极间的距离和近阴极与阳极间的距离之比，等于常数 K，K 值越大，电流分布越不均匀。

② 二次电流分布（或实际电流分布）　当电流通过镀液时，阴极和阳极都会有一定程度的极化。阴极极化存在时的电流分布称为二次电流分布，它是接近于实际情况的电流分布。在固定几何条件的情况下，研究二次电流分布，就相当于研究电化学因素对电流分布的影响。

由于近阴极的电流强度 I_1 比远阴极的电流强度 I_2 大，因此近阴极极化作用大，即 $R_{极化1}$大，而 $R_{极化2}$小，比较式(4-3) 的分子与分母两项数值，虽然 $R_{电液2}>R_{电液1}$，但是由于分子加上一项较小的 $R_{极化2}$，分母加上一项较大的 $R_{极化1}$，使得分子与分母的数值趋于接近，这种补偿的结果使得远、近阴极上的电流趋于均布，这对得到厚度均匀的镀层具有重要意义。

镀液的分散能力（T）是用实际电流分布与初次电流分布的相对偏差来表示，即：

$$T=(K-I_1/I_2)/K\times 100\% \tag{4-5}$$

如果电流效率为 100%，I_1/I_2 与沉积金属的质量 m_1、m_2 或厚度成正比，即：

$$T=(K-m_1/m_2)/K\times 100\% \tag{4-6}$$

式中　m_1——近阴极上沉积金属的质量；

m_2——远阴极上沉积金属的质量。

虽然提出了分散能力的数学表达式，但此表达式没有说明分散能力与极化率、电导率等的关系。下面进一步讨论实际电流分布与极化率、溶液电导率、几何尺寸的关系。

当直流电通过如图 4-1 所示的电解槽时，近阴极与阳极、远阴极与阳极的两个并联电路上的电压降应相等，即：

$$U=\varphi_A-\varphi_{K1}+I_1R_1=\varphi_A-\varphi_{K2}+I_2R_2$$

由此得

$$I_1R_1-\varphi_{K1}=I_2R_2-\varphi_{K2}$$

其中 $R=\rho l/S$，$D=I/S$，$l_2=l_1+\Delta l$，将其代入整理得：

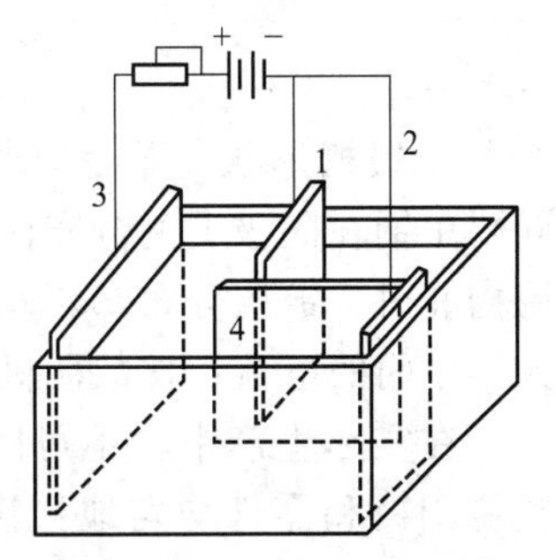

图 4-1　远近阴极电解槽

1—近阴极；2—远阴极；3—阳极；4—绝缘隔板

$$\frac{D_1}{D_2}=\frac{I_1}{I_2}=1+\frac{\Delta l}{l_1+\frac{\Delta\varphi}{\rho\Delta D}} \tag{4-7}$$

式中 I_1，I_2——近阴极和远阴极的电流强度；

R_1，R_2——近阴极和远阴极与阳极间电解液的电阻；

φ_{K1}，φ_{K2}——近阴极和远阴极的电极电位；

Δl——远阴极和近阴极与阳极距离之差；

$\Delta\varphi/\Delta D$——阴极极化率（度）。

（2）影响电流及金属在阴极表面分布的因素

分散能力由实际电流分布与初次电流分布的相对偏差来表示。当实际电流分布，I_1/I_2 趋近于1，也就是近阴极和远阴极上的电流 I_1、I_2 趋近于相等时，分散能力是最好的。从式(4-7) 可以看出，要使 $I_1/I_2\rightarrow1$，就必须使等式右边第二项趋近于零，就是说，凡是能使这一项趋近于零的因素，都可以使电流在阴极表面均匀分布，从而改善电解液的分散能力。为此，需增加溶液的导电能力，提高阴极极化度（$\Delta\varphi/\Delta D$），缩小远、近阴极与阳极之间的距离差（Δl），并尽可能增大零件和阳极之间的距离。

除上述因素外，还有以下一些影响分散能力的因素。

① 几何因素 几何因素包括电解槽的形状、电极的形状、尺寸及其相对位置等。当电解槽与电极的形状及其相对位置不同时，电力线分布情况也不同。

实验证明，只有当阳极与阴极平行，电极完全切过电解液时，电力线才互相平行并垂直于电极表面，此时电流在阴极表面分布就均匀，如图 4-2(a) 所示。当电极平行但不完全切过电解液时，即电极悬在电解液中，除了有平行的电力线外，电力线还要通过多余的电解液向电极的边缘集中，如图 4-2(b) 所示。当阴极的形状复杂时，电力线的分布就更复杂了，如图 4-2(c) 所示，在阴极的边缘和尖端电力线比较集中，即在边缘、棱角和尖端处，电流密度较大，这种现象称为边缘效应或尖端效应。

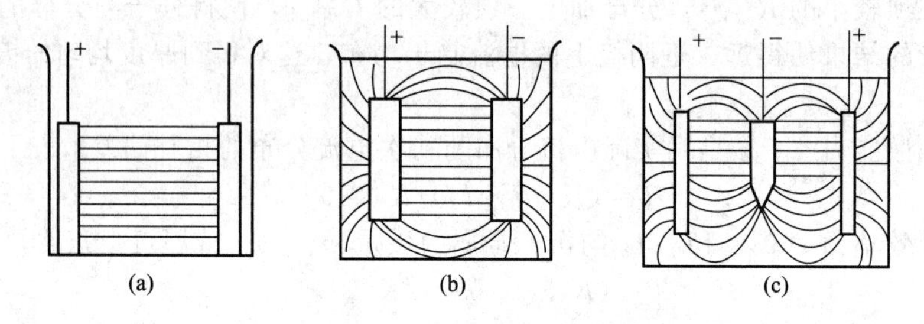

图 4-2 电力线分布示意

a. 镀槽形状 图 4-3 为两个宽度不同的镀槽（其他条件如电极尺寸、形状、极间距都相同）中铜在阴极上的分布曲线。可以看出，用槽Ⅰ时，镀层在阴极上的分布是很均匀的，而用槽Ⅱ时，镀层分布却不均匀。这是由于在槽Ⅱ中存在着边缘效应，致使阴极两边的电流大，中间的电流小，故阴极两边沉积的金属比中间的多。

在实际生产中，不可能作槽Ⅰ那样的电解槽，但根据上述道理，要使电流分布均匀，应将阳极和零件均匀地挂满整个电解槽，而不应该将阳极和零件只挂在电解槽的中间或一边。

b. 远、近阴极与阳极距离之差（Δl） 由式(4-7) 可知，当 Δl 趋近于零时，有助于电流在阴极表面均布。这说明，当阳极为平板时，零件形状越简单，越接近平面，电流分布就

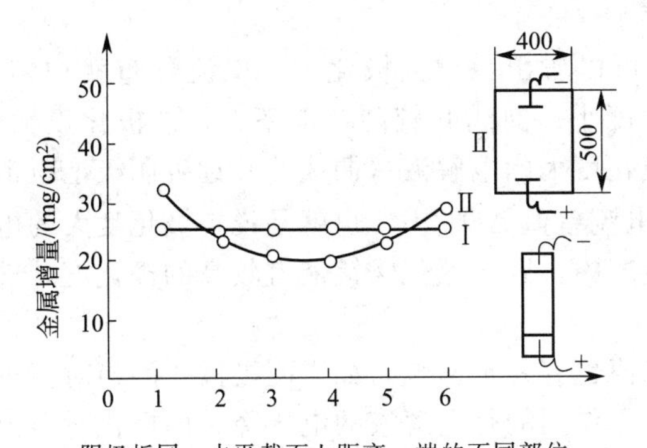

图 4-3　金属在阴极上分布与镀槽尺寸的关系

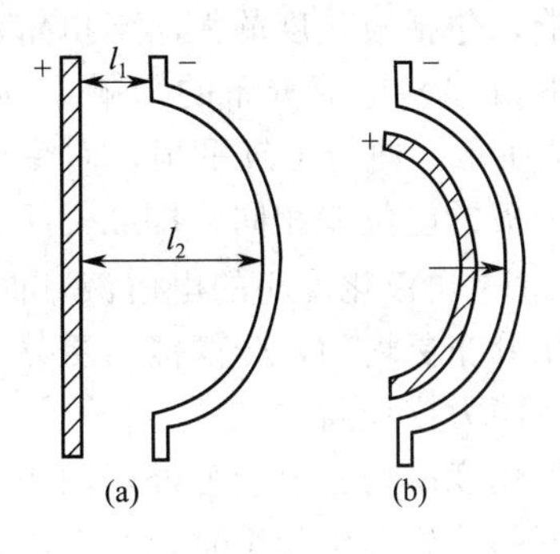

图 4-4　象形阳极

越均匀。在实际生产中，零件的形状比较复杂，在客观上造成了电流分布不均匀的因素。为了使复杂零件上电流分布均匀，生产中常采用象形阳极。如灯罩反射镜镀铬时，如果使用一般的平板阳极［见图 4-4(a)］，则 Δl 很大，电流分布就很不均匀，甚至在凹处镀不上铬。此时就要采用象形阳极［见图 4-4(b)］，使阳极和零件各处的距离相等，即可使电流均布。

c. 阴极与阳极间的距离（l_1）　增加阴极和阳极间的距离（l_1）可以使分散能力得到改善。另一方面，增大极间距，使远近阴极和阳极的距离之比（$l_2/l_1=K$）减小，初次电流分布改善，同样使分散能力增大。如图 4-5 所示，把零件和阳极的距离（l_1）增大 1 倍，K 值就从原来的 12/8=1.5 减小到 20/16=1.25，从而使分散能力得到改善。但是，不能因此而无限制地增大极间距，它受到电解槽尺寸的限制。另外，极间距增大，溶液电阻增加，要保证电流密度不变，电镀时所需要的外加电压相应增高，这就多消耗了电能，故一般极间距保持在 20～30cm 之间比较合适。

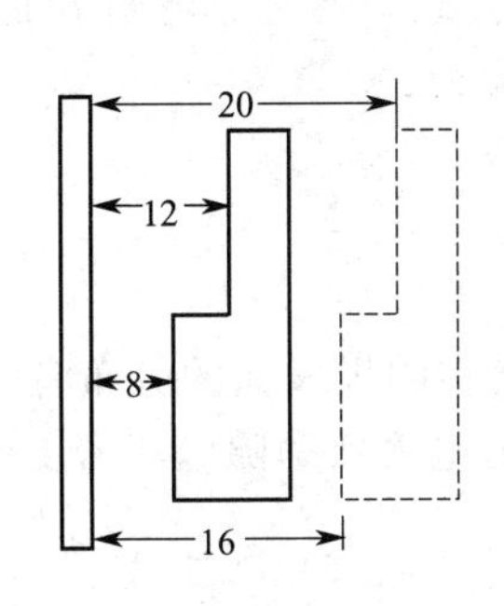

图 4-5　增大极间距时 K 值的变化

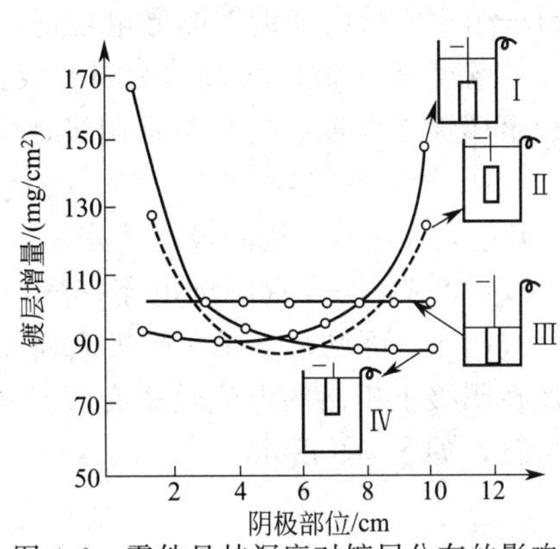

图 4-6　零件悬挂深度对镀层分布的影响

d. 零件在电解槽中的悬挂深度　零件在电解槽中悬挂深度不同，电流在阴极上的分布也不同。图 4-6 表示圆柱形零件浸入电解液中深度不同时，镀层的分布曲线。实验结果指出，在第Ⅲ种位置时，镀层最均匀；第Ⅰ种位置时，镀层上厚下薄；第Ⅳ种位置时，镀层上薄下厚；第Ⅱ种位置时镀层上下厚，中间薄。因此，电镀时要考虑零件悬挂的方向、位置，尽可能使挂具占满整个电解液深度。但为了防止槽底的沉渣附着到零件上，挂具和槽底的距离应保持 15cm 左右。挂具上部和液面的距离只要使零件不露出液面就可以，一般零件在液面下 5cm 左右。

② 电化学因素　除了几何因素对电流分布和分散能力有影响外，更重要的是电化学因

素的影响，包括极化度的大小与电解液的电阻率。

a. 极化度对电流分布的影响　从式(4-7) 可以看出，增大极化度，电流分布就均匀。如图 4-7 所示，曲线Ⅰ较平坦，斜率小，即极化度小；曲线Ⅱ较陡，斜率大，即极化度大。当远近阴极的电位差相同，即 $\Delta\varphi_1=\Delta\varphi_2$ 时，极化度大的电解液（曲线Ⅱ）远近阴极上电流的差值 ΔD_2 比极化度小的电解液（曲线Ⅰ）的电流差值 ΔD_1 小，也就是说，极化度大的电解液电流分布更均匀，分散能力更好。在电镀生产中，因为氰化物镀液有较高的极化度，镀液的分散能力比较高。

除极化度影响分散能力外，阴极极化的绝对值也有一定影响。如当阴极极化的绝对值远比电解液的欧姆电压降小时，在电流分布中起主导作用的是电解液的电压降，而极化对电流分布的影响非常小，基本上接近于初次电流分布状态，电流的分布就不均匀。因此，在电镀生产中，一般选择电流密度的上限，因为电流密度增大，阴极极化的绝对值增加，分散能力得到改善。但并不是所有的电解液阴极极化的绝对值大，分散能力就好。如镀铬时尽管采用相当大的电流密度，其分散能力仍然很差，这主要是极化度太小而引起的。

综上所述，要使复杂零件得到厚度均匀的镀层，最主要的途径是采用具有较高极化度的电解液。如选择适当的配位剂和添加剂，增加阴极极化度，使镀液的分散能力提高。配位剂的种类、用量不同，添加剂的种类、含量也不同，镀液的极化作用也不同，应用时要注意。

b. 电解液的电阻率（ρ）　镀液的导电性能对电流分布和分散能力有较大影响。一般说来，镀液的电阻率减小，远、近阴极与阳极间电解液的电压降低，电流分布趋于均匀，分散能力得以增加。所以，在镀液中常常加入碱金属盐或铵盐，以提高电解液的导电性能。

电解液的电阻率和极化度是相互影响的，只有当电解液的阴极极化度 $\Delta\varphi/\Delta D\neq0$ 时，增加镀液的导电性，才能改善电流在阴极表面的分布。例如，镀铬液在电流密度较大时，$\Delta\varphi/\Delta D\to0$，所以增加镀液的导电性能，不可能提高分散能力。

c. 电流效率对镀层均布的影响　根据镀层厚度的计算公式，当远、近阴极面积相等时，近阴极金属镀层厚度（δ_1）与远阴极镀层厚度（δ_2）之比应为：

$$\delta_1/\delta_2=D_{K1}tA_{K1}/D_{K2}tA_{K2} \tag{4-8}$$

式中　D_{K1}，A_{K1}——近阴极电流密度、电流效率；

D_{K2}，A_{K2}——远阴极电流密度、电流效率。

从式(4-8) 可见，金属在阴极表面上的分布不仅与电流在阴极表面的分布有关，同时还与金属在阴极上析出的电流效率有关。各电解液析出金属的电流效率随电流密度变化可分为三种情况，如图 4-8 所示。

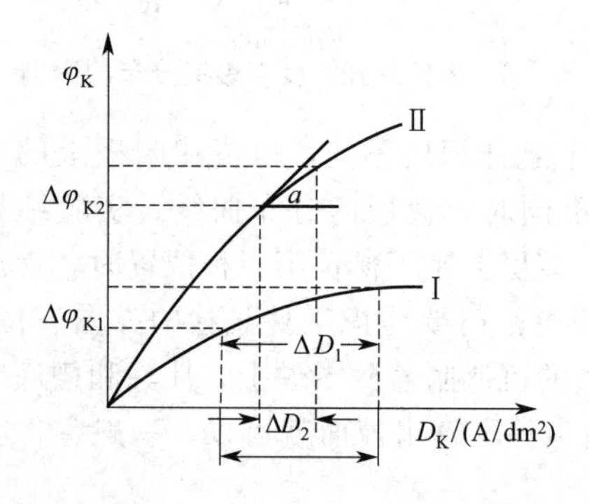

图 4-7　不同斜率的极化曲线

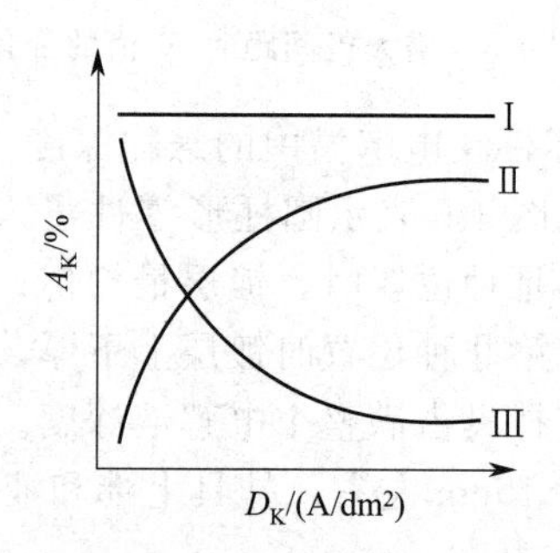

图 4-8　A_K-D_K 关系曲线

一种情况是在很宽的电流密度范围内，电流效率不随电流密度而改变，如图 4-7 曲线Ⅰ。此时远近阴极上金属析出的电流效率相同，即金属在阴极表面的分布与电流在阴极表面的分布一致，电流效率对分散能力没有影响，酸性硫酸盐镀铜就属于这种类型。

第二种情况是电流效率随电流密度的增加而增加，如曲线Ⅱ所示。由于近阴极上的电流密度总是大于远阴极上的电流密度，根据法拉第定律，在相同时间、相同面积上，近阴极金属沉积的质量总大于远阴极上金属沉积的质量，加之近阴极电流密度大，电流效率高，金属沉积的质量更多；而远阴极上电流密度小，电流效率低，金属沉积的质量更少。所以金属在远、近阴极上的分布更不均匀。镀铬电解液就是这种情况的典型实例，这也是镀铬电解液分散能力差的重要原因之一。

第三种情况是电流效率随电流密度的增加而降低，如曲线Ⅲ所示。此时，近阴极上电流密度大，而电流效率低；远阴极上电流密度小，而电流效率高，电流效率对镀层分布起了“调节”作用，金属的分布比电流的分布更均匀，这就有利于获得厚度均匀的镀层。一切氰化物及其他配合物电解液都属于这种类型，这也说明了配合物电解液获得的镀层更加均匀的原因。

综上所述，为了使电流和金属在阴极上分布均匀，应提高电解液的分散能力，可通过选择适当的配位剂和添加剂，提高镀液的阴极极化度；添加碱金属盐类或其他强电解质，提高镀液的电导率；尽可能加大零件与阳极间的距离；采用象形阳极等使电流分布均匀；在挂具设计时，应使零件的主要被镀面对着阳极并与之平行；零件在电镀槽中应均匀排布。

(3) 分散能力的测定方法（JB/T 7704.4—95）

目前，测定分散能力有远、近阴极法，弯曲阴极法和赫尔槽（Hull cell）法。远、近阴极法所用的设备简单，使用方便，测量数据重现性好，故应用较广泛，但由于没有统一的设备，所以对同一种电解液测量数据无法进行比较。

① 远、近阴极法（哈林槽法）　远、近阴极法是由 Haring 和 Blum 首先提出的，其原理是在矩形槽中放置两个尺寸相同的金属平板作阴极，在两阴极之间放一个与阴极尺寸相同的带孔的或网状的阳极，并使两个阴极与阳极有不同的距离，一般使远阴极与阳极的距离、近阴极与阳极的距离比为 5∶1($K=5$)或 2∶1($K=2$)。电镀一定时间后，称取远、近阴极上沉积金属的质量，代入公式，即可求出电解液的分散能力。

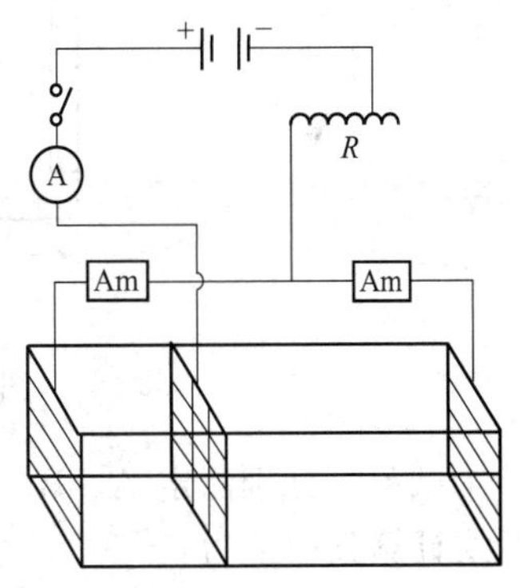

图 4-9　远、近阴极法分散能力测定装置图

测量装置如图 4-9 所示。电解槽用有机玻璃制成，内部尺寸为 150mm×50mm×70mm，阴极尺寸为 50mm×70mm，厚度为 0.25～0.5mm。阴极材料一般用铜片或黄铜片，要求表面光亮，试片背面和侧面用清漆绝缘，也可用单面镀铜板作阴极。电镀时间为 30min，电流大小和温度视测量的溶液而定。断电后，清洗阴极，并置于 100～115℃烘箱中干燥 15min，待冷却后用分析天平称出镀层的质量。然后按表 4-1 计算试验结果。

表 4-1　计算分散能力公式

公　式	$T=(K-M_1/M_2)/K\times100\%$	$T=(K-M_1/M_2)/(K-1)\times100\%$	$T=(K-M_1/M_2)/(K+M_1/M_2-2)\times100\%$
分散能力范围	80%～－∞	100%～－∞	100%～－100%

计算分散能力的数学公式是人为确定的，任何一个计算公式，其计算结果都是一个相对值，只能用来对比各种电解液的性能，所以在进行分散能力的比较时，必须用相同试验设备

（K 值相同）、采用相同的计算公式，否则就无法进行比较。

常见镀液的分散能力数值列于表 4-2 。

表 4-2 不同镀液的分散能力（T）值

分散能力(T)/%	K	镀液种类
−100～0	2	镀铬液
0～25	5	大多数单金属镀液或合金酸性镀液，如瓦特镍，光亮镍，酸性镀铜、铅、锡、锌、锑等
25～50	5	大多数单金属或合金的氰化物镀液，如氰化镀铜、银、锌、镉、黄铜、青铜
>50	5	锡酸盐镀锡

② 弯曲阴极法 弯曲阴极法的特点是所用的弯曲阴极和生产中复杂形状的零件相似，可以直接观察到不同受镀面上镀层的外观情况。该法设备简单、操作方便、不需称重，直接测量镀层的厚度就可求出分散能力。弯曲阴极法的试验装置如图 4-10(a) 所示，实验槽尺寸为 160mm×180mm×120mm，装试液 2.5L，阳极材料与一般工业电镀时相同，尺寸为 150mm×50mm×5mm，浸入溶液中的面积为 0.55dm^2（相当于阳极浸入溶液 110mm）。弯曲阴极各边长度约为 29mm，厚度为 0.2～0.5mm，总面积为 1dm^2（两面），弯曲成图 4-10 (b) 所示的形状，电镀时间和电流密度应根据电解液的性质而定。当电流密度为 0.5～1A/dm^2 时，电镀时间为 20min；电流密度为 3～5A/dm^2 时，可镀 10min。

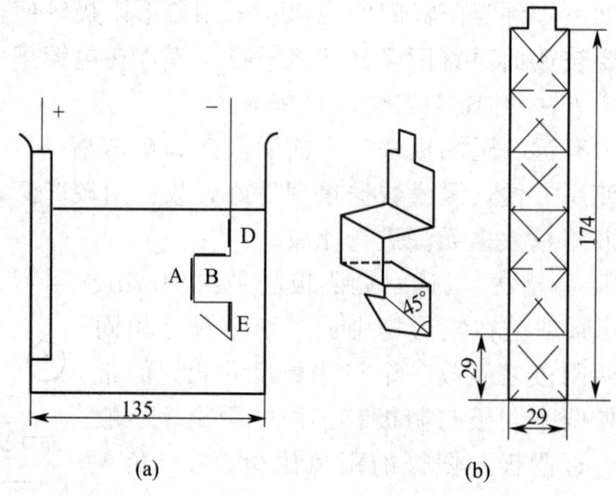

图 4-10 弯曲阴极法测定分散能力的装置图

试验后分别测定 A、B、D、E 四个面的镀层厚度，求出 B、D、E 对 A 面的厚度比，按下式计算分散能力：

$$T=(\delta_B/\delta_A+\delta_D/\delta_A+\delta_E/\delta_A)/3\times100\% \tag{4-9}$$

式中，δ_A、δ_B、δ_D、δ_E 分别为 A、B、D、E 面镀层的厚度。

当所测部位的镀层呈现烧焦、树枝状或粉末状时，必须降低电流密度，重新测量；若 B 面无镀层时，应提高电流密度。

③ 赫尔槽法 采用赫尔槽试片测定镀液分散能力是非常简单的方法。试验时，电流强度选择 0.5～3.0A，电镀时间一般为 10～15min。

测量时固定电流强度和电镀时间，镀后将试片分成 8 部分，如图 4-11 所示，并分别取 1～8 号方格中心部位镀层的厚度 δ_1、δ_2、δ_3、δ_4、δ_5、δ_6、δ_7、δ_8，根据下式计算电解液的分散能力。

$$T=\delta_i/\delta_1\times100\% \tag{4-10}$$

式中，δ_i 为 2～8 方格中任一方格的镀层厚度，一般可选用 δ_5 的数值；δ_1 为 1 号方格中镀层的厚度。用这种方法获得分散能力的数值在 0～100%之间。

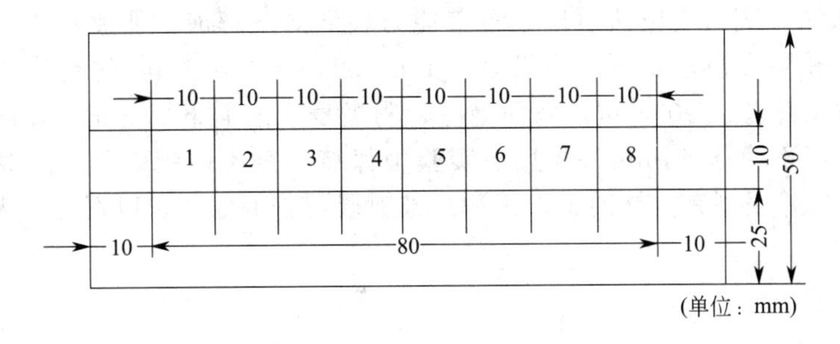

图 4-11　测定分散能力的阴极试样分区

4.1.2　覆盖能力

覆盖能力（covering power）是镀液的重要性能之一。所谓覆盖能力（或称深镀能力）是指电解液使零件深凹处沉积金属镀层的能力。只要在零件的各处都有镀层，就认为覆盖能力好，而不强调镀层的均匀与否。在实际生产中，镀液的分散能力和覆盖能力往往有平行关系，即分散能力好的电解液，其覆盖能力一般也比较好。

（1）影响镀液覆盖能力的因素

电镀液的覆盖能力取决于电流分布和极限电流密度对临界电流密度之比。极限电流密度为阴极凸处出现“烧焦”时的电流密度，而临界电流密度为阴极凹处沉积出金属的最小电流密度。若两者的比值大，电解液的覆盖能力就好。

此外，基体金属的本性、基体金属组织的均匀性和基体的表面状态对覆盖能力也有较大的影响。

① 基体金属本性的影响　当其他条件相同时，在某些基体金属上可以获得完整的镀层，而在另一些基体金属上，只能在某些部位镀上金属。在开始通电的瞬间不能立即获得连续的镀层，以后只能在已有镀层的表面优先沉积，而始终不能覆盖整个表面。试验表明，镀铬电解液的覆盖能力最差，并且因基体金属的不同而异，铜最好，镍较好，黄铜次之，钢最差。

为了改善覆盖能力，生产中常采用比正常电流大 2～3 倍的冲击电流或在覆盖能力差的基体上先镀上一层覆盖能力好的中间层。

② 基体金属组织的影响　当基体金属组织不均匀或含有其他杂质时，因沉积金属在不同物质上析出的难易程度不同，也会影响覆盖能力。试验表明，金属析出的过电位及氢的过电位与基体材料有关，并有下列顺序：

Pd　Pt　Ni　Co　Fe　Zn　Cu　Au　Hg

从左到右，氢的过电位增大，而从右到左，金属的过电位增大。此顺序并非永远如此，但它表明氢过电位低的基体金属，金属层难以析出。所以，若基体金属组织不均匀或其表面含有降低氢过电位的金属杂质，则此表面就可能没有镀层。

③ 基体金属表面状态的影响　基体金属的表面状态，如洁净程度与粗糙度，对覆盖能力也有较大影响。金属在基体的不洁净部位沉积比洁净部位困难，甚至可能完全没有镀层。基体的不洁净通常指表面有锈、钝化膜、油污或表面活性剂污染等。

④ 基体金属表面粗糙度的影响　因为粗糙表面的真实面积比表观面积大得多，致使真实电流密度比表观电流密度小得多。如果某部分的实际电流密度太小，达不到金属的析出电位，那么在该处就没有金属沉积。研究基体金属表面粗糙度对镀铬覆盖能力的影响可知，抛光过的表面具有最佳的覆盖能力，喷砂的表面最差。

（2）覆盖能力的测定方法（JB/T 7704.2—95）

① 直角阴极法　直角阴极法适用于覆盖能力较低的电解液，如镀铬、酸性镀铜、镀锌等。测试装置如图4-12所示，所用阴极为75mm×25mm×0.2mm的铜片或软钢板，在距一端25mm处将试片弯成90°，试片背面绝缘，阴极浸入液面下25mm，直角向着阳极，阴极前端与阳极距离不小于50mm，并且在实验中保持不变。电镀30min，将阴极取出，洗净、干燥、弄直，并用刻有方格的矩形板测量被镀层覆盖的面积，以百分数表示电解液的覆盖能力。

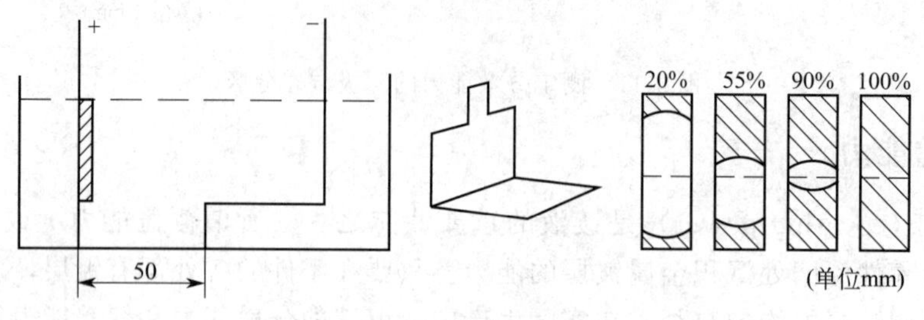

图4-12　直角阴极法测覆盖能力

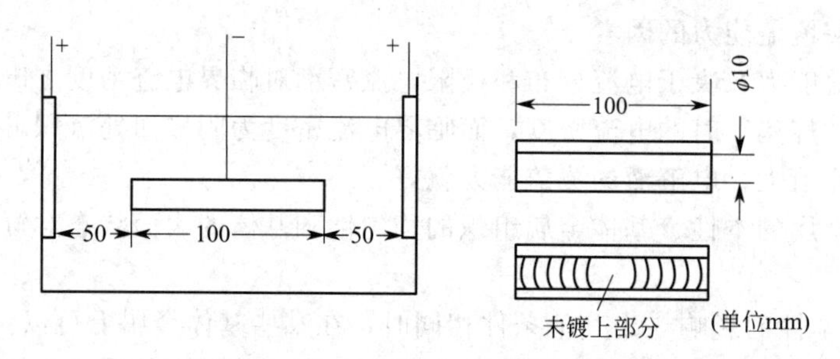

图4-13　内孔法测定覆盖能力

② 内孔法　内孔法的装置如图4-13所示。采用一定内径的低碳钢管、铜管或黄铜圆管作为阴极，其规格为ϕ10mm×50mm或ϕ10mm×100mm，试验时将阴极水平放入槽中，其两端垂直于阳极，端口距阳极50mm，一般电镀10～50min后取出。将圆管按纵向切开观察内孔中镀层长度，即可评定覆盖能力，通常用镀入深度与孔径之比来表示。

③ 凹穴法　凹穴法是采用带有10个凹穴的阴极，凹穴深度由1.25mm递增至12.5mm，每一凹穴的直径均为12.5mm。则第一个凹穴的深度为其直径的10%，最后一个为其直径的100%，如图4-14所示。

电镀后，以凹穴内表面镀上金属的情况来评定覆盖能力的好坏，如第六个凹穴内表面全部镀上了金属，而第七个凹穴只部分地镀上金属，则镀液的覆盖能力可评为60%。

4.1.3　整平能力

（1）镀液的整平能力（leveling power）

镀液的整平能力是指镀层将具有微观粗糙（粗糙度小于0.5mm）的金属表面填平的能力，填平程度决定于镀层在微观粗糙金属表面上的分布，所以整平能力也称为微观分散能力。整平能力与分散能力是不相同的，例如，通常认为分散能力差的硫酸盐镀铜溶液，铜沉积能填平基体表面的微观孔穴，而在认为分散能力好的氰化物镀液中镀铜时却没有这种填平效果，甚至还加深微观孔穴，可见宏观的分散能力和微观分散能力是不同的概念。

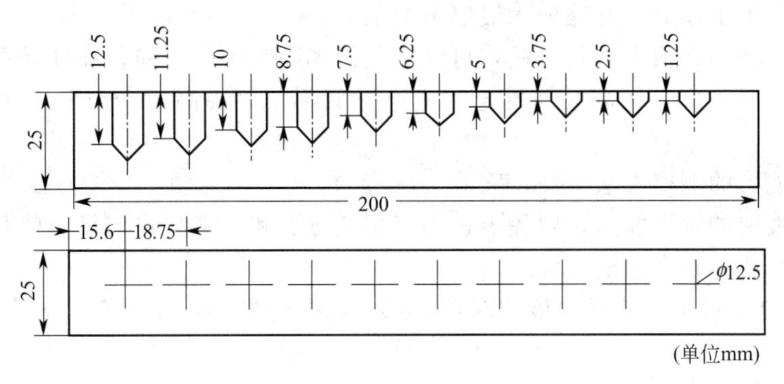

图 4-14　凹穴法测覆盖能力

微观粗糙表面通常是指波谷深度小于 0.5mm，而波峰间距离又很小的粗糙表面。这种表面有两个基本特点：一是在微观轮廓面上峰谷差异较小，电力线分布可以认为是均匀的，所以，波峰处的电位与波谷处的电位近似相等；二是扩散层厚度大于波谷深度，造成波峰和波谷处的扩散层厚度不同。在宏观凹凸不平的表面上，凸处与凹处的电位是各不相同的，而扩散层的外面则随型面而变化，所以，扩散层的厚度在各点上均是相同的。

镀液的整平作用存在三种形式，即几何整平、负整平和正整平。

① 几何整平　当波峰上的沉积速度等于波谷上的沉积速度时，沉积金属沿着微观轮廓基本呈均匀分布，表面上各点厚度相同，$h_1=h_2$，但波谷深度减少了，$d_2<d_1$，略有整平作用，见图 4-15(a)。

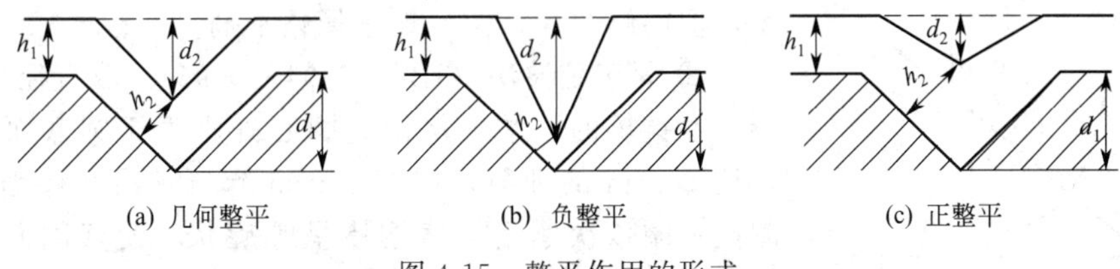

图 4-15　整平作用的形式

② 负整平　当波峰上沉积速度大于波谷上沉积速度时，则波峰处的厚度大于波谷处的厚度，$h_1>h_2$，波谷深度增大 $d_2>d_1$，故称为负整平或不良整平，见图 4-15(b)。

③ 正整平　当波峰上沉积速度小于波谷上沉积速度时，则波峰处的厚度小于波谷处的厚度，$h_1<h_2$，波谷深度大为减小，$d_2\ll d_1$，从而使微观粗糙表面变得平整，故称为正整平或真整平，见图 4-15(c)。

镀液中具有整平作用的添加剂称为整平剂。关于整平剂的作用机理多数人公认的理论是 O. Kardos 的扩散-（抑制）-消耗论。其基本的观点为：整平作用只有在金属沉积是受电化学极化控制时才出现；只有可在电极上吸附并对电沉积过程具有抑制作用的添加剂才有整平作用；吸附在表面上的整平剂分子在电沉积过程中是不断消耗的，其消耗速度比整平剂从溶液本体向电极表面的扩散为快，即整平剂的整平作用是受扩散控制的。Kardos 认为，在微观凹凸表面上，由于谷上的有效扩散层厚度大于峰上的厚度，因此整平剂扩散进入微观谷上的扩散速率小于进入峰处的速率，致使峰处整平剂的浓度会大于谷上的浓度，整平剂对峰上的沉积反应的抑制作用就大一些，从而达到整平效果。近年来，随着人们对整平剂研究的深入，发现除了整平剂具有扩散抑制的作用外，金属的电沉积还必须受电化学极化控制，这时才能表现正整平的作用。若金属的电沉积也受扩散控制，则整平剂必须起主导作用方能使镀液具有整平的效果。人们对整平剂阴极还原条件及产物的研究表明整平剂在阴极上消耗是因为其在阴极上发生了还原，并能成为镀层中夹杂。

在含有整平剂的镀液中进行电镀，可缩短获得光亮镀层的时间，并降低零件达到一定光亮外观所需的镀层厚度，在高装饰性电镀生产方面不仅可提高生产效率，而且可降低生产成本。

（2）整平能力的测定方法（JB/T 7704.5—95）

为了比较镀液的整平能力，曾提出过许多测试方法和计算公式，每一种方法都有不同的优缺点，以下介绍的是常用的几种。

① 旋转圆盘电极法 旋转电极的转数（ω）与扩散层厚度（δ）有以下关系：

$$\delta=1.62D^{1/3}\nu^{1/6}\omega^{-1/2} \tag{4-11}$$

式中 D——扩散系数；

ν——液体的动力黏度系数。

当转速加大，ω 值增高，δ 值减小，相当于峰处；ω 值降低，δ 值增大，相当于谷处，所以用改变电极的转速可以模拟微观粗糙表面的峰和谷。又根据旋转电极上极限扩散电流密度的表达式：

$$D_{\mathrm{L}}=0.62nFD^{2/3}\nu^{-1/6}\omega^{1/2}C \tag{4-12}$$

可以在一定阴极电位下测定极限电流随旋转速度的变化，以此表达电流在波峰与波谷处的分布，并判断整平能力。如图 4-16 所示，曲线 1 的电流密度与转速无关，表示 $D_{峰}=D_{谷}$，为几何整平；曲线 2 的电流密度随转速增加而升高，$D_{峰}>D_{谷}$ 为负整平；曲线 3 表示 $D_{峰}<D_{谷}$，为正整平。如果曲线 3 的斜率加大，说明正整平能力加强。这种测试方法比较简单，因没有考虑电流效率的影响，与金属分布的情况有一定差距，但能够快速、定性地选择整平剂。

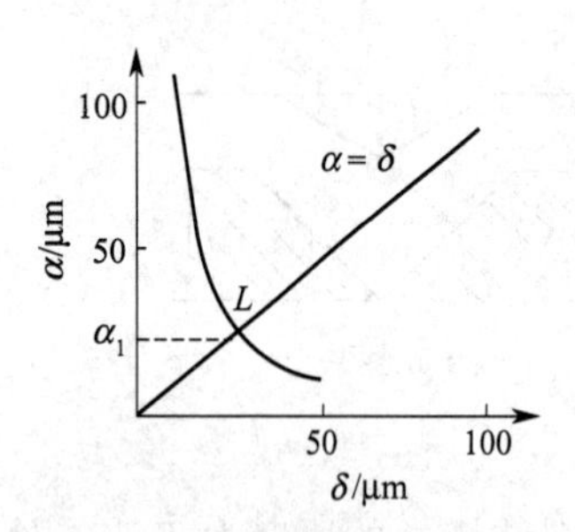

图 4-16 假正弦波法振幅 α 与波峰上累积镀层厚度 δ 关系曲线

② 假正弦波法（JB/T 7704.5—95） 取直径为 5mm 铜棒，在铜棒的一端，从偏离圆心处垂直于圆截面锯开一条长约 20mm 的细缝，用 0.15mm 裸铜丝沿铜棒锯开端，一圈挨一圈依次紧密缠绕铜棒呈螺旋状，使其剖面呈现“波峰”、“波谷”状有规则的假正弦波形，将其作为阴极试样，在待测镀液中电镀，测量镀后阴极试样微观表面“峰”、“谷”振幅（镀层厚度）的变化，并作 α-δ 关系曲线，如图 4-16 所示。在图中作 $\alpha=\delta$ 的直线，与曲线相交于 L 点。读出 L 点在 α 轴上的投影数值 α_1，代入式(4-13）中，求得镀液的整平能力：

$$E=\frac{0.41\alpha_0-\alpha_1}{\alpha_1}\times100\% \tag{4-13}$$

式中 E——整平能力；

α_0——待测镀液所得镀层厚度为 0 时的假正弦波振幅，即铜丝半径，μm；

α_1——假正弦波振幅等于波峰上累积镀层厚度 δ 时的振幅，μm。

③ 梯形槽法 实验室比较简便的进行相对整平能力测试时，可用 06 号金相砂纸磨光后的黄铜片，用 80 号水磨砂纸在距离底边 2～3cm 处画痕，保证制得的粗糙度和缺陷角度一致，试片用 1∶1 的盐酸活化后，在待测镀液中施镀，阴极电流密度 2A/dm^2，电镀时间 10min。用 Ziess 表面光泽度仪测量镀前和镀后的表面粗糙度 R_{a} 和 R'_{a}。按式（4-14）进行计算。

$$E=\frac{R_a-R_a'}{R_a}\times 100\% \tag{4-14}$$

式中　R_a——镀前试片表面平均粗糙度，μm；

R_a'——镀后赫尔槽试片表面粗糙度，μm。

4.1.4　镀液的其他性能

(1) 镀液电导率 (conductivity)

镀液的电导率 κ 为电阻率的倒数，即 $\kappa=1/\rho$，单位是 S/m。提高镀液的电导率不仅可以节约能源，也利于获得均匀性镀层。镀液的电导率受镀液中离子活度、温度等的影响。温度升高可使离子活度增大，导电性变好，也可提高电解质的电离度。在电镀生产中常提高温度来增加镀液的导电性以提高电流效率。

镀液电导率采用电导率仪测定。

(2) pH 值

pH 值影响欲镀离子的存在形式、络合物的络合能力、氢气的析出、镀层的硬度及内应力等，因此 pH 值需要经常检测、调整。镀液 pH 值的测定主要采用 pH 试纸和酸度计。pH 试纸精确度不高，镀液本身的颜色影响试纸颜色的观察，还要注意生产厂家、规格、保存时间等的影响；市售 pH 试纸分广泛试纸和精密试纸两种。酸度计的测定结果不受镀液颜色的影响，但要注意实验温度、标准缓冲溶液的选择及 pH 值的测量范围。

(3) 镀液的密度

镀液密度的测定是了解镀液、加速镀液故障排除的最简便方法，密度计如图 4-17 所示。

新配制的镀液或其他辅助液，要测定其密度并作为档案保存起来，供以后对比。镀液的密度一般情况下随使用期的延续、杂质的积累尤其是添加剂分解产物的积累而逐渐升高。因此，密度的变化可以断定镀液中某些成分的变化程度，为镀液的故障分析提供依据。

在电镀生产中，常用密度计或波美计测试溶液密度，密度 (ρ) 与波美度 (°Bé) 可以通过下列公式转换：

$$\text{密度}=\frac{144.3}{144.3-\text{波美度}} \tag{4-15}$$

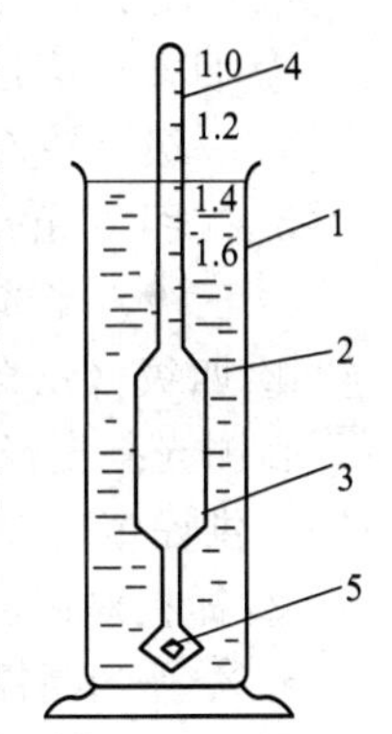

图 4-17　密度计
1—容器；2—待测液体；3—密度计；4—刻度尺；5—铅粒

镀液的密度与浓度有着直接的关系，可根据所测得的镀液的密度来确定溶液的浓度，这在生产上很方便。通常光亮剂与有机物和杂质的总波美度为 3，假如测得一个镀镍槽的波美度为 20，则去掉光亮剂、杂质和有机物的波美度为 3，其实际的波美度应为 17。在镍槽中 1 波美度相当于 15g/L 主盐浓度，则镀液中的主盐浓度应为 255g/L；酸铜槽中 1 波美度相当于 1.1g/L 主盐浓度，氰铜滚镀 1 波美度相当于 1.35～1.45g/L 主盐浓度，而氰铜挂镀 1 波美度相当于 1.3～1.4g/L 主盐浓度。镀铬生产中，也常测定镀液的波美度从而确定镀液中铬酐的浓度。

(4) 镀液的表面张力

镀液的表面张力对镀层针孔的形成有一定的影响，当镀液中加入适当的表面活性剂就能显著地降低镀液的表面张力，从而降低或消除镀层针孔的形成。表面张力可采用最大气泡法和扭力天平法测定。

4.2 镀层性能及测试方法

镀层质量的好坏包括镀层外观、结合力、厚度、耐腐蚀性及各种功能性。

4.2.1 镀层外观

镀层的外观（deposit appearance）检验是最基本、最常用的检验方法，不论是装饰性镀层，还是功能性镀层，外观的检验是镀层质量检测的第一步。镀层的外观要求结晶均匀、细致、平滑，颜色符合要求。对于光亮镀层要美观，光亮。所有镀层均不允许有针孔、麻点、起皮、起泡、毛刺、斑点、起瘤、剥离、阴阳面、烧焦、树枝状和海绵状镀层以及要求有镀层的部位而无镀层。允许镀层表面有轻微水印，颜色稍不均匀以及不影响使用和装饰的轻微缺陷。对不同镀层的外观均有具体要求，检测时应按不同镀种的具体外观要求做出正确的评定。

检测镀层外观一般采用目测法。为了便于观察，防止外来因素的干扰，目测法应在检测工作台或检测箱中进行。外观检测工作台采用自然照明时，试样应放置在无反射光的白色平台上，利用顺方向自然散射光检测。若外观检测工作台或检测箱采用人工照明时，应采用相当于40W荧光灯500mm处的照度，下面放一白色打字纸，进行目测。检测时，试样和人眼的距离不小于300mm。对于重要的和有特殊要求的工件，允许2～5倍放大镜检测。

（1）镀层光亮度检测

① 目测光亮度经验评定法　目测光亮度经验评定法的分级参考标准如下：

a. 一级（镜面光亮）　镀层表面光亮如镜，能清晰地看出面部、五官和眉毛；

b. 二级（光亮）　镀层表面光亮，能看出面部、五官和眉毛，但眉毛部分发虚；

c. 三级（半光亮）　镀层稍有亮度，仅能看出面部五官轮廓；

d. 四级（无光亮）　镀层基本上无光泽，看不清面部五官轮廓。

目测光亮度经验评定法因受人为因素影响，评定结果有时会有争议，必要时可采取封样对照，供评定时参考。

② 样板对照法　标准光亮度样板制作如下：

a. 一级光亮样板　经过机械加工标定粗糙度为 $0.04\mu m < R_a < 0.08\mu m$ 的铜质（或铁质）试片，再经电镀半光亮镍，套铬后抛光而成；

b. 二级光亮样板　经过机械加工标定粗糙度为 $0.08\mu m < R_a < 0.16\mu m$ 的铜质（或铁质）试片，再经电镀光亮镍，套铬后抛光而成；

c. 三级光亮样板　经过机械加工标定粗糙度为 $0.16\mu m < R_a < 0.32\mu m$ 的铜质（或铁质）试片，再经电镀光亮镍，套铬后抛光而成；

d. 四级光亮样板　经过机械加工标定粗糙度为 $0.32\mu m < R_a < 0.64\mu m$ 的铜质（或铁质）试片，再经电镀光亮镍，套铬后抛光而成。

将被检测工件在规定的检测条件下反复与标准光亮度样板比较，观察两者反光性能，当被检镀层的反光性与某一标准光亮度样板相似时，该标准发亮样板的光亮度级别，即为被检镀层的光亮度级别。标准光亮度样板的使用期一般为一年，到期应更新。

（2）镀层表面缺陷检测

① 针孔　指镀层表面似针尖样的小孔，其疏密及分布虽不相同，但在放大镜下观察时，一般其大小、形状均相似。

② 麻点　指镀层表面不规则的凹孔，其形状、大小、深浅不一。

③ 起皮　指镀层呈片状脱离基体或镀层的缺陷。

④ 起泡　指镀层表面隆起的小泡，其大小、疏密不一，且与基体分离。

⑤ 斑点　指镀层表面的色斑、暗斑等缺陷，其特征随镀层外观色泽而异。

⑥ 毛刺　指镀层表面凸起且有刺手感觉的缺陷。其特点是在电镀件的高电流密度区较为明显。起瘤则是在此基础上形成的。

⑦ 雾状　指镀层表面存在的程度不一的云雾状覆盖物，多产生于光亮镀层表面。

⑧ 阴阳面　指镀层表面局部亮度不一或色泽不匀的缺陷。

⑨ 树枝状镀层　指镀层表面有粗糙、松散的树枝状或不规则凸起的缺陷，一般在工件边缘和高电流密度区较突出。

⑩ 烧焦　指镀层表面颜色黑暗、粗糙、松散或质量不佳等缺陷。

⑪ 海绵状镀层　指镀层与基体结合不牢固，松散多孔的缺陷。

4.2.2　镀层厚度

镀层厚度的检验方法有破坏检测法与非破坏检测法两大类。其中破坏性的检测法常用的有金相法和电解测厚法等；非破坏检测法有磁性法、涡流法及 X 射线法等。

（1）金相显微测厚法（GB/T 6462—2005）

将待测试样制成断面试样，然后在显微镜下观察镀层厚度。该方法测量精度高，重现性好。常用于对厚度有精密要求的产品或检验和仲裁。金相测厚一般镀层厚度大于 1μm，才能保证测量结果在误差范围内；厚度越大，误差越小。测试时从零件主要表面的一处或几处垂直切割截取待测试样，镶嵌试样时为防待测试样边缘倒角，镀层上应尽可能再加镀不小于 10μm 的与原有镀层硬度相近，且颜色有别于待测层的镀层作支撑覆盖层。注意锌不可用为铜的支撑层。硬、脆的镀层不能施加支撑层时，可选用紧裹铝箔再镶嵌的方法；当镀层可受微热＜150℃和微压＜200kg/mm^2 时，可采用胶木粉、聚氯乙烯粉等进行热镶嵌；受微压而不能受微热的镀层则采用机构支持；不能受微热和微压的镀层采用室温下固化的塑料镶嵌。塑料镶嵌时，在外表面边缘处必须夹持几片相似的金属薄片。镶嵌材料应与试样接触面密合，镶嵌材料边缘至待测镀层表面应有足够的垂直距离，减少倾斜。试样镶嵌后选用 100 号或 180 号砂纸、水和无色乙醇为润滑剂，依次换 240 号、320 号、500 号、600 号砂纸研磨，每次研磨时间不超过 30～40s，最后在抛光机上抛光 2～3min，抛光膏为 4～8μm 的金刚砂，以无色乙醇为润滑剂消除划痕，当抛光等级要求高时，可降低抛光膏的粒径。软试样，为防止抛光膏的嵌入，可采用循环流动润滑剂，或将砂纸全浸入润滑剂中，或几次浸蚀抛光交替循环处理。经抛光后的试样需在特定的溶液中浸蚀，参见表 4-3。以显露出镀层和基体金属，再用清水冲洗，后用乙醇测量，取平均值。

表 4-3　金相测厚的浸蚀液

序号	浸蚀液	应用范围和说明
1	硝酸（相对密度 1.42g/mL）5mL 95%（体积比）乙醇 95mL	用于钢铁上的镍或铬镀层，主要是浸蚀钢。 浸蚀液应是新配制的
2	六水合三氯化铁 10g 盐酸（相对密度 1.16）2mL 95%（体积比）乙醇 98mL	用于钢、铜、铜合金基体上的金、铅、银、镍铜，显示组织及分辨每一层镍。 主要浸蚀钢、铜及铜合金
3	硝酸（相对密度 1.42）50mL 冰乙酸 50mL	用于钢和铜合金基体上的多层镍，显示组织及分辨每一层镍。 主要是浸蚀镍，过度时腐蚀钢和铜合金

续表

序号	浸蚀液	应用范围和说明
4	过硫酸铵 10 g 氢氧化铵(相对密度 0.8) 2mL 蒸馏水 90mL	用于铜和铜合金基体上的锡和锡合金镀层，主要是浸蚀铜、铜合金 浸蚀剂应是新配制的
5	硝酸（相对密度 1.42)5mL 氢氟酸（相对密度 1.14）2mL 蒸馏水 93mL	用于铝和铝合金上的镍和铜镀层，主要是浸蚀铝和铝合金
6	铬酐 20g 硫酸钠 1.5g 蒸馏水 100mL	用于钢上的锌和镉镀层，以及锌合金上的镍和铜镀层，主要是浸蚀锌、锌合金和镉
7	氢氟酸(相对密度 1.14) 2mL 蒸馏水 98mL	用于铝和铝合金的阳极氧化，主要是浸蚀铝和铝合金

（2）电解测厚法

电解测厚是根据法拉第定律设计的，其过程类似于电解退镀。在恒定电流的条件下，用指定的溶液对待测镀层的一定面积进行阳极溶解，通过阳极溶解镀层达到基体时的电位变化和所需要的时间来换算镀层的厚度。电解法测厚是具有操作简单、测量准确、不受基体材料影响、重现性好，但精度不高且有损的实验方法。不同基体上的不同镀层有不同的测试液。

（3）磁性测厚（GB/T 4956—2003）和涡流测厚法（GB/T 4957—2003）

两种方法均属于无损测量范畴。磁性测厚是通过测定磁性基体上非磁性镀层的磁阻或者是磁引力的变化来测量被测镀层的局部厚度。本法适用于测量铁基体上的非磁性镀层、化学保护层和油漆层的厚度。所测得的覆盖层厚度能测准到真实厚度的10%或 1.5μm 以内。涡流测厚是利用涡流测厚仪测头装置中产生的高频电磁场在置于侧头下面的导体中产生涡流，涡流的振幅和相位是存在于导体和测头之间的非导电覆盖层厚度的函数，进而测出非导电覆盖层的厚度。该法适合于测量大多数的阳极氧化膜或涂层的厚度，但不适用于一切的转化膜。

有些测厚仪会提供磁性和涡流测厚两种测试探头，实现磁性和涡流测厚两种测试方法的转换，其测试步骤都是先拿各自的基体样片进行零点校正，然后用已知厚度的标准校片进行仪器的校准，方可进行测量。

影响测量准确度的因素主要有覆盖层的厚度、基体金属的电性能、基体金属的厚度、基体的边缘效应，曲率、以及基体及覆盖层的表面粗糙度、测头压力、温度及是否垂直于测试面、试样的变形等。

对于磁性测厚，如果磁性测厚仪的工作频率在 200～2000Hz 之间，则高导电性的厚覆盖层内产生的涡流可能影响读数。对于涡流测厚，当覆盖层厚度等于或小于 5μm 时，需要取几个读数的平均值；而厚度小于 3μm 的覆盖层厚度测量值的准确度可能达不到真实厚度的 10%以内。

4.2.3 镀层结合力

镀层结合力（deposit adhesion）是指镀层与基体金属的结合强度，即单位面积的镀层从基体金属上剥离所需要的力。镀层的结合强度是任何镀层发挥其防蚀、装饰及其他功能的前提。镀层结合力不好的多数原因是镀前外理不良所致。此外，镀液成分、工艺规范不当或基体金属与镀层金属的热膨胀系数悬殊也是导致镀层结合力不良的因素。

镀层结合强度的检测方法（GB 12305.5—90）较多，但定量检测较困难，主要是通过对镀层的摩擦、切割、变形、剥离等，然后对该部位进行观察，看镀层是否被破坏。

4.2.4 镀层耐蚀性

镀层耐蚀性（deposit corrosion resistance）的测定方法有户外暴晒腐蚀试验（atmospheric corrosion rest）、人工加速腐蚀试验及实验研究中采用的点滴实验法。在生产中，为尽快了解制件表面镀层的防护性能，对于镀层的抗腐蚀性能通常都采取人工加速腐蚀的试验方法，就是在一定的试验环境或条件下对镀层进行比自然腐蚀环境更为典型的增强性腐蚀试验的方法，比如盐水喷雾试验，包括中性盐雾试验、醋酸（也称乙酸）盐雾试验和铜盐加速盐雾试验等。除了盐雾试验，还有盐水浸渍法、人工汗试验法、气体腐蚀法、腐蚀泥试验法等。还有双方约定的其他特殊条件下的抗腐蚀方法，比如三防（防盐雾、防霉菌、防湿热）试验、高温抗变色性能等。但最常用的评价镀层抗腐蚀性能的方法是中性盐雾试验法。

（1）人工加速腐蚀试验法（GB/T 10125—2012，eqv ISO 9227：2006）

可加速鉴定镀层质量，只能提供相对性结果。测试方法包括中性盐雾试验（NSS）、乙酸盐雾试验（ASS）、铜加速乙酸盐雾试验（CASS）、腐蚀膏腐蚀试验（COSRR）、电解腐蚀试验（EC）、二氧化硫腐蚀试验、硫化氢腐蚀试验及潮湿试验。

① 中性盐雾试验　中性盐雾试验适用于防护性镀层（如镀锌层、镀镉层等）的质量鉴定和同一镀层的工艺质量比较。

试验溶液采用化学纯的氯化钠溶于蒸馏水或去离子水中，配成浓度为（50±5）g/L的溶液，溶液pH值为6.5～7.2，使用前需过滤。控制盐雾试验箱内温度为（35±2）℃，相对湿度>95%，盐水降雾量为1～2mL/(h·80cm^2)，连续喷雾。试验时间应按被试验覆盖层或产品标准的要求而定；若无标准，推荐的试验时间为2h、4h、6h、8h、16h、24h、48h、96h、168h、240h、480h、720h、1000h。

试验前必须对试样进行洁净处理，但不得损坏镀层及钝化膜。试验试样的数量一般为3件，一般垂直悬挂或与垂直线呈15°～30°角，间距不得小于20mm，试样支架上液滴不得落在试样上，试验后用流动冷水冲洗试样表面上沉积的盐雾，干燥后进行外观检查和评定等级。

试样结果评价（GB 6461—2008）：结果的评价可通过记录试样试验后的外观、去除腐蚀产物后的外观、腐蚀缺陷（如点蚀、裂纹气泡等）的分布和数量以及开始出现腐蚀的时间等数据，参照GB 6461进行试样的耐蚀性评定。

② 乙酸盐雾试验　乙酸盐雾试验适用于检测铜/镍/铬复合镀层、铝的阳极氧化膜。试验溶液为在（50+5）g/L氯化钠溶液中加入适量的冰乙酸，使溶液的pH值为3.1～3.3，溶液在试验前也必须进行过滤。其他的试验条件和方法同中性盐雾试验。

③ 铜加速乙酸盐雾试验　铜加速乙酸盐雾试验适用于检测铜/镍/铬复合镀层、铝的阳极氧化膜。试验溶液为在1L蒸馏水中加入（50±5）g氯化钠和（0.26±0.02）g氯化铜（$CuCl_2 \cdot H_2O$）试剂，用冰乙酸调节pH值至3.2±0.1，过滤除去固体杂质，所用试剂均为化学纯。试验条件和方法同中性盐雾试验。

④ 腐蚀膏腐蚀试验（GB 6465—2008）

a. 腐蚀膏制备　称取硝酸铜［$Cu(NO_3)_2 \cdot 3H_2O$］及三氯化铁（$FeCl_3 \cdot 6H_2O$）各2.5g，分别在500mL容量瓶中用蒸馏水溶解稀释至刻度，依次标记为A瓶、B瓶。取50g氯化铵（NH_4Cl）在500mL容量瓶中用蒸馏水溶解稀释至刻度，为C瓶。取A瓶液7mL，B瓶液33mL，C瓶液10mL于200mL烧杯中，加入30g高岭土，用玻璃棒搅拌均匀得腐蚀膏。

b. 试验方法　取待测试样用清水洗净，用刷子蘸腐蚀膏涂在试样上，涂层要整平，厚度0.08～0.20mm，在室温（20±5)℃及相对湿度50%条件下，干燥1h。将试样移至潮湿箱中，温度（38±1)℃，相对湿度80%～90%之间连续暴露16h为一周期，第十周期结束后，用清水和海绵将试样上的膏剂清除干净，进行试验结果评价。试验周期也可根据产品技术条件进行。

c. 试验结果评价　依据试验后外观、腐蚀缺陷的数量和分布（如凹点、裂纹、气泡等）等结果，依据GB 6461—2008标准评定。

(2) 点滴腐蚀试验法（dropping corrosion test）

该法是实验研究中通常采用的一种方便、快捷而又有效的检测方法。其可在短时间内对不同工艺条件下所得试样的耐蚀性进行迅速的评判和比较。根据待测镀层、转化膜、阳极氧化膜等的不同，可分别采用不同的点滴试液。下面介绍几种点滴试验方法。

① 醋酸铅点滴法（GB/T 9791—2003）　5%醋酸铅［$Pb(Ac)_2 \cdot 9H_2O$］溶液，加少量醋酸调节pH=5.5～6.8，溶液点滴于试样表面，观察试样表面颜色的变化，并记录出现明显黑色点的时间。此方法只能用于检验锌和镉上无色铬酸盐膜是否存在，而不能用于比较不同类型铬酸盐处理液生成的铬酸盐转化膜的耐蚀性。

② 重铬酸钾盐酸点滴法　点滴液配方：重铬酸钾3g/L，0.1mol/L盐酸25mL/L，蒸馏水75mL。

在15～25℃的条件下，在试片表面上滴一滴重铬酸钾盐酸点滴液，观察液滴从红色变为绿色的时间。本方法适用于铝阳极氧化膜耐蚀性的评定。

③ 草酸溶液点滴法（GB/T 15519—2002）　采用5%草酸溶液，室温下在覆盖黑色氧化膜表面的一个平整部位上滴3滴（约0.2mL）这种溶液，30s后8min内应发生反应，8min后对表面进行清洗、干燥，并将其与标准图谱比对，采用劣质膜、优质膜以及介于前两者之间的膜来评定。生产中常以点滴>2min不露基底为合格，用以检验钢铁发黑膜的耐蚀性。

4.2.5 镀层孔隙率

镀层的孔隙是指镀层表面直至基体金属的细小孔道，孔隙大小影响镀层的防护能力，尤其是阴极性镀层。测定孔隙的方法有贴滤纸法、涂膏法、浸渍法等。

① 贴滤纸法　将浸有特定检验试液的滤纸贴置在受检零件的表面上，若镀层存在孔隙或裂缝，则检验试液通过孔隙或裂缝与基体金属或底金属镀层发生化学反应，生成与镀层有明显色差的化合物，并渗到滤纸上，使之呈现出有色斑点，然后根据有色斑点数的多少确定其孔隙率（deposit porosity）。

试验时，将划有方格的玻璃板（方格面积为$1cm^2$）放在印有孔隙斑痕的滤纸上，分别数出每方格内包含各种颜色的斑点数，然后分别计算镀层到基体金属或下层镀层金属的孔隙率（斑点数/cm^2）：

$$孔隙率=n/S$$

式中　n——孔隙斑点数；

S——被测镀层面积，cm^2。

对斑点直径的大小作如下规定：斑点直径在1mm以下，一个点按一个孔隙计算；斑点直径在1～3mm以内，一个点按3个孔隙计算；斑点直径在3～5mm以内，一个点按10个孔隙计算。

② 涂膏法　将含有相应试液的膏状物涂覆于被测试样上，通过泥膏中的试液渗入镀层孔隙与基体金属或中间镀层作用，生成具有特征颜色的斑点，据此斑点来评定镀层的孔隙率。

③ 浸渍法　将试样浸于相应试液中，通过试液渗入镀层孔隙与基体金属或中间镀层作用，在镀层表面产生有色斑点，然后检查镀层表面有色斑点的数目来评定镀层的孔隙率。本法适用于检验钢铁、铜或铜合金和铝合金基体表面的阴极性镀层的孔隙率。

4.2.6　镀层硬度

镀层的硬度（deposite hardness）是指镀层对外力所引起的局部表面形变的抵抗强度，是功能性电镀层的一个重要的指标。镀层的硬度决定于镀层金属的结晶组织，对于较薄的镀层，为了消除基材对镀层的影响和镀层厚度对压痕尺寸的限制，一般采用显微硬度法。即采用显微硬度计上特制的金刚石压头，在一定静负荷的作用下，压入试样的镀层表面或剖面，获得相应压痕。然后用硬度计上测微目镜将压痕放大一定倍率，测量压痕对角线长度，通过计算得到显微硬度；对于较厚的镀层则需要做宏观的硬度试验。例如锉刀试验，是用普通的锉刀在镀层上锉动，以切割的程度定性地表示硬度。

维氏硬度法使用正方锥体压头，压痕为正方形，测得的镀层硬度值受基体和所加负荷影响都较小，可作测定厚镀层硬度方法。但测定薄镀层硬度时，应先制备金相试样，在镀层的横断面上进行测量；努氏硬度法采用正棱锥体压头，压痕为菱形，对薄镀层硬度测定灵敏度较高，故被广泛采用。显微硬度的测定值受试验力大小的影响很大，只有在试验力和保持时间相同的情况下，才能获得可比的硬度值，同时材料的各相异性也对硬度值有影响，所以应指明试样的测定部位。

测量镀层硬度，当选用维氏压头时，覆盖层要有足够的厚度，使得当试验面正确定位且压痕的一条对角线垂直于覆盖层边缘时，应满足压痕的角端与覆盖层的任何一边缘的距离至少为对角线长度的一半，两条对角线的长度应当基本相等且压痕的四个边应当基本相等。当采用努氏压头时，软覆盖层（金、铜、银等）的厚度至少应为 40μm，硬覆盖层（镍、钴、铁）和硬的贵金属及其合金等至少应有 25μm。

选择压头材料与镀层材料硬度相似，为获取覆盖层最准确的硬度值，应采用与覆盖层厚度相适应的最大试验力。如图 4-18 为维氏压头的最大可用试验力与覆盖层厚度的关系。有关覆盖层宜采用的试验力为：

硬度低于 300HV 的材料、贵金属及其合金以及一般薄的覆盖层——0.245N（0.025kgf）；

铝上硬阳极氧化膜——0.490N（0.050kgf）；

硬度大于 300HV 的非贵金属材料——0.981N（0.100kgf）。

压头的速度在 15～70μm/s 为宜，试验力保持时间因材料不同而异：黑色金属为 10～15s；有色金属为（30±2）s。

制备试样过程中不得使试样因冷、热加工影响试验面原来的硬度。试验面应为光滑的平面，不应有氧化皮及污物，试验面的粗糙度 $R_a \leqslant 0.2\mu m$；测小负荷维氏硬度和显维硬度时，$R_a \leqslant 0.1\mu m$。如果测定相的硬度时，试验面应进行抛光和腐蚀制成金相试样。

试验时，应保证试验力垂直作用于试验面上，保证试验面不产生变形、挠曲和振动。试验应在 10～35℃温度范围内进行。

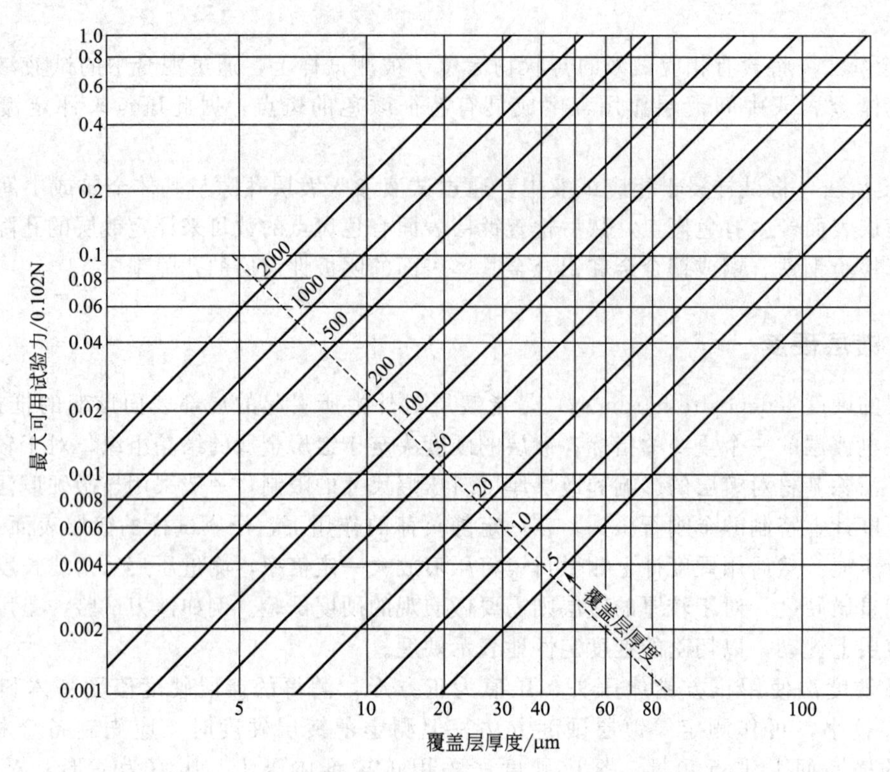

图 4-18 维氏压头的最大可用试验力与覆盖层厚度关系

4.2.7 镀层钎焊性（GB/T 16745—1997）

镀层钎焊性（deposit solderability）是指镀层表面被熔融焊料润湿的能力。评定镀层钎焊性的方法有流布面积法、润湿时间法等。

① 流布面积法 将一定质量的焊料放在待测试样表面上，滴上几滴松香异丙醇剂，放在加热板上加热至 250℃，保持 2min，取下试样，然后用面积仪检查计算焊料流布面积。流布面积愈大，镀层焊接愈好。

② 润湿时间法 通过熔融焊料对规定试样全部润湿的时间来区别焊接性。测试时，将 10 块一定规格的试样先浸以松香丙醇焊剂，再浸入 250℃的熔融焊料中，浸入时间根据 10 块不同编号的试样，分别控制 1～10s，然后立即取出。冷却后检查试样是否全部被润湿，一般以 2s 以内全部润湿以好，10s 润湿为最差。

4.2.8 镀层内应力

镀层内应力（deposit internal stress）是在电镀过程中由于种种原因引起镀层晶体结构的变化，使镀层被拉伸或压缩，但因镀层已被固定在基体上，遂使镀层处于受力状态，这种在没有外在载荷的情况下，镀层内部所具有的一种平衡应力称为内应力。用来测量镀层宏观应力的方法有幻灯投影法、电阻应变仪法、螺旋收缩仪法、X 射线衍射法等多种。

4.2.9 镀层脆性

镀层脆性（deposit brittleness）是镀层物理性能中的一项重要指标。脆性的存在往往会导致镀层开裂，结合力下降，乃至直接影响镀件的使用价值。镀层脆性的测试一般通过试样在外力作用下使之变形，直至镀层产生裂纹，然后以镀层产生裂纹时的变形程度或挠度值大小作为评定镀层脆性的依据。测定镀层脆性的方法主要有弯曲法、心轴弯曲法、杯突法、静压挠曲法等。

① 弯曲法　将试片在虎钳上夹紧，然后加以弯曲，用 5 倍或 10 倍放大镜观察弯曲部位变化，至出现第一个裂纹为止，记下弯曲的角度（脆性较大时）或作 90°（180°亦可）弯曲的次数，作为比较次数大小的指标。

② 芯轴弯曲法　用宽 10mm、厚 1～2.5mm 的黄铜片（长度不限），按规定条件电镀后作为试样，用无损检测法测得其平均厚度。测量时，将试样置于弯曲试验器上，用不同直径的芯轴，从小到大逐一弯曲，每次弯曲后用放大镜观察镀层的裂纹，以镀层不产生裂纹的最小芯轴直径计算镀层延伸率（ε）：

$$\varepsilon=\delta/(D+\delta) \tag{4-16}$$

式中　ε——延伸率，%，其值越大，脆性越小；

δ——基体与镀层总厚度，mm；

D——芯轴直径，mm（2mm、3mm、4mm、5mm、6mm、8mm、10mm 等）。

4.3　赫尔槽试验

利用电流密度在远、近阴极上分布不同的特点，Hull 于 1935 年设计了一种平面阴极和平面阳极构成一定斜度的小型电镀试验槽，此槽称为赫尔槽。由于赫尔槽结构简单、使用方便，目前国内外已广泛应用于电镀试验和工厂生产的质量管理，已成为电镀工作者一个不可缺少的工具。

赫尔槽可以用来观察不同电流密度的镀层外观，确定和研究电镀液各成分对镀层质量的影响，选择合理的工艺条件，如 D_K、T、pH 等，分析电镀故障产生的原因。此外，还可用赫尔槽测定电解液的分散能力、覆盖能力和镀层的其他性能，如整平性、脆性、内应力等。赫尔槽试验是电镀工艺综合指标的反映，是单项化学分析不能代替的。随着电镀技术的发展，赫尔槽的用途也会越来越广。

（1）赫尔槽的构造

赫尔槽的构造如图 4-19 所示。槽体材料一般采用有机玻璃或硬聚氯乙烯板，根据槽的容积大小可分为 1000mL、267mL、250mL 三种，其内部尺寸如表 4-4 所示。

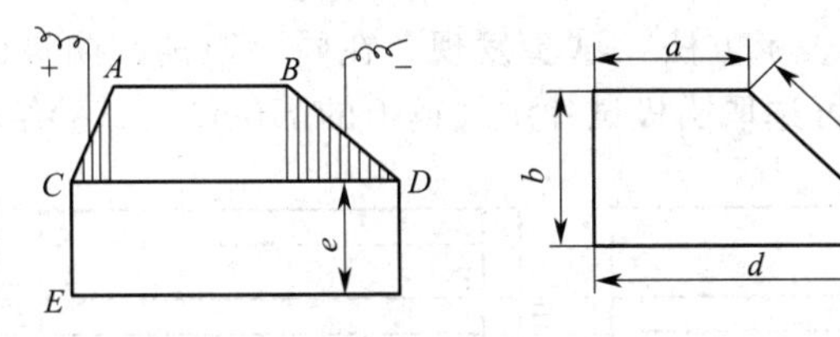

图 4-19　赫尔槽的结构

表 4-4　赫尔槽尺寸

规　格	AB/mm	CD/mm	AC/mm	BD/mm	CE/mm
250mL	48	127	64	102	65
1000mL	119	213	86	127	81

（2）赫尔槽阴极上的电流分布

从赫尔槽的构造可以看出，阴极试片上各部位与阳极的距离不等，一端（称为远端），它的电流密度最小。根据试验测定，阴极电流分布经验公式为：

1000mL 赫尔槽　　$D_K = I(3.2557 - 3.0451\lg L)$　　(4-17)

250mL 赫尔槽　　$D_K = 1.068I(5.1019 - 5.2401\lg L)$　　(4-18)

式中　I——通过赫尔槽的电流强度，A；

L——阴极某点至阴极近端的距离，cm。

由于靠近赫尔槽阴极样板两端的电流密度计算值不准确，所以上述经验公式中 L 的取值范围是 0.635～8.255cm。表 4-5 为常用的电流强度与 250mL 赫尔槽阴极样板各点的电流密度对应值。

表 4-5　常用的电流强度与 250mL 赫尔槽阴极样板各点的电流密度对应值

电　流	至阴极近端的距离/cm								
	1	2	3	4	5	6	7	8	9
1A	5.45	3.74	2.78	2.08	1.54	1.09	0.72	0.40	0.11
2A	10.90	7.48	5.56	4.16	3.08	2.18	1.44	0.80	0.22
5A	27.25	18.70	13.90	10.40	7.70	5.45	3.60	2.00	0.55

（3）赫尔槽试验的方法

a. 样液　取样应有代表性，样品应充分混合，若混合有困难时，可用移液管在溶液的不同部位取样，每次所取溶液体积应相同。当使用不溶性阳极时，电解液经 1～2 次试验后应换新溶液。由于试验中少量杂质及添加剂的影响，故每批电解液的试验次数应少一些。

b. 工艺规范　试验时的电流强度应根据电解液的性能而定，若电流密度的上限较大，则试验时的电流强度应大一些；反之，应小一些，一般在 0.5～3.0A 范围内变化。大多数的光亮电解液包括镀镍、铜和镉等，可采用 2A 的电流强度；非光亮电解液一般采用 1A 的电流强度，对装饰性镀铬，电流强度需要 5A；对硬铬电流强度要用 6～10A。试验时间一般为 5～10min，有些电解液可适当延长时间。试验时的温度应与生产时相同。

c. 阴、阳极材料的选择　赫尔槽的阴、阳极通常是长方形薄板，槽子体积不同，阴、阳极尺寸也不同，250mL 槽所用的阴极为 100mm × 70mm，阳极为 63mm × 70mm；1000mL 槽所用的阴极为 125mm×90mm，阳极为 85mm×90mm，阳极厚度为 3～5mm，其材料与生产中使用的阳极相同，也可以用不溶性阳极。若阳极易钝化，可用瓦楞形及网状阳极，但其厚度不应大于 5mm。阴极板厚度为 0.25～1mm，材料视试验要求而定，一般可用冷轧钢板、白铁片、钢及黄铜片，试片表面必须平整。

d. 阴极试片镀层外观的表示方法　试验发现，在同一距离、阴极的不同高度处，镀层的外观并不一样。根据经验可选取阴极试片中线偏上的部位作为试验结果，如图 4-20 所示。

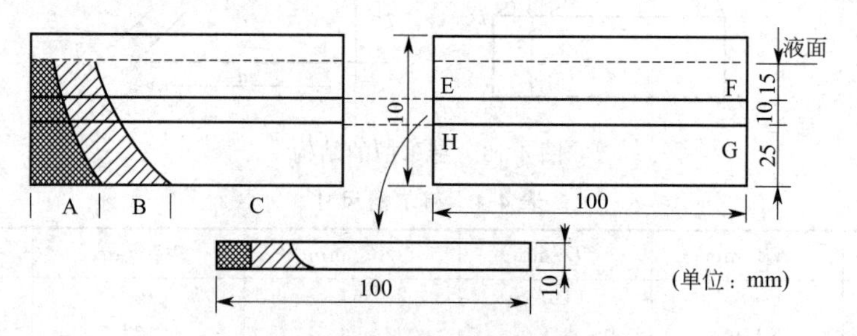

图 4-20　阴极试片结果部位选取

A—镀层烧黑而粗糙部分；B—镀层发暗部分；C—镀层光亮部分

为了便于将试验结果以图示形式记录下来，可用图 4-21 的符号表示镀层的状况。如果这些符号还不足以说明问题，也可配合文字说明。

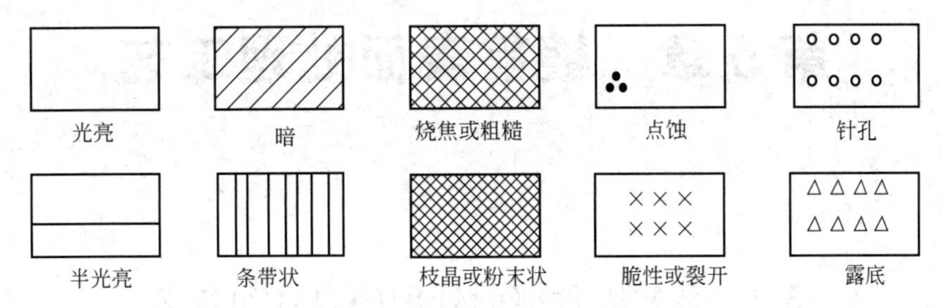

图 4-21　赫尔槽试片的符号

思　考　题

1. 镀液的性能包括哪些？如何测定？
2. 施镀时，在什么情况下使用象形阳极、辅助阴极？
3. 为什么极化的存在对电流在阴极上分布的均匀性是有利的？
4. 什么样的镀层是合格的镀层？
5. 镀层的外观如何评定？
6. 举例说明镀层的性能评定包括哪些内容？如何评定镀层的耐蚀性？
7. 什么叫镀层的孔隙率？在衡量镀层的质量方法中，孔隙率有何意义？
8. 说明赫尔槽实验方法及在电镀生产中的作用。

第5章　镀前表面处理工艺

5.1　金属零件镀前处理的内容和意义

金属零件镀前处理主要是除去工件表面的污垢、氧化皮、锈迹、油脂等，露出新鲜的基体表面。俗话说“万丈高楼平地起，关键是靠打地基”，在电镀工艺中，前处理就像盖高楼大厦前必须打好坚固的地基一样，直接影响电镀产品质量的优劣。在电镀、转化膜、化学镀等的实际生产中，常常会出现起皮、脱落、鼓泡、发花、针孔、麻点、斑点、耐蚀性差等缺陷，据统计80%以上是前处理不当造成的。

如图5-1所示，金属表面的断面可以分成六部分。金属材料经过车、铣、刨、磨、冲、锻等机加工后制成零件，表面因加工状况与材料内部组织构造的不同而呈现不同的状态，该层通称为加工层，而加工层与材料组织混杂在一起形成扩散层。氧化层是金属材料直接暴露在大气中或经热处理（淬火、回火、退火等）、拉伸、焊接、冲压等加工时形成的。锈是金属材料暴露在大气中因腐蚀而产生的化学生成物。零部件表面黏附的防锈油（脂）、油污、润滑油（脂）、磨削液、脱模剂、抛光膏（或石蜡）等与尘埃、砂轮面、打磨粉尘混粘在一起，形成较厚的污垢，通称为污垢层。电镀前必须彻底清除基体外的五部分异物。

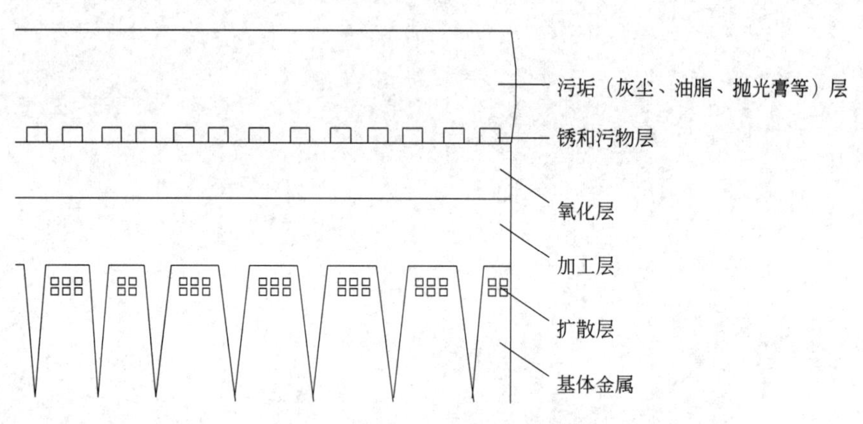

图5-1　金属表面的断面示意图

通过前处理实现以下目的：

① 通过脱脂、酸蚀等前处理工艺，彻底清除零件表面的各种污物，保证镀层的附着力和防腐能力，延长镀层的使用寿命，充分发挥镀层的保护作用；

② 经喷砂、喷丸、抛丸等机械处理后，基体表面的微观粗糙度增加，镀层与基体的接触表面积增大，机械咬合作用增强；

③ 通过磨光、抛光、滚光、光饰等处理，降低了基体表面的粗糙度，消除零件表面的微观不平，从而得到镜面光亮、平滑的镀层外观，并大幅度提高其耐蚀性；

④ 经过不同的处理工艺，可得到漫散射光、外观柔和光滑的珍珠镍（缎面镍）、哑光铬等高档装饰性镀层；

⑤ 使钝态的金属表面活化，提高基体与镀层的结合力。

5.2 机械法前处理工艺

机械法前处理是通过旋转、振动、磨削等作用，对基体材料的粗糙表面进行机械整平，达到倒角、去毛边、去毛刺、去氧化皮、去锈迹、抛光等表面光饰处理的目的，也起到脱脂的效果，包括磨平、抛光、滚光、刷光、喷砂等。根据基体材料的性质、基体材料表面的状态以及制件的形状尺寸不同，可以选用不同的机械处理方法。

采用机械法前处理进行成批光饰，可一次处理大量零件，生产效率高，操作方便，质量稳定，光饰效果好，省工省时，成本较低。

5.2.1 滚光

滚光（barrel burnishing）是将零件放入装有磨料、化学药品、水等的滚筒中旋转，通过零件与零件、零件与磨料之间的相互滚动摩擦作用及化学药品所产生的化学反应，清除零件表面的油污、氧化皮、毛刺、毛边、粗糙不平和锈迹，从而达到降低基体表面的粗糙度、倒角、获得光洁表面的目的。由于滚光具有生产效率高、效果好、设备简单、操作方便、成本低等优点，在表面处理行业中得到广泛推广与应用。滚光适用于大批量小型零件的加工，不适于易变形、易叠合、薄片状、盲孔较深的零件的加工。滚光分为普通滚光与离心滚光两种。

（1）普通滚光

普通滚光是将零件与磨料、化学药品、水等放入滚筒中作低速旋转，靠零件与磨料的相对运动进行表面光洁处理的过程。其特点是设备成本低、装载量大，但转速低、滚光的时间长、表面光洁度稍差。

① 滚筒的形状与尺寸　滚筒的形状及尺寸与滚光的效果密切相关。滚筒形状一般有圆形、六边形、八边形等。圆形滚筒不利于零件翻动，滚光效果较差，故极少采用。多边形滚筒利于零件翻动，相互碰撞的机会增加，滚光的时间短，效果好，生产效率高，故普遍采用。如图 5-2 是一六边形滚光机的外形图。

图 5-2　六边形滚光机示意图

滚筒的尺寸主要包括其直径与长度，滚筒的直径一般为 300～800mm，滚筒的直径与长度之比一般控制在（1∶1.25）～（1∶2.5）。若滚筒间隔成多个腔室，每个腔室的长度不能小于滚筒直径的 75%，否则不利于零件翻动，造成内外两层零件表面的光洁度不均匀。

② 滚筒的材料　滚筒的材料一般采用碳钢板内衬耐水硬质木板、钢板或硬聚氯乙烯塑料板。碳钢板内衬耐水硬质木板制作的筒壁工作时噪声小、不易碰伤零件，但耐磨、耐碱性较差，寿命短，故现已极少采用。碳钢板制作的筒壁耐磨、耐碱性较好，寿命较耐水硬质木板长，成本较低，但不耐酸，工作时噪声大，故大中型滚筒普遍采用。硬聚氯乙烯塑料板制

作的筒壁工作时噪声小，耐酸碱，但耐磨性差，故小型滚筒较多采用。

③ 滚光（光饰）的磨料与化学药品　滚光（光饰）的磨料一般为石英砂、金刚砂、铁屑、锯末、细沙、碳化硅、棕钢玉、白钢玉、陶瓷、氧化硅、高铝瓷、塑料磨块等。一般有三角、扇形、圆柱、菱形、圆球、圆锥、V形、椭圆、三星、四星、颗粒等形状，多种多样，应有尽有。

磨料的选择至关重要，直接影响滚光的时间、效率与质量，故必须根据零件的外形、材质、孔径尺寸、所需磨削量、表面光洁度的要求、设备类型等进行选择。选择时遵循的原则为：磨料硬度根据零件材质、加工效率与磨耗选择，金属零件通常采用硬质磨料，塑料零件通常采用动植物与硬质材料混合的磨料。粗加工时选择粒度较粗的磨料，对滚光与光饰质量要求较高的零件进行精加工时，通常采用形状较圆滑、刻度较细、尺寸较小的磨料。加工小件时磨料不宜过大，加工大件时磨料不宜过小。加工带孔、槽工件时，磨料要比孔、槽大1.5倍，不宜选用外形尺寸与孔径相近的磨料，以防造成孔、槽的堵塞。通常选择几种不同尺寸的磨料混合使用，以利于对零件表面的不同部位进行加工。

为了提高磨削效率，减少研磨时的磨损消耗，清除油污，防止工件的锈蚀，保护与提高工件表面的金属光泽，减少研磨时对工件的冲击、软化工件表面等，通常根据零件的材质与表面状态选择合适的化学药品加入。当零件表面有少量油污时，可加入少量的碳酸钠、氢氧化钠、磷酸钠、皂角粉、乳化剂等；当零件表面有少量锈蚀时，可加入稀硫酸、稀盐酸、缓蚀剂等；铜及铜合金滚光，一般采用稀硫酸溶液；锌合金的滚光，一般采用弱碱溶液；钢铁零件一般加入少量亚硝酸钠或其他缓蚀剂，可避免其生锈。目前国内许多厂家专业生产研磨剂、清洗剂、光亮剂等，并得到广泛应用，配制时只要按其要求冲稀若干倍加入即可，使用十分方便，也可根据需要自己配制。

④ 滚光工艺参数的选择　零件在滚筒内的装载量一般占其体积的60%～75%，零件、磨料、化学溶液的总装载量一般控制在滚筒体积的90%左右（若添加酸性溶液时，应遵循先加足水，后补加酸的原则，以防止零件局部产生过腐蚀）。若装载量过大，零件不宜翻动，滚磨作用减弱，则滚光时间延长，生产效率低；若装载量过小，零件翻动剧烈，零件碰撞与滚磨作用过强，极易碰伤或划伤零件表面，造成表面粗糙，甚至产生变形或断裂。

滚筒的转速应根据零件的重量、滚筒的直径来制定，一般控制在20～60r/min。若转速过高，离心力加大，零件与磨料会贴附在筒壁上，随其一起旋转，无法产生翻动，造成滚磨作用减弱，滚光效果较差；若转速过低，滚磨作用减弱，磨削量较小，造成零件表面的光洁度不好。

滚光时间应根据零件的材质、形状、表面状态、加工要求等来制定，一般控制在数小时或数天。若滚光时间过长，磨削量过大，易损坏零件；若滚光时间过短，零件表面的粗糙度高，光洁度不好，达不到光饰的目的。

⑤ 注意事项

a. 实践证明，锌合金压铸件可采用海沙或河沙滚光，除去毛坯表面毛刺、分模线、飞边和油污等缺陷。采用六边形滚筒，转速控制在20～60r/min，应先装满工件，然后再装入海沙，冲入自来水，再加入适量的OP乳液及磷酸三钠，滚光的时间控制在30～50min。滚光的时间不宜过长，否则磨削量过大，易损坏零件。

b. 磨料与工件的比例必须控制在（2∶1）～（5∶1）范围内。若磨料过多，产量小，工作效率低；若磨料过少，零件碰撞剧烈，易碰伤与划伤零件，零件表面易产生凹痕、疤痕、表面粗糙不平等缺陷。

c. 对于表面质量要求较高的零件，一般先采用三角形磨料（或细沙）与普通滚光机进行去毛刺、氧化皮和锈迹，然后采用圆柱形高频瓷磨料与离心滚光机（或涡流式光饰机）进行出光精加工。

d. 当加工铜、锌合金、易变形、易碰伤的小型零件时，一般采用塑料滚筒。

e. 当加工弹性、刚性和薄片零件时，滚光完成后应立即取出，杜绝长期放置在滚筒内，否则会产生局部渗氢和过腐蚀缺陷。

f. 当零件表面有大量油污、锈迹和焊接剂时，滚光前应先进行化学除油或酸洗处理。

g. 滚光完的成品件，取出后应及时清洗、干燥和进行防锈处理（可用防锈水剂、防锈切削液、脱水防锈油、钝化液等）。

h. 普通滚光不适宜加工未经热处理且带螺纹的零件（如螺栓、螺母），因稍有不慎，螺纹部位极易损坏。对于热处理过的自攻螺钉，其质量较轻且表面硬度高，滚光时不会损伤螺纹，可采用此法。

（2）离心滚光

离心滚光是在普通滚筒滚光的基础上进行改革创新后获得的一种高效表面整平、光饰方法。这类设备的商品名称很多，如离心光饰机、离心式研磨机、离心滚筒研磨机、卧式离心光饰机等。按小滚筒在支架上安装的倾斜程度可分为倾斜式离心滚光机与卧式离心滚光机。其特点如下：

① 离心滚光可使加工时间大大缩短，同等质量下只需普通滚光时间的 1/50，故可大大提高生产效率与表面滚光质量；

② 加工时零件之间的碰撞小，不同批次加工的表面质量一致，也能保持高的尺寸精度和光饰质量；

③ 离心滚光能使零件表面产生高的压应力，去除前道工序留下的变质层，从而可提高零件表面的接触疲劳强度，其效果通常比用其他光饰方法处理后再作喷丸处理效果更好，成本更低，效率更高；

④ 可变频调速，改变回转圆盘和滚筒的运转速度，可得到不同的磨削效果，转速低，光饰效果好；转速高，除毛刺作用好；

⑤ 该机采用同步带传动，运转平稳，噪声较小。

由于该机工作时操作较麻烦，设备成本较高，故目前仅适合于小型、超薄零件的研磨或高级抛光。

5.2.2 振动光饰

振动光饰是在滚筒滚光基础上发展起来的较先进的光饰方法。这类设备的商品名称很多，如振动研磨机、振动光饰机、振动擦光机等。其设备结构主要由筒形或碗形容器与振动装置（振动电机、偏心铁块等）构成。

（1）工作原理

振动光饰是通过振动电机高速旋转所产生的激振力，带动固定在弹簧上的筒形或碗形的开口容器作上下左右运动，从而使研磨槽内的磨料、化学药品、水与被加工的零件一起产生规律性的相对运动，互相挤压摩擦，以达到整平、修饰零件的目的。

（2）分类

根据振动电机安装方式不同，可分为立式与卧式两种。立式振动光饰机的工作室一般为蜗壳状的圆形壳体；卧式振动光饰机的工作室一般为长方形带圆弧底的壳体。根据容器形状不同，可分为筒形振动光饰机和碗形振动光饰机两种。

① 筒形振动光饰机　最初生产的产品为筒的上下口径一致、采用单轮驱动的 U 形筒振

动光饰机。该机的缺点是工作时部分零件易产生回流现象，形成不均匀流动，造成每批零件加工后的表面质量不一致。

后来在此基础上进行了如下的改进：把U形筒改为球状锁眼形与直下锁眼形两种形状，由于筒口的口径均小于筒的直径，在工作时可避免部分零件的回流现象，形成不均匀流动；将产生振动的驱动系统的单轮更改为两个传动轮，工作时零件与磨料运动更均匀，磨削效果更好，效率更高；将偏置重块改进为偏心轮，可得到比较大而稳定的振动效果；将偏心轮安放在筒底或筒体上部的两侧，振动更加平稳。

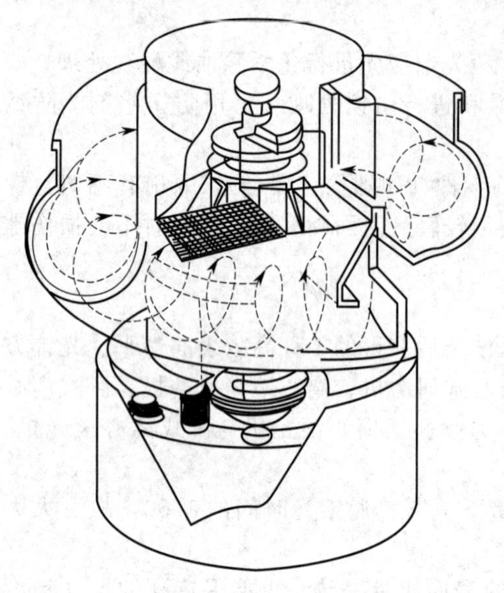

图 5-3 螺旋振动研磨机工作示意图

② 碗形振动光饰机（又称螺旋振动研磨机）

该机应用了国际上先进三次元振动加工原理。振动电机轴的上下两端装有偏心铁块，它们在水平面上的投影互成一个直角，当振动电机高速旋转时，两个偏心块产生在水平面内沿圆周方向变化的激振力（离心力），使机体产生水平面内的圆周运动，同时由于激振力不通过机体的质心，因而产生激振矩（即倾倒力矩）使容器绕水平轴摇摆，由于容器底部呈圆环形状、各点的振幅不一致，使容器中的成型磨块和工件既绕竖直中心轴线公转，又绕圆环中心翻滚，其合成运动为环形螺旋运动，同时容器有一螺旋升角，成型磨块和工件沿螺旋面向上滑行，使零件、磨料、化学药品、水等在运动时增加了摩擦力，提高了光整效率。容器为了减少工作中磨块对其的磨损，降低噪声，在其内壁挂涂耐磨橡胶。为了改善工作环境，又可另外配置消音罩，适用于小中大零件的光整加工。图 5-3 是螺旋振动研磨机工作示意图。

碗形振动光饰机又分为安放有偏置重块的平底型振动光饰机与有挡料圈的非平底型振动光饰机两种。

采用装有挡料圈与过滤筛网的振动光饰机加工零件时，工作室内的零件、磨料、化学药品、水等磨削运行一周抵达挡料圈处，便被运送到过滤筛网上，可使零件和磨料等自动分开，更适应现代工业大批量、机械化生产的需求。

（3）特点

① 光饰后不破坏零件的原有形状和尺寸精度，无明显加工痕迹，可消除零件内部应力，并得到表面粗糙度较低的洁净光亮表面。

② 在容器内壁挂涂耐磨橡胶或PU聚氨酯弹性体，工作时大大减少磨料与零件对其的磨损，延长了设备寿命；并配置消音罩，降低噪声，改善了工作环境。

③ 操作方便，运转平稳，在加工过程中可随时对零件表面质量进行检查，加工效率比普通滚光加工提高2～5倍。

④ 有效地解决变形、表面凹凸不平、内表面需光饰、形状复杂、体积中或大的工件手工抛光困难等难题。

⑤ 螺旋振动研磨机有分选出料口，加工后的零件可自动分离出料，更适应现代工业大批量、机械化生产的需求。

⑥ 新型平底圆弧边容器设计，有利于工件和磨料的翻转，加大摩擦的强度，减少工件在加工中的互相碰撞。

（4）光饰工艺参数的选择

① 振动频率为15～50Hz，一般采用20～30Hz，振幅范围是2～10mm，一般采用3～6mm。

② 零件、磨料、化学溶液的总装载量一般控制在滚筒体积的70%～90%，磨料与零件的比例按工艺要求可控制在（2∶1）～(10∶1）范围内。

③ 加工时间可按技术要求选择，清除零件表面的氧化皮、毛刺、毛边等粗加工时间一般为0.5～3h，要求得到表面粗糙度更低的光洁表面，进行精加工的时间一般为3～8h。滚光完的成品件，取出后应及时清洗、干燥和进行防锈处理（可用防锈水剂、防锈切削液、脱水防锈油、钝化液等）。

（5）适用范围

适用于腔形复杂、表面凹凸不平、内表面需光饰、易引起变形的小、中、大型零件的加工。筒形振动光饰机可加工长达12m、宽约2m的细长轴、条状冲压件、汽车、轴承行业等特殊的大型零件。螺旋振动研磨机适用于大批量、怕碰撞（如铜、铝、锌等）、形状复杂的小、中型零件的加工。振动光饰机不适用于加工精密和脆性大的零件，也不能获得表面粗糙度很低的表面。

5.2.3 旋转光整

旋转光整是针对轮毂、大齿轮、轴类等零件的表面光整开发研制的一种新型设备。这类设备的商品名称很多，如旋转光整机、旋转光饰机、旋转擦光机等，可分为强力叉轴式光整机、旋流式光整机、旋轴式光整机三种类型。

强力叉轴式光整机是在光整工件时，工件通过工装固定在转轴上，然后倾斜一定角度，插入装有磨料、化学溶液（光整研磨剂）的旋转筒中，设备工作时，转轴自转，旋转筒带动磨料、化学溶液回转，回转方向与工件自转方向相反，从而实现对工件的光整加工。

旋流（轴）式光整机是在光整工件时，将工件固定在主轴上，插入装有磨料、化学溶液（光整研磨剂）的旋转筒中。利用机械动力使磨料对工件表面进行碰撞、挤压、摩擦等运动形成微切削加工，从而实现对工件的光整加工。其特点如下：

① 在不改变零件原有的尺寸精度前提下，有效地去除零件加工后的毛刺、飞边，并具有棱边倒圆、抛光、除锈等作用；

② 光整后效果明显，手感光滑、外观明亮，刀痕明显减轻，可在原有基础上降低零件表面粗糙度1～2级；

③ 零件表面的物理机械性能得到明显改善和提高，消除表面应力集中及微观裂纹，提高表面硬度、增加耐磨层；

④ 设备较复杂，成本较高，加工效率较低。

该工艺与设备适用于以下情况：

① 强力叉轴式光整机广泛适用于汽车与摩托车的轮毂、大齿轮等直径在250～500mm的盘套类零件的光整加工；

② 旋流式光整机广泛适用于较大与较重的轴类（曲轴、凸轮轴）、齿轮、链轮、增压器叶轮、大型活塞等零件的光整加工；

③ 旋轴式光整机广泛适用于汽车与摩托车的活塞、纺织机械槽筒等小短轴类零件的光整加工；

④ 由于这种方法是将零件单个固定在轴上加工，不会有相互碰撞的可能，故此法很适合于精密度高且怕碰撞的零件，可获得精细的表面；

⑤ 由于这种设备较复杂，成本较高，加工效率较低，故一般仅用于其他光饰设备不能满足要求的场合。

5.2.4 刷光

(1) 工作原理与设备结构

刷光（brushing）是用金属丝、动物毛、天然或人造纤维制成的刷轮或刷子，在刷光机上或手工对零件表面进行加工的过程。凭借金属丝或其他丝端面侧锋具有很好的切刮能力，清理零件表面的毛边、毛刺、氧化皮、划痕、锈迹、污垢等缺陷，还可对零件基体表面进行丝纹刷光、缎面修饰等装饰性底层加工，从而达到光饰与装饰零件表面的目的。

刷光机可采用砂轮厂生产的小型抛光机改装，主要结构由电动机、刷光轴、刷光轮、护罩、承水盘等部分构成。

(2) 特点

① 可彻底清除零件表面的氧化皮、旧涂装层、焊渣、划痕、锈迹等污物，从而获得光洁的零件表面。

② 基本不改变零件原有的尺寸精度与形状，并可除去零件机加工后留在表面棱边的毛刺。

③ 可在零件表面上产生有一定规律的、细密的丝纹，以达到装饰的目的。

④ 设备简单，操作方便，使用细而软的刷轮，在零件表面可获得无光的缎面外观。

⑤ 手工单件加工，效率相对较低。

(3) 刷光轮的类型

按材质分为金属丝与非金属丝刷光轮两类。金属丝刷光轮又分为黄铜丝、钢丝、不锈钢丝、镍银丝等。非金属丝刷光轮又可分为动物毛、天然或人造纤维等刷光轮。

按其制作方法和形状可分为成组的辐射刷光轮、波形辐射刷光轮、短丝密排辐射刷光轮、杯形刷光轮、普通宽面刷、条形宽面刷和小型刷光轮七种类型。

(4) 刷光轮与刷光工艺参数的选择

在工作时应根据不同类型刷光轮的特点与用途、零件的材质与表面状态、具体的技术要求等选择适用的刷光轮与刷光工艺参数。

① 清除零件表面的氧化皮、旧涂装层等污物时，一般选用钢丝刷光轮，常采用2000～2800r/min的旋转速度干刷清理；清除零件表面的一般污物或浮灰时，一般选用黄铜丝、猪鬃或纤维丝刷光轮，常采用1800～2000r/min的旋转速度干刷或湿刷。

② 去除零件外表面棱边的毛刺时，常采用直径为0.3mm的短丝密排辐射刷光轮，其线速度一般为33m/s；去除零件圆孔棱边的毛刺时，常采用杯形刷光轮，其线速度一般为22～33m/s；去除内螺纹的毛刺时，常采用小型刷光轮。

③ 钢铁、不锈钢等硬质材料常选用较硬的钢丝刷光轮；金、银、铜、铝、锌及其合金等较软的材料常选用黄铜丝、镍银丝或动物毛刷光轮。

④ 应根据丝纹纹路的不同选择适用的刷光轮，圆弧形丝纹采用环行刷光轮；直线形丝纹采用辐射刷光轮。进行丝纹刷光时，压力与速度不宜过大，否则不能产生丝纹效果。工作时干刷或湿刷皆可。

⑤ 进行缎面修饰加工时，常采用细软的金属丝、猪鬃毛或纤维刷光轮。刷光的速度一般控制在15～25m/s之间。工作时压力要低，使刷丝轻轻擦过零件表面即可，刷痕均匀一致且与零件的轮廓线平行。

⑥ 常用碳酸钠或磷酸三钠（3%～5%）等刷光液对零件表面进行湿法刷光，刷光的同

时采用刷光液或纯净水连续冲洗零件表面的污物，促使零件表面更加光洁平整。

⑦ 刷光轮的转速一般控制在1200～2800r/min之间。直径大的刷光轮采用较低的转速，硬质金属零件采用较高的转速。

5.2.5　喷砂（丸）

喷砂（丸）（sand blasting /shot blasting）是以机械或净化的压缩空气为动力，将砂（丸）料高速、强烈地喷向工件表面，借助砂（丸）粒流强大的撞击或冲击力，将零件表面的氧化皮、毛刺、锈迹、焊渣、污垢等除去；提高零件表面的表面粗糙度，使镀层与基体的接触表面积增加，机械咬合作用增强，大大提高基体与镀层的结合力；大大降低零件表面的光亮度，经电镀处理后，可得到漫散射光、外观柔和光滑的珍珠镍（缎面镍）、哑光铬等高档装饰性镀层；达到清理或修饰零件表面的目的。

5.2.5.1　干喷砂

(1) 分类

干喷砂可分为机械喷砂与空气喷砂两种类型。根据设备的机械化程度，每一类型可分为手工、半自动、连续自动等多种方式。按照砂料输送方式，目前生产中普遍采用的空气喷砂有吸入式与压力式两种。

(2) 工作原理、设备结构与特点

① 空气吸入式干喷砂　利用已净化的压缩空气在喷枪内高速流动形成负压产生引射作用，将旋风分离器贮箱内的砂料通过胶管吸入喷枪内，随压缩空气流由喷嘴高速喷射到工件表面，达到喷砂加工的目的。

这类设备一般由六个系统组成，即结构系统、介质动力系统、管路系统、除尘系统、控制系统和辅助系统。图5-4是XR-2型吸入式干喷砂机，这类设备结构简单可靠，操作方便，生产效率较低，能源消耗相对较高，多用于中、小零件单件小批量生产。

② 空气压力式干喷砂　利用已净化的压缩空气为动力，通过压缩空气在压力罐（也称砂罐）内建立的工作压力，将砂料经调砂阀压入喷砂胶管、从喷嘴高速射出，喷射到被加工表面，从而达到预期的加工目的。

图5-4　XR-2型吸入式干喷砂机

图5-5　GY-963型压入式干喷砂机

这类设备一般由四个系统组成，即压力罐、介质动力系统、管路系统、控制系统。图5-5是GY-963型压入式干喷砂机。

压入式干喷砂时，磨料经压缩空气加速的时间和行程远大于吸入式干喷砂（只在喷嘴处对磨料进行加速），因此压入式比吸入式有着更高的效率。但设备比较复杂，主要用于大、中型零件的大批量生产。

（3）操作工艺

① 干喷砂常用的砂（磨）料是石英砂、河沙、刚玉砂、氧化铝、塑料砂等，目前国内应用最多的是石英砂，其粒度一般为1～3mm。河沙次之，其粒度一般为0.5～1.5mm。工作时应根据零件材质、表面状态、技术要求等，选择材质与粒度均合适的砂料。表5-1为喷砂的砂粒尺寸、压力和零件的关系。

表5-1 喷砂的砂粒尺寸、压力和零件的关系

零件类型	砂粒尺寸/mm	空气压力/kPa
厚度大于3mm的钢铁件	2.5～3.5	250～400
厚度小于3mm的钢铁件	1.0～2.0	150～250
小型零件、薄壁零件、黄铜件	0.5～1.0	100～150
厚度1mm以下的钢铁板材、铝及铝合金零件	0.5以下	50～100

② 干、液体喷砂用的压缩空气必须保证洁净干燥，否则会沾污零件，堵塞设备管道等。一般应经过冷却、除油、除水、干燥等净化处理。

③ 喷砂时砂粒和耗气量与喷嘴直径、工作气压、喷射时间成正比。影响喷砂质量的重要因素是喷嘴的选择、喷嘴与零件表面的距离、砂流的喷射角度。手动小型喷砂机的工作气压一般为0.3～0.7MPa，耗气量约为1～3m^3/min，喷嘴直径通常为6～10mm，喷嘴与零件表面的距离一般为200mm，当用石英砂时，喷射角度最好为20°～30°。

④ 零件表面如有较重的油污、锈迹或漆层时，应先作除油、除锈或退漆处理，然后再喷砂。喷砂后的零件，为防止手汗腐蚀零件，应尽量减少用手触摸，并及时对其作电镀、涂装、转化膜等处理，尤其是钢铁零件在高温、高湿季节，应作浸防锈油或防锈液（6%～8%的亚硝酸钠，0.5%～0.6%的无水碳酸钠，余量为水）短期防锈处理。

5.2.5.2 液体喷砂

（1）工作原理与分类

以砂（磨）液泵作为砂液（砂料和水的混合液）的供料动力，通过砂液泵将搅拌均匀的砂液输送到喷枪内；压缩空气作为砂液的加速动力，通过输气管进入喷枪，对喷枪内的砂液加速，并经喷嘴射出，喷射到被加工表面，从而达到预期的加工目的。在液体喷砂中，砂液泵为供料动力，压缩空气为加速动力。

液体喷砂可分为雾化喷砂、水-气喷砂和水喷砂三种类型，目前生产中普遍采用的是水-气喷砂。

（2）设备结构与特点

液体喷砂设备一般由六个系统组成，即主机系统、收砂器系统、分离器系统、工作台、摆动枪组和电器系统，可适应各种零件的光饰加工。

最显著的特点是减少了对环境的污染和对操作人员的健康损害。另外液体喷砂具有生产效率高，操作工人的劳动强度低；通过表面强化，可以提高零件的耐磨性、抗蚀性和抗疲劳性；表面质量高，能够完成高精度、高光度、形状复杂零件的最后光饰加工，可实现其他工艺方法无法达到的效果；磨料消耗少，生产成本低；工艺适应性强，经济效果好等优点。

（3）操作工艺

影响液体喷砂加工的主要参数有砂料种类、砂料粒度、砂液浓度、喷射距离、喷射角度、喷射时间、压缩空气压力等。

液体喷砂所用的砂料与干喷砂相同，可将砂料与水混合成砂浆，砂液配比（干燥砂料：

水）（质量比）一般为（1∶5）～（1∶7）。对钢铁零件可在砂浆中加入缓蚀剂，避免加工过程中生锈。压缩空气压力一般控制在0.5～0.7MPa，喷射时间应根据零件表面状态、加工要求等具体情况而定，一般为20～60min。

5.2.5.3　喷丸与抛丸

（1）喷丸

喷丸（shot blasting）可分为机械喷丸、激光喷丸、高压水射流喷丸、微粒冲击、超声/高能喷丸五种类型，目前生产中普遍采用的是机械喷丸。

机械喷丸工作原理和设备与喷砂相似，只是以铸铁丸、铸钢丸、不锈钢切丝丸、陶瓷或玻璃丸等磨料取代砂子。机械喷丸可分干喷丸、液体（湿）喷丸和真空喷丸三种，三种方法的应用相似。干喷丸的粉尘大，操作工人的工作环境恶劣，所供压缩空气必须经过很好的过滤；液体（湿）喷丸克服了干喷丸尘土飞扬的缺点，污染较轻；真空喷丸是利用压缩空气把丸粒通过喷嘴喷射到被处理的表面上，同时利用气力引射器，造成钢丸回收室内的高度真空，以吸回喷出的钢丸及所产生的粉尘。经过过滤网和分离器，除去粉尘和杂质，把清洁的钢丸收回到贮丸槽，再由喷嘴喷出。如此循环除垢或除锈，整个过程在密闭的条件下完成，因此实现了无尘喷丸除垢、除锈，改善了工作环境。操作时应注意以下问题。

① 喷丸与回收钢丸均以5～6MPa的压缩空气为动力。压力的大小对清除效率有很大影响，压力大于6MPa时，效率明显提高；小于4MPa时，无法正常工作。

② 压缩空气必须经过净化与干燥处理，除去水汽及润滑油雾，以免铁丸或其他磨料结块，无法运行。

③ 喷（抛）丸磨料的尺寸越大，喷丸强度也越大，但大磨料的覆盖率降低，故生产上在能保证产生所需喷丸强度的前提下，应尽量减小喷丸的尺寸。磨料尺寸的选择也受零件的形状制约，丸的直径不应超过零件沟槽或内圆半径的一半。磨料粒度一般为50～60目之间。

④ 喷丸速度增高，喷丸强度加大，但速度过高，喷丸的破碎量会增多，可用控制压缩空气压力的办法控制喷丸速度。

⑤ 喷丸的角度一般选用垂直直角状态，这时喷丸角度最高，强度大，但如果受零件形状限制必须以小角度喷丸时，则应适当加大磨料的尺寸与喷丸速度。

⑥ 必须保证所加工零件表面有足够的覆盖率，即要使未被喷丸加工的表面尽量少。

⑦ 喷丸时的破碎部分应经常清除，保证喷丸的完整率不低于85%。

（2）抛丸

抛丸是采用抛丸器，通过离心力将磨料以一定角度抛射到工件上，达到所需的光亮度、清洁度、粗糙度和强化工件的目的，大大提高零件的使用寿命和美观。

抛丸设备可分为滚筒式抛丸清理机、履带式抛丸清理机、转台式抛丸清理机、吊链步进式抛丸清理机四种类型。

滚筒式抛丸清理机是利用抛丸器向滚筒内翻转的工件抛丸，使工件获得均匀的清理，呈现出金属原色，主要用于中小件的抛丸处理。履带式抛丸清理机是由高强度耐磨橡胶履带或锰钢履带装载工件，通过抛丸器将高速弹丸抛向履带上翻转的工件，达到清理的目的，适用于各种中、小型铸件，锻件及加工件的表面处理。转台式抛丸清理机是通过变频抛丸器使工件表面受到均匀的钢丸打击力，并且表面的钢丸覆盖率达到98%以上，以达到强化效果，主要用于怕碰撞的工件清理。吊链步进式抛丸清理机是采用多工位定点放置抛射清理，适应于多品种、不同批量的铸铁件、铸钢件、锻件、焊接件及热处理件的表面清理或强化。

5.2.6　磨光

磨光（grinding）是借助粘有磨料的磨光轮（或带），在高速旋转下磨削零件表面的过程。在磨光所用磨光轮（或带）的轮周上，以骨胶、牛皮胶或明胶等作为胶黏剂粘接上不同磨料。这些磨料颗粒细小、硬度极高，且有许多锋利的棱角，相当于无数个硬度很高的小刀刃不规则的排布在磨轮表面上。当磨光轮高速旋转时，由于在磨光轮与零件之间加有压力，迫使磨料颗粒切削零件的表面，从而磨去零件表面各种宏观缺陷、腐蚀痕、划痕、焊渣、砂眼和氧化皮等，提高零件平整度和光洁度。在磨光轮高速旋转的磨削下，零件表面被整平的同时，摩擦热有可能使零件表面烧伤，发生氧化变色。

常用的磨料有天然金刚砂（$Al_2O_3 \cdot Fe_2O_3$）、人造金刚砂（SiC）、人造刚玉（Al_2O_3）、石英砂（SiO_2）、碳化硅（SiC）、硅藻土（SiO_2）、铁丹（Fe_2O_3）或浮石等。

磨料的粒度对金属零件表面的加工质量有非常密切的关系，应根据加工要求选择。粗磨粒度为12～40目，磨削量大，用于除去厚的旧镀层、严重的锈蚀及磨削很粗的表面；中磨粒度为50～150目，用于切削中等或尺寸较小的零件，可以消除粗磨后的痕迹及轻度的锈蚀层；精磨的粒度为180～360目，磨削量小，可得到平整的表面，为镜面抛光作准备。

磨光时一般先用人造金刚砂、刚玉等较硬材料进行粗磨，金属的硬度越大，磨光时所采用磨料的尺寸应越大，即目数越低。硬金属一般选用120目左右的金刚砂；中硬质金属一般选用180目左右的金刚砂；软质金属一般选用240目左右的金刚砂，再用细粒的金刚砂等进行细磨。根据金属制件表面的粗糙程度，电镀前磨光处理通常使用120～320目粒度不同的磨料，依次加大磨料的目数，由粗到细经过2～4道操作工序，以获得电镀所要求的表面质量。

一般来说，被磨光的材料越硬，表面粗糙度的要求越低，磨光轮圆周速度应越高。增大或缩小磨光轮直径和转速均会增大或缩小磨光轮的圆周速度。过大的圆周速度会缩短磨光轮的使用寿命，过小则磨削力减低，所以磨轮的圆周速度应选择适当，其计算公式为：

$$v=\pi dn/60 \tag{5-1}$$

式中 v——圆周速度，m/s；

d——磨轮直径，m；

n——磨轮的转速，r/min。

对形状简单的钢铁制件进行粗磨时，可以采用较高的圆周速度，而对形状复杂的制件或有色金属，则要采用较低的圆周速度。不同基材磨光用磨光轮的圆周速度列于表5-2。精磨时用上限圆周速度，粗磨时用下限圆周速度。总的来说，圆周速度的大小与金属的硬度成正比关系。

表5-2 磨光不同金属材料时的磨轮圆周速度

基体金属	圆周速度/(m/s)	基体金属	圆周速度/(m/s)
铸铁、铜、镍、铬	18～30	铝及铝合金、铅、锡	10～14
铜及铜合金、银、锌	14～18	塑料	10～15

为防止软金属与磨料黏结，降低被磨件表面的粗糙度，延长磨光轮寿命，磨光时可根据被磨金属的类型和所要求的表面粗糙度选用不同的润滑剂。磨光轮用润滑剂一般由动物油、脂肪酸和蜡制成，其熔点较低；有时也可用抛光膏代替。使用润滑剂时应少加、勤加，且勿使用低闪点的易燃润滑剂。

5.2.7 抛光

抛光（polishing）是在零件表面经过精磨光后，进一步降低表面粗糙度，消除金属制件表面的细微不平，使表面出现镜面光泽。抛光可分粗抛和精抛，粗抛可抛去较粗的磨痕，但不光亮。精抛一般用于装饰性电镀的前处理和镀后的精加工，以获得镜面光泽。常用的抛光有机械抛光、化学抛光、电解抛光等几种。此处仅简单介绍机械抛光和化学抛光，电解抛光将在 5.5 节中介绍。

（1）机械抛光

机械抛光（mechanical polishing）是利用抛光轮、抛光膏等精细磨料，对制件表面进行轻微切削和研磨作用，除去制件表面的细微不平，以达到整平表面、提高表面光洁度的目的。

抛光时，无明显的金属屑被切下来，因此无显著的金属消耗。一般认为，高速旋转的抛光轮与金属制件表面摩擦产生高温，使金属表面发生塑性变形，填平了金属表面的细微不平。另外，多数金属在空气中会迅速形成氧化膜，抛光时磨料首先把凸出处的氧化膜抛去，基体金属露出后其表面又很快形成一层氧化膜，再被抛去，如此反复地生成和除去氧化膜，至抛光结束，从而得到光亮的表面。

抛光轮是用各种棉布、亚麻、细毛毡、皮革、特种纸等材料，通过不同的缝合方法或叠压方法制成的。抛光膏是由磨料、胶黏剂及辅助材料制成的。常用的抛光膏有白抛光膏、黄抛光膏、红抛光膏、绿抛光膏等几种。白抛光膏（白油）是用无水纯度较高的氧化钙和少量的氧化镁以及硬脂酸、石蜡等组成的固体软块。磨粒圆形、细小而不锐利，长期存放易风化变质，适用于没有切削能力的精抛光和软金属（锌、铝、铜及其合金）、塑料、胶木、有机玻璃等的抛光。黄抛光膏是由氧化铁、硬脂酸、长石粉、油脂和松香等组成，适用于一般钢铁基体及铝、锌、铜的粗抛。红抛光膏是由精制氧化铁粉以及硬脂酸、白蜡等组成，其抛光性能好而切削能力低，对基体损耗较小，适用于金、银等贵金属的精细抛光及钢铁基体磨后的“油光”。绿抛光膏是用三氧化二铬、少量氧化铝及硬脂酸、脂肪酸等组成，适用于铬、镍、不锈钢、硬质合金钢等的抛光。生产中为提高生产效率，减少抛光轮的磨损和抛光剂在零件上的滞留，也可使用抛光液。

抛光轮转速选择与金属制品的硬度有关。一般地说，硬质金属材料使用较高的圆周速度；较软的金属材料使用较低的圆周速度。不同基体材料较适宜的抛光轮圆周速度见表 5-3。

表 5-3　抛光轮的圆周速度

基体金属	圆周速度/(m/s)	基体金属	圆周速度/(m/s)
生铁、钢、镍、铬	30～35	锌、铝、锡、铅及其合金	18～25
铜及铜合金、银	20～30		

（2）化学抛光

化学抛光（chemical polishing）是金属制品表面在特定条件下化学浸蚀的过程。金属表面上微观凸起处在特定溶液中的溶解速度比微观凹下处的快，结果逐渐被整平而获得平滑、光亮的表面。基体材料不同，化学抛光液配制及具体的操作工艺也不相同。

① 过氧化氢类化学抛光液　此类化学抛光液产生的有害气体少，抛光效果较好，废水处理也较容易。常与草酸、硫酸合用，对软的低碳钢进行化学抛光；与醋酸合用，对铅金属进行化学抛光。

② 磷酸类化学抛光液　抛光液由磷酸、硝酸以及适量的醋酸组成。常用于铜及其合金制品的化学抛光。

表 5-4 列出了分别适用于不同基体金属的化学抛光工艺。

表 5-4　不同基体金属材料的化学抛光工艺

基体材料/(g/L)	低碳钢	低合金钢	不锈钢	铜及其合金	铝及其合金
盐酸 HCl(σ=1.19)			70mL		
磷酸 H_3PO_4(σ=1.70)		60%(体积)		40～50mL	70%(质量)
硫酸 H_2SO_4(σ=1.84)	0.1	30%(体积)	230mL		21%(质量)

续表

基体材料/(g/L)	低碳钢	低合金钢	不锈钢	铜及其合金	铝及其合金
硝酸 $HNO_3(\sigma=1.40)$		10%(体积)	40mL	6～8mL	9%(质量)
草酸 $(COOH)_2 \cdot 2H_2O$	25～40				
醋酸 CH_3COOH				35～45mL	
硫酸铜 $CuSO_4 \cdot 5H_2O$					
水 H_2O			660mL	5～10mL	
硼酸 H_3BO_3					
铬酸酐 CrO_3		5～10g			
过氧化氢 H_2O_2(质量分数 30%)	30～50				
温度/℃	15～30	120～140	50～80	40～60	90～115
时间/min	2～30	<10	3～20	3～10	3～6

5.3 除油

黏附于制件表面的油污成分比较复杂，按照化学性质，通常分为皂化类和非皂化类。

从动植物中获得的油脂主要成分是甘油三酸酯，能与碱发生皂化反应，称为可皂化油脂。矿物油（如汽油、凡士林、石蜡和各种润滑油等）是防锈油、润滑油、切削油的重要成分，属于有机碳氢化合物，不与碱起反应，称为非皂化油。除油（degreasing）时，要根据零件表面油污的特性及受沾污的程度来选择除油污的方法，常用的除油方法有有机溶剂除油、化学除油、电化学除油和超声波除油等。

5.3.1 有机溶剂除油

有机溶剂除油（solvent degreasing）是利用有机溶剂对油脂的物理溶解作用，将制件表面的可皂化油和不可皂化油除去。其特点是除油速度快，一般不腐蚀制件，但除油不彻底。当附着在零件上的有机溶剂挥发后，其中溶解的油仍残留在零件上，所以有机溶剂除油常作为初步处理，还必须采用化学除油或电化学除油，进一步处理。另外，大多数有机溶剂易燃，有一定毒性。

常用的有机溶剂分为烃和氯代烃两类，烃类有汽油、煤油、苯类（甲苯、二甲苯）和丙酮、酒精等，生产中主要用汽油或煤油，多采用冷态浸渍或擦拭；氯代烃类有四氯化碳、三氯乙烷、三氯乙烯、四氯乙烯等，生产中应用最多的是三氯乙烯和四氯化碳。氯代烃溶剂除油效率高、稳定、挥发性小、不易燃、可加温操作，其缺点是有毒，生产中需要有良好的安全措施，除油设备应配备完善的通风装置。

5.3.2 化学除油

化学除油（chemical degreasing）是利用热碱溶液对油脂的皂化和乳化作用，将零件表面油污除去的过程。碱性溶液包括两部分：一部分是碱性物质，如氢氧化钠、碳酸钠等；另一部分是硅酸钠、乳化剂等表面活性物质。碱性物质的皂化作用主要除去可皂化油，表面活性剂的乳化作用对皂化油和非皂化油都有效果。化学除油工艺简单、成本低廉、除油液无毒、不易燃，但常用的碱性化学除油工艺乳化能力较弱，当零件表面油污中主要是矿物油，或零件表面附有过多的黄油、涂料乃至胶质物质时，在化学除油之前先用机械方法或用有机溶剂将其除去，这一工序不可疏忽。在生产上化学除油主要用于预除油，然后再进行电化学除油将油脂彻底除尽。

(1) 化学除油原理

① 皂化作用　动植物油的成分可用通式 $(RCOO)_3C_3H_5$ 表示，其中R为高级脂肪酸烃基，含17～22个碳原子。油脂在热碱液中发生的化学反应如下：

$$(RCOO)_3C_3H_5+3NaOH \longrightarrow 3RCOONa+C_3H_5(OH)_3$$

若 $R=C_{17}$ 脂肪链，即为硬脂酸钠（肥皂），硬脂酸钠能溶于水，是一种表面活性剂，对油脂溶解起促进作用。

② 乳化（emulsification）作用　在化学除油中常采用阴离子型或非离子型表面活性剂，如硅酸钠、硬脂酸钠、OP乳化剂等。在除油过程中，首先是乳化剂吸附在油与溶液的分界面上，其中亲油基与零件表面的油发生亲和作用，亲水基则与除油水溶液亲和。在乳化剂的作用下，油污对零件表面的附着力逐渐减弱，在流体动力因素共同作用下，油污逐渐从金属零件表面脱离，而呈细小的液滴分散在除油液中，变成乳浊液，达到除去零件表面油污的作用。加热和搅拌除油溶液都会加速油污进入溶液，因而可以加速除油的速度，提高除油的效果，故在化学除油时，一般采用较高的温度和搅拌措施，也可用超声波来加速除油过程。

(2) 化学除油液成分及工艺条件

化学除油液通常由氢氧化钠、碳酸钠、磷酸钠、焦磷酸钠、硅酸钠等碱或碱性盐与各种乳化剂混合而成。氢氧化钠是强碱，常用于钢铁等黑色金属除油时起皂化作用，但浓度不宜过高，否则会使镀件表面形成一层黑色钝化膜，造成质量不佳，而且水洗性差。碳酸钠靠水解提供弱碱性，使除油液pH值维持在8.5～10.2之间，具有良好的缓冲能力，常作为铝、镁、锌、锡、铅等两性金属及其合金除油液的主要成分。磷酸钠（Na_3PO_4）的皂化作用和乳化作用都比碳酸钠强，具有良好的缓冲作用，其0.5%水溶液的pH值为11.8。它也是乳化剂，具有一定的表面活性作用。该物质溶解度大，洗去性极好，是黑色金属与有色金属除油液的助洗剂。焦磷酸钠（$Na_4P_2O_7$）对于锌、铜和镁有极好的螯合作用，可以防止零件上生成不溶性的硬水皂膜，其缓冲性、水洗性良好，0.5%水溶液的pH值为10.1，有较强的表面活性作用。但由于含磷废水的营养效应，使水中微生物大量繁殖而过多消耗水中的氧，危机水生动物的生存，其排放受到限制。硅酸盐水解性很强，同时也是一种良好的无机表面活性剂，具有很强的皂化、乳化作用，是所有强碱中最佳的润湿剂、乳化剂和抗絮凝剂。同时形成的胶体有很强的吸附性，不易清洗。

有机表面活性剂（surface active agent）起乳化和分散油污的作用，加快去油速率，降低去油温度。常用的乳化剂有辛基酚聚氧乙烯醚（OP-10）、三乙醇胺油酸皂（FM）、十二烷基二乙醇酰胺（6501）等。乳化剂用量不宜过多，过多会生成许多泡沫，极易附着在零件表面上而带到镀槽中去，影响后面的镀层质量。同时，考虑到生物降解的可能性，尽量选择脂肪族表面活性剂。

化学除油的主要工艺条件包括温度、时间和搅拌情况。加温能够加快溶液对流，皂化和乳化作用，从而加速除油过程；同时溶液温度升高，可增加油脂和硬脂酸钠在除油液中的溶解度，对清洗零件和延长除油液使用时间有利。但温度不宜过高。否则会降低乳浊液的稳定性，甚至使油脂析出聚集，重新吸附在零件表面，同时高温下能源消耗会大大增加，蒸发的碱雾增多，污染环境。搅拌能显著提高除油效果，因为搅拌作用能经常更新零件表面的乳化液层，加速零件表面油滴分散到溶液中的速度。除油的时间应视工件的污染情况而定。

化学除油液的具体配方因基体材料不同而有所差异，常用的几种碱性化学除油液配方如下，仅供参考。

① 钢铁　氢氧化钠（NaOH）20g/L，碳酸钠（Na_2CO_3）20g/L，磷酸三钠（Na_3PO_4）20g/L，硅酸钠（Na_2SiO_3）5g/L，OP乳化剂2mL/L，温度50～60℃。

② 铜及其合金　碳酸钠 20g/L，磷酸三钠 20g/L，硅酸钠 5g/L，OP 乳化剂 2mL/L，温度 50～60℃。

③ 铝及其合金　磷酸三钠 10～30g/L，硅酸钠 3～5g/L，OP 乳化剂 2～3mL/L，温度 50～60℃。

④ 锌及其合金、镁及其合金　碳酸钠 10～20g/L，磷酸三钠 10～20g/L，硅酸钠 10～20g/L，OP 乳化剂 1～2mL/L，温度 50～60℃。

（3）化学除油注意事项

① 清洗　在化学除油后，必须进行认真的漂洗。化学除油后的零件，一般首先用 60℃ 左右的热水清洗，将皂化产生的肥皂洗去，然后再用流动冷水洗净。若除油后直接用冷水洗，则会使皂化产物粘在零件表面，不易完全除去。尤其是用硅酸钠作乳化剂时，它在金属表面形成的膜很难漂洗干净，对后续的电镀工序造成麻烦。

② 除油液的更新　除油液长时间使用，除油速度会变慢，除油效果降低，此时应适量补充一些原料，或者更换新的溶液。

5.3.3 电化学除油

电化学除油（electrochemical degreasing）又称电解除油，是在碱性溶液中，以零件为阳极或阴极，采用不锈钢板、镍板、镀镍钢板或钛板为第二电极，在直流电作用下将零件表面油污除去的过程。电化学除油液与碱性化学除油液相似，但其主要依靠电解作用强化除油效果，通常电化学除油比化学除油更有效，速度更快、除油更彻底。

（1）电化学除油原理

电化学除油除了具有化学除油的皂化与乳化作用外，还具有电化学作用。在电解条件下，电极的极化作用降低了油与溶液的界面张力，溶液对零件表面的润湿性增加，使油膜与金属间的黏附力降低，使油污易于剥离并分散到溶液中乳化而除去。在电化学除油时，不论制件作为阳极还是阴极，表面上都有大量气体析出。当零件为阴极时（阴极除油），其表面析出氢气；零件为阳极时（阳极除油），其表面析出氧气。电解时金属与溶液界面所释放的氧气或氢气在溶液中起乳化作用。因为小气泡很容易吸附在油膜表面，随着气泡的增多和长大，这些气泡将油膜撕裂成小油滴并带到液面上，同时对溶液起到搅拌作用，加速了零件表面油污的脱除速度。

电化学除油可分为阴极除油、阳极除油及阴极-阳极联合除油。

阴极除油的特点是在制件上析出氢气：

$$2H_2O+2e^- = H_2\uparrow +2OH^-$$

除油时析氢量多，分散性好，气泡尺寸小，乳化作用强烈，除油效果好，速度快，不腐蚀零件。但析出的氢气会渗入金属内部引起氢脆，故不宜用于高强度钢、弹簧钢等脆性较敏感的金属零件。此外，当电解溶液中含有少量锌、锡、铅等金属粒子时，零件表面将会有一层海绵状金属析出，污染金属零件，并影响镀层的结合力。为此，采取单一的阴极电化学除油是不适宜的。

阳极除油的特点是在制件上析出氧气：

$$4OH^- = O_2\uparrow +2H_2O+4e^-$$

除油时，一方面氧析出泡少而大，与阴极电化学除油相比，乳化能力较差，因此除油效率较低；另一方面由于氢氧根离子放电，使阳极表面溶液的 pH 值降低，不利于除油。同时阳极除油时析出的氧气促使金属表面氧化，甚至使某些油脂也发生氧化，以致难以除去。此外，有些金属或多或少地发生阳极溶解。所以，有色金属及其合金和经抛光过的零件，不宜采用阳极除油。但阳极电化学除油没有“氢脆”，镀件上也无海绵状物质析出。据以上利弊关系的比较，采用单一的阳极电化学除油也是不适宜的。

由于阴极除油和阳极除油各有优缺点，生产中常将两种工艺结合起来，即“阴极-阳极联合除油”，取长补短，使电化学除油方法更趋于完善。在联合除油时，最好采用先阴极除油、再短时间阳极除油的操作方法。这样既可利用阴极除油速度快的优点，同时也可消除“氢脆”。因为在阴极除油时渗入金属中的氢气，可以在阳极除油的很短时间内几乎全部被除去。此外，零件表面也不至于氧化或腐蚀。实践中常采用电源自动周期换向实现阴极-阳极联合除油。

对于黑色金属制品，大多采用阴极-阳极联合除油。对于高强度钢、薄钢片及弹簧件，为保证其力学性能，绝对避免发生“氢脆”，一般只进行阳极除油。对于在阳极上易溶解的有色金属制件，如铜及其合金零件、锌及其合金零件、锡焊零件等，可采用不含氢氧化钠的碱性溶液阴极除油。若还需要进行阳极除油以除去零件表面杂质沉积物，电解时间要尽量短，以免零件遭受腐蚀。

(2) 电化学除油液组成及工艺条件

常用电化学除油溶液的配方及工艺条件列于表5-5。

表5-5　常用电化学除油溶液的配方及工艺条件

成分及工艺条件	高强度钢	一般钢铁		铜及其合金	锌及其合金
		1	2		
氢氧化钠 NaOH/(g/L)	40～60	10～20	10～20		
碳酸钠 Na_2CO_3/(g/L)	30～50	20～30	50～60	25～30	5～10
磷酸钠 Na_3PO_4/(g/L)	15～30	20～30	30～40	25～30	10～20
硅酸钠 Na_2SiO_3/(g/L)	3～5		5～10	3～5	5～10
温度/℃	70～80	70～80	60～80	60～80	40～50
电流密度/(A/dm^2)	2～5	5～10	5～10	5～8	5～7
时间	阳极 5～10min	阴极 5～10min 后 阳极 0.2～0.5min	阴极 1min 后 阳极 15s	阴极 20～30s	阴极 20～30s

对除油质量影响较大的电化学除油工艺条件是电流密度、温度与除油时间。

电流密度的选择应保证析出足够数量的气泡，既能使油污被机械撕裂、剥离电极表面，又能搅拌溶液。提高电化学除油的电流密度可以加快除油速度，缩短除油时间，提高生产效率，但电流密度提高，阴极除油渗氢作用增大，电能消耗加剧。另外，阳极除油时可适当降低电流密度以防止金属过腐蚀，所以电化学除油时电流密度一般控制在5～15A/dm^2。

温度升高能加强乳化作用，从而有利于提高除油效果，同时可以增加溶液电导，降低槽电压，节约电能。但溶液温度过高溶液蒸发加快，施工环境差。温度过低时，除油效果降低，有时零件表面还可能出现锈蚀。电化学除油一般控制在60～80℃之间。

按常规工艺，先用阴极除油3～7min，再用阳极除油0.5～2min，以此综合阴、阳极除油的优点以达到对油污的彻底清除。

由于电化学除油时，电极上不断产生的氢气和氧气具有乳化作用，故电化学除油溶液中可以少加或不加乳化剂。过多的乳化剂在液面形成的泡沫易黏附在零件表面，不易清洗，也影响电极表面气体的逸出。当大量析出的氢气和氧气被液面上的泡沫覆盖，一旦遇到电极与挂具接触不良引起电火花时，即引起爆炸，造成安全事故。

5.3.4　超声波除油

将制件放在除油液中，使除油过程处于一定频率的超声波场作用下的除油过程，称为超声波除油 (ultrasonic degreasing)。引入超声波可以强化除油过程、缩短除油时间、提高除油质量、降低化学药品的消耗量。尤其对复杂外形零件、小型精密零件、表面有难除污物的零件及绝缘材料制成的零件有显著的除油效果，可以省去费时的手工劳动，防止零件的损伤。

超声波是频率为16kHz以上高频声波，超声波除油是基于空化作用原理。当超声波作用于除油液时，由于压力波（疏密波）的传导，使溶液在某一瞬间受到负应力，而在紧接着的瞬间受到正应力作用，如此反复作用。当溶液受到负压力作用时，溶液中会出现瞬时的真空，出现空洞，溶液中蒸汽和溶解的气体会进入其中，变成气泡。气泡产生后的瞬间，由于受到正压力的作用，气泡受压破裂而分散，同时在空洞周围产生数千大气压的冲击波，这种冲击波能冲刷零件表面，促使油污剥离。超声波强化除油，就是利用了冲击波对油膜的破坏作用及空化现象产生的强烈搅拌作用。

超声波除油的效果与零件的形状、尺寸、表面油污性质、溶液成分、零件的放置位置等有关，因此，最佳的超声波除油工艺要通过试验确定。超声波除油所用的频率一般为30kHz左右。零件小时，采用高一些的频率，零件大时，采用较低的频率。超声波是直线传播的，难以达到被遮蔽的部分，因此应该使零件在除油槽内旋转或翻动，以使其表面上各个部位都能得到超声波的辐照，受到较好的除油效果。另外超声波除油溶液的浓度和温度要比相应的化学除油和电化学除油低，以免影响超声波的传播，也可减少金属材料表面的腐蚀。

5.4 浸蚀

浸蚀（pickling）又称酸洗，是将金属制件浸在较高浓度和一定温度的浸蚀溶液中，利用化学或电化学方法除去金属制件表面上氧化物和锈蚀物的过程，分为化学浸蚀和电化学浸蚀两类。靠浸蚀剂的化学作用将锈、氧化物去除的方法称为化学浸蚀。将被浸蚀的零件通以直流电的浸蚀过程称为电化学浸蚀。浸蚀方法和浸蚀剂的组成，应根据金属零件的材料、氧化物的性质及表面处理后的要求加以选择。

5.4.1 化学浸蚀

钢铁制件表面氧化物的成分一般为三氧化二铁（Fe_2O_3，红锈即氧化铁红）和少量的氧化亚铁（FeO）。经热处理后的钢铁制件，其表面的氧化皮则由Fe_2O_3、四氧化三铁（Fe_3O_4，黑氧化皮即氧化铁黑）和少量FeO组成，外层为Fe_2O_3和Fe_3O_4，内层为FeO。通常采用硫酸、盐酸或硫酸-盐酸混合溶液清理表面氧化物，使之成为可溶性的硫酸亚铁（$FeSO_4$）、硫酸铁［$Fe_2(SO_4)_3$］、氯化亚铁（$FeCl_2$）和氯化铁（$FeCl_3$）等盐类和水。

当氧化皮中夹杂着铁或氧化皮有空洞时，酸还可以通过疏松、多孔的氧化皮渗透到内部与基体铁反应，使铁溶解并放出大量的氢气：

$$Fe+2H^+ \longrightarrow Fe^{2+}+H_2\uparrow$$

放出的氢气可以强化浸蚀过程。因为反应过程中形成新生态的氢有很强的还原性，能把高价铁还原成低价铁，有利于氧化物的溶解和难溶黑色氧化皮的剥落。另一方面，铁的溶解使氧化层与基体之间出现孔隙，析出的氢气对难溶的黑色氧化皮起着冲击与剥落等机械作用，提高了酸洗的效率。但是基体容易引起过腐蚀，导致零件的几何尺寸有所改变，同时大量析氢可能导致制件发生氢脆而降低机械性能，特别是高碳钢、弹簧制件往往由于发生氢脆而造成报废。

采用硫酸浸蚀时，硫酸对金属氧化物的溶解能力较弱，氧化层的去除主要是依靠氢气的机械剥离作用。采用盐酸浸蚀时，由于 $FeCl_2$ 和 $FeCl_3$ 的溶解度较大，所以盐酸对金属氧化物具有较强的溶解能力，但对钢铁基体溶解较缓慢，析氢作用相对减小，因此在盐酸中氧化层的去除主要是靠盐酸的化学溶解作用。

除硫酸和盐酸之外，硝酸、磷酸、氢氟酸、铬酐也可用于某些金属制件表面的浸蚀处理。硝酸是强氧化性酸，浸蚀能力强。低碳钢在 30%硝酸中浸蚀，表面洁净光亮。铜及其合金在硝酸或混合酸中浸蚀，可获得具有光泽的浸蚀表面。在硝酸中加入适量的盐酸或氢氟酸，可用来浸蚀不锈钢和耐热钢。用硝酸浸蚀时，会放出大量氮氧化物有毒气体和热量，需要良好的通风和冷却装置。室温下磷酸对金属氧化物的溶解能力较弱，需加温。磷酸浸蚀后工件表面能转变成磷酸盐膜，适用于焊接件和组合件涂漆前的浸蚀。磷酸与硫酸、硝酸或铬酐组成的混合酸，常用于钢铁、铜、铝及其合金制品的光泽浸蚀。氢氟酸能溶解硅化合物及铝、铬的氧化物，常用于铸件和不锈钢的浸蚀。

为了防止和减轻钢铁制件在浸蚀过程中的过腐蚀和渗氢，通常需要在酸浸蚀溶液中添加缓蚀剂。通常在盐酸溶液中加入六亚甲基四胺（即乌托洛品）等阳离子型缓蚀剂，在硫酸溶液中主要添加邻二甲苯硫脲（若丁）、尿素、磺化煤焦油等阴离子型缓蚀剂，可加入一些 NaCl、KI 等卤素化合物，因为 Cl^-、I^- 等阴离子能吸附在金属表面形成表面配合物，有助于提高金属溶解过电位和析氢过电位。不同缓蚀剂的用量不同，一般在 0.5～5g/L。

酸的浓度和温度对钢铁制件表面氧化物的浸蚀具有重要的影响。通常控制硫酸浸蚀液的浓度为 25%（质量份数，下同），温度为 40～60℃；盐酸浸蚀液的浓度为 15%～20%，温度为 30～40℃。

随着浸蚀过程的进行，浸蚀溶液中的铁盐浓度逐渐升高，将影响浸蚀速度和浸蚀质量。当高价铁离子积累过多时，将与基体发生下述反应，使基体遭受腐蚀，降低制品表面的浸蚀质量：

$$2Fe^{3+} + Fe \longrightarrow 3Fe^{2+}$$

因此，浸蚀溶液中应经常补加一些新酸。但当溶液中含铁量达 90g/L 时，应更换新溶液，此时溶液中剩余的酸约为 3%～5%，这是浸蚀溶液的控制指标。

5.4.2　电化学浸蚀

电化学浸蚀（electrolytic pickling）是零件在电解质溶液中通过电解作用除去金属表面的氧化皮、废旧镀层及锈蚀产物的方法，常用于黑色金属。当金属制品作为阴极时，主要借助于猛烈析出的氢气对氧化物的还原和机械剥离作用的综合影响。当金属制品作为阳极进行电化学浸蚀时，主要借助于金属的化学和电化学溶解，以及金属材料上析出的氧气泡对氧化物的机械剥离作用等综合结果。因此，电化学浸蚀比化学浸蚀具有更高的效率和速度，但电解液的分散能力差，复杂零件应用难度较大。

采用电化学浸蚀时，清除锈蚀物的效果与锈蚀物的组织和种类有关。对于具有厚而平整、致密氧化皮的基体金属材料，直接进行电化学浸蚀效果不佳，最好先用硫酸溶液进行化学浸蚀，使氧化皮变疏松之后再进行电化学浸蚀。当基体金属表面的氧化皮疏松多孔时，电化学浸蚀的速度是很快的，此时可以直接进行电化学浸蚀。电化学浸蚀中分为阳极浸蚀和阴极浸蚀。

（1）阳极浸蚀

黑色金属作为阳极，铅或铁板作为阴极，电解液采用 20%～25% H_2SO_4 或盐酸 100g/L，氯化亚铁 150g/L，氯化钠 50g/L，阳极电流密度为 5～10A/dm^2 电解。通常在常温下电解，必要时可加热至 50～60℃。电解液中加入 3～5g/L 的邻二甲苯硫脲或磺化木工胶，可以防止基体金属的过腐蚀。由于可能造成过浸蚀，因此对于形状复杂或尺寸要求高的零件不宜采用阳极浸蚀。

（2）阴极浸蚀

黑色金属作为阴极，铅或铅锑合金作为阳极，电解液采用10%～15% H_2SO_4，阴极电流密度为3～10A/dm²，温度40～50℃。由于阴极上有氢气析出，可能会发生渗氢现象，使基体金属出现氢脆，故高强度钢及对氢脆敏感的合金钢不宜采用阴极浸蚀，同时，浸蚀液中的金属杂质可能在基体金属材料表面上沉积出来，影响电镀镀层与基体材料间的结合力。除了前述的硫酸溶液外，也可用含硫酸及盐酸各约5%的混合液，再适量加入约2%的氯化钠。因为阴极浸蚀时，基体金属（铁）无明显的溶解过程，所以适当加入含Cl^-的化合物，可促使零件表面氧化皮的疏松并加快浸蚀速度。阴极浸蚀时，在电解液中可加入乌洛托品作缓蚀剂。

为避免阴极浸蚀和阳极浸蚀的这些缺点，常在硫酸浸蚀液中采用联合电化学浸蚀，即先用阴极进行浸蚀将氧化皮基本除净，而后转入阳极浸蚀以清除沉积物和减少氢脆，并且通常阴极过程进行的时间要比阳极过程长一些。

阴极电化学浸蚀法，特别适用于去除热处理后的氧化皮。操作温度为60～70℃，阴极电流密度为7～10A/dm²，阳极采用硅铸铁。

5.4.3 超声波场内浸蚀

在超声波场内，可以显著提高浸蚀速度，并有助于氧化皮和浸蚀残渣的脱落，浸蚀质量较好，适用于氧化皮较厚、致密或形状复杂零件的浸蚀。

超声波浸蚀可以在原有浸蚀液的基础上施加超声波，溶液的浓度可稍低一些，在超声波作用下，缓蚀剂发生解吸，从而降低了缓蚀效果。但是，由于溶液的浓度和温度低，上述缺点可以得到弥补。长时间的超声波作用，会使浸蚀零件产生微观针孔，失去光泽，但有利于提高镀层的结合力。

超声波浸蚀对基体渗氢有双重作用：一方面，由于金属表面活化，促进了渗氢作用；另一方面，由于超声波的空化作用，有利于吸附氢的排除。通过合理地选择超声波振动的频率、强度等参数，就可以发挥其有利的作用，从而大大减小氢脆的危害。因此，超声波浸蚀尤其适用于对氢脆比较敏感的材料。对于钢铁零件，一般可选用22～23kHz的超声波频率。

5.4.4 弱浸蚀

当零件表面的大量氧化物及锈蚀产物经浸蚀除去后，在进入电镀工序之前，还需进行弱浸蚀（acid dipping），有时也称“活化”，其目的在于进一步除去零件表面在运送、保存过程中所形成的薄层氧化膜，使基体晶格暴露，处于活化状态，保证镀层与基体金属间的良好结合。金属制品经弱浸蚀处理后，应立即予以清洗并转入镀液进行电镀。如果弱浸蚀溶液不污染镀液，最好不经清洗而将活化后的零件直接入镀槽电镀。

弱浸蚀液浓度低，浸蚀能力较弱，不会损坏零件表面的光洁度，处理时间也短，从数秒到1min，并且一般在室温下进行。对于黑色金属的弱浸蚀，可以用化学法，也可以用电化学法。当采用化学法时，弱浸蚀溶液一般选用质量分数为3%～5%稀盐酸或稀硫酸，室温下处理0.5～1min。当采用电化学弱浸蚀时，多用阳极处理，采用1%～3%的稀硫酸溶液，阳极电流密度为5～10A/dm²。弱浸蚀溶液的选择应同时考虑对后续电镀溶液的影响。

在弱浸蚀时要注意，钢铁或有色金属制件表面的弱浸蚀需在分开的槽子中进行。因为在弱浸蚀时，铜离子和铁离子都会与酸反应，若在钢铁件弱浸蚀时溶液中存在铜离子，铜的电位比铁正，就会按如下反应式，在钢铁制件表面析出疏松的置换铜而影响镀层的结合力：

$$Fe+CuSO_4 \xlongequal{} FeSO_4+Cu\downarrow$$

如果弱浸蚀后不能立即电镀，则应将处理的零件放在稀的 Na_2CO_3（质量分数为3%）溶液中保存，在进行电镀时要充分清洗，并重新进行弱浸蚀。

5.5 金属的电解抛光

电解抛光（electro-polishing）又称电化学抛光或电抛光，是对金属表面进行精加工的一种电化学方法，它是将金属制件置于一定组成的电解液中进行特殊的阳极处理，以降低制件表面上微观的粗糙度，从而获得平滑光亮表面的加工过程。它既可用于金属制件镀前的表面处理，也可用于镀后镀层的精加工，还可作为金属表面的一种加工方法。

与机械抛光相比，电抛光是通过电化学过程来使被抛表面整平的过程，因此零件表面不会产生变形，也不会混入磨料等异物；在电抛光过程中，阳极表面有氧析出，使被抛光表面形成一层氧化膜，有助于提高零件表面的抗蚀性能；抛光的厚度可以控制，可以抛光几何形状复杂的金属制件，而且抛光速度快，抛光效率高，抛光后表面不产生非晶质层，特别适用于抛光尺寸很小的零件；在电镀车间采用电抛光，可以节约很多劳动力和原材料，使生产易于组织，便于进行大规模自动化生产。电抛光的缺点是电解液成本高，使用周期短，再生困难，电解液不能对多种金属通用，而且电抛光后有时具有表面粗糙、产生气孔、不能除去较大伤痕等缺点。因此，电抛光只适用于消除金属制件表面的微观粗糙度，而宏观的凹凸不平则要通过机械抛光方法消除。

5.5.1 电抛光机理

一般认为，在电化学抛光时，金属制品表面同时处于两种状态之下：微观凸起处的金属表面处于活化状态，该处的溶解速度大；微观凹处表面处于钝化状态，该处的金属溶解速度小，这样，经电化学抛光处理一段时间后，制品表面的微凸起处便被整平，出现光亮的外观。关于电解抛光的机理，至今仍未得到统一的见解。以下简单介绍电化学抛光过程的黏膜理论和氧化膜理论。

（1）黏膜理论

在电抛光过程中，在一定条件下，金属阳极的溶解速度大于阳极溶解产物离开阳极表面向电解液深处扩散的速度，于是溶解产物就在阳极表面附近积累，使阳极附近金属盐浓度不断增加，形成一层电阻比较大的黏性膜，并且此黏膜可以溶解在电解液中。在金属凹凸不平的表面上，此黏性膜分布是不均匀的，在表面微凸处薄一些，而在表面微凹处厚一些。由于凸起处的黏膜薄，电阻小，因此电流密度大，氧气析出多，故该处溶液的搅动程度大，液体易于更新，因此凸起处的黏膜溶解较快。凹处的黏膜厚，电流密度也小，故对黏膜的溶解不利，因此处在黏膜的保护之下，溶解速度很慢。随着电抛光时间的延续，阳极表面上的凸起处逐渐被削平，整个表面变得平滑光洁。

（2）氧化膜理论

一般认为上述黏性膜还有另外一个作用，即阻碍阳极的溶解，使阳极的极化作用加强。在电抛光过程中，在阳极溶解的同时，当阳极电位达到氧的析出电位时，由于新生态氧的作用，金属阳极表面上形成一层氧化膜，它有一定的稳定性，从而使金属阳极的表面由活化状态转入了钝态。但这层氧化膜在电解液中是可以溶解的，所以此时建立的钝态并不是完全稳定的。由于阳极表面微凸处电流密度高，形成的氧化膜比较疏松，而且该处析出的氧气较多，对溶液的搅拌作用大，溶液易于更新，有利于阳极溶解产物向溶液中扩散，故该处氧化膜的化学溶解速度较快。相比之下，阳极表面的微凹处则处于相对稳定的钝态，氧化膜的溶解和生成速度均较表面微凸处慢。在整个电抛光过程中，氧化膜的形成和溶解反复进行，而且凸处比凹处进行得快，结果，凸处就优先被整平，从而达到了抛光的效果。

5.5.2 电抛光溶液及工艺规范

（1）电抛光溶液

电抛光溶液对于抛光的质量有重要影响，其组成视待抛光金属材料的不同而异，无统一配方。对电抛光溶液都有如下要求：

① 电抛光溶液中应当含有一定量的氧化剂，这对金属表面形成氧化膜和黏性膜是有利的，而不能有破坏氧化膜和黏性膜的活性离子，如 Cl^- 等存在；

② 在不通电情况下，电抛光溶液不应对抛光金属有明显的腐蚀作用；

③ 无论通电与否，电抛光溶液都必须足够稳定；

④ 电抛光溶液应当有较宽的工作范围，如温度、电流密度等和通用性，允许的电流密度下限应较小；

⑤ 抛光能力强、电能消耗小、低廉和无毒；

⑥ 对阳极产物的溶解度大，并且容易将其清除。

由于金属和合金的物理化学性质相差很大，所以很难找到一种通用的电抛光溶液。工业上采用的电抛光溶液大致分为两类。

第一类是电阻较低的电抛光液。此类电抛光液可以采用较低的电压（$<25V$），其主要成分是磷酸，有时也添加一定比例的硫酸。由于磷酸黏度大，对金属的化学溶解性小，易于形成薄膜，抛光极限电流密度较小，因此大多数情况下都采用磷酸作为电抛光溶液的主要成分。抛光液中加入一定量的硫酸，可以提高抛光速度、增加光亮度，但含量不宜过高，以避免引起腐蚀。铬酸是氧化剂，有利于表面形成氧化膜，所以也常添加适量的铬酐，以提高抛光效果，获得光亮表面，此外为防止被抛光金属的腐蚀，还可加入少量金属盐和有机添加剂。在生产中也可采用硫酸与柠檬酸混合型电抛光液，有的抛光液中还加入少量的甘油、甲基纤维素等助剂。

第二类是高电阻的电抛光液。此类电抛光液需要直流电压为50～200V，这类抛光液应用较少，其主要成分是高氯酸，有时也加入些醋酸、酒精等有机物。虽然此类电抛光液所抛金属的光洁度很高，但生产成本高且不安全，抛光液分解时可能发生爆炸，主要用于制备金相磨片。

（2）电抛光工艺规范

影响电抛光质量的主要因素除了电抛光溶液之外，还包括电流密度、温度、抛光时间、搅拌条件、阴极材料等。只有将这些条件与抛光液的组成很好配合起来，才能得到满意的抛光效果。

① 电流密度　电解抛光时，多数情况下，阳极电流密度与被溶解金属的量几乎呈线性关系。对于任何一种金属——电抛光液系统，都存在着最适宜的电流密度。一般而言，电流密度过低，电极处于活化状态，由于金属的阳极溶解，表面将产生浸蚀，表面较粗糙；电流密度过高时，氧气将大量析出，使阳极局部表面被覆盖而导电不良。另外，可能引起阳极表面局部过热，造成金属表面过腐蚀，表面光洁度变坏，同时电能消耗也增大。

② 温度　当抛光电流密度一定时，随着抛光液温度升高，电抛光速度提高。因为温度升高，溶液黏度降低，对流作用加强，扩散速度加快，阳极附近溶液迅速更新，从而有利于阳极溶解。但从获得高的金属表面光亮度考虑，不宜采用过高的温度。因为温度过高时，阳极表面抛光液容易过热，产生的气体和蒸汽可能将抛光液从金属表面挤开，从而降低了抛光的效果。

③ 时间　电解抛光过程的持续时间决定于下列因素：金属制品原始的表面状态、所用的电流密度和温度、电解液的组成以及金属的性质等。在电抛光开始的一段时间内，阳极表面的整平速度最大，以后就越来越小，甚至到某一时间后，再延长抛光时间，不仅不能使表面粗糙度降低，反而会使之增加。一般情况下，随着电流密度的增加和温度的提高，抛光时间应缩短。当制品原始表面质量好且要求高时，抛光时间应缩短。为了提高表面光亮度，达到良好的抛光效果，在实践中常采用反复多次抛光的方法，而每次的抛光时间均应控制在许可的范围之内。

④ 搅拌条件　电解抛光时搅拌电解液常常可以提高抛光质量，因为它能使阳极表面附近的抛光液更新，抛光液的温度更加均匀，防止金属表面局部过热，加快黏膜的溶解速度，从而提高抛光速度。同时，搅拌还可赶走滞留在金属表面的气泡，以消除麻点或条纹。但是搅拌的速度不宜过大，否则会使黏膜溶解速度过快而影响抛光的效果。实际生产中常采用移动阳极（往复式或上下式）的方法来搅拌溶液，移动速度为 1～2m/min。

⑤ 阴极材料　电解抛光的阴极一般选择铅板。从电流效率的观点分析，增大阴极面积是有利的，但是增大阴极面积会使 Cr^{6+} 还原成 Cr^{3+} 的速度加快，一般采用（1～1.5）∶1 的阴极、阳极面积比。

（3）不同基体材料的电抛光工艺

① 钢铁材料的电抛光工艺　由于钢铁材料种类很多，成分相差很大，不同钢材应通过试验选择抛光液配方和操作条件，以获得最佳效果。生产中广泛采用的是以磷酸、硫酸为主要成分的抛光液，再添加少量铬酐可以用来抛光大多数的碳钢及合金钢。

当电解液中硫酸含量高时，溶液电导增加，分散能力增强，抛光面的光泽好。但硫酸不宜过多，否则将使 CrO_3 以 $CrO_3 \cdot SO_3$ 的形式部分沉淀出来，从而降低表面光泽，缩短抛光液的使用寿命。抛光液中水量应保持一定，水量不足时，可能导致 CrO_3 析出。但水的最高含量不超过 30%，否则抛光面的光泽将下降。

由于电抛光时，钢铁件发生阳极溶解，而且溶解下来的铁留在溶液中，所以溶液中不断积累铁离子。当铁含量以 Fe_2O_3 计达到 7%～8%时，溶液失去抛光能力，需部分或全部更换。

含铬酐的抛光液在新配制后需要通电处理，因为溶液中 Cr^{3+} 过高，以 Cr_2O_3 计超过 2%时，抛光表面光亮度下降，通电处理使 Cr^{3+} 氧化成 Cr^{6+}。

钢铁常用电抛光工艺规范，列于表 5-6 中，其阴极材料均采用铅板。其中配方 1 通用性好，应用较广泛；配方 2 适用于各种类型钢材；配方 3 适合 1Cr18Ni9Ti 等奥氏体不锈钢；配方 4 适用于不锈钢，抛光质量较好，溶液寿命长，常用于精密零件。

表 5-6　钢铁电抛光工艺规范

工艺规范	配方 1	配方 2	配方 3	配方 4
磷酸 H_3PO_4(相对密度 1.70)/(mL/L)	65～70	66～70	50～60	560
硫酸 H_2SO_4(相对密度 1.84)/(mL/L)	12～15		20～30	400
铬酐 CrO_3/(g/L)	5～6	12～14		50
明胶/(g/L)				8
水/(mL/L)	12～14	18～20	15～20	
溶液密度/(g/cm³)	1.73～1.75	1.70～1.74	1.64～1.75	1.76～1.82
温度/℃	60～70	75～80	50～60	55～65
阳极电流密度/(A/dm²)	20～30	20～30	20～100	20～50
时间/min	10～15	10～15	10	4～5

② 铝及其合金的电抛光工艺　铝及其合金的电抛光多采用以磷酸为主的抛光液。此类抛光液的特点是对铝基体的溶解速度快，整平性能好，电抛光后金属表面会生成一层抗腐蚀能力很强的氧化膜层，一般制品不需再进行阳极化处理。电抛光溶液中磷酸主要用于溶解铝

及其氧化物，添加硫酸可以降低抛光液的电阻，从而降低操作电压，促进电解过程稳定。

铝的纯度对电抛光的质量有明显的影响。例如，在三酸（H_3PO_4、H_2SO_4、$H_2Cr_2O_7$）混合抛光液中，抛光含铝为99.6%的制品时，其反射能力可以提高75%～90%；而对于含铝为99.2%的制品，只能提高到68%～80%，并且纯度越低，越容易出现斑点状浸蚀。故欲获取高反射能力的铝制品，应当选用高纯度的铝材为原料。

抛光液中的氯离子是有害杂质，当氯离子的含量超过1%时，铝制品的表面易出现点状腐蚀，含量超过5%时，应该部分或全部更换抛光液。此外，抛光液应定期补加水及酸，使抛光液的相对密度维持在1.67～1.70。

抛光结束后，应迅速将零件从抛光液中取出，并立即进行充分洗涤，否则抛光面上容易产生斑点。抛光后若需除去制品表面的氧化膜，可用10%的NaOH溶液，于50℃左右浸数秒钟即可。

目前常用的铝及其合金的电抛光工艺条件列于表5-7中，其阴极材料均为铅或不锈钢。其中配方1适用于纯铝及铝铜合金；配方2适用于纯铝、铝镁和铝锰合金；配方3适用于纯铝、铝镁和铝镁硅合金，溶液需要搅拌；配方4的抛光质量好，但成本较高。

表5-7 铝及其合金的电抛光工艺规范

工艺规范	配方1	配方2	配方3	配方4
磷酸 H_3PO_4(相对密度1.70)/(mL/L)	43	34	88	42
硫酸 H_2SO_4(相对密度1.84)/(mL/L)	43	34		20～30
铬酐 CrO_3/(g/L)	3	4	12	
甘油 $C_3H_5(OH)_3$/(mL/L)				47
乙醇 C_2H_5OH/(mL/L)				11
水/(mL/L)	11	28	调相对密度为1.72～1.74	
温度/℃	80～90	70～90	80～100	80～90
阳极电流密度/(A/dm^2)	8～12	20～40	20～40	30～40
槽电压/V	10～18	12～15	5～15	
抛光时间/min	1～3	1～5	2～8	8～10

③ 铜及其合金的电抛光工艺　铜及其合金电抛光常用的工艺规范见表5-8。其中配方1适用于铜及黄铜件的电抛光；配方2和配方4适用于黄铜及青铜的电抛光；配方3适用于黄铜及其他铜合金。新配制的抛光液应进行通电处理，通电量为5～8A·h/L。

表5-8 铜及其合金的电抛光工艺规范

工艺规范	配方1	配方2	配方3	配方4
磷酸 H_3PO_4(相对密度1.70)/(mL/L)	74	85	41.5	44
硫酸 H_2SO_4(相对密度1.84)/(mL/L)				19
铬酐 CrO_3/(g/L)	6			
甘油 $C_3H_5(OH)_3$/(mL/L)			24.9	
乙二醇 $C_2H_4(OH)_2$/(mL/L)			16.6	
乳酸(85%)/(mL/L)			8.3	
水/(mL/L)	20	15	8.7	37
温度/℃	20～30	18～25	25～30	20
阳极电流密度/(A/dm^2)	30～40	4～8	7～8	10
抛光时间/min	1～3	10～15	5～15	15
阴极材料	不锈钢、铜	不锈钢、铜	不锈钢、铜	铜

5.6　特殊材料的前处理

5.6.1　不锈钢的镀前处理

不锈钢是由铁、镍、铬、钛等成分组成，表面容易生成一层薄而透明且附着牢固的钝化膜，此膜除去后又会在新鲜表面迅速形成，因此按一般钢铁零件的工艺处理不能获得附着力良好的镀层。在不锈钢进行电镀之前，除按一般钢铁的除油和浸蚀外，通常还需要进行活化预处理，活化处理是保证电镀层有足够附着力的重要步骤。一般的活化处理方法包括阴极活化法、浸渍活化法和预镀法等。

（1）阴极活化处理

阴极活化处理是由于阴极表面析出氢气的强烈还原作用防止了氧化膜的形成，从而保持新鲜的不锈钢表面，它有不同的工艺规范，如硫酸 H_2SO_4（98%）55～300mL/L，0.3～0.5A/dm^2，室温 1～5min；盐酸 HCl（37%）50～500mL/L，0.5～2.0A/dm^2，室温 1～5min；H_2SO_4（98%）150～200mL/L，1～2A/dm^2，室温，先阳极 1min，后阴极 2min 等。

（2）浸渍活化处理

不锈钢浸渍活化处理可采用下列两种工艺规范：硫酸 H_2SO_4（98%）200～500mL/L，60～80℃，析出氢气后再持续 1min；硫酸 H_2SO_4（98%）10mL/L，盐酸 HCl 1mL/L，室温 0.5min。

（3）活化与预镀同时处理

预镀液同时对不锈钢具有活化作用，在处理过程中活化与预镀同时进行，使净化表面防止钝化，提高结合力。其工艺规范为：氯化镍（$NiCl_2 \cdot 6H_2O$）240g/L，盐酸 HCl（37%）80mL/L，D_K=5A/dm^2，室温处理 5min 左右。

（4）活化与预镀单独处理

活化与预镀分开处理有利于提高镀层的结合力。其工艺规范如下。

① 先在 650mL/L 硫酸 H_2SO_4（98%）中，阴极电流密度采用 10A/dm^2，室温下电解 2min，然后在氯化镍（$NiCl_2 \cdot 6H_2O$）240g/L、盐酸 HCl（37%）120mL/L 的电镀液中以 D_K=16A/dm^2，室温电镀 2min。

② 先在 250～300mL/L 硫酸 H_2SO_4（98%）中，以 3～5A/dm^2 阴极电流密度，室温下电解 1～1.5min，然后将工件置于氯化镍（$NiCl_2 \cdot 6H_2O$）200～250g/L，盐酸 HCl（37%）180～220mL/L 的电镀液中不通电浸渍 2～3min，以 D_K=3～5A/dm^2，室温电镀 2min。

③ 先在盐酸 HCl（37%）150～300mL/L 的活化液中室温浸渍 2～5min，然后置于氯化镍（$NiCl_2 \cdot 6H_2O$）200～250g/L，盐酸 HCl（37%）150～300mL/L 的电镀液中不通电浸渍 2～3min，以 D_K=5～8A/dm^2，室温电镀 4～6min。

（5）镀锌活化处理

在不锈钢上镀一层很薄的金属锌，然后浸入还原性酸中，由于锌与不锈钢的电极电位不同，在介质中构成微电池使锌层腐蚀溶解，而不锈钢基体作为阴极，析出的氢气对其表面的氧化膜起还原活化作用，从而提高覆盖层的结合力。

镀锌活化处理的具体操作过程如下：

① 对不锈钢基体作除油处理；

② 在 500mL/L 盐酸中浸蚀 5～10min，氧化皮较厚时，在盐酸中可适量添加氢氟酸、硫酸或磷酸，并适当延长浸蚀时间；

③ 在普通镀锌槽中镀1～2min，最多不超过5min，然后在500mL/L盐酸或硫酸中退锌，再重复镀锌和退锌，即可电镀其他金属。

5.6.2 锌合金压铸件的镀前处理

（1）锌合金压铸件的特点

锌合金压铸件具有精度高、加工过程无切割或少切割、密度小、有一定机械强度等优点，因此在工业上对受力不大、形状复杂的结构和装饰零件，广泛采用锌合金压铸件。锌合金由于电位较负，化学稳定性差，容易被腐蚀，故常采用电镀层作为防护层或防护装饰层。为提高电镀质量，常选用含铝约4%的锌合金材料进行压铸。

锌合金压铸件的特点如下。

① 锌合金的电极电位很负，在含有电极电位较正的金属离子的电镀液中，氢和金属离子都能被锌置换出来，影响镀层结合力。它属于两性金属，在酸性或碱性溶液中均容易发生化学溶解。

② 锌合金压铸件以锌铝合金为主，而锌和铝都是性质很活泼的两性金属，均既溶于酸也溶于碱，因此在镀前处理时不能使用强碱除油和强酸浸蚀。此外，锌合金压铸过程中，由于冷却时各元素凝固点不同，表面容易产生偏析，形成富锌相和富铝相。强酸能使富锌相先溶解，强碱能使富铝相先溶解，从而使压铸件表面产生针孔、微气孔等缺陷，并在孔内残留碱液或酸液，在电镀过程中或电镀后与锌发生反应，析出氢气，引起镀层鼓泡、脱皮或镀层不完整等缺陷。

③ 由于压铸工艺和模具设计的原因，锌合金压铸件表面往往有粗糙不平、冷纹、毛刺、分模线、飞边、缩孔等表面缺陷，并且表层是致密层，内部是疏松多孔结构。因此，必须进行机械清理、磨光和抛光，但不能过度抛磨，以免露出大量内部缺陷，造成电镀困难并影响镀层质量。

（2）锌合金压铸件的镀前处理

① 预处理　零件首先应磨去表面的毛刺、分模线、飞边等表面缺陷，而后用布轮抛光使零件获得机械整平和光亮。布轮磨光零件表面时，用1100～1400r/min的转速磨光时要用力均匀，以免损伤基体表面。抛光时，抛光轮直径和转速不宜太高，最大圆周速度不应超过2150r/min，较小或复杂的零件采用1100～1600r/min的低速，应轻放轻抛，先用黄抛光膏粗抛，再用白抛光膏抛亮。

锌合金压铸件经磨、抛光后，表面的大量油污、抛光膏等必须预清洗。预清洗可用有机溶剂或化学除油，并且预除油工序应在抛光后尽快进行，以免抛光膏日久硬化难除。经预除油后，应再进行电化学除油。除油尽量采用低温、低碱度溶液（pH＜10，一般不添加NaOH）。尽量不采用阳极电解除油，以避免锌合金表面氧化或溶解产生腐蚀或生成白色胶状腐蚀物及麻点。常用锌合金压铸件的化学除油及电化学除油工艺规范如下。

a. 化学除油　磷酸三钠 Na_3PO_4 15～20g/L，碳酸钠 Na_2CO_3 10～20g/L，硅酸钠 Na_2SiO_3 3～5g/L，40～60℃处理0.5～1min。

b. 阴极电化学除油　磷酸三钠 Na_3PO_4 25～30g/L，碳酸钠 Na_2CO_3 15～30g/L，以3～5A/dm² 阴极电流密度，在50～70℃下电解处理0.5～1min。

c. 阳极电化学除油　磷酸三钠 Na_3PO_4 20g/L，硅酸钠 Na_2SiO_3 20g/L，OP-10 0.5g/L，以1.5～3A/dm² 在70～80℃下电解处理0.5～1min。

锌合金压铸件除油后，表面会有一层极薄的氧化膜。为彻底清除此氧化膜，保证镀层的结合强度，通常选用1%～3%的氢氟酸溶液，浸渍3～5s。如表面呈现均匀小泡或微变色时，马上出槽清洗，活化效果较佳。还可以采用15～20mL/L的氟硼酸溶液腐蚀活化处理

2～10s，镀层结合强度较好。

② 预镀　锌合金的电极电位较负，为防止发生置换反应，影响镀层结合力，锌合金压铸件通常进行氰化预镀铜。氰化预镀铜的工艺规范列于表 5-9。

表 5-9　锌合金压铸件氰化预镀铜工艺规范

工艺规范	配方 1	配方 2	配方 3
氰化亚铜 CuCN/(g/L)	18～25	20～30	8～10
氰化钠(游离)NaCN/(g/L)	7～12	6～8	15～20
碳酸钠 Na_2CO_3/(g/L)	10～15		
酒石酸钾钠 $NaKC_4H_4O_6 \cdot 4H_2O$/(g/L)		35～45	
温度/℃	35～45	50～60	50～60
阴极电流密度/(A/dm²)	0.5～1.5	0.5～1.5	1～2

为保证形状复杂的锌合金压铸零件有均匀、完整的镀层，并防止锌与电镀液中电位较正的金属离子发生置换反应，影响镀层的结合力，锌合金压铸零件应带电下槽，入槽后采用 2～3A/dm² 大电流冲击电镀 1～3min，以便很快镀覆一层完整而孔隙较少的致密铜层。然后恢复正常电流密度，采用阴极移动电沉积铜时，可获得结晶细致、平滑的铜镀层。

铜底层的厚度应不少于 5μm，最好 8～10μm 以上。预镀铜太薄，在后续进行酸性镀铜或镀镍时不足以阻止溶液对锌合金的浸蚀，此外预镀铜越薄，铜向锌合金的扩散越快，因表面镀层与锌合金基体的电位差而引起的电化学腐蚀也越严重。

形状不太复杂的锌合金压铸件也可以采用中性镍镀液预镀。其工艺规范列于表 5-10。

表 5-10　锌合金压铸件中性预镀镍工艺规范

工艺规范	配方 1	配方 2
硫酸镍 $NiSO_4 \cdot 7H_2O$/(g/L)	90～100	150～180
氯化钠 NaCl/(g/L)	10～15	10～20
柠檬酸钠 $Na_3C_6H_5O_7 \cdot 2H_2O$/(g/L)	110～130	170～200
硫酸镁 $MgSO_4 \cdot 7H_2O$/(g/L)		10～20
硼酸 H_3BO_3/(g/L)	20～30	
pH 值	7.0～7.2	6.6～7.0
温度/℃	50～60	34～45
电流密度/(A/dm²)	1.0～1.5	0.8～1.0
搅拌方式	阴极移动	阴极移动

5.6.3　铝及其合金的镀前处理

(1) 铝及其合金的特点

在铝及其合金上电镀比在钢铁、铜等金属材料上电镀要困难和复杂得多，其主要原因有以下几个方面。

① 铝及其合金对氧具有高度的亲和力，极易生成氧化膜，并且这层氧化膜一经除去又会在极短的时间里生成，严重影响镀层的结合力。

② 铝的电极电位很负，浸入电镀液时容易与具有较正电位的金属离子发生置换，影响镀层结合力。

③ 铝及铝合金的膨胀系数比其他金属大，因此不宜在温度变化较大的范围内进行电镀。铝及铝合金与其他金属镀层膨胀系数不同，将引起较大的应力，从而使镀层与铝及铝合金之间的结合力不牢。

④ 铝是两性金属，能溶于酸和碱，在酸性和碱性电镀液中都不稳定。

⑤ 铝合金压铸件有砂眼、气孔，会残留镀液和氢气，容易鼓泡，也会降低镀层和基体金属间的结合力。

为在铝及其合金表面上得到结合力良好的电镀层，应针对以上原因，在镀前采取一定的前处理措施。除了常规的除油、浸蚀、出光外，还需要进行特殊的预处理，制取一层过渡金属层或能导电的多孔性化学膜层，以保证随后的电镀层有良好的结合力。目前常用的方法有两种：先化学浸锌，然后电镀其他金属；先进行阳极氧化处理，再电镀其他金属。

（2）化学浸锌

化学浸锌是使用最早、最为成熟、应用最为广泛的处理方法。该法是将铝和铝合金制件浸入强碱性的锌酸盐溶液中，在清除铝表面氧化膜的同时，置换出一层致密而附着力良好的沉积锌层。这层沉积锌层一方面可防止铝的再氧化，另一方面改变了铝的电极电位，在锌的表面电镀要比铝表面电镀容易得多，同时也改善了其他条件的影响，使铝和铝合金的电镀获得满意的结合力。

① 化学浸锌原理　当铝和铝合金浸入强碱性的锌酸盐溶液时，界面上发生氧化还原反应，即铝氧化膜和铝的溶解以及锌的沉积：

$$Al_2O_3 + 2NaOH = 2NaAlO_2 + H_2O$$

$$2Al + 2NaOH + 2H_2O = 2NaAlO_2 + 3H_2\uparrow$$

$$2Al + 3ZnO_2^{2-} + H_2O = 3Zn + 2AlO_2^- + 4OH^-$$

在浸锌溶液中锌以配合物形式存在，析出电位变负，故置换反应进行得缓慢而均匀。而由于氢在锌上有较高的过电位，所以析氢反应受到强烈的抑制，使铝基体不会受到严重的腐蚀，这样有利于置换反应，从而获得均匀致密的锌沉积层。

② 化学浸锌工艺规范　浸锌工艺一般采用两次浸锌。第一次浸锌时，首先溶解氧化膜而发生置换反应，获得的锌层粗糙多孔，附着力不佳，同时难免还有少量氧化膜残留。第一次浸锌层需要在1∶1硝酸溶液中除去，使铝表面呈现均匀细致的活化状态。第二次浸锌以获得薄而均匀细致、结合力强的锌层。浸锌层以呈米黄色为佳，两次浸锌可以在同一浸锌溶液中进行，也可先在浓溶液后在稀溶液中进行。常用的浸锌工艺条件列于表5-11。

表5-11　化学浸锌的配方及工艺条件

溶液成分及工艺条件	铝镁合金		铝硅合金		铝铜合金	
	第1次	第2次	第1次	第2次	第1次	第2次
氧化锌 $ZnO/(g/L)$	100	100	100		6	20
硝酸锌 $Zn(NO_3)_2/(g/L)$				30		
氢氧化钠 $NaOH/(g/L)$	500	520	500	200	60	60
酒石酸钾钠 $NaKC_4H_4O_6 \cdot 4H_2O/(g/L)$	20		10		80	50
三氯化铁 $FeCl_3/(g/L)$	1		2	2	2	2
硝酸钠 $NaNO_3/(g/L)$		1			1	1
柠檬酸 $C_6H_8O_7 \cdot H_2O/(g/L)$				40		
氢氟酸 $HF/(mL/L)$			3			
温度/℃	18～25	25～30	30～40	15～30	20～25	20～25
时间/s	30～60	15～60	45～60	30～60	30～40	20～30

在浸锌溶液中，氢氧化钠是锌的络合剂，通过控制其与氧化锌的相对含量，可以控制置换反应以比较缓慢的速度进行，从而改善镀层结构使结晶细致均匀。化学浸锌溶液中，氢氧化钠∶锌一般为（5～6）∶1，但铝铜合金则比例提高到（6～10）∶1。在浸锌溶液中，除了氢氧化钠和氧化锌外添加少量其他物质，其目的在于改善浸锌层的结构，提高浸锌层与基体的结合力。加入少量的$FeCl_3$时，Fe^{3+}与Al发生置换反应，使沉积的锌层含有少量铁，加入酒石酸钾钠，可防止Fe^{3+}在碱性溶液中沉淀，通过控制它们的加入量可调节锌层中铁的

含量。溶液中引入 F^- 可对铝硅合金起活化作用。

化学浸锌时的挂具不能用铜或铜合金，以防止铜与铝或铝合金接触置换，应把钢丝或铜、铜合金镀镍后进行化学浸锌。

(3) 浸锌镍、浸镍

在潮湿的腐蚀环境中，浸锌层与表面所镀金属层形成腐蚀电池，锌层使阳极发生横向腐蚀，导致镀层脱落。为此在浸锌的基础上，化学浸锌镍合金、化学浸镍、化学浸锡等工艺得到发展和应用。铝合金基体浸锌镍合金，化学镀层结晶细、光亮致密、结合力好，工业得到广泛应用。

常用的浸锌镍合金工艺规范为：

NaOH 100g/L，ZnO 10g/L，$NiCl_2 \cdot 6H_2O$ 15g/L，$FeCl_3$ 2g/L，$NaNO_3$ 1g/L，酒石酸钾钠 20g/L，20～30℃，浸渍 10～30s。

适合于大部分铝合金，尤其是含硅量在 7%～13%的铸造铝合金的浸镍工艺为：

$NiCl_2 \cdot 6H_2O$ 300～400g/L，硼酸 30～40g/L，HF（质量分数 40%）20～30mL/L，室温浸渍 30～60s。

若需二次浸镍，可在清洗后用 1∶1 硝酸退除，在上述溶液中重新浸渍处理。高硅铝合金表面挂灰可在硝酸-氢氟酸溶液中去除。

(4) 阳极氧化（anodizing）处理

阳极氧化处理是指在一定的工艺条件下，在铝与铝合金表面上生成一层具有一定厚度和特殊结构的氧化膜。

阳极氧化可在多种溶液中进行，与其他阳极氧化工艺所得到的氧化膜相比，磷酸氧化膜呈现比较均匀的粗糙度，具有超微观均匀的凹凸结构，最大的孔径和最小的电阻。若在此表面上沉积金属，则晶核形成多，镀层均匀细致、附着力好。因此，磷酸阳极氧化处理是最适合为电镀打底层的阳极氧化处理工艺。常用的磷酸阳极氧化的工艺规范如下：

磷酸(H_3PO_4)	300～500g/L	电压	20～40V
温度	25～35℃	氧化时间	10～15min
阳极电流密度	1～2/A/dm^2		

氧化膜的孔隙率随磷酸含量的增加和温度的升高而增大，随电流密度的降低而减少。氧化膜的厚度随磷酸浓度的增加而降低。氧化膜的厚度只需 3μm 左右即可。由于氧化膜极薄，在以后的电镀时，不宜采用强酸或强碱性电镀液，一般电镀的 pH 值应在 5～8。阳极氧化时要不断搅拌溶液，以防止局部温度过高。铝及铝合金零件阳极氧化后经稀氢氟酸溶液（0.5～1.0mL/L）活化，清洗后应立即进行电镀。

5.6.4 镁及其合金的镀前处理

镁合金具有轻质耐用、减震、比强度高、易于回收再利用等特点，被广泛使用在军工、汽车、摩托车、飞机、手机、电脑、五金机电等工业产品中。在镁合金上电镀适当的金属可以改善其导电性、焊接性、耐磨性、抗腐蚀性、提高外观装饰性。由于镁的化学活性和对氧的亲和力很高，表面很快形成氧化膜，因此，镁及其合金在电镀前必须对其表面进行特殊的预处理，才能保证镀层与基体良好的结合。实际应用较广的有两种预处理方法：浸锌法和化学预镀镍法。

(1) 浸锌法

浸锌法是镁合金镀前处理的典型工艺，具有较好的镀层结合强度，对锻造和铸造镁合金均适用。浸锌法的工艺流程为：除油→水洗→浸蚀→水洗→活化→水洗→浸锌→水洗→预镀铜。在浸锌前需对镁合金表面进行除油、浸蚀及活化处理。浸蚀工艺见表5-12，其中配方1适用于一般零件，配方2适用于精密零件，不影响尺寸精度，配方3适用于含铝量高的镁合金。活化处理是除去浸蚀过程中生成的铬酸盐膜，并形成一种无氧化膜的表面，其工艺规范为：磷酸 H_3PO_4（相对密度1.70）200mL/L，氟化氢铵 NH_4HF_2 100g/L，室温处理0.5～2min。

表5-12　镁合金浸蚀工艺规范

工艺规范	配方1	配方2	配方3
铬酐 CrO_3/(g/L)	180	180	120
硝酸铁 $Fe(NO_3)_3 \cdot 9H_2O$/(g/L)	40		
氟化钾 KF/(g/L)	3.5		
硝酸 HNO_3/(mL/L)			110
温度/℃	室温	20～90	室温
时间/min	0.5～3	2～10	0.5～3

浸锌溶液含有锌盐、焦磷酸盐、氟化物和少量碳酸盐。经浸锌处理后，在镁及其合金表面形成一层置换锌层。浸锌的工艺规范如下：

硫酸锌($ZnSO_4 \cdot 7H_2O$)	30g/L	碳酸钠(Na_2CO_3)	5g/L
焦磷酸钠($Na_4P_2O_7$)	120g/L	pH值	10.2～10.4
氟化钠(NaF)或氟化锂(LiF)	3～5g/L	温度	80℃
时间	3～10min		

溶液中最好选用氟化锂，因为其浓度在3g/L时已达到饱和，使用时将过量的氟化锂装入尼龙袋后放入槽中，可自行调节含量。对于某些镁合金需要进行二次浸锌，才能获得良好的置换锌层。第一次浸锌后在活化液中退除，再进行第二次浸锌。

为保证镀层具有良好的结合力，经浸锌后的镁合金零件还需要预镀铜，其工艺规范如下：

氰化亚铜 CuCN	38～42g/L	pH值	9.6～10.4
氰化钾 KCN(总量)	65～72g/L	温度	45～60℃
氰化钾 KCN(游离)	7.5g/L	电流密度	1～2.5A/dm^2
氟化钾 KF	28.5～31.5g/L	搅拌	移动阴极

预镀铜开始时先用5～10A/dm^{2}电流密度冲击，然后降至正常。预镀铜后，经水洗就可电镀其他金属。

(2) 化学预镀镍法

化学预镀镍工艺中，除油和浸蚀工艺与浸锌法相同。浸蚀并经水洗后，在氢氟酸(70%) 55mL/L溶液中，于室温下活化10min，含铝高的镁合金在HF(70%) 100mL/L溶液中进行活化。水洗后进行化学预镀镍。

由于镁合金不耐 SO_4^{2-} 和 Cl^- 的腐蚀，不能使用常用的硫酸镍或氯化镍化学镀配方，国内外主要使用由Dow公司设计的配方，用碱式碳酸镍作为化学镀镍的主盐，但碳酸镍不溶于水，所以必须用氢氟酸来溶解，其配方工艺如下：

碱式碳酸镍 $3Ni(OH)_2 \cdot 2NiCO_3 \cdot 4H_2O$	10g/L	氢氟酸 HF(70%)	10mL/L
柠檬酸 $C_6H_8O_7 \cdot H_2O$	5g/L	氟化氢铵 NH_4HF_2	10g/L
次磷酸钠 $NaH_2PO_2 \cdot H_2O$	20g/L	pH值	6.0～6.5
氨水 $NH_3 \cdot H_2O$(25%)	30mL/L	温度	75～80℃

化学镀镍后再经水洗即可镀其他金属，为提高化学镀层的耐蚀性，镀后可在温度为80～100℃的2.5g/L铬酐或120g/L重铬酸钾溶液中浸10min；为提高镀镍层的结合力，可在200℃下加热1h。

5.6.5 非金属材料的镀前处理

非金属材料电镀与金属材料电镀的主要区别在于非金属材料表面需要金属化处理，即在非金属材料电镀之前，需先在非金属材料表面施镀一层导电金属膜，使其具有一定的导电能力。常用的方法有喷涂导电胶、真空蒸镀金属层、化学镀、化学喷镀等。非金属材料电镀质量的优劣，关键取决于非金属材料电镀前预处理。非金属材料镀前预处理通常包括除油、粗化、敏化、活化及化学镀等工序，工艺流程为：制件→去油→水洗→粗化→水洗→敏化→蒸馏水洗→活化→蒸馏水洗→化学镀。当然，对于不同的非金属制品和不同的金属镀层，在工艺上有所差别，具体生产过程中，应根据非金属材料本身的特性，选择恰当的工艺配方，才能保证非金属材料电镀的质量。

（1）除油

除油的目的是除去制件表面的油污，提高与镀层的结合力。常用的除油方法包括有机溶剂除油和碱性除油。塑料除油时常用的有机溶剂见表5-13。

表5-13　塑料除油时常用的有机溶剂

塑料名称	溶剂	塑料名称	溶剂
ABS	乙醇	环氧树脂	甲醇、丙酮
聚苯乙烯	乙醇、甲醇、三氯乙烯	酚醛塑料	甲醇、丙酮
聚氯乙烯	乙醇、甲醇、三氯乙烯、丙酮	聚酰胺	汽油、三氯乙烯
氟塑料	丙酮	聚碳酸酯	甲醇、三氯乙烯
聚丙烯酸酯	甲醇	氨基塑料	甲醇

碱性除油液的组成与钢铁件碱性除油相似。碱性除油不能用于酚醛塑料等不耐碱的材料。碱性除油不宜采用过高温度，否则容易引起制品变形。常用的化学去油工艺如下：

磷酸钠 Na_3PO_4	50g/L	氢氧化钠 NaOH	25g/L
碳酸钠 Na_2CO_3	30g/L	肥皂粉适量	

在50℃下处理至表面被水润湿。

（2）粗化（roughening）处理

粗化的目的是使非金属基体表面呈现微观粗糙，增大镀层与基体的接触面积，并使非金属基体由憎水变为亲水性，从而增强镀层与基体的结合力。

表面粗化处理有机械粗化法和化学粗化法。玻璃和陶瓷一般先采用喷砂法进行机械粗化，接着进行化学粗化。塑料和一些表面粗糙度要求高的装饰零件，以及外形复杂、小尺寸、薄壁零件只采用化学粗化法。常用的化学粗化溶液有酸、碱或者有机溶剂，有时也可交替结合起来应用。不同非金属材料的常用化学粗化工艺如表5-14所示。

表5-14　不同非金属材料的常用化学粗化工艺

不同材料	玻璃粗化	陶瓷粗化	环氧树脂粗化	ABS塑料、无釉陶瓷、聚氯乙烯等粗化
氢氟酸 HF(40%)/(mL/L)	35	100		
氟化铵 NH_4F/(g/L)	19			
硫酸 H_2SO_4(d=1.84)/(mL/L)		100	1000	100
铬酐 CrO_3/(g/L)		49	200	150～200
水 H_2O/mL			400	
温度/℃	室温	15～30	60～70	40～50
时间/min	1～2	2～3	30～60	1～2h

（3）敏化（sensitization）处理

敏化处理是将经粗化处理后的非金属材料浸入亚锡盐的酸性溶液中，使非金属材料表面吸附一层液膜，在其后清水洗涤时，由于pH值升高，亚锡盐水解生成凝胶状物质均匀地吸附在处理过的材料表面，此沉积物作为还原剂在下步的活化处理中作为催化中心或活化中心，缩短化学镀的诱导期，并保证化学镀顺利进行。基本反应为：

$$SnCl_4^{2-} + H_2O \longrightarrow Sn(OH)Cl + H^+ + 3Cl^-$$

产物$Sn(OH)_{1\sim5}Cl_{0\sim5}$为二价锡水解后的微溶物，正是这些产物在凝聚作用下沉积在非金属表面，形成一层厚度在十几至几千埃的膜。通常用的敏化处理工艺条件如下：

氯化亚锡 $SnCl_2 \cdot H_2O$	10～50g/L	盐酸 HCl	30～50mL/L；
金属锡粒适量		室温下浸渍	3～5min。

因氯化亚锡在中性溶液中极易水解，所以在配制敏化液时，最好先将氯化亚锡溶于盐酸中，待全部溶解后，再加水稀释。

（4）活化（activation）处理

活化处理是将敏化处理后的塑料制品浸入含有催化活性的贵金属（如Au、Ag、Pd等）化合物的溶液中，亚锡离子把活化剂中的金属离子还原成金属粒子，使塑料表面生成一层具有催化活性的贵金属层，作为化学镀的氧化还原反应催化剂。

最常用的活化剂是银的硝酸盐，金、钯的氯化物。基本反应为：

$$2Ag^+ + Sn^{2+} = Ag + Sn^{4+}$$

$$Pd^{2+} + Sn^{2+} = Pd + Sn^{4+}$$

$$Au^{3+} + Sn^{2+} = Au + Sn^{4+}$$

① 银盐活化剂　硝酸银$AgNO_3$ 3～5g/L，滴加氨水至溶液透明，室温下反应5～10min。

由于硝酸盐的光不稳定性，硝酸盐活化剂应避免强光照射，以免加速分解，否则不仅其使用寿命短，且影响镀层与基体的结合力。工业生产中每次使用活化剂后，都要加盖存放，且现用现配。

② 钯盐活化剂　二氯化钯0.5～1g/L，盐酸HCl 30～40mL/L，室温浸5～10min。

敏化、活化分步处理不适合于自动生产线，因为敏化液清洗不干净，带进活化液中将导致活化液失效。特别是采用银盐活化液时，要经常更换蒸馏水，以保证活化液的稳定性。为此可采用敏化、活化一步法。

③ 敏化、活化一步法　该法也称为胶体钯活化法，它是将氯化钯和氯化亚锡在同一溶液中反应，生成金属钯和四价锡，利用四价锡的胶体性质形成以金属钯为核心的胶体团，吸附在非金属表面，通过解胶，将四价锡去掉，暴露出金属钯成为活性中心。胶体钯溶液的组成为：$PdCl_2$ 1g，$SnCl_2 \cdot H_2O$ 37.5g，浓盐酸300mL，水600mL。

配制时，取300mL盐酸溶于600mL水中，然后加入1g氯化钯，使其溶解。再将37.5g氯化亚锡边搅拌边加入水中，此时溶液的颜色由棕色变绿色，最终变成黑色。如果绿色没有及时变成黑色，就要在65℃保温数小时，直至颜色变黑后才能使用。

严格按上述方法配制使用，否则活化液的活性会降低甚至失去活性。活化液颜色的变化是因为生成了配位数不同的络合物$[PdSn_xCl_y]^{n-}$。当$x=2$时，显示为棕色，当配位数为4时，显示为绿色，进一步增加锡的含量，当配位数为6时，溶液颜色即为黑色。

由于一步活化法金属离子以胶体状态存在于活化液中，因此非金属制品浸过活化液后，还需要解胶工序，可采用100mL/L盐酸浸泡5min以上处理。

为了使金属材料电镀前有一个导电的镀层，可在活化后经水洗净，浸入化学镀铜或化学镀镍溶液中，获得铜层或镍层。

思考题

1. 简述电镀前处理的内容和意义。

2. 说明各种机械法前处理的主要特点、使用条件及注意事项。
3. 说明化学法除油、浸蚀的原理、处理液组成和特点。
4. 简述电化学脱脂、电化学浸蚀的原理、特点、操作工艺及使用时的注意问题。
5. 乳化剂是如何去掉零件上的油污的?
6. 简述电化学抛光的机理。
7. 简述锌合金、铝合金、镁合金等金属材料前处理的内容和规范。
8. 说明塑料敏化、活化的机理。
9. 简述塑料胶体钯处理工艺，说明注意事项。

第6章　单金属电镀工艺

6.1　电镀锌

锌是银白而略显蓝色的两性金属，在干燥空气中很稳定，在潮湿环境中能与空气中的二氧化碳、氧气等作用，很快失去光泽，表面生成一层白色腐蚀产物——碱式碳酸锌的薄膜；与硫化氢等含硫化合物反应生成硫化锌；锌易受氯离子侵蚀，所以不耐海水腐蚀。

锌的标准电极电位为－0.76V，质量密度为7.17g/cm^3，熔点为419.4℃，电化学当量为1.22g/(A·h)。锌常温下性脆，加热至100～150℃时有延展性，超过250℃时，锌组织变形、发脆、耐蚀性下降。相对钢铁基体而言，在通常情况下，锌镀层是阳极性镀层，其抗蚀性能主要取决于镀层的厚度，按照ISO（国际标准）要求，镀锌层的厚度要依镀件使用的环境来定。按环境的条件分为四等：极严酷、严酷、一般和较好。相应的锌层厚度依次要求不小于40μm、25μm、12μm和5μm。为降低锌镀层厚度，同时提高镀层耐蚀能力，国内外通常采用两种措施，即镀锌后钝化处理或电镀锌合金。锌镀层经铬酸盐钝化之后，耐蚀性可提高6～8倍；含铁0.3%～0.6%的Zn-Fe合金，或含镍6%～10%的Zn-Ni合金镀层，其耐蚀性可提高3～10倍，广泛用于汽车钢板代替镀锌。

与其他镀层相比，镀锌层的成本低，抗蚀性能好；镀层经钝化后外观漂亮，被广泛用于钢铁件的防护及装饰性镀层。镀覆技术包括挂镀、滚镀（适合小零件）、自动镀和连续镀（适合线材、带材）。据粗略估计，电镀锌（zinc plating）大约占电镀总量的1/3以上，是一种面大量广的电镀工艺。

镀锌电解液可分为碱性和酸性两大类，目前在生产中常用的镀液有碱性锌酸盐镀锌（alkaline zincate zinc plating）、氯化物镀锌（chloride zinc plating）和硫酸盐镀锌（sulphate zinc plating）。

6.1.1　氯化物镀锌

氯化物镀锌于20世纪60年代末在我国开始投入生产，80年代后发展迅速，是当今电镀行业应用广泛的镀种，所占比例高达40%。氯化物镀锌液为单盐镀液，废水易处理；镀层的光亮性和整平性优于其他镀锌工艺；此工艺适合于白色钝化（蓝白，银白），蓝白色调钝化膜几乎可与镀铬层媲美，特别是在外加水溶性清漆后，外行人很难辨认出镀锌还是镀铬。此外该镀液的阴极电流效率可达95%以上，沉积速度快；氢过电位高，能在高碳钢、铸件、锻件上施镀，这一点比氰化镀锌和碱性锌酸盐镀锌具有显著优势。近年来，添加剂开发有了显著进展，温度范围与电流密度范围宽、分散能力和深镀能力已与锌酸盐镀锌相当。

钾盐镀锌是氯化物镀锌工艺中应用最广泛的镀种，镀液导电性好，槽电压低，与氰化镀锌和锌酸盐镀锌相比可节电50%以上，电流效率比两者高30%左右。镀液对载体光亮剂的容纳量大，分散能力和深镀能力仅次于氰化镀锌，与铵盐镀锌和锌酸盐镀锌接近，但镀层的光亮度和整平性比氰化镀锌和锌酸盐镀锌好；同时，镀液对设备腐蚀小、稳定性高。因此钾盐镀锌是氯化物镀锌工艺中应用最广泛的品种，近 20 年来，国内外得到了较快发展。国内在钾盐镀锌添加剂研制上已经达到国际先进水平，镀层应力、镀液深镀能力和分散能力等方面都能满足电镀质量要求。但也有不足之处，光亮剂的使用使镀层中产生有机物夹杂，不仅降低了镀层及钝化层的防腐蚀性能，也使彩钝化膜的附着力和色泽远不及碱性锌酸盐镀锌，有机表面活性剂的使用也给废水处理带来一定的难度。

(1) 氯化物镀锌电极反应

氯化物镀锌液为简单离子镀液，其电极反应如下。

阴极反应：　$Zn^{2+}+2e^- \longrightarrow Zn$

副反应：　$2H^+ +2e^- \longrightarrow H_2\uparrow$

阳极反应：　$Zn-2e^- \longrightarrow Zn^{2+}$

副反应：　$2H_2O-2e^- \longrightarrow O_2\uparrow+4H^+$

$$2Cl^- -2e^- \longrightarrow Cl_2\uparrow$$

当镀液具有较高的酸度时，锌还可能发生化学溶解：

$$Zn+2HCl \longrightarrow ZnCl_2+H_2\uparrow$$

(2) 氯化物镀锌液的组成与工艺规范

① 氯化物镀锌液的组成与工艺规范　见表 6-1。

表 6-1　氯化钾镀锌工艺规范

镀液组成与工艺条件	配方 1	配方 2	配方 3	配方 4	配方 5
氯化锌 $ZnCl_2$/(g/L)	60～70	60～80	70	60～100	60～90
氯化钾 KCl/(g/L)	180～220	180～210	200	160～220	200～230
硼酸 H_3BO_3/(g/L)	25～35	25～35	30	25～35	25～30
氯锌-1 或氯锌-2/(mL/L)	14～18				
CKCL-92(A)/(mL/L)		10～16			
WD-91/(mL/L)			20		
BZ-95A 或 DZ-6A/(mL/L)				15～20	
CZ-99/(mL/L)					14～18
pH 值	4.5～6	5～6	4.5～6.2	5～6.5	5～5.6
阴极电流密度/(A/dm²)	挂镀电压,1～3V 滚镀电压,3～7V	1～4	1～10	0.5～3.5	1～6
温度/℃	10～55	10～75	10～60	−5～65	5～55

② 镀液中各成分的作用

a. 氯化锌　主盐，同时起到导电盐的作用。由于镀液中无强的络合剂，添加剂用量又不能过大，要保证适度的极化作用，必须通过增大浓差极化来实现，因此主盐浓度不能过高，一般控制在 65～75g/L。挂镀取下限，滚镀取上限；夏季偏低，冬季偏高。在 250mL 赫尔槽中，采用 2A 静镀（pH＝5.4～5.8），对挂镀应有 1cm 左右烧焦，对滚镀则会有 2～3cm 烧焦，否则镀液的分散能力和覆盖能力均难达到要求。

b. 氯化钾　导电盐，主要起导电和阳极活化剂的作用，同时氯离子又是锌离子的弱配位体，当氯离子偏高而锌偏低时，则形成如 $K_4[ZnCl_6]$ 等这样的高配位络合物，起到增加阴极极化和提高分散能力的作用。氯化钾浓度提高，镀液电阻减小，槽电压降低，除了节能外，还能改善低电流区镀层质量，提高镀液的深镀能力和阳极活化效果。但氯化钾浓度过高，由于接近饱和状态，容易从镀液中析出，轻则镀液浑浊，重则添加剂会呈油状物析出。影响镀层质量，因此生产中通常将氯化钾浓度控制在 180～230g/L。

c. 硼酸　缓冲剂，同时还具有细化晶粒、提高镀层亮度的作用，调整得当时可少用光亮剂，通常控制在 25～30g/L 范围内。在电镀过程中，由于阳极电流效率比阴极高，故镀液 pH 值有缓慢上升趋势，硼酸可维持 pH 值在 5～6 范围内。如果镀液中硼酸过低，阴极区容易导致氢氧化锌、氢氧化亚铁及氢氧化铁等杂质在镀层中夹杂，使镀层粗糙灰暗而失光，此时加入光亮剂往往起不到作用。使用硼酸，需用沸水溶解后加入镀液，根据不同的液温控制其含量接近饱和，防止其结晶析出造成镀层粗糙。

d. 添加剂　添加剂在氯化钾镀液中起到提高阴极极化、细化结晶、提高光亮度和整平作用，不加添加剂的镀锌层粗糙疏松呈海绵状，因此添加剂质量好坏是决定镀层质量的重要因素。

目前市售的氯化物镀锌光亮剂种类很多，但一般由主光亮剂、载体光亮剂和辅助光亮剂三部分构成。

ⓐ 主光亮剂（main brightener）　它是一种能产生显著光亮和整平作用的有机物，从分子结构上看，主要是芳香醛、芳香酮以及一些杂环醛和酮，如香草醛、亚苄基丙酮、邻氯苯甲醛、聚乙烯吡咯烷酮等，或采用亚苄基丙酮与邻氯苯甲醛联用或芳香醛、酮的改性产物，其中以亚苄基丙酮、邻氯苯甲醛效果较好。

亚苄基丙酮用量为 0.2～0.3g/L 为宜。用量过高，镀层亮而脆；用量过低则光亮度和整平性不足。亚苄基丙酮的质量是关键，低价劣质品中含有甚至高达 20％的氯化钠或硫酸钠及其他杂质，镀层易起灰雾或竖状条纹。

邻氯苯甲醛的光亮性比亚苄基丙酮好，且用量少，镀层更易白亮。但其抗氧化性差，在镀液中不稳定，并且镀层彩钝化的附着力远不及上者。

亚苄基丙酮和邻氯苯甲醛均可溶于乙醇，可在强烈搅拌的条件下慢慢加入镀液中，以补充主光亮剂的消耗。主光亮剂与载体光亮剂和辅助光亮剂配合使用，可起到良好的效果。

ⓑ 载体光亮剂　它在氯化钾镀锌中起两方面作用，一是载体自身能在电极上吸附，使电极电位变负，从而增大阴极极化，使镀层结晶细致。其吸附的电位在－1.1～－1.7V 之间，如果电流密度过大，载体光亮剂将脱附，造成镀层烧焦现象。另一作用是对主光亮剂起载体作用，由于主光亮剂水溶性差，通过载体光亮剂的乳化与增溶作用，使主光亮剂均匀分散到镀液中。氯化物镀锌的载体光亮剂一般是聚醚类非离子型表面活性剂，如高级脂肪醇与环氧乙烷的加成物、烷基苯酚与环氧乙烷的加成产物以及高级脂肪醇与环氧乙烷、环氧丙烷共聚物等（如平平加、OP、TX、HW、MO 等合成的商品光亮剂）。这些非离子表面活性剂的共同特点是结构中含有亲水和亲油基团，具有较高的表面活性，而且在水中的溶解度与温度、主盐、导电盐、主光亮剂的浓度有关，温度与盐的浓度升高，非离子型表面活性剂溶解度降低，即非离子表面活性剂的“浊点”降低。

ⓒ 辅助光亮剂　它对镀层出光影响并不强烈，与载体光亮剂配合只能获得半光亮镀层，但辅助光亮剂能延长光亮剂的使用寿命，减少主光亮剂用量，提高低电流密度区的光亮度与镀液分散能力，有的辅助光亮剂还能起到防止镀层发雾、改善镀层色泽或防止镀层烧焦等作用。一种辅助光亮剂往往只能起到一种或几种作用，因此在氯化钾镀锌溶液中经常加入几种，让它们发挥各自的作用。辅助光亮剂多为芳香族羧酸、芳香磺酸以及它们相应的盐，如烟酸能增大电流密度上限，防止高电流密度区烧焦；亚甲基双萘磺酸钠能提高镀液深镀能力，改善低电流密度区镀层光亮度；另外还有 3-吡啶磺酸钠、苯磺酸钠、肉桂酸类等。

③ 工艺条件的选择

a. pH 值　pH 值影响主盐的溶解性、添加剂的吸附性能、镀层烧焦范围及镀液的电导率。pH 值低，添加剂吸附性能下降，用量增大；阳极溶解加快，主盐浓度升高；铁杂质积累加快（特别对滚镀）；彩钝化层易脱膜。

b. 阴极电流密度　阴极电流密度的选择可在 pH 值确定后，通过逐渐加大电流，至工件的尖角凸出部位略冒气泡为宜。当阴极电流密度低时，覆盖能力差；阴极电流密度高时，零件的凸出处易烧焦。手工作业时，零件出槽应及时减小电流，零件入槽时应及时加大电流。

c. 温度　镀液温度升高时，添加剂的消耗量成倍上升、镀液中的有机杂质和铁杂质积累较快、阳极的溶解速度快、镀层及钝化质量下降。因此片面追求高温、开大电流会适得其反，综合经济效益较差。

d. 搅拌　虽然适当的搅拌可以加速液相传质，提高阴极电流密度上限，减轻氢气产生的气流条纹，但是在氯化物镀锌中，单靠添加剂来提高极化作用是不足的，而应保证适度的浓度极化，搅拌的增加使浓度极化降低，镀液的覆盖能力下降，故一般采用静镀。如工件深凹处及孔眼周围镀层发白，有时有竖状亮黑条纹，而彩钝与白钝后则看不出，其原因是微弱氢气流造成的，此时采用阴极移动可消除。

④ 氯化钾镀锌杂质及排除　钾盐镀锌液中的主要杂质为 Fe^{2+}、Fe^{3+}、Cu^{2+}、Pb^{2+}、NO_3^- 及 Cr^{6+} 等。由于 Fe^{3+} 不能与锌离子共沉积，因此其影响较小，允许浓度在 10g/L 以上。Fe^{2+} 对镀液很敏感，允许极限为 0.25g/L，高于此值，镀液浑浊、泛黄，甚至泛红，电流密度范围缩小，高电流密度区粗糙、烧焦，低电流密度区镀层发灰发黄，用于滚镀时，贴近滚筒壁处镀层严重烧焦，出现黑点，即所谓滚筒眼印。生产中，可先将 pH 值调至 6.2，并加温至 60℃，然后慢慢加入稀释 5～10 倍的双氧水，充分搅拌 10～20min，使 Fe^{2+} 氧化成 Fe^{3+} 并生成 $Fe(OH)_3$ 沉淀，然后加入活性炭，过滤去除，用稀盐酸调 pH 值至正常工艺范围。

Cu^{2+} 杂质的存在，使低电流密度区镀层色泽变暗，钝化后不亮，甚至发灰、发黑，高电流密度区镀层粗糙易烧焦，允许极限浓度为 0.01g/L。可用 1～3g/L 锌粉处理，或采用瓦楞铁板在 0.1～0.15A/dm² 电流电解处理。Cu^{2+} 杂质关键在于预防，一者阳极纯度必须高，二者要防止铜棒、阳极铜钩和挂具掉入镀槽，更要防止铜绿掉入镀液中。

Pb^{2+} 杂质对镀液的影响比 Cu^{2+} 严重，轻者使钝化膜发雾，钝化膜很快变色，重者滚镀时镀层不沉积，看上去似乎有镀层，但一经硝酸出光，很快露底，其浓度应控制在 0.015 g/L 以下。Pb^{2+} 的来源主要是阳极板、原料氯化锌的杂质造成的，其处理办法与 Cu^{2+} 相同，可用锌粉或低电流电解处理。

Cr^{6+} 对镀层质量影响很大，导致电流效率下降，含量过高，低电流密度区无光甚至无镀层。Cr^{3+} 影响较小，但含量过高时，镀层出现麻点。Cr^{6+} 的主要来源是钝化液，可先用保险粉将 Cr^{6+} 还原为 Cr^{3+}，然后将 pH 值调至 6.0 左右，过滤除去。

NO_3^- 是强氧化剂，对光亮剂有破坏作用，深镀能力差，低电流区无镀层或镀层薄。少量的 NO_3^- 可在低电流密度下长时间电解，过多时只有更换镀液。

有机杂质主要是光亮剂的分解物，造成镀层发雾、发脆，结合力差，可用活性炭处理。

生产中应特别注意，氯化物镀锌层钝化膜不牢固，易脱膜，主要原因是镀层表面有机物造成的，因此应加强清洗，或用 2%Na_2CO_3 溶液除去表面有机物。

6.1.2　硫酸盐镀锌

硫酸盐镀锌配方简单、成本低廉、可采用较大电流密度和镀后一般不进行钝化处理等优点，但由于镀液为单盐电镀，分散能力和深度能力差，镀层结晶粗糙。此工艺适合于连续镀（线材、带材、简单、粗大型零部件）。为改善镀液性能，细化结晶，常加入明胶、糊精等分子量较大的物质，但镀层易发黄，耐蚀性下降。近年来开发了由芳香醛或芳香酮、聚醚化合物以及含苯环的脂肪酸、含氮杂环化合物组成的电镀添加剂，使镀层外观光亮、结晶细致、色泽银白。常用光亮剂有硫酸锌-30、DZ-300-1 以及 ZBS 等。但该镀液的 pH 值较低，有的还有氮化物，所以对设备有腐蚀性。

(1) 硫酸盐镀锌工艺规范

硫酸盐镀锌工艺规范见表 6-2。

表 6-2　硫酸盐镀锌工艺规范

镀液组成与工艺条件	光亮镀锌			无光镀锌	
	配方 1	配方 2	配方 3	配方 4	配方 5
硫酸锌 $ZnSO_4 \cdot 7H_2O$/(g/L)	300～400	200～320	250～450	470～500	360
硫酸钠 Na_2SO_4/(g/L)			20～30	50	
硫酸铝 $Al_2(SO_4)_3 \cdot 18H_2O$/(g/L)				30	30
明矾 $KAl(SO_4)_2 \cdot 12H_2O$/(g/L)				45～50	
硼酸 H_3BO_3/(g/L)	25	25～30			25
硫酸锌-30 光亮剂/(mL/L)	15～20				
SZ-97 光亮剂/(mL/L)		15～20			
DZ-300-1/(mL/L)			12～20		
氯化铵/(g/L)					15
糊精/(g/L)					15
pH 值	4.5～5.5	4.2～5.2	3～5	3.8～4.4	3.8～4.2
温度/℃	10～50	10～45	5～55	室温	室温
阴极电流密度/(A/dm²)	20～60(连续带钢竖式)	10～30(线材)	1～5(挂镀、滚镀) 1～10(连续带钢平卧式) 10～40(连续带钢竖式)	1～3(挂镀、滚镀) 10～20(连续带钢平卧式)	1～3(挂镀、滚镀) 1～15(连续带钢平卧式)

注：硫酸锌-30 光亮剂：武汉风帆电镀公司；DZ-300-1：河北平乡县助剂厂；SZ-97 光亮剂：上海永生助剂厂。

对于线材连续电镀时电流强度的控制见表 6-3。

表 6-3　线材连续电镀电流强度

线材直径/mm	镀槽长度/m	线材进行速度/(m/min)	单线电流强度/A
0.2～1.0	10～12	20～40	50～200
1.2～2.0	10～12	15～23	120～200
2.2～3.0	10～12	15～22	150～260
3.0～4.0	12～14	18～25	180～300
4.5～6.0	12～14	18～26	200～350

（2）硫酸盐镀锌镀液组成和工艺参数的影响

① 硫酸锌　主盐，其浓度可在很大范围内变化（200～500g/L）。挂镀、滚镀采用下限浓度，而线材、带材连续电镀可用中、上限浓度。锌浓度偏低，镀层结晶较细；浓度高结晶粗，表面光泽差。

② 硫酸钠、氯化铵　导电盐，能提高电导率，还有利于阳极溶解，添加量约为 15～25g/L。

③ 硫酸铝、明矾、硼酸　缓冲剂，硼酸稳定的 pH=4～5，而硫酸铝稳定的 pH=3～4。

④ 糊精　糊精在镀液中能细化结晶，提高分散能力。

⑤ 光亮剂　如表 6-2 中提到的硫酸锌-30、DZ-300-1、SZ-97 等，具有提高阴极极化、细化结晶、增光和整平等作用，使镀层外观质量大为改善。

⑥ 温度　硫酸盐镀锌一般在室温下进行，温度高，结晶粗糙；温度低于 10℃，金属盐易结晶析出，所以最好在 25～35℃以下使用。

⑦ pH 值　pH 值一般控制在 3.5～5 范围内，pH 值偏低，镀层光亮度好，但电流效率下降，镀层易发黄，覆盖能力差；pH 值偏高，镀层粗糙发暗，局部会有黑色。生产中 pH

值呈上升趋势，用稀硫酸调 pH 值并充分搅匀，防止局部酸度高而使光亮剂析出。

⑧ 电流密度　根据材料形状、锌离子浓度、温度和光亮剂种类而定，一般只要镀层不烧焦，尽可能采用大电流生产。对于线材来说，通常选用 20～30A/dm^2，竖式带钢连续电镀也以不超过 40A/dm^2 为佳。

⑨ 阴极移动　线材和钢带连续电镀是通过设备后端的收线机转动而让镀件移动的，而且移动速度很快，线速度高达 15～40m/min。镀液最好采用循环过滤。

6.1.3　碱性锌酸盐镀锌

碱性锌酸盐镀锌工艺是 20 世纪 60 年代发展起来的，在 70 年代趋于成熟。镀层晶格结构为柱状，结晶细密，光泽、耐腐蚀性好，适合彩色钝化。镀液的分散能力和深镀能力接近于氰化镀液，适合于形状复杂的零件电镀；镀液稳定，操作维护方便；对设备无腐蚀性，可与氰化镀锌一样采用钢板焊接而成的镀槽；综合经济效益好。但锌酸盐镀锌沉积速度慢、允许温度范围窄（高于 40℃不好）、镀厚超过 15μm 时有脆性、铸锻件较难电镀、工作时会有刺激性气体逸出，必须要安装通风装置等。

（1）电极反应

锌酸盐镀锌的电化学原理和电极反应与氰化镀锌相似。

阳极反应：

$$Zn + 4OH^- - 2e^- \longrightarrow [Zn(OH)_4]^{2-}$$

$$4OH^- - 4e^- \longrightarrow O_2\uparrow + 2H_2O$$

阴极反应：

$$[Zn(OH)_4]^{2-} + 2e^- \longrightarrow Zn + 4OH^-$$

$$2H_2O + 2e^- \longrightarrow H_2\uparrow + 2OH^-$$

（2）锌酸盐镀锌液的组成与工艺规范

锌酸盐镀锌液的组成很简单，仅由氧化锌、氢氧化钠和光亮剂组成，其典型工艺规范见表 6-4。

表 6-4　碱性锌酸盐镀锌工艺规范

镀液组成与工艺条件	配方 1	配方 2	配方 3	配方 4
氧化锌 ZnO/(g/L)	10～12	10～12	12～18	10～12
氢氧化钠 NaOH/(g/L)	100～120	100～120	120～180	100～120
DE-95B/(mL/L)	3～5		6～7	
ZB-80/(mL/L)	2～4			
DPE-Ⅲ/(mL/L)		4～6	5～6	
WBZ-3/(mL/L)		3～5		
KR-7/(mL/L)			1.2～1.7	
WD-90A/(mL/L)				6～8
温度/℃	5～45	5～45	10～45	5～45
阴极电流密度/(A/dm^2)	0.5～4	0.2～5	滚镀 6～14	1～4
阴极与阳极面积比	(1.5～2)∶1	(1.5～2)∶1		2∶1
允许使用辅助阳极	铁板、不锈钢板或镀镍铁板			

注：DE-95B：广州电器科学研究所；ZB-80：武汉材料保护研究所；DPE-Ⅲ、WBZ-3：武汉风帆电镀公司；KR-7：河南开封电镀化工厂；WD-90A：武汉大学高技术中心。

（3）碱性锌酸盐镀锌液中各成分的作用及工艺条件影响

① 氧化锌　主盐，对镀层质量有重要影响。镀液配制时需将氧化锌用少量水调成糊状，在不断搅拌下逐渐加到总体积 1/5 的热碱液中，直到完全溶解，再稀释至总体积。由于锌酸盐镀液中氢氧根离子对锌离子的络合能力不高，因此阴极极化较弱。为此，采用降低氧化锌

含量、提高氢氧化钠含量的办法进行弥补。通常将氢氧化钠与氧化锌的比值控制在10左右。镀液中氢氧化钠一般为120g/L，所以挂镀时氧化锌的浓度一般采用10～12g/L，滚镀稍低，8～10g/L为宜。锌含量适当提高，电流效率提高，但分散能力和深镀能力降低，复杂件的尖棱部位镀层粗糙，容易出现阴阳面；含量偏低，阴极极化增加，分散能力好，但沉积速度慢。

② 氢氧化钠　络合剂，同时又是阳极去极化剂和导电盐，兼有除油作用。氢氧化钠适当提高，镀液导电性好，分散能力和深镀能力提高，阳极不易钝化。但如果用量过高，阳极化学溶解加速，镀液中锌离子浓度升高，造成主要成分比例失调，同时阴极电流效率下降，光亮剂消耗增多。

③ 添加剂　添加剂是保证锌酸盐镀锌质量的关键因素，没有添加剂的基础液只能得到海绵状镀层。目前锌酸盐镀锌的初级添加剂主要是环氧氯丙烷与有机胺的缩聚物，加入到镀液后，能在很宽的电位范围内于阴极表面上发生特性吸附，从而提高阴极极化，细化结晶，提高镀液分散能力和深镀能力。

锌酸盐镀锌添加剂常用有机胺及产品代号见表6-5，目前我国用量最大的是DE和DPE系列。

表6-5　锌酸盐镀锌代号及所用有机胺名称

添加剂代号	有机胺名称	添加剂代号	有机胺名称
DPE-Ⅰ	二甲氨基丙胺	Zn-2	六亚甲基四胺
DPE-Ⅱ	二甲氨基丙胺缩聚后再季胺化	NJ-45	四乙烯五胺
DPE-Ⅲ	二甲氨基丙胺：乙二胺＝(9：1)～(10：1)	GT-1	四乙烯五胺：二甲胺：乙二胺＝8：1：1
DE	二甲胺	GT-4	多乙烯多胺：二甲胺：乙二胺＝8：1：1
KR-7	盐酸羟胺	DHE	六亚甲基四胺：二甲胺＝7：3
EQD	四乙烯五胺：乙二胺＝3：1		

添加剂分子量大小及其分布对镀层质量影响很大。分子量大，光亮效果好，但镀层脆性增大。为使镀层既光亮又不产生脆性，常常将两种或两种以上具有不同碳链长度的有机胺进行合理配比再与环氧氯丙烷反应。将环氧氯丙烷与有机胺的缩聚物进一步季铵化或酯化，效果会更好，即使不加入其他光亮剂，也能得到较光亮的镀层。如DPE-Ⅱ的使用效果远好于DPE-Ⅰ和DPE-Ⅲ。

为得到光亮镀层，需同时加入一些醛类光亮剂、混合光亮剂等，如单乙醇胺、三乙醇胺与茴香醛的混合物。常用的碱性锌酸盐镀锌光亮剂有香草醛、茴香醛、ZB-80、KR-7等。光亮剂添加要适量，含量过高，镀层脆性增大，所以在实际应用中，光亮剂常采用少加、勤加的方法，使其控制在工艺范围内。

④ 温度　锌酸盐镀锌槽液的最佳温度为10～35℃，加入好的光亮剂可在45℃较高的温度下获得光亮镀层。但温度高，光亮剂消耗大，槽液中锌离子浓度容易上升，镀液稳定性变差，分散能力和深镀能力降低。滚镀槽最好加装冷却装置。

⑤ 电流密度　电流密度与镀液的浓度和温度密切相关，镀液浓度和温度升高，电流密度可适当提高。温度低时，镀液导电能力差，添加剂吸附强，脱附困难，此时不能用高电流密度，否则会造成边棱部位烧焦，添加剂夹杂，镀层脆性增大、鼓泡；温度高时，添加剂吸附弱，极化降低，必须采用较高的电流密度，以提高阴极极化，细化结晶，防止阴阳面。对挂镀产品，如果阴极静止，电流密度可减小；如果采用阴极移动，电流密度可增大。对滚镀，滚筒转速快，开孔率高时，电流密度可适当开大。一般镀液温度低于20℃时，电流密度采用1～1.2A/dm^2；20～30℃宜采用1.5～2A/dm^2；30～40℃宜采用2～4A/dm^2。

⑥ 阳极　锌酸盐镀锌因不含杂质金属离子络合剂，所以对杂质更敏感。因此使用的锌

板纯度应当比氰化镀锌高，建议采用0号锌锭，最好用耐碱的涤纶布隔离，以免阳极泥渣进入镀液而出现毛刺。阳极面积应与阴极镀件相适应，为避免多挂锌阳极引起镀液中锌离子浓度提高，可挂钢板或镀镍钢板等不溶性阳极。为避免镀液中锌离子浓度过高，在不生产时，应将锌阳极从镀液中提出。

阴极与阳极的相对位置及电极的排布　一般电镀复杂件时电极间的有效距离要保持200～250mm。

⑦ 杂质及其排除　锌酸盐镀液中的杂质包括无机杂质与有机杂质。无机杂质主要是Cu^{2+}、Pb^{2+}。Cu^{2+}杂质主要来源于挂具和极杠，一般槽液中Cu^{2+}不得大于15mg/L。少量的Cu^{2+}杂质会影响钝化膜的色调，稍高会使钝化膜发雾，再多时，硝酸出光后就发黑。Cu^{2+}杂质可以用低电流密度电解处理，也可用锌粉或碱性镀锌除杂剂处理。

Pb^{2+}主要来源于锌阳极，镀液中铅含量应控制在2mg/L以下。Pb^{2+}对锌镀层的影响比Cu^{2+}大，特别是滚镀，浓度较高时会导致锌镀层不沉积。如果把这种镀液用赫尔槽试验，有可能镀层正常。Pb^{2+}杂质多，挂镀时在稀硝酸出光后，镀层出现黄褐色，低铬钝化后膜层出现黄的干扰色，不能得到蓝白色调。Pb^{2+}也可用低电流密度电解处理，或用碱性镀锌除杂剂及CK-778处理。

Fe^{2+}高于50mg/L时，对镀层质量也有影响，可与Cu^{2+}、Pb^{2+}杂质同时除去。

苛性钠中含碳酸钠，吸收空气中的二氧化碳也使镀液中碳酸钠含量升高。碳酸钠小于60g/L时几乎无影响，超过80g/L将导致内阻增加，温升加快，电流密度上限值降低。碳酸钠在5℃以下时有结晶析出，过量的碳酸根也可用熟石灰或氢氧化钡沉淀。

有机杂质主要是添加剂和光亮剂的分解产物以及前处理后带入的油脂，它们可使镀层发雾发花，严重时给镀层带来脆性。有机杂质去除比较简单，每月或每季度用1～5mL/L双氧水处理后，再用3～5g/L活性炭处理，静止后过滤去除。

6.1.4 镀锌后处理

(1) 脱氢 (removal of hydrogen/de-embrittlement)

采用加热处理将氢从零件内部赶出是常用的方法，而且温度高，时间长，除氢越彻底。但当加热温度超过250℃时，锌结晶组织变形、发脆、耐蚀性明显下降。因此一般用190～230℃，2～3h；渗碳件和锡焊件除氢温度一般为140～160℃，保温3h。

加热除氢应在钝化处理前进行，否则易造成钝化层过度老化、龟裂、掉皮及严重变色。

(2) 出光 (glaring)

出光可使镀层表面平整、光亮、钝化膜光泽好。一般采用30～50g/L硝酸浸渍3～5s，如再加2～5mL/L浓盐酸，则出光效果更好。加入50～60g/L的柠檬酸，对溶入的Zn^{2+}有适当的络合作用，延长出光液的使用寿命。或采用CrO_3 100～150g/L，硫酸3～4g/L，室温浸渍5～10s。

如前所述，当镀层中有杂质时，出光后会呈现不同颜色，因此通过出光后镀层的外观还可以检验镀层中杂质的严重程度。

(3) 铬酸盐钝化处理 (chromate passivation)

锌的化学性质活泼，在大气中容易氧化变暗，最后产生“白锈”腐蚀。利用氧化剂在锌镀层上生成一层转化膜，使金属锌的耐蚀性提高并赋予镀层美丽外观的工艺称为钝化处理。

按照钝化液组成可分为高铬钝化、低铬钝化、超低铬钝化、三价铬钝化和无铬钝化；按照钝化后镀层的颜色可分为彩色钝化、白钝化、五彩钝化、军绿钝化和黑钝化等。

① 铬酸盐钝化成膜机理　长期以来，人们对钝化膜的成膜机理没有一个完整的解释，

主要有两种学说，即化学成分学说和光波干涉成色学说。下面以铬酸盐钝化为例简要说明其成膜机理。

铬酸盐钝化液由铬酸、活化剂和无机酸组成，锌与钝化液接触时，在酸性介质中发生氧化还原反应：

$$Cr_2O_7^{2-}+3Zn+14H^+ \longrightarrow 3Zn^{2+}+2Cr^{3+}+7H_2O$$

$$2CrO_4^{2-}+3Zn+16H^+ \longrightarrow 3Zn^{2+}+2Cr^{3+}+8H_2O$$

在酸性较强的高铬钝化液中，六价铬主要以 $Cr_2O_7^{2-}$ 形式存在，在酸性较弱的低铬和超低铬钝化液中六价铬主要以 CrO_4^{2-} 形式存在。由于上述反应中，消耗 H^+，使锌镀层与溶液界面上酸性减弱，pH 升高，当高于 0.6 时，钝化膜开始生成。由于钝化膜的结构很复杂，因此其表达式不确定，现写出其中一种锌钝化膜的结构式，以便理解：

$$Cr_2O_3 \cdot Cr(OH)CrO_4 \cdot Cr_2(CrO_4)_3 \cdot ZnCrO_4 \cdot Zn_2(OH)_2CrO_4 \cdot Zn(CrO_2)_2 \cdot xH_2O$$

由此看出，镀锌钝化膜组成较为复杂，既有三价铬的化合物，又有六价铬的化合物。三价铬与锌的化合物呈蓝绿色，六价铬与锌的化合物呈赭红色或棕黄色，由于不同色素的组合和相互干扰，形成了锌彩色钝化膜。三价铬的化合物不溶于水，强度也高，在钝化膜中起骨架作用，锌的化合物溶于水，尤其在热水中溶解，干燥前膜层不牢固，它依附在三价铬化合物骨架上，填充了其空间部分，形成了钝化膜的肉。

在钝化膜中，三价铬的含量随着各种因素的变化而改变，因而钝化膜的色彩也随之变化。三价铬化合物多时，膜层呈偏绿色；锌的化合物含量高时，钝化膜呈紫红色。实际生产中，希望颜色是彩虹稍带黄绿色。

钝化膜中可溶的六价铬化合物，在潮湿介质中，能从膜中渗出，溶于膜表面凝结的水中形成铬酸，对镀层具有再钝化作用。当钝化膜受轻度损伤时，化合物会使该处再钝化，抑制受伤部位的腐蚀，达到自修复的作用，这是铬酸盐膜的重要优点之一。

② 铬酸盐钝化工艺

a. 彩色钝化工艺　按照钝化液中铬酐含量，彩色钝化分为高铬钝化、低铬钝化、超低铬钝化。

高铬钝化铬酐含量一般在 200～350g/L，典型的工艺规范有三酸钝化和三酸二次钝化。

三酸钝化工艺规范为：硫酸 10～20mL/L，硝酸 30～40mL/L，铬酐 250～300g/L，室温于钝化液中浸渍 5～15s，空气中停留 5～15s。三酸钝化膜色泽鲜艳，若加入 10～15g/L 硫酸亚铁，膜层厚而且结合牢固，耐蚀性有所提高，但颜色较深，光泽暗。

三酸二次钝化：第一次钝化，硫酸 6～7mL/L，硝酸 7～8mL/L，铬酐 170～200g/L，硫酸亚铁 8～10g/L，室温溶液浸渍 20～40s，取出后不水洗，直接进入第二次钝化液。第二次钝化，硫酸 2mL/L，硝酸 5～6mL/L，铬酐 40～50g/L，硫酸亚铁 6～7g/L，室温溶液浸渍 20～30s。

高铬钝化工艺相对成熟，但废水污染严重，成本较高。随着世界范围内环保意识的提高，低铬彩色钝化发展很快，而且工艺趋于成熟。低铬钝化液铬酐浓度在 3～5g/L 最合适，pH 值以 1～1.2 最佳，室温下钝化时间一般为 5～8s。目前低铬钝化配方很多，但组成大同小异。现仅举一例说明：CrO_3 5g/L，H_2SO_4 3mL/L，HNO_3 2mL/L。

低铬钝化必须先硝酸出光，钝化后必须热水烫干或离心机甩干或热风吹干。

b. 白色钝化工艺　镀锌层的白色钝化有两种，一种是纯白色的，即“白钝化”；另一种是略带蔚蓝色的，外观似镀铬层，即“蓝钝化”。前者纯粹是一种无色透明的氧化锌薄膜，因几乎不含铬，耐蚀性较差；后者尚含有 0.5～0.6mg/dm^2 三价铬，耐蚀性比白钝化好，这两种钝化膜只能用作低档产品的防护-装饰。

“白钝化”基本上包括彩钝化后漂白和一次白钝化两种工艺，其工艺流程为：

光亮镀锌→清洗→清洗→出光（2%～3%HNO_3）→清洗→白钝化→清洗两次→90℃以上热水烫→甩干→干燥

一次白钝化工艺实例：铬酐5g/L，硝酸0.1～1mL/L，碳酸钡1g/L，醋酸镍1～3g/L，室温钝化3～8s，空停5～10s。该工艺特别适于氯化物镀锌白钝化。

蓝白钝化工艺实例：铬酐2～5g/L，三氯化铬1～2g/L，氟化钠2～4g/L，硝酸30～50mL/L，硫酸6～9mL/L，醋酸镍1～3g/L，温度20～25℃，钝化时间5～8s。

c. 军绿色钝化工艺　军绿色钝化又称橄榄色钝化或草绿色钝化，典雅美观，光度柔和，膜层致密，抗蚀性高于其他颜色的钝化膜。主要用于军品作为掩蔽色，用于纺织机械零件、汽车零件、标准件及办公用品等作为防护-装饰镀层。

从机理上看，军绿色钝化膜是铬酸盐转化膜层和磷酸盐转化膜层结合的产物，即所谓的钝化膜和磷化膜复合膜层。在酸性介质中，溶解下来的锌离子与界面上的磷酸根反应：

$$Zn^{2+} + HPO_4^{2-} \longrightarrow ZnHPO_4 \downarrow$$

$$3Zn^{2+} + 2PO_4^{3-} \longrightarrow Zn_3(PO_4)_2 \downarrow$$

钝化液中的Cr^{3+}与磷酸盐生成磷酸铬难溶盐：

$$Cr^{3+} + PO_4^{3-} \longrightarrow CrPO_4 \downarrow$$

在军绿色钝化膜形成过程中，$ZnHPO_4$，$Zn_3(PO_4)_2$及$CrPO_4$难溶盐以不同的速度共析于镀层表面，结晶细小的铬酸盐以填充方式嵌附于结晶粗大的磷酸盐转化膜之间，因此军绿钝化膜耐蚀性能优于其他颜色钝化膜。

常用的军绿色钝化工艺规范是五酸钝化，其工艺规范为：铬酐30～35g/L，磷酸10～15g/L，硝酸5～8mL/L，盐酸5～8mL/L，硫酸5～8mL/L，室温钝化30～90s，空气中放置30～60s。

该工艺组成复杂，使用中变化大，质量控制有难度。

钝化时可用铝或塑料夹具；零件不得相互屏蔽或碰撞，要轻轻晃动零件或缓慢来回移动；钝化后在空气中搁置5～10s使之老化，未干时很嫩，不能用水猛冲，亦不能洗得太久，防止溶解。

d. 黑色钝化工艺　黑色钝化高雅庄重，具有特殊的光学效果，再加上镀层耐蚀性较高，近几年镀锌黑钝化的应用范围不断扩大。

镀锌黑色钝化工艺根据发黑剂的不同分为银盐和铜盐两大类，银盐或铜盐在钝化过程中生成了黑色的氧化银或氧化亚铜，嵌入钝化膜中，从而形成黑色吸光面。铜盐黑色钝化膜黑度和光亮度不理想，耐蚀性也差，只能用于要求不高的产品。银盐黑钝化又有醋酸薄膜型、磷酸厚膜型及硫酸-磷酸型三种。醋酸薄膜型钝化膜乌黑光亮、结合力好，但膜层薄、硬度不高，耐磨耐蚀性不高，而且钝化液不稳定；磷酸厚膜型克服了其缺点，性能较为理想。黑色钝化膜的形成机理与彩色钝化有相似之处，同样分为溶解和成膜过程：

$$2Ag^{+} + 3Zn + Cr_2O_7^{2-} + 12H^{+} \longrightarrow 3Zn^{2+} + Ag_2O + 2Cr^{3+} + 6H_2O$$

$$2Cu^{2+} + 4Zn + Cr_2O_7^{2-} + 12H^{+} \longrightarrow 4Zn^{2+} + Cu_2O + 2Cr^{3+} + 6H_2O$$

银盐黑钝化工艺实例：铬酐6～10g/L，硫酸0.5～1.0mL/L，醋酸40～50mL/L，硝酸银0.3～0.5g/L，pH=1.0～1.8，室温浸120～180s。

铜盐黑钝化工艺实例：铬酐15～30g/L，醋酸70～120mL/L，硫酸铜30～50g/L，甲酸钠70g/L，pH=2～3，室温浸2～3s，空停15s。

③ 影响铬酸盐钝化膜质量的因素　影响铬酸盐钝化膜质量的因素包括钝化时间、温度及钝化液组成等。

a. 钝化时间　钝化膜的颜色与膜层厚度有关，而膜层厚度又与钝化时间或在空气中停留时间的长短有关。时间越短，膜层越薄，钝化液与锌层反应强烈，六价铬被转化为三价铬，钝化膜中三价铬含量增多，膜层呈偏绿色；相反，时间越长，由于已经隔了一层钝化膜，钝化液不能直接与锌反应，所以还原减弱，化合物就会形成，填充在三价铬化合物骨架上，膜层中红色素增多。当时间过长时，膜层结合力降低，造成脱落或轻轻一擦就脱落。随着膜层由厚变薄，色彩变化大致为：

红褐色→红黄相间光亮五彩色→偏绿色→青白色

b. 钝化液及空气温度　温度高，成膜速度快；反之则慢。因此夏季钝化膜形成速度快，钝化时间要缩短，天冷时，钝化时间要延长，当钝化液温度低于 15℃时，需要加温。30℃下不同浓度铬酐钝化膜中六价铬含量与时间关系见表 6-6。

表 6-6　钝化膜中六价铬含量与时间关系

铬酐浓度/(g/L)	钝化膜中六价铬含量/%		
	空停 10s	浸渍 30s	浸渍 60s
250	25	55	60
5	15	16	17
3	5	15	20

c. 钝化液组成　任何有使用价值的配方必须包括氧化剂、活化剂和一定的氢离子浓度，其余物质可酌情添加。铬酸是强氧化剂，锌层一经浸入铬酸盐溶液中很快就生成一层无色透明的氧化膜，铬酐浓度高，膜厚光亮，但浓度过高，钝化膜溶解严重而变薄；浓度太低颜色浅，钝化后沾有铬酐迹。活化剂是获得彩色钝化膜的必要条件，活化剂可采用硫酸及可溶性硫酸盐、盐酸及可溶性盐。活化剂浓度依铬酐浓度而定，并要保持一定的比例，就低铬钝化而言，比值范围大致为 $CrO_3 : SO_4^{2-} = (5 \sim 10) : 1$；$CrO_3 : Cl^- = 1 : (1 \sim 1.2)$。活化剂浓度高，膜厚色浓，但太高，膜层疏松易脱落；活化剂不足，成膜速度慢，易发生白雾。钝化液中还需保证一定的三价铬离子浓度以促进成膜，新配溶液中三价铬低，成膜薄、机械强度差，应加入 2～3g/L 锌粉或 10～15g/L 硫酸亚铁，也可加入部分老液；硝酸或硝酸盐主要起化学抛光作用，浓度低，钝化膜光泽差；浓度太高，膜溶解加速，钝化膜薄而疏松，易脱落，如果酸度允许可加入硝酸，但在低铬或超低铬钝化中，由于自身要求酸度较低，只有加入硝酸盐代替。

d. 钝化膜的老化　钝化后于 40～60℃下烘干，则为老化处理。老化使钝化膜失去部分水分，色泽更加艳丽，膜的硬度和耐磨性得到了大大提高，还可以提高钝化膜的附着力和抗蚀能力。如老化中钝化膜过度失水，则膜的脆性增大，色泽变暗、甚至收缩脱落。因此必须严格掌握老化的温度，不能大于 70℃。时间不能过长，用手摸工件略为发烫即可。

④ 镀锌层三价铬钝化工艺（trivalent chromium passivation）　三价铬的毒性大致是六价铬毒性的 1%，用三价铬钝化可大大降低对环境的污染。三价铬钝化成本低、工艺简单、易维护，还能得到彩虹色、蓝色和黑色等不同色彩的钝化膜，并具有较好的耐蚀性，目前已应用于生产，国外及国内已有多种型号产品销售。三价铬钝化尤以锌合金件为佳，不仅可获得厚的钝化膜，而且钝化膜的耐蚀性优于铬酸盐钝化膜。

镀锌及其合金的三价铬钝化液中含有氧化剂、成膜盐、配位剂和添加剂。钝化常用的氧化剂为硝酸盐、高锰酸盐、氯酸盐、钼酸盐；成膜盐为三价铬的化合物（如卤化物、硫酸盐、硝酸盐、醋酸盐、草酸盐、氟氢酸盐等）；为了在较宽的 pH 值范围内稳定三价铬离子，控制反应速度，需加入三价铬的配位剂，如铵盐、醋酸盐、草酸盐、有机羧酸（丙二酸、柠檬酸、酒石酸、丁二酸、丁烯二酸、苹果酸及其盐等）；为生成均匀光亮的钝化膜，可添加表面活性剂，如十二烷基硫酸钠、十二烷基苯磺酸钠等，能使钝化膜均匀细致；钝化液中还需加入一定量的无机酸或盐，如硫酸、硝酸、盐酸、磷酸、碳酸、氟氢酸及其盐等，使钝化液保持一定的 pH 值，钝化反应才能正常进行。三价铬钝化毒性较低，但三价铬钝化膜不具备自修复能力，需要采取封闭和后涂层处理来增加其耐蚀性。表 6-7 为典型三价铬钝化处理工艺规范。

表 6-7　典型三价铬钝化处理工艺规范

钝化膜色泽	工艺规范		钝化条件
蓝白色	配方 1	三氯化铬 30～50g/L,氟化铵 1.5～2.5g/L,硝酸钴 5～8g/L,硝酸 3～5mL/L	pH 值 1.6～2.2,15～30℃,浸 10～30s,空停 3～5s
	配方 2	三氯化铬 5～10g/L,硝酸钠 1.2g/L,硫酸锌 0.5g/L,羧酸类配位剂 2.5～7.5g/L	pH 值 1.6～2.0,15～30℃,浸 10～20s
彩色	配方 1	硝酸铬 60g/L,配位剂 20g/L,硫酸铵 12 g/L,氟化钴 10g/L	pH 值 1.0,室温,浸 60s
	配方 2	三氯化铬 20 g/L,配位剂 6g/L,硝酸钠 7g/L,硫酸镍 3 g/L,醋酸 8mL/L	pH 值 2.5～3.0,25～35℃,浸 50～60s
	配方 3	硫酸铬 20～30g/L,氧化剂 3～8g/L,pH 调整剂 4～6mL/L	pH 值 1.0～2.0,室温,浸 30～60s
黑色	配方 1	三氯化铬 22g/L,硝酸铬 2g/L,配位剂 16.4g/L,硫酸钴 7g/L,硫酸镍 6.6g/L,磷酸氢二钠 16 g/L,硼砂 12g/L	pH 值 2.0～2.5,50～60℃,浸 40～60s
	配方 2	磷酸铬 25g/L,丙二酸 25g/L,硝酸根 0.18g/L,硫酸铬 2.2g/L,醋酸镍 2.3g/L,氟化钠 0.5g/L,磷酸氢二钠 12g/L,硅溶胶 1g/L	pH 值 1.5,30～40℃,浸 60～120s

常用的封闭处理工艺有硅酸盐系封闭、有机树脂封闭和硅烷基封闭。硅酸盐系封闭是将镀锌或锌合金层浸入到 65℃的硅酸盐混合溶液中 20～40s，溶液中需加入一定量的添加剂，以增加膜层的抗磨性；有机树脂封闭不仅能提供较硬的阻挡层，提高了装饰性，还提高了耐蚀性，也可作为涂层的底层。可选择水溶性室温或高温干燥的油漆，高温漆常具有很好的化学交联作用，并有良好的耐蚀性。但使用较为复杂，需要较高的温度（150℃左右），能得到大约 5μm 的厚度。在自动线上要选择低黏度空气干燥漆，膜层厚度 0.5～1.0μm 即可。漆液中常加入微量的有机抗蚀剂，使膜层抗蚀性更好；硅烷基封闭是利用硅烷与钝化膜表面层形成共价键，结合牢固，其厚度可以很薄，不超过 10nm。

(4) 镀锌层无铬钝化工艺（non-chromate passivation）

① 镀锌层无机物无铬钝化　尽管生产中大量使用低铬或超低铬钝化液，但毕竟还存在污染问题，我国在 20 世纪 70 年代开始研究使用无铬钝化。从钝化液组成看，所研究的无铬钝化氧化剂主要为钛酸盐（titanate）、钨酸盐（tungstate）、钼酸盐（molybdate）、稀土（rare earth）等。钼、铬同属ⅥA 族，且已广泛用作钢铁及有色金属的缓蚀剂和钝化剂，其钝化处理的方法有阳极极化处理、阴极极化处理和化学浸泡处理等，钼酸盐钝化可得到光亮的彩色、黑色钝化膜，随着膜层厚度的增加，色泽加重。钼系钝化成本高、操作温度较高，且钝化膜微观结构上呈现纵横交错的裂纹，降低了它的防护性能；钛酸盐钝化主要是从环保角度考虑的。由于钛毒性很低，而且钛元素可以形成各种不同的氧化态，锌在钛盐溶液中也能发生氧化还原作用，这与镀锌层与铬酸形成钝化膜的反应相似，但钛酸盐钝化膜一般偏暗，膜层耐蚀性也不及六价铬钝化；钨与铬、钼同族，钨酸盐在作为金属缓蚀剂方面与钼酸盐有相似性，其钝化膜的耐蚀性要逊于铬酸盐钝化膜；稀土中的铈盐、镧盐和镨盐也能与镀锌层形成钝化膜，由于稀土氧化物和氢氧化物在镀锌层表面上沉积，阳极性镀层溶解受阻，从而显著地延长了阴极保护时间，提高了镀锌层的抗蚀性。但稀土金属盐钝化成膜速度慢，颜色单一且不均匀、耐蚀性较差，寻求稀土与其他缓蚀剂的复配是稀土盐钝化研究的方向。

无铬钝化体系虽然是无毒环保，但耐蚀性及外观没有六价铬钝化的好，满足不了普通五金件的电镀要求。

② 镀锌层有机物无铬钝化工艺　某些有机化合物可用于镀锌层表面的钝化处理，也能有效地提高镀锌层的耐蚀性。有机物钝化大致可分为有机酸与缓蚀剂复配钝化和树脂与无机

盐复配钝化两大类型。

有机酸与缓蚀剂复配钝化方法中常用的是单宁酸和植酸。单宁酸是一种多元酚的复杂化合物，溶于水溶液呈酸性，在钝化膜形成的过程中，单宁酸提供膜层中所需的羟基和羧基。植酸亦称肌醇六磷酸酯，在金属表面形成一层致密的单分子保护膜，能有效阻止氧气等进入金属表面，从而减缓了金属的腐蚀，经植酸处理的金属及合金不仅能抗蚀，而且还能改善金属有机涂层的粘接性。缓蚀剂一般是含氮或含磷的杂环类化合物［如羟基亚乙基二膦酸（HEDP）、二氨基三氮杂茂（BAT4）及其衍生物、苯并三氮唑（BTA）、有机季铵类化合物等］。其耐蚀机理一般认为是有机酸和缓蚀剂对锌层有协同缓蚀效应，钝化过程中在界面形成一层不溶性有机复合薄膜，膜内分子以螯合形式与金属基体相结合，构成屏蔽层，从而起到缓蚀作用。

树脂类钝化主要有丙烯酸树脂钝化和环氧树脂钝化。通常在配方中加入非铬类无机盐，有机聚合物成分构成连续相，而无机盐散布于连续相中成为分散相。在有机树脂和无机盐共同的作用下，膜层表现出很好的耐蚀性。但由于树脂钝化成分复杂、可操作性差、颜色单调、生产成本高，且不适合紧固件的处理，所以市场化程度也不高。典型的无铬化工艺如表6-8所示。

表6-8 无铬钝化处理工艺规范

钝化液类型	工艺规范		钝化条件	钝化膜色泽
钼酸盐钝化	配方1	钼酸铵20g/L，柠檬酸38g/L，硫酸0.15g/L	pH值1～3，室温，4～10s	浅蓝绿色
	配方2	钼酸铵300g/L，氨水600mL/L	30～40℃，20～60s	黑色
	配方3	钼酸钠10g/L，硫酸钴1.5g/L，磷酸5.0mL/L，硝酸4mL/L，羟基亚乙基二磷酸0.5～5.0mL/L	pH值2～4，35～60℃，20～40s，烘干温度60～80℃，烘干时间5～20min	
硅酸盐钝化	配方1	硅酸钠50g/L，氨基三亚甲基磷酸80mL/L，硫脲5g/L	pH值2.0～3.5，20～40℃，0.5～2min，热水封闭3min	可后续染色
	配方2	硅酸钠40g/L，硫酸2mL/L，38%过氧化氢40g/L，硝酸5g/L，磷酸5g/L，四亚甲基硫脲磷酸5g/L	pH值1.8～2.0，20s	
稀土钝化		氯化铈40g/L，30%过氧化氢40mL/L	pH值4，30℃，1min	淡金黄色
钛酸盐钝化	配方1	硫酸氧钛3g/L，38%过氧化氢60g/L，硝酸5mL/L，磷酸15mL/L，单宁酸3g/L，羟基喹啉0.5g/L	pH值1～1.5，室温，10～20s	彩色
	配方2	硫酸氧钛2～5g/L，38%过氧化氢50～80g/L，硝酸8～15mL/L，柠檬酸5～10g/L	pH值0.5～1.0，室温，浸渍8～15s，空停5～10s	白色
有机-无机复合钝化	植酸钝化	50%植酸1.6%，硅胶3.0%，聚乙烯醇5.0%，去离子水89.4%，氟钛酸铵1.0%	浸渍10～20s，120℃烘干	
	单宁酸	单宁酸40g/L，硝酸5mL/L，添加剂（锆、氟化物）20g/L	60℃，20s	
	丙烯酸树脂	丙烯酸树脂40g/L，硅酸钠40g/L，硝酸钠20g/L，过氧化氢15mL/L	pH值11，30℃，浸渍30s，40℃恒温干燥	

6.2 电镀镍

镍是一种银白略带微黄色的金属，具有铁磁性，相对原子质量58.69，密度为8.9

g/cm^3，熔点1452℃，Ni^{2+}的电化学当量为1.095g/(A·h)，标准电极电位为－0.25V。

金属镍自身具有很高的化学稳定性，在空气中与氧作用形成钝化膜，使镍镀层具有良好的抗大气腐蚀性。镍电位比铁正。对钢铁基体来讲属阴极性镀层。镍镀层孔隙率高，因此只有足够厚（40～50μm）时才能在空气和某些腐蚀介质中起到防腐作用。为节省金属镍，减少孔隙率，通常采用镀镍层与镀铜层一起使用或采用多层电镀，如Cu-Ni、Cu-Ni-Cr、Ni-Cu-Ni-Cr、Cu-Cu-Ni-Cr等形式达到防护-装饰的目的。电镀行业中，其产量仅次于电镀锌。

按照电镀液种类，电镀镍（nickel plating）工艺包括硫酸盐、硫酸盐-氯化物、氯化物等；按照镀层外观可分为暗镍、半光亮镍、光亮镍、黑镍、砂镍等；按照镀层功能，分为保护镍、装饰镍、耐磨镍、电铸、镍封闭等。

由于镍在电化学反应中的交换电流密度较小，因此镍本身具有较大的极化电阻，在单盐镀液中电化学极化大，分散能力好，获得良好的镀层，因此镀液种类虽多，但均由单盐组成。镀镍液中阳离子有Ni^{2+}、Na^+、Mg^{2+}、NH_4^+、H^+等，阴离子有SO_4^{2-}、Cl^-、OH^-等，因此其阴极反应为：

$$Ni^{2+}+2e^- \longrightarrow Ni$$

$$2H^+ + e^- \longrightarrow H_2\uparrow$$

尽管标准电极电位$\varphi^{\ominus}_{H^+/H_2}$比$\varphi^{\ominus}_{Ni^{2+}/Ni}$正，但实际析出电位非常接近或略低于$Ni^{2+}/Ni$，因此镀镍溶液中，析镍的电流效率受镀液的酸度及镍离子浓度影响较大，镍离子浓度越高，酸度越低，析镍电流效率越高。反之，析镍电流效率越低。普通镀镍溶液中，当pH降至2～3时，阴极析氢严重，镍难以析出；在接近中性的镀镍液中，pH稍有变化，电流效率变化显著。

镀镍一般采用金属镍为阳极材料，正常情况下，镍阳极溶解的反应为：

$$Ni-2e^- \longrightarrow Ni^{2+}$$

此时，镍阳极呈活化状态，表面为灰白色，但由于金属镍易钝化，使溶解电位变正，导致镍溶解受阻，其他离子可能放电，主要发生如下反应：

$$4OH^- - 4e^- \longrightarrow 2H_2O+O_2\uparrow$$

$$2Cl^- - 2e^- \longrightarrow Cl_2\uparrow$$

由于氧气的生成又促使阳极表面钝化，进一步增加镍的溶解电位，阳极可能发生下列反应：

$$Ni^{2+} - e^- \longrightarrow Ni^{3+}$$

Ni^{3+}不稳定，水解后生成$Ni(OH)_3$，进而分解为暗棕色的Ni_2O_3沉积到电极表面，使阳极完全钝化，停止溶解，导致阴极电流效率降低和镀层质量恶化。

$$Ni^{3+}+3OH^- \longrightarrow Ni(OH)_3\downarrow$$

$$2Ni(OH)_3 \longrightarrow Ni_2O_3+3H_2O$$

由于氯气析出，阳极上有时能嗅到氯气的气味。

目前，解决阳极钝化的最有效的办法是向镀液中加入适当的阳极活化剂，常用的是氯化钠或氯化镍。但氯离子含量不宜过高，否则会引起阳极过腐蚀或不规则溶解，产生大量阳极泥悬浮于镀液中，使镀层粗糙或形成毛刺。

常规镀镍均采用可溶性镍阳极，为保证阳极均匀溶解，不产生杂质，不形成任何残渣，阳极材料的成分及结构都有严格的要求。含硫镍是一种活性镍阳极，在精炼过程中加入少量硫（镍含量99%），即使在没有氯化物的镀液中，阳极效率也接近100%。从形状上看，阳极材料有（200～250）mm×(200～250)mm×15mm镍板、ϕ（6～12)mm镍球、ϕ(10～30)mm纽扣状镍饼等。使用时通常将镍球、镍饼等装入钛篮，以保证足够大且稳定的电极表面积，为防止阳极泥进入镀液，钛篮应包在双层聚丙烯材料织成的袋内。

6.2.1 电镀暗镍

电镀暗镍又称普通镀镍或无光泽镀镍，是最基本的镀镍工艺。该工艺镀层结晶细致，易于抛光、韧性好、耐蚀性高，主要用于防护-装饰性镀层的底层或中间层。按其使用目的，暗镍分为预镀镍和常规镀镍。

（1）预镀镍

预镀镍主要为了保证镀层与基体的结合力，用于钢铁、不锈钢、锌合金、铝合金等基体的打底镀层。如钢铁通过弱酸性或中性介质预镀镍，是代替氰化镀铜工艺的重要途径之一；不锈钢等难镀金属，通过预镀镍得到活化；锌铝合金等活泼金属基体通过预镀中性镍提高镀层结合力。下面是常用的几种预镀镀镍工艺规范，供参考。

［配方 1］ $NiSO_4 \cdot 7H_2O$ 120～150g/L，NaCl 7～12g/L，H_3BO_3 30～45g/L，Na_2SO_4 60～80g/L，十二烷基硫酸钠 0.05～1g/L，pH 5.0～5.6，温度 25～35℃，D_K 0.8～1.5A/dm²，时间 3～5min。

该配方适用于钢铁闪镀镍。

［配方 2］ $NiCl_2 \cdot 6H_2O$ 240～260g/L，HCl（36%）120～130mL/L，室温，D_K 为 2～5A/dm²，时间 30～90s。

该配方适用于不锈钢等易钝化基体预镀镍，基体可预先在浓盐酸中活化。

［配方 3］ $NiSO_4 \cdot 7H_2O$ 200～250g/L，柠檬酸钠 250～300g/L，NaCl 7～12g/L，H_3BO_3 20～25g/L，室温，D_K 1.0～1.2A/dm²，时间 4～6min，pH 7.0～7.2。

该配方适用于铝及锌合金预镀镍。

（2）常规镀镍

常规镀镍液容易维护，操作简便，沉积速度快，镀层脆性小，对厂房和设备腐蚀轻。常用常规暗镍工艺规范如下。

［配方 1］ 镀硬镍：$NiSO_4 \cdot 7H_2O$ 150g/L，NH_4Cl 20g/L H_3BO_3 25g/L，温度 50～60℃，pH 5.6～5.9，D_K 2～5A/dm²。

［配方 2］ 瓦特镀镍：$NiSO_4 \cdot 7H_2O$ 250～300g/L，$NiCl_2 \cdot 6H_2O$ 40～50g/L，H_3BO_3 35～40g/L，十二烷基硫酸钠 0.05～0.1g/L，pH 3.8～4.5，50～55℃，D_K 1.0～2.5A/dm²。

［配方 3］ $NiSO_4 \cdot 7H_2O$ 180～220g/L，NaCl 12～15g/L，H_3BO_3 25～30g/L，Na_2SO_4 80～100g/L，pH 5.0～5.6，温度 18～35℃，D_K 0.5～1.0A/dm²。

［配方 4］ 滚镀镍：$NiSO_4 \cdot 7H_2O$ 200～250g/L，NaCl 8～12g/L，H_3BO_3 40～50g/L，pH 4.0～4.6，温度 45～50℃，D_K 1.0～1.5A/dm²。

（3）镀液中各成分及操作条件对镀层性能的影响

① 主盐　硫酸镍（$NiSO_4 \cdot 7H_2O$）是镀镍液的主盐，浓度范围一般在 100～350g/L。当电镀液中含有铵离子时，所得镍层坚硬，因此复盐硫酸镍铵电解液有时用来制取硬度较高的镍层。

② 活化剂　最常用的阳极活化剂是氯化物，如氯化镍、氯化钾、氯化钠及氯化铵等。在这些氯化物中，Cl^- 通过在镍阳极的特性吸附，驱除氧、羟基离子及其他能钝化镍阳极表面的异种粒子，从而保证镍阳极的正常溶解，同时活化剂能提高镀液电导率和镀液分散能力。

氯化镍既能提供镍离子，又能提供氯离子，同时不增加其他金属离子，是较为理想的活化剂。考虑到价格因素，常使用氯化钠作为阳极活化剂，用量一般在 7～15g/L。氯离子含量过多，阳极溶解迅速，甚至直接使镍的金属微粒从阳极分离，沉积于槽底，或被吸附在阴极上，造成镀层堆镍，同时由于镀液中钠离子浓度增加，使镀层发脆，光泽度降低；氯化钠含量过低，阳极发生钝化，导致镀层质量低劣。在含镍铵复盐的电解槽中，可用氯化铵作活化剂。

③ 导电盐　硫酸钾和硫酸铵导电性好，硫酸镁稍差，但硫酸钾和硫酸铵一样，能与硫酸镍形成复盐（$NiSO_4 \cdot K_2SO_4 \cdot 6H_2O$），溶解度小，容易结晶析出，因此生产中常用硫酸钠和硫酸镁作导电盐。

硫酸镁还能使镀镍层白而柔软。$Na_2SO_4 \cdot 10H_2O$ 一般用量为 80～100g/L，$MgSO_4 \cdot 7H_2O$ 用量一般为 20～40g/L。

④ 缓冲剂　由于电镀镍液中阴、阳极电流效率不等，为防止生产中镀液酸度的急剧变化，常加入硼酸作缓冲剂，控制镀液的 pH 值。硼酸浓度一般控制在 25～50g/L，光亮镀镍中稍高。但硼酸含量过高，镀液温度较低时会结晶析出。

硼酸具有缓冲作用的同时，还能改善镀镍层与基体金属的结合力，提高阴极极化和镀液的导电性，使烧焦电流密度提高。

⑤ 防针孔剂　电镀镍过程中，由于阴极表面析出的氢气在电极表面滞留，极易在镀层中形成肉眼可见的微小针孔和麻点。为减少针孔的形成，需向镀液中加入防针孔剂。

普通镀镍可采用双氧水、过硼酸钠等氧化剂作防针孔剂，降低或消除阴极上析氢量，从而消除针孔。双氧水分解产物是水和氧气，无副产物生成，各厂普遍使用，一般每班用量在 0.1～0.2mL/L（30%的双氧水）。

⑥ 润湿剂　在镀镍液中，常采用阴离子型有机表面活性剂降低电极与镀液界面张力，使形成的氢气难以在电极表面滞留，以防止产生针孔和麻点。生产中常用润湿剂为十二烷基硫酸钠等，其用量约在 0.025～0.10g/L 之间。十二烷基硫酸钠易起泡，在有空气搅拌时，可采用 2-乙基己基硫酸钠或辛基硫酸钠等低泡表面活性剂。

⑦ 酸度（pH 值）　正常生产情况下，镀镍液 pH 值是缓慢上升的，如果 pH 值反复不定或不断下降，说明电镀液工作不正常。

当 pH 值低于 3 时，会猛烈放出氢气，甚至电流效率为 0。但当 pH 值超过 6 或者接近于中性时，又会生成氢氧化镍沉淀，夹杂于镍层中，使镀层剥落、发脆，深孔难以沉积等。

pH 值高时，用 3%硫酸溶液调整；pH 值低时，可加入 3%氢氧化钠调整。添加氢氧化钠时，易产生沉淀，应在不断搅拌下缓慢加入，用碳酸镍代替氢氧化钠效果更好。若调整 pH 值的数值较小，如在 0.2～0.4 范围内，可采用通电处理，但时间较长。如果需降低 pH 值，可采用小面积阳极，大面积阴极；提高 pH 值时，应采用大面积阳极，小面积阴极。以上两种电解处理方法，都采用低电压、小电流。

⑧ 搅拌　通过搅拌可增大电流密度，提高光亮度，减小毛刺，并使阴极表面的氢气易于逸出，减少针孔和麻点。

搅拌方式有阴极移动、压缩空气搅拌、连续循环过滤搅拌或三者相结合。阴极移动的速度常采用 15～20 次/min 左右，行程 100mm 左右；随着过滤设备性能的提高，连续循环过滤搅拌方式使用量在扩大，尤其对高质量电镀，该方式对保证镀液洁净度、减少镀层弊病有重要作用。过滤机可以采用滤芯式或滤袋式，过滤速度一般为 2～8 次/h，过滤精度 5～10μm。

⑨ 电流密度　施镀电流密度与镀液的温度、镍离子浓度、酸度及添加剂等有密切关系。常规镀镍都是在常温和稀溶液条件下进行，其电流密度可取 0.5～1.5A/dm^2；光亮、快速

镀镍是在加温和浓溶液的条件下操作，所采用的电流密度为2～3A/dm²。

⑩ 温度　温度对镀层内应力影响很大，当温度由10℃升至35℃时，镍层内应力迅速降低，而温度由35℃升到60℃，内应力降低较慢。当温度进一步升高，内应力则几乎不变。加温还可以使电镀液中各成分的溶解度增大，进而提高镀镍液浓度；同时，温度升高，镀液的电导率增加，电流效率提高，但阴极与阳极的极化作用均降低；温度升高使盐类的水解及生成氢氧化物沉淀的趋势增加，特别是铁杂质的水解，易形成针孔；镀液的分散能力降低。

目前生产中常规镀镍液的温度控制在20～40℃；光亮、快速镀镍一般控制在40～60℃。

6.2.2　电镀光亮镍

电镀光亮镍是在暗镍工艺中加入不同光亮剂，直接获得全光亮且具有一定整平性镀镍层的工艺。因此光亮镀镍的关键是光亮剂。

镀镍光亮剂包括初级光亮剂（第一类光亮剂）、次级光亮剂（第二类光亮剂）和辅助光亮剂。实际使用时可分开添加，也有复合型产品。

（1）第一类光亮剂的性能与应用

最常用的第一类光亮剂是磺酰胺；磺酰亚胺（糖精）；单、双、三苯磺酸；单、双、三萘磺酸；芳基磺酸（盐）；苯亚磺酸；炔磺酸（PS）等。它们的结构特征是含有乙烯磺酰基（—C═C—SO_2—）特征官能团，其中C—S链中硫的价态为四价或六价。它的性能主要表现在以下几方面。

① 能使镀层结晶明显细化，均匀光亮；能扩大光亮电流密度范围，但不能产生全光亮镀层。

② 能吸附在电极表面上，阻碍镍的沉积，使阴极极化，阴极电位负移，但电位负移值相对较小（平均为15～45mV），且当添加剂的浓度增至一定值后，电位不再随浓度变化。

③ 绝大多数的初级光亮剂能使镀层具有相当的含硫量，硫含量与初级光亮剂在镀液内的浓度符合等温吸附规律，即在一定温度、一定pH值时，开始镀层含硫量随初级光亮剂浓度增大而迅速增高，但当初级光亮剂浓度达到一定数值后，镀层含硫量却不再变化。第一类光亮剂也会使镀层的含碳量升高。

④ 与未加添加剂的瓦特镀液相比，加入第一类光亮剂后的镀层张应力降低（随其浓度的增加，还会转变为压应力），显示出良好的延展性。

对于同类型的化合物，其性能也各异。一般来说，芳磺酸比烷基磺酸更有效。但烷基磺酸对温度的升高不敏感，在高温下可以获得较好的光亮度。某些第一类光亮剂的水溶性很差，在很多情况下要用它们的钠盐，但钠离子含量过多对高效光亮镀镍不利，必须加以限制，因此添加剂中最好含钠量少或不含钠。

磺酰胺和磺酰亚胺在提高第二类光亮剂的光亮电流密度范围方面是最有效的。它们可以降低电解液对杂质的敏感程度，也能提高第二类光亮剂对杂质的允许量，尤其是改善低电流密度区金属杂质的影响，提高低电流密度区的光亮度。这类化合物中糖精仍是最杰出的代表。

（2）第二类光亮剂的性能与应用

最常用的第二类光亮剂有醛类，如甲醛、水合卤醛、磺基苯甲醛；炔类，如丁炔二醇及其炔烷氧基化合物（BOZ、BMP、BEO）、炔丙醇及其炔烷氧基化合物（PA、PAP、PME）、二乙基氨基丙炔物（DEP）；吡啶类，如吡啶磺酸盐（PPS、PPS-OH）、喹啉烷基羧酸盐；腈类，如丁二腈、氢氧基丙腈；染料等。它们的结构特征是含有不饱和基团，一般有醛基（—CHO）、酮基（>C═O）、烯基、炔基、亚氨基（>NH）、氰基（—C≡N）等。它的性能主要表现在以下几方面。

① 单独使用时能产生全光亮镀层，但光亮电流密度范围十分狭窄，不仅高电流密度区不能获得全光亮镀层，而且在大多数情况下，低电流密度区也不能产生全光亮镀层。

② 能被阴极表面强烈吸附，强烈阻碍镍的电沉积过程，使阴极电位负移，负移的数值与其在镀液中的浓度成正比。但当阴极过电压较大时（如超过 30mV），常使镀层脆性明显增大。因此第二类光亮剂浓度一般控制比较严格。过量添加剂除会增加镀层脆性外，还容易在低电流密度区还原，使金属在镀品的凹陷部分难以沉积，而造成“漏镀”。

③ 许多第二类光亮剂，除具有光亮作用外，还具有很好的填平作用，如 1,4-丁炔二醇、香豆素及某些吡啶衍生物。

④ 第二类光亮剂很容易被阴极还原，还原产物会混在镀层中，因而会增加镀层的含碳量或含硫量。

(3) 辅助光亮剂的性能与应用

随着对电镀件质量要求的提高及品种的丰富，对镀液的性能也提出了更高的要求。初级光亮剂和次级光亮剂配伍能获取光亮镀层，然而辅助光亮剂可以帮助满足镀层的更细致的要求，如：通过加辅助光亮剂可以使镍镀层走位更好，使镀层颜色更加丰富。常用的辅助光亮剂有以下几类。

① 走位剂　使镍镀层走位更好，有烯键或炔键磺酸钠类，如：丙炔磺酸钠主要作走位剂和抗杂剂用，但它本身也具有一定的光亮作用和整平作用，因此是辅助光亮剂中比较特殊和综合性能较好的一种；烯丙基磺酸钠是一种主要起走位的辅助光亮剂，我国的商品烯丙基磺酸钠多为固体，色白质优的烯丙基磺酸钠含量在 95%以上；乙烯基磺酸钠作用比烯丙基磺酸钠要好些。

② 润湿剂　作为镀镍溶液的润湿剂都是一些表面活性剂，有阴离子型和非离子型两种。

a. 十二烷基硫酸钠　镀镍溶液中用得最多的一种阴离子型表面活性剂，能使镀液溶液的表面张力降低，使吸附在阴极上的氢气泡容易逸出，从而可消除镀镍层的针孔麻点。十二烷基硫酸钠的本身质量和加入的方法会对镀镍层带来一定的影响。如酯化不彻底，成品中还存有未酯化掉的十二醇，溶解后的溶液是浑浊状的，加入后镀镍层就会发雾发花。另外若溶解不充分，也会引起镀层发花发雾或麻点。正确的方法应是先用少量水把粉状的十二烷基硫酸钠充分润湿，然后用沸水冲溶，或用隔套隔水加热。溶液也不宜配得过浓，一般以配制 5%左右浓度为宜。

b. 乙基己基硫酸钠　因其碳链较短且有支链结构，因此泡沫较少，既可用于阴极移动的镀镍槽，也可用于空气搅拌和循环过滤的镀镍槽。添加量挂镀为 1～2mL/L，滚镀为 0.5～1mL/L。

c. LB 低泡润湿剂　这是一种低碳链的具有双键结构的磺化产物，是一种阴离子表面活性剂和渗透剂，因是磺化产物，所以比乙基己基硫酸钠更稳定，具有极其良好的降低表面张力和渗透的作用，加到镀镍液中，具有比十二烷基硫酸钠和乙基己基硫酸钠更好的润湿效果，而且几乎不产生泡沫。因为它是一种磺化产物，所以在镀镍溶液中非常稳定，镀层不会出现发雾和发花现象。添加量挂镀为 1～2mL/L，滚镀为 0.5～1mL/L。

d. OP 乳化剂的磺化产物　OP 乳化剂经磺化成阴离子表面活性剂，它是一种镀镍溶液的极佳润湿剂。OP 乳化剂是一种非离子表面活性剂，由壬基酚或辛基酚与环氧乙烷缩聚而得。目前的 TX-10 是由壬基酚与环氧乙烷加成聚合而成的，化学式为 $R-C_6H_4-O-[OCH_2CH_2]_{10}H$ 。从化学结构式来看，因为其疏水基团较长，可见其表面活性比十二烷基硫酸钠和聚乙二醇要大。经过磺化加成，成为具有下列结构的阴离子表面活性剂，$R-C_6H_4-O-[OCH_2CH_2]_{10}SO_3Na$ 。亲水性更好。据说，这种润湿剂，不会使镀镍层发花，还有一定的光亮作用。

e. 脂肪醇聚氧乙烯醚硫酸酯钠盐（AES） 脂肪醇聚氧乙烯醚硫酸酯钠盐是非离子表面活性剂脂肪醇聚氧乙烯醚 $R-O-[OCH_2CH_2]_nH$ 与磺酸酯化，然后用氢氧化钠中和的产物。酯化后形成一种阴离子表面活性剂。其表面活性也较大，合适结构的AES是镀镍槽良好的润湿剂。加入量一般为0.0002～0.0008g/L。

f. 聚乙二醇 它在镀镍溶液中很稳定，不水解，不变质。相对分子质量小的聚乙二醇（相对分子质量要低于600）是镀镍溶液的一种良好润湿剂。相对分子质量分别为200、400和600，这三种聚乙二醇呈略带黏稠的液体，都是能够使用的；相对分子质量高于600的聚乙二醇会使镀层发脆。低相对分子质量聚乙二醇的添加量为0.01～0.1mL/L。

③ 其他辅助剂 ATP为S-羟乙基异硫脲氯化物，是一种白色或淡黄色的固体，它是一种含硫和含氮化合物，是镀镍溶液的深镀剂和杂质掩蔽剂。羧乙基硫脲嗡甜菜碱（ATPN），为白色晶状固体，含量≥98%作用与ATP大致相当，主要能提高低电流区遮盖力和杂质容忍性，能起到一定的走位作用。

(4) 典型光亮镀镍工艺规范

[配方] 硫酸镍（$NiSO_4 \cdot 7H_2O$）280～320g/L，氯化钠（NaCl）15～20g/L，硼酸（H_3BO_3）35～40g/L，糖精（$C_7H_4O_3NS$或柔软剂S-96）0.5～1g/L，1,4-丁炔二醇[$C_4H_4(OH)_2$] 0.2～0.5g/L，十二烷基硫酸钠（$C_{12}H_{25}OSO_3Na$）0.1～0.2g/L，温度50～55℃，pH 4.2～4.8，D_K 2.0～4.0A/dm^2，阴极移动25～30次/min。

(5) 光亮镀镍中的故障及管理

光亮剂比例失调是光亮镀镍中常见的故障，主要表现为初级光亮剂与次级光亮剂失去平衡，这是光亮镀镍中的主要问题。比例不当，会产生起泡、脱落甚至镀层脆裂。一般来说，初级光亮剂产生压应力，次级光亮剂产生张应力，如果配合得当，就可以获得应力很低的镀层，否则将使镀层恶化。但并不等于一种光亮剂过量，加另一种光亮剂即可抵消解决，它还关系到阴极吸附和镀层中夹杂物的含量。当光亮剂不足时，也会引起镀层光亮度的不足。一般情况下，次级光亮剂不足，会引起整个电流密度范围内镀层光亮不足，初级光亮剂不足，只会引起高电流密度端光亮度不足。

光亮镀镍中，光亮剂分解产物在多数情况下有害，初级光亮剂分解后以硫化物形式进入镀层，使镀层脆性增加，低电流密度区发暗。次级光亮剂丁炔二醇虽然没有分解产物，但用量过多，镀层发脆、易脱皮。

生产中，光亮剂必须遵循少加、勤加的原则，最好通过安培小时计自动计量添加，不具备条件的应充分利用赫尔槽试验后，再进行大槽添加。

(6) 杂质对镀镍层的影响及消除方法

电镀过程中，由于阳极泥渣、水质及操作过程带入等因素，容易造成镀液中杂质积累，对镀层质量产生影响。生产中应及时发现并进行适当处理，避免产生废品。

① 铁离子的影响及消除 铁杂质在镀液中主要以Fe^{2+}存在，容易形成极小的氢氧化亚铁胶体，胶体吸附Fe^{2+}而形成[$nFe(OH)_2$]Fe^{2+}微粒，向阴极移动，破坏镀镍层致密性和连续性，并夹杂在镀镍层中，使镀镍层孔隙增加，抗腐蚀性降低。在测量孔隙时，出现蓝色的假象斑点，会混淆对镀层的质量判断，同时还会产生纵向裂纹，导致脆性，特别是当铁含量大于0.1g/L时，这种现象尤为严重，此时溶液浑浊，阳极白色布变黄，镀层呈暗灰色，

孔隙成倍增加。

生产中可在 pH≈3 下，用 0.05～0.1A/dm^2 电流电解处理，也可用双氧水-活性炭法，即先将 pH 值调至 3～3.5，用 6%双氧水 5～10mL/L 将低价铁氧化成高价铁，同时将有机杂质部分分解，再加热至 65～70℃，保持 2h，使多余双氧水分解，以碱式碳酸镍（必要时可用 NaOH 溶液）调 pH 值至 5.5～6 以上，使氧化后的高价铁等最大限度地形成沉淀；加入粉状活性炭 0.5～1g/L，搅拌 2h，静置过滤；调 pH=3 左右，挂入清理过的阳极，以 0.1～0.5A/dm^2 电流电解 4～8h，直至瓦楞型阴极上镀层颜色均匀一致；分析并调整镀液成分、酸度，通过赫尔槽试验检验处理的效果，并补加开缸量 1/2～1/3 添加剂和开缸量的润湿剂。

还可采用高锰酸钾-活性炭法：预调 pH 值为 2.5 左右，在搅拌下加入 5%高锰酸钾溶液，至微红色；加温 65～70℃，保持 2h 以碱式碳酸镍（必要时可用 NaOH 溶液）调 pH 值至 5.5～6 以上，用 6%双氧水还原多余的高锰酸钾，并使锰沉淀为二氧化锰，加温 65～70℃除去多余的双氧水，其余同双氧水-活性炭法。

② 铜离子的影响及消除　镀液中铜离子除化学材料、镍阳极含微量的铜而带进以外，大部分来源于铜挂具在镀液中的溶解。因此，阳极的铜挂钩不能浸入镀液，并应在带电情况下挂入镀件。

铜的电位比镍正，电镀时以金属铜或合金的形式沉积出来，致使镍镀层疏松呈海绵状，色泽灰暗，条纹、孔隙较多；严重时工件出现置换铜，造成结合力不良。赫尔槽试验低电流密度区镍镀层发暗、发黑。镍镀液中铜含量应小于 0.01g/L。

生产中可用铁板阴极，采用 0.1～0.3A/dm^2 小电流长时间电解处理；也可采用化学法去铜，如加入铜含量两倍左右的喹啉酸，可使铜含量降至 1mg/L 以下，也可加入 2-巯基苯并噻唑等能与 Cu^{2+} 生成沉淀的物质，或在不断搅拌下缓缓加入 1～2mL/L 的商品 QT 或 CF 除铜剂，搅拌反应 1～2h 后，过滤除去。

③ 锌离子的影响及消除　微量锌即可使镍镀层呈白色，量增加可使镀层产生黑色、褐色条纹或全部变黑。pH 值较高的镀液，锌存在使镀层出现针孔。

可采用瓦楞形铁板作阴极，搅拌下以 0.2～0.4A/dm^2 电流电解；含量较高时，可调 pH 值为 6.0～6.2，利用细碎的白垩粉或碳酸钙 5～10g/L，加热至 70℃，搅拌 1～2h，使锌以碱式碳酸锌形式沉淀，镀液静止 24 小时过滤。经过这样的处理，铜离子也可部分被除去。正常生产中，锌离子含量不大于 0.02g/L。

④ 铬离子的影响及消除　铬离子主要来源于铬雾散落及挂具带入。微量铬酸的存在会使溶液的分散能力降低，镀层发黑，结合力不良；少量铬酸存在，则镀层不能沉积，阴极上大量析出气体。当铬含量为 0.01g/L 时，导致阴极电流效率下降 5%～10%，0.1g/L 使镍停止沉积。

通常用还原剂连二亚硫酸钠（$Na_2S_2O_4$，俗称保险粉）先将铬酸还原成三价铬：

$$2CrO_4^{2-} + S_2O_4^{2-} + 8H^+ \longrightarrow 2SO_4^{2-} + 4H_2O + 2Cr^{3+}$$

具体过程是：先用 3%的硫酸将镀液酸化到 pH=3，加入连二亚硫酸钠 0.2～0.4g/L，并充分搅拌；将镀液用 3%的氢氧化钠碱化到 pH=6.2，加热到 70℃左右；搅拌 1～2h，再测 pH 值，如有变化再调高至 6.2；静止 2～3h，过滤，在镀液中加入 6%的双氧水 1～2mL/L，除去过量的连二亚硫酸钠；最后用 3%的稀硫酸调整 pH 值到正常范围，通电电解一段时间后即可试镀。

⑤ 有机杂质的影响及消除　有机物的来源是多方面的，除化学材料外，还有有机光亮剂的分解产物等。

有机杂质易吸附于阴极表面并与重金属离子结合，改变阴极电位，增加氢气在阴极表面的吸附和析出。同时，也可能吸附在金属晶粒的棱角上，在电流较大的情况下阻止晶体生长，产生钝化或局部沉积不上镍，使镀层出现雾状、发暗或出现麻点、针孔等。

在处理铁杂质时，采用氧化-吸附联合法，有机物和铁同时被氧化除去。有机杂质较少时，也可采用在镀液中加入1～2g/L活性炭，用铅作阳极，在1.5～3A/dm^{2}高电流密度下阳极电解氧化除去。

若镀液中带入了动物胶，则可往镀液中加入0.03～0.05g/L的单宁酸，静止一昼夜，再用活性炭吸附过滤，可除去其中75%～85%的动物胶。经过这样处理的镀液，开始略带黄绿色，镀层产生脆性，通电处理一段时间，即可恢复正常。

⑥ 硝酸根离子的影响及消除　在阴极上硝酸根还原产生氨，近阴极区碱性增强，形成金属氢氧化物，其量随硝酸根离子浓度及电流密度的加大而增加。因此，即使在pH值较低时，也会形成海绵状沉淀或使镀层开裂，一般情况下镀层也会出现亮带或变暗，沉积速度减慢，镀层孔隙增多。

通电处理对硝酸根的去除比较有效。一般每0.1g/L硝酸根通1A·h的电量即可。通常在前5～6h，以D_K=0.5～1.0A/dm^{2}处理，然后降至0.1～0.3A/dm^{2}处理至正常镀层。

6.2.3 双层镀镍

由于镍镀层相对于钢铁来说为阴极镀层，且镍层本身孔隙率高，因此只有通过增加厚度来提高耐蚀性。在基体-镍-铬体系的防护作用中，其腐蚀机理示意如图6-1所示。

由图6-1可以看出，在钢铁基体上镀亮镍-铬镀层，腐蚀首先是从铬层的裂纹或孔隙中暴露出来的镍镀层开始。由于铬在镀层中能迅速形成一层致密的钝化层，钝化后的铬镀层电位会比镍镀层正，成为腐蚀原电池的阴极，而裸露的镍镀层为阳极，遭受腐蚀；当腐蚀穿透达到钢铁基体时，镍镀层与基体形成腐蚀微电池，此时镍为阴极，钢铁基体为阳极遭受破坏，产生红锈。

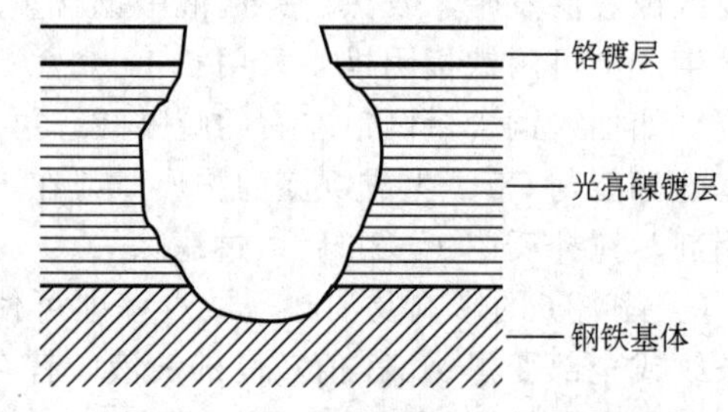

图6-1　镍-铬体系腐蚀机理示意

实践证明，含硫的添加剂不仅会增加镍层的亮度，而且也会使镀层的电位向负方向移动，镀层含硫量不同，电位亦不同。可通过调整镀液中含硫添加剂的种类及用量获得不同的电镀镍层，如半亮镍、亮镍及高硫镍。在不同电位组合的镍镀层上再镀铬，不仅可实现机械防护，而且还兼具有电化学保护作用，可大大提高镀层耐蚀能力，节省镍材。图6-2为双层镍组合设计镀层的耐蚀机理示意图。

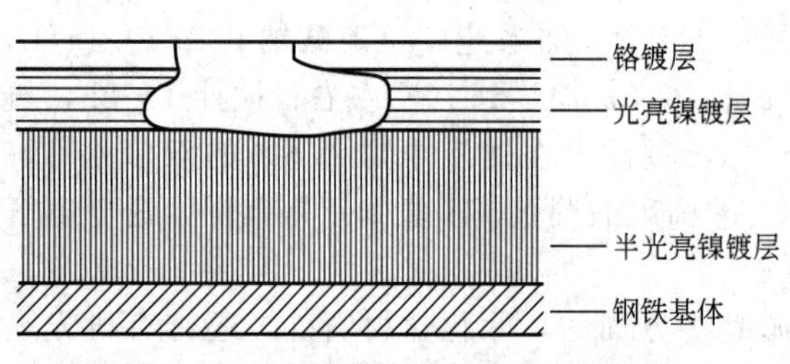

图6-2　双层镍铬体系腐蚀机理示意图

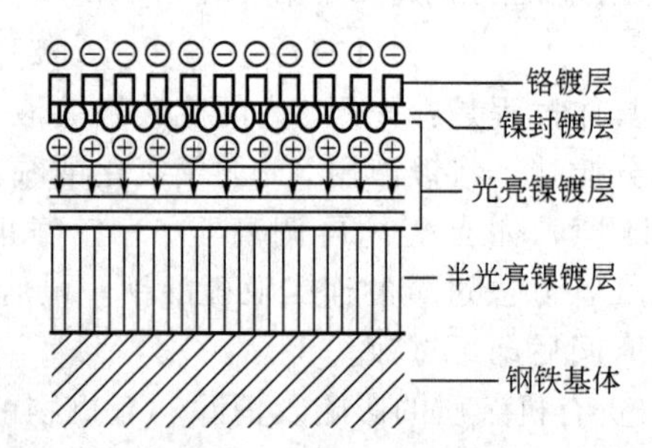

图6-3　半光亮镍镀-光亮镍-镍封-铬体系腐蚀机理示意

双层镀镍是选用无硫添加剂的半光亮镀镍（或普通镀镍层）做底层，再镀上一层光亮镍和光亮铬。从组织上看（图6-3），光亮镀镍层是层状结构，半光亮镍层是柱状结构，因此它们的厚度必须适当。一般认为要充分发挥双层镍的耐蚀性能，镀层总厚度不得低于25μm，半光亮镀镍镀层的厚度占总镍层厚度的2/3。对于要求既美观、耐磨又耐冲击的车辆零件，镀后应达40μm，由于半光亮镍基本不含硫（或硫含量低于0.005%），电位较正，光亮镍含硫高（0.04%～0.65%），电位负，因此当腐蚀介质穿过铬及光亮镀镍层到达半光亮镍时，形成局部腐蚀原电池，光亮镍部分为阳极，半光亮镍层为阴极得到保护，延缓了腐蚀介质向基体垂直穿透的速度，显著提高镀层对基体的防腐保护作用。

由腐蚀机理可知，保证双层镍耐蚀性的关键是维持双层镍的电位差。试验证明，只有当双层镍电位差在120mV以上时，效果才显著。双层镍产生电位差的关键是镀层中含硫量，因为光亮镍含硫量是很稳定的，一般不会因为添加剂种类与添加量而发生很大波动。因此实际施镀时，必须防止含硫添加剂污染半光亮镍镀液，并用STEP法经常测定双层镍电位差。在实际操作中，工件可由半光亮镀槽直接进入光亮镀槽，不经过水洗，动作要快，以防镍层钝化降低半光亮镀镍层和光亮镀镍层间结合力。

通常使用的双层镀镍配方如下，供参考。

	第一层	第二层
硫酸镍($NiSO_4 \cdot 7H_2O$)	240～280g/L	240～280g/L
氯化镍($NiCl_2 \cdot 6H_2O$)	45～60g/L	45～60g/L
硼酸(H_3BO_3)	35～40g/L	35～40g/L
十二烷基硫酸钠($C_{12}H_{25}SO_4Na$)	0.01～0.02g/L	0.05～0.2g/L
糖精($C_7H_4O_3NS$)		0.5～1.0g/L
1,4-丁炔二醇[$C_4H_4(OH)_2$]	0.2～0.3g/L	0.3～0.5g/L
乙酸(CH_3COOH)	1～3g/L	
温度	45～50℃	45～55℃
pH	4.0～4.5	3.8～4.4
D_K	3～4A/dm²	3～4A/dm²
搅拌	阴极移动	阴极移动

6.2.4 多层镀镍

(1) 半光亮镍/高硫镍/光亮镍

在双层镍，即半光亮镍与光亮镍中间冲击一层1μm左右的高硫镍，最后镀铬，形成的半光亮镍/高硫镍/光亮镍/铬镀层。

高硫镍中硫含量在0.1%～0.2%，其电位比亮镍负约40～60mV，光亮镍比半光亮镍负120～140mV。因此，腐蚀一旦发生，高硫镍将代替光亮镍层成为腐蚀原电池的阳极而优先腐蚀，使腐蚀在高硫镍层横向发展，从而保证三层镍即使在厚度较薄时仍能有很好的耐蚀性。

电镀三层镍中，一般半光亮镍厚度不应小于总厚度的50%，全光亮镀层厚度不少于总厚度的20%，高硫镍厚度应低于或等于总厚度的10%。生产中，应尽可能减少镀层在空气中的停留时间，以免镀层钝化影响镀层结合力。

为保证高硫镍的硫含量，一般采用萘胺磺酸及氰基或酰氨基烷基磺酸添加剂，现列举工艺规范供参考。

硫酸镍($NiSO_4 \cdot 7H_2O$)	320～350g/L	硼酸(H_3BO_3)	35～45g/L
氯化镍($NiCl_2 \cdot 6H_2O$)	30～50g/L	十二烷基硫酸钠	0.05～0.15g/L

（$C_{12}H_{25}OSO_3Na$）		温度	45～50℃
糖精（$C_7H_4O_3NS$）	0.8～1.0g/L	pH	2.0～2.5
1,4-丁炔二醇[$C_4H_4(OH)_2$]	0.3～0.5g/L	D_K	3～4A/dm^2
苯亚磺酸钠	0.5～1.0g/L		

（2）半光亮镍/光亮镍/镍封

镍封也称镍封闭，是一种复合电镀工艺。在光亮镀镍液中，添加适量 0.01～0.5μm 的非金属硬质不溶物，如氧化硅、氧化铝、碳化硅及医用硫酸钡等，通过搅拌使微粒均匀地悬浮在电镀液中，电镀过程中，与金属镍共同沉积，并嵌入镀层组织形成的复合镀层称为镍封闭镀层。由于微粒不导电，因而镀铬时微粒处不能沉积，使表面铬层成为高微孔形式，即所谓微孔铬。微孔数在 40000～60000 个/cm^2 最为理想，微孔数过少，耐蚀性提高不明显；微孔数过多（如超过 80000 个/cm^2），铬层出现倒光现象，影响装饰性。镀铬层也不宜过厚，一般为 0.25μm 左右，如果铬层过厚，会在微孔上出现搭桥现象，起不到微孔铬的目的。

半光亮镍/光亮镍/镍封/铬层的耐蚀机理示意图如图 6-3 所示。在电化学腐蚀过程中，铬为阴极，镍为阳极，由于微孔铬表面有无数的微孔将阴极“切割”得很小，形成了有利于防腐的“小阴极大阳极”结构，使得腐蚀电流几乎被分散到整个镍的镀层上，阳极的电流密度变小了，实现了腐蚀电流的分散，减慢了镍层腐蚀速度；同时，镍封闭后镀铬，铬层对下层不会产生应力，也减少了应力腐蚀。

镍封闭电镀液成分和工艺条件如下配方所示。

硫酸镍（$NiSO_4 \cdot 7H_2O$）	240～280g/L	温度	45～50℃
氯化镍（$NiCl_2 \cdot 6H_2O$）	45～50g/L	pH	3.4～4.0
硼酸（H_3BO_3）	35～40g/L	D_K	3～4A/dm^2
糖精（$C_7H_4O_3NS$）	1.2～1.5g/L	时间	3～5min
1,4-丁炔二醇[$C_4H_4(OH)_2$]	0.2～0.3g/L	搅拌	压缩空气搅拌
硫酸钡（$BaSO_4$）	40～60g/L		

（3）半光亮镍/光亮镍/高应力镍

高应力镍镀于光亮镍层上，厚度约为 1～2μm，由于镀层应力大而容易龟裂产生裂纹，使随后电镀的铬镀层同样产生微裂纹，成为微裂纹铬。在腐蚀介质下，微裂纹部位形成无数个微电池，腐蚀电流分散在微裂纹处，镀层的耐蚀能力提高。微裂纹通常为 500～2000 条/cm^2 较好。

高应力镍通常是氯化物镀液，仅举一例说明高应力镍工艺规范供参考。

氯化镍（$NiCl_2 \cdot 6H_2O$）	220g/L	pH	3.5
乙酸铵（NH_4Ac）	60g/L	温度	30～45℃
3-吡啶甲醇	0.4mL/L	D_K	5～15A/dm^2
润湿剂	1g/L	时间	0.5～5min

生产中，温度影响裂纹密度，温度高，裂纹密度低；温度低，高电流密度区易烧焦。电流密度高，裂纹密度高，电流密度过高，高电流区边角镀层脆性大，易剥落。一般控制在 5～8A/dm^2。镀后在热水中浸 2～3min，可加速裂纹形成。

6.2.5 其他镀镍工艺

（1）氨基磺酸盐镀镍

氨基磺酸盐镀镍具有沉积速率快、内应力低、硬度中等以及优越的延展性，广泛应用于电铸、印制电路板镀金、镀银前的衬底镀镍层和模具制造等行业。

典型的工艺配方如表6-9所示。

表6-9　氨基磺酸盐镀镍工艺规范

镀液组成和工艺条件	配方				
	1	2	3	4	5
氨基磺酸镍 $Ni(NH_2SO_3)_2 \cdot 4H_2O$ /(g/L)	250～300	350～500	600	650～780	300～400
氯化镍 $NiCl_2 \cdot 6H_2O$/(g/L)	15～30		10	6～8	25～35
硼酸 H_3BO_3/(g/L)	30～40	35～45	40	36～48	30～45
pH值	3.5～4.2	3.5～4.5	3～5	4.0	3.5～4.5
温度/℃	35～40	45～60	25～70	60～70	40～60
阴极电流密度/(A/dm)	1.5～5.0	2.5～12	15(25℃)/32(75℃)	5～80	10
阳极	电解镍板	含硫镍块阳极	含硫镍块阳极	含硫镍块阳极	含硫镍块阳极
电源	直流	直流	直流	直流	脉冲(导通时间0.1ms，关断时间0.9ms)

在氨基磺酸盐电解液中主盐是氨基磺酸镍，其浓度与沉积层结晶状况、性能和沉积速度密切相关，随着主盐浓度的提高，镀层的应力逐渐减少。一般来说，镀液浓度越高，黏度越大，槽电压越高，且带出损失增大。镀液中氯化镍用于保证阳极的正常溶解，并补充电镀时主盐离子的消耗，其用量不能超过30g/L，氯离子浓度过高会增加镀层的应力。硼酸不仅具有缓冲的作用，而且还能提高镀液的极化作用，改善镀层质量。

镀液的pH值一般控制在3.5～4.0为宜，适当提高pH值有利于镍的沉积，但太高阴极会出现碱式镍盐的沉淀，也会产生金属杂质的夹杂，导致镀层粗糙、毛刺和脆性增加。pH值太低时氢气析出增加，镀液电流效率下降，镀层灰暗有针孔。降低pH值用氨基磺酸或盐酸（注意氯离子的浓度），提高pH值用碳酸镍或碱式碳酸镍，加入方法是将它们放入过滤袋中挂入镀槽内，使其缓慢溶解，且不可将固体物直接放入镀槽内，当pH值达到要求后取出滤袋，水洗烘干备用。

镀液采用电热管加热并辅助空气搅拌和循环过滤，强化了离子的运动速度和镀液中离子浓度的均匀一致，也使镀件表面的氢气泡容易脱离，防止形成“气带”的现象；浓度极化作用下降可适当开大电流，增强电化学极化作用，在提高镀层质量的同时强化生产效率。镀液的温度提高亦有利于镀层应力的降低，改善液的分散能力和深镀能力，使镀层分布均匀。空气搅拌应选用无油空气压缩机，空气流速过大会导致溶液速度太快而降低镀液的分散能力。连续过滤能及时清除镀液中的杂质，滤芯采用精度为10μm的聚丙烯滤芯，过滤机的能力应满足每小时至少将全部镀液过滤一次。

施镀电流密度的提高有利于阴极电流效率的增加，对拼板面积较大的印制板，由于其中心区域和边缘高电流区的电流密度可相差几倍，故实际操作时可取平均的电流密度。在电源的选择上，由于高频开关电源纹波因数值小于1%，电压电流调控精确，能保持稳定的电流密度，在印制电路板的电镀上利于实现导线细、密度高、细孔径化等技术特点。

（2）柠檬酸盐镀镍

柠檬酸盐镀镍液近中性，也称为中性镀镍，主要用于锌合金压铸件的预镀镍使用。镀液是以柠檬酸钠为主络合剂的络合体系，所获得的镀镍层较为细致，略具半光亮。

典型的工艺配方如表6-10所示。

表 6-10　柠檬酸盐镀镍工艺规范

镀液组成和工艺条件	配方			
	1	2	3	4
硫酸镍 $NiSO_4 \cdot 6H_2O$/(g/L)	150～200	120～180	90～100	120～180
氯化镍 $NiCl_2 \cdot 6H_2O$/(g/L)				15～20
柠檬酸钠 $Na_3C_6H_5O_7 \cdot 2H_2O$/(g/L)	150～200	110～130	110～130	150～200
氯化钠 NaCl/(g/L)	12～15	10～15	10～15	
硼酸 H_3BO_3/(g/L)			20～30	
硫酸镁 $MgSO_4 \cdot 7H_2O$/(g/L)	20～30	10～20		
硫酸钠 Na_2SO_4/(g/L)				20～25
LB 低泡润湿剂/(mL/L)	1～2			
pH 值	6.8～7.0	6.5～7.0	7.0～7.2	6.5～7.0
温度/℃	35～40	35～40	50～60	30～40
阴极电流密度/(A/dm²)	0.5～1.2	0.5～1.2	1～1.5	0.5～1.2

(3) 装饰镀镍

电镀镍层除用于功能性电镀，多层组合防腐蚀设计的重要组合镀层外，还可通过工艺组分及规范的调整获得不同装饰外观的镀层。

① 珍珠镍　又称缎面镍、沙丁镍、麻面镍。镀层乳白哑光中略带光泽，色泽柔和典雅像绸缎，避免了使眼睛产生疲劳，可取代耀眼金属光泽的装饰性镀层，用于汽车、摩托车、家用电器等的零部件和装饰件。在珍珠镍镀层上电镀装饰性铬、光亮银或光亮金可形成沙铬、沙银或沙金。珍珠镍结构细致，孔隙少，内应力低，耐腐蚀性好，而且耐触摸及耐刻痕能力极佳，广泛用于防护-装饰性电镀的表层。常见配方及工艺规范供参考。

[配方 1] 硫酸镍 250～350 g/L，氯化镍 40～65 g/L，硼酸 35～40 g/L，对甲苯磺酰胺2～3 g/L，三氧化二铝（粒径 0.1～1μm）50～120 g/L，聚乙二醇 0.1～0.5 g/L，乙二胺四乙酸 4～6 g/L。镀液 pH 值 3.8～4.6，温度 45～60℃，强烈空气搅拌，阴极电流密度1～4A/dm²。

[配方 2（上海永生助剂厂配方）] 硫酸镍 420～480 g/L，氯化钠 10～12 g/L，硼酸 35～40 g/L，STL-1 辅助添加剂 10～12mL/L，STL-2 缎面形成剂 1.0～1.2mL/L。镀液 pH 值 4.0～4.8，温度 55～60℃，阴极移动 10～12 次/min，阴极电流密度 2～6A/dm²，时间 10～15min。适于挂镀。

[配方 3（安美特化学有限公司配方）] 硫酸镍 500～580 g/L，氯化镍 30～40g/L，硼酸 40～50g/L，SSN·100 开缸剂 10～15mL/L，SSN·100 辅助剂 5～8mL/L，SSN·100 起沙剂 0.6～1.2mL/L。镀液 pH 值 4.0～4.8，温度 50～55℃，滚筒转速 5～12r/min，阴极电流密度 0.6～6A/dm²，适于滚镀。

② 黑镍　黑镍不仅具有尊贵的装饰性外观，而且还具有良好的消光作用，在光学仪器、摄像、电信器材及太阳能集热板的生产中有所应用。黑镍镀层一般为 2μm 左右，耐蚀性差，镀后需涂漆或浸油处理，常见配方及工艺规范供参考。

[配方 1] 硫酸镍 70～100g/L，硫酸锌 40～50 g/L，硼酸 25～35 g/L，硫氰酸钾 25～35 g/L，硫酸镍铵 40～60 g/L。镀液 pH 值 4.5～5.5，温度 30～36℃，阴极电流密度 0.1～0.4A/dm²。

[配方 2] 硫酸镍 120～150g/L，钼酸铵 30～40 g/L，硼酸 20～25g/L。镀液 pH 值 4.5～5.5，温度 24～38℃，阴极电流密度 0.15～0.3A/dm²。

电镀黑镍时工件要带电入槽，避免中途断电；挂具使用 2～3 次后应用盐酸退镀，防止电接触不良；钢铁件电镀黑镍前应先镀铜、镍、黄铜或锌，不仅需要有足够的光亮度且还要有一定的厚度（至少 5μm），以提高工件抗蚀性和避免拉丝露底，并可确保黑镍层黑而亮。

③ 枪色 枪色镀镍是一种铁黑色闪现寒光的色调，类似于钢枪表面，故而得名。枪色电镀层很薄，约为2μm，一般在亮镍或光亮铜、青铜等镀层上施镀，做外表面装饰层使用。为了提高耐蚀性，镀后需涂覆透明涂料保护。在装饰性镀层的工艺设计上，可将枪色与其他色调搭配，进行镶色处理，使产品实现不同的花色变化。也可在枪色下采用铜或黄铜做为底镀层或中间层，通过刻、刷或拉去掉一些枪色，形成拉花的效果，使色调神韵超然，用于高档灯具或球形门锁等。若在薄的枪色前镀上沙镍，通过沙镍对光线的柔和散射透过半透明的枪色，可使表面黑色闪现一种似珍珠光的氛围，在电镀层中十分难得，被美称为黑珍珠，更富有动感与活力。

枪色获得的关键是添加剂，可通过在电镀镍、锡镍合金或锡钴合金加入一种或几种有机添加剂来实现。添加剂可为含硫氨基酸（如蛋氨酸、胱氨酸等）。资料报道，由锡镍合金获得的枪色镀层比单金属镀镍获得的枪色镀层结晶更为细致、硬度更高、耐磨性和耐蚀性更为优良，且不易变色。常见配方及工艺供参考。

[配方1]（上海永生助剂厂配方）PBN枪色镍盐95～105g/L，PBN增黑剂8～12g/L，镀液pH值5.5～6.0，温度15～36℃，阴极电流密度0.5～1.0A/dm²，时间2～5min，阳极镍板。

[配方2] 氯化镍40～50g/L，氯化亚锡4～10g/L，焦磷酸钾250～300g/L，柠檬酸铵20～25g/L，发黑剂1～2g/L，调整剂30～40mL/L（广州美迪斯新材料有限公司），镀液pH值7.0～8.5，温度30～55℃，阴极电流密度0.5～2.0A/dm²，时间1～5min，阳极碳板。

[配方3] 氯化镍40～50 g/L，氯化亚锡5～15g/L，焦磷酸钾200～270g/L，XSN-1枪色镀镍添加剂30mL/L，XSN-2含硫聚胺化合物溶液20mL/L（厦门大学研制），镀液pH值9.0～9.5，温度30～50℃，阴极电流密度1.0～2.0A/dm²。

6.2.6 不合格镀层的退除

（1）化学退除法

铜及合金上镍镀层退除：

乙二胺	200mL/L	pH	8(用冰醋酸调)
间硝基苯磺酸钠	60g/L	温度	80～100℃
硫氰酸钾	1g/L		

钢铁零件上铜镍层退除：

浓硝酸	9份(体积)	温度	室温
浓盐酸	1份(体积)	时间	全部退除为止

以上溶液不能加水，否则会腐蚀钢铁基体。若退除过程中取出查看，应浸浓盐酸后再退。此法对钢铁基本无腐蚀。

（2）电解退除法

基体为钢铁，镀层为Cu-Ni-Cr的一次退除：

硝酸铵	80～150g/L	D_A	20～30A/dm²
氯化钠	15～25g/L	温度	15～25℃
三乙醇胺	80～120g/L	阴极	铁板或钢铁

铜及合金上镍镀层退除：

盐酸	40～90mL/L	温度	室温
氯化钠	5～15g/L	阴极	石墨或不锈钢
D_A	4～6A/dm²		

6.3 电镀铜

铜是一种紫红色的金属，具有良好的延展性、导热性和导电性，相对原子质量 63.54，密度 8.93g/cm^3，一价铜的电化学当量为 2.372g/(A·h)，二价铜的电化学当量为 1.186 g/(A·h)。

铜镀层是美丽的玫瑰色，质软、易抛光，在空气中易氧化失光，加热时尤甚。铜易溶于硝酸、铬酸及加热的浓硫酸中，在盐酸和稀硫酸中反应很慢，能被碱浸蚀。与空气中的硫化物作用生成黑色的硫化铜，在潮湿的空气中，与二氧化碳或氯化物生成绿色的碱式碳酸铜（铜绿）或氯化物膜。由于铜的标准电极电位比锌、铝及铁正得多，因此，在锌、铝、铁金属上镀铜是阴极性镀层。

铜镀层均匀、细致，用途广泛，主要作为镀镍、镀锡、镀银和镀金的底层或中间层，以提高基体金属和表面镀层的结合力，还可以减少镀层孔隙，提高镀层的防腐蚀性能；装饰性镀铬时，常采用厚铜薄镍镀层，以节约金属镍；镀铜在热处理工艺中用于钢铁局部防渗碳；电子行业，用镀厚铜的钢丝线（CP 线）代替纯铜线作为电子元件的引线，以便于采用机械手实现自动化装配，还可用于印刷线路板通孔的金属化。由于铜与塑料的膨胀系数接近，因此，在塑料电镀中，常用化学镀铜层作为导电层，铜镀层具有应力小、机械强度高、与塑料基体的结合力好等特点；铜镀层经过着色或防变色处理后，也可作为表面层。

目前，工业应用的镀铜（copper plating）工艺主要有氰化镀铜、酸性镀铜和焦磷酸盐镀铜。随着清洁生产要求的提高，最近也出现了一些新的代氰铜工艺，但还不成熟，有待于进一步研究开发。

6.3.1 硫酸盐镀铜

硫酸盐镀铜是应用最广泛的无氰镀铜工艺，具有成分简单、成本低、维护方便、废液处理简单等优点，加入添加剂后，可直接获得光亮镀铜层，从而省去了机械抛光工序。该工艺广泛应用于防护装饰性电镀、塑料电镀、电铸以及印刷线路板金属化加厚镀层和图形电镀的底层。

钢铁件在硫酸盐镀铜液中会产生疏松的置换铜层，严重影响镀层的结合力；锌压铸件、铝及其合金也会受镀液的腐蚀，因而在活泼性较强的基体上不能直接镀光亮酸铜。此外，酸铜也不适于复杂件的电镀。

（1）电极过程

硫酸盐镀铜的电极反应很简单，阴极主要为：

$$Cu^{2+}+2e^- \longrightarrow Cu$$

当阴极电流密度过小时，有可能发生 Cu^{2+} 的不完全还原，产生 Cu^+：

$$Cu^{2+}+e^- \longrightarrow Cu^+$$

当阴极电流密度过大时，可能析氢。

阳极的主要反应为铜溶解为 Cu^{2+}：

$$Cu-2e^- \longrightarrow Cu^{2+}$$

当电流密度过小时，可能发生铜的不完全氧化：

$$Cu-e^- \longrightarrow Cu^+ ;\ 2Cu^+ \longrightarrow Cu^{2+}+Cu$$

此时生成的铜为铜粉，还可以与新生态的氧作用，生成Cu_2O，悬浮在镀液中。金属铜粉和氧化亚铜对光亮镀铜十分不利。

(2) 硫酸盐镀铜工艺规范及影响镀层质量的因素

① 镀液成分及工艺条件　酸性镀铜工艺主要由硫酸、硫酸铜、少量Cl^-和添加剂组成。基础配方大致相同，硫酸铜含量为150～220g/L，一般控制在180～190g/L为宜；硫酸含量可在较大范围变化，生产中通常控制在50～70g/L；Cl^-含量适宜为0.02～0.08g/L。

② 影响镀层质量的因素

a. 硫酸铜　镀液的主盐，根据其浓度不同，常用的酸性镀铜液分为两类，即用于零件电镀的“高铜低酸”镀液（$CuSO_4 \cdot 5H_2O$ 180～250g/L，H_2SO_4 40～70g/L）和用于印刷线路板电镀的“高酸低铜”镀液（$CuSO_4 \cdot 5H_2O$ 80～120g/L，H_2SO_4 180～220g/L）。前者允许的阴极电流密度较大，镀层整平性高、镜面光亮、韧性好，但硫酸少，镀液的电导率低，分散能力差，适于装饰性电镀；后者镀液具有极好的分散能力和覆盖能力，很适合穿孔电镀，镀层均匀细致、韧性好。

b. 硫酸　导电盐，可增加镀液的电导率，利于阳极的正常溶解，防止铜盐水解，改善镀层结晶组织。在新配液时，250mL赫尔槽2A搅拌电镀3min，记下试验电压。取生产槽液于同条件下试验，若电压上升0.3～0.5V，则应补加硫酸至原电压值。

c. 氯离子　它是阳极活化剂，可促进阳极正常溶解，抑制Cu^+的产生，提高镀层光亮、整平能力、降低镀层内应力。含量过低，产生光亮树枝状条纹镀层，镀液的整平性能和镀层的光亮度下降，高电流密度区易烧焦，镀层易出现沙点或针孔。过高时，无论添加多少光亮剂，镀层不光亮，阳极表面出现白色胶状薄膜；阳极磷铜上生成的黑膜过厚，溶解不良，阳极易钝化。氯离子在电镀生产中的允许范围根据条件的不同有所差异。如与不同光亮剂的组合，其值不同，可能是组分间与氯离子的协同效果不一样。因此最好以纯水配制镀液，以分析纯的氯化钠配制成含氯离子5mg/mL的溶液，通过赫尔槽试验调整得到其最佳值；不同液温条件下，最佳氯离子含量不一样，一般液温高时，氯离子含量应偏低，否则镀层易发雾。生产中的原则是“就低不就高”。

镀液中过多的氯离子除去比较困难，因此，无论配制或补充镀液必须用去离子水，同时镀铜前的活化不能用盐酸，而应用硫酸。氯离子过多时，先将镀槽内阳极及阳极袋取出，可采用下列方法之一除去。

ⓐ 银盐除氯法　用硫酸银或碳酸银与过多的氯离子反应生成氯化银沉淀，过滤除去。每10mg氯离子需硫酸银45mg或碳酸银31mg。此法效果好，费用高。

ⓑ 锌粉除氯法　锌粉可将Cu^{2+}还原为Cu^+和铜粉，Cu^+与氯离子反应生成氯化亚铜沉淀而除去。每10mg氯离子需锌粉27mg。处理时，将锌粉调成糊状，边搅拌边加入镀液内，静止30min，再加入1.5g/L粉末活性炭，搅拌30min，静止数小时过滤。此法费用低，但锌离子在镀液中易积累，当达到20g/L时，使阴极电流密度变窄。

d. 镀铜添加剂　它可使镀层达到全光亮，使镀液稳定、产品合格率和生产效率提高。但在选择或配制添加剂时，必须搞清楚镀层对添加剂的要求，如装饰性镀层，更重视镀层的起光速度和高整平性；防护性镀层更重视镀层的整平性、柔韧性；线路板镀层需要极好的低电流区效果，镀层分布均匀和延展性好等。

镀铜添加剂主要由载体、光亮剂、整平剂和润湿剂四部分组成，各部分的作用又不能完全分开。

载体多为表面活性剂，加入到溶液后，能吸附在电极表面，降低界面张力，增强溶液对电极的润湿作用，减少针孔，还能增大阴极极化，但单独使用不能获得光亮镀层。常用的有聚醚类化合物、乙二胺的四聚醚类阴离子化合物、聚乙烯亚胺的季铵盐等，产品有聚乙二醇（M=6000～10000）、OP类非离子表面活性剂、PN（聚乙烯亚胺烷基盐）等。使用时，常常采用几种载体组合，达到最佳效果。一些载体同时具有润湿作用，如OP类、聚乙二醇等。载体光亮剂有的易在镀铜层表面形成一层薄膜，影响铜与镍的结合力，需在30～60℃下，浸入氢氧化钠30～50g/L、十二烷基硫酸钠2～4g/L溶液中进行5～15s脱膜。

光亮剂主要是聚硫有机磺酸盐，其通式可写为R_1—S—S—R_2，其中R_1为芳香烃、烷烃或烷基磺酸盐，R_2为烷基磺酸盐或杂环化合物。该类光亮剂主要作用是提高阴极电流密度、使镀层晶粒细化，与载体、润湿剂及整平剂配合使用，可使镀层全光亮，其用量一般为0.01～0.02g/L。含量过高，易使镀层产生白雾，低电流密度区发暗；过低，镀层光亮度下降，镀件边缘易烧焦。常用的有苯基聚二硫丙烷磺酸钠、聚二硫二丙烷磺酸钠（SP）、甲苯基聚二硫丙烷磺酸钠、二羟基聚二硫丙烷磺酸钠、噻唑啉基二硫丙烷磺酸钠等。几种光亮剂的结构如下。

聚二硫二丙烷磺酸钠（SP）：$NaSO_3(CH_2)_3$—S—S—$(CH_2)_3SO_3Na$

苯基聚二硫丙烷磺酸钠（S-9）：

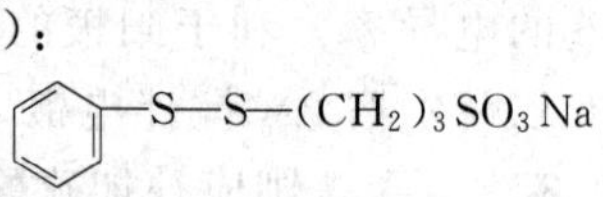

C_6H_5—S—S—$(CH_2)_3SO_3Na$

噻唑啉基二硫丙烷磺酸钠（SH-110）：

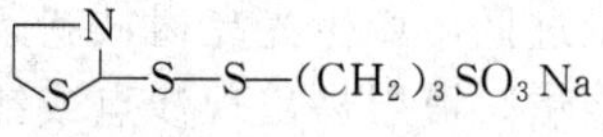

（噻唑啉基）—S—S—$(CH_2)_3SO_3Na$

整平剂是在一定电流密度下，特性吸附在阴极表面上，增大阴极极化，主要作用是改善镀液的整平能力，并可改善铜镀层低电流密度区光亮范围。整平剂主要是巯基杂环化合物、硫脲衍生物及染料。常用的有2-四氢噻唑硫酮、亚乙基硫脲（N）、2-巯基苯并咪唑（M）、2-巯基苯并噻唑、甲基咪唑烷硫酮、乙基硫脲等；在含有机硫化合物和聚醚化合物的镀铜液中，加入某些有机染料，如甲基紫、偶氮二甲基苯胺等，还可提高镀液的操作温度。一些常用整平剂的结构如下。

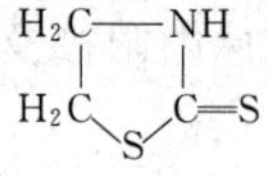

2-四氢噻唑硫酮 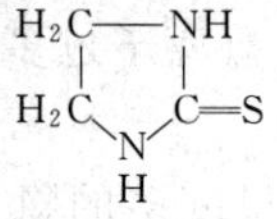　　亚乙基撑硫脲（N） 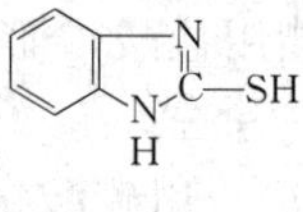　　2-巯基苯并咪唑（M）

镀铜添加剂必须配合使用，才能起到协同作用，镀层达到光亮、平整、细致的作用。

光亮镀铜、半光亮镀铜均使用含磷0.035%～0.07%的磷铜板，不能使用电解纯铜板。因为电解铜板很容易溶解，阳极电流效率大于理论值，使镀液中铜含量逐渐增加；另一方面，纯铜阳极溶解时产生少量Cu^+，Cu^+在镀液中很不稳定，通过歧化反应分解为Cu^{2+}和铜粉，后者附在阳极上部分脱落，成为泥渣，电镀过程中共沉积在镀层上，成为毛刺；此外，Cu^+还影响镀层的光亮度和整平性。在纯铜中加入少量磷作为阳极，在硫酸盐光亮镀铜中，通过短时间电解，阳极表面生成一层具有导电性能的Cu_3P黑色胶状膜。该膜的孔隙可允许铜离子自由通过，降低了阳极极化，加快Cu^+的氧化，阻止了Cu^+的积累，又可使阳极的电导率稍有下降。电镀时，阳极的铜有98%转化为镀层（纯铜只有85%），使阴阳两极电流效率趋于接近。同时，还阻止了歧化反应，几乎不产生铜粉和泥渣，这样镀铜层不产生毛刺。但含磷量不宜过高，否则黑色胶膜增厚不易溶解，导致镀铜液铜离子浓度降低，低电流密度区光亮度差。严重时，黑色胶膜从阳极上脱落，污染镀液，还会堵塞阳极袋造成槽电压升高，镀铜层出现细麻纱状。

由于镀液中产生少量 Cu^{+}，用空气搅拌，通过氧气氧化可使 Cu^{+} 转化为 Cu^{2+}，但采用阴极移动时，必须每个班次在镀液中添加 15%左右双氧水 0.2～0.4mL/L，将 Cu^{+} 氧化为 Cu^{2+}。但此时镀液中硫酸会降低，应通过分析，及时调整。

为了防止阳极中的杂质掉入镀液影响镀层质量，必须用 747 号或 731 号涤纶布将阳极包住。

温度对镀层光泽性有明显影响。一般随着温度升高，光亮电流密度也相应升高，即低电流区半光亮扩大，光亮区向高电流区扩展，并且光亮剂的消耗也相应增加。当上升到 40～50℃以上时，添加剂部分被破坏，光亮作用消失。温度过低时，硫酸铜易结晶析出，阳极也易钝化，所以一般控制温度在 10～40℃。

硫酸盐镀铜电流密度范围较宽，而且与镀液温度、浓度、搅拌密切相关。光亮电流密度范围随着镀液中硫酸铜含量的降低、硫酸含量的增加而缩小，随着温度的升高、搅拌加强，光亮电流密度范围增大。镀液长时间超负荷工作，镀层易出现光亮度差、不均匀、添加剂消耗太快、阳极易钝化、槽液电阻较大等问题，因此，每升槽液的电流最好不要超过 0.5A。

阳极电流密度对于镀液的稳定性和镀层质量也有明显影响。当阳极电流密度过高时，镀层光亮度差，添加剂的消耗也快，且易钝化，因此当使用大电流电镀时阳极面积必须充足。

光亮镀铜工艺都要使用阴极移动或空气搅拌，以消除浓差极化，以便采用较高的阴极电流密度，加快镀速。搅拌的同时，最好采用连续过滤。

6.3.2 焦磷酸盐镀铜

焦磷酸盐镀铜（copper pyrophosphate plating）镀液分散能力和覆盖能力好，镀层结晶细致，阴极电流效率高，工艺范围较宽，易于控制。镀层沉积速度较高。适合于铁、锌等基体镀厚铜层和塑料金属化电镀。电镀时，无剧毒或刺激性气体逸出，在国内外均获得较广泛应用。但焦磷酸盐镀铜液浓度较高，配制时费用大；因镀液无活化能力，结合力不好，钢铁、锌合金等零件一般不能直接进行焦磷酸盐镀铜，需进行预镀、预浸等处理；长时间使用，会造成正磷酸盐积累，沉积速度显著下降，而且废水难以处理。

(1) 焦磷酸盐镀铜的电极过程

焦磷酸盐镀铜液属于络合物电解液，镀液 pH 值控制在 8～9。此时，铜离子主要以 $[Cu(P_2O_7)_2]^{6-}$ 形式存在，阴极的主要反应为：

$$[Cu(P_2O_7)_2]^{6-}+2e^- \longrightarrow Cu+2P_2O_7^{4-}$$

同时，阴极上还有析氢的负反应：

$$2H_2O+2e^- \longrightarrow H_2+2OH^-$$

焦磷酸盐镀铜采用可溶性阳极，主要反应为：

$$Cu-2e^- \longrightarrow Cu^{2+}$$

$$Cu^{2+}+2P_2O_7^{4-} \longrightarrow [Cu(P_2O_7)_2]^{6-}$$

当阳极电流密度过大时：$4OH^- -4e^- \longrightarrow 2H_2O+O_2\uparrow$

当阳极氧化不完全时，焦磷酸盐镀铜也容易产生“铜粉”：

(2) 镀液成分及工艺条件

① 焦磷酸盐镀铜液成分及工艺条件　见表 6-11。

表 6-11 焦磷酸盐镀铜镀液成分及工艺条件

镀液成分及工艺条件	普通镀铜	光亮度铜	滚镀铜
焦磷酸铜($Cu_2P_2O_7$)/(g/L)	50～70	70～90	50～65
焦磷酸钾($K_4P_2O\cdot 3H_2O$)/(g/L)	300～400	300～380	350～400
柠檬酸铵[$(NH_4)_3C_6H_5O_7$]/(g/L)	25	10～15	
$NH_3\cdot H_2O$/(mL/L)			2～3
二氧化硒(SeO_2)/(g/L)		0.008～0.02	0.008～0.02
2-巯基苯并咪唑/(g/L)		0.002～0.004	
2-巯基苯并噻唑/(g/L)			0.002～0.004
pH	8.2～8.8	8.0～8.8	8.2～8.8
温度/℃	40～50	30～50	30～40
D_K/(A/dm²)	1.2～1.5	1.5～3	0.5～1
搅拌方式	阴极移动	阴极移动	滚镀

② 镀液成分及工艺条件的影响

a. 焦磷酸铜　主盐，铜含量一般控制在20～25g/L，光亮镀铜，铜含量控制在27～35g/L。增加镀液中铜盐含量，可提高允许电流密度，但为了提高阴极极化，必须相应提高焦磷酸钾含量。这样，溶液浓度提高，成本增大，带出损失大；铜含量过高，镀层粗糙呈暗红色，阳极溶解性差，易析出白色焦磷酸铜沉淀，导致pH下降；铜含量太低，允许电流密度小，镀层光亮整平性差，沉积速度慢，镀层易烧焦。

b. 焦磷酸钾　主络合剂，因其溶解度大，能提高镀液中铜盐浓度，从而提高允许电流密度和电流效率；同时镀液中还必须保持一定量的游离焦磷酸钾，以防止焦磷酸铜沉淀，改善镀层质量，提高镀液分散能力，保证阳极正常溶解，一般控制 $P_2O_7^{4-}/Cu^{2+}=7.5\sim8$ 最好。

c. 柠檬酸铵　辅助络合剂，主要是起阳极去极化剂的作用，使阳极能正常溶解，但实践发现，该物质对阴极也有去极化作用，有不利影响。其用量在10～30g/L间变化，最好控制在20～25g/L。含量低，分散能力降低，镀层易烧焦，阳极溶解不良，有铜粉产生，镀层失去光泽；含量过高，光亮镀铜中，易引起雾状镀层。铵离子含量过高，镀层呈暗红色。

d. 光亮剂　在焦磷酸盐镀铜溶液中，加入含巯基的化合物，可使镀层光亮，还具有一定整平作用。常用的有2-巯基苯并咪唑，用量为0.001～0.005g/L。生产中常加入 SeO_2 或亚硒酸盐作为辅助光亮剂，与2-巯基苯并咪唑配合使用，可增强光亮效果，降低因使用巯基化合物产生的内应力，用量一般为0.008～0.02g/L。

e. pH值　在焦磷酸盐镀铜中，pH值的大小直接影响镀液稳定性及镀层质量。当pH＜5.3时，镀液以 $[Cu(HP_2O_7)_2]^{4-}$ 形式存在，pH＝5.5～7时，以 $[Cu(HP_2O_7)(P_2O_7)]^{5-}$ 形式存在，pH＝7～10时，以 $[Cu(P_2O_7)_2]^{6-}$ 形式存在。实际生产中，pH值应控制在8～9，最好在8.5～8.8。pH值过低，零件深凹处发暗，镀层易起毛刺并产生黑色条纹，焦磷酸盐易水解为正磷酸盐，正磷酸盐在一定程度上能起缓冲作用，并能促进阳极溶解。但过量的正磷酸盐将降低溶液电导率，缩小光亮范围，使阳极溶解不良，正磷酸盐不许超过75g/L。为了抑制水解，可在溶液中加入少量磷酸氢二钠；pH值过高，易生成铜的碱式盐夹杂于镀层中，造成结晶疏松，色泽暗红，光亮范围狭小，阴极电流效率降低，工作电流密度下降，镀液分散能力不良，阳极钝化。

f. 温度与电流密度　镀液温度应控制在40～50℃。温度过高，加速焦磷酸盐水解生成正磷酸盐，并加快氨的挥发，从而使溶液电导下降，光亮范围缩小，严重时出现条纹沉积层，溶液浑浊，阳极钝化；温度过低，允许电流密度小，镀层易烧焦。

g. 搅拌　焦磷酸盐镀铜液黏度较大，而铜络离子主要靠扩散向阴极移动，因此很容易出现浓差极化，使阴极电流密度范围变窄，镀层呈棕褐色。可采用阴极移动和空气搅拌方式，前者采用较多，一般 15～20 次/min，行程 100mm。阴极移动的搅拌效果不如压缩空气搅拌好，但后者对溶液翻动大，阳极泥渣难免移向阴极而沉积，引起镀层粗糙，产生毛刺。因而使用压缩空气搅拌时，最好配以连续过滤装置。用于搅拌的空气，需经活性炭过滤方能使用，否则将污染镀液。

h. 铜阳极　用于焦磷酸盐镀铜的阳极，最好是无氧铜。但无氧铜成本高，制备困难，可采用经过压延的电解铜板。单个阳极宽度不宜过大，阳极和阴极的面积比为 2∶1，因此应采用阳极框及涤纶布袋。

i. 电源　焦磷酸盐镀铜采用不同电源，所得镀层差异较大。采用单相全波、单相半波及间歇直流波形，得到的镀层光亮细致。否则，镀层较粗糙发暗。可见，焦磷酸盐镀铜要求电流具有一定的波形。

j. 杂质　对焦磷酸盐镀铜影响最大的是氰化物和有机杂质，其次是 Fe^{3+}、Pb^{2+}、Ni^{2+}、Cl^- 等。镀液含有 0.005g/L 氰化钠，就足以使镀层粗糙。氰根可在 50～60℃下，用 30%双氧水 1mL/L 处理，搅拌 1～2h，再以活性炭处理，有机杂质可同时除去。铁、铜、镍、氯等杂质主要影响镀层光亮性。少量存在时，镀层产生不均匀的雾状；含量高时，镀层色泽暗红，结晶粗糙。铅杂质可用电解除去，但很慢；三价铁及氯离子较难除去，少量铁杂质可用柠檬酸铵掩蔽，铁超过 10g/L，镍含量超过 5g/L，可用高电流电解；氯离子过多，可以稀释电解液。

因此，焦磷酸盐镀铜液中杂质去除比较困难，根本办法是采用纯度较高的原料，加强镀前清洗，用不含氯离子的水配制镀液，弱腐蚀不用盐酸而用硫酸，零件掉入镀液中应及时取出等。

6.3.3 氰化镀铜

氰化镀铜（cyanide copper plating）可以直接在钢铁、锌合金等基体上作为打底镀层。氰化镀铜结晶细致，与基体结合力好，镀液分散能力和深镀能力高，但不宜获得很厚的镀层，所以该工艺常用于预镀。氰化钠易受空气中的氧和二氧化碳作用而分解为碳酸钠，因此镀液稳定性差。镀液剧毒，对环境和操作人员身体不利。

（1）电极过程

① 阴极过程　氰化镀铜液的主要成分是铜氰络盐和一定量的游离氰化物。主盐氰化亚铜溶解于氰化钠溶液中，形成两种形式的铜氰络离子：$[Cu(CN)_2]^-$、$[Cu(CN)_3]^{2-}$，当氰化物较少时，以前者为主。由于氰化物镀液中，存在一定量的游离氰化物，所以铜氰络离子的主要形式为 $[Cu(CN)_3]^{2-}$。

一般认为，氰化镀铜液中铜氰络离子有较大的吸附作用，被吸附在阴极表面，在强电场作用下，络离子的正端向着阴极方向，负端向着溶液方向，致使络离子逐渐变形，直接在阴极上放电，阴极反应为：

$$[Cu(CN)_3]^{2-} + e^- \longrightarrow Cu + 3CN^-$$

与此同时，阴极上还有氢气析出：

$$H_2O + 2e^- \longrightarrow H_2 + 2OH^-$$

② 阳极过程　氰化镀铜工艺中使用的阳极为可溶性铜阳极，主要反应为：

$$Cu - e^- \longrightarrow Cu^+$$

$$Cu^+ + 3CN^- \longrightarrow [Cu(CN)_3]^{2-}$$

当氰化镀铜电解液中阳极电流密度超过 2.5A/dm^2 时，阳极容易钝化，此时阳极有氧气析出：

$$4OH^- - 4e^- \longrightarrow O_2 + 2H_2O$$

氧气的析出不仅使阳极电流效率下降，同时加速了 NaCN 的分解：

$$2NaCN + 2H_2O + 2NaOH + O_2 \longrightarrow 2Na_2CO_3 + 2NH_3$$

造成了镀液中 NaCN 的大量消耗，这是氰化镀液不稳定的主要原因。空气中的二氧化碳与镀液中的氢氧化钠作用，生成碳酸盐，造成镀液中碳酸盐的积累，使镀液老化。

（2）镀液成分及工艺规范

氰化镀铜工艺规范

	配方 1	配方 2
氰化亚铜(CuCN)	40～50g/L	25g/L
氰化钠(NaCN)	54～64g/L	41g/L
碳酸钠(Na_2CO_3)	30g/L	30g/L
酒石酸钾钠($KNaC_4H_4O_6 \cdot 4H_2O$)		30g/L
氢氧化钠(NaOH)		8～12g/L
亚硫酸钠(Na_2SO_3)	5～10g/L	13g/L
游离氰化钠(NaCN)	10g/L	13g/L
温度	18～25℃	20～40℃
D_K	0.5～0.75A/dm^2	0.8～1.5A/dm^2

配方 1 与配方 2 得到的均为无光镀铜，配方 1 为普通镀铜，配方 2 适合于锌压铸件镀铜打底。

（3）电解液中各成分及操作条件对镀层质量影响

① 氰化亚铜　主盐，电解液中铜含量低，可增大极化，但电流效率显著下降，允许的工作电流密度降低；反之，铜含量高时，允许电流密度和电流效率提高，沉积速度加快，并可提高整平作用。电镀过程中，主盐主要由阳极溶解提供，但由于阳极电流效率达不到100%，因此必要时还要向镀液中补加氰化亚铜，但必须先将其溶解在氰化钠（钾）中。

② 氰化钠　络合剂，为形成 $[Cu(CN)_3]^{2-}$，氰化钠应是氰化亚铜质量的 1.1 倍，另外镀液中还必须保留部分游离量。游离氰化钠过低，阴极极化降低，镀液稳定性降低，严重时阳极周围出现蓝色，镀层粗糙；游离氰化钠提高，阴极极化增大，镀层致密。一般游离氰化钠含量控制在 10～19g/L。

③ 氢氧化钠　改善镀液电导，提高镀液分散能力；还能与 CO_2 作用，减少氰化钠的消耗，起到稳定镀液的作用。

④ 碳酸钠　碳酸钠能抑制氰化钠和氢氧化钠吸收 CO_2 的反应，对镀液有稳定作用，同时能提高镀液电导率。但镀液开缸时，一般可不加碳酸钠或少加，因为镀液自己会不断生成。碳酸钠含量超过 75g/L 时，镀液电流效率下降，镀层疏松，光亮范围小，产生毛刺，阳极容易钝化。

⑤ 酒石酸钾钠　辅助络合剂和阳极去极化剂，加入后有利于阳极溶解，并使镀层结晶细致、平滑，酒石酸钾钠的存在可适当降低氰化钠的含量。

⑥ 硫氰酸钾　阳极去极化剂，可保证阳极正常溶解，还可掩蔽有害杂质。

⑦ 光亮剂　为改善镀层结构，提高镀层光亮度，可在氰化镀铜液中加入一些光亮剂，如硫酸锰与酒石酸盐、硫氰酸盐共同使用，再配合周期换向电流，可获得高光亮镀铜层；在滚镀液中，加入铅盐，可得到光亮细致的铜镀层，添加量为 0.015～0.03g/L。

⑧ 温度 温度提高，可显著减低阴极极化，提高电流密度和电流效率，但温度过高，加速氰化物分解和碳酸盐的积累，对操作人员不利。生产中为提高沉积速度，有时甚至加热至60～80℃。

⑨ 电流密度 阴极电流密度提高，将显著降低阴极电流效率，为保持高电流密度下较高的电流效率和沉积速度，通常提高铜浓度，降低游离氰浓度，同时在镀液中加入酒石酸钾钠等阳极去极化剂。如含铜65g/L，游离氰化钠8g/L，酒石酸钾钠30g/L，温度60℃，阴极电流密度6A/dm^2时，阴极电流效率可以达到80%以上。无添加剂的镀液，阴极电流密度一般为0.25～1A/dm^2，有添加剂时可达2.5A/dm^2。阳极电流密度由阳极面积决定，一般控制S_A：S_K=(1～2)：1。

⑩ 搅拌与过滤 氰化镀铜可采用阴极移动，一般不宜采用空气搅拌，因为过多的空气将加速镀液老化。采用2～5次/h连续过滤，对提高镀层质量大有帮助，对于装饰性镀层，可采用活性炭滤芯。

⑪ 阳极 阳极采用纯铜，可以是压延的铜板，也可以是装在钛篮中的铜角。为防止泥渣进入镀液，阳极应放入阳极袋中。

⑫ 电源 氰化镀铜中多用直流电源，要求电流波动系数小于5%；采用周期换向电源，可以改善镀液的整平性，提高阴极电流密度，减少镀层孔隙率，但降低了镀层的沉积速度。换向周期可以是正：反=15s：5s或20s：5s。采用周期换向，配以硫酸锰光亮剂，可获得光亮镀层。

(4) 镀液杂质的影响及维护

氰化镀铜液稳定性比较差，生产过程中要经常测定游离氰的浓度，注意阳极面积、温度、电流密度等的变化，尽可能减少杂质的带入与积累。

① 碳酸盐 碳酸盐本身就是镀液的成分之一，但由于镀液氧化使其量不断增加。碳酸盐驱除通常采用化学沉淀法和冷冻法。由于碳酸盐，尤其碳酸钠溶解度受温度影响较大，可将溶液冷却至0℃或更低一些，8h后过滤。该法将损失部分镀液。对于碳酸钾等，可通过加入一定量的$Ca(OH)_2$或$Ba(OH)_2$，使生成的碳酸盐沉淀除去。一般将镀液加热至60～70℃，在不断搅拌下，按除去10g碳酸钠加7g $Ca(OH)_2$，搅拌1～2h，经澄清后过滤。在处理过程中，有NaOH生成，可通过加酒石酸调整。

② 重金属 镀液中的重金属主要有铅、锌、铬等。含量在0.015～0.03g/L的铅是光亮剂，但当含量超过0.1g/L时，镀层粗糙，内应力增加，脆性增大，可通过Na_2S生成沉淀除去。锌能与铜共沉积，形成带有脆性的黄铜，一般允许含量在1g/L以下，对于含硫氰酸盐的镀液，锌的含量允许达到2g/L。但当锌含量超过1.5g/L时，铜镀层出现黄铜色。去除锌杂质可采用0.3～0.5A/dm^2的电流密度电解处理，也可采用除铅的方法。氰化镀铜中铬酸盐常常是由挂具带入的，即使是微量的Cr^{6+}（如5～10mg/L时），可能使镀铜层色泽变暗，且不均匀，浓度再高，将使阴极电流效率下降，甚至不沉积铜。除去Cr^{6+}一般采用化学法，即在60℃不含酒石酸钾钠的镀液中，在搅拌下加入保险粉0.2～0.4g/L，趁热过滤除去$Cr(OH)_3$沉淀。对于有酒石酸钾钠的镀液，Cr^{3+}易络合，此时可向镀液中加入少量的茜素，使其与Cr^{6+}生成沉淀，加活性炭吸附过滤。

③ 有机杂质 有机杂质使镀层发脆，并降低与基体的结合力，可用活性炭除去。

6.3.4 代氰铜工艺

(1) 羟基亚乙基二膦酸（HEDP）镀铜

HEDP及其碱金属或铁盐均易溶于水，可在很大的pH值范围内与多种金属形成相对稳定的络合离子。与铜离子形成的络合镀铜液成分简单，稳定性好，由于其自身有较好的缓冲作用，无需另加缓冲剂。在钢铁基体上直接施镀可获得结合力良好的细致半光亮度铜层，性能指标接近氰化镀铜，镀液分散能力优于氰化镀铜。缺点是有机膦废水处理问题。列举常见的工艺配方及规范供参考。

［配方 1］Cu^{2+}（以硫酸铜、碳酸铜或氢氧化铜形式加入）8～12g/L，HEDP 80～130 g/L，HEDP/Cu^{2+}＝（3～4）：1(摩尔比)，碳酸钾 40～60g/L，CuR-1 添加剂 20～25mL/L（南京大学配合物研究所)。镀液 pH 值 9～10，温度 40～50℃，阴极电流密度 1～3A/dm^2，阴极移动 15～25 次/min，阳极电铸铜板。

［配方 2］Cu^{2+}（以醋酸铜形式加入）9.5g/L，HEDP 101 g/L，碳酸钾 18g/L，2-硫脲吡啶 1.2g/L，2-乙基己基硫酸钠 0.13g/L，镀液 pH 值 9.5～10，温度 50～60℃，阴极电流密度 0.5～3.5A/dm^2，空气搅拌，压铸电解铜板。

［配方 3］Cu^{2+}（以硫酸铜、碳酸铜或氢氧化铜形式加入）10g/L，HEDP 100 g/L，碳酸钾 46g/L，氯化钾 20g/L。镀液 pH 值 9.8，温度 54℃，阴极电流密度 1.8A/dm^2，空气搅拌，阳极电解铜板。

（2）柠檬酸盐镀铜

柠檬酸盐镀铜是 20 世纪 70～80 年代推广和应用较好的无氰碱铜体系，典型的配方如下：Cu^{2+}（以碱式碳酸铜的形式加入）30～40g/L，配位剂柠檬酸 230～280g/L，缓冲剂碳酸氢钠 10g/L，光亮剂亚硒酸 0.02～0.048g/L，以 KOH 中和镀液，保持镀液 pH 值为 8.5～10.0，温度 25～50℃，阴极移动 25～30 次/min，阴极电流密度 3A/dm^2，阳极为电解纯铜板。采用该体系可以获得半光亮的镀层，但光亮范围狭窄，镀层结合力不稳定。通过改进，以酒石酸盐作为辅助配位剂，得到的柠檬酸-酒石酸盐一步法镀铜工艺扩大了体系的光亮电流密度范围，提高了镀液的分散能力，并可适用于锌合金压铸件镀铜。

典型配方：碱式碳酸铜 55～60g/L，配位剂柠檬酸 250～280g/L，辅助络合剂酒石酸钾 30～35 g/L，缓冲剂碳酸钾 10～15g/L，光亮剂 0.008～0.02mL/L，镀液 pH 值为 8.5～10.0，温度 30～40℃，阴极移动或空气搅拌，阴极电流密度 0.5～2.5A/dm^2。柠檬酸盐体系的缺点是镀液容易长霉，稳定性差。

（3）酒石酸盐镀铜

酒石酸盐镀铜以酒石酸钾钠或酒石酸钾为主络合剂，镀液具有较好的分散能力和覆盖能力。镀液接近中性，利于锌合金压铸件及浸锌铝及合金的加厚镀铜。但镀液对钢铁等无化学活化能力，需预浸或预镀打底处理。镀液配制一次性成本较高，但废水处理相对简单些。

典型工艺：硝酸铜 40～45g/L（含铜为 11～12g/L)，酒石酸钾钠 80～85g/L，硝酸钾 20～30g/L，氯化铵 10～15g/L，三乙醇胺 30～35g/L，聚乙烯亚胺烷基盐 0.02～0.06mL/L。镀液 pH 值为 7.5，温度 8～40℃，阴极电流密度为 1～6A/dm^2，阴、阳极面积比为（1.5～2.0）：1，阳极材料为电解铜或磷铜，可采用静镀或阴极移动辅以连续循环过滤。

随着清洁生产工艺的不断推广，目前市场上已出现商品无氰镀铜液，但由于各生产厂商的配方未公开，因此使用过程中需严格按照说明书要求使用。

6.3.5　不合格镀层的退镀

（1）化学退镀（stripping）

［配方 1］硝酸 1000g/L，氯化钠 40g/L，60～80℃，退镀件表面不可有水。

［配方 2］铬酐 400g/L，硫酸 50g/L，室温。

（2）电解退镀

［配方 1］硝酸铵 80～100g/L，氨三乙酸 40～60g/L，六亚甲基四胺 10～30g/L，温度

10～50℃，pH=4～7，阳极电流密度5～15A/dm^2。

[配方2] 硝酸钾150～200g/L，硼酸40～50g/L，pH=5.4～5.8（用硝酸调整），阳极电流密度5～8A/dm^2。

6.4 电镀铬

6.4.1 概述

铬是一种微带蓝色的银白色金属，相对原子质量51.99，密度6.98～7.21g/cm^3，熔点为1875～1920℃，标准电极电位为$\varphi^{\ominus}_{Cr^{3+}/Cr}=-0.74V$，$\varphi^{\ominus}_{Cr^{3+}/Cr^{2+}}=-0.41V$和$\varphi^{\ominus}_{Cr^{6+}/Cr^{3+}}=1.33V$，金属铬在空气中极易钝化，表面形成一层极薄的钝化膜，从而显示出贵金属的性质。

镀铬层具有很高的硬度，根据镀液成分和工艺条件不同，硬度可在HV=400～1200内变化。镀铬层有较好的耐热性，在500℃以下加热，其光泽性、硬度均无明显变化，温度大于500℃开始氧化变色，大于700℃硬度开始降低。镀铬层的摩擦系数小，特别是干摩擦系数，在所有的金属中是最低的，所以镀铬层具有很好的耐磨性。

铬镀层具有良好的化学稳定性，在碱、硫化物、硝酸和大多数有机酸中均不发生作用，但能溶于氢卤酸（如盐酸）和热的硫酸中。

在可见光范围内，铬的反射能力约为65%，介于银（88%）和镍（55%）之间，且因铬不变色，使用时能长久保持其反射能力而优于银和镍。

由于镀铬层具有优良的性能，广泛用作防护-装饰性镀层体系的外表层和功能镀层，在电镀工业中占有重要地位。随着科学技术的发展和人们对环境保护的日趋重视，在传统镀铬（chromium plating）的基础上相继发展了微裂纹或微孔铬、黑铬、松孔铬、低浓度镀铬、高效率镀硬铬、三价铬镀铬、稀土镀铬等新工艺，使镀铬层的应用范围进一步扩大。

(1) 镀铬工艺的主要特点

常用的铬酸镀液与其他单金属镀液相比，虽成分简单，但镀铬过程却相当复杂，并具有如下特点。

① 镀铬液的主要成分不是金属铬盐，而是铬的含氧酸——铬酸，属于强酸性镀液。电镀过程中，阴极过程复杂，阴极电流大部分消耗在析氢及六价铬还原为三价铬两个副反应上，故镀铬的阴极电流效率很低（10%～18%），而且有三个异常现象：电流效率随铬酐浓度的升高而下降；随温度的升高而下降；随电流密度的增加而升高。

② 在镀铬液中，必须添加一定量的局外阴离子，如SO_4^{2-}、SiF_6^{2-}、F^-等，才能实现金属铬的正常沉积。

③ 镀铬液的分散能力很低，对于形状复杂的零件，需采用象形阳极或辅助阴极，以得到均匀的镀铬层，对挂具的要求也比较严格。

④ 镀铬需采用较高的阴极电流密度，通常在20A/dm^2以上，比一般的镀种高10倍以上。由于阴极和阳极大量析出气体，使镀液的电阻较大，槽压升高，对电镀电源要求高，需采用大于12V的电源。

⑤ 镀铬的阳极不用金属铬，而采用不溶性阳极。通常使用铅、铅-锑合金及铅-锡合金。镀液内由于沉积或其他原因而消耗的铬需靠添加铬酐来补充。

⑥ 镀铬的操作温度和阴极电流密度有一定的依赖关系，改变二者关系可获得不同性能

的铬镀层。

（2）镀铬的类型及用途

镀铬工艺种类众多，按其用途可作如下分类。

① 防护-装饰性镀铬　防护-装饰性镀铬俗称装饰铬，镀层较薄，光亮美丽，通常作为多层电镀的最外层。为达到防护目的，在锌基或钢铁基体上必须先镀足够厚的中间层，然后在光亮的中间层上镀以 0.25～0.5μm 的薄层铬。常用的工艺有 Cu/Ni/Cr、Ni/Cu/Ni/Cr、Cu-Sn/Cr 等。经过抛光的制品表面镀装饰铬后，可以获得银蓝色的镜面光泽，在大气中经久不变色。这类镀层广泛用于汽车、自行车、缝纫机、钟表、仪器仪表、日用五金等零部件的防护与装饰。经过抛光的装饰铬层对光有很高的反射能力，可用作反光镜。

在多层镍上镀微孔或微裂纹铬，是降低镀层总厚度、获得高耐蚀性防护-装饰体系的重要途径。

② 镀硬铬（耐磨铬）　镀层具有极高的硬度和耐磨性，可延长工件使用寿命，如切削及拉拔工具，各种材料的压制模及铸模、轴承、轴、量规、齿轮等，还可用来修复被磨损零件的尺寸公差。镀硬铬的厚度一般为 5～50μm，也可根据需要而定，有的高达 200～800μm。钢铁零件镀硬铬不需要中间镀层，如对耐蚀性有特殊要求，也可采用不同的中间镀层。

③ 镀乳白铬　镀铬层呈乳白色，光泽度低、韧性好、孔隙低、色泽柔和，硬度比硬铬和装饰铬低，但耐蚀性高，所以常用于量具和仪器面板。为提高其硬度，在乳白色镀层表面可再镀覆一层硬铬，即所谓双层铬镀层，兼有乳白镀铬层和硬铬镀层的特点，多用于镀覆既要求耐磨又要求耐腐蚀的零件。

④ 镀松孔铬（多孔铬）　利用铬层本身具有细致裂纹的特点，在镀硬铬后再进行机械、化学或电化学松孔处理，使裂纹网进一步加深、加宽。使铬层表面遍布着较宽的沟纹，不仅具有耐磨铬的特点，而且能有效地贮存润滑介质，防止无润滑运转，提高工件表面抗摩擦和磨损能力。常用于受重压的滑动摩擦件表面的镀覆，如内燃机汽缸筒内腔、活塞环等。

⑤ 镀黑铬　黑铬镀层色黑、具有均匀的光泽，装饰性好，具有良好消光性；硬度较低（HV130～350），在相同厚度下耐磨性比光亮镍高 2～3 倍；其抗蚀性与普通镀铬相同，主要取决于中间层的厚度。耐热性好，在 300℃以下不会变色。黑铬层可以直接镀覆在铁、铜、镍及不锈钢表面，为提高抗蚀性及装饰作用，也可用铜、镍或铜锡合金作底层，在其表面上镀黑铬镀层。黑铬镀层常用于镀覆航空仪表及光学仪器的零部件、太阳能吸收板及日用品的防护与装饰。

6.4.2 六价铬电镀铬的电极过程

工业上广泛使用的镀铬液由铬酐辅以少量的局外阴离子构成，镀液中 Cr^{6+} 的存在形式因铬酐浓度不同而有差异，一般情况（CrO_3 200～400g/L）下，主要以铬酸（CrO_4^{2-}）和重铬酸（$Cr_2O_7^{2-}$）形式存在：当 pH＜1 时，$Cr_2O_7^{2-}$ 为主要存在形式；当 pH＝2～6 时，$Cr_2O_7^{2-}$ 与 CrO_4^{2-} 存在下述平衡：

$$Cr_2O_7^{2-} + H_2O \Longrightarrow HCrO_4^- + CrO_4^{2-} + H^+$$

当 pH＞6 时，CrO_4^{2-} 为主要存在形式。由此可以看出，镀铬电解液中存在的离子有 $Cr_2O_7^{2-}$、H^+、CrO_4^{2-} 和 SO_4^{2-} 等。实践证明，除 SO_4^{2-} 外，其他离子都可以参加阴极反应，采用示踪原子法对铬酸镀铬过程的研究表明，镀铬层是由六价铬还原得到的，而不是三价铬。这也可由镀铬液的阴极极化曲线（见图 6-4）得到。

（1）阴极过程

由恒电位法测定的镀铬液（含硫酸或不含硫酸）阴极极化曲线可知，当镀液中不含硫酸时（曲线1），在阴极上仅析氢，不发生任何其他还原反应。当镀液中含有少量硫酸时（曲线2），阴极极化曲线由几个线段组成，在不同的曲线段上发生不同的还原反应。

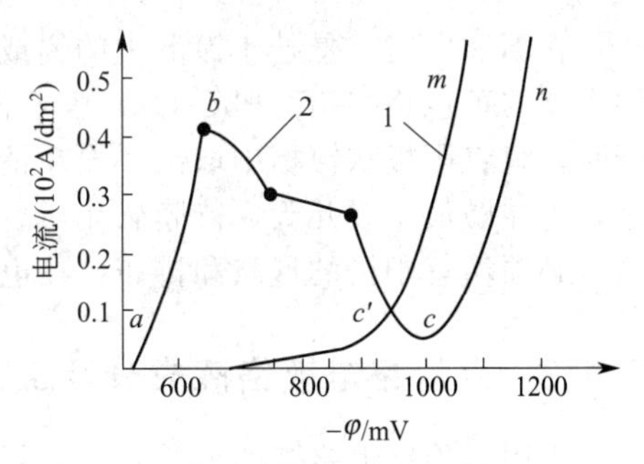

图6-4 镀铬阴极极化曲线

1—由250g/L CrO_3镀铬溶液中获得；

2—由250g/L CrO_3、5g/L H_2SO_4的标准镀铬溶液中获得

*ab*段，随着阴极电流增加，电极电位逐渐负移，阴极上没有氢气析出和铬的还原。阴极区镀液pH值小于1，离子存在形式主要是$Cr_2O_7^{2-}$，此时的阴极反应为：

$$Cr_2O_7^{2-}+14H^++6e^- \longrightarrow 2Cr^{3+}+7H_2O$$

随着电极电位不断负移，*b*点达到最大值。*b*点以后，除了$Cr_2O_7^{2-}$还原为Cr^{3+}外，还可观察到阴极表面有大量气泡产生，表明H^+被还原为氢气。

*bc*段，同时进行着$Cr_2O_7^{2-}$还原为Cr^{3+}和H^+还原为H_2两个反应，但在这一段中随着电极电位负移，电流逐渐下降，表明电极表面状态发生了变化。胶体膜理论解释为，由于上述两个反应的进行，阴极表面附近的H^+被大量消耗，pH值迅速升高（pH>3时），当生成的Cr^{3+}数量达到$Cr(OH)_3$的溶度积时，便与六价铬生成一层橘黄色的碱式铬酸铬胶体膜$Cr(OH)_3 \cdot Cr(OH)CrO_4$，覆盖在阴极表面上，阻碍了电极反应的进行，使得反应速度显著下降；又由于镀液中的硫酸对阴极胶体膜有一定溶解作用，使胶体膜的形成和溶解不断交替进行，致使曲线呈现*bc*段形状。

由于氢的不断析出，使阴极区镀液pH值逐渐增大，促进$Cr_2O_7^{2-}$转化成$HCrO_4^-$，使$HCrO_4^-$浓度迅速增加。当电极电位负移到*c*点时，CrO_4^{2-}便开始被还原成金属铬，在阴极上析出，反应方程式为：

$$HCrO_4^-+3H^++6e^- \longrightarrow Cr+4OH^-$$

由此可以看出，只有当阴极电极电位达到*c*点以后，金属铬才能被还原析出。此时，在阴极上三个反应同时进行，随着阴极电极电位的负移，阴极电流迅速上升，反应速度加快，生成金属铬的主反应占的比重逐渐增大，即随着阴极电流密度的增大，阴极电流效率增加。

（2）阳极过程

镀铬所用的阳极是铅、铅锑（含锑6%～8%）或铅锡（含锡6%～8%）合金等不溶性阳极，这是镀铬不同于一般镀种的特点之一。因为在铬酸电解液中，金属铬镀层是由六价铬直接还原得到的。金属铬阳极溶解时，却是以不同价态的离子形式存在，主要是以三价铬的离子形式进入溶液，而且阳极的电流效率接近100%，这将导致三价铬含量迅速增加。阴极电流效率只有10%～25%，使得镀液的组成不稳定。另外，金属铬硬而脆，不易加工成各种形状。

在正常生产中，铅或铅合金阳极的表面上生成一层暗褐色的二氧化铅膜：

$$Pb+2H_2O-4e^- \longrightarrow PbO_2+4H^+$$

这层膜不影响导电，阳极反应仍可正常进行，其电极反应为：

$$2Cr^{3+}+7H_2O-6e^- \longrightarrow Cr_2O_7^{2-}+14H^+$$

$$2H_2O-4e^- \longrightarrow O_2\uparrow+4H^+$$

由上述反应可以看出，阴极上生成的Cr^{3+}在阳极上又重新氧化成$Cr_2O_7^{2-}$，从而使电解液中Cr^{3+}的浓度维持在一定的水平，以保证镀铬生产的正常进行。当镀液中的三价铬含量过高时，可采用大面积阳极和小面积阴极的方法进行电解处理，以降低镀液中三价铬的含量。在生产中一般控制阳极面积∶阴极面积=(2∶1)～(3∶2)，即可使Cr^{3+}的浓度保持在工艺允许的范围内。

在不通电时，悬挂于镀液中的铅或铅合金阳极，由于遭受铬酸浸蚀而在其表面形成导电性很差的黄色铬酸铅（$PbCrO_4$）膜，使槽电压升高，严重时造成阳极不导电，因此在不生产时，宜将阳极从镀槽中取出，浸在清水中，还应经常洗刷，除去铬酸铅黄膜。若黄膜很牢固，可在碱液中浸几天，待膜软化后，再洗刷除去。此外，镀铬液的分散能力和覆盖能力较差，必须注意阳极的形状和排布，在电镀复杂零件时，宜采用象形阳极和辅助阴极。

6.4.3 六价铬电镀铬液成分及工艺条件

常用六价铬镀铬液的组成及工艺规范列于表 6-12 中。

表 6-12 常用六价铬镀铬液的组成与工艺规范

类型		普通镀铬液				复合镀铬液	自动调节镀铬液	快速镀铬液	稀土镀铬液
		低浓度	中浓度	标准	高浓度				CS 型
铬酐 CrO_3/(g/L)		80～120	150～180	250	300～350	250	250～300	180～250	120～150
硫酸 H_2SO_4/(g/L)		0.8～1.2	1.5～1.8	1.5	3.0～3.5	1.25		1.8～2.5	0.6～1.0
三价铬 Cr^{3+}/(g/L)		<2	1.5～3.6	2～5	3～7				<2
氟硅酸 H_2SiF_6/(g/L)		1～1.5				4～8		2.5	
硫酸锶 $SrSO_4$/(g/L)							6～8		
氟硅酸钾 K_2SiF_6/(g/L)							20		
硼酸 H_3BO_3/(g/L)								8～10	
氧化镁 MgO/(g/L)								4～5	
氧化铬 Cr_2O_3/(g/L)									2
阳极材料		Pb-Sn	Pb-Sb	Pb-Sb	Pb-Sb	Pb-Sb	Pb-Sb	Pb-Sb	Pb-Sn<5%
S 阳极∶*S* 阴极									1∶(2～3)
防护装饰	温度/℃			48～53	48～55	45～55	40～60	55～60	20～35
	阴极电流密度/(A/dm²)			15～30	15～35	22～40	20～45	30～45	5～10
硬铬	温度/℃	55	55～60	50～60		55～60	50～62	55～60	35±5
	阴极电流密度/(A/dm²)	30～40	30～45	48～55		50～80	40～80	40～80	30±5
乳白铬	温度/℃		74～79	70～72			70～72		
	阴极电流密度/(A/dm²)		25～30	20～30			25～30		

（1）镀液中各成分的作用

① 铬酐　铬酐的水溶液是铬酸，是铬镀层的唯一来源。实践证明，铬酐的浓度可以在很宽的范围内变动。例如，当温度在 45～50℃，阴极电流密度为 10A/dm² 时，铬酐浓度在 50～500g/L 范围内变动，甚至高达 800g/L 时，均可获得光亮镀铬层。但这并不表示铬酐浓度可以随意改变，一般生产中采用的铬酐浓度为 150～400g/L。铬酐的浓度对镀液的电导率起决定作用，图 6-5 为铬酐浓度与镀液电导率的关系。可知在每一个温度下都有一个相应于最高电导率的铬酐浓度；镀液温度升高，电导率最大值随铬酐浓度增加向稍高的方向移动。因此，单就电导率而言，宜采用铬酐浓度较高的镀铬液。

铬酐浓度过高或过低都将使获得光亮镀层的温度和电流密度的范围变窄。含铬酐浓度低的镀液电流效率高，多用于镀硬铬。较浓的镀液主要用于装饰电镀，镀液的性能虽然与铬酐含量有关，最主要的取决于铬酐和硫酸的比值。

② 催化剂　除硫酸根外，氟化物、氟硅酸盐、氟硼酸盐以及这些阴离子的混合物常常作为镀铬的催化剂。当催化剂含量过低时，得不到镀层或得到的镀层很少，主要是棕色氧化

物。若催化剂过量时，会造成覆盖能力差、电流效率下降，并可能导致局部或全部没有镀层。目前应用较广泛的催化剂为硫酸。

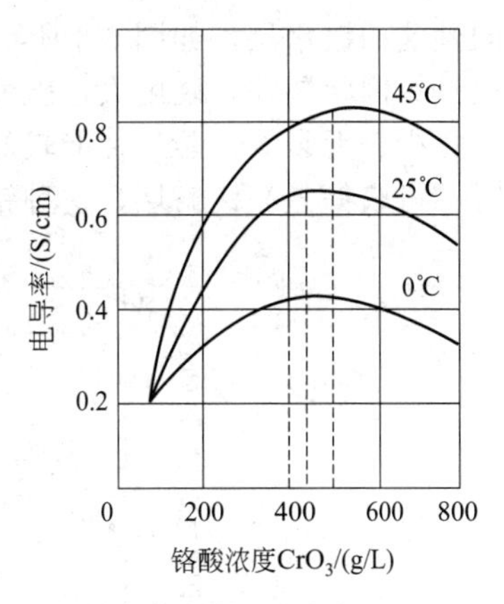

图6-5 铬酐浓度与电导率之间的关系

硫酸的含量取决于铬酐与硫酸的比值，一般控制在CrO_3：SO_4^{2-}＝(80～100)：1，最佳值为100：1。当SO_4^{2-}含量过高时，对胶体膜的溶解作用强，基体露出的面积大，真实电流密度小，阴极极化小，得到的镀层不均匀，有时发花，特别是凹处还可能露出基体金属。当生产上出现上述问题时，应根据化学分析的结果，在镀液中添加适量的碳酸钡，然后过滤去除生成的硫酸钡沉淀即可。当SO_4^{2-}含量过低时，镀层发灰粗糙，光泽性差。因为SO_4^{2-}含量太低，阴极表面上只有很少部位的膜被溶解，即成膜的速度大于溶解的速度，铬的析出受阻或在局部地区放电长大，所以得到的镀层粗糙。此时向镀液中加入适量的硫酸即可。

用含氟的阴离子（F^-、SiF_6^{2-}、BF_4^-）为催化剂时，其浓度为铬酐含量的1.5%～4%，这类镀液的优点是：镀液的阴极电流效率高，镀层硬度大，使用的电流密度较低，不仅适用于挂镀，也适用于滚镀。

我国使用较多的是氟硅酸根离子，它兼有活化镀层表面的作用，在电流中断或二次镀铬时，仍能得到光亮镀层，也能用于滚镀铬。一般加入H_2SiF_4或Na_2SiF_6（或K_2SiF_6）作为SiF_6^{2-}的主要来源。含SiF_6^{2-}的镀液，随温度升高，其工作范围较SO_4^{2-}的镀液宽。该镀液的缺点是对工件、阳极、镀槽的腐蚀性大，维护要求高，所以不可能完全代替含有SO_4^{2-}镀液。目前不少厂家将SO_4^{2-}和SiF_6^{2-}混合使用，效果较好。

③ 三价铬 Cr^{3+}是阴极形成胶体膜的主要成分，只有当镀液中含有一定量的Cr^{3+}时，铬的沉积才能正常进行。因此，新配制的镀液必须采取如下适当的措施保证含有一定量的Cr^{3+}：

a. 采用大面积阴极进行电解处理；

b. 添加还原剂将Cr^{6+}还原为Cr^{3+}，可以用作还原剂的有酒精、双氧水、草酸等，其中酒精（98%）用量为0.5mL/L，双氧水用量为2～3mL/L；在加入还原剂时，应边搅拌边加入，否则因放热反应会使铬酸溅出；加入酒精等后，稍作电解，便可投入使用：

c. 添加一些老槽液。

普通镀铬液中Cr^{3+}的含量大约在2～5g/L，其允许含量与镀液的类型、工艺以及镀液中杂质的含量有关。当Cr^{3+}浓度偏低时，相当于SO_4^{2-}的含量偏高时出现的现象。阴极膜不连续，分散能力差，而且只有在较高的电流密度下才发生铬的沉积；当Cr^{3+}浓度偏高时，相当于SO_4^{2-}的含量不足，阴极膜增厚，不仅显著降低镀液的导电性，使槽电压升高，而且会缩小取得光亮镀铬的电流密度范围，严重时，只能产生粗糙、灰色的镀层。

当Cr^{3+}的含量偏高时，也用小面积阴极和大面积阳极，保持阳极电流密度为1～1.5 A/dm^{2}电解处理，处理时间视Cr^{3+}的含量而定，从数小时到数昼夜。镀液温度为50～60℃时，效果较好。

(2) 工艺条件的影响

在镀铬过程中阴极电流密度与温度之间存在着相互依赖的关系。在同一溶液中镀铬时，通过调整温度和电流密度，并控制在适当的范围内，可以获得光亮铬、硬铬和乳白铬三种不同性能的镀铬层，如图 6-6 所示。在低温、高电流密度区，铬镀层呈灰暗色或烧焦，这种镀层具有网状裂纹，硬度大、脆性大；高温、低电流密度区，铬层呈乳白色，这种组织细致、气孔少、无裂纹，防护性能较好，但硬度低，耐磨性差；中温中电流密度区或两者配合较好时，可获得光亮镀铬层，这种铬层硬度较高，有细而稠密的网状裂纹。

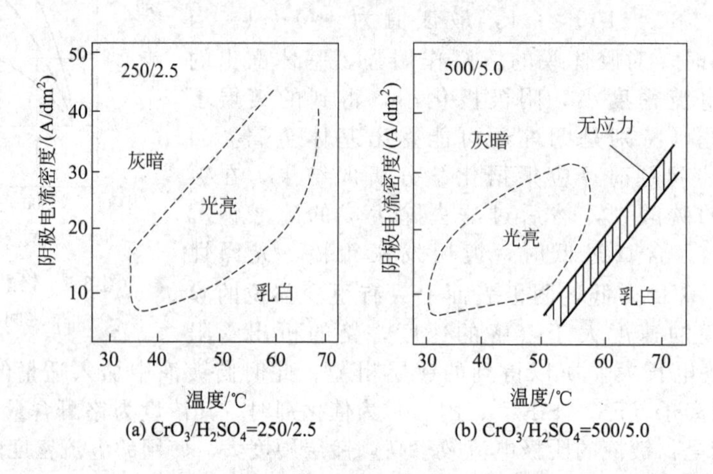

图 6-6　温度、阴极电流密度对镀层光亮区范围的影响

温度与电流密度对电流效率的影响如图 6-7 和图 6-8 所示。由该两图可知，当电流密度不变时，电流效率随温度升高而下降；若温度固定，则电流效率随电流密度的增大而增加。然而，当 CrO_3/SO_4^{2-} 比值减小时，变化相应变小。因此镀硬铬时，在满足镀层性能的前提下，通常采用较低的温度和较高的阴极电流密度，以获得较高的镀层沉积速度。

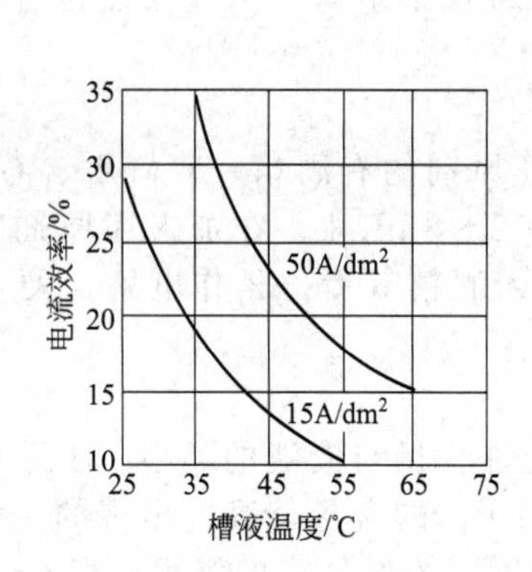

图 6-7　温度对电流效率的影响
（CrO_3 250g/L，H_2SO_4 2.5g/L）

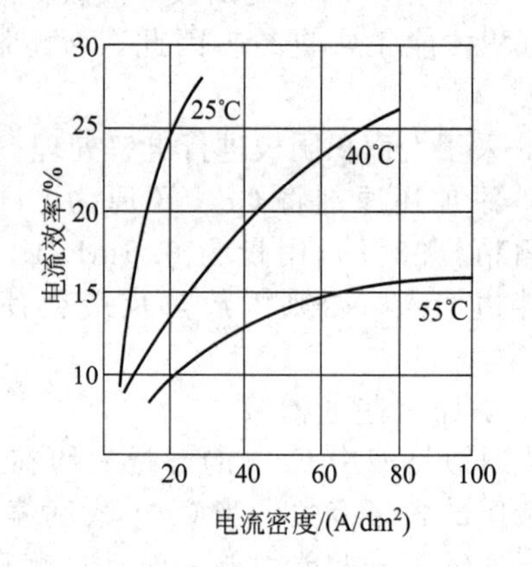

图 6-8　阴极电流密度对电流效率的影响
（CrO_3 400g/L，H_2SO_4 4g/L）

温度一定时，随电流密度增加，镀液的分散能力稍有改善；与此相反，电流密度不变，镀液的分散能力随镀液温度升高而有一定程度的减小。

温度和电流密度对镀铬层的硬度有很大影响，这种影响如图 6-9 所示。一定电流密度下，常常存在着一定的获取硬铬镀层的最有利的温度，高于或低于此温度，铬层的硬度将随之降低。

生产上一般采用中等温度（45～60℃）与中等电流密度（30～45A/dm^2）以得到光亮和硬度较高的铬镀层。尽管镀取光亮镀层的工艺条件相当宽，考虑到镀铬液的分散能力特别差，在形状复杂的零件镀装饰铬或硬铬时，欲在不同部位都镀上厚度均匀的铬层，必须严格控制温度和电流密度。当镀铬工艺条件确定后，镀液的温度变化最好控制在±(1～2)℃之间。

（3）镀铬的注意事项

① 提高镀层结合力　由于镀铬电解液的分散能力和深镀能力较差，对某些形状复杂的零件会出现漏镀现象。在镀硬铬时，也常因结合力不好而产生镀层起皮现象，在生产操作中，可采用以下几种措施。

a. 冲击电流　对一些形状复杂的零件，除了使用象形阳极、保护阴极和辅助阳极外，还可以在零件入槽时，以比正常电流密度高数倍的电流对零件进行短时间冲击，使阴极极化增大，零件表面迅速沉积一层铬，然后再恢复到正常电流密度施镀。

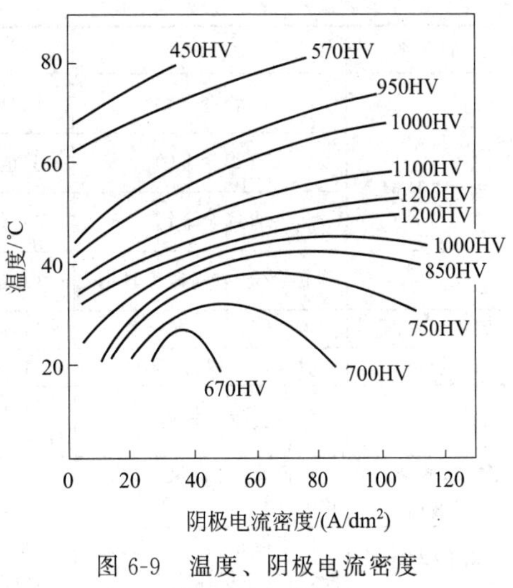

图 6-9　温度、阴极电流密度对镀层硬度的影响

冲击电流也可用于铸铁件镀硬铬，由于铸铁件中含有大量的碳，氢在碳上析出的过电位较低。另外铸铁件表面有很多气孔，使得真实表面积比表观面积大很多，若以正常电流密度施镀，则因真实电流密度太小，没有金属铬的沉积。所以在铸铁件镀硬铬时，必须采用冲击电流，增大阴极极化。

b. 阳极浸蚀（刻蚀）　对表面有较厚氧化膜的合金钢及高碳钢镀硬铬或在断电时间较长的镀铬层上继续镀铬时，通常先将零件作为阳极进行短时间的浸蚀处理，使氧化膜电化学溶解并形成微观粗糙的表面。

c. 阶梯式给电　含镍、铬的合金钢，其表面上有一层极薄而致密的氧化膜，镀硬铬时会影响镀层与基体的结合力，为此，首先将镀件在镀铬液中进行阳极浸蚀，而后将零件转为阴极，以比正常值小数倍的电流，一般电压控制在 3.5V 左右，使电极上仅进行析氢反应。由于初生态的氢原子具有很强的还原能力，能够把金属表面的氧化膜还原为金属，然后再在一定时间内（如 20～30min）采用阶梯式通电，逐渐升高电流直至正常工艺条件施镀。由此在被活化的金属表面上进行电镀，即可得到结合力良好的镀层。另外，在镀硬铬过程中，有时会遇到中途断电，此时镀铬层表面也会产生薄膜氧化层，若直接通电继续施镀，将会出现镀层起皮现象，克服方法可采用“阶梯式给电”，使表面得以活化，而后转入正常电镀。

d. 镀前预热　对于大件镀硬铬，工件施镀前需进行预热处理，否则不仅会影响镀铬层的结合力，而且也影响镀液的温度，所以大件镀前要在镀液中预热数分钟，使基体与镀液温度相等时，再进行通电操作。镀液温度变化最好控制在±2℃以内。

提高铬层结合力的措施依不同的材料而稍有差异。表 6-13 列出不同材料提高铬层结合力的相应措施。

表 6-13　不同材料提高铬层结合力的相应措施

材料名称	特　点	提高结合力的措施
高碳钢	含碳高、硬度大、脆性大、易析氢	(1)酸洗时间短；(2)阳极处理时间短 <15s；(3)采用比正常高 1～1.5 倍的大电流，短时间冲击；(4)镀液温度 58～60℃
中碳钢	强度和硬度较高	(1)酸洗时间不能过长，防止过腐蚀；(2)阳极处理 30～60s；(3)大电流冲击

续表

材料名称	特点	提高结合力的措施
合金工具钢	含铬合金钢	(1)阳极处理时间短；(2)转入阴极时，先用小电流活化，再阶梯式给电
	含镍合金钢	只能采用阶梯式给电的阴极活化法
	含锰合金钢	(1)加强酸洗；(2)适当采用阴极活化
	含钨合金钢(高速工具钢)	(1)酸洗绝对禁止过腐蚀，一般 15～30s；(2)阳极处理时间要短 5～10s
碳素工具钢	含碳高、合金成分多	(1)高碳钢；(2)镀液温度高于 60℃
不锈钢	奥氏体含镍高	(1)不用阳极处理；(2)阶梯式给电，每电压间隔几分钟
	非奥氏体含碳高	(1)阳极处理 1～2min；(2)浸 15%硫酸；(3)阶梯式给电，每电压间隔几分钟
铸铁、铸钢、弹簧钢	含硅高、易析氢、真实面积大	(1)酸洗时，加一定量氢氟酸；(2)控制酸洗时间不可太长；(3)阳极反镀时间短，或不进行反镀；(4)开始用大电流冲击，时间 2～3min
铬上镀铬	由于镀铬时突然电流中断，造成铬层钝化	(1)阶梯式给电(断电时间短)；(2)先阳极处理，再转为阴极阶梯式给电(断电时间长)

② 镀后除氢　由于镀铬的电流效率低，在阴极上大量析出氢气，对于易析氢的钢铁部件，应在镀后用 180～200℃的温度除氢 3h，以避免发生氢脆。

③ 镀液中杂质的影响及去除　镀铬电解液中常见的有害杂质主要是 Fe^{3+}、Cu^{2+}、Zn^{2+}、Pb^{2+}、Ni^{2+}等金属离子和 Cl^-、NO_3^-。

金属离子主要来源于没有被铬层覆盖部位金属的溶解、落入镀槽中的零件未及时打捞而溶解以及阳极浸蚀等。当金属离子积累到一定含量时，镀层的光亮范围缩小，电解液的分散能力降低，导电性变差。镀液对杂质的容忍量随铬酐浓度的增加而增加，所以低浓度镀液对杂质极为敏感。当镀液中 Fe^{3+} 超过 15～20g/L，Cu^{2+} 超过 5g/L，Zn^{2+} 超过 3g/L 时，镀液必须进行处理。采用低电流密度处理能收到一定的效果。

金属杂质可用强酸性阳离子交换树脂处理而除去。为减小镀铬溶液对离子交换树脂的氧化破坏，应先将镀液稀释至 80g/L 以下后再处理。由于强酸性阳离子交换树脂价格较贵，有时将废了的镀液转为他用，如钝化液等降低生产成本。

新配制的镀铬液的电压一般在 3～5V，如浓度高时，电压要低些。如果发现电压大于前述值时，则镀液中可能含有杂质。

Cl^- 来源于槽液补充水、零件清洗水等的带入，或是盐酸浸蚀后清洗不干净带入。Cl^- 过多会使镀液分散能力与深镀能力下降，镀层发灰、粗糙，甚至出现花斑，还可引起基体及铅阳极的腐蚀。消除过多的 Cl^-，可将镀液加热到 70℃，大电流密度电解处理，使其在阳极上氧化为氯气析出。但此法能耗大，效果也不十分理想；也可加入适量的碳酸银，生成氯化银沉淀，虽然此方法效果较好，但加入的碳酸银还能与铬酸反应生成铬酸银沉淀，不仅银盐消耗太多，又损失了铬酐，增加了生产成本。最好的办法是尽量减少 Cl^- 的带入，因此补充槽液最好使用去离子水，镀前的弱浸蚀采用稀硫酸溶液。必须采用盐酸时，则加强清洗。

NO_3^- 是最有害的杂质，即使含量很低也会使镀层发灰、失去光泽，并腐蚀镀槽的铅衬里和铅阳极。除去 NO_3^- 的方法是：以每升电解液 1A 电流电解处理。若镀液中 NO_3^- 含量较多时，先用 $BaCO_3$ 将镀槽中的 SO_4^{2-} 除去，然后在 65～80℃大电流电解处理，使 NO_3^- 在阴极上还原为 NH_3 而除去。

④ 铬雾的抑制　镀铬过程中，由于使用不溶性阳极，阴极电流效率又很低，致使大量氢气和氧气析出，当气体逸出液面时，带有大量的铬酸，形成铬雾造成严重的污染。目前主要通过浮体法和泡沫抑制剂法抑制铬雾。前者将泡沫塑料碎块或碎片放入镀液的液面上，阻

滞铬雾的逸出。

a. 浮体法　将泡沫塑料碎块或碎片放入镀液的液面上，这些浮体可阻滞铬雾的逸出，该法零件出槽时，操作不方便，同时铬酸对加入的碎块有浸蚀作用，使分解产物在镀液中积累，影响镀层质量。

b. 泡沫抑制剂法　泡沫抑制剂是一种表面活性剂，能降低镀液的表面张力，产生稳定的泡沫层，覆盖在镀液表面。当带有铬酸的氢气和氧气析出时，与表面的泡沫层相碰撞，无数微小的铬酸雾结合成较大的雾滴，由于重力作用，当上升一定高度时将重回镀液，而氢气和氧气继续上升，直至离开液面，这样实现气体的排除和对铬雾的有效抑制。据报道，已用作铬雾抑制剂的有多种，其中最好的是含有极性基团的脂肪长链有机化合物，如全氟辛烷基磺酸钠盐[$CF_3(CF_2)_6CF_2SO_3Na$]是最典型的一种，每升镀液中的加入 0.2～0.5g/L 时，即可达到良好的效果。我国已试制出全氟烷基醚磺酸钾 [$CF_3(CF_2)_{2n+1}O(CF_2)SO_3K$]，简称 F-53 铬雾抑制剂，在镀铬液中的添加量为 0.04～0.06g/L。使用时，先将 F-53 用水调成糊状，加水稀释，煮沸溶解静止片刻，转入加热至 50～60℃的镀铬槽中，不能把不溶的 F-53 直接倒入镀槽。

6.4.4　六价铬电镀铬工艺

（1）防护-装饰性镀铬

防护-装饰性镀铬不仅要求镀层在大气中具有很好的耐蚀性，而且要有美丽的外观。这类镀层也常用于非金属材料的电镀。

防护-装饰性镀铬可分为一般防护装饰镀铬与高耐蚀性防护装饰性镀铬。表 6-14 列出防护-装饰性镀铬的工艺规范。

表 6-14　防护-装饰性镀铬溶液组成及工艺条件

配方	一般防护装饰性镀铬			高耐蚀防护装饰性镀铬				
	配方 1(挂镀)		配方 2(滚镀)	单层微裂纹铬			双层微裂纹铬	
							第一层	第二层
铬酐 CrO_3/(g/L)	230～270		300～350	250	180～220	250	300	195
硫酸 H_2SO_4/(g/L)	2.3～2.7		0.3～0.6	2.5		1.5	3	
三价铬 Cr^{3+}/(g/L)	2～4				1.0～1.7	2～4		
硒酸钠 $Na_2SeO_4 \cdot 10H_2O$/(g/L)						0.015		
硒酸 H_2SeO_4/(g/L)				0.013				
氟硅酸钠 Na_2SiF_6/(g/L)								
氟硅酸 H_2SiF_6/(g/L)			5～6			0.75		
重铬酸钾 $K_2Cr_2O_7$/(g/L)								36.5
铬酸锶 $SrCrO_4$/(g/L)					1.5～3.5			4.5
氟硅酸钾 K_2SiF_6/(g/L)								10.5
硫酸锶 $SrSO_4$								6.0
温度/℃	48～53	45～50	25～35	40～45	45～50	45～48	49	49
阴极电流密度/(A/dm^2)	15～30	10～20	(200～250)A/(1～3)kg	20	10～20	14～18	15	13.5
电镀时间/min			20～30		8～12		5～6	>6
滚筒转速/(r/min)			3～5					

① 一般防护-装饰性镀铬　一般防护-装饰性镀铬采用中、高浓度的普通镀铬液，适用于室内环境使用的产品。钢铁、锌合金和铝合金镀铬必须采用多层体系，主要工艺流程如下。

a. 钢铁基体　铜/镍/铬体系

除油→水洗→浸蚀→水洗→闪镀氰铜或闪镀镍→水洗→酸铜→水洗→亮镍→水洗→镀铬

→水洗干燥

多层镍/铬体系

除油→水洗→浸蚀→水洗→镀半光亮镍→水洗→光亮镍→水洗→镀铬→水洗→干燥

↓ ↑

高硫冲击镍（1μm）

b. 锌合金基体

弱碱化学除油→水洗→浸稀氢氟酸→水洗→电解除油→水洗→闪镀氰铜→水洗→光亮镀铜→光亮镍→水洗→镀铬→水洗→干燥

c. 铝及铝合金基体

弱碱除油→水洗→电解除油→水洗→一次浸锌→溶解浸锌层→水洗→二次浸锌→水洗→闪镀氰铜（或预镀镍）→水洗→光亮镀铜→水洗→光亮镀镍→水洗→镀铬→水洗→干燥

② 高耐蚀装饰性镀铬　高耐蚀装饰性镀铬是采用特殊工艺改变镀铬层的结构，从而提高镀层的耐蚀性，该镀层适用于室外条件要求苛刻的场合。

在防护-装饰性镀铬体系中，多层镍的应用显著提高了镀层的耐蚀性，研究发现镍、铬层的耐蚀性不仅与镍层的性质及厚度有关，同时在很大程度上还取决于铬层的结构特征。从标准镀铬溶液中得到的普通防护装饰性镀铬层虽只有0.25～0.5μm，但镀层的内应力很大，使镀层出现不均匀的粗裂纹。在腐蚀介质中铬镀层是阴极，裂纹处的底层是阳极，因此，遭受腐蚀的总是裂纹处的底层或基体金属。由于裂纹处暴露出的底层金属面积与镀铬层面积相比很小，因而腐蚀电流密度很大，腐蚀速度很快，而且腐蚀一直向纵深发展。由于裂纹不可避免，如果改变微裂纹的结构，使腐蚀分散，那么就可减缓腐蚀。在此构思下，20世纪60年代中期开发出了高耐蚀性的微裂纹铬和微孔铬新工艺。这两种铬统称为“微不连续铬”。由于形成的铬层具有众多的微孔和微裂纹，暴露出来的镀镍面积增大但又很分散，使镍层表面上的腐蚀电流密度大大降低，腐蚀速度也大为减缓，从而提高了组合镀层的耐蚀性，并且使镍层的厚度减小5μm左右。

a. 微裂纹铬　在光亮镀镍层上施镀一层0.5～3μm高应力镍，再镀0.25μm普通装饰铬，由于高应力镍层的内应力和铬层内应力相叠加，就能在每平方厘米上获得250～1500条分布均匀的网状微裂纹铬。

研究发现在普通镀铬电解液中加入少量的SeO_4^{2-}，可得到内应力很大的镀铬层。在添加SeO_4^{2-}的镀液中得到的铬镀层带有蓝色。SeO_4^{2-}含量越高，镀层的蓝色越重。

采用双层镀铬法也可获得微裂纹铬镀层。工艺为先镀覆一层覆盖力好的铬镀层，然后在含氟化物的镀铬溶液中镀覆一层微裂纹铬层。双层法的缺点是需要增加设备，电镀时间长，电能消耗多。故目前已用单层微裂纹铬代替，但单层微裂纹铬也存在氟化物分析困难及微裂纹分布不均等缺点。

b. 微孔铬　目前使用最多的电镀微孔铬的方法是在光亮镀镍上镀覆厚度不超过0.5μm的镍基复合镀层（镍封闭），再镀光亮铬层，便得到微孔铬层。

镍基复合镀层中均匀弥散的不导电微粒粒径在0.5μm以下，在镀液中的悬浮量为50～100g/L，微粒在复合镀层中含量为2%～3%。常用的微粒有硫酸盐、硅酸盐、氧化物、氮化物和碳化物等。由于微粒不导电，在镀铬过程中微粒上没有电流通过，其上面也就没有金属铬沉积，结果就形成了无数微小的孔隙，密度可达10^4个/cm^2以上。

③ 防护装饰性电镀注意事项

a. 较大零件入槽前要通过热水冲洗预热，切勿在镀液中预热，否则会腐蚀高亮度的底层表面。

b. 小零件需采用滚镀铬工艺，滚镀铬镀液中应加入氟硅酸，防止零件滚镀时瞬间不接触导电而致表面钝化。

c. 零件带电入槽，对于复杂零件采用冲击电流，或增大阴、阳极距离。

d. 每一电镀层都要抛光，提高光洁度，减少孔隙，防蚀。

e. 在镍上镀铬时，如镍钝化，可用酸浸法活化，然后镀铬。活化方法为：在 30%～50%（体积）的盐酸中浸 30～60s；在 20%（体积）的硫酸中浸蚀约 5min；在 5%（体积）的硫酸中阴极处理 15s 左右，再镀铬，就可得到结合力良好的镀铬层。

f. 电源宜采用全波整流。

g. 采用高浓度铬酐镀液时，可安装回收槽以节约铬酐，降低成本，减少废水处理量。

（2）镀硬铬（hard chrome）

硬铬又称耐磨铬，硬铬镀层不仅要有一定的光泽，而且要求底层的硬度高、耐磨性好并与基体结合牢固。

镀层厚度应根据使用场合不同而异。在机械载荷较轻和一般性防护时，厚度为 10～20μm；在滑动载荷且压力不太大时，厚度为 20～25μm；在机械应力较大和抗强腐蚀作用时，厚度高达 150～300μm；修复零件尺寸厚度可达 800～1000μm。

耐磨镀铬一般采用铬酐浓度较低（CrO_3 150～200g/L）的镀液，有的工厂也采用标准镀铬液。工艺条件上宜采用较低温度和较高的阴极电流密度，应视零件的使用条件和对铬层的要求而定。表 6-15 列出了获得最大硬度镀铬层的适宜温度和电流密度关系。生产上一般采用温度为 50～60℃（常用 55℃）和 25～75A/dm^2（多数为 50A/dm^2）的阴极电流密度。工艺条件一经确定，在整个电沉积过程中，应尽可能保持工艺条件的恒定，特别是温度，变化不要超过±1℃。

表 6-15　获得最大硬度镀铬层温度和电流密度关系

温度/℃	40～48	50～54	52～55	54～56	55～57
阴极电流密度/(A/dm^2)	22	33	40	66	110

镀硬铬应注意如下问题。

① 欲镀零件无论材质如何，只要工件较大，均需预热处理，因为镀硬铬时间较长，镀层较厚，内应力大且硬度高，而基体金属与铬的热膨胀系数差别较大。如不预热就施镀，基体金属容易受热膨胀而产生“暴皮”现象，预热时间根据工件大小而定。

② 挂具用材料必须在热的铬酸溶液中不溶解，也不发生其他化学作用。夹具还应有足够的截面积，且与导电部件接触良好。否则因电流大，槽电压升高，局部过热。

③ 装挂时应考虑便于气体的逸出，防止“气袋”形成，造成局部无镀层或镀层厚度不均。

④ 复杂零件镀铬应采用象形阳极，圆柱形零件两端应加阴极保护，避免两端烧焦及中间镀层薄的现象；带有棱角、尖端的零件可用金属丝屏蔽。

⑤ 为提高镀层的结合力，可进行反电、大电流冲击及阶梯式给电。反电时间为 0.5～3min，阴极电流密度为 30～40A/dm^2。大电流冲击为 80～120A/dm^2，时间为 1～3min。

⑥ 对于易析氢的钢铁部件，应在镀后进行除氢处理。

（3）镀松孔铬（bore chrome）

松孔铬镀层是具有一定疏密程度和深度网状沟纹的硬铬镀层，具有很好的储油能力。工作时，沟纹内贮存的润滑油被挤出，溢流在工件表面上，由于毛细管作用，润滑油还可以沿着沟纹渗到整个工件表面，从而改善整个工件表面的润滑性能，降低摩擦系数，提高抗磨损性能。

获得松孔铬的方法有机械、化学或电化学法。

① 机械法　在欲镀铬零件表面用滚压工具将基体表面压成圆锥形或角锥形的小坑或相应地车削成沟槽，然后镀铬、研磨。此法简单，易于控制，但对润滑油的吸附性能不太理想。

② 化学法　利用镀铬层原有裂纹边缘具有较高活性的特点，在稀盐酸或热的稀硫酸中浸蚀，裂纹边缘处的铬优先溶解，从而使裂纹加深加宽，达到松孔的目的。此法铬的损耗量大，溶解不均匀，质量不易控制。

③ 电化学法　在镀硬铬后，经除氢、研磨后，再在碱液、铬酸、盐酸或硫酸中进行阳极松孔处理。由于铬层裂纹处的电位低于平面的电位，因此裂纹处的铬优先溶解，从而使裂纹加深加宽。处理后的松孔深度一般为0.02～0.05μm。

阳极浸蚀时，裂纹的加深和加宽速度用通过的电量（浸蚀强度）来控制。在适宜的浸蚀强度范围内，可以选择任一阳极电流密度，只要相应地改变时间，仍可使浸蚀的强度不变。浸蚀强度根据镀铬层原来的厚度确定：厚度为100μm以下的铬镀层，浸蚀强度为320A·min/dm^2；厚度为100～150μm的铬镀层，浸蚀强度为400A·min/dm^2；150μm以上的铬镀层，浸蚀强度为480A·min/dm^2。对于尺寸要求严格的松孔镀铬件，为控制尺寸，最好采用低电流密度进行阳极松孔；当要求网纹较密时，可采用稍高的阳极电流密度；当零件镀铬后经过研磨再阳极松孔时，浸蚀的强度应比上述数值减少1/3～1/2。

松孔铬层的网状裂纹密度取决于硬铬镀层原有裂纹密度。因此镀铬工艺对松孔镀铬的影响很大，必须严格控制。根据实践经验，采用表6-16所列工艺镀铬可获得质量稳定的松孔铬镀层。

表6-16　阳极松孔处理的工艺规范

工艺规范	配方1	配方2	配方3	配方4
铬酐 CrO_3/(g/L)	240～260	250	150	180
硫酸 H_2SO_4/(g/L)	2.0～2.2	2.3～2.5	1.5～1.7	1.8
CrO_3/H_2SO_4	120/1	100～110/1	89～100/1	100/1
温度/℃	60±1	51±1	57±1	59±1
阴极电流密度/(A/dm^2)	50～55	45～50	45～55	50～55

电解液中CrO_3/SO_4^{2-}的比值增大，镀铬层的网状密度减小，但网纹的宽度和深度增加。当比值不变，而提高CrO_3的浓度时，也使网状裂纹密度减小，网纹的宽度和深度增加。另外镀液温度对镀层的影响很大，温度升高，网纹变稀；阴极电流密度的影响则较小。

（4）镀黑铬

黑铬镀层在色泽均匀性、装饰性、耐蚀性、耐磨性、耐热性和太阳能选择吸收等方面均比其他化学和电化学方法获得的黑色覆盖层优越，因此在航空、汽车、仪器仪表等需要消光的装饰性镀层以及太阳能吸收层方面获得广泛应用。黑铬镀层的黑色是由镀层的物理结构所致，它不是纯金属铬，而是铬和三氧化二铬的水合物组成，呈树枝状结构，金属铬以微粒形式弥散在铬的氧化物中，形成吸光中心，使镀层呈黑色。通常镀层中铬的氧化物含量越高，黑色越深。黑铬镀层的耐蚀性优于普通镀铬层。黑铬镀层硬度虽只有HV 130～350，但耐磨性与普通镀铬层相当。黑铬镀层的热稳定性高，加热到480℃，外观无明显变化，与底层的结合力良好。

电镀黑铬工艺的配方很多，较常用的见表6-17。

表 6-17 电镀黑铬溶液的组成及工艺条件

组成及工艺条件	配方 1	配方 2	配方 3	配方 4	配方 5	配方 6	配方 7
铬酐 CrO_3/(g/L)	300～350	200～250	250～300	300	200～300	250～400	250～300
硝酸钠 $NaNO_3$/(g/L)	7～12		7～11	7～11			
硼酸 H_3BO_3/(g/L)	25～30		20～25	30～52			
醋酸 HAc/(mL/L)		6～6.5			20～180	3g/L	
氟硅酸 H_2SiF_6/(g/L)			0.1				0.25～0.5
醋酸钡 $Ba(Ac)_2$/(g/L)					3～7		
尿素 $CO(NH_2)_2$/(g/L)						3	
温度/℃	<40	<40	18～35	5～30	20～40	25	13～35
阴极电流密度/(A/dm²)	35～60	50～100	35～60	40～50	25～60	50	30～80
时间/min	10～20	10～20	15～20		10～20		15～20

铬酐是镀液中的主要成分，其含量在 150～400g/L 范围内均可获得黑铬镀层。铬酐浓度低，镀液分散能力差；浓度高，虽然镀液的分散能力有所改善，但镀层的抗磨性能下降，一般在 200～350g/L 之间选用。

硝酸钠、醋酸是发黑剂，含量过低时，镀层不黑，镀液电导率低，槽电压高。浓度过高，镀液的深镀能力和分散能力差。通常硝酸钠控制在 7～12g/L，醋酸控制在 6～7g/L。在以硝酸钠为发黑剂的镀液中，没有硼酸时，镀层易起“浮灰”，尤其是在高电流密度下更为严重。加入硼酸可以减少“浮灰”。硼酸达到 30g/L 时，可以完全消除“浮灰”。硼酸的加入还可以提高镀液的深镀能力，并使镀层均匀。

镀液温度和阴极电流密度对黑铬镀层的色泽和镀液性能影响极大。最佳条件是低于 25℃，电流密度大于 40A/dm²。阴极电流密度过小，镀层呈灰黑色，甚至出现彩虹色；但也不宜过大，当大于 80A/dm² 时镀层易烧焦，而且镀液升温严重；当温度高于 40℃时，镀层表面产生灰绿色浮灰，镀液深镀能力降低。因此，在电镀黑铬的过程中，必须采取降温措施。SO_4^{2-} 和 Cl^- 在镀黑铬电解液中都是有害杂质，SO_4^{2-} 使镀层呈淡黄色而不黑，可用 $BaCO_3$ 或 $Ba(OH)_2$ 沉淀除去；Cl^- 使镀层出现黄褐色浮灰，因此配制溶液时应使用去离子水，并且在生产过程中严格控制有害杂质的带入；挂具和阳极铜钩应镀锡保护。

黑铬镀层可以直接在铁、铜、镍和不锈钢上进行施镀，也可以先镀铜、镍或铜锡合金作底层以提高抗腐蚀性和耐磨性。对形状复杂的零件应使用辅助阳极，阳极材料采用含锡 7% 的铅锡合金或高密度石墨。

镀完黑铬的零件，烘干后进行喷漆或浸油处理，可以提高光泽性和抗腐蚀能力。

(5) 镀乳白铬（opaque chrome）

乳白铬一般厚度在 30～60μm，抗蚀性能良好，但硬度较低，光泽性差。镀乳白铬的工艺、镀前准备和镀后处理，基本与镀硬铬相同。其主要的不同点是：要求温度较高（65～75℃），阴极电流密度较低（25～30A/dm²）。

6.4.5 低浓度铬酐镀铬工艺

低浓度铬酐镀铬工艺是指镀铬液中铬酐含量在 30～60g/L 的镀铬工艺，铬酐使用量只有普通标准镀铬工艺的 1/8～1/5，既减轻了铬酐对环境的污染，又节约了大量的原材料。低浓度铬酐镀铬工艺组成及操作条件如表 6-18 所示。

表 6-18 低浓度铬酐镀铬工艺组成及操作条件

组成及操作条件	配方 1	配方 2	配方 3	配方 4
铬酐 CrO_3/(g/L)	50～60	45～55	30～50	90～100
硫酸 H_2SO_4/(g/L)	0.45～0.55	0.23～0.35	0.5～1.5	0.5～0.8
氟硅酸 H_2SiF_6/(g/L)	0.6～0.8			
氟硼酸钾 KBF_4/(g/L)		0.35～0.45		
三价铬 Cr^{3+}/(g/L)			0.5～1.5	
氟硼酸 HBF_4/(g/L)				1.2～2
温度/℃	53～55	55±2	55±1	55±2
阴极电流密度/(A/dm²)	30～40	44～60	50～60	30～60

采用低铬酐镀铬工艺可以获得装饰性铬镀层和硬铬镀层，其光泽性、硬度、结合力以及裂纹等方面均能满足质量要求。但有时镀层表面会出现黄膜或彩色膜，可在5%的硫酸溶液中除去，然后在碱性溶液中清洗。

低铬酐镀铬液的分散能力比常规镀铬电解液好，但深镀能力比较差，这给形状复杂的零件带来了一定困难。同时，电导率下降，槽电压升高，因而能耗高，镀液升温快。低铬酐镀铬的阴极电流效率达到18%～20%。

由于上述原因，使得低铬酐镀铬工艺受到一定的限制，目前的研究方向集中在寻求新的催化剂，以改善镀液性能，降低槽电压。

6.4.6 三价铬盐镀铬工艺

三价铬电镀作为最重要、最直接有效的代六价铬电镀工艺，引起人们的高度关注。对其研究已有一百多年，但由于电镀液的稳定性、铬镀层的质量等方面始终无法与铬酸镀铬相比，因此一直未能得到大规模的应用。

1854年，Bunsen发表了第一篇关于三价铬盐溶液电沉积的论文，两年后才有六价铬文献的报道，但由于技术上的原因，三价铬电镀当时未能在工业上应用，以后的研究也进展缓慢，而六价铬电镀工艺在Sargent于20世纪初系统地研究了铬酸和硫酸盐工艺后，在工业中得到了广泛的应用。由于环保问题的凸显，三价铬电镀工艺研究从70年代又开始活跃起来。国外对其研究进展较快，1974年Albring& Wilson公司发表Alecra-3三价铬电镀工艺并申请了专利，即改进的Alecra-3000，该工艺以甲酸盐作络合剂，配合其他成分，如主盐、导电盐、润湿剂等，在适当的工艺条件下可以获得3μm以下的三价铬镀层，镀层耐蚀性、硬度不差于六价铬镀层。该公司申请的一系列专利中详尽介绍了镀液的组成及各组分的作用、易出现的问题和解决方法以及如何检验镀液中金属杂质离子或除杂剂是否过量的简便方法。此时三价铬研究取得突破性进展，进入实用阶段。1981年英国W. Caning开发了硫酸盐三价铬电镀工艺，该工艺采用离子选择性隔膜将阴极液和阳极液隔离，称之为双槽电镀。同时，美国Harshao公司也开发了Trichrome三价铬工艺，并投入较大规模生产，但得到的镀层厚度仅为3.75μm。到20世纪90年代三价铬电镀有了较快的发展，1998年Ibrahim等人发表了几篇以尿素为络合剂的三价铬电镀厚铬工艺。之后，美国、英国、德国、法国等国家的诸多公司采用了三价铬装饰技术，其装饰性镀层可与六价铬镀层相媲美。三价铬体系分为氯化物体系和硫酸盐体系，其中硫酸盐体系对阳极材料要求较高，价格昂贵，而氯化物体系可使用石墨作阳极，大幅地降低了生产成本。

我国从70年代开始对三价铬电镀工艺进行研究，主要对甲酸盐体系、氨基乙酸体系、乙酸盐体系、草酸盐体系等进行了研究探索和理论探讨。对于改善镀层外观色泽和镀层的增厚问题及镀层硬度等进行了较多研究。

表6-19列出国内研究的三价铬镀液的组成及工艺条件。

表 6-19 三价铬镀液的组成及工艺条件

组成及工艺条件	配方1	配方2	配方3
氯化铬 $CrCl_3 \cdot 6H_2O$/(g/L)	107～133		
硫酸铬 $Cr_2(SO_4)_3 \cdot 15H_2O$/(g/L)		20～25	
硫酸铬 $Cr_2(SO_4)_3 \cdot 6H_2O$/(mol/L)			0.28
甲酸钾 HCOOK/(g/L)	67～109		
甲酸铵 $HCOONH_4$/(g/L)		55～60	
草酸铵 $(NH_4)_2C_2O_4$/(mol/L)			1
氯化铵 NH_4Cl/(g/L)	53	90～95	
溴化铵 NH_4Br/(g/L)	9.8～20	8～12	0.06mol/L
氯化钾 KCl/(g/L)	75	70～80	
醋酸钠 $CH_3COONa \cdot 3H_2O$/(g/L)	14～41		
硼酸 H_3BO_3/(g/L)	49	40～50	0.65mol/L
硫酸钠 Na_2SO_4/(g/L)		40～45	1mol/L
硫酸 H_2SO_4/(g/L)		1.5～2.0	
磺基丁二酸二钠二辛酯/(mol/L)			0.3
润湿剂/(mol/L)	1		
温度/℃	20～25	20～30	25～40
pH 值	2.5～3.3	2.5～3.5	3.0～4.0
阴极电流密度/(A/dm²)	20	10～100	10～25
阳极材料	石墨	石墨	石墨

(1) 镀液中各成分的作用

① 主盐　可用三价铬的氯化物或硫酸盐，电解液中的铬含量以 20g/L 为宜。

② 络合剂　一般采用甲酸、乙酸、苹果酸等有机酸为络合剂，以甲酸盐（甲酸钾或甲酸铵）为好。

③ 辅助络合剂　选用蚁酸盐能收到很好的效果，并起稳定剂作用，使镀液长期使用而不产生沉淀。

④ 导电盐　碱金属或碱土金属的氯化物或硫酸盐都可用作导电盐，但不宜用硝酸盐，因硝酸根在电极上放电，给镀层质量带来不利影响，常用的有氯化铵、氯化钾或氯化钠。铵离子常有特殊作用，有利于得到光亮的镀层。

⑤ 溴化物　当溴离子浓度大于 0.01mol/L 时，即能抑制氯气和 Cr^{6+} 的产生，适宜浓度为 0.05～0.30mol/L。

⑥ 缓冲剂　为稳定镀液 pH 值，以加入硼酸效果最好。

⑦ 润湿剂　加入十二烷基硫酸钠或十二烷基磺酸钠，能减少镀层的针孔，从而提高镀层的质量。

镀液对金属杂质比较敏感，如 Cu^{2+}、Pb^{2+}、Ni^{2+}、Fe^{2+}、Zn^{2+} 等离子，其最高允许含量为：Cu^{2+} 0.025g/L，Pb^{2+} 0.02g/L，Zn^{2+} 0.15g/L，Ni^{2+} 0.2g/L，Fe^{2+} 1.0g/L，Cr^{6+} 0.8g/L，NO_3^- 0.05g/L。操作时应避免杂质的带入，并注意带电入槽。镀液中若含有少量的杂质，可用小电流（D_K1～2A/dm²）电解处理，若含量过高，可用相应的净化剂处理。

(2) 三价铬盐电镀的主要特点及存在的问题

三价铬盐镀铬电解液的最大特点是可以在室温下操作，阴极电流密度也较低，一般控制在 10A/dm² 左右，既节约了能源，又降低了对设备的投资。

三价铬的毒性低，消除或降低了环境污染，有利于环保，并且镀液的阴极极化作用较大，镀层结晶细致，镀液的分散能力和深镀能力都比铬酸镀铬好；阴极电流效率在 20%左右。

从三价铬电解液中获得的镀铬层略带黄色，不如铬酸镀铬美观，镀层结合力较好，内应力较高，且有微裂纹性质。镀层的硬度一般在 HV 300～600，不能用于镀硬铬。

三价铬镀铬不宜镀厚铬，其主要原因有以下几点：

a. 镀液 pH 值，特别是阴极表面附近层的 pH 值升高导致形成 $Cr(OH)_3$ 胶体，阻碍三价铬镀层的继续增厚；

b. Cr^{3+}的水解产物发生羟桥、聚合反应，形成高分子链状凝聚物吸附在阴极，阻碍Cr^{3+}的还原；

c. Cr^{3+}还原的中间产物Cr^{2+}的富集，对Cr^{3+}羟桥反应有引发和促进作用；

d. 持续电解过程中Cr^{3+}的活性络合物逐步减少和消失。

Sharif 等人在氨基乙酸体系中采用提高镀液循环速度、降低 pH 值、提高活性络合物浓度等方法可实现以 100～300μm/h 的速度镀取三价铬的厚镀层；Ibrahim 等则在以尿素作络合剂的三价铬镀铬体系中，通过添加甲醇和甲酸，可以以 50～100μm/h 的速度镀取三价铬；Hong 等人则采用双槽电镀工艺，通过添加三种羧酸作络合剂，镀取了 50～450μm 厚、性能良好的三价铬镀层；美国商业局和 Atotech 公司也分别镀取了厚度 100～450μm 的三价铬镀层。

三价铬镀铬相对六价铬镀铬，容易操作，使用安全，无环境问题，但是存在一次设备投入较大和成本较高的不足，而且用户习惯了六价铬的色泽，在色度上有一个适应过程。三价铬镀铬与六价铬镀铬的性能比较见表 6-20。

表 6-20 三价铬镀铬和六价铬镀铬的比较

指标	三价铬镀铬		六价铬镀铬
	单槽	双槽	
铬盐浓度/(g/L)	20～24	5～10	75～150
pH 值	2.3～3.9	3.3～3.9	1 以下
阴极电流/(A/dm²)	5～20	4～15	10～30
温度/℃	21～49	21～54	35～50
阳极	石墨或贵金属	铅-锡合金	铅-锡合金
搅拌	空气搅拌	空气搅拌	无
镀速/(μm/min)	0.2	0.1	0.1
最大厚度/μm	25 以上	0.25	100 以上
均镀能力	好	好	差
分散能力	好	好	差
镀层构造	微孔隙	微孔隙	非微孔隙
色调	深金属色	深金属色	蓝白金属色
后处理	需要	需要	不需要
废水处理	容易	容易	较难
安全性	与镀镍相同	与镀镍相同	危险
铬雾	几乎没有	几乎没有	大量
杂质去除	容易	容易	困难

三价铬电镀工艺发展至今，国内外对装饰性电镀工艺研究逐渐趋于完善成熟，生产应用不断扩大。据报道北美已有超过 30%以上的工厂开始使用三价铬代替六价铬来电镀，国内虽有所使用，但大规模推广应用仍有困难。

6.4.7 稀土镀铬工艺

20 世纪 80 年代中期，开发了稀土镀铬添加剂，主要成分是稀土化合物，在我国已经获得了广泛的应用。在镀铬电解液中加入少量（1～4g/L）的稀土化合物，可使电解液中铬酐含量降低到 150g/L，并且在较低温度（30～40℃）下就可以获得光泽度高的光亮镀铬层，阴极电流效率达到 22%～26%，显著高于常规镀铬电解液。采用稀土镀铬添加剂可以节约大量能源和原材料，同时还大大减轻了铬酐对环境的污染。

关于稀土金属阳离子的作用机理虽然还不能给予完美的解释，但从试验现象可知，稀土元素的加入能在阴极上产生特性吸附，改变了阴极膜的性质，使得铬的临界析出电位变小，并增加了析氢过电位，从而使电流效率最高；X 射线衍射图谱也证实了加入稀土阳离子后镀层结晶结构发生一定的变化，使表面晶粒趋于择优取向，晶粒细化、光亮度增加，同时镀层的硬度有所提高。

尽管稀土镀铬有许多优点，但也有一些有待解决的问题：

① 有些稀土添加剂镀铬超过 5min 后，镀层呈白色而不光亮，有时镀层上有一层黄膜较难除去，硬度不稳定，外观也难以达到要求；

② 在稀土添加剂中必然引入 F^-，氟化物过多，镀件的低电流密度区易产生电化学腐蚀；

③ 稀土添加剂多为物理混合体系，成分复杂，镀液具有不可靠性和不稳定性；

④ 镀液维护困难。

6.4.8　有机添加剂镀铬工艺

采用有机添加剂及卤素释放剂联合使用的镀铬液被称为“第三代镀铬溶液”，它们的共同特点是：阴极电流效率高达 22%～27%，不含 F^-，不腐蚀基体；覆盖能力强，HV 亦高达 1000 以上，既可用于镀硬铬，亦可用于镀微裂纹铬。

有机添加剂包括有机羧酸、有机磺酸及其盐类等。卤素释放剂是指碘酸钾、溴酸钾、碘化钾及溴化钾等。有机添加剂在镀液中的作用机理尚待查明，一般认为有机物的加入活化了基体金属，使镀液的覆盖能力得到改善；使析氢过电位增加，提高电流效率；并由于有机物的夹带，形成碳化铬而使镀层硬度增大。表 6-21 为有机添加剂镀铬液组成及工艺条件。

表 6-21　有机添加剂镀铬液组成及工艺条件

组成及工艺条件	配方 1	配方 2	配方 3	配方 4
铬酐 CrO_3/(g/L)	200～300	200～350	225～275	200～300
硫酸 H_2SO_4/(g/L)	2～3	2～3	2.5～4.0	2～3
硼酸 H_3BO_3/(g/L)	1～10			
低碳烷基磺酸①/(g/L)	1～5			
磺基醋酸/(g/L)		80～120		
碘酸盐/(g/L)		1～3		
含氮有机化合物②/(g/L)		3～15		
HEEF③ 25			350mL/(kA·h)	
三价铬 Cr^{3+}/(g/L)				2～5
Ly-2000 添加剂④/(mL/L)				15～25
温度/℃	55～65	50～60	55～60	55～64
阴极电流密度/(A/dm²)	20～80	20～80	30～75	30～90

① 烷基磺酸中 S/C≥1，电流效率可达 27%，HV>1100。

② 含氮有机化合物：烟酸、甘氨酸、异烟酸、吡啶、2-氨基吡啶、3-氯代吡啶、皮考啉酸。

③ HEEF (high efficiency etch free) 高效能、无低电流区腐蚀，阴极电流效率达 25%，HV 900～1000。开缸成分为 HEEF 25550mL/L，硫酸 2.7g/L，温度 55～60℃，电解 4～6h（电压>6V，阴阳面积比 15∶1）。

④ Ly-2000 添加剂：天津中盛表面技术公司产品。补加量为 4～6mL/(kA·h)。

6.5　电镀锡

锡是银白色的金属，相对原子质量为 118.7，密度 7.28g/cm³，熔点 232℃，$\varphi^{\ominus}_{Sn^{2+}/Sn}=-0.136V$ 和 $\varphi^{\ominus}_{Sn^{4+}/Sn^{2+}}=+0.15V$，电化学当量分别为 2.12g/(A·h)和 1.11g/(A·h)，硬度 HV 12。锡具有抗腐蚀、耐变色、无毒、易钎焊、柔软和延展性好等优点。镀锡（tin plating）具有下列特点和用途。

① 化学稳定性高　在大气中耐氧化，不易变色，与硫化物不起反应，与稀硫酸、稀盐

酸、硝酸几乎不反应，加热时在浓硫酸、浓盐酸中缓慢反应。

② 锡的标准电位比铁正，对钢铁来说是阴极性镀层，因此只有在镀层无孔隙时才能有效地保护基体；但在密闭条件下，在有机酸介质中，锡的电位比铁负，具有电化学保护作用，溶解的锡对人体无害，故常作食品容器的保护层。

③ 锡导电性好，易钎焊，所以常用以电子元器件引线、印刷电路板及低压器件的电镀；铜导线上镀锡除提供可焊性外，还有隔离绝缘材料中硫的作用；轴承镀锡可起密合和减摩作用；汽车工业上活塞环镀锡及汽缸壁镀锡可防止滞死和拉伤。

④ 锡在低于－13℃时，结晶开始变异，到－30℃将完全转变为一种非晶型的同素异构体（α-锡或灰锡），俗称“锡瘟”，此时将失去金属锡的性质。但当锡与少量锑或铋（0.2%～0.3%）共沉积形成合金可有效地抑制这种变异。

⑤ 锡同锌、镉层一样，在高温、潮湿和密闭条件下能长成“晶须”，俗称为“长毛”，这是镀层存在内应力所致。小型化电子元件需防止晶须造成短路事故，为此，电镀后通过加热消除内应力或电镀时与1%的铅共沉积。

⑥ 镀锡后在232℃以上的热油中重熔处理，可获得有光泽的花纹锡层，可作为日用品的装饰镀层。

镀锡工艺分为酸性硫酸盐镀锡、碱性锡酸盐镀锡、氟硼酸盐镀锡、卤化物镀锡及有机磺酸盐镀锡等。

6.5.1　酸性硫酸盐镀锡

酸性硫酸盐镀锡是二价锡在阴极上被还原沉积，电流效率高接近100%，具有沉积速度快、镀液分散能力高、原料易得、成本低等特点，但镀层结晶较粗、孔隙多。随着光亮剂的不断发展，酸性光亮镀锡获得迅速发展，已趋于主导地位。硫酸盐镀锡的工艺规范如表6-22所示。

表6-22　普通光亮镀锡工艺规范

镀液组成及工艺条件	配方1	配方2	配方3	配方4
硫酸亚锡 $SnSO_4$/(g/L)	45～55	36	35～45	30
硫酸 H_2SO_4/(mL/L)	60～80	100	50～55	105
β-萘酚/(g/L)	0.3～1.0			
明胶/(g/L)	1～3			
酚磺酸/(g/L)	80～100			
AMT-1B光亮剂/(mL/L)		30		
AMT-1S稳定剂/(mL/L)		25		
MR-1光亮剂/(mL/L)			20～40	
Restin PC/(mL/L)			0.5～1.0	40
温度/℃	15～30	20～30	20～30	20～30
阴极电流密度/(A/dm²)	0.5～1.5	0.5～3	0.5～4	0.5～2
搅拌方式	阴极移动或循环	阴极移动或循环	阴极移动或循环	阴极移动或循环

注：AMT-1B光亮剂、AMT-1S稳定剂为上海永生助剂有限公司研制；MR-1光亮剂为美坚化工原料有限公司产品；Restin PC为美国MacDermid化学公司产品。

(1) 各组分的作用及工艺条件的影响

① 硫酸亚锡　酸性镀锡的主盐，提高浓度，可提高阴极电流密度，增加沉积速度，但浓度过高时，分散能力下降，光亮区缩小，镀层色泽变暗，结晶粗糙；浓度过低，生产效率降低，镀层易烧焦，但滚镀时可采用低浓度。

② 硫酸　主要起导电、防止锡离子水解和提高阳极电流效率的作用。硫酸含量过低，槽电压升高，低电流区光亮度降低，锡离子易水解而造成镀液浑浊；硫酸含量过高，析H_2严重，电流效率下降。

③ 温度　无光亮镀锡一般在室温下进行，而光亮镀锡一般在10～20℃下进行。温度过

高，Sn^{2+}氧化速度加快，镀液易浑浊，镀层粗糙，镀液寿命降低，光亮剂消耗增加，光亮区变窄，严重时镀层变暗，出现花斑，可焊性降低；低温有利于整体光亮及良好均镀性，但温度过低，工作电流密度范围减小，镀层容易烧焦，并使电镀能耗增大。

④ 电流密度 光亮镀锡电流密度一般控制在1～4A/dm²，对于滚镀电子元器件，电流密度一般控制在工艺范围的下限。

⑤ 搅拌 光亮镀锡应采用阴极移动或循环搅拌，阴极移动速度为15～30次/min，有利于镀层光亮和提高生产效率。但为防止Sn^{2+}氧化，禁止采用空气搅拌。

⑥ 酸性镀锡光亮剂 酸锡光亮剂一般由主光亮剂、辅助光亮剂、乳化剂、扩散剂、稳定剂、特种添加剂及溶剂等成分构成，其中光亮剂、Sn^{2+}稳定剂和分散剂是镀锡添加剂中不可缺少的三种主要成分。主光亮剂能在电镀件表面形成强烈的特性吸附，极大地提高锡离子在阴极表面的极化，但是单独使用主光亮剂不能获得高质量光亮镀层。常用的主光亮剂主要是结构中含有下列基本单元的化合物：

$$R^1—HC{=}CH—\overset{\overset{\large O}{\|}}{C}—R^2 \qquad R^1—\underset{R^3}{\underset{|}{C}}{=}\underset{R^4}{\underset{|}{C}}—\overset{\overset{\large O}{\|}}{C}—R^2 \qquad \text{或萘环化合物}$$

即为不饱和醛或不饱和酮，如苯乙烯基萘酮、苯乙烯基苯甲酮、β-苯丙烯醛等；辅助光亮剂主要是脂肪醛和不饱和羰基化合物，如甲醛、亚苄基丙酮（4-苯基-3-丁烯-2-酮）等。它能与主光亮剂起协同作用，使晶粒细化，扩大光亮区。因为亚锡镀液不稳定，易发生浑浊、沉淀，亚锡离子容易氧化等，因此稳定剂应该是Sn^{4+}、Sn^{2+}的络合剂，抑制其水解与氧化。稳定剂包括有机和无机两类，有机稳定剂可以是酚、氢醌、苯胺类、肼盐、吡唑酮及还原性酸，如抗坏血酸、1-苯基-3-吡唑酮等，无机稳定剂主要是第ⅣB、ⅤB、ⅥB的化合物，如$TiCl_3$、Na_2WO_4等，V_2O_5与有机酸作用生成的活性低价钒离子等的混合物，能使镀液在较长时间内（静置三个月）保持不浑浊。乳化剂是主光亮剂与辅助光亮剂的增溶剂及载体，同时具有润湿和细化晶粒的作用，通常为非离子型表面活性剂，如OP类及平平加等。特种添加剂用以抑制氢气析出，提高电流效率。溶剂多为醇类物质，用于主光亮剂、辅助光亮剂等的初始溶解。

（2）工艺的维护

酸性光亮镀锡溶液具有对杂质敏感、镀液不稳定、添加剂易分解等不利因素，因此要注意对镀液的管理和维护。

① 加强镀前处理 镀锡之前彻底除净镀件表面的氧化物、油脂和其他污物是极其重要的，否则将难以得到与基体结合良好、结晶细致光亮的锡镀层；并且若镀前处理不良，带入的油脂和其他污物会逐渐在镀液中积累，会造成镀液报废。镀锡的前处理主要视工件表面氧化锈蚀的严重状况而定，光亮酸性镀锡的除油液中最好不要含有硅酸钠（水玻璃），否则带入镀液会使镀液发生污染。除锈时，浸酸溶液不可用盐酸和硝酸，只能用1∶5的硫酸溶液。对于加工的黄铜零件，应该预镀一层镍或紫铜作为阻挡层（打底），这对于滚镀尤其重要，否则镀层受到高温时（150℃以上）容易起泡；对于挂镀，不一定要预镀阻挡层，但镀件入槽时需要冲击电流，以免加工的黄铜零件在强酸性镀液中发生局部化学腐蚀。

② 确保化工材料的质量 配制镀液所用的硫酸和硫酸亚锡要求采用分析纯或化学纯；阳极锡板要求采用含锡量＞99.97%的铸造滚轧锡，否则容易造成镀液杂质增多，性能下降，最终导致镀锡层质量不良。

③ 添加剂的添加原则 镀液中添加剂含量高，镀层发黄发黑，脆性及物性降低，有时甚至镀不上镀层。因此添加剂应少加、勤加，经常作赫尔槽样片来调整添加剂比例。

④ 镀液的调整和控制 镀锡溶液的主要成分为硫酸亚锡和硫酸，硫酸要坚持每天分析，硫酸亚锡隔一天分析，根据分析结果作必要调整。亚锡离子的含量可以从极板的溶解中获得，因此平时一般不补充硫酸亚锡。发现亚锡离子处于工艺下限时，检查阳极板的溶解情况，可酌情增加阳极面积。因为用补加硫酸亚锡的方法来增加溶液中的亚锡离子，一则容易引进杂质，二则增加生产成本。另外，工件出镀槽清洗后，最好经过弱碱（磷酸盐）中和处

理，以提高工件的防变色能力；当钢铁零件镀锡后要求焊接时要先镀 3μm 铜层，以加强结合力；铜和铜合金镀锡时，要带电入槽，黄铜镀锡需预镀铜或镍；锡盐水解产物是疏松胶态，极难过滤，必须加入絮凝剂，使其凝聚方可过滤，如聚丙烯酰胺、SY-300 处理剂等絮凝剂。

⑤ 镀液中杂质的处理　在硫酸盐光亮镀锡溶液中，杂质的积累会导致镀层结晶粗糙、不亮甚至发黑、发脆、镀层结合力差等故障。杂质主要来源于车间中的粉尘降落，前处理清洗不彻底而带入残酸或其他污物；原料或锡板纯度不高，引进重金属离子以及添加剂的分解产物积累等。

因此生产上应尽量杜绝杂质的来源，但有些杂质难以避免，为此还需净化处理。对于物理杂质，包括灰尘、阳极泥渣以及其他落入镀槽内的固体不溶物，通过循环过滤或将镀液静置等方法即可去除；对于金属离子杂质如铜、砷、锑等，它们主要来自不纯的锡阳极板、化工材料以及导电棒的溶解，通常采用 0.1～0.3A/dm^2 的阴极电流密度电解除去；镀液中有机杂质最有效的去除方法是用 1～3g/L 的活性炭吸附或用专用处理剂处理。活性炭吸附有机杂质的同时也吸附一部分添加剂，用专用处理剂只需加入后进行搅拌均匀并自然沉淀 12h，用虹吸法取上层清液，弃去沉淀即可。

⑥ 镀后处理　零件镀后，应立即用水冲洗，最后可用热水清洗，然后离心甩干，再烘干。但温度不要高于 130℃，因锡是一种低熔点金属。

6.5.2 碱性镀锡

锡是一种两性金属，既能与酸生成盐类，形成锡阳离子；又能同强碱形成锡酸根阴离子。在酸性镀锡液中锡以 +2 价形式存在，而在锡酸盐碱性镀液中，锡以 +4 价的锡酸根（SnO_3^{2-}）形式存在。锡酸盐镀锡与酸性镀锡主要区别在于以下几点。

① 锡酸盐镀锡中放电的是 +4 价的锡，故电化学当量低，因此获得同样厚的镀锡层至少比酸性镀锡慢一倍；酸性镀液中锡的沉积更快，电流效率可达 95%～100%，而在锡酸盐镀液中，电流效率只有 70%左右。

② 酸性镀液中，可使用较高的阴极电流密度，而在碱性锡酸盐镀液中，阴极电流效率随着阴极电流密度的升高而很快下降。

③ 锡酸盐镀液需要更高的工作温度，但镀锡层与基体金属的结合力好，对镀前的清洗要求不高。

④ 锡酸盐镀液突出的优点是分散能力强，对于形状复杂、有空洞凹坑的零件尤为适合。

碱性镀锡液有钠盐和钾盐两大类，镀液成分简单，其工艺规范如表 6-23 所示。

表 6-23　碱性镀锡工艺规范

镀液成分与工艺条件	配方 1	配方 2	配方 3	配方 4	配方 5
锡酸钾 $K_2SnO_3 \cdot 3H_2O$/(g/L)	95～110	190～220			
锡酸钠 $Na_2SnO_3 \cdot 3H_2O$/(g/L)			95～110	120	20～40
氢氧化钾 KOH/(g/L)	13～19	15～30			
氢氧化钠 NaOH/(g/L)			8～12	30	10～20
醋酸钾 CH_3COOK/(g/L)	0～15	0～15			
醋酸钠 CH_3COONa/(g/L)			0～15	30	0～20
过硼酸钠 $Na_2B_4O_8$/(g/L)				2	
温度/℃	65～85	75～90	60～80	60～70	70～85
阴极电流密度/(A/dm^2)	3～10	3～15	0.5～3		0.2～0.8
阳极电流密度/(A/dm^2)	1.5～4	1.5～5	2～4		2～4
电压/V	4～6	4～6	4～6	6～10	4～12
阳极纯度(以 Sn 计)/%	>99	>99	>99		>99

注：配方 1、2 适用于快速电镀；配方 3 适用于挂镀，滚镀时要相应提高游离碱的含量；配方 5 适用于滚镀、复杂零件和小零件的镀锡。挂镀时可适当提高锡酸钠的含量。

(1) 镀液中各主要成分的作用及工艺条件的影响

① 锡酸盐　$Na_2Sn(OH)_6$ 或 $K_2Sn(OH)_6$ 是碱性镀锡的主盐，只要控制得当，钾盐与钠盐溶液都能得到满意的镀层。钠盐便宜，但钾盐溶液的阴极电流效率高，尤其在高电流密度时更明显；钾盐溶液必要时可在 90℃下工作，而钠盐溶液在 75～80℃以上工作时，电流效率很低，因此钠盐溶液的阴极电流密度不超过 $5A/dm^2$，而钾盐溶液在 90℃时可使用 7～$9A/dm^2$ 的电流密度；锡酸钾在水中的溶解度比锡酸钠大，且随温度升高而增大。因此，钾盐溶液可在高浓度、高温下工作，电流密度可增至 $40A/dm^2$；钾盐溶液的导电性能比钠盐好，因而更适于滚镀。

在实际生产中采用钾盐还是钠盐溶液，要根据具体情况而定。如需要采用较高的电流密度和较好的溶液特性，应选择钾盐溶液。锡酸盐的浓度并没有严格的控制，提高锡酸盐含量有利于提高阴极电流密度上限值，提高电流效率和沉积速度，但导致极化作用降低，且带出损失大。钠盐镀液在 0.5～$3A/dm^2$ 的电流密度下操作时锡的含量以 35～40g/L 为宜 [相当于 $Na_2Sn(OH)_6$ 85～100g/L]。钾盐镀锡液在 4～$5A/dm^2$ 的电流密度下操作时锡的含量以 40g/L 为宜。但如果希望较高的电镀速度，锡含量几乎可以任意增加，锡含量可高达 300 g/L，但由于成本高只在特殊场合下使用。

② 氢氧化钠（钾）　氢氧化钠（钾）可保证镀液导电性、防止锡盐水解、有利于阳极正常溶解，并抑制空气中 CO_2 的影响。

由于锡酸钠（钾）水解反应为：

$$Na_2SnO_3+2H_2O \longrightarrow H_2SnO_3\downarrow+2NaOH$$

$$K_2SnO_3+2H_2O \longrightarrow H_2SnO_3\downarrow+2KOH$$

因此，镀液中保持一定量的游离碱，可使上述水解反应向左进行，从而防止锡酸盐的水解，起稳定溶液的作用。

碱性镀锡溶液中存在着 $[Sn(OH)_6]^{2-}$ 阴络离子，它能吸收空气中的二氧化碳而按下式分解：

$$[Sn(OH)_6]^{2-}+CO_2 \longrightarrow SnO_2+CO_3^{2-}+3H_2O$$

从而使镀液的 pH 值降低。保持一定量的游离碱可吸收空气中的二氧化碳，产生碳酸钠（钾），减缓了对主盐的影响。

在阳极电流密度适中时，阳极反应按下式进行：

$$Sn+6OH^- -4e^- \longrightarrow SnO_3^{2-}+3H_2O$$

保持一定游离量的氢氧化钠（钾），并与电流密度、镀液温度相适应，使阳极以四价锡正常溶解。

当碱的含量过高时，阴极电流效率下降，阳极不易保持金黄色半钝化状态，阳极溶解下来的是二价锡，导致镀层质量变差，镀液不稳定；当碱的含量过低时，阳极则易钝化，镀液的分散能力下降，镀层易烧焦，同时镀液中还会出现锡酸盐水解，所以控制游离碱的含量远比控制锡盐含量重要。通常氢氧化钠控制在 7～15g/L，氢氧化钾控制在 10～20g/L。如果需要降低碱度，可在强烈搅拌下，缓缓加入 1∶9 的冰醋酸溶液。1g 冰醋酸约可中和 1g 氢氧化钾或 2/3g 氢氧化钠。

③ 醋酸盐　生产中常用醋酸来中和过量的游离碱，故在镀液中总是存在一定量的醋酸盐，同时醋酸盐的存在，有利于提高镀液导电性。

④ 双氧水　生产中出现阳极溶解不正常时，镀液中会出现二价锡离子，导致形成灰暗甚至海绵状的镀层。加入双氧水是一种应急办法，可使镀液中的二价锡离子氧化成四价锡。少量双氧水在镀液中很快分解，双氧水的加入量视二价锡离子的量而定，一般加入量为 1～2mL/L。

⑤ 阴极电流密度　阴极电流密度要与锡浓度、温度相适应。一般钠盐槽用 1～2A/

dm^2；钾盐槽用 $1\sim5A/dm^2$。碱性镀锡以平滑直流波形最好，其次是三相全波整流。波动因素大的单相整流、脉冲电流都不适用。

⑥ 温度　镀液温度一般控制在70～85℃。温度低于65℃，镀层发暗，阴极电流效率低，阳极易发黑（钝化）；温度过高时，阳极表面黄绿色膜脱落，容易产生二价锡。当锡酸盐浓度高，且温度过高时，锡酸钠易水解生成胶状沉淀，影响镀层质量。

⑦ 阳极　可以用纯锡阳极、含1%铝的“高速”锡阳极或不溶性阳极（如钢和镍合金）。

含镉多的阳极使阳极溶解效率显著下降；含铅多的阳极，将使镀层含铅，镀件不适于存装食品。

(2) 工艺的维护

① 防止二价锡离子的生成　在碱性镀锡中锡以 $Sn(OH)_6^{2-}$ 形式存在，锡的阴极反应主要是阴络离子直接在阴极上还原：

$$Sn(OH)_6^{2-}+4e^- \longrightarrow Sn+6OH^-$$

若溶液中二价锡离子存在，它与氢氧化钠反应生成的 $Sn(OH)_4^{2-}$，比四价锡的络离子易在阴极还原析出，造成灰暗或海绵状镀层，故防止二价锡的干扰是获得正常镀层的关键。

二价锡来源于阳极的非正常溶解，其机理已在2.4.3中作了详细介绍。

欲使阳极正常工作，它的表面应该覆盖一层黄绿色的膜，而且这层膜必须在使用以前就产生，在整个电镀过程中一直存在。

阳极上黄色薄膜可以用下列方法产生。首先使用已配好的锡酸钠镀液，用铁板作阴极，一个一个挂上锡阳极板，以二倍正常电流密度通电。从阳极表面的颜色改变可以看出，镀上了一层金黄的色调，同时，也可以从电流密度的下降以及槽电压的升高指示出来。一旦阳极极化适宜，电流密度就应立即减少到正常水平，随后逐一地用镀件取代铁板阴极，进行电镀。

生产中，最简便的方法是镀液不断电地连续工作几个小时。镀件一部分镀好后从槽里拿出，同时一部分零件又进入槽子施镀，在整个几小时的工作中，始终有电流通过，保证进入镀液的阳极一直有足够的电流使它处于适宜的极化状态。当一天工作将要结束，在镀件拿走以及关闭电源之前，先把阳极取出。在没有负载和通电以前，绝不能将阳极放入镀液里。如果由于某种原因阳极表面丧失了黄绿色的钝化膜，那么必须应用上述方法，在阳极表面再次生成一层适宜的钝化膜。

此外，在生产过程中，要避免槽体因漏电而镀上锡，因为锡与氢氧化钠溶液反应会生成二价锡；当溶液蒸发液面下降时，应以稀碱液或温水补充，不可直接注入冷水，以防止锡盐水解。

在生产中还可根据如下特征识别二价锡的产生：

a. 阳极周围缺少泡沫时意味着二价锡已开始产生；

b. 发现电压表低于4V，表明阳极上没有形成黄绿色膜（或已溶解）；

c. 镀液颜色呈异常的灰白色或暗黑色，这是亚锡盐水解所致。正常镀液呈无色到草绿色。

如发现上述现象应加1～1.5mL/L双氧水，同时减少阳极面积，使阳极重新恢复半钝化状的黄绿色膜。

② 注意溶液的净化　沉淀的泥渣要及时除去；过多的碳酸钠可用冷冻法除去；锑、铅是有害金属杂质，可用低电流密度电解除去。

为防止硬水产生的淤渣，并防止过多的卤根使阳极钝化膜破裂，引起槽体和钛篮腐蚀，使用软水或纯水更好。

6.5.3 氟硼酸盐镀锡

氟硼酸盐镀锡的主要优点是电流密度范围宽，沉积速度快，与锡酸盐镀锡相比沉积速度快 2～3 倍，而电能的消耗却只有 10%，而且镀层细致，洁白而有光泽。镀液的分散能力比硫酸盐镀锡好。由于阴、阳极的电流效率都接近 100%，溶液几乎能自动保持平衡，维护很简单。氟硼酸盐镀液可用于挂镀、滚镀及板、带、线材连续自动化生产。但氟硼酸盐镀锡溶液的成本较高，如果买不到现成的氟硼酸亚锡，配溶液比较麻烦，妨碍其推广。

① 氟硼酸盐镀锡工艺规范　氟硼酸盐镀锡工艺规范（见表 6-24）。

表 6-24　氟硼酸盐镀锡工艺规范

工　艺　规　范	普通镀锡	光亮镀锡
氟硼酸亚锡 $Sn(BF_4)_2$/(g/L)	100～400	40～60
游离氟硼酸 HBF_4/(g/L)	50～250	80～140
明胶/(g/L)	2～10	
2-萘酚/(g/L)	0.5～1	
甲醛 HCHO(37%)/(mL/L)		3～8
胺-醛系光亮剂/(mL/L)		15～30
OP-15/(g/L)		8～15
温度/℃	15～40	10～25
阴极电流密度/(A/dm^2)	挂镀 2.5～12.5，滚镀 1.0	挂镀 1～10，滚镀，0.5～5
阴极移动/(m/min)	适宜	1～2

② 工艺的维护　氟硼酸盐镀锡溶液的控制比较简单，把镀液相对质量密度控制在 1.17，pH 值控制在 0.2 即可。当镀层结晶变粗时，应补充添加剂。隔一段时间，用活性炭处理一次，重新加添加剂。

阳极用 99.9%以上的纯锡，阳极面积为阴极面积的 2 倍。阳极袋要用卤乙烯-丙烯腈共聚物或聚丙烯制作，不能用尼龙或卤丁橡胶。停槽期间阳极留在溶液里，以延缓二价锡的氧化。

过滤溶液时不能用含硅的助滤剂，否则会生成氟硅酸盐，镀液中含氟硅酸盐容易产生阳极泥。最好用橡胶衬里的过滤机，用滤纸作过滤介质。

6.5.4　卤化物镀锡

卤化物镀锡主要用于钢板的快速电镀，是一种常温镀锡工艺，镀液比硫酸盐镀锡液稳定。镀液中卤化物用来改善导电性能，氟化物能生成络盐，羧酸盐是稳定溶液的络合剂，非离子型表面活性剂能使结晶变细。其工艺规范见表 6-25。

表 6-25　卤化物镀锡工艺规范

镀液成分及工艺条件	配方 1	配方 2	配方 3
卤化亚锡 $SnCl_2 \cdot 2H_2O$/(g/L)	55～60	55～60	40
氟化氢铵 NH_4HF_2/(g/L)	50～60		
氟化钠 NaF/(g/L)		100～120	20
柠檬酸 $C_6H_8O_7$/(g/L)	25～30	25～30	
氨三乙酸 $N(CH_3COO)_3$/(g/L)			15
聚乙二醇(M=4000～6000)/(mL/L)	1.5～2	1.5～2	6
平平加 OP-20/(mL/L)			1
pH 值	5	5	4.5
阴极电流密度/(A/dm^2)			0.1～0.3

6.5.5 有机磺酸盐镀锡

有机磺酸盐镀锡是近年来发展起来的一种高速镀锡工艺，目前是酸性镀锡领域研究的热点之一。其最大优点是镀液稳定性好、对环境无氟化物污染，其工艺规范列举如下：

① 硫酸亚锡 64g/L，氨基磺酸 50g/L，二羟基二苯砜 5g/L，50℃；

② 硫酸亚锡 30～40g/L，硫酸 70～90g/L，酚磺酸 20～60g/L，聚乙二醇（$M \geqslant 6000$）2～3g/L，酒石酸钾钠 2～4g/L，40%甲醛 3～7mL/L，硫酸钴 0.08～0.15g/L，15～35℃，$D_K = 0.3A/dm^2$。

6.5.6 晶纹镀锡

晶纹镀锡是使锡镀层经一定方法处理后，呈美丽的花纹，称作"花纹锡"、"冰花锡"、"结晶锡"或"晶纹锡"，是一种轻工产品装饰性的镀锡方法。

晶纹镀锡的工艺流程为：去油、锈→镀第一层锡→重熔→镀第二层锡→涂透明清漆→成品。

通常采用锡酸盐镀锡工艺镀第一层锡，厚度 1～3μm，然后在 250～350℃的加热炉中熔融 2～10min，缓慢冷却后镀层会产生美丽的结晶花纹。但是，这些花纹是微观的，通常用肉眼无法辨认。在 10%的硫酸中除去表面的氧化膜，再镀第二层锡，一般用硫酸亚锡酸性镀锡工艺。电流密度 0.2～0.3A/dm^2，镀 5～10min。这是利用该种镀锡工艺的均镀能力差，从而扩大花纹的边缘与中心厚度的差别，使花纹显露出来。镀完后仔细清洗、干燥后，再上清漆。清漆以氨基清烘漆、聚酯清烘漆为好，硝基清漆、丙烯酸清漆、醇酸清漆也可用。

6.5.7 锡须的防止与不良锡镀层的退除

所谓锡须是锡镀层存放期间生长出来的晶须，一般直径 1～2μm，长 10cm，并有弹性。各种溶液中镀出的锡层都可能长锡须，但薄镀层和光亮锡镀层更容易长锡须。至今为止，从电镀和存放条件的选择而提出的防止措施可靠性不足。一般认为，含 3%以上铅的锡镀层不会长锡须。

锡镀层的退镀有化学法和电解法。化学法中，对于钢铁零件可用氢氧化钠 500～600 g/L，亚硝酸钠 200g/L，温度 80～100℃。对于铜和黄铜件，可采用下列之一。

[配方 1] 氟硼酸（40%）500mL/L，双氧水（30%）60～80mL/L，室温。

[配方 2] 三氯化铁 75～105g/L，醋酸 300～400mL/L，硫酸铜 135～150g/L，双氧水少许（需加速时用），室温。

对于铝合金件可采用：1∶1 硝酸，室温处理。

电化学法中可采用下列配方之一。

[配方 1] 氢氧化钠 150～200g/L，卤化钠 15～30g/L，80℃以上，阳极电流密度 1～5A/dm^2。

[配方 2] 10%盐酸溶液阳极退除。钢铁零件上要掌握时间，防止过腐蚀；铜和黄铜零件上的黑膜再用盐酸出光。

6.6 电镀金

金是金黄色贵金属，相对原子质量 196.97，密度为 19.3g/cm^3，熔点为 1063℃，原子价态有一价和三价，标准电极电位分别为 +1.68V、+1.50V。Au^{+} 的电化学当量为 7.357g/(A·h)，Au^{3+} 的电化学当量为 2.4497g/(A·h)。

金具有极高的化学稳定性，不溶于普通酸，只溶于王水，因此金镀层耐蚀性强，有良好的抗变色能力，同时金的合金镀层有多种色调，并且镀层的延展性好，易抛光，故常用作装饰性镀层，如镀首饰、钟表零件、艺术品等。但由于金的价格昂贵，应用受到一定限制。

金的导电性好，易于焊接，耐高温，并具有一定的耐磨性（指硬金），金的热导率为银的 70%。因而广泛应用于精密仪器仪表、印刷版、集成电路、军用电子管壳、电接点等要求电参数性能长期稳定的零件的电镀。

电镀金（gold plating）始于 1838 年英国人发明的氰化镀金，主要用于装饰。20 世纪 40 年代电子工业发展，金价暴涨，大都采用镀薄金。为了进一步节约金，60 年代出现了刷镀金（即选择性镀金），80 年代出现了脉冲镀金和激光镀金。1950 年发现氰化金钾在有机酸存在下的稳定性，进而出现了中性和弱酸性镀金液；60 年代后期无氰镀金也得到了应用，尤其是以亚硫酸盐镀金应用最广。

金镀层主要镀在镍镀层上，镍镀层（低应力镍、半光亮镍、光亮镍、化学镍）厚 3～8.9μm，作为金和铜、铁之间的阻挡层，主要作用是防止金与铜、铁之间相互扩散。底镀层的亮度和整平情况对改善薄金层的亮度有明显作用。金也可镀在铜、黄铜等基体上，但长期使用后铜会扩散到金镀层，失去金镀层的作用。对钢、铜、银及其合金基体而言，金镀层为阴极性镀层。镀层的孔隙影响其防护性能。

根据预镀零件基体材料的不同，镀金的工艺过程也稍有差异。在铜和铜合金上需要镀上一层光亮镍→闪镀金→镀金；在铁及铁合金基体上需要镀氰化铜→光亮镀镍→闪镀金→镀金或镀暗镍→光亮镀镍→闪镀金→镀金；在不锈钢上镀金需要进行活化处理，迅速水洗后再闪镀金；对于镍或高镍合金上镀金需要用闪镀镍后迅速水洗再闪镀金。闪镀金的目的是使镀金与基体的结合良好，常采用酸性溶液，用蒸馏水清洗后再镀金。闪镀金对厚度超过 5μm 的镀金层尤为重要。

镀金层根据不同的方式可作如下分类。

（1）按镀层纯度分类

按镀层纯度可分为纯金和 K 金。国际上金纯度与金位（克拉，K）的关系如表 6-26 所示。

表 6-26　金纯度与金位的关系

金含量/%	K	金含量/%	K
>95.9	24	70.9～79.2	18
87.6～95.8	22	62.6～70.8	16
79.3～84.3	20	54.2～62.5	14

（2）按镀层用途分类

按用途可分为装饰金、可焊金和耐磨金。装饰金主要用于首饰、手表、眼镜、灯饰等轻工产品，要求镀层色泽好，耐磨损，不变色；可焊金是高纯金，纯度为 99.99%，主要用于半导体、军用电子管壳及线路板的板面镀金；耐磨金是金合金，主要用于接插件、印制板插头等功能方面的需求。

（3）按镀层厚度分类

按镀层厚度可分为薄金和厚金，就工业应用情况，薄金层厚度≤0.5μm，0.5μm 以上人们习惯认为是厚金。薄金可以直接镀在镍、铜、青铜基体上，厚金需要预镀金打底。功能性金镀层与装饰金镀层主要区别在于厚度的差异，如表 6-27 所示。

表 6-27 不同用途的金镀层厚度

用　　途	厚度/μm	用　　途	厚度/μm
装饰闪光镀金	0.02～0.2	工业耐磨镀金	2.5～5
触点及连接器	0.2～0.75	耐磨及耐蚀镀金	5～7.5
触点焊接或熔接	0.75～1.25	电子发射用镀金	12.5～38
印刷电路板触点	1.25～2.5	电铸金	＞38

6.6.1 氰化物镀金

生产上用的含氰化物镀金液有三类，分别是碱性氰化物镀金液、中性镀金液及弱酸性镀金液。镀液组成及工艺条件如表 6-28 所示。

表 6-28 氰化物镀金镀液组成及工艺条件

镀液组成及工艺条件	氰化碱性镀金		中性微氰镀金			酸性微氰镀金		
	配方 1	配方 2	配方 1	配方 2	配方 3	配方 1	配方 2	配方 3
氰化金钾 $K[Au(CN)_2]$/(g/L)	12	5～16	10～14	8～12	6～8	12～14	10～15	8～20
氰化钾 KCN/(g/L)	90	30						
磷酸氢二钾 K_2HPO_4/(g/L)	15	30	94	32	25～30			
氰化铜钾 $K[Cu(CN)_3]$/(g/L)					2～4			
氰化银钾 $K[Ag(CN)_2]$/(g/L)	0.3							
碳酸钾 K_2CO_3/(g/L)		30						
硫代硫酸钠 $Na_2S_2O_3$/(g/L)	20							
磷酸二氢钾 KH_2PO_4/(g/L)			70				2～4	
乙二胺四乙酸 EDTA/(g/L)								
亚硫酸钾 K_2SO_3/(g/L)				27				
硫脲/(mL/L)				20				
柠檬酸 $C_6H_8O_7 \cdot H_2O$/(g/L)								
柠檬酸钾 $K_3C_6H_5O_7 \cdot H_2O$/(g/L)						16～48	20～30	
乙二胺二乙酸镍/(g/L)						30～40		100～140
酒石酸锑钾 $KSb(C_4H_4O_6)_3$/(g/L)							6～10	0.8～1.5
CoKEDTA/(g/L)								2～4
pH 值		12	6～6.5	6.5～7	6.5～7.5	4.8～5.1	3.2～4.5	3～4.5
温度/℃	21	60～65	50～60	60～70	40～60	50～60	30～50	12～35
阴极电流密度/(A/dm^2)	0.5	0.1～0.5	0.1～0.3	0.5～1.1	0.2～0.4	0.1～0.3	0.2～0.6	0.5～1.0
阳极	铂钛网或金板	铂钛网或金板	铂钛网或金板	铂钛网或金板	铂钛网或金板	铂钛网或金板	铂钛网或金板	铂钛网或金板

① 氰化碱性镀金液　氰化碱性镀金液（pH＝9～13），以金的氰络盐［$Au(CN)_2^-$］和一定量的游离氰化钾为主要成分，即一般的氰化镀金液。镀液具有较强的阴极极化作用、分散能力和深镀能力，电流效率接近 100%，金属杂质难以共沉积，故镀层光亮细致，纯度高。镀液稳定、便于操作和维护。但镀层硬度低，孔隙率高、耐磨及抗蚀性较差。为提高镀层耐磨性，尤其用于装饰性镀层，可在镀液中添加镍、钴等重金属离子。当镀液中添加少量其他元素，如铜、镍、钴、银、镉等可形成不同色调的金合金，如加入镍可得略带白色的金黄色；加入铜、镉可得玫瑰金色；加入银盐可形成金银合金，提高镀层的光亮度、改善镀层

物化性能，随着银量增加可获得金黄—绿黄—淡绿—牙白等色调；控制好镀液中合金元素的种类、浓度和工作条件，几乎可以得到所需要的各种色调的金镀层，能满足某些特殊装饰要求，该镀液主要用于装饰性电镀。镀液碱性大，不适用于印制电路电镀。

② 氰化中性镀金液　pH=6～8，氰化金钾为主盐，以EDTA和磷酸盐为络合剂和缓冲剂。镀层具有柠檬黄的色调，加入合金元素Ni、Cd、Cu等可镀金合金。调节金浓度和镀液成分，可以镀薄金和厚金。该镀液比碱性镀液分散能力更好，可使用较大的阴极电流密度，适合于镀厚金，电流效率80%～90%，镀层纯度高，多用于半导体元器件电镀。

③ 氰化弱酸性镀金液　pH=3～5，氰化金钾为主盐，加入弱有机酸（如柠檬酸）、磷螯合剂和光亮剂，并添加极微量的钴、镍和铜可以增加硬度，提高耐磨性。该镀液除具有前两种镀液的优点，可使用更高的阴极电流密度，所得镀层很细致，可焊性好。0.5μm孔隙即很少，4.5μm达到无孔隙，因此在印制电路电镀方面得到大量的应用。加入乙二胺类含氮化合物可得到光亮镀层；但此镀液的电流效率低，仅为30%～60%。如选择合适的有机羧酸及其碱金属盐作为缓冲液，加上螯合剂和光亮剂，镀金液可在较低的金属离子浓度下镀得结晶细致均匀的光亮镀层，这类镀液有“水金”之称。“水金”镀液含金量低（金0.8～1g/L），一次开缸投资少，资金回笼快，镀层光亮、鲜艳夺目、色泽均匀，镀液分散能力好。广泛应用于钟表、首饰、工艺品、日用五金等装饰性电镀，也可用于电子元器件、印制电路方面的电镀。

生产中酸性镀金分为薄金和厚金两种类型。薄金镀层包括预镀金和装饰金，预镀金要求与基体和金镀层有极好的结合力，同时，预镀金镀液对厚金镀液起着防污染的作用。装饰金可以是纯金，也可以是金合金，主要取决于外观的要求。厚金镀液包括普通镀金液和高速镀金液，镀液可根据要求镀到所需厚度。但装饰性厚金镀层考虑到节约资金，一般是三种镀层的组合：预镀金、18K或24K金不同色调的装饰金镀层。

(1) 电极反应

氰化物镀金液中主盐是氰化金钾$K[Au(CN)_2]$，在溶液中，含氰络离子$[Au(CN)_2]^-$在阴极上放电，生成金镀层。

阴极反应：

$$[Au(CN)_2]^- + e^- \longrightarrow Au + 2CN^-$$

$$2H^+ + 2e^- \longrightarrow H_2\uparrow$$

阳极反应：当金作阳极时，主要反应为电化学溶解

$$Au + 2CN^- \longrightarrow [Au(CN)_2]^- + e^-$$

$$2H_2O - 4e^- \longrightarrow 4H^+ + O_2\uparrow$$

溶液中的部分CN^-，被初生态的氧所氧化，可能生成CNO^-、COO^-、CO_3^{2-}、NH_3、$(CN)_2$、$(CN)_x$（$x=6～6000$）等，在溶液中聚集成为污染物。

(2) 镀液中各成分的作用

① 氰化金钾（含Au 68.3%）　装饰性镀金常采用较低浓度，而工业镀金，金含量以8g/L最好，过高虽可用大电流密度加快镀层沉积速度，但带出损失大；金盐浓度太低，镀层粗糙，发红。氰化金钾质量很重要，使用时要注意选择。如果使用不溶性阳极，可根据分析结果及时补充金盐。

② 氰化钾　碱性镀金的主络合剂。含量过低，镀液不稳定，镀层粗糙，色泽不好。含量过高时，电流效率降低，装饰性镀金游离氰化钾可稍作提高，工业镀金时金与氰化钾的摩尔比为1∶20为宜。

③ 磷酸盐　缓冲剂，稳定镀液的pH值，改善镀层光泽。

④ 碳酸盐　导电盐，可提高镀液电导率，改善镀液分散能力。若镀液为碱性，开缸时

可不加碳酸盐，长期使用后，空气中的 CO_2 进入镀液生成碳酸盐。但碳酸盐累积过多，会使镀层粗糙，产生斑点。

⑤ 柠檬酸及盐类　常用于中性或弱酸性镀液，具有络合、缔合与缓冲作用，能使镀层结晶细致，允许使用较高的电流密度，镀层孔隙少。柠檬酸盐含量过高，电流效率降低；含量过低，导电性、分散能力下降，镀层结晶变粗。

⑥ 合金元素　主要为节约黄金，提高镀层硬度和耐磨性，或改善金层的颜色。合金元素在镀层中的含量受镀液温度、搅拌和电流密度的影响较大。

（3）电镀工艺规范对镀层质量的影响

① pH 值　对镀层外观和硬度及合金元素的比例都有影响。镀纯金时，pH 值偏高稍带红色，偏低稍带黄色，所以必须根据镀液的性质控制 pH 值。并且 pH 值升高，镀层中合金元素（Ni、Co）含量降低，镀层内应力降低。pH 值可用 KOH 和 H_3PO_4 调整。一般商业镀液中，含有大量导电盐和缓冲剂，在正常工作条件下，可维持 pH 值基本稳定。

② 电流密度　电流密度过高，镀层松软、发暗、粗糙、孔隙率高，甚至发生其他杂质共沉积；电流密度过低，镀层颜色变浅，生产效率降低。镀纯金时电流密度高，镀层赤黄，电流密度低，稍带黄色。对于合金电镀，随着电流密度升高，镀层中金含量降低，镀层内应力升高，硬度升高。电流密度太低，镀层不亮，电流效率低。

③ 温度　影响阴极电流密度范围和外观。温度过高，镀层粗且发红，严重时发暗、发黑，温度低，阴极电流密度下降，镀层脆性增加。温度一般控制在 60～70℃。

④ 搅拌和过滤　最好使用连续过滤（2～6 次/h），过滤精度 1～5μm，保证镀液的清洁。搅拌最好使用阴极移动或机械搅拌，不宜使用空气搅拌。

⑤ 阳极　氰化碱性镀液可采用纯金阳极，中性与弱酸性镀液金阳极不溶解，采用石墨、优质不锈钢（如 316 不锈钢）、钛上镀铂、涂钌或钌铱的钛网，但不锈钢阳极不适于镀厚金。生产中，因金价高，一般都用不溶性阳极。为得高纯金，以石墨或不锈钢作阳极，可能导致夹杂，宜用钛上镀铂阳极。

⑥ 镀后处理　镀金后工件应用纯水或热纯水彻底清洗，以消除镀层表面的残余盐类，保持镀层的性能和光泽。薄金镀层需要进行防变色处理。防变色处理通常是为了封闭金镀层的孔隙，以防止由于金的底层被腐蚀，腐蚀产物泛到表面，导致金镀层变色。防变色处理可进行化学钝化、电解钝化、喷（浸）或电泳有机保护膜等措施。

（4）获得优良镀金层的工艺要点

① 镀液使用要点　金盐要通过分析及时补充，以少加、勤加为宜；保证镀液温度、阴极电流密度相互匹配；镀液搅拌要均匀，并维持镀液 pH 值稳定；微氰酸性镀金液工作过程中会带入金属杂质和有机物，CN^- 被氧化的产物也留在溶液中，当 Cu 达到 100mg/L、Fe 达到 50mg/L、Zn 达到 200mg/L、Sn 达到 30mg/L 时，都会导致电流效率下降，镀层内应力增加；Pb 达到 5mg/L 时，造成低电流区发暗；有机物污染导致镀层结合力变差，在出缸后镀层显出黑色条纹，因此应加强镀前清洗，保证预镀液清洁，减少金属杂质带入。重金属污染可通过加入亚铁氰化钾沉淀过滤除去；有机污染可通过优质活性炭吸附处理。

② 为保证镀液导电良好，要及时清洁导电杠。

③ 基体的表面状态　金层的孔隙率主要取决于基体的表面平整度。因为酸性镀金分散能力不强，深凹处不易覆盖完全，易形成孔隙。在腐蚀环境下，孔隙内的腐蚀产物容易泛出表面，造成镀金层失去光泽，所以镀金前应通过机械、化学、电化学抛光方式得到平滑均匀的表面。

④ 底层选择　镍阻挡层厚度为 3～5μm，应选择整平度好、内应力低的镍镀层。预镀金层应选择纯金镀层，因其内应力较低，镀层较柔软。

6.6.2　亚硫酸盐镀金

亚硫酸盐镀金液，金以 $KAu(SO_3)_2$ 的形式加入，络合剂可用亚硫酸钠或亚硫酸铵。亚硫酸盐镀金工艺是较有前途和实用价值的无氰镀金工艺。这种镀液均镀能力和深镀能力良好，电流效率高（近 100%），镀层细致光亮，沉积速度快，孔隙少。镀层与镍、铜、银等金属结合力好。镀液中加入硫酸钴、乙二胺四乙酸二钠或酒石酸锑钾可获得硬金镀层。镀液中如果加入铜盐或钯盐，硬度可达到 HV 350。不足之处是镀液稳定性不如含氰镀液，而且硬金耐磨性差，接触电阻变化较大。阳极不溶解，需经常补加溶液中的金。

（1）亚硫酸盐镀金工艺规范　亚硫酸盐镀金工艺规范见表 6-29。

表 6-29　亚硫酸盐镀金工艺规范

镀液组成及工艺条件	配方 1	配方 2	配方 3	配方 4
金/(g/L)	5～25	25～35 ($AuCl_3$)	10～15	8～15 ($HAuCl_4$)
亚硫酸铵 $(NH_4)_2SO_3$/(g/L)	150～250			
亚硫酸钠 $Na_2SO_3 \cdot 7H_2O$/(g/L)		120～150	140～180	
柠檬酸铵 $(NH_4)_3C_6H_5O_7 \cdot H_2O$/(g/L)		70～90		150～180
柠檬酸钾 $K_3C_6H_5O_7 \cdot H_2O$/(g/L)	80～120		80～100	
乙二胺四乙酸 EDTA/(g/L)		50～70	40	
磷酸氢二钾 KH_2PO_4/(g/L)				2～5
硫酸钴 $CoSO_4 \cdot 7H_2O$/(g/L)	0.3	0.5～1	0.5～1	20～35
硫酸铜 $CuSO_4 \cdot H_2O$/(g/L)				0.5～1
氯化钾 KCl/(g/L)	20		60～100	0.1～0.2
pH 值	8.5～9.5	6.5～7.5	8～10	9～9.5
温度/℃	45～65	20～30	40～60	45～50
阴极电流密度/(A/dm^2)	0.1～0.8	0.2～0.3	0.3～0.8	0.1～0.4
阳极	金板	金板	金板	金板

（2）镀液中各成分及工艺条件的影响

① 主盐　以三氯化金、亚硫酸金钠（钾、铵）形式提供，一般维持金浓度为 10g/L 左右。金的补充可直接加入已溶于水（pH＝9 左右）的亚硫酸金盐（钾、钠、铵），但亚硫酸金铵（钾）易潮解，需注意保存，防止变质。

② 亚硫酸钠（钾、铵）　络合剂，游离的亚硫酸根遇空气会被氧化成硫酸根，故需经常补充。亚硫酸盐浓度过低，镀层粗糙、发暗；亚硫酸盐浓度过高，电流效率降低，阴极易析氢。

③ 柠檬酸钾　既是辅助络合剂，又是缓冲剂，可使镀液 pH 稳定，并可提高镍层与金的结合力。

④ 温度　升高温度有利于扩大电流密度范围，提高沉积速度。温度太高，镀液稳定性降低。由于亚硫酸盐过热会分解析出 S^{2-}，并与 Au^+ 生成棕黑色硫化金（Au_2S）沉淀，其反应式如下：

$$2SO_3^{2-} \longrightarrow SO_4^{2-} + O_2 \uparrow + S^{2-}$$

$$S^{2-} + 2Au^+ \longrightarrow Au_2S \downarrow$$

槽液加温最好使用水浴间接加温，以防止局部过热导致镀液变浑浊。

⑤ pH　亚硫酸金钾在 pH＞8.5 时稳定，pH＜8.5 时 $Au(SO_3)_2^{3-}$ 会分解，产生 Au 和 SO_4^{2-}。因此电镀过程中应严格控制镀液 pH＞8，这是保证镀液稳定的根本因素。当 pH＜6.5 时，镀液将随时出现浑浊，这时可用氨水或氢氧化钾调整。pH＞10 时，镀层呈暗褐色，

应立即加柠檬酸调整。

镀液使用过程中，由于控制不当，如亚硫酸盐浓度太低、pH太低、温度太高、酸根及盐类杂质的带入等，致使镀液由透明淡（棕）黄色变成红色（由浅红到紫红）时，可在40～50℃下，用活性炭处理，然后KOH调pH＝11～12，再用柠檬酸调回，使镀液恢复原色，过滤后便可正常使用。

滚镀时可先用3～5倍正常电流冲击1min，然后降至正常电流，滚筒转速为15～20r/min。

⑥ 搅拌　采用阴极移动或空气搅拌，以防止局部pH下降，造成镀液不稳定。

⑦ 杂质影响　Cl^-可污染镀液，它会促使一些杂质进入镀液而影响金镀层性能。

⑧ 阳极　可采用金、铂或镀铂钛网，不宜使用不锈钢，因镀液中Cl^-可使铬变成Cr^{6+}，污染镀液，使镀液呈橙黄色。阳、阴极面积比为3∶1，否则将引起阳极钝化，镀液不稳定。由于阳极是不溶性的，故镀液中金含量将不断消耗，因此要经常添加金盐或含金的补充液。

（3）工艺的维护

为防止银、铜、镍等基体金属与镀液中的氨起作用，生成络离子污染镀液，电镀时要带电入槽，且挂具用的铜棒、铜钩镀上一层金，否则会影响镀层纯度和硬度。

定期分析金和SO_3^{2-}的含量，及时补充调整以保证镀液的稳定性。

若镀液长期使用失效，则可加入适量浓盐酸，使pH调至3～4，即可得土黄色金粉沉淀，过滤并用蒸馏水洗净，烘干。回收金粉可配成雷酸金直接加入镀液使用。

表6-30为不同镀液的金层性能比较。

表6-30　不同镀液的金层性能比较

名称	*K*值	镀层密度/(g/cm³)	镀层硬度 mHV_{20}	内应力/(N/mm²)	镀层结构	镀液
纯金	24	17.8	90～105	10～50	等轴状	微氰中性
纯金	24	17.9	90～190	30～70	细晶等轴状	亚硫酸盐
硬金(Au-Co)	23.95～23.97	17.7	120～190	120～240	层状	微氰酸性
1N14	23	17.5	200～240			微氰酸性
2N18	23	17.5	200～240			微氰酸性
3N	23.05	17.8	160～200			微氰酸性
金-银	16	13.5	180～190			氰化碱性
金-铜-镉合金	18	15.5	410～430			氰化碱性

6.6.3　脉冲镀金

脉冲镀金，不但外观色泽好，镀层结晶细，密度大，均匀性好，深镀能力强，还可消除超镀（即为保证对镀件内孔或表面中心部位镀层厚度的最低要求，而镀件表面边缘棱角处不必要的过厚镀层的现象）。因此，当镀层的技术指标与直流电镀相同时，脉冲电镀可减少材料的消耗，采用脉冲镀金约可节约黄金10%～20%。

脉冲镀金可大大改善镀层的物理化学性能，例如结晶更细，密度增加，孔隙减少，厚度更均匀，镀层硬度更高，特别是可用于薄镀层，节约黄金，因而备受关注，脉冲电镀的代表工艺配方为：

金（以氰化金钾形式加入）8～12g/L，柠檬酸铵100～120g/L，酒石酸锑钾0.2～0.3g/L，pH＝5.8～7，温度28～30℃。采用的脉冲参数：1000Hz矩形波，通断比T_1∶T_2＜1∶(7～15)，通电150～200μs，峰值电流为直流的6～8倍。

在上述条件下所得的镀层外观光亮，厚度均匀性提高15%，镀层厚度减少一半，其孔隙率比直流电镀层还要小，耐蚀和耐磨性提高，并且改善焊接性能。

其他镀液也可使用脉冲电镀，但应相应变化参数。实践证明采用 1000Hz 的频率和 1∶10 以上的通断比大致是合适的。采用脉冲电镀合金元素受电流密度影响较小，氰化镀金时金属含碳量会下降。

6.6.4　高速镀金和高速选择镀金

为适应电子工业的需求，高速镀金技术应运而生。集成线路引线框架高速连续选择镀金和线路板插头高速镀硬金都已在生产中应用。

采用高速电镀的要点是：金浓度、镀液电流密度、操作温度都要提高；镀液流动加强并需调整阴阳极距离和面积；镀液中需配合适当的添加剂以保证金镀层在高电流密度下正常电沉积。选择镀金是从节约资金的原则出发，将不镀部分进行绝缘掩盖。掩盖的方法有多种，高速选择镀金是通过精密掩模进行绝缘而实现选择镀金的，即将不需要镀的部分，通过精密模具覆盖，暴露部分可通过镀液循环喷射实现电镀。高速镀金工艺见表 6-30。

电源可以用直流电源，也可以用脉冲电源，脉冲电源电镀需要选择好电流参数，如平均电流、峰值电流、占空比及电镀时间。

6.6.5　金的回收

废金液回收清洗水和退金液中金的回收方法可分为化学法和电解法。

表 6-30　高速镀金工艺

镀液组成及工艺条件	配方 1	配方 2	配方 3	配方 4
氰化金钾 $K[Au(CN)_2]$/(g/L)	10	10	14～20	4～16
柠檬酸 $C_6H_8O_7 \cdot H_2O$/(g/L)	100～120	100		
柠檬酸钾 $K_3C_6H_5O_7 \cdot H_2O$/(g/L)		3	100～150	
柠檬酸铁 $FeC_6H_5O_7 \cdot H_2O$/(g/L)	0.3			
硫酸镍 $NiSO_4 \cdot 7H_2O$/(g/L)	5			
氮杂环化合物/(g/L)		4		
己酸镍 $Ni \cdot CH_3(CH_2)_4COO$/(g/L)		5	0.1～0.2	0.7～1
pH 值	4.1～4.3	4.1～4.3	4～4.5	4.2～4.6
温度/℃	45～55	45～55	40～65	50～70
阴极电流密度/(A/dm^2)	6～10	5～10	5～15	1～100

注：配方 4 为高速镀金，乐思公司产品。

(1) 化学法

① 还原法　在通风良好的条件下，于水浴中将废液浓缩到黏稠状，再用 5 倍体积的热水稀释。在不断搅拌下，加入预先用盐酸酸化的硫酸亚铁（一直加到不再析出沉淀为止），使金呈黑色粉末状沉淀。沉淀过滤后用盐酸酸化的蒸馏水洗涤沉淀数次，并将沉淀溶于“王水”制成氯金酸或将沉淀物先用盐酸，后用硝酸煮沸提纯，烘干加热至 1150℃熔铸成金锭。还原法中使用的还原剂还有硫酸亚铁铵、亚硫酸钠、亚硫酸氢钠、草酸铵等。

② 置换法　在通风良好条件下，用盐酸将废金液的 pH 调为 1 左右，并加热至 70～80℃，在搅拌下逐次少量地加入锌粉（防止反应剧烈使溶液外溅），至溶液由褐色变成半透明黄白色，且有大量黑色金粉沉淀为止，此时 Ni、Cu、Ag 也还原为金属沉淀，过滤洗涤后，用浓硝酸煮沸以除去多余的 Zn 粉及其他金属杂质，再经提纯（用“王水”化成氯化金

再用亚硫酸钠、草酸铵、硫酸亚铁还原出金），或加热熔铸成锭。也可使用铝箔置换，但废液 pH 要先用氢氧化钠调至 11～12，再加入剪成碎片的铝箔使其反应，铝箔加入量按每克金加 1.5～2g。铝箔反应剧烈，搅拌溶液，回收效果好。

③ 硫酸及双氧水分解破坏氰化物金还原法　在通风良好条件下，于水浴中将废金液浓缩，加入浓硫酸 pH=2，搅拌下加入双氧水 2mL/L，加热煮沸至完全沉淀并结块。弃去上层黄色或淡绿色清液后，用蒸馏水洗涤黑色沉淀物。再加分析纯浓硫酸（浸没沉淀物）并煮沸，弃去黑色浓硫酸液，如此反复数次，直至煮沸后的硫酸液清澈透明为止。将沉淀洗净烘干，可得黄色海绵金，然后再溶于“王水”或熔成金锭。

④ 加入适量浓盐酸　亚硫酸盐镀金废液可加入适量的浓盐酸，使其 pH 为 3～4，即可得土黄色金沉淀，沉淀过滤并用蒸馏水多次洗涤、烘干，回收的金粉可配成雷酸金，直接加入镀液使用。

⑤ 氢醌还原法　将经过“王水”处理得到的氯化金溶液，加入少量的氯化钠，加热至沸，冷却后过滤，澄清溶液中慢慢加入 5%的氢醌水溶液，立即产生红褐色的沉淀，继续添加至不生成沉淀为止，过滤分离，将沉淀物以热的浓硝酸处理，水洗，干燥后放入高温炉中熔化，注入模具中，可得到 99%纯金，用此法回收率为 100%。

⑥ 硼氢化钠回收法　用 NaOH 将溶液的 pH 值调到 13 以上，慢慢加入次氯酸钠（防止升温），如果溶液内其他金属存在，可能会有黑色沉淀物产生，过滤除去黑色沉淀物。再用磷酸调 pH 至 9.5，慢慢加入硼氢化钠，充分搅拌，反应完全后静止 2h，倾出悬浮物，过滤，合并沉淀物，用热浓硝酸处理沉淀物，水洗，干燥，熔化铸模，可得到 99%以上的纯金，回收率达 100%。

（2）电解法

使用不锈钢板作阴、阳极，阳极套以素烧陶瓷，陶瓷筒内碱性溶液可放 2%～5%的 NaOH 作导电盐；酸性槽可以放 3%～5%的磷酸作为导电盐，在电压小于 15V、阴极：阳极=1：1.5、室温条件下，于废金液中小电流慢慢电解得粗金，然后提纯。用此法得到的金的纯度为 99.99%，回收率 99%左右。电解法用于含金量较高的废金液回收。

（3）离子交换法

在氰化镀金废液、废水中，金以络合物 $K[Au(CN)_2]$ 形式存在，采用大孔型 D231（731）号苯乙烯阴离子交换树脂可使络合物转为氯型进行交换，反应式为：

$$RCH_2N^+(CH_3)_3Cl^- + K[Au(CN_2)] \longrightarrow RCH_2N(CH_3)_3^+[Au(CN)_2]^- + KCl$$

金被吸附后，再用洗脱的办法将金回收。

按上面介绍的几种回收方法回收的黄金，其纯度仅可达 99%，其中还含有铜、银、碳及树脂微粒等杂质，不能直接回用于镀金槽，应进一步提纯。

6.7 电镀银

银是一种白色金属，密度 10.5（20℃），熔点 960.5℃，相对原子质量 107.9，标准电极电位 $\varphi^{\ominus}_{Ag^+/Ag}=0.799V$，$Ag^+$ 的电化学当量 4.025g/(A·h)。对常用金属而言，银属于阴极性镀层。

银可煅、可塑，具有优良的导电、导热性，焊接性能良好。被抛光的银层具有较强的反光性和装饰性，因此镀银层常被用作反光镜、餐具、乐器、首饰等。作为良好的导体，银广泛应用于仪器、仪表及电子工业，以减少零部件之间的接触电阻，提高金属的焊接能力。

银的化学稳定性较强，在碱液和某些有机酸中十分稳定，但易溶于硝酸和热的浓硫酸。在含有卤化物、硫化物的空气中，银层表面很快变色，破坏其外观和反光性能，因而镀银后一般都要进行防变色处理。对电气性能要求高，与绝缘材料直接接触的零件，采用镀银层要慎重，因为银原子会沿绝缘材料表面滑移并向内部渗透，从而降低绝缘材料的性能。另外银在潮湿大气中易产生“银须”造成短路，影响设备可靠性。银合金镀层在改善镀银层性能方面起到了重要作用。

镀银分为氰化物镀银和无氰镀银，在生产中，氰化物镀银一直占主导地位，20世纪70年代后出现的亚氨基二磺酸铵（NS）镀银、烟酸镀银、咪唑-磺基水杨酸镀银、亚硫酸盐镀银等一系列无氰镀银工艺，其性能有待进一步提高。

6.7.1 镀银前处理

镀银件的基体材料一般为铜、铁及合金等，其标准电极电位都比银负，当零件与镀银液接触时，会发生置换反应，使银镀层与基体的结合力差；同时置换反应产生的铜、铁离子还会污染镀液。为避免这一现象的发生，零件镀银前必须进行特殊的预处理。

（1）预镀银　预镀银是在专用的镀银溶液中，在零件表面镀上一层很薄而结合力好的镀层，然后电镀银。预镀银电解液采用高浓度络合剂和低浓度银盐组成，操作时带电下槽，在极短时间内生成一层致密结合力好的银层。电解液组成为：

氰化银3～5g/L，氰化钾60～70g/L，碳酸钾5～10g/L，阳极采用不锈钢，$D_K=0.3205A/dm^2$ 室温电镀60～120s。

（2）浸银　一般浸银溶液由银盐、络合剂或添加剂组成。

（a）硫脲浸银液

硝酸银15～20g/L，硫脲200～220g/L，pH=4，15～30℃浸60～120s。浸银后的零件，必须仔细清洗，否则残留在零件上的硫脲在镀银过程中会因通电而分解为硫，生成黑色硫化银，影响镀层质量。

（b）亚硫酸盐浸银液

金属银（以 Ag_2SO_4 形式加入）0.5～0.6g/L，无水亚硫酸钠100～200g/L，15～30℃下浸3～10s。

（3）汞齐化　将铜或铜合金在含有汞盐溶液中浸3～10s，使零件表面很快生成一层铜汞合金（铜汞齐），该工艺称为汞齐化或浸汞。铜汞合金薄层均匀、有银白光泽，与基体结合良好，而且铜汞合金电位比银正，避免了置换银层。

（a）适于氰化镀银工艺的浸汞溶液

氧化汞6～8g/L，氰化钾60～70g/L，室温

（b）适于无氰镀银工艺的浸汞溶液

氯化汞6～8g/L，无水亚硫酸钠80～100g/L，室温。

6.7.2 氰化物镀银

氰化物镀银层结晶细致，镀液分散性好，稳定性强，便于操作和维护。普通氰化镀银液的主要成分是银氰络盐和一定量的游离氰化物，为获得光亮镀层，在镀液中可适当添加光亮剂。光亮镀银层较普通镀银层的结晶更细、孔隙少、反光性能强，耐蚀性、耐磨性和可焊性较好，但镀液整平性较差，需要先镀光亮镍或对基体金属进行抛光。

（1）工艺规范

普通氰化镀银工艺规范见表6-32。光亮氰化镀银工艺规范见表6-33。

表 6-32　普通氰化镀银工艺规范

镀液组成及工艺条件	配方 1	配方 2	配方 3	配方 4
氯化银 $AgCl$/(g/L)	35～40			
氰化银钾 $K[Ag(CN)_2]$/(g/L)		60～80		
氰化银 $AgCN$/(g/L)			4～8	50～100
总氰化钾 KCN/(g/L)	60～75		15～25	100～200
游离氰化钾 KCN/(g/L)	30～40			45～120
碳酸钾 K_2CO_3/(g/L)	15～30		10～12	15～25
氢氧化钾 KOH/(g/L)				4～10
硝酸钾 KNO_3/(g/L)				
硫氰酸钾 $KCNS$/(g/L)		150～250		
氯化钾 KCl/(g/L)		25		
温度/℃	15～35	10～50	20～25	25～45
阴极电流密度/(A/dm^2)	0.2～0.5	0.5～1.5	0.1～0.3	0.3～3.0

(2) 电极反应

阴极　　$[Ag(CN)_2]^- + e^- \longrightarrow Ag + 2CN^-$

副反应　　$2H_2O + 2e^- \longrightarrow H_2\uparrow + 2OH^-$

阳极　　用可溶性银阳极：$Ag + 2CN^- \longrightarrow [Ag(CN)_2]^- + e^-$

用不溶性阳极：$4OH^- \longrightarrow 2H_2O + O_2\uparrow + 4e^-$

(3) 镀液成分及工艺条件的影响

① 氰化银、银氰化钾、氯化银　它们在各自的配方中都是主盐，但镀液中银是以银氰

表 6-33　光亮氰化镀银工艺规范

镀液组成及工艺条件	配方 1	配方 2	配方 3	配方 4	配方 5	配方 6
氰化银钾 $K[Ag(CN)_2]$/(g/L)				50～60	50～70	
氯化银 $AgCl$/(g/L)	35～45		55～65			
硝酸银 $AgNO_3$/(g/L)						55～65
氰化银 $AgCN$/(g/L)		40～55				
总氰化钾 KCN/(g/L)		60～75				
游离氰化钾 KCN/(g/L)	40～55		70～75	100～130	80～150	70～90
碳酸钾 K_2CO_3/(g/L)	15～25	40～50				
氢氧化钾 KOH/(g/L)				10	5～10	
酒石酸钾钠 $NaKC_4H_4O_6 \cdot 4H_2O$/(g/L)			30～40			25～30
硫代硫酸钠 $Na_2S_2O_3 \cdot 5H_2O$/(g/L)	0.5～1					
二硫化碳 CS_2/(g/L)		0.001				
2-苯基噻唑 $C_7H_5NS_2$/(g/L)			0.5			
1,4-丁炔二醇 $C_4H_6O_2$/(g/L)			0.5			
FB-1①/(mL/L)				10		
FB-2①/(mL/L)				10		
光亮剂 A②/(mL/L)					30	
光亮剂 B②/(mL/L)					10	
TO-1③/(mL/L)						30
TO-2③/(mL/L)						15
温度/℃	20～35	15～25	15～35	20～35	20～40	5～25
阴极电流密度/(A/dm^2)	0.2～0.5	0.3～0.6	1～2	0.5～2.5	0.5～4.0	0.6～1.5
适用范围	半光亮	半光亮	光亮	光亮	光亮	光亮

① FB-1、FB-2 光亮剂，上海复旦大学产品；

② 光亮剂 A、B，华美电镀技术有限公司产品；

③ TO-1、TO-2 添加剂，上海复旦电容器厂研制。

络离子形式存在。一般配方中金属银的含量在20～45g/L。银含量太高，镀层结晶粗糙、色泽发黄，滚镀时还会产生橘皮状镀层；银含量太低，降低电流密度上限，沉积速度减慢、生产效率下降。

由于钾盐导电能力比钠盐好，可使用较高的电流密度，阴极极化作用稍高，镀层均匀细致，覆盖能力好；钾盐中含硫量比钠盐少；CO_2 形成和积累的碳酸钾溶解度比碳酸钠大且钾盐不易使阳极钝化等原因，氰化物镀银液通常使用氰化钾而不用氰化钠。

② 碳酸钾、氢氧化钾　镀液中保持一定量的碳酸钾和氢氧化钾（配溶液时加入，以后一般不再添加）能提高镀液的导电性、提高阳极和阴极极化，有助于提高镀液的分散能力、改善镀层质量。氰化镀银属碱性镀液，长时间使用、放置过程中会吸收空气中的 CO_2，生成 K_2CO_3。当 K_2CO_3 的累积超过 110g/L 时，将导致阳极钝化，镀层粗糙。处理过量的 K_2CO_3 可用氰化钡［$Ba(CN)_2$］去除，1.4g $Ba(CN)_2$ 可处理 1g K_2CO_3。此法成本较高，但不会引入也不生成其他杂质。用 $Ba(OH)_2$ 或 $Ca(OH)_2$ 处理，成本虽低，但会造成镀液中 KOH 浓度的升高。

③ 酒石酸钾钠　能降低阳极极化，防止阳极钝化，提高阳极电流密度并促进银阳极的溶解。

④ 光亮剂　电镀银的光亮剂包括主光亮剂和载体光亮剂，主光亮剂主要是无机易还原化合物、有机易还原化合物，载体光亮剂为阳离子、阴离子、非离子及两性表面活性剂。后者在阴极表面均匀吸附，能在较大范围内抑制金属离子放电，提高金属离子的放电过电位，使晶粒细化，所以常被称为晶粒细化剂；同时由于表面活性剂的胶絮增溶作用，有利于光亮剂在水溶液中的均一作用，所以又称为载体光亮剂或分散剂。常用的无机易还原化合物包括无机硫化物，无机硒、碲、锑、铋的化合物等，如硫代硫酸盐、硫氰酸盐、亚硫酸盐、三氧化二锑等。有机易还原化合物包括巯基或硫酮类化合物、二硫化碳及黄原酸盐等，如丁基黄原酸盐或异丙基黄原酸盐。常用的载体光亮剂有阳离子型聚氧乙烯烷基铵、甲基聚乙醇季胺，阴离子型有 NNO 扩散剂，两性分散剂有磺化脂肪酸胺，非离子型可用吐温等，实际使用时常采用两种或几种分散剂的混合物。要获得良好的效果，电镀银光亮剂也可由各种物质匹配而成。

⑤ 电流密度　电流密度范围与镀液中银离子含量、温度、游离 KCN 浓度及光亮剂品种等因素有关，在一定工艺范围内，提高阴极电流密度，镀层结晶致密，但镀层应力可能会增大；过高的电流密度会使镀银层粗糙，甚至呈海绵状；阴极电流密度过低时，沉积速度下降、生产效率低，光亮镀银达不到预期效果。

⑥ 温度　在一定工艺范围内，提高温度可相应地提高电流密度，加快银的沉积。但温度太高，光亮剂的分解和消耗加快，镀层易粗糙，在光亮镀液中得不到光亮镀层；温度过低，电流密度的上限降低，沉积速度下降，温度低于20℃时光亮剂的作用得不到充分发挥。

⑦ 搅拌与过滤　搅拌能使镀液中各种成分分布均匀，从而降低浓差极化，提高阴极电流密度，加快镀层沉积；过滤能改善溶液的洁净程度，消除镀液中悬浮颗粒对镀层的影响，使镀层更加细致洁白。镀液的周期性过滤或连续过滤对镀厚银和快速镀银溶液尤为重要。

6.7.3 硫代硫酸盐镀银

硫代硫酸盐镀银主要采用硫代硫酸钠或硫代硫酸铵作络合剂，以焦亚硫酸钾作辅助络合剂，主盐可选用氯化银、溴化银或硝酸银。硫代硫酸钠镀银溶液成分简单、配制方便、覆盖能力好、电流效率高、镀层细致、可焊性好。存在的问题是镀液不够稳定，允许使用的阴极电流密度范围较窄，且镀层中含有少量的硫。

（1）硫代硫酸盐镀银工艺规范

硫代硫酸盐镀银工艺规范见表6-34。

表6-34 硫代硫酸盐镀银工艺规范

镀液组成及工艺条件	配方1	配方2	配方3
硝酸银 $AgNO_3$/(g/L)	45～50	40～45	40～45
硫代硫酸铵 $(NH_4)_2S_2O_3$/(g/L)	230～260		200～250
硫代硫酸钠 $Na_2S_2O_3 \cdot 5H_2O$/(g/L)		200～250	
焦亚硫酸钾 $K_2S_2O_5$/(g/L)		40～45	40～50
醋酸铵 NH_4Ac/(g/L)		20～30	
无水亚硫酸钠 Na_2SO_3/(g/L)	20～30		
硫代氨基脲 CH_5N_3S/(g/L)	80～100	0.6～0.8	
SL-80添加剂/(mL/L)	0		8～12
辅加剂/(g/L)	0.5～0.8		0.3～0.5
pH值	5.0～6.0	5.0～6.0	5.0～6.0
温度/℃	15～35	室温	室温
阴极电流密度/(A/dm²)	0.1～0.3	0.1～0.3	0.3～0.8
阴极与阳极面积比	1∶(2～3)	1∶2	1∶(2～3)

注：SL-80添加剂、辅加剂，由广州电器科学研究所研制；配方1、2、3均适用于挂镀，配方3适于光亮镀银。

（2）镀液的维护

① 镀液中主要成分应定期分析、及时维护调整。通常保持硝酸银∶焦亚硫酸钾∶硫代硫酸铵＝1∶1∶5（质量比）较为合适。

② 硝酸银应与焦亚硫酸钾一起补加，按1∶1（质量比）加入，不可将硝酸银直接加入硫代硫酸铵溶液中去，以免造成黑色的 Ag_2S 沉淀。

③ 添加剂SL-80是含氮有机化合物和含环氧基团化合物的缩合物，能显著提高镀液的覆盖能力，扩大电流密度范围，使镀层结晶细致、光亮、呈银白色，消耗量为100mL/(kA·h)。

④ 辅助剂主要用于改善阳极溶解，可根据阳极状态适量添加。

⑤ 电镀过程中应注意控制镀液的pH值，调整pH值要用弱酸，不能用强酸，以保证镀液稳定。

⑥ 一定量的 Fe^{2+} 和 Fe^{3+} 会使镀液出现黄色（Fe^{2+}）或棕色（Fe^{3+}）沉淀，但沉淀过滤后，对镀层质量影响不大。当［Cu^{2+}］＞5g/L时，低电流密度区镀层变暗；当［Pb^{2+}］达到0.5g/L时，镀液出现沉淀，镀层开始发暗，光亮范围缩小。采用低电流密度通电处理可以除去 Cu^{2+}、Pb^{2+} 杂质。

6.7.4 其他无氰镀银

（1）亚氨基二磺酸铵镀银（NS镀银）

NS镀银主要采用亚氨基二磺酸铵作为主络合剂，硫酸铵作为辅助络合剂，主盐为硝酸银，这种镀液获得的镀层结晶细致光亮，可焊性、耐蚀性、抗硫性、结合力等良好，覆盖能力接近氰化镀银液。缺点是镀液中氨易挥发，pH值变化大，镀液不稳定，对 Cu^{2+} 敏感，铁杂质的存在使光亮区缩小。溶液组成及工艺规范如下：

硝酸银（$AgNO_3$）30～40g/L，亚氨基二磺酸铵［$HS(SO_3NH_4)_2$］60～120g/L，硫酸铵［$(NH_4)_2SO_4$］100～140g/L，柠檬酸铵［$(NH_4)_3C_6H_5O_7$］1～5g/L，pH值8.5～9.0，室温，阴极电流密度0.2～0.4A/dm²。

（2）烟酸镀银

烟酸镀银液中，银主要与氨络合，烟酸具有较强的吸附能力，并起辅助络合作用，增强了阴极极化，能得到外观光亮、结晶细致的银镀层。镀液的主要性能接近氰化镀银，不足之处在于镀液中氨易挥发，镀液管理维护较难，对 Cu^{2+}、Cl^- 敏感。典型工艺规范如下：

硝酸银（$AgNO_3$）42～50g/L，烟酸（$C_6H_5O_2N$）90～110g/L，醋酸铵（NH_4Ac）77g/L，碳酸钾（K_2CO_3）70～80g/L，氢氧化钾（KOH）45～55g/L，氨水（$NH_3 \cdot H_2O$）32mL/L，pH＝8.5～9.0，室温，阴极电流密度 0.2～0.4A/dm²。

（3）咪唑-磺基水杨酸镀液

咪唑是银的络合剂，磺基水杨酸与咪唑银结合形成负离子，易在阴极表面产生吸附，形成光亮细致的镀层，性能接近氰化镀银。咪唑、磺基水杨酸与银在一定配比及 pH 值范围内组成的络合物电镀液对温度、光热变化适应性好，镀液相对稳定，对 Cu^{2+} 不敏感。该镀液的缺点是允许使用的电流密度太小，咪唑价格较贵，生产成本高。其溶液组成及工艺规范如下：

硝酸银（$AgNO_3$）20～30g/L，咪唑（$C_3H_4N_2$）130～150g/L，磺基水杨酸（$C_7H_6O_6S_2 \cdot 2H_2O$）130～150g/L，醋酸钾（KAc）40～60g/L，pH＝7.5～8.5，阴极电流密度 0.1～0.3A/dm²，室温。

（4）丁二酰亚胺镀银

该工艺采用的络合剂是丁二酰亚胺及焦磷酸钾，镀液不含氨，pH 值范围较宽，铜件不需浸银可直接电镀，镀层光亮。存在的问题是丁二酰亚胺易水解，镀层经自来水清洗后易发黄。其溶液组成及工艺规范如下：

硝酸银（$AgNO_3$）45～55g/L，丁二酰亚胺（$NHCOCH_2CH_2CO$）90～110g/L，焦磷酸钾（$K_2P_2O_7 \cdot 3H_2O$）90～110g/L，pH＝8.5～10.0，阴极电流密度 0.2～0.7A/dm²，室温。

（5）甲基磺酸盐镀银

该工艺由沈阳工业大学 2001 年研制发表，该工艺研究报告介绍的主要问题是寻找 Ag^+ 的合适络合剂，并选择其添加剂，使 Ag^+ 的阴极极化过程增大，产生结晶细致、性能良好的镀层。鉴于甲基磺酸近年来已成功地作为络合剂应用于 Sn、Pb 和 Sn-Pb 合金的电镀，具有镀液稳定性好、毒性低、镀层质量优良、废水处理容易等优点，因此开展研究甲基磺酸盐体系镀银非常可行。该工艺采用了甲基磺酸银为主盐，甲基磺酸、柠檬酸和硫脲为辅助络合剂，SH-1 和 SH-2 为光亮剂，其溶液组成及工艺规范如下：

甲基磺酸银（CH_3SO_3Ag）10g/L，甲基磺酸 100g/L，柠檬酸 100g/L，硫脲[$CS(NH_2)_2$]50g/L，2-巯基苯丙噻唑 2g/L，OP-10 5g/L，SH-1 光亮剂 1g/L，SH-2 光亮剂 0.2g/L，pH＝5.0～6.0，阴极电流密度 0.3～0.8A/dm²，室温。

6.7.5　镀后处理

由于镀银层在潮湿、含有硫化物的大气中很容易变黄，严重时变黑。镀层变色不仅影响外观，而且严重影响了银层的焊接性能和导电性能，使设备运作的可靠性降低。因此，镀银后应立即进行防变色处理，使表面生成一层保护膜与外界隔绝，延长银层变色的时间。

导致镀银层变色的原因还有工艺操作不当、包装贮存不当等。如镀后清洗不彻底，表面残留有微量的银盐，这种离子化的银很容易变色；镀液被污染或纯度不够，有铜、铁、锌等金属离子存在，造成镀层纯度不高；工艺操作不当，使镀层粗糙，孔隙率高，该表面容易积聚水分和腐蚀介质。

镀银零件避光贮存会延缓变色速度，因为银原子受紫外线作用，转变为银离子，加快了变色速度；贮存在干燥和温度较低的环境中不易变色；密封包装和适当的包装材料都有利于延缓银层变色。

目前国内常用的防银变色方法有化学钝化法、电化学钝化法、涂覆有机保护膜法、电镀贵金属法等。

（1）化学钝化法

① 铬酸盐钝化　具体工艺过程为：铬酸盐（成膜）→去膜→中和→化学钝化。前三道工序称为浸亮。该工艺成本低，操作简单，维护方便，但防变色效果较差。铬酸盐钝化工艺规范见表 6-35。

表 6-35　铬酸盐钝化工艺规范

成分及工艺条件/(g/L)		成膜	去膜	中和	化学钝化
配方1	铬酐 CrO_3	30～50			
	氯化钠 NaCl	1～2.5			
	三氧化二铬 Cr_2O_3	3～5			
	重铬酸钾/$K_2Cr_2O_7$		10～15		10～15
	硝酸 HNO_3/(mL/L)		5～10	10%～15%	10～15
	pH 值	1.5～1.9			
	温度/℃	室温	室温	室温	10～15
	时间/s	10～15	10～20	3～5	20～30
配方2	铬酐 CrO_3	80～85			40
	氯化钠 NaCl	15～20			
	氨水 $NH_3 \cdot H_2O$/(mL/L)		300～500		
	硝酸 HNO_3/(mL/L)			5%～10%	
	氧化银 Ag_2O				0.2
	冰醋酸 HAc/(mL/L)				5
	pH 值				4.0～4.2
	温度/℃	室温	室温	室温	
	时间/s	10～20	20～30	5～20	

注：以上工序之间都要充分清洗。

② 有机化合物钝化处理　在含硫、氮活性基团的直链或杂环化合物钝化液中，银层与有机物作用生成一层非常薄的银络合物保护膜，以隔离 Ag^+ 与腐蚀介质的反应，达到防止变色的目的。实践证明，络合物保护膜的抗潮湿、抗硫性能比铬酸盐钝化膜好，但抗大气因素（如光照）的效果比铬酸盐钝化膜差一些。有机物钝化工艺规范见表 6-36。

表 6-36　有机物钝化工艺规范

成分及工艺条件/(g/L)	配方 1	配方 2	配方 3	配方 4	配方 5
苯并三氮唑(BTA)	0.1～0.15		3	2.5	0.5
苯并四氮唑	0.1～0.15				
磺胺噻唑硫代甘醇酸(STG)		1.5			
1-苯基-5-巯基四氮唑			0.5		
无水乙醇/(mL/L)					300
碘化钾		2	2	2	4
去离子水					溶剂
pH 值		5～6	5～6	5～6	
温度/℃	90～100	室温	室温	室温	室温～60
时间/min	0.5～1	2～5	2～5	2～5	6s

(2) 电化学钝化法

电化学钝化可在化学钝化后进行，也可以在光亮镀银后直接进行。将银镀层作为阴极，不锈钢作阳极，通过电解处理，使银层表面生成较为紧密的钝化膜，其抗变色性能好，几乎不改变零件的焊接性能和外观色泽。镀银层电化学钝化工艺规范见表6-37。

表6-37 电化学钝化工艺规范

成分及工艺条件/(g/L)	配方1	配方2	配方3	配方4	配方5
铬酐 CrO_3		40			
铬酸钾 K_2CrO_3	6～8				
重铬酸钾 $K_2Cr_2O_7$			30	45～67	8～10
碳酸钾 K_2CO_3	8～10				6～10
碳酸铵 $(NH_4)_2CO_3$		60			
氢氧化铝 $Al(OH)_3$			0.5～0.8		
硝酸钾 KNO_3				10～15	
明胶			2.5		
pH值	12	8～9		7～8	10～11
温度/℃	室温	室温	室温	10～35	室温
阴极电流密度/(A/dm^2)	2～5	4.0	0.1	2.0～3.5	0.5～1.0
时间/min	3～5	5～10	2～10	1～3	2～5s

(3) 涂覆有机保护膜法

利用有机涂层对腐蚀介质起到有效的屏蔽作用，从而防止银层变色，该方法较为适用。可以浸（喷）丙烯酸、有机硅树脂透明保护涂料或阴极电泳丙烯酸型电泳漆。有机膜厚度一般在5μm以上，保护效果较好，但影响表面接触电阻，不适合电子零件。

(4) 电镀贵金属法

在银层表面镀上一薄层贵金属或稀有金属以及银基合金，如金、钯、铑及银镍、钯镍合金等，也可达到防止银层变色的目的。但因工艺复杂，成本高，故一般只用于要求很高的精密电器元件。

6.7.6 银镀层变色后的处理

银镀层变色后应首先清除表面的腐蚀产物，同时进行防变色处理。化学法去除银层变色锈蚀产物是利用不同组成的化学物质与Ag_2O、Ag_2S等反应而不侵蚀银。除膜后应彻底清洗，并立即进行防变色处理，否则一周内银层又会变黄。工艺配方见表6-38。

表6-38 除去银层变色锈蚀产物的配方

配方	适用范围及特点
硫代硫酸钠(饱和)	用于要求不损伤银器的除锈蚀产物
硫脲90g/L、硫酸20g/L	用于严重变色的银层
柠檬酸或酒石酸100g、硅藻土200g、硫脲80g	粉状清洁剂，用海绵或碎布蘸着擦拭
硫脲8%、浓盐酸5.1%、水86.1%、水溶性香料0.3%、润滑剂0.5%	效果好，不伤银器

6.7.7 电镀银在电子领域的重要应用——高速局部镀银

近年来，随着电子信息产业的发展，集成电路元器件的市场需求量也在不断增长。要生产一个集成电路元件，除了需要集成电路芯片外，还需要有引线框架、金属焊丝、塑封体等多种原材料，经多道工序加工才能完成。

在集成电路元件的生产制造过程中，引线框架作为芯片的重要载体，给芯片提供了支撑的基座，并提供焊接的引线及导脚。因此，为了保证框架与芯片及金属丝间的可焊性及元件的电性能，需要对引线框架的有效区域（局部）进行电镀处理。目前主要采用的是高速局部镀银技术。

所谓局部电镀技术，就是采用精密模具及软性材料将不需电镀的地方掩蔽，只在露出的部位上进行电镀，如图 6-10 所示，当引线框架被压在上下硅胶模中间时，只有中间朝下的一小块地方被镀液喷到而产生镀层，其他区域被上下硅胶模密封，从而实现了单面局部电镀的目的，局部镀银图片见图 6-11。

（1）局部镀银的镀层特点

① 镀层纯度及厚度　为了保证有良好的可焊性，要求镀银层的纯度达到 99.9%，厚度达到 3.5μm 以上。

② 镀层外观　镀银层表面要均匀、细致，不得有粗糙、沾污、氧化现象。镀银层光亮度一般控制在半光亮。光亮度过高，则镀层的内应力、硬度、熔点都会偏高，从而影响镀层的可焊性；若光亮度过低，则容易使镀层疏松不致密，容易造成表面氧化，表面一旦氧化，则会大大降低其可焊性。因此，镀层光亮度的控制原则是在保证均匀、结晶细致的前提下，控制适当的光亮度。

③ 镀层结合力　IC 引线框架的镀层结合力一般以高温试验的方法来检验，要求在 450℃下烘烤 3min，镀银层不得有起皮、剥落、变色、氧化等现象。

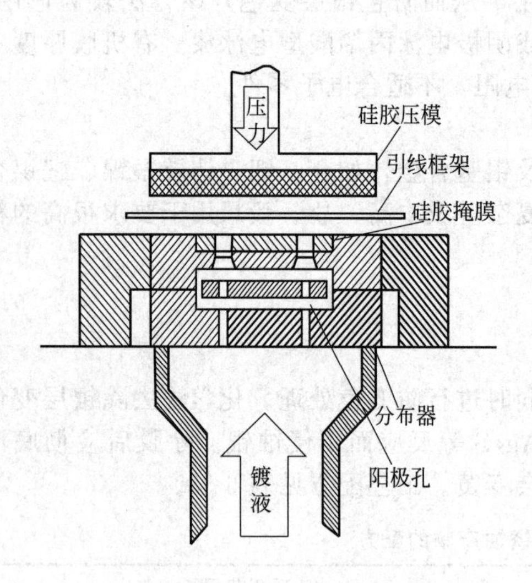

图 6-10　局部电镀机构示意

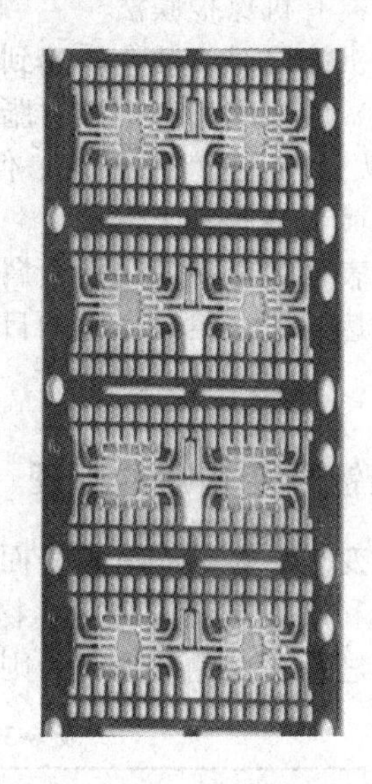

图 6-11　局部镀银图片

④ 电镀区域　引线框架一般都要求局部单面电镀，这不仅仅是为了降低成本的需要，在很多时候还是产品本身特性的要求。由于塑封材料与铜（引线框架几乎全部采用铜材料）的结合力比与银的结合力强得多（已通过可靠性试验验证），所以，对于一些性能要求高的集成电路元件，对引线框架镀银区域的控制要求非常严格，绝不允许镀银层漏镀到塑料封装区域之外。

（2）局部镀银的设备要求

为了满足局部镀银的镀层要求，必须采用专门的电镀设备及工艺。目前流行的方法是采用卷对卷式连续高速局部电镀银工艺，不仅可获得高质量的镀层，而且由于采用高速喷镀，生产效率也得到了很大提高。

（3）高速局部镀银的工艺特点

传统氰化物镀银主要是利用氰化钾良好的络合、极化作用来获得细致、均匀的电镀层，因此，其电流密度较低，否则强烈的极化效应将使镀层烧焦。高速镀银的要求则恰好与此相反，要想在很高的电流密度下获得结晶细致、均匀的镀层，就要求减弱络合作用，降低浓差极化的影响，因此高速镀银液是一种高银含量、低氰化物的高温型配方。传统镀银与高速镀银的工艺对比如表6-39所示。

表6-39 传统镀银与高速镀银的工艺对比

工　艺	传统氰化物镀银	高速局部镀银
Ag^+含量	20～40g/L	50～100g/L
游离KCN含量	100～120g/L	0～3g/L
pH值	>12	9～10
温度	15～25℃	60～70℃
电流密度	0.5～3A/dm^2	50～200A/dm^2
阳极	可溶性	不溶性(如Pt或Pt-Ti合金等)

6.7.8 银的回收

银是贵金属，因此应对清洗水、不合格镀件的退镀银液、电镀挂具上的银等及时回收，减少资源浪费，降低生产成本。首先从电镀银工艺设计上尽可能减少银盐的损失，可采用多级回收、倒槽制度，最大限度地降低末级银废水的浓度。对于最终排放的含银废水，可采用不同的工艺和设备进行银的回收利用。

(1) 无氰镀银废水中银的回收

生成难溶性银盐沉淀是目前通用的回收方法。Ag_2S的溶解度很小，可采用Na_2S等沉淀剂，将处于络合态的银离子沉淀为硫化银而回收利用。其基本过程是将废液用20%的氢氧化钠调至pH=8～9，加入适量的硫化钠溶液，如：

$$2[Ag(S_2O_3)_2]^{3-}+S^{2-}\longrightarrow Ag_2S\downarrow+4S_2O_3^{2-}$$

将水洗洁净的硫化银置于坩埚中，在800～900℃下加热，脱硫可获得银渣。以银渣100份、硼砂10份、氯化钠5份混匀，放入坩埚灼烧，可获得粗制银。进一步溶解处理可得到银盐。

(2) 氰化镀银废液的回收处理

① 化学法回收处理　将废液调至强碱性，按比例加入一定量的次氯酸钠溶液，在破氰的同时，将银离子沉淀为氯化银沉淀，过滤、水洗后，溶解为相应的盐回收利用。

② 电化学法回收处理　由于银的电位较正，容易从溶液中电解析出，而且回收的银纯度高，因此电解法回收银是银回收利用的主要途径。可采用不锈钢板作为电极，在高电流密度下电解处理。目前，我国有专用于电解提银破氰的旋流式电解装置，可从氰化镀银液中回收99.99%的纯银，同时阴极破氰，电流效率高，能耗少，是一种良好的方法。

思 考 题

1. 简要说明镀锌液种类及各种镀锌工艺的特点及用途。
2. 分别说明氯化物镀锌、碱性锌酸盐镀锌添加剂的结构特点及作用。
3. 简述镀锌层对钢铁基体的防护原理。
4. 如何提高镀锌层的耐蚀性？简要说明镀锌钝化液的类型及特点。
5. 为什么镀锌的铬酸盐钝化具有自修复能力？
6. 简述镀锌三价铬钝化的特点，钝化液的组成及作用。

7. 不合格镀锌层如何去除？

8. 查阅资料，综述镀锌钝化工艺的发展历程。

9. 试述镀镍溶液的pH值对镍沉积过程及获得镀层性能的影响。

10. 试述双层镍提高耐蚀性的基本原理和条件。

11. 列举在镀镍生产中，防止镍阳极钝化的措施。

12. 光亮镀镍添加剂的结构有什么特点？对镀层有何作用？

13. 分析钢铁基体/氰铜/酸铜/半光亮镍/亮镍/镍封/微孔铬各层的作用及耐蚀机理。

14. 酸性镀镍（pH＝4～5）随着电镀时间的延长，镀液的pH值逐渐升高，请分析原因，并提出必要的解决措施。

15. 不合格的镍镀层如何退除？

16. 为什么氰化镀铜层与钢铁结合力很好，而硫酸盐镀铜和焦磷酸盐镀铜在钢铁件上却需要预镀？

17. 在同样较小的阴极电流密度下氰化镀铜与酸性镀铜相比，哪个沉积速度快？为什么？

18. 简要说明酸性硫酸盐镀铜、焦磷酸盐镀铜和氰化镀铜工艺规范及各物质的主要作用。

19. 各种镀铜工艺的阳极应如何选材？为什么？

20. 说明硫酸及氯离子在酸性硫酸盐镀铜工艺中所起的作用。

21. 在酸性硫酸盐镀铜工艺中如何防止铜粉的产生？

22. 焦磷酸盐电镀工艺的关键是什么？

23. 游离氰化钠含量的变化对氰化镀铜有何影响？

24. 根据六价铬电镀铬的阴极极化曲线，分析电镀铬的阴极过程。

25. 欲获得显微硬度为HV800的硬铬层，试确定镀液的组成、最佳温度及电流密度。

26. 铬酸电镀铬工艺中，硫酸和Cr^{3+}各起什么作用？若三价铬的浓度过高如何处理？

27. 电镀铬过程中，阳极经常生成一层黄色物质，请分析其产生的原因。该物质对电镀铬过程有什么影响？如何处理？

28. 说明为什么在镀铬时电流效率低而槽端电压高？

29. 镀硬铬和防护-装饰性镀铬各有何用途？

30. 硫酸盐三价铬镀铬与氯化物三价铬镀铬各有什么利弊？目前三价铬电镀铬主要存在哪些问题影响其大面积推广使用？

31. 简述电镀铬三代镀铬液添加剂的组成及特点。

32. 有一铜圆柱体工件，欲采用有机添加剂标准电镀铬工艺，在$50A/dm^2$的电流密度下电镀硬铬，镀层厚度为$40\mu m$，请计算大约施镀多长时间？

33. 不合格的铬镀层如何退除？

34. 比较酸性镀锡、碱性镀锡的镀液组成、性能特点。

35. 试根据锡的阳极极化曲线，分析电镀锡的阳极过程。

36. 为什么锡酸盐电镀锡的阳极要呈浅黄色？如何实现？如果呈现灰色、黑色等时，对电镀质量有什么影响？

37. 酸性镀锡一般要有降温装置，为什么？如果温度过高或过低会带来哪些问题？

38. 碱性镀锡中如果二价锡浓度过高，对镀层质量有何影响？如何去除？

39. 镀锡光亮剂主要有哪几部分组成？各起什么作用？

40. 如何防止电镀锡层的变色和晶须？

41. 锡镀层如何采用化学法和电化学法退除？

42. 常用的镀金液有哪些？各有何特点？

43. 集成电路引线框架易采用何种镀金工艺，影响镀层性能的因素有哪些？

44. 简要说明亚硫酸盐镀金工艺规范及镀液的维护。

45. 说明脉冲镀金的工艺规范及影响因素？

46. 金如何回收？

47. 铜基体电镀银为什么必须进行预处理？各种预处理工艺有什么利弊？

48. 氰化镀银是目前工业应用最为普遍的工艺，它有什么利弊？氰化镀银溶液为什么用钾盐配制较为理想？

49. 分析各种无氰镀银的特点。

50. 电镀银后处理的内容和原理是什么？

51. 举例说明局部高速镀银的工艺和设备特点。

52. 写出电解法破氰回收银的主要反应，说明该法的优点。试设计相关设备。

第7章　电镀合金工艺

合金电镀（alloy plating）是指在电流作用下，使两种或两种以上金属（其中也包括非金属元素）共沉积的过程。

合金电镀与单金属电镀出现的时代相同，但由于合金电镀比单金属电镀复杂和困难，直到20世纪20年代，合金镀层还很少真正应用于工业。但随着工业的发展，加上合金镀层具有单金属镀层所不能达到的一些优良性能，合金电镀工艺也不断得到发展。到目前已研究过的电镀合金体系已超过230多种，在工业上获得应用的大约有30多种，比单金属镀层种类多。如黄铜、白铜、Zn-Sn、Pb-Sn、Zn-Cd、Ni-Co、Ni-Sn及Cu-Sn-Zn合金等。

与热冶金合金相比，电镀合金具有容易获得高熔点与低熔点金属组成的合金，如Sn-Ni合金；可获得热熔相图没有的合金，如δ-铜锡合金；容易获得组织致密、性能优异的非晶态合金，如Ni-P合金；在相同合金成分下，电镀合金与热熔合金比，硬度高，延展性差，如Ni-P、Co-P合金。

与单金属镀层相比，合金电镀层结晶更细致，镀层更平整，光亮；镀层比组成它们的单金属层更耐磨、耐蚀，更耐高温，并有更高硬度和强度，但延展性和韧性通常有所降低；通过合金电镀可获得单一金属所没有的特殊物理性能，如导磁性、减摩性（自润滑性）、钎焊性及可以获得非晶结构镀层；此外不能从水溶液中单独电镀的W、Mo、Ti、V等金属可与铁族元素（Fe，Co，Ni）共沉积形成合金；通过成分设计和工艺控制，可得到不同色调的合金镀层（如Ag合金，彩色镀Ni及仿金合金等），具有更好的装饰效果。

7.1　合金共沉积原理

（1）金属共沉积的基本条件

以二元合金说明合金共沉积的条件。

① 合金中的金属至少有一种金属能从其盐的水溶液中析出。有些金属如钨、钼等虽不能从其盐的水溶液中单独沉积，但可以与其他金属如铁、钴、镍等同时从水溶液中实现共沉积。所以，共沉积并不一定要求各组分金属都能单独从水溶液中沉积析出。

② 两种金属的析出电位要十分接近或相等。因为在共沉积过程中，电位较正的金属总是优先沉积，甚至可以完全排除电位较负的金属沉积析出。因此，为使电极电位相差较远的金属同时析出，可通过改变离子活度或不同金属离子析出过电位实现。

根据能斯特方程式，增大金属离子浓度可使电位正移，相反，降低浓度电位则负移。对二价金属离子，当浓度改变10倍时，平衡电位移动0.029V，而多数金属离子的平衡电位相差较大，因此仅改变金属离子浓度来实现共沉积，显然是难以实现的。

向镀液中加入适宜的络合剂，对共沉积离子选择性络合，由于络离子稳定常数相差很大，因此可以较大幅度地改变平衡电位，实现共沉积；同时，加入络合剂后，还能增大阴极极化作用，改变镀层质量。

加入适当添加剂也是实现共沉积的有效措施。添加剂对金属平衡电位影响很小，但显著地影响电极极化。由于添加剂对金属离子的还原过程有明显的阻化作用，而且阻化作用具有一定的选择性，因此在镀液中加入添加剂对金属离子共沉积的影响要根据试验而定。为了实现金属共沉积，在电解液中可单独加入添加剂，也可与络合剂同时加入。

（2）金属共沉积的类型

在研究金属共沉积时，值得着重探讨的是各个电解参数（溶液组成及工作条件）对所取得的合金沉积层的影响。按照这种影响的特征，可将金属共沉积分为下列五种类型。

① 正则共沉积　正则共沉积的特点是沉积过程基本受扩散控制，合金镀层中具有较正电位金属的含量随阴极扩散层中金属离子总含量增加而提高。电镀工艺参数对沉积层组成的影响，可由镀液在阴极扩散层中金属离子浓度来预测。因此，增加镀液中金属的总含量、降低阴极电流密度、提高温度和强化搅拌等都能增加阴极扩散层中金属离子浓度，都会增大电位较正金属在合金沉积中的含量。在单盐镀液中进行共沉积时，常出现正则共沉积；在络合物镀液中，如果两种金属的平衡电位相差很大，且彼此不形成固溶体型合金，则也可能发生正则共沉积。

② 非正则共沉积　非正则共沉积受阴极电位控制，即阴极电位决定了沉积合金的组成。电镀工艺条件对合金沉积层组成的影响远比正则共沉积小。络合物镀液，特别是络合物浓度对某一组分金属的平衡电位有显著影响时，多属于此类共沉积，例如氰化 Cu-Zn 合金镀液。另外，当组成合金的单个金属的平衡电位明显受络合剂浓度影响，或两种金属的平衡电位十分接近且能形成固溶体时，更容易出现这种共沉积。

③ 平衡共沉积　当两金属从与其处于化学平衡的镀液中共沉积时称为平衡共沉积。所谓两金属与含该两金属离子溶液处于平衡状态，是指当把两金属浸入含有该两金属离子的溶液中时，两者的平衡电位最终将变成相等，即电位差等于零。

平衡共沉积的特点是在低电流密度下（阴极极化不明显），合金沉积中各组分金属比等于镀液中的金属比。生产中仅有几个共沉积过程属于此类体系，如酸性镀液中沉积 Cu-Bi 合金、Pb-Sn 合金等。

以上三种类型属于正常共沉积，通常以电位较正的金属优先沉积出来为特征。在沉积层中组分金属之比与镀液中相应金属离子含量比服从以下关系式：

$$\frac{M_1}{M_2}>\frac{c_1}{c_2}\text{或}\frac{M_1}{M_1+M_2}>\frac{c_1}{c_1+c_2} \tag{7-1}$$

④ 异常共沉积　异常共沉积是电位较负的金属优先沉积，沉积层中电位较负金属组分的含量总比电位较正金属组分的含量高。对于给定的镀液，只有在某种浓度和电解条件下才出现异常共沉积，在另外情况下则出现其他共沉积。异常共沉积较少见，含铁族金属中的一个或多个合金共沉积体系属于这种情况。

⑤ 诱导共沉积　从含有钛、钼、钨等金属的水溶液中是不能电沉积出纯金属镀层的，但可以与铁族金属实现共沉积，这种共沉积过程称为诱导共沉积。同其他共沉积相比，诱导共沉积更难推测各个电解参数对合金组成的影响，通常把能促使难沉积金属共沉积的铁族金属称为诱导金属。

（3）影响金属共沉积的因素

① 镀液中金属浓度比的影响　两种或多种金属在镀液中的浓度比是影响合金沉积组成的最重要因素。对于上述五种不同的共沉积类型，此影响各有特征。如图 7-1 所示，曲线 1 代表正则共沉积，其特征是在金属总浓度不变的情况下，略增加电位较正金属在镀液中的相对含量，合金中电位较正金属的含量将按比例增加，这与正则共沉积受扩散控制的规律相

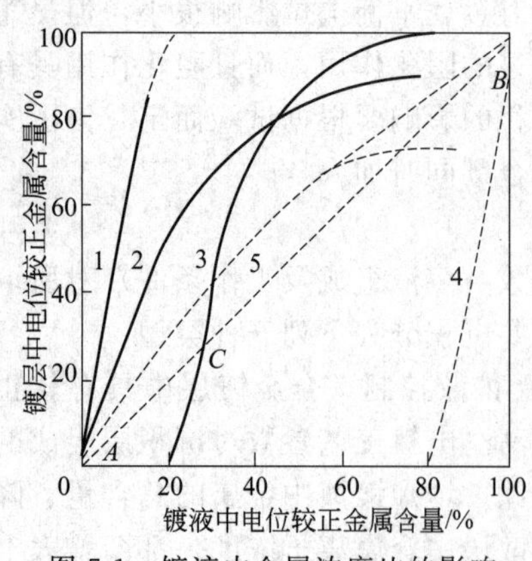

图 7-1 镀液中金属浓度比的影响

符。曲线 2 是非正则共沉积的情况，虽然电位较正金属在镀液中的相对浓度增大，它在合金沉积中的含量也随之升高，但不成正比关系，过程受沉积电位控制而不受扩散控制。曲线 3 表示平衡共沉积，该线与对称线相交于 C 点，在该点上镀液中的金属组成与沉积中的组成相同，相当于两金属处于化学平衡状态，C 点以上，电位较正金属占优势，而 C 点以下，电位较负金属占优势。曲线 4 和曲线 5 分别表示异常共沉积和诱导共沉积的情况。

② 镀液中金属总浓度的影响　在金属浓度比不变的情况下，改变镀液中金属总浓度，若为正则共沉积，将提高合金中电位较正金属的含量，但没有改变金属浓度比那样明显；对非正则共沉积，合金组分影响不大，而且与正则共沉积不同，增大金属总浓度，电位较正金属在合金沉积中含量视金属在镀液中的浓度比而定，可能增加也可能降低。

③ 络合剂浓度的影响　在合金镀液中，常加入适量络合剂，其含量对合金组分的影响仅次于金属浓度比的影响。根据络合剂使用的特点，可分为两种类型，即单一络合剂镀液与混合络合剂镀液。在单一络合剂同时络合两种金属离子的镀液中，如果增加络合剂浓度，使其中某一金属的沉积电位比另一金属的沉积电位变得更负，则该金属在合金沉积中的相对含量将降低；两种金属离子分别用不同的络合剂络合时，增加某一络合剂浓度，则同该络合剂络合的金属在合金沉积中的含量下降。

④ 添加剂的影响　在合金电镀中添加剂的应用越来越受到重视。实践表明，添加剂对合金中组成的影响有如下特点：添加剂与配位剂相比，其影响要小得多；添加剂含量达到一定值后，镀层组成可基本保持不变；添加剂通常对简单盐镀液有明显的影响；添加剂对合金组成的影响常具有选择性。

⑤ 电流密度的影响　一般随着电流密度的提高，阴极电位负移，使合金成分中较活泼金属的含量将增加，对于正则共沉积是正确的。但对于非正则共沉积，电流密度与合金中成分的关系比较复杂，如在氰化镀 Cu-Sn 合金中，在允许的电流密度范围内，随着电流密度的增加，镀层中电位较负的金属含量反而降低。由于电流密度的影响，零件不同部位的合金成分也往往不同，如在焦磷酸盐镀 Cu-Sn 合金中，常发现电镀件的内壁或凹处镀层偏红，这是因为这些地方电流密度较小，利于铜的电沉积。对于平衡共沉积，仅在较低电流密度下，即阴极极化作用忽略不计，镀液中金属离子的浓度比和合金镀层中金属成分比相同；若提高电流密度也将增大合金中电位较负金属的含量。

⑥ pH 值的影响　pH 值对合金共沉积的影响往往是由于它改变了金属盐的化学组成。对某些镀液而言，pH 值影响较大，这与镀液的性质有关。如锌酸盐、锡酸盐和氰化物等络离子在碱性溶液中是稳定的，而在 $pH<7$ 时分解；又如焦磷酸盐镀 Cu-Sn 合金，在 $pH=8\sim12$范围内生成的络离子随 pH 值不同，结构形式和不稳定常数都会有变化，且与镀层成分有很大关系。因此 pH 值对镀液性能和镀层质量的影响要根据具体条件判定。

⑦ 温度的影响　温度对合金沉积组成的影响，体现在对阴极极化、金属离子在阴极扩散层中的浓度以及金属在阴极沉积的电流效率等的综合影响。当金属共沉积时，升高温度同时降低了镀液中预镀金属的阴极极化，因此，很难推测它如何影响合金的组成。温度对阴极-溶液界面上金属离子浓度的影响，是影响合金沉积组成的一个重要因素，随着温度升高，金属离子扩散速度加快，导致电位较正金属优先沉积。温度的变化，也影响金属沉积的电流

效率，一般来说，由于正则共沉积主要受扩散控制，随着温度的升高，在合金中电位较正的金属的含量增高，受温度的影响较明显；对于非正则共沉积，温度的影响无一定的规律。

⑧ 搅拌的影响　搅拌的影响与温度的影响相似，对正则共沉积的影响较为明显。随搅拌的增加，扩散层厚度减薄，合金成分中电位较正的金属含量增加。搅拌对非正则共沉积的影响不明显。

(4) 电镀合金的阳极

阳极的作用同单金属电镀一样，起到导电、补充金属离子消耗、保持阴极电力线均布等作用。电镀合金的阳极，要求能等量或等比例地补充镀液中消耗的金属离子，保持镀液中金属离子浓度比稳定，因此合金电镀对阳极的要求更高。

目前合金电镀中采用的阳极大致分为四种类型：可溶性合金阳极、可溶性单金属联合阳极、不溶性阳极以及可溶性与不溶性联合阳极。

一般来说，可溶性合金阳极控制上最简单，其中呈单相或固溶体类型的合金阳极溶解均匀，使用效果较好。当合金阳极中存在两相时，就有选择溶解的可能性，往往溶解不均匀。由机械混合物或金属间化合物组成的合金阳极，在使用中常出现各种问题，如由机械混合物组成的合金，常因其中各组分化学活性的差异而出现置换现象；当存在金属间化合物，如 CoFe、$CoFe_3$、NiFe 等时，由于其溶解电位比其他合金组分高，因此金属间化合物不易溶解，为此，可利用周期间断电流、周期换向电流和交直流叠加等，使阳极溶解的速度与合金沉积的速度接近。另外，在镀液中添加氟化物或氯化物等阳极去极化剂，有利于阳极的正常溶解，并提高阳极正常溶解的极限电流密度。添加剂的选择取决于镀液中的主盐和辅助盐的阴离子类型以及被溶解金属的性质，可首选对单金属阳极溶解有效的添加剂。

若不适合采用合金阳极时，可考虑使用分挂的单金属联合阳极，使用时应注意以下要点：

① 分别调整通过两个阳极上的电流及浸在镀液中的阳极面积，以控制每个阳极所需要的电流密度；

② 控制两个不同阳极之间的电位降及每个阳极和阴极之间的电位降；

③ 适当排列阳极在镀液中的位置，保证挂在同一组上的阳极不会从另一组上的阳极接受串联的电流。

在电镀合金镀液中，使用这种单金属联合阳极是成功的，但相对于合金阳极在控制上要复杂。

在电镀装饰性 Cu-Zn 合金时，已广泛使用合金阳极，但在氰化电镀 Cu-Zn 合金中，也可使用分挂的单金属铜和锌阳极，只要选用合适的面积比，就可以长时间保持铜和锌的比例。

在氰化物-焦磷酸盐电镀 Cu-Sn 合金时，青铜阳极表面清晰明亮，所以镀液浓度容易控制；在氰化物-锡酸盐电镀 Cu-Sn 合金时，Sn 质量分数为 10%的 Cu-Sn 合金阳极溶解较好。

在少数情况下，也可利用不溶性阳极，但会带来一些问题。由于镀液中金属离子依靠添加可溶性金属化合物来补充，除了金属氧化物或碳酸盐（酸性镀液中）外，都会造成镀液中杂质阴离子的积累和 pH 值的变化。

合金电镀中，如果有一组分含量相对很低，常采用含量高的金属作阳极，含量很低的金属以可溶性盐或氧化物形式加入镀液中，此法使用简便，得到广泛应用。

7.2 电镀锌基合金

7.2.1 电镀锌-镍合金

电镀锌-镍合金（Zn-Ni alloy plating）于20世纪80年代相继在日本、德国、美国等发达国家投入生产并得到广泛的应用，其应用范围和数量目前仍在迅速扩大中。电镀锌-镍合金层是一种优良防护性镀层，主要用作钢铁材料的耐蚀防护，用以取代镉镀层和锌镀层，适合在恶劣的工业大气和严酷的海洋环境中使用。含镍量（质量分数，下同）7%～9%的锌-镍合金耐蚀性是镀锌的3倍以上；含镍量13%左右的锌-镍合金是镀锌层的5倍以上，特别是经过200～300℃加热后，其钝化膜仍能保持良好的耐蚀性。镀层氢脆小，可代替镉镀层使用。含Ni为10%～16%的锌-镍合金镀层还有比较小的低氢脆性、镀层硬度高（HV180～220）、焊接性好等特点。因此锌-镍合金具有广泛的应用前景。目前人们对电镀锌-镍合金工艺进行了大量研究，工业中也有所使用，但仍有许多问题有待解决。

锌-镍合金镀液主要分为三种类型，一种为弱酸性镀液，主要包括氯化铵型、氯化钾型以及氯化铵和氯化钾混合型，pH值一般为5.5左右。该镀液成分简单，阴极电流效率一般都在95%以上，镀液稳定，容易操作，获得的电镀层中镍含量可超过10%。另一种是碱性锌酸盐镀液，获得的电镀层中镍的含量一般在5%～10%。该镀液的主要优点是：镀液分散性好，在较宽的电流密度范围内镀层合金成分比例较均匀，镀层厚度也均匀，对设备和工件腐蚀性小，工艺稳定，成本低；镀层可直接钝化，耐蚀性优异；8μm的锌-镍合金镀层，经彩色钝化后可经受1000h的NSS试验。它的缺点是电流效率低，镀层沉积速度慢以及镀层耐蚀性、光亮性不如酸性氯化物型所获得的锌-镍合金镀层。此外碱性锌-镍合金电镀不能用于高碳钢、铸铁零件的表面镀覆。还有一种是新型的硫酸盐锌-镍-磷合金电镀工艺可获得更为细致的结晶镀层，且耐蚀性高于锌-镍合金。

与电镀锌相似，为提高锌-镍合金镀层的耐蚀性，增加其装饰性，改善镀层与基体金属间的结合力，锌-镍合金电镀后也要进行铬酸盐钝化处理，使其表面生成一层稳定性高、组织致密的钝化膜。锌-镍合金的钝化膜有无色、黄色、黑色和土色四种。

（1）碱性电镀锌-镍合金镀液组成及工艺条件

碱性锌-镍合金及钝化工艺多年来一直在汽车工业、煤矿井下支架、军用野战输油管线、电子产品（磁性材料）、电力输变电支撑架等产品上获得应用。

现举例说明碱性电镀锌-镍合金镀液组成及工艺条件：

氧化锌8～12g/L，硫酸镍10～14g/L，氢氧化钠100～140g/L，乙二胺20～30mL/L，三乙醇胺30～50mL/L，ZQ（哈尔滨工业大学生产）18～14mL/L。电流密度1～5A/dm^2，工作温度15～35℃，阳极采用锌和镍板，镀层镍含量约13%。

镀液中主盐Zn^{2+}和Ni^{2+}的比值对镀层中镍含量影响很大，随着镀液Zn^{2+}：Ni^{2+}比值的增大，镀层中镍的含量逐渐下降。氢氧化钠为锌离子的络合剂，乙二胺、三乙醇胺为镍离子的络合剂，尽管二者也能与锌离子络合，但与锌离子络合能力较镍离子弱，所以其用量对镀层中镍含量有影响。专利报道碱性锌-镍合金光亮剂由三部分组成，第一类是有机胺与环氧氯丙烷的缩合物，单独使用可使镀层结晶细致，呈半光亮状态；第二类为有机醛，如香草醛等，主要起光亮作用；第三类为碲酸钠等无机盐，可使超低电流密度部分共沉积镍含量提高。

（2）弱酸性电镀锌-镍合金镀液组成及工艺条件

弱酸性电镀锌-镍合金在弹簧件、压铸件及高强度钢等部件上应用较多，其组成以氯化钾型为例加以说明：

氯化锌70～80g/L，氯化镍（$NiCl_2 \cdot H_2O$）100～120g/L，氯化铵30～40g/L，氯化钾190～210g/L，硼酸20～30g/L，721-3（哈尔滨工业大学生产）添加剂12mL/L，SSA85添加剂35mL/L，络合剂或稳定剂20～35mL/L。pH＝4.5～5，D_K＝1～4A/dm^2，温度25～40℃，阳极采用锌与镍分控，镀层中镍含量13%左右。

镀层中镍含量与镀液中Zn^{2+}/Ni^{2+}、络合剂种类与浓度、添加剂等有密切关系，生产中必须严格控制。

（3）硫酸盐电镀锌-镍-磷合金镀液组成与工艺条件

目前研制的锌-镍-磷合金镀层结晶比锌-镍合金结晶更细致，耐蚀性也优于锌-镍合金。硫酸盐电镀锌-镍-磷合金镀液组成及工艺条件为硫酸锌50g/L，硫酸镍140g/L，硫酸钠70g/L，次磷酸钠50～100g/L，pH＝3.0±1，室温，阴极电流密度2～20A/dm^2。镀层成分为含锌90%，含镍9.4%，含磷0.6%。

（4）锌-镍合金钝化处理

锌-镍合金镀层钝化的难易程度取决于镀层中镍含量，当镍含量在10%以内时，易于钝化，高于10%后，则难以钝化。锌-镍合金的彩色钝化膜的色调因镀液的体系不同有较大区别，从碱性镀液中获得的镀层钝化后呈土黄（带彩）色主色调，而从弱酸性氯化物镀液中获得的镀层钝化后带蓝色调的彩虹色。

锌-镍合金镀层在钝化前不要用硝酸出光（否则会使镀层发黑），而是直接进入钝化液中钝化。用常规的（镀锌钝化工艺）钝化方法难以获得理想钝化膜。

[实例1] 彩虹色钝化工艺

氯化铬8～12g/L，氟化氢铵1～1.5g/L，氯化锌0.5g/L，硝酸钠7～9g/L，用磷酸调pH值为1.5～2.5，温度40～70℃，钝化时间40～80s。主要用于含镍大于8%的Zn-Ni合金，中性盐雾试验出白锈时间120～240h。

[实例2] 黑色钝化工艺

铬酐10～20g/L，磷酸6～12g/L，硝酸根10～15g/L，银0.3～0.4g/L，温度20～25℃，钝化时间30～40s。

7.2.2　电镀锌-铁合金

电镀锌-铁合金（Zn-Fe alloy plating）对钢铁来说是阳极性镀层，对基体有很好的保护作用。按照镀层中铁含量，锌-铁合金分为高铁合金镀层和微铁合金镀层，前者含铁在7%～25%，镀层的耐蚀性是镀锌的1～2倍，但由于镀层中含Fe量高而难以钝化，可作为汽车钢板电泳底漆底层，为提高与油漆的结合力常进行磷化处理。高铁锌-铁合金，镀层经抛光后镀铬或光亮镀层闪镀铜后镀铬，可作为日用五金制品的防护-装饰性镀层。如含铁10%～15%的锌-铁合金常作为装饰性镀黄铜的底层，以提高其耐蚀性。含铁低于1%的锌-铁合金镀层，可钝化处理，特别在0.3%～0.6%的微铁合金，经钝化处理后，耐蚀性大大提高，尤其是经黑色钝化的镀层具有最高的耐蚀性，且黑色钝化不用银盐。经盐雾试验和海水浸泡试验均表明其耐蚀性与镀镉层相当。另外，电镀锌-铁合金成本低，镀液容易维护，可挂镀也可滚镀，所以使用量逐渐扩大。

（1）电镀锌-铁合金工艺

电镀锌-铁合金镀液大致分为碱性镀液、焦磷酸盐镀液、氯化物镀液和硫酸盐镀液等。

① 碱性镀液电镀锌-铁合金　镀液的组成及工艺条件为氧化锌14～16g/L，硫酸亚铁1～1.5g/L，氢氧化钠140～160g/L，另加络合剂与光亮剂等，工作温度15～30℃，阴极电流密度1～2.5A/dm²，镀层含铁量0.2%～0.7%。常用的络合剂有酒石酸钾钠、柠檬酸钠等；光亮剂可采用碱性锌酸盐镀锌代替，也出现了一些专用光亮剂。

② 氯化物电镀锌-铁合金　氯化物锌-铁合金开发使用较早，锌-铁合金镀层为全光亮。氯化物电镀锌-铁合金的主要成分及工艺条件为氯化锌80～100g/L，硫酸亚铁8～12g/L，氯化钾200～220g/L，聚乙二醇1.5g/L，硫脲0.5～1.0g/L，抗坏血酸1～1.5g/L，另加光亮剂。pH=3.5～4.5，温度5～40℃，阴极电流密度1～2.5A/dm²，阳极Zn∶Fe=10∶1，镀层中铁含量0.2%～0.8%。

③ 焦磷酸盐电镀锌-铁合金　高铁锌-铁合金可从焦磷酸盐镀液中镀取，故可替代氰化镀锌铜合金，以减轻环境污染。由焦磷酸盐镀液中电镀锌-铁合金的工艺规范如表7-1所示。

表7-1　焦磷酸盐电镀锌-铁合金工艺规范

组成及工艺	光亮锌-铁合金	无光锌-铁合金
焦磷酸锌 $Zn_2P_2O_7$/(g/L)	36～42	18～24
三氯化铁 $FeCl_3 \cdot 6H_2O$/(g/L)	8～11	12～17
焦磷酸钾 $K_4P_2O_7$/(g/L)	250～300	300～400
磷酸氢二钠 Na_2HPO_4/(g/L)	80～100	60～70
光亮剂（醛类化合物）/(g/L)	0.05～0.12	0.007～0.01
pH值	9～10.5	9.5～12
温度/℃	55～60	40～50
阴极电流密度/(A/dm²)	1.5～2.5	1.2～1.5
阳极面积比Zn∶Fe	1∶(1.5～2)	1∶(1.5～2)
备注	镀层含铁约15%，套铬后呈乳白色，以作黄铜底层为好	含铁约25%易镀铬，可直接作装饰用

a. 镀液成分的影响

ⓐ 焦磷酸锌和三氯化铁　合金电镀的主盐，提供被沉积的金属离子。锌太高，合金层套铬困难易发花；过低则铁多镀层呈暗黑色。铁含量过高时，镀层出现粗条纹，不易抛光，耐蚀性降低；铁过低则镀层发暗。

ⓑ 焦磷酸钾　主络合剂，促进阳极溶解。含量过高电流效率降低；过低，镀液的分散能力差，镀层结晶粗糙。

ⓒ 磷酸氢二钠　主要起缓冲pH值和抑制焦磷酸水解成亚磷酸的作用。

ⓓ 洋茉莉醛　起细化结晶、提高镀层光泽的作用。含量过高会导致镀层发脆、起壳和结合力差等疵病。

b. 电镀工艺规范的影响

ⓐ pH值　pH值高，镀层粗糙，不易套铬；pH值过低，焦磷酸钾易水解，镀层色泽不均匀，凹部镀层发黑。

ⓑ 温度　随温度升高，铁含量升高，低电流密度处发黑；温度低，阴极电流效率下降，容易“烧焦”。

ⓒ 电源和电流密度　电源波动因素要小，以平滑直流为好，采用三相全波整流加滤波器。普通锌-铁合金镀液电流密度范围较窄，电流密度高易“烧焦”；过低则镀层呈灰黑色。

ⓓ 阳极　采用锌、铁阳极分别悬挂。停镀时取出锌或铁，以免产生化学置换，使镀液中金属离子比例失调。

④ 硫酸盐电镀锌铁合金　对于汽车等高耐蚀要求的钢铁零件，镀高铁-锌合金后磷化作

涂装底层者，如形状简单的钢板、钢管、各类线材，可从简单硫酸盐中电沉积含铁量10%～30%的锌-铁合金，且适合于高速电镀。配方组成及工艺规范为硫酸亚铁 200～250g/L，硫酸锌 5～40g/L，硫酸铵 100～120g/L，氯化钾 10～30g/L，柠檬酸 5～10g/L，pH 值 1～1.5，阴极电流密度 20～30A/dm^2。

（2）锌-铁合金镀层钝化工艺

锌-铁合金镀层经钝化后，可极大提高镀层抗腐蚀性，并可增加镀层表面光泽度和抗污染能力。电镀锌-铁合金镀层在钝化前应先在 3%体积比的 HNO_3 溶液中出光。当出光液浓度过高时，镀层溶解多，出光易发黄、发雾；浓度过低时，镀层不明亮。与镀锌层钝化相同，色彩有彩、白、黑、军绿等，尤以黑色为佳。镀层用低铬钝化均可。对表面粗糙的基体金属，只宜用超低铬白钝化，不宜彩钝。

黑钝化工艺配方及操作条件为：铬酐 15g/L，硫酸氢钠 15g/L，磷酸（$\rho=1.7g/cm^3$）8mL/L，硝酸（$\rho=1.4g/cm^3$）13mL/L，盐酸 4mL/L，醋酸（36%）3mL/L，主发黑剂（由 $CuSO_4$ 或 $CuCl_2$ 组成）18g/L，辅助发黑剂（由 $NiSO_4$ 或 $NiCl_2$ 组成）0.8g/L，硅烷偶联剂 5g/L，辅助成膜剂（高分子有机表面活性剂）0.75g/L，pH=1.0～1.2，钝化温度 15～25℃，钝化时间 45s。之后在 0.5g/L CrO_3 溶液中，于 90～100℃下封闭 5s，60～70℃下老化 10～15min。

7.2.3　不合格锌合金镀层退镀

一般的钢铁件退镀组成及条件为：37%～39%的工业盐酸 50%（体积分数），温度 15～35℃，退净为止。

对于弹性件或拉伸强度等于或大于 1050MPa 的钢铁件退镀组成及条件为：亚硝酸钠 100～200g/L，氢氧化钠 200～300g/L，温度 100～150℃，退净为止。

7.3　电镀镍基合金

电镀镍合金是通过在镀镍液中加入部分金属或非金属元素，电解过程中与镍共同沉积，获得具有特殊功能的镍基镀层或与镍镀层功能相当，但能节省金属镍的工艺。目前，镍基合金电镀种类较多，有二元合金，也有三元合金，如镍-铁、镍-钴、镍-磷及镍-钴-磷、镍-钨-磷等。

7.3.1　电镀镍-铁合金

镍-铁合金自 1970 年在美国投入生产以来，因其性能优良并节约镍，受到普遍重视。我国于 1978 年投入生产，在自行车、钢制家具等产业有较多应用；随着计算机工业的发展，镍-铁合金还用于磁记忆元件的制备等。

电镀镍-铁合金（Ni-Fe alloy plating）中，铁的含量一般在 40%以下，镀层色泽洁白，硬度、整平性、韧性比镍好，容易镀铬。镍-铁合金镀层仍属阴极性镀层，它与铬之间的腐蚀电位比镍与铬之间小 0.05V。在大气暴露试验和 CASS 试验中，光亮镍（10μm）/铬（0.25μm）镀层与镍-铁合金（10μm）/铬（0.25μm）耐蚀性基本相同，而采用镍-铁合金可节省镍 20%以上。因此镍-铁合金代替光亮镍既节约了镍，又可作防护装饰镀层。但镍-铁合金一般作底层或中间层，因为镍-铁合金镀层在潮湿空气或在水中放置一定时间容易泛红锈，所以电镀镍-铁合金后一般镀装饰铬或采用多层镍-铁合金提高防护性。

根据镍-铁合金含铁量，一般分为低铁合金镀层（含铁 10%～15%）、中铁镀层（含铁

15%～25%）、高铁镀层（含铁 25%～40%）。对耐蚀性要求高的产品，可采用高铁/低铁双层镍或低铁/高铁/中铁三层镍，对耐蚀性要求不高的，一般采用单层中铁镀层。

镍-铁合金镀液种类很多，但目前生产上应用较为普遍的是含 Fe^{2+} 稳定剂的硫酸盐-氯化物混合型镀液。下面是一常用的电镀光亮镍铁合金工艺规范，供参考。

［配方 1］硫酸镍（$NiSO_4 \cdot 7H_2O$）180～220g/L，硼酸（H_3BO_3）40～45g/L，氯化钠（NaCl）20～25g/L，硫酸亚铁（$FeSO_4 \cdot 7H_2O$）10～25g/L，十二烷基硫酸钠 0.1～0.2g/L，糖精 2～3g/L，添加剂 适量，pH 3～3.5，温度55～60℃，D_K 3～5A/dm²，阳极 采用纯镍和纯铁，阳极面积比 Ni/Fe=8/1，空气搅拌或阴极移动。

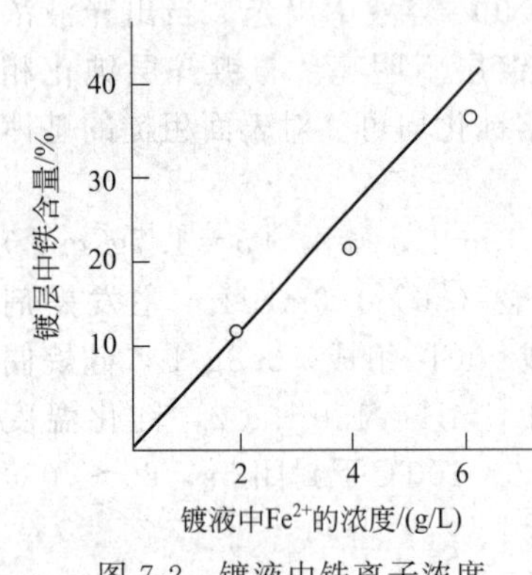

图 7-2 镀液中铁离子浓度与镀层铁含量关系

［配方 2］硫酸镍（$NiSO_4 \cdot 7H_2O$）180～220g/L，硼酸（H_3BO_3）40～45g/L，氯化镍（$NiCl_2 \cdot 6H_2O$）40～55g/L，硫酸亚铁（$FeSO_4 \cdot 7H_2O$）10～30g/L，添加剂 适量，pH 3～3.5，温度 55～60℃，D_K 3～5A/dm²，阳极纯镍和纯铁。

镀液中各成分及工艺条件对镀层质量的影响如下。

① 镀液中金属离子含量与镀层铁含量的关系　镍离子浓度固定情况下，随镀液中铁含量增加，镀层铁含量也增加，其关系如图 7-2 所示。当 $NiSO_4 \cdot 7H_2O$ 为 200g/L，镀液中 Fe^{2+} 为 2g/L 时，镀层铁含量在 10%～15%，为低铁镀层；当 Fe^{2+} 为 4g/L 时，镀层铁含量为 20%～25%，属中铁镀层；当 Fe^{2+} 为 6g/L 时，镀层中铁含量为 30%～35%，为高铁镀层。表 7-2 为镀液中 Ni^{2+} 与 Fe^{2+} 相对含量与镀层铁含量关系。由表可以看出，镀液中镍与铁浓度直接影响镀层铁含量。生产中，除了配槽时注意调整镀液镍离子与铁离子浓度外，主要通过调节阳极面积之比（镍阳极与铁阳极之比）来调整镀液中铁浓度。

表 7-2 镀液中 Ni^{2+}/Fe^{2+} 与镀层中铁含量关系

镀液 Ni^{2+}/Fe^{2+}	镀层铁含量/%	镀液 Ni^{2+}/Fe^{2+}	镀层铁含量/%
25∶1	12	15∶1	23
20∶1	17	10∶1	30

② 稳定剂　由于镀液中 Fe^{2+} 容易被空气中的氧气或在电镀过程中氧化为 Fe^{3+}，并水解为 $Fe(OH)_3$，导致镀液电流效率降低、镀层质量下降。稳定剂是一些对 Fe^{2+} 有络合作用，使之生成稳定络合物的羟基羧酸，如柠檬酸、酒石酸、葡萄糖酸等，以及一些还原性物质，如羟胺盐、抗坏血酸等，而且沉积过程中，稳定剂自身消耗要少。

③ pH 值　镀液 pH 值升高，镀层中铁含量增加，但 pH 值过高，会加速 Fe^{2+} 氧化及 $Fe(OH)_3$ 的生成，导致镀层中夹杂的铁的氢氧化物含量增加，机械、物理性能下降，因此 pH 值控制在 3.2～3.8 最好。pH 值对电流效率的影响同光亮镀镍。

④ 温度　温度升高，一方面使 Fe^{2+} 容易向阴极移动，镀层中铁含量升高；另一方面会加速 Fe^{2+} 氧化。温度低，镀液光亮电流密度范围变窄，镀层光亮度及整平能力下降，电流效率略有下降。温度与镀层铁含量及电流效率关系如图 7-3 所示。因此一般温度控制在 55～65℃。

⑤ 电流密度　如图 7-4 所示，当电流密度增大时，镀层含铁量下降，电流效率略有提高。因为 Fe^{2+} 在镀液中浓度较低，其还原过程受扩散控制，电流密度越大，扩散步骤影响就越大，电流效率越低。

⑥ 搅拌　搅拌更有利于 Fe^{2+} 的移动，因此搅拌可使镀层中铁含量提高。搅拌方式及强

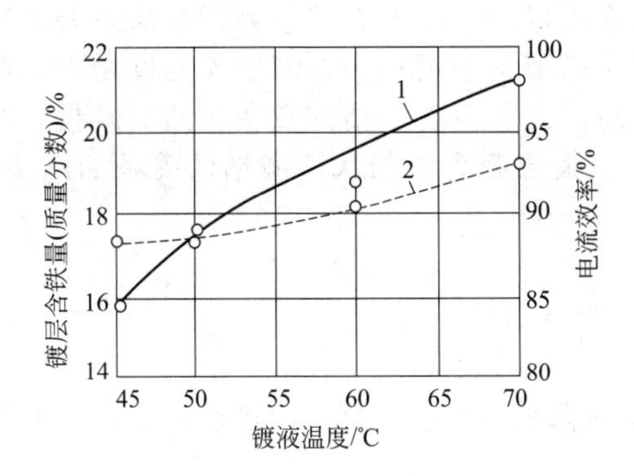

图 7-3　温度与镀层铁含量及电流效率的关系
1—镀层铁含量与温度的关系；
2—电流效率与温度的关系

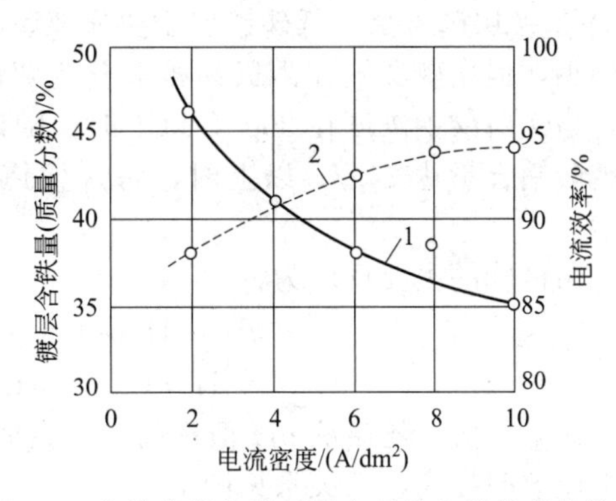

图 7-4　电流密度与镀层铁含量及电流效率的关系
1—镀层铁含量与电流密度的关系；
2—电流效率与电流密度的关系

弱对镀层铁含量与电流效率的影响见表 7-3。

表 7-3　搅拌对镀层铁含量与电流效率的影响

搅拌方式	镀层铁含量/%	电流效率/%
空气搅拌(强)	26.91	91.37
空气搅拌(弱)	24.74	91.23
机械搅拌	18.76	90.30
静镀	11.79	86.74

由表 7-3 看出，采用强烈的空气搅拌可使镀层中铁含量比静止时增加一倍。但应注意，强烈的空气搅拌，过量氧气加速镀液中 Fe^{2+} 的氧化，为此生产中采用机械搅拌较为合理。

⑦ 阳极　阳极可采用合金，也可采用镍、铁分挂。前者操作简单，但不宜镀液中 Fe^{2+} 浓度的调整。分别挂电极时，要调整好阴、阳极面积比，当镀层中铁含量为 20%～30%时，镍/铁比值以（7～8）∶1 为好。

7.3.2 电镀镍-磷合金

镍-磷合金（Ni-P alloy plating）根据镀层中磷含量可分为低磷镀层（磷含量小于 5%）、中磷镀层（磷含量 6%～8%）和高磷镀层（磷含量高于 9%）。低磷镀层为晶态，具有磁性，中磷镀层为微晶，高磷镀层为非晶、非磁性。镍-磷镀层自身具有较高的硬度、低孔隙率、良好的抗蚀性和特殊的物理性能，经热处理后，镀层硬度可达到 HV1000 以上，具有很高的耐磨性。因此镍-磷镀层在机械、电子、化工、航空航天、信息产业中用途广泛。

电镀镍-磷合金工艺主要有亚磷酸型和次磷酸型，其工艺规范如下，供参考。

[配方 1] 硫酸镍（$NiSO_4 \cdot 7H_2O$）180～200g/L，氯化镍（$NiCl_2 \cdot 6H_2O$）15g/L，亚磷酸（H_3PO_3）4～8g/L，硫酸钠（Na_2SO_4）35～40g/L，pH 1～1.5，温度 70～80℃，D_K 1～3A/dm²，获得低磷镀层。

[配方 2] 硫酸镍（$NiSO_4 \cdot 7H_2O$）180～200g/L，氯化镍（$NiCl_2 \cdot 6H_2O$）15g/L，亚磷酸（H_3PO_3）4～8g/L，次磷酸钠（$NaH_2PO_2 \cdot H_2O$）6～8g/L，pH 2～3.5，温度70～80℃，D_K 1～3A/dm²，获得高磷镀层。

影响镀层质量的因素如下。

① 主盐　硫酸镍是主盐，一般维持在 160～200g/L。镍离子浓度低，析氢严重；镍离子浓度提高，镀层中镍含量提高，阴极电流效率提高。但镍离子浓度不宜过高，否则镀层沉

积过快、粗糙，磷含量也相对降低。

② 镀层磷含量　低磷镀层主要靠亚磷酸，其含量以 4～8g/L 为宜；高磷镀层主要靠次磷酸钠，但次磷酸钠在阳极易被氧化为亚磷酸。次磷酸钠浓度提高，镀层光亮度增加，而且，当次磷酸钠浓度在 20g/L 以下时，随浓度提高，镀层磷含量增加较快，然后减慢，当次磷酸钠含量达 25g/L 以上时，磷含量趋于稳定。镀层磷含量与次磷酸钠的关系如图 7-5 所示。

阴极磷的主要反应为：

$$H_3PO_3 + 3e^- \longrightarrow P + 3OH^-$$

$$H_2PO_2^- + 2H^+ + e^- \longrightarrow P + 2H_2O$$

③ pH 值　随镀液 pH 值提高，合金镀层磷含量降低，镀层硬度、耐蚀性也下降，但阴极电流效率提高，其关系见图 7-6。

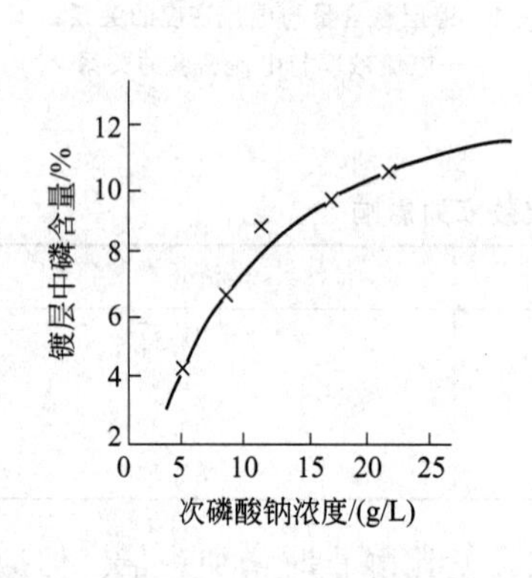

图 7-5　次磷酸钠浓度与镀层磷含量的关系

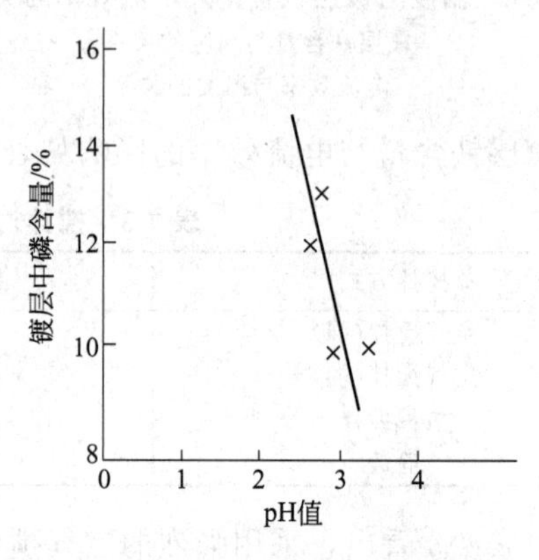

图 7-6　pH 值与镀层磷含量的关系

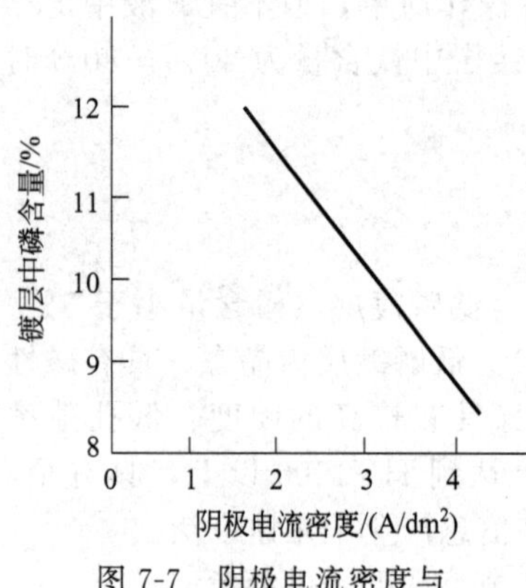

图 7-7　阴极电流密度与镀层磷含量的关系

④ 温度　温度对合金镀层中磷含量影响不大，但对合金电镀的内应力影响较大。镀液在室温下可得到光亮镀层，但内应力大，镀层会自行开裂剥落。随着温度升高，镀层内应力降低，而沉积速度也加快。温度过高，镀液蒸发加快，增加镀液维护的难度。当温度达 60℃以上时，能得到内应力低的光亮镀层。温度一般控制在（65±2）℃。

⑤ 电流密度　随着电流密度的提高，磷层中磷含量相应降低。电流密度过高，将产生镀层外观色泽不均匀或烧焦、脱落等现象。电流密度与镀层中含磷量的关系见图 7-7。

⑥ 添加剂　镍盐-次磷酸钠镀液在电解过程中，次磷酸根易被阳极氧化成亚磷酸根，产生亚磷酸盐沉淀，导致镀液不稳定。添加剂的作用是抑制亚磷酸盐沉淀，保持镀液的化学稳定性。

7.3.3　电镀镍-钴合金

镍与钴标准电极电位非常接近（钴标准电位为－0.277V），又属同一族元素，同时交换电流都很小，因此单盐溶液电镀可获得良好镀层。镍-钴合金可用于装饰镀层、耐磨镀层和磁性镀层，在电铸方面也有广泛应用。钴含量在 40%以下时，镍-钴合金镀层具有良好的耐蚀性、较高的硬度和良好的耐磨性。因此该镀层主要用作装饰性镀层和耐磨镀层，在手表元件、模具以及化工、医药等既耐蚀又耐磨的工件上使用。当镀层中钴含量更高时，镀层具有良好的磁性，广泛用于计算机磁鼓、磁盘等表面磁性镀层。

(1) 电镀装饰及耐磨镍-钴合金

① 基本工艺规范　电镀镍-钴合金镀液一般由镍盐、钴盐、缓冲剂、润湿剂及导电盐等组成，电镀镍-钴合金的工艺规范示例：

硫酸镍（$NiSO_4 \cdot 6H_2O$）190～210g/L，硫酸钴（$CoSO_4 \cdot 7H_2O$）20～30g/L，硼酸（H_3BO_3）35g/L，氯化钠（NaCl）20g/L，十二烷基硫酸钠（$C_{12}H_{25}SO_4Na$）0.1g/L，pH 4～5，温度 50～60℃，阴极电流密度 1～3A/dm²，阳极采用镍板，镀液中钴离子经检测后补加。

该工艺可得到钴含量在 10%～35%的镍-钴合金镀层，镀态硬度在 HV300～500，400℃热处理 1h 后，硬度达到 HV1000 左右。

② 成分及操作条件对镀层组成和性能的影响

a. 钴盐浓度及电流密度　当其他条件相同时，镀液中钴含量增加，镀层中钴含量也增加；相反，随电流密度增大，镀层中钴含量则减少。镀层中钴含量增加，镀层的显微硬度提高，其规律如表 7-4 和表 7-5 所示。

表 7-4　镀液组成与镀层钴含量及硬度关系（D_K=2A/dm²）

镀液中 $CoSO_4$ 含量/(g/L)	Co 质量分数/%	Co 原子分数/%	镀层硬度(HV)
10	13.69	13.65	266.4
15	19.52	19.46	381.25
20	20.06	20.01	428
30	35	34.91	467.5

表 7-5　阴极电流密度与镀层钴含量及硬度关系（$CoSO_4$ 为 15g/L）

D_K/(A/dm²)	Co 质量分数/%	Co 原子分数/%	镀层硬度(HV)
1	34.16	34.07	460.5
2	19.52	19.46	381.25
3	21.14	21.08	322
4	13.86	13.81	320.9

b. pH 值和温度　其他条件相同时，随 pH 值增大，镀层中含钴量减少；温度升高，镀层中含钴量增加。当温度低于 40℃时，镀层光亮度差；温度高于 50℃时，镀层粗糙。

c. 搅拌　在其他条件均相同时，搅拌有助于镀层中钴含量的增加。

d. 阳极　镍-钴合金使用的阳极可分为三类，一种是使用单独的镍阳极，采用连续滴加一定浓度的硫酸钴溶液到镀液中，以补充镀液中钴离子的消耗，适用于含钴量较低的镍-钴合金电镀工艺，镀液应经常分析、调整，使之保持在配方范围内；使用镍阳极和钴阳极，采用两套电源分别控制镀液中镍、钴离子的浓度，这种方法虽然复杂，但对镀液维护有利，容易保证镀层中钴含量；镍-钴合金阳极，可根据镀液中含钴量的多少，选择适宜含钴量的镍-钴合金阳极，如阳极中含钴量为 5%时，可维持镀液中有 4～5g/L 的含钴量，合金阳极中含钴量为 18%时，可维持镀液中有 12～15g/L 的含钴量。

无论使用哪种类型的阳极，镀液中必须含有阳极活化剂氯离子，才能保持阳极正常溶解，否则阳极将发生钝化。

(2) 电镀磁性镍-钴合金

镍-钴合金镀层中含钴量在 80%左右，镀层具有良好的磁性。下面是两种常见的镀液组成及操作条件。

[配方 1] 硫酸镍（$NiSO_4 \cdot 7H_2O$）130g/L，硫酸钴（$CoSO_4 \cdot 7H_2O$）115g/L，硼酸

(H_3BO_3) 30g/L，氯化钾（KCl）15g/L，pH 4～5，温度 50～60℃，D_K 1～2A/dm²。

［配方 2］氯化镍（$NiCl_2 \cdot 6H_2O$）130g/L，氯化钴（$CoCl_2 \cdot 6H_2O$）130g/L，氯化铵（NH_4Cl）100g/L，次磷酸钠（$NaH_2PO_2 \cdot H_2O$）9g/L，pH 3～4，温度 40～60℃，D_K 10～15A/dm²。

由配方 2 得到的镍-钴合金镀层中含有一定量的磷。磷的主要目的是提高镀层的磁场强度，但含磷量必须控制在一定的范围内，否则，磁性能反而降低。

(3) 电镀黑镍（black nickel plating）

黑镍是由镍、锌及硫、有机物组成的黑色合金镀层，大致成分为 Ni 40%～60%，Zn 20%～30%，S 10%～15%，有机物 10%左右。黑镍镀层具有很好的消光能力，主要用在光学仪器及军工生产中。另外，氢和氧在黑镍上电解析出时的过电位很小，因此，黑镍可在电解水制取氢气和氧气的生产中作电极。

在钢铁零件上直接镀黑镍，镀层与基体的结合力不好，用铜作中间层，耐蚀性差；用镍作中间层，结合力和耐蚀性均可提高。

黑镍镀层比较硬，镀层较薄，一般只有 2μm 左右，抗蚀能力差，经过涂装封闭或浸油处理可提高耐蚀性。用于生产的镀黑镍工艺配方如表 7-6 所示，供参考。

表 7-6　黑镍的电镀液组成及工艺条件

镀液组成及工艺条件	配方 1	配方 2	配方 3
硫酸镍 $NiSO_4 \cdot 7H_2O$/(g/L)	90～120	70～100	120～150
硫酸锌 $ZnSO_4 \cdot 7H_2O$/(g/L)	40～60	40～70	
硫酸铵 $(NH_4)_2SO_4$/(g/L)	20～30		
硫氰酸铵 NH_4SCN/(g/L)	25～35		30～40
硼酸 H_3BO_3/(g/L)	25～35	25～35	20～25
硫酸镍铵 $Ni(NH_4)_2(SO_4)_2$/(g/L)		25～35	
钼酸铵 $(NH_4)_2MoO_4$/(g/L)			30～40
温度/℃	30～35	30～36	24～38
pH 值	5～6	4.5～5.5	4.5～5.5
D_K/(A/dm²)	0.1～0.3	0.1～0.4	<0.5

镀黑镍时镀液不需要搅拌。为了避免产生针孔，可加入少量润湿剂（如十二烷基硫酸钠 0.01～0.03g/L）。零件需带电入槽，中途不能断电。挂具用过 2～3 次后应退去镀层，以免接触不良。

7.4　电镀铜基合金

7.4.1　电镀铜-锡合金

铜-锡合金（俗称青铜）具有孔隙率低、耐蚀性好、容易抛光和直接套铬等优点，是目前应用最为广泛的合金镀层之一。

按镀层含锡量不同可分为低锡、中锡和高锡青铜三种。

低锡青铜含锡质量分数在 8%～15%，镀层呈黄色，对钢铁基体为阴极镀层，硬度较低，有良好的抛光性，在空气中易氧化变色而失去光泽，因此表面必须套铬，套铬后有很好的耐蚀性，是优良的防护装饰性底镀层或中间镀层。单独使用时可作为抗氮化层，可代替锌作为热水中工作零件。低锡青铜现已广泛用于日用五金、轻工、机械、仪表等工业中。

中锡青铜含锡质量分数为 15%～40%，镀层呈金黄色。其硬度和耐蚀性介于低锡与高锡之间，光亮金黄色镀层通常含 30%～35%的锡。中锡青铜套铬时容易发花和色泽不均匀，故在工业上应用不多。

高锡青铜含锡质量分数超过 40%，镀层呈银白色，亦称白青铜或银镜合金。其硬度介于镍、铬之间，抛光后有良好的反光性能，在大气中不易氧化变色，在弱酸及弱碱溶液中很稳定，它还具有良好的钎焊和导电性能，可作为代银和代铬镀层，常用于日用五金、仪器仪表、餐具、反光器械等。该镀层较脆，有细小裂纹和孔隙，不适于在恶劣条件下使用，产品不能经受变形。

目前工业上采用的氰化物-锡酸盐镀液，工艺最成熟，应用也最广泛。20 世纪 70 年代我国发展了多种无氰镀液，例如焦磷酸-锡酸盐电镀铜锡合金在生产上也获得少量应用，其他如酒石酸-锡酸盐、柠檬酸-锡酸盐、HEDP 及 EDTA 等镀液，因镀层中含锡量低以及镀液不稳定等原因未能获得应用。

本节主要介绍氰化电镀铜-锡合金（Cu-Sn alloy plating）工艺。

铜、锡两种金属的标准电极电位相差较大，因此在简单溶液中很难得到合金镀层，必须选用适当的络合剂。氰化物电镀铜-锡合金镀液采用两种络合剂分别络合两种金属离子，以氰化钠与一价铜离子络合，氢氧化钠与四价锡络合成锡酸钠，两种络合剂互不干扰，故电镀液很稳定，维护方便。其缺点是该镀液含大量剧毒的氰化物，而且操作温度较高，故在生产中对环保安全要求严格。

氰化物青铜镀液可分低氰、中氰及高氰三类，根据镀层的光亮性又可分光亮及不光亮两种。表 7-7 列出了各种低锡、中锡和高锡青铜镀液的成分及工艺条件。

表 7-7　低锡、中锡和高锡青铜镀液的成分及工艺条件

成分及工艺条件	低锡青铜镀液				中锡、高锡青铜镀液			
	低氰	低氰光亮	中氰	高氰光亮	半光亮中锡	低氰高锡	低氰滚镀高锡	高氰滚镀高锡
氰化亚铜 CuCN/(g/L)	20～25	20～30	35～42	29～36	12～14	13	18～20	18～25
锡酸钠 $Na_2SnO_3 \cdot 3H_2O$/(g/L)	30～40	10～15	30～40	25～35		100		30～40
氯化亚锡 $SnCl_2 \cdot 2H_2O$/(g/L)					1.6～2.4		0.6～1.0	
游离氰化钠 NaCN/(g/L)	4～6	5～10	20～25	25～30	2～4	10	8.5～10	20～30
氢氧化钠 NaOH/(g/L)	20～25	8～10	7～10	6.5～8.5				
游离氢氧化钠 NaOH/(g/L)						15		
三乙醇胺/(g/L)	15～20							
磷酸氢二钠 $Na_2HPO_4 \cdot 12H_2O$/(g/L)					50～100			70～90
明胶/(g/L)				0.1～0.5	0.3～0.5		0.3～0.5	0.3～0.5
酒石酸钾钠 $KNaC_4H_4O_6 \cdot 4H_2O$/(g/L)	30～40				25～30			
焦磷酸钠 $Na_4P_2O_7$/(g/L)				20～40				
醋酸铅 $Pb(CH_3COO)_2 \cdot 3H_2O$/(g/L)		0.01～0.03						
碱式硫酸铋/(g/L)				0.01～0.03				
OP 乳化剂/(g/L)				0.05～2.0				
pH 值					8.5～9.5	11.5～12.5		
温度/℃	50～60	55～65	55～60	65～68	55～60	64～66	40～45	
阴极电流密度/(A/dm^2)	1.5～2	2～3	1～1.5	1～1.5	1.0～1.5	8	150～200A/筒	180～200A/筒
阳极	均采用含 8%～15%Sn 的合金阳极				铜板	铜板	铜板	铜板和锡板

（1）镀液成分及工艺参数对合金镀层的影响

① 金属离子总浓度及金属离子浓度比的影响　镀液的铜盐采用氰化亚铜，锡盐采用锡酸钠，它们提供在阴极析出的金属。两种金属离子浓度比对合金层的成分起决定作用。图7-8为溶液中金属离子的含量对合金成分的影响，随Cu/Sn比值的降低，含铜量降低，锡含量提高。为获得10%～15%的低锡青铜，其Cu/Sn比值为2～3。保持金属离子浓度比不变，改变金属离子总浓度对合金镀层成分影响不大，主要影响阴极电流效率。总浓度增大，将使电流效率有所提高。如果溶液中金属离子的总浓度过大，将会使镀层变粗。因而，溶液中金属离子的总浓度必须维持在一定的水平上。

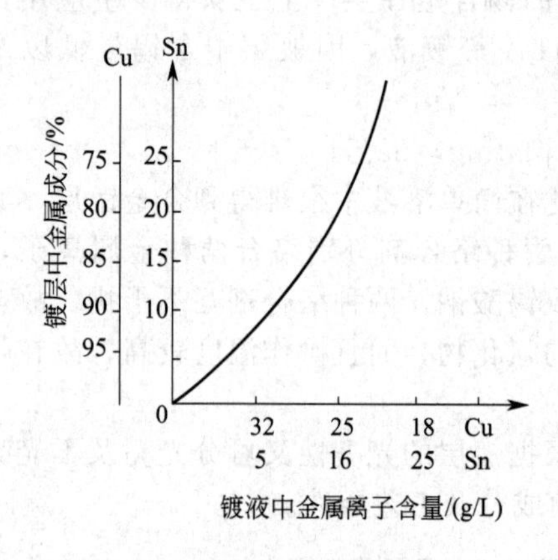

图7-8　溶液中金属离子的含量对合金成分的影响

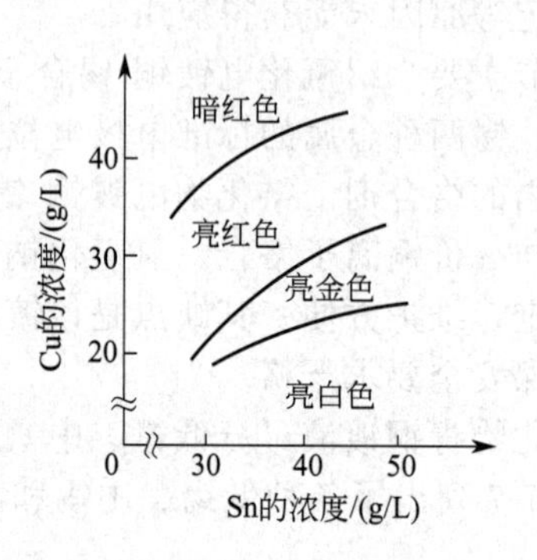

图7-9　镀液中金属离子的含量对镀层色泽的影响

图7-9为镀液中金属离子的含量对镀层色泽的影响。铜锡合金镀层中的铜含量增加，色泽偏红，容易产生毛刺。锡含量过高时，不易套铬。

② 络合剂浓度的影响　镀液中的铜与锡分别由氰化钠和氢氧化钠络合，而且对另一金属离子平衡电位和阴极极化影响很小，因此可利用这一特点调节合金成分。游离络合剂的作用是保持络合物的稳定，同时，可利用游离络合剂的含量调节控制镀层中两种金属的相对比例。图7-10为镀层中Cu含量随溶液中游离氰化钠含量的变化曲线，由图可知，随NaCN游离量的提高，镀层中Cu含量明显降低。由于NaCN与镀液中的Sn不发生化学作用，NaCN游离含量对Sn的析出没有直接影响。图7-11为镀层中Sn含量随镀液中游离氢氧化钠含量变化的关系线。由图可知，NaOH浓度增大，镀层中Sn大大减少。NaOH对铜氰络离子的稳定性影响不大，故游离NaOH浓度的变化，对Cu析出几乎没影响。实践证明，游离络合剂含量过高时，阴极电流效率下降，而且镀层针孔增加，严重时将造成镀层粗糙与疏松；游离络合剂含量过低时，阳极容易钝化。因此，合理控制游离氰化钠及氢氧化钠的浓度是获得稳定合金组成的重要条件。

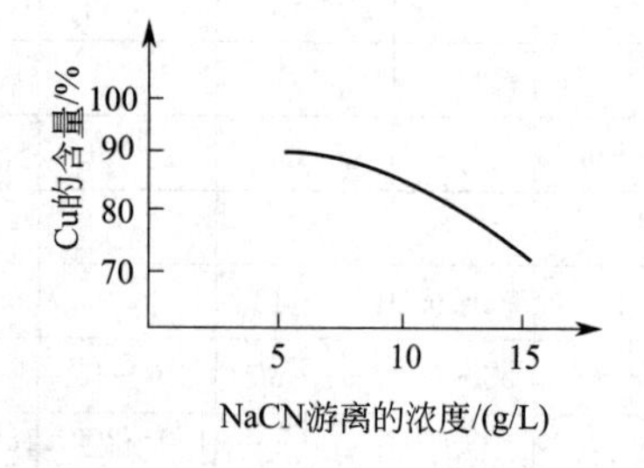

图7-10　Cu-Sn合金镀层中Cu含量与游离NaCN浓度的关系

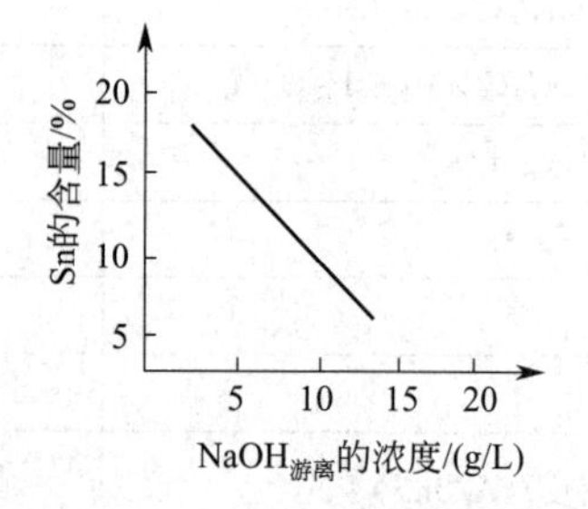

图7-11　Cu-Sn合金镀层中Sn含量与游离NaOH浓度的关系

③ 添加剂的影响 为了提高镀层的光亮度，镀液中加入0.1～0.5g/L明胶作光亮剂。但加入过多时，阴极电流密度降低，镀层脆性增大，沉积速度减慢，常出现色泽不均。采用铋盐或铅盐作光亮剂，则效果较好，其浓度由赫尔槽控制。此外，硒、钼、铊及银盐等无机光亮剂、硫氰酸钠及乙醇酸等也有一定效果，但添加剂含量过高会导致镀层发脆。

近年来，国内新开发的铜-锡合金光亮剂通常由含有氨基或亚氨基长链聚合物类为主光亮剂，含有炔基或二烯烃的直链化合物为增光剂，以及含有脂类化合物表面活性剂及含有两个以上烃基的碳水化合物稳定剂等复配而成的起光剂和整平剂，可直接镀出全光亮的低锡青铜，易于套铬。

④ 温度的影响 温度对合金镀层成分、质量和电流效率都有显著影响。当操作温度升高时，合金镀层中Sn含量增加，阴极电流效率同时提高。温度过高时，氰化物会迅速分解，镀层缺乏光泽呈灰褐色；温度低时，合金镀层中Sn含量下降，阴极电流效率下降，镀层结晶粗糙，呈黄红色。因此温度一般控制在55～65℃。

⑤ 阴极电流密度的影响 图7-12为电镀铜-锡合金阴极极化曲线。在氰化镀铜液中铜的平衡电位与在锡酸盐镀液中锡的平衡电位很接近，随着电流密度的增加，这两种金属的电位都向负方向移动，当电流密度为1.4A/dm^{2}时，两种极化曲线相交，锡的电极电位比铜的电位更负一些，如图7-12所示，合金极化曲线位于锡与铜极化曲线的左方。可以认为是由于形成了金属化合物，使能量发生变化而引起的去极化作用。在电镀低锡青铜时，电流密度一般为2.0～2.5A/dm^{2}比较合适。提高电流密度，合金中Sn含量仍有所下降。

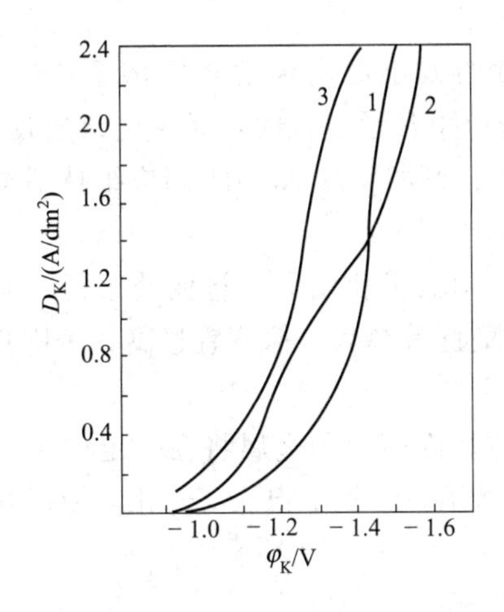

图7-12 电镀铜-锡合金阴极极化曲线
1—15g/L Cu与15g/L NaCN（游）；
2—45g/L Sn与7.5g/L NaOH（游）；
3—15g/L Cu、45g/L Sn、15g/L NaCN（游）、7.5g/L NaOH（游）

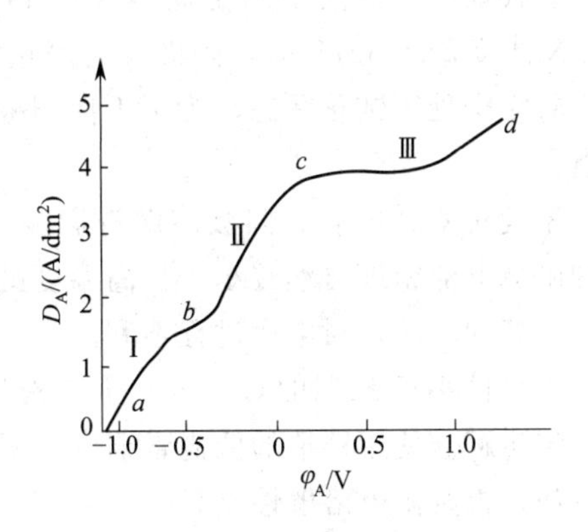

图7-13 铜锡合金阳极极化曲线
（阳极成分：Cu 85%，Sn 15%）

确定电镀合金工作电流密度时，还必须考虑到它对镀层质量的影响。若电流密度过高，除电流效率有所下降外，镀层的外观变粗，内应力加大。电流密度过低时，沉积速度太慢，且镀层色泽也较差。

⑥ 阳极的影响 电镀低锡青铜一般采用铜和锡按比例浇铸的可溶性阳极。合金中Sn的溶解反应比较复杂，与纯Sn阳极类似。图7-13表示镀液中含Cu 18.4g/L、Sn 28g/L、游离KCN 27.2g/L、游离NaOH 13.2g/L情况下，实验所测得的阳极极化曲线。极化曲线的特点是出现了两次电位突跃，从而可将曲线分为三段。在曲线第Ⅰ段的电位下，Cu主要以

一价铜离子形式进入溶液，而 Sn 以二价离子形式溶解。提高电流密度，使电位上升到某一数值时，出现电位的第一次突跃。在曲线第Ⅱ段的电位下，Cu 仍以一价离子形式溶解，但 Sn 则氧化成四价离子。这时，阳极表面上形成一层黄绿色膜，我们称阳极的这种状态为半钝化状态。继续提高电流密度，使之接近于 $4A/dm^2$ 时，电位又一次发生更大幅度的跃变。阳极被一层黑色膜所覆盖，合金阳极的溶解基本停止，在阳极上析出大量氧气。此电极过程与曲线的第Ⅲ段相对应。

生产实践证明，溶液中存在二价锡是非常有害的。少量的二价锡（小于 0.8g/L）使镀层出现毛刺。若二价锡大于 1.3g/L，镀层发乌，甚至会形成海绵状镀层。这是由于二价锡放电时极化较小，易于在电极的凸出部分上还原，沉积出粗大晶粒，形成垂直于电极表面的“毛刺”。由图 7-13 可看出，为了避免形成二价锡，必须使阳极在与曲线第二阶段相对应的电流密度下工作，即需要阳极处于半钝化状态。为此，Cu-Sn 合金阳极一般在使用前要先经过半钝化处理。方法是在镀槽中，于短时间内提高阳极电流密度 2～3 倍，直到表面生成一层半钝化黄膜后，再将电流降至正常值；也可在通电情况下，逐步挂入阳极的方法，使阳极板在较高电流密度下进入溶液，就可在表面形成一层半钝化膜，如果由于某种原因（例如导电不良），半钝化膜被破坏，则可使用减少阳极的方法，使之重新形成半钝化膜。在电镀过程中，为了维持阳极的半钝化状态，必须严格控制电流密度范围为 $2\sim3A/dm^2$。

为了消除溶液中二价锡，一般定期向镀液中加入少量 30% H_2O_2，将二价锡氧化为四价。

实践证明，镀液中的游离 NaCN 和 NaOH 浓度的大小对阳极的正常溶解影响很大，NaCN 浓度低于 5g/L 时，阳极就会停止溶解。当 NaOH 含量很低时，无论电流密度大小，阳极将完全处于钝化状态，为了不使阳极钝化，溶液中 NaCN 及 NaOH 都应维持适当的游离量。

温度对 Cu-Sn 合金阳极溶解有影响，温度低时，阳极极化增大，将促使阳极钝化，允许的阳极电流密度自然较小。提高温度虽可克服阳极的此种弊病，但不宜过高，否则将加速半钝化膜的溶解，对电镀过程不利。

含锡量小于 14%的 Cu-Sn 合金结构为单相固溶体，因而两种金属将在一定电位下按比例均匀溶解。使用铸造的低锡青铜合金阳极时，阳极需在 700℃下退火 2～3h，随后在空气中冷却，否则阳极溶解性差。

（2）不合格低锡青铜合金镀层的退镀

① 化学法

[配方] 浓硝酸（工业）100mL/L，氯化钠（工业）40g/L，温度 65～75℃。

化学退除的优点是退除速度快、范围广（基体金属可以是铁、镍、锌-镍、铜及铜合金等）、成本低、效果好，缺点是硝酸易分解出一氧化氮和二氧化氮等有毒气体，需经处理后排放。

② 电化学法

[配方 1] 氢氧化钠 60～75g/L，三乙醇胺 60～70g/L，硝酸钠 15～20g/L，温度 35～50℃，阳极电流密度 $1.5\sim2.5A/dm^2$，最好采用阳极移动。

[配方 2] 硝酸钾（工业）100～150g/L，温度 15～50℃，pH 值 7～10，阳极电流密度 $5\sim10A/dm^2$，阳极移动 20～25 次/min。

镀层退除后，在一般镀锌钝化液中浸渍。再用盐酸洗，然后浸碱液。

7.4.2 电镀铜-锌合金

自19世纪中后期，电镀铜-锌合金达到实用化以来，至今仍然是应用最为广泛的合金镀层之一。铜含量高于锌含量的铜锌合金称为黄铜，应用最为广泛的黄铜含铜68%～75%。含铜量70%～80%的铜锌合金呈金黄色，具有优良的装饰效果。一般在光亮镍镀层上闪镀1～2μm厚的铜-锌合金层，即可达到装饰目的。如果还要在镀层上着色或制作花纹，则需按照零件要求增厚合金镀层。

钢丝镀铜-锌合金可明显提高钢丝与橡胶的黏结力，因此常用作钢丝与橡胶热压时的中间层（0.5～2.5μm）。但要求铜含量严格控制在（71±3）%范围内，过高或过低均会影响钢丝与橡胶之间的结合力。

锌含量高于铜含量的铜-锌合金称为白黄铜，它具有很强的抗腐蚀能力，可作为钢铁零件镀锡、镍、铬、银及其他镀层的中间层。

无氰镀液如焦磷酸盐、柠檬酸盐及HEDP（1-羧基亚乙基-1-二磷酸）等虽然有所研究，但生产上大规模使用的黄铜镀液为氰化镀液，因此，本节只对氰化电镀黄铜工艺作重点介绍。表7-8为各种黄铜镀液的组成及工艺条件。

表7-8 低锌、中锌和高锌黄铜镀液的成分及工艺条件

成分及工艺	黄铜					白黄铜
	装饰性1	装饰性2	厚镀层	橡胶粘接用	光亮滚镀	
氰化亚铜 $CuCN$/(g/L)	22～27	28～32	56	8～14	28～35	17
氰化锌 $Zn(CN)_2$/(g/L)	8～12	7～8	13	5～15	4～6	64
游离氰化钠 $NaCN$/(g/L)	16	6～8		5～10	8～15	31
总氰化钠 $NaCN$/(g/L)			85			85
氢氧化钠 $NaOH$/(g/L)					5～8	60
硫化钠 Na_2S/(g/L)						0.4
硫氰酸钾 $KSCN$/(g/L)			30			
碳酸钠 Na_2CO_3/(g/L)	20～40			15～25	20～30	
碳酸氢钠 $NaHCO_3$/(g/L)		10～12				
氯化氨 NH_4Cl/(g/L)	2～5					
氨水 $NH_3 \cdot H_2O$/(mL/L)		2～4		0.5～1.0		
亚硫酸钠 Na_2SO_3/(g/L)	5			5～8		
乙醇胺 $HO(CH_2)_2NH_2$/(mL/L)			50			
酒石酸钾钠 $KNaC_4H_4O_6 \cdot 4H_2O$/(g/L)	10～20		20		20～30	
醋酸铅 $Pb(CH_3COO)_2 \cdot 3H_2O$/(g/L)					0.01～0.02	
pH		10～11	11.7	10.3～11.0		12～13
温度/℃	20～40	35～40	55	20～30	50～55	25～40
阴极电流密度/(A/dm^2)	0.2～0.5	1～1.5	1～3	0.3～0.5	150～170A/筒	1～4
镀层含铜量/%		70～78		68～75	70～80	28
转速/(r/min)					12～14	
阳极含铜量/%	70～75	70～75		70	70～75	28

（1）影响镀层质量的因素

① 氰化亚铜与氰化锌　镀液中提供铜离子和锌离子的主盐。铜离子与锌离子浓度直接影响镀层中各金属的含量与色泽。提高镀液中铜与锌的浓度比可适当提高镀层中铜的含量，若镀液中锌离子浓度高，铜-锌合金套铬时呈乳白色。除了铜与锌的离子浓度影响镀层中的铜锌比例外，镀液中氰化钠、氢氧化钠和氨水的含量以及操作条件的改变亦影响镀层中金属组分。因此，必须综合考虑，调整才能镀出理想色泽的镀层。

② 游离氰化钠　游离氰化钠可使镀液稳定，保证铜与锌按比例析出，并使阳极正常溶解。游离氰化钠过低时，镀层中铜含量增加，色泽向暗红色转变，严重时粗糙起泡，阳极钝化，镀液浑浊；过高时，镀层中的铜含量减少，呈疏松灰暗色，阴极电流效率下降，甚至镀件严重析氢。

③ 碳酸钠　适量的碳酸钠可以提高镀液的导电性能和分散能力。生产过程中由于氰化钠的分解和镀液吸收空气中的二氧化碳，碳酸钠会逐渐增加。其含量过高时，会使阳极钝化、降低阴极电流效率，因此应定期用冷却法除去碳酸钠结晶。

④ 氢氧化钠　加入氢氧化钠可以增强氰根的络合能力，增加镀液的导电性能。提高氢氧化钠的量，氰根络合铜离子的能力大为增强，镀层中锌的含量将有所增加；若氢氧化钠的含量过高，使锌沉积加速，镀层呈灰暗色，甚至粗糙而有脆性，锌阳极溶解也加快；如氢氧化钠不足，氰化钠的络合能力下降，铜络离子放电容易，镀层易呈浅黄色或带红色。

⑤ 氨水　氨水能扩大镀液阴极电流密度的范围，有利于获得色泽均匀的铜-锌合金镀层；能抑制氰化物水解，降低镀层中铜的含量；加入氨水可适当提高镀层的光亮度。

⑥ pH 值　镀液的 pH 值一般控制在 11～12。pH 值高时，镀层中锌含量提高，反之则铜含量增加。提高 pH 值一般用氢氧化钠，降低 pH 值则用碳酸氢钠溶液或酒石酸，而且必须在良好的排风条件下操作，因反应时会产生剧毒的氰化氢。

⑦ 温度　温度对铜-锌合金镀层的组成与外观色泽均有影响。温度高时，合金镀层中的铜含量增加，阴极允许电流密度增大，电流效率提高，但同时也会加速氰化钠分解，镀层易发灰或产生毛刺。温度过低时，镀层中锌含量高，镀层呈苍灰色。

⑧ 阴极电流密度　由图 7-14 可以看出，在较低的电流密度下，铜、锌两种单金属的极化曲线相近，因此有共沉积的可能。由合金极化曲线可知，电流密度在 0.3～0.6A/dm² 时，阴极电位急剧负移，电流密度小于 1.2A/dm² 时，合金极化曲线在铜、锌极化曲线的左方，电流密度大于 1.2A/dm² 时，合金极化曲线位于铜、锌极化曲线的中间。对于镀黄铜，一般控制阴极电流密度为 0.5～1.5A/dm²，镀白黄铜时应控制阴极电流密度为 2～3A/dm²。电流密度增大，阴极电流密度下降，阳极也容易钝化，镀层中铜含量降低，故改变电流密度也是控制镀层成分和色泽的有效方法之一。

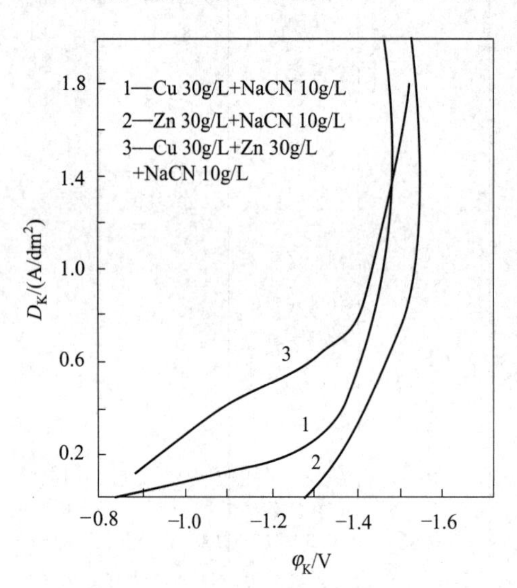

图 7-14　氰化物镀液中沉积铜、锌与铜锌合金时阴极极化曲线

⑨ 阳极　一般采用与铜-锌合金镀层同样比例的铜-锌合金作阳极，不能含有铁和铅等杂质。铸造后再经过延压的阳极效果较好，使用前先在 (650±10)℃退火 1～2h，再用 5%硝酸溶液浸蚀后刷净。在生产过程中，阳极与阴极的面积比控制在 (2～3)∶1。

(2) 铜-锌合金镀层的后处理

铜-锌合金镀层在大气中很容易变色或泛点，镀后必须立即进行钝化处理和涂覆透明有机涂料。

钝化处理可采用重铬酸钾 40～60g/L，用醋酸调 pH 值至 3～4，在温度 30～40℃下处理5～10min。

透明有机涂料种类很多，如丙烯酸清漆、聚氨酯清漆、水溶性清漆、有机硅透明树脂等。固化温度一般为80～160℃。市售专用涂料很多，可根据不同要求选用。

(3) 不合格铜-锌合金镀层的退除

化学方法如下。

方法1：双氧水（30%）375mL/L，氨水（28%）625mL/L。

方法2：氨水（28%）375mL/L，过硫酸铵75g/L。

电化学法：亚硝酸钠30～40g/L，pH=5～7，室温，阳极电流密度1A/dm^2。

7.4.3 仿金电镀

仿金镀层（imitating gold electroplating）具有真金的色泽，既雍容华贵又价廉物美，因此深受人们的喜爱，广泛用于首饰、日用电器、灯具、五金件、工艺品等民用商品中。作为装饰品用的仿金镀层一般比较薄，大约为1～2μm。

仿金层可通过以下几种电镀工艺获得：

① 基体（金属或非金属）经适当镀前处理后，镀氰铜打底，光亮铜增厚镀层、亮镍后再仿金，最后喷涂一层清漆保护；

② 基体（金属或非金属）经适当镀前处理后，镀光亮镍，电镀仿金层，再在特种溶液中进行化学处理，使镀层颜色一致并起钝化效果，然后涂保护漆；

③ 基体镀光亮镍后，用阳极电泳沉积法涂上一层透明树脂，浸入染色剂中着色，最后在160℃烘烤20min左右；

④ 基体先镀铜，再镀锌，然后在420～450℃下热处理，使两种金属扩散融合而成铜-锌合金（仿金）层；

⑤ 基体先镀一层仿金层，再镀金，以此来节约用金。这一工艺主要用于首饰等小型贵重物品的制作上，以降低成本。

仿金镀液有氰化物型、氰化物-焦磷酸盐型、HEDP型和焦磷酸盐型，后者组分复杂，维护较难，仅用于电镀形状简单的零件，目前一般采用氰化物镀液，并且以电镀Cu-Zn-Sn三元合金所得的镀层光泽度最好，色泽如金。

仿金电镀中最关键的是镀层色泽及镀层耐变色的问题。镀层的色泽可以通过镀液组成的调整及工艺参数的改变来控制，表7-9为黄铜的色泽与含铜量之间的关系，可供调整仿金工艺时参考。仿金镀层的变色问题，可通过后处理来解决，后处理包括钝化处理及涂覆有机膜。钝化处理是必不可少的工序，除可防止仿金层的变色外，还可中和零件表面滞留的碱。采用苯并三氮唑进行钝化，抗变色效果虽好，但其成本较高，此外这种保护膜在受热或长期暴露后会使仿金镀层的色泽变得偏红，故目前生产中一般多采用重铬酸盐钝化处理。苯并三氮唑钝化可用于钝化后不便于涂覆有机保护膜的仿金镀件上。

表7-9　黄铜的色泽与含铜量之间的关系

含铜量/%	98	90～80	75	70	65	48	40	25
色泽	红	红黄	金黄	青黄	浅黄	灰	银白	青灰

(1) 氰化仿金电镀（cyanide imitating gold electroplating）工艺

氰化仿金电镀溶液稳定，容易控制，镀层的色泽鲜艳，合格率高，并可重复，缺点是有剧毒。目前，有氰仿金比无氰仿金应用广泛。氰化物电镀仿金镀液分为铜-锌、铜-锡二元合金及铜-锌-锡、铜-锡-锌-铟、铜-锡-铟-镍、铜-锡-锌-镍等三元或多元仿金。现以电镀铜-锌合金为例作以详细讨论，镀液成分及工艺条件见表7-10。

表 7-10 氰化仿金镀液成分及工艺条件

成分及工艺	配方 1	配方 2	配方 3
氰化亚铜 $CuCN/(g/L)$	15～18	22～25	25～30
氰化锌 $Zn(CN)_2/(g/L)$	7～9	8～1	1.8～2.2
锡酸钠 $Na_2SnO_3 \cdot 3H_2O/(g/L)$	4～9		1.8～2.2
游离氰化钠 $NaCN/(g/L)$	5～8(游离)	10～12(游离)	40～45
氢氧化钠 $NaOH/(g/L)$	4～6		2～25
碳酸钠 $Na_2CO_3/(g/L)$	8～12	1.5～2.0	20～25
酒石酸钾钠 $KNaC_4H_4O_6 \cdot 4H_2O/(g/L)$	30～35		15～25
柠檬酸钾 $K_2HC_6H_5O_7/(g/L)$	15～20		
氨水 $NH_3 \cdot H_2O/(mL/L)$		0.2～0.5	
pH	12		
温度/℃	20～40		25～35
阴极电流密度/(A/dm^2)	0.5～1.0		0.4～0.8
电镀时间/s	30～60	0.5～2min	60～180

影响镀层质量的因素：Cu^+、Zn^{2+}、Sn^{4+} 的离子浓度比是形成仿金色的关键，Cu^+/Zn^{2+} 比值易控制为 3∶1，亚铜离子浓度低，电流效率低，但分散能力好；镀层的色泽则视合金中含锌量而变化，锌含量高时呈柠檬黄，锌低时为玫瑰红。提高 NaOH 含量及 pH，则锌的含量增高。Sn^{4+} 起调整合金色调作用，实践证明，Zn^{2+}/Sn^{4+} 比值波动小，对稳定色泽与工艺有重要作用。同时 Sn^{4+} 含量少，颜色深，一般易控制为 2～10g/L。

a. 游离氰化钠　随着游离氰化钠浓度的提高，镀层中铜含量迅速下降，并使阴极效率降低。游离氰化钠过低时，阳极产生钝化，而且镀层粗糙，颜色不均匀。

b. 氨水　氨水主要起调色、增加光亮、扩大阴极电流密度范围的作用，还可抑制氰化物的分解。但氨水的增加会降低镀层中的含铜量，其加入量为 0.2～1g/L，有时也可略高。

c. 温度　镀液温度对镀层的成分和色泽有明显的影响。随着温度的升高，镀层铜含量显著增加，一般每升温 1℃，约增加 2%。温度过高，碳酸盐积累增加，氨挥发，镀层产生毛刺并发灰。通常在 15～35℃下操作，不宜超过 45℃。

(2) 无氰仿金电镀（non-cyanide imitating gold electroplating）工艺

近年来发展起来的无氰仿金电镀体系有焦磷酸盐体系、柠檬酸盐体系、酒石酸盐体系、HEDP 体系以及离子仿金电镀等工艺。

① 焦磷酸盐（pyrophosphate systems）仿金电镀　焦磷酸盐仿金电镀液不含剧毒氰化物，工艺清洁；缺点是溶液成分复杂，较难控制，而且溶液的均镀能力不够理想，仅适用于电镀形状简单的零件。表 7-11 为焦磷酸盐仿金电镀工艺规范。

表 7-11 焦磷酸盐仿金电镀工艺规范

工　艺　规　范	配方 1	配方 2	配方 3	配方 4	配方 5
焦磷酸铜 $Cu_2P_2O_7/(g/L)$	14～16	4～5	4～4.5		
硫酸锌 $ZnSO_4 \cdot 7H_2O/(g/L)$	12～17	11.2		4	15
硫酸铜 $CuSO_4 \cdot 5H_2O/(g/L)$	40～45	58.6	36.2	15	45
氯化亚锡 $SnCl_2 \cdot 2H_2O/(g/L)$	4～5	3.9	2	4～5	5
焦磷酸钾 $K_4P_2O_7 \cdot 3H_2O/(g/L)$	270～300	310	250	360	320
氨三乙酸 $N(CH_2COOH)_3/(g/L)$	20～30	30		25	25
酒石酸钾钠 $NaKC_4H_4O_6 \cdot 4H_2O/(g/L)$		20	20～30	40	35

续表

工艺规范	配方1	配方2	配方3	配方4	配方5
磷酸二氢钠 $NaH_2PO_4 \cdot 12H_2O$/(g/L)			10	35	
磷酸二氢铵 $NH_4H_2PO_4$/(g/L)	20～30				
柠檬酸钾 $KC_6H_7O_7$/(g/L)	15～20		5		70
氢氧化钾 KOH/(g/L)	15～20		8～10		
pH	8.5～9.0	8.8	8.5～8.8	8.7	8.8～9.3
温度/℃	20～40	28～35	35	室温	20～25
阴极电流密度/(A/dm²)	0.3～2.0	0.9～1.5	2.0	0.75～1.25	1.1～1.4

② 柠檬酸（citrate systems）仿金电镀　柠檬酸无氰电镀工艺方法简单易行，可获得色泽雅致的金黄色或古铜色镀层，且镀层光亮度、均匀度等外观效果良好，而且成本低廉也使得该法在未来的无氰仿金电镀行业中具有广阔的前景。

柠檬酸无氰仿金电镀工艺配方为：柠檬酸175～215g/L，氢氧化钠90～120g/L，碱式碳酸铜18～23g/L，亚锡酸钠24～29g/L，磷酸5g/L，pH＝9～10，温度18～45℃，阴极电流密度0.5～2A/dm²。

(3) 仿金电镀的镀后处理

① 钝化　钝化处理可防止仿金镀层变色或泛点，还可中和零件表面滞留的碱，所以仿金后立即清洗，再进行钝化处理。其工艺见表7-12。

表7-12　仿金镀层钝化处理液成分及工艺条件

项目	配方1		配方2		配方3
成分	重铬酸钾50g/L (用醋酸调pH至3～4)		苯并三氮唑15g/L (用2～3mL/L乙醇溶解)		铬酐50g/L 硝酸1mL/L 氧化锌0.8g/L 表面活性剂
温度/℃	10～20	20～30	室温	50～60	室温
处理时间/min	20	15	2	2～3	5～15s

② 罩光　仿金罩光涂料要求透明无色，流平性好，膜层硬度高，光泽好，烘干温度低，时间短，抗变色强。干燥温度最好在80～90℃以下或常温固化。常用的有丙烯酸型、聚氨酯型等。

7.5　电镀锡基合金

锡基合金既可获得防护装饰性镀层，又可获得功能性镀层，因此近几年电镀锡基合金用途越来越广泛。

7.5.1　电镀锡-铅合金

锡-铅合金的熔点比纯锡和纯铅还低，孔隙率、可焊性比单金属好。纯锡镀层长期放置，表面会长出针状结晶（晶须），能引起短路，在低温还可产生“锡瘟”。在纯锡中只要加入2%～3%以上的铅，即可防止该现象发生。因此铅-锡合金镀层是电子元器件中最受重视的可焊性镀层。

含锡量不同的锡-铅合金，性质与用途不同。一般情况下，锡含量4%～10%，主要用于钢上的防腐蚀镀层；7%～10%用于轴瓦、轴套的减摩镀层；15%～25%用于钢带表面润滑、助粘、助焊的镀层；45%～55%用于防止海水或其他介质腐蚀的防护镀层；55%～65%用于钢、铜和铝等表面作为改善焊接性能的镀层，广泛用于电子元器件和印制板上。铅-锡最低共熔点（183℃）时的组成为锡61.9%、铅38.1%，此时的合金具有最大的焊接强度和湿润能力，因此目前焊料和焊接镀层大都采用60%锡、40%铅的合金镀层。

二价锡和铅的标准电位只相差10mV，两者的过电压都很小，很容易在不含较强络合剂的强酸性镀液共沉积。通过改变溶液中两种金属离子的浓度比，就可镀得组成不同的各种锡-铅镀层。

氟硼酸盐镀液是使用最普及的锡-铅合金工艺，但考虑到环境污染，氨基磺酸盐、烷醇磺酸盐和柠檬酸盐等工艺也开始使用。在此重点介绍氟硼酸盐镀锡-铅合金（Sn-Pb alloy plating）工艺。

氟硼酸盐镀锡-铅合金溶液成分简单，可以得到各种成分的合金镀层。调整镀液组成，均镀能力可达80%，能满足印制板小深孔电镀的要求。加入合适的添加剂能得到光亮镀层。但是，氟硼酸盐溶液腐蚀性强，废水处理较为复杂，成本高。工艺规范如表7-13。

表7-13　氟硼酸盐镀锡-铅合金工艺规范

镀液成分及工艺条件	配方1	配方2	配方3	配方4	配方5	配方6
Sn[以 $Sn(BF_4)_2$ 加入]/(g/L)	6	60～150	52	30～50	18～30	12～20
Pb[以 $Pb(BF_4)_2$ 加入]/(g/L)	88	20～28	30	40～60	10～15	8～14
游离 HBF_4/(g/L)	100～200	50～100	100～200	40～75	250～300	350～500
硼酸/(g/L)				20～30	15～25	
OP-21/(mL/L)					7～13	
亚苄基丙酮/(mL/L)					0.3～0.4	
4,4-二氨二苯甲烷/(mL/L)					0.5～0.6	
明胶/(g/L)		3～5		3～5		
蛋白胨/(g/L)	0.5		5			5(2～7)
温度/℃	15～38	室温	16～38	室温	室温	24(16～38)
阴极电流密度/(A/dm^2)	3	1.5～2.0	3	0.8～1.0	3～5	1.5(1～2.7)
镀层含锡量/%	7	6～10	60	45～65	50～70	60

使用与镀层成分相同的铸造阳极、压延阳极或球形阳极，并用聚丙烯织物阳极套；镀液中 Sn^{2+} 的含量是决定镀层含锡量的主要因素，镀液长期不用或误用空气搅拌时，Sn^{2+} 容易氧化成不溶性的偏锡酸，因此，镀液不能采用空气搅拌，调整镀液时要补加氟硼酸亚锡；温度超过15℃时，镀层含锡量略有上升；电流密度升高时，镀层含锡量也上升。高分散力镀液的电流密度应控制在1.5～2.0A/dm^2 之间，超过2.5A/dm^2 时镀层会烧焦；溶液中吊一个硼酸袋，以免产生游离的氢氟酸；为提高溶液的稳定性，防止锡氧化，镀液中可加入0.5～1.0g/L的间苯二酚，它还能适当提高镀层的含锡量；蛋白胨可抑制树枝状晶的形成，使镀层晶粒细化，并可提高镀液的分散能力，但使用一段时间后有难闻的气味产生，需经常用活性炭处理，以除去蛋白胨的分解产物，每年至少要处理三次，活性炭在镀液中放置4h或过夜，并尽可能加以搅拌；防止带入铜杂质，以免低电流密度区发黑，铜杂质可用低电流密度电解除去；锡-铅合金层在空气中易氧化，影响镀层的焊接性，为提高镀层的大气稳定性，减少手指触摸过程中镀层表面的污染，常在镀后进行钝化处理。钝化液组成为：重铬酸钾8～10g/L，碳酸钠18～20g/L，室温2～10min。

7.5.2　电镀锡-镍合金

电镀锡-镍合金（Sn-Ni alloy plating）随合金组成的改变，由青白色经粉红色至黑色，具有优雅的色泽；耐蚀性及抗变色性能明显优于单金属锡或镍镀层，12～25μm合金镀层的耐蚀性相当于同厚度的铜与镍双层镀层，当镀层厚度为 25μm 以上时，可与耐热镍-铬-铁合金的耐蚀性媲美；镀层硬度为 HV650～700，在镍、铬镀层硬度之间；镀层内应力很小，不易发生裂纹、剥落等现象，但镀层略有脆性，电镀后不宜进行加工；镀层属于非磁性，具有良好的可焊性，因此适用于电子产品的电镀。

由于锡-镍合金镀层具有上述引人注目的优点，其应用范围相当广泛。目前这种合金镀层除了应用于装饰性代铬镀层外，在电子、电器产品、精密机械产品、光学仪器及照相器材以及化学器具等广泛领域内都得到了应用，尤其是作为锂离子电池（LIB，lithium ion battery）的负极材料，越来越受到人们的重视。

目前应用最广泛的是氟化物和焦磷酸盐体系镀液。

（1）氟化物镀液组成及工艺条件

氟化物镀液电镀锡-镍合金的第一个专利发表于 1945 年，到 50 年代初，该体系得到了应用。后来许多研究者对该镀液进行了改进，使之逐步得到完善。表 7-14 列出了几种常见的氟化物锡-镍合金镀液组成及工艺条件。氟化物体系镀液不仅对电镀装置及设备有较大的腐蚀作用，而且挥发的酸雾还会影响操作人员的身体健康。

表 7-14 几种常见的氟化物锡-镍合金镀液组成及工艺条件

组成及工艺条件	配方 1	配方 2	组成及工艺条件	配方 1	配方 2
氯化亚锡($SnCl_2 \cdot 2H_2O$)/(g/L)	50	50	氨水 $NH_3 \cdot H_2O$/(g/L)	35	8
氯化镍 $NiCl_2 \cdot 6H_2O$/(g/L)	250	250	pH	2.5	2.5
氟化钠 NaF/(g/L)		20	温度/℃	70	65
氟化氢铵 NH_4HF_2/(g/L)	40	33	阴极电流密度/(A/dm^2)	2.5	2.7

（2）焦磷酸盐镀液组成及工艺条件

19 世纪 50 年代末出现了焦磷酸盐电镀锡-镍合金工艺。近年来许多研究者对该体系镀液进行了改进，使镀液及镀层性能均得到了提高。这种镀液工艺条件对镀层组成的影响较小。因此镀层质量比较稳定，但其阴极电流效率略低于氟化物镀液。表 7-15 列出了几种常见的焦磷酸盐锡-镍合金镀液组成及工艺条件。

表 7-15 焦磷酸盐锡-镍合金镀液组成及工艺条件

组成及工艺条件	配方 1	配方 2	组成及工艺条件	配方 1	配方 2
焦磷酸亚锡 $Sn_2P_2O_7$/(g/L)	20.6		氨水 $NH_3 \cdot H_2O$/(g/L)		5mL/L
氯化亚锡 $SnCl_2 \cdot 2H_2O$/(g/L)		28	光亮剂		1mL/L
氯化镍 $NiCl_2 \cdot 6H_2O$/(g/L)	47.6	30	pH	8.7	8
焦磷酸钾 $K_4P_2O_7$/(g/L)	247.9	200	温度/℃	60	50
柠檬酸铵$(NH_4)_3C_6H_5O_7$/(g/L)	10		阴极电流密度/(A/dm^2)	0.5～6.0	0.1～1.0
氨基乙酸 NH_2CH_2COOH/(g/L)		20			

7.5.3 电镀锡-钴-锌三元合金

近几年来，锡-钴-锌三元合金（Sn-Co-Zn alloy plating）镀层作为代铬镀层获得了广泛的应用。镀层色泽和耐蚀性可与铬媲美，能源消耗比镀铬低，镀液的深镀能力远胜于镀铬，用于小零件的常规滚镀生产，经济效益显著。

锡-钴-锌三元合金电镀的工艺流程为：

已镀好底层的镀件（包括酸性光亮铜、光亮镍、镍-铁、铜-锡合金或锌-铜合金等）→水洗→弱酸活化→水洗→锡-钴-锌三元合金电镀→水洗→钝化→水洗→干燥→检验→成品。

典型的工艺配方和操作条件为：三水锡酸钠 50～60g/L，七水硫酸钴 4～7g/L，七水硫酸锌 2～4g/L，四水酒石酸钾钠 50～60g/L，十二水磷酸氢二钠 25～30g/L，添加剂 DG-4

25～30g/L，pH=11～12（可用磷酸或氢氧化钠调整），挂镀时，温度45～55℃，阴极电流密度为0.5～2A/dm^2，阴极移动25～30次/min，阳极为1Cr18Ni9Ti不锈钢板，沉积速度0.18～0.22μm/min。滚镀时，操作温度为55～60℃，阴极电流密度为60～100A/筒，滚筒转速4～6转/min，阳极采用3/4的1Cr18Ni9Ti不锈钢板，1/4锌板。

（1）影响镀层质量的因素

① 锡酸钠　镀液中的锡主要以 $[Sn(OH)_6]^{2-}$ 络合物形式存在，同时，四价锡又能与镀液中的酒石酸根生成稳定的络离子，阻止了锡酸盐的水解和锡酸沉淀的生成。由于锡酸盐的水解速度与溶液温度和锡盐的总浓度有关。所以，在配制镀液加入锡酸钠溶液时，应充分搅拌并使温度保持在50℃以下。在弱碱性条件下，锡酸钠也有强烈的水解倾向，可控制锡酸钠浓度，取其配方下限为好。这样，既可大大减少锡酸钠水解的机会，又便于控制锡酸钠与钴盐的比值（约为20∶1）。钴盐浓度过高会触发锡酸钠水解。在生产过程中镀液轻微浑浊是正常现象，对镀液光亮度影响不大。但是，当出现严重浑浊，镀液变成乳白色状，则镀层易变成灰白色或暗色，必须及时处理。产生浑浊的原因，主要是锡盐水解或生成氢氧化钴沉淀。电镀中锡酸钠的消耗量为800～1000g/(kA·h)。

② 硫酸钴　镀液中的钴以 $[Co(C_4H_4O_6)]^{2-}$ 形式存在。在弱碱性介质中，酒石酸钴络离子的稳定性与溶液中钴盐总浓度有关。镀液中硫酸钴的含量一般不宜大于10g/L。随着钴盐浓度的增加，阴极沉积速度下降，镀层色泽由乳白无光→铬白光亮→光亮铬色偏黄→光亮不锈钢色。当钴盐浓度过高，络合剂浓度不足时，亦会出现粉红色的氢氧化钴沉淀，同时触发锡盐水解，镀液出现白色的偏锡酸沉淀物。电镀中硫酸钴的消耗量为100～150g/(kA·h)。

③ 硫酸锌　镀液中加入硫酸锌是获得铬白色光亮代铬镀层的重要手段，其含量宜控制在2～4g/L。新配槽液的硫酸锌含量宜取下限值。锡酸钠与硫酸锌的比值宜控制在15∶1左右。硫酸锌含量高，此种合金镀层在中性盐雾试验时出现泛白。电镀中硫酸锌的消耗量为300～350g/(kA·h)。

④ 酒石酸钾钠　镀液中的主络合剂，它既能与钴和锌生成稳定的络合物，又可以防止锡酸盐的水解。如酒石酸盐含量过高，阴极沉积速度随之下降，镀层脆性也逐渐增大。一般控制在50～60g/L为宜。

⑤ 磷酸氢二钠　镀液中的缓冲剂，能稳定镀液的pH值，使锡-钴-锌三元合金镀液能在比较宽广的工艺范围内镀出光亮铬白色的合金镀层。

⑥ DG-4　它是获得稳定铬白色的锡-钴-锌三元合金镀层的添加剂，它既是镀液的稳定剂，又是镀层的光亮剂。加入DG-4后，槽液中有机物会增加。槽液需用活性炭作定期处理，处理前切勿用双氧水氧化，因会使钴离子发生变价而致触发水解反应。

⑦ pH值　镀液的pH值对镀层的色泽和阴极沉积速度影响较大。小于9时，镀层色泽偏黄甚至呈带淡棕的不锈钢色，阴极沉积速度亦明显下降。大于13时，镀层转向半光亮甚至灰白无光，与此同时阴极沉积速度却略有增加。在较低的pH值下镀得的合金镀层含钴量较高，反之则为含锡量较高。尤其是滚镀工艺更为重要，必须经常调整pH值。

⑧ 温度　镀液的温度对镀层的外观影响较大，在45～55℃范围内，镀层呈光亮铬白色。温度过低，色泽偏暗呈不锈钢色；温度过高，镀层有雾状或亚白色，甚至是乳白无光，镀液也易于浑浊。高于60℃会使阴极的沉积速度与镀层中锡的含量一样随着温度的上升而增快。这是因为在温度升高时，浓差极化作用下降，使锡的析出电位正移之故。

⑨ 电流密度　在开始电镀时，镀层的沉积速度随着阴极电流密度的上升而增加，但大于2A/dm^2，反而有所下降。这是由于在较高的电流密度下，阴极析氢阻滞了金属放电还原。如使用较高的电流密度时，必须提高阴极移动的速度或配以空气搅拌。

⑩ 阳极　一般采用不溶性阳极，典型的不溶性阳极是1Cr18Ni9Ti不锈钢和石墨。采用

碳素钢或石墨阳极，要加阳极套，亦可以同时挂入一定比例的锌阳极（约占阳极总面积1/5)。采用锡阳极必须使阳极表面呈金黄色的半钝化状态，防止二价锡进入，因二价锡会使镀层失去光泽，会镀出灰黑色的海绵状镀层。选用不锈钢作不溶性阳极或同时挂入适量的锌阳极，镀液中锡和钴以预先制备好的溶液补充。

(2) 锡-钴-锌镀层的钝化处理

锡-钴-锌三元合金镀层在大气中可发生钝化使镀层的色泽十分稳定。为了加快此过程，镀后可在8～10g/L的重铬酸钠（$Na_2Cr_2O_7$）溶液中钝化处理0.5～2min。钝化液用醋酸调节pH值为3～5，温度为15～30℃。

(3) 不合格镀层的退除

不良的锡-钴-锌镀层可用浓盐酸或1∶1的盐酸退除。退镀的时间取决于镀层的厚度。退镀后可用5%～10%的硫酸或盐酸活化表面后即可重镀。对出槽不久的镀件可以直接在稀酸中活化（或阴极电解活化后再用稀酸活化）后可直接补镀。

思　考　题

1. 二元合金电镀共沉积的基本条件及实现金属共沉积的措施是什么？
2. 说明锌基合金镀层的特点及应用。
3. 欲使电镀镍-铁合金镀层中铁含量稳定，应控制哪些工艺条件？
4. 电镀镍-铁合金时，最好采用哪种搅拌方式？为什么？
5. 电镀镍-磷合金镀层随着镀层中磷含量的变化，镀层结构与性能有什么变化规律？
6. 设计一个镀层中钴含量为30%（质量分数）左右的电镀镍-钴工艺规范。
7. 根据电化学原理解释电镀镍-钴合金镀层中钴含量与镀液组成及电流密度的变化规律。
8. 试绘出锌合金压铸件上焦磷酸盐仿金电镀的工艺流程，并说明各部分的作用。当pH值和温度变化时，对仿金镀层色泽有何影响？采用何种措施可防止仿金层变色？
9. 可通过何种合金电镀实现代铬电镀，工艺特点如何？

第8章 化学镀

化学镀（electroless-plating）又称为“无电解电镀”，是不依赖外加电流，仅靠镀液中的还原剂进行氧化还原反应，在金属表面的催化作用下使金属离子沉积于金属表面的过程。由于化学镀必须在具有自催化性的材料表面进行，因而也称为“自催化镀”。由置换法或其他化学反应，而不是自催化还原反应获得金属镀层的方法，不能称为化学镀。

化学镀与电镀相比具有如下特点：

① 化学镀镀层的分散能力非常好，无明显的边缘效应，几乎不受工件复杂外形的限制，因此镀层厚度均匀，特别适合在形状复杂工件、管件内壁、腔体件、深孔件、盲孔件等表面施镀。

② 通过活化、敏化等前处理，利用化学镀可以在非金属材料（如塑料、玻璃、陶瓷及半导体等）表面上沉积金属镀层，因而化学镀是使非金属表面金属化的常用方法之一。

③ 化学镀工艺设备简单，操作时不需要电源及电极系统，只需将工件正确悬挂在镀液中即可。

④ 化学镀镀层通常比较致密、孔隙率较低、与基体结合力强、有光亮或半光亮的外观，某些化学镀层还具有特殊的物理化学性能。

⑤ 化学镀与电镀相比，溶液稳定性较差，溶液的维护、调整和再生比较麻烦，材料成本较高。

随着化学镀的深入研究开发，其优点正显现出来，正获得越来越广泛的工业应用。

8.1 化学镀镍

8.1.1 化学镀镍的机理和特点

（1）化学镀镍的机理

化学镀镍是用还原剂把溶液中的镍离子还原沉积在具有催化活性的表面上。化学镀镍可以选用多种还原剂，目前工业上应用最普遍的是以次磷酸钠为还原剂的化学镀镍工艺，普遍被接受的是“原子氢理论”和“氢化物理论”两种反应机理。

① 原子氢理论　原子氢理论认为，溶液中的 Ni^{2+} 靠还原剂次磷酸钠（NaH_2PO_2）放出的原子态活性氢还原为金属镍，而不是 $H_2PO_2^-$ 与 Ni^{2+} 直接作用。

首先是在加热条件下，次磷酸钠在催化表面上水解释放出原子氢，或由 $H_2PO_2^-$ 催化脱氢产生原子氢：

$$H_2PO_2^- + H_2O \xrightarrow[\text{加热}]{\text{催化表面}} HPO_3^{2-} + 2H + H^+$$

$$H_2PO_2^- \xrightarrow{\text{催化表面}} PO_2^- + 2H$$

然后，吸附在活性金属表面上的 H 原子还原 Ni^{2+} 为金属 Ni 沉积在工件表面：

$$Ni^{2+} + 2H \longrightarrow Ni + 2H^+$$

同时次磷酸根被原子氢还原出磷，或发生自身氧化还原反应沉积出磷：

$$H_2PO_2^- + H \longrightarrow H_2O + OH^- + P$$

$$3H_2PO_2^- \xrightarrow[\text{加热}]{\text{催化表面}} H_2PO_3^- + H_2O + 2OH^- + 2P$$

H_2 的析出既可以是 $H_2PO_2^-$ 水解产生，也可以由原子态的氢结合而成：

$$H_2PO_2^- + H_2O \xrightarrow[\text{加热}]{\text{催化表面}} H_2PO_3^- + H_2\uparrow$$

$$2H \longrightarrow H_2\uparrow$$

② 氢化物理论　氢化物理论认为，次磷酸钠分解不是放出原子态氢，而是放出还原能力更强的氢化物离子（氢的负离子 H^-），镍离子被氢的负离子所还原。

在酸性镀液中，$H_2PO_2^-$ 在催化表面上与水反应：

$$H_2PO_2^- + H_2O \xrightarrow{\text{催化表面}} H_2PO_3^- + H^+ + H$$

在碱性镀液中，则为：

$$H_2PO_2^- + 2OH^- \xrightarrow{\text{催化表面}} HPO_3^{2-} + H^- + H_2O$$

镍离子被氢负离子所还原：

$$Ni^{2+} + 2H^- \longrightarrow Ni + H_2\uparrow$$

氢负离子 H^- 同时可与 H_2O 或 H^+ 反应放出氢气：

酸性镀液　$H^+ + H^- \longrightarrow H_2\uparrow$

碱性镀液　$H_2O + H^- \longrightarrow H_2\uparrow + OH^-$

同时有磷还原析出　$2H_2PO_2^- + 6H^- + 4H_2O \longrightarrow 2P + 5H_2 + 8OH^-$

（2）化学镀镍的特点

迄今为止，化学镀镍的发展已有 50 多年的历史。经过半个多世纪的研究开发，化学镀镍已进入发展成熟期，其目前的现状可概括为：技术成熟、性能稳定、功能多样、用途广泛。

用化学镀镍沉积的镀层，有如下一些不同于电沉积层的特性。

① 以次磷酸钠为还原剂时，由于有磷析出，发生磷与镍的共沉积，所以化学镀镍层是磷呈弥散态的镍-磷合金镀层，镀层中磷的质量分数为 1%～15%，控制磷含量得到的镍-磷镀层致密、无孔，耐蚀性远优于电镀镍。以硼氢化物或氨基硼烷为还原剂时，化学镀镍层是镍-硼合金镀层，硼的含量为 1%～7%。只有以肼作还原剂得到的镀层才是纯镍层，含镍量可达到 99.5%以上。

② 硬度高、耐磨性良好　电镀镍层的硬度仅为 HV 160～180，而化学镀镍层的硬度一般为 HV400～700，经 400℃热处理 1h 后，其硬度达到甚至超过硬铬镀层，而且化学镀镍层兼备了良好的耐蚀与耐磨性能。

③ 化学稳定性高、镀层结合力好　在大气中以及在其他介质中，化学镀镍层的化学稳定性高于电镀镍的化学稳定性。与通常的钢铁、铜等基体的结合良好，结合力不低于电镀镍层和基体的结合力。

④ 由于化学镀镍层含磷（硼）量的不同及镀后热处理工艺不同，镀层的物理化学特性，如硬度、抗蚀性、耐磨性能、电磁性能等具有丰富多彩的变化，是其他镀种少有的，所以，化学镀镍的工业应用及工艺设计具有多样性和专用性的特点。

由于化学镀镍层具有优秀的综合物理化学性能，该项技术已经在电子、计算机、机械、交通运输、能源、化学化工、航空航天、汽车、冶金、纺织、模具等各个工业部门获得了广泛的应用。目前，主要存在镀液使用寿命短，镀液稳定性差，稳定剂多数含铅、镉等重金属离子，污染大，对多元合金化学镀和复合化学镀研究较少等问题。

8.1.2 化学镀镍溶液的组成和作用

目前应用的化学镀镍溶液，可分为酸性镀液和碱性镀液两种类型。化学镀镍溶液的组分虽然根据不同的应用有相应的调整，但一般由主盐——镍盐、还原剂、络合剂、缓冲剂、稳定剂、加速剂、表面活性剂等组成。

(1) 主盐

化学镀镍溶液的主盐是提供金属镍离子的可溶性镍盐，在化学还原反应中为氧化剂。可供采用的镍盐有硫酸镍（$NiSO_4 \cdot 7H_2O$）、醋酸镍［$Ni(CH_3COO)_2$］、氨基磺酸镍［$Ni(NH_2SO_3)_2$］及次磷酸镍［$Ni(H_2PO_2)_2$］等。醋酸镍及次磷酸镍价格贵，目前使用的主盐多为硫酸镍，相对分子质量为280.88，绿色结晶，100℃时在100g水中的溶解度为478.5g，配成的溶液为深绿色溶液，pH值为4.5。

从动力学上分析，随着镀液中Ni^{2+}浓度增加，沉积速度应该增加。但试验表明，由于络合剂的作用，主盐浓度对沉积速度影响不大（镍盐的浓度特别低时例外）。一般化学镀镍溶液配方中镍盐浓度维持在20～40g/L，或者说含Ni 4～8g/L。镍盐的浓度过高，以至有一部分游离的Ni^{2+}存在于镀液中时，镀液的稳定性下降，得到的镀层常常颜色发暗，且色泽不均匀。在通常的主盐浓度范围内，镍盐与络合剂量、镍盐与还原剂的比例对镍的沉积速度有影响，它们均有一个合理范围。Ni^{2+}与$H_2PO_2^-$的摩尔比应在0.3～0.45之间，这样才能保证化学镀镍溶液既有最大的沉积速度，又有良好的稳定性。

(2) 还原剂

化学镀镍所用的还原剂有次磷酸钠、硼氢化钠、烷基胺硼烷及肼等几种，在结构上它们的共同特征是含有两个或多个活性氢，还原Ni^{2+}就是靠还原剂的催化脱氢进行的。用次磷酸钠得到Ni-P合金镀层，用硼氢化钠得到Ni-B合金镀层，用肼则得到纯镍镀层。

化学镀镍中，多数使用次磷酸钠为还原剂，因为其价格低廉，镀液容易控制，而且Ni-P合金镀层性能优良。次磷酸钠在水中易溶解，水溶液pH值为6。次磷酸盐离子的氧化还原电位为－1.065V（pH＝7）和－0.882V（pH＝4.5），在碱性介质中为－1.57V，因此次磷酸盐是一种强的还原剂。

研究表明，只有在络合剂比例适当条件下，次磷酸盐浓度变化对沉积速度才有影响。随着次磷酸盐浓度的增加，镍的沉积速度上升。但次磷酸盐的浓度也有限制，它与镍盐浓度的物质的量之比，不应大于4。否则容易造成镀层粗糙，甚至诱发镀液瞬时分解。一般次磷酸钠的含量为20～40g/L。

研究同时表明，在保证化学镀镍液有足够稳定性的情况下，尽量高的pH值有利于提高镍沉积速度和次磷酸钠的利用率，但同时镀层中含磷量降低。

(3) 络合剂

化学镀镍溶液中的络合剂除了能控制可供反应的游离Ni^{2+}浓度外，还能抑制亚磷酸镍沉淀，提高镀液的稳定性，延长镀液寿命，有些络合剂还兼有缓冲剂和促进剂的作用，提高镀液的沉积速度，影响镀层的综合性能。化学镀镍的络合剂一般含有羟基、羧基、氨基等，常用的络合剂有乳酸、乙醇酸（羟基乙酸）、苹果酸、氨基乙酸（甘氨酸）和柠檬酸等。碱性化学镀镍溶液中的络合剂有柠檬酸盐、焦磷酸盐和氨水等。

考虑到镀液的稳定性和使用寿命，通常由与镍离子络合能力不同的几种络合剂，形成具有梯度络合能力的复合络合剂，如由5g/L柠檬酸钠、20mL/L乳酸和8g/L醋酸钠形成的复合络合剂，当$NiSO_4$ 25g/L与NaH_2PO_2 30g/L时，60℃下氯化钯催化分解时间达到

3600s 以上。

（4）缓冲剂

在化学镀镍反应过程中，除了有镍和磷的析出之外，还有氢离子的产生，从而导致溶液的 pH 值降低，既影响沉淀速度，也影响镀层质量，因此化学镀镍溶液中必须加入缓冲剂，在施镀过程中使溶液 pH 值维持在一定范围内。化学镀镍溶液中常用的缓冲体系及其 pH 值范围，列于表 8-1 中。

表 8-1　化学镀镍溶液缓冲体系及其 pH 值范围

缓冲体系	pH 值范围	缓冲体系	pH 值范围
乙酸/乙酸钠	3.7～5.6	KH_2PO_4/硼砂	5.8～9.2
丁二酸/硼砂	3.0～5.8	H_3BO_3/硼砂	7.0～9.2
丁二酸氢钠/丁二酸钠	4.8～6.3	$NH_4Cl/NH_3 \cdot H_2O$	8.3～10.2
柠檬酸氢钠/氢氧化钠	5.8～6.3	硼砂/Na_2CO_3	9.2～11.0

（5）稳定剂

化学镀镍溶液是一个热力学不稳定体系，在施镀过程中，如因局部过热或溶液调整补充不当，导致局部 pH 值过高，因镀液被污染或缺乏足够的连续过滤导致杂质的引入等，都会触发镀液在局部地区发生激烈的自催化反应，产生大量 Ni-P 黑色粉末，从而使镀液在短期内发生分解。另外，随着施镀的进行，镀液中悬浮的具有自催化作用的亚磷酸镍颗粒不断增多，也加速镀液分解。因此镀液中需加入适当的稳定剂。

稳定剂是一些能优先吸附在微粒表面抑制催化反应，从而掩蔽催化活性中心，阻止微粒表面的成核反应，但不影响工件表面正常化学镀过程的一类物质。常用的稳定剂可分为四类，即重金属离子，如 Pb^{2+}、Sn^{2+}、Cd^{2+}、Zn^{2+}、Bi^{3+} 等；第ⅥA 族元素 S、Se、Te 的化合物，如硫脲、硫代硫酸盐、硫氰酸盐等；第ⅦA 及某些含氧化合物，如 IO_3^-、MoO_4^{2-}、I^- 等；以及某些不饱和有机酸，如马来酸等。

Pb^{2+}、Cd^{2+} 等重金属离子用量小，不但具有良好的稳定作用，还具有良好的光亮作用，是一类作用效果显著的稳定剂，但是这类物质毒性大，不符合环保要求。开发不含重金属离子的“绿色”复合型稳定剂是化学镀镍重要的发展方向。如采用碘酸盐 6mg/L、含硫化合物 3mg/L 形成的复合稳定剂，$PdCl_2$ 稳定试验超过 21000s，使用寿命达到 9～10 个周期，既替代了污染严重的重金属离子，又保持了很好的稳定效果。

但稳定剂是一种化学镀镍毒化剂，即反催化剂，如果使用过量，轻则降低镀速，重则使镀液“中毒”而不能沉积。因此其用量必须通过试验确定，并严格控制。

（6）加速剂

在化学镀镍溶液中能提高镍沉积速度的成分称为加速剂。它的作用机理被认为是活化次磷酸根离子，促其释放原子氢。化学镀镍中的许多羟羧基络合剂兼有加速剂的作用，如羟基乙酸、丙酸、丁二酸等；无机离子中的 F^- 是常用的加速剂。加速剂的用量必须通过试验获得，用量大不但不能加快沉积速度，还降低了镀液的稳定性。

实际使用中通常采用几种有机羧酸复合或者采用有机与无机促进剂复合使用。研究表明，许多作为化学镀镍液中稳定剂的物质，当它们以更微量存在于镀镍液中时，可以起到加速剂的作用。如硫脲在 2～5mg/L 时，作为稳定剂起作用，当添加量降低为 1mg/L 时，则有加速剂的作用。

（7）其他组分

在化学镀镍溶液中，有时还加入耐热性高的表面活性剂，以抑制镀层针孔，加入光亮剂以提高镀层光亮度。但电镀镍溶液中常用的表面活性剂十二烷基磺酸钠，却不适用于化学镀镍溶液，因为它常使镀层出现不完整的污斑。

8.1.3　化学镀镍的工艺条件及其影响

（1）温度

镀液温度对于镀层的沉积速度、镀液的稳定性以及镀层的质量均有重要影响。

化学镀镍的催化反应一般只能在加热条件下实现，许多化学镀镍的单个反应步骤只有在50℃以上才有明显的反应速度，特别是酸性次磷酸盐溶液，操作温度一般都在80～90℃之间。镀速随温度升高而增快，但镀液温度过高，又会使镀液不稳定，容易发生自分解，因此应该根据实际情况选择合适的温度，并尽量保持这一温度。一般碱性镀液温度较低，它在较低温度的沉积速度比酸性镀液快，但温度增加，镀速提高不如酸性镀液快。

温度除了影响镀速之外，还会影响镀层质量。温度升高、镀速快，镀层中含磷量下降，镀层的应力和孔隙率增加，耐蚀性能降低，因此，化学镀镍过程中温度控制均匀十分重要。最好维持溶液的工作温度变化在±2℃内，若施镀过程中温度波动过大，会发生片状镀层，镀层质量不好并影响镀层结合力。

（2）pH 值

pH 值对镀液、工艺及镀层的影响很大，它是工艺参数中必须严格控制的重要因素。

在酸性化学镀镍过程中，pH 值对沉积速度及镀层含磷量具有重大的影响。随 pH 值上升，镍的沉积速度加快，同时镀层的含磷量下降。pH 值变化还会影响镀层中的应力分布，pH 值高的镀液得到的镀层含磷低，表现为拉应力，反之，pH 值低的镀液得到的镀层含磷高，表现为压应力。

对每一个具体的化学镀镍溶液，都有一个最理想的 pH 值范围。在化学镀镍施镀过程中，随着镍-磷的沉积，H^+ 不断生成，镀液的 pH 值不断下降，因此，生产过程中必须及时调整，维持镀液的 pH 值，使其波动范围控制在±0.3 范围之内。调整 pH 值，一般使用稀释过的氨水或氢氧化钠，在搅拌的情况下谨慎进行。采用不同碱液调镀液 pH 值时，对镀液的影响也不同。用 NaOH 调 pH 值时，只中和掉反应过程中生成的 H^+，没有络合作用，试验还表明，用氢氧化钠调整酸度，容易使镀层应力增大；用氨水调节镀液 pH 值时，除了中和镀液 H^+ 外，氨还与镀液中的 Ni^{2+} 生成复合络合物，有效地抑制了亚磷酸镍的沉淀，提高了镀液的稳定性；同时试验证明，铵离子还能够加速化学镀镍的沉积速度。

（3）搅拌

对镀液进行适当的搅拌会提高镀液稳定性及镀层质量。首先搅拌可防止镀液局部过热，防止补充镀液局部组分浓度过高，局部 pH 值剧烈变化，有利于提高镀液的稳定性。另外，搅拌加快了反应产物离开工件表面的速度，有利于提高沉积速度，保证镀层质量，镀层表面不易出现气孔等缺陷。但过度搅拌容易造成工件局部漏镀，容器壁和底部沉积上镍，严重时加速镀液分解。此外，搅拌方式和强度还会影响镀层的含磷量。

（4）装载量

镀液装载量是指工件施镀面积与使用镀液体积之比。化学镀镍施镀时，装载量对镀液稳定性影响很大，允许装载量的大小与施镀条件及镀液组成有关。每种镀液在研制过程中都规定有最佳装载量，施镀时应按规定投放工件并及时补加浓缩液，这样才可以收到最佳的施镀效果。一般镀液的装载量为 0.5～1.5dm^2/L。装载量过大，即催化表面过大，则沉积反应剧烈，易生成亚磷酸镍沉淀而影响镀液的稳定性和镀层性能；装载量过小，镀液中微小的杂质颗粒便会成为催化活性中心而引发沉积，容易导致镀液分解。因此，为保证施镀的最佳效果，应将装载量控制在最佳范围。

（5）化学镀液老化

化学镀镍溶液有一定的使用寿命。镀液寿命通常以镀液的循环周期及单位体积镀液所能加工的工件总面积表示。镀液中全部 Ni^{2+} 耗尽或补充 Ni^{2+} 量与初配槽时所用 Ni^{2+} 量相等时为一个循环周期。随着施镀的进行，不断补加还原剂，HPO_3^{2-} 浓度越来越大，当超过 Ni_2HPO_3 溶解度时，就会形成 $NiHPO_3$ 沉淀，镀液出现浑浊。虽然加入络合剂可以抑制 Ni_2HPO_3 沉淀析出，但随着使用周期的增多，即使存在大量络合剂也不能抑制沉淀析出，镍沉积速度急剧下降，镀层无光、脆性增大、结合力变差，此时说明镀液已经老化，应该废弃。

(6) 基体材料

化学镀镍可以直接沉积在具有催化作用的金属材料（如镍、钴、钯、铑）上和电位比镍为负的金属材料（如铁、铝、镁、铍、钛）上。后一类金属首先靠溶液中的化学置换作用，在其表面上产生接触镍，因镍自身是催化剂，从而使沉积过程能继续进行下去。

对无催化作用且电位较镍为正的金属材料（如铜、黄铜、银等），可以用引发起镀法，即用清洁的铁丝或铝丝接触镀件表面，使之成为短路电池，此时被镀件作为阴极，表面首先沉积出镍层，使化学镀镍反应得以进行下去；亦可瞬时通以直流电流作为引镀。另一方法是将被镀件先在酸性氯化钯稀溶液中短时间浸泡（例如在 0.1g/L $PdCl_2$ 和 0.2g/L HCl 溶液中浸 20s)，经彻底漂洗后再进行化学镀镍。

在非金属材料上化学镀镍，其表面必须先经过特殊的前处理，除去油污和脱模剂，再经过化学敏化、活化处理（一般是利用钯的成核作用)，使之具有催化活性，才能浸入化学镀镍溶液中镀镍。

8.1.4　化学镀镍的典型工艺

(1) 以次磷酸钠为还原剂

以次磷酸钠为还原剂的化学镀镍溶液用得最广，尤其是酸性镀液，它与碱性镀液相比具有溶液稳定、镀液温度高、沉积速度快、易于控制、镀层性能好等优点，应用较多、较早，也比较成熟。下面是我们研发的几个高磷酸性化学镀镍工艺规范，供参考。

① 硫酸镍 25g/L，次磷酸钠 30g/L，乳酸 20mL/L，柠檬酸钠 5g/L，醋酸钠 8g/L，丁二酸 4g/L，甘氨酸 0.1g/L，氟化氢铵 0.6g/L，碘化钾与硫脲复合稳定剂 1mL/L。85℃、pH＝4.8～5.0 时，初始镀速在 16μm/h 以上，镀层镀态硬度 HV 550～650。

② 硫酸镍 28g/L，次磷酸钠 30g/L，苹果酸 20g/L，醋酸钠 15g/L，丁二酸 16g/L，氟化氢铵 0.4g/L，丙酸 4mL/L，KI 10mg/L，α,α'-联吡啶 5mg/L。85℃、pH＝5.0 时，初始镀速 20μm/h 以上，镀层硬度 HV 500～550。

③ 硫酸镍 25g/L，次磷酸钠 30g/L，乳酸 15mL/L，苹果酸 20g/L，NaAc 20g/L，丁二酸 4g/L，羟基乙酸 0.5g/L，醋酸铅 2mg/L。85℃、pH＝5.0 时，初始镀速 15μm/h，镀层镀态硬度 HV 550～650。

碱性化学镀镍溶液的 pH 值容易波动，但允许的 pH 值范围较宽，镀液成本较低。获得的镀层含磷量比酸性镀液要低，镀层不光亮，孔隙较多，镀层沉淀速度不快。但由于所用工作温度不高，特别适用于塑料、半导体等不适合在酸性溶液中，于较高温下施镀的材料上沉积。此类镀液，由于 pH 值高，为避免沉淀析出，必须使用大量的络合能力强的络合剂，如柠檬酸盐、焦磷酸盐等。表 8-2 列出了几个配方，实践中可以此为基础，进一步完善。

(2) 以硼化物为还原剂

常用作化学镀镍还原剂的硼化物为硼氢化钠和氨基硼烷，氨基硼烷包括二甲基胺硼烷 (DMAB)、二乙基胺硼烷 (DEAB)、三甲基胺硼烷等。

用含硼还原剂得到的镀层是 Ni-B 合金，成分在 90%～99.9% Ni 之间变动。镀层属无定形结构，当在 400℃热处理 1h 后，则转变为结晶形镍硼化合物 (Ni_3B)。由于镍-硼镀层孔隙率极低，因此，具有优良的抗蚀性和化学稳定性。含硼量小于1%的镀层有良好的可焊性能，含硼量低于0.5%的镀层与纯镍的性能相似。含硼量为1%～5%的镍-硼镀层熔点为1450℃，比镍-磷合金镀层（890℃）高得多。随着含硼量的增加，其熔点逐步下降，电阻率增大。含硼量为5%的镀层，在刚镀好时是非磁性的，但经热处理后便具有磁性，而含硼量<0.5%的镀层，在刚镀好时就具有磁性，但经热处理后，其矫顽力（H_C）和剩磁都无明显变化。

表 8-2 以次磷酸钠为还原剂的碱性化学镀镍工艺

镀液组成及工艺条件	配方1	配方2	配方3	配方4	配方5	配方6
硫酸镍 $NiSO_4 \cdot 7H_2O$/(g/L)	20	30	25	30	33	30
次磷酸钠 $NaH_2PO_2 \cdot H_2O$/(g/L)	15	25	30	30	17	30
柠檬酸钠 $Na_3C_6H_5O_7 \cdot 2H_2O$/(g/L)	30	50	—	—	84	10
焦磷酸钠 $Na_4P_2O_7 \cdot 10H_2O$/(g/L)	—	—	50	60	—	—
三乙醇胺 $N(CH_3CH_2OH)$/(g/L)	—	—	—	100	—	—
氯化铵 NH_4Cl/(g/L)	—	—	—	—	50	30
pH值	7～8.5	8	9～11	1	9.5	8
温度/℃	45	90	75	35	88	45
沉积速度/(μm/h)	—	—	20	3	10	8

BH_4^- 还原能力很强，其标准电位约－1.24V。以 BH_4^- 作还原剂时反应过程可表示为：

$$2Ni^{2+}+4H_2O+2BH_4^- = 2Ni+B+B(OH)_4^-+3H^++\frac{9}{2}H_2\uparrow$$

氨基硼烷是无色至黄色液体，有时形成无色固体，其化学和热稳定性随碳链增长及氮原子处的烷基基团增加而提高。用氨基硼烷作还原剂时反应过程可表示为：

$$3Ni^{2+}+2R_2HNBH_3+6H_2O = 3Ni+3H_2\uparrow+2R_2HN+2H_3BO_3+6H^+$$

与硼氢化钠相比，氨基硼烷是比较弱的还原剂，还原效果远不如硼氢化钠好，故只作镀薄层用，不用它直接生产耐磨镀层。但使用氨基硼烷为还原剂的镀液也有许多优点，例如可以在较低的工作温度及较宽的pH范围内操作；由于该还原剂无更多的氧化产物堆积，因此理论上该镀液有无限长的寿命，可以无限制地再生；该镀液极其稳定；镀速在6～9μm/h，与 Ni^{2+} 浓度关系不大，主要取决于还原剂。此外，对于次磷酸钠无催化活性的金属（如铜、银、不锈钢等），在氨基硼烷作还原剂的镀液中都可以具有足够催化活性。硼氢化物和氨基硼烷虽然是很强的还原剂，但在价格上比次磷酸盐贵得多，因而在实际应用中受到一定限制。

① 硫酸镍40g/L，二乙氨基硼烷2.5g/L，柠檬酸钠10g/L，丁二酸钠20g/L，硼酸15g/L，pH值8.5，温度30℃。

② 氯化镍30g/L，二乙氨基硼烷3g/L，柠檬酸钠10g/L，琥珀酸钠20g/L，异丙醇50g/L，pH值5～7，温度70℃。

③ 硫酸镍30g/L，二甲氨基硼烷2.5g/L，丙二酸二钠34g/L，pH值5.5，温度70℃。

④ 硫酸镍50g/L，二甲氨基硼烷2.5g/L，柠檬酸钠25g/L，乳酸25g/L，pH值6～7，温度40℃。

（3）以肼为还原剂

以肼（联氨）为还原剂的化学镀镍溶液所得的镍镀层纯度较高，含镍量可达99.5%以上，有较好的磁性能，可用于生产磁性膜，特别适用于要求沉积纯镍的场合。此外，肼的氧化产物是水和氮，不存在有害物质的积累，所以不会造成像以次磷酸钠、硼化物为还原剂时，由于氧化产物的积累而导致镀液性能逐渐恶化直至无法使用的问题。但是以肼为还原剂的化学镀镍层外观、抗蚀性、硬度、耐磨性都不如镍-磷和镍-硼合金镀层。

用肼作还原剂的化学镀镍反应过程如下：

$$Ni^{2+}+N_2H_4+2OH^- \longrightarrow Ni+N_2\uparrow+2H_2O+H_2\uparrow$$

以肼为还原剂的化学镀镍的典型工艺如下。

① 硫酸镍 14g/L，肼 19g/L，磷酸氢钠 35g/L，磷酸钾 85g/L，pH 值 12，温度60～90℃。

② 醋酸镍 60g/L，肼 100g/L，羟基乙酸 60g/L，乙二胺四乙酸二钠 25g/L，pH 值 11，温度 90℃。

8.1.5　化学镀镍液的工艺管理

化学镀镍液在使用过程中，镀液成分不断消耗，pH 值不断变化，为保证化学镀镍工艺正常进行和镀层质量稳定，必须加强对镀液的管理。

(1) 化学镀液的日常管理

化学镀镍液的维护管理主要指在使用过程中，保持镀液施镀温度、pH 值，随时补加调整镀液成分，及时清除沉淀物和污染物等，维持镀液在最佳工作状态，防止镀液自发分解、减缓镀液老化。

引起镀液自发分解的主要原因包括镀液中存在具有催化活性的杂质微粒；镀液局部过热、局部 pH 值过高、局部还原剂浓度过高，以及镀液组分失衡等。为此，金属镀件经化学除油、化学除锈等前处理后，应彻底清洗干净，以防止酸碱液及除锈液等杂质带入镀镍液而使 pH 值发生变化。新配制的镀液及补充镀液应充分过滤，并在施镀过程中，采取措施防止车间粉尘落入镀槽内，以防止将活性中心带入镀槽。为避免镀液局部过热，应选择合适的加热源和加热方式，最好采用水浴或夹层间接加热。可采用镀液循环搅拌、空气搅拌等方式，控制工作温度波动在±2℃，防止沉积出片状镀层。生产中不允许用镀液溶解试剂，或用浓酸、浓碱直接调镀液的 pH 值，以免局部 pH 值波动过大，造成分解。

由于化学镀镍是一种自催化沉积过程，如果镀液中存在固体微粒杂质，这些杂质就可能成为催化活性中心，轻则造成镀层粗糙，重则引起镀液分解。为了保证镀液性能和镀层质量，应保持化学镀液循环过滤，滤径尺寸不大于 5μm，并定期更换滤袋或滤芯。

连续进行化学镀镍后，槽壁及槽底上有镍的沉淀物存在，它会成为溶液自然分解的活性中心，必须及时除去（可用硝酸溶解），一般每个工作班清除一次。

(2) 化学镀液物料的消耗规律和添加方式

化学镀 Ni-P 合金技术的核心是镀液配方成分和镀液的补充维护。目前，化学镀 Ni-P 合金镀液中能直接检测的成分只有 Ni^{2+}、$H_2PO_2^-$，其他成分则无法用简单方法测定。为此，必须明确物料消耗与 Ni^{2+}、$H_2PO_2^-$ 消耗间的关系，并按相应规律补加各种物料。

试验表明，镀液在不同周期消耗的镍磷比略有差异，1～3MTO（周期）磷镍消耗质量比接近 1.0；4～5 MTO 磷镍消耗质量比在 1.1～1.3；5～8 MTO 磷镍消耗质量比在 1.2～1.4；9～12 MTO 磷镍消耗质量比在 1.1～1.3。实际使用时，次磷酸钠与硫酸镍的质量比可控制在 1.17～1.25 之间，镍离子的浓度测量简单快速，可随时检测调整，次磷酸钠在按上述规律补加后，可隔一段时间抽检。

物料的及时准确添加在化学镀管理中至关重要。国内外专家、生产人员也都从不同角度做了一些工作。在线检测与自动补加系统的研究开发迫在眉睫，目前在线监测主要通过电位法和光度分析法测量镀液中镍离子浓度，进而按照各种物质消耗量间的关系，补加其他物质。但是由于监测系统复杂、价格高，导致推广难度大。另外，日本等国也将电渗析等技术应用于化学镀液的杂质去除中，使亚磷酸盐等杂质离子及时从镀液中分离去除，从而实现镀液的长期使用。由于该项设备投资很大，我国目前还没有采用，而主要采用化学法对化学镀废液再生处理，延长镀液寿命，回收有效资源。

8.1.6　化学镀镍废液的再生与处理

以次磷酸盐为还原剂的化学镀镍溶液，因施镀过程中亚磷酸根离子、钠离子、硫酸根离子等的不断积累，造成镀液浑浊甚至自发分解，镀层质量下降，导致化学镀镍溶液的全部或部分报废。化学镀镍废液中一般含镍离子 2～8g/L、亚磷酸盐约 100～200g/L、硫酸钠>80g/L、氨氮 10～20/L、化学需氧量（COD）>200g/L 以及微量的其他金属杂质等。

镀镍液易使皮肤出现湿疹，羰基镍具有致癌性，同时镍在我国也是短缺的金属资源。因此如何延长镀液寿命，降低生产成本，是关系到化学镀镍工艺能否广泛使用的重要因素。目前化学镀镍废液的再生工艺主要有物理法和化学法。物理法主要采用电渗析等方式，将废液中的亚磷酸盐、硫酸盐、部分有机酸盐等去除，该工艺选择性高，去除效果好，但设备贵，管理复杂，在我国推广难度大。化学法主要采用沉淀剂将大部分有害物质沉淀分离，借助于活性炭将胶体物质吸附，使镀液澄清后补加有效成分至正常值。下面以 $CaO\text{-}(NH_4)_2CO_3$ 二次沉淀法为例，简要说明其原理与工艺。

首先，在废液中按 $[Ca^{2+}]/[HPO_3^{2-}]=1.1:1$ 摩尔比加入过量的石灰水，将废液中的亚磷酸盐和部分硫酸盐沉淀：

$$2H_2PO_3^- + 3Ca^{2+} \longrightarrow Ca_3(PO_3)_2\downarrow + 4H^+$$

$$SO_4^{2-} + Ca^{2+} \longrightarrow CaSO_4\downarrow$$

过量的 Ca^{2+} 会使镀层脆性增大，为此，加入适量 $(NH_4)_2CO_3$，使过量的 Ca^{2+} 沉淀，同时 NH_4^+ 还有加快沉积速度的作用。

$$Ca^{2+} + CO_3^{2-} \longrightarrow CaCO_3\downarrow$$

过滤分离后，按 10g/L 加入粉状活性炭，常温下处理 0.5h。试验表明，经过上述再生处理后，亚磷酸根去除率达到 99.7%，硫酸根去除率为 57.99%，镍离子损失率仅为 9.37%，次磷酸根损失率在 10%左右。经过进一步检验主要成分并补加调整后施镀，沉积速度和镀层性能基本恢复。

但是反复再生处理后，由于镀液中杂质的积累最终导致报废。按照国家标准，废液中镍、磷、氨氮、有机物等都是污染物，必须经过处理后方能排放。国内目前也主要以化学法为主，常用的有沉淀法和分解法。不管哪种方法，其基本思路是将镍资源以不同形式回收，既避免了镍的污染，又最大限度实现了资源的循环利用。镀液中剩余的物质主要是有机物、磷酸盐、铵离子等，可直接用于制备复合肥，也可以加入氯化镁等物质，使磷酸盐、铵离子共沉淀为磷酸铵镁，作为复合缓释肥利用。

8.2　化学镀铜

化学镀铜（electroless copper plating）是在具有催化活性的表面上，通过还原剂的作用使铜离子还原析出。1947 年纳克斯（H. Narcus）首次报道了化学镀铜技术，20 世纪 50 年代中期，随着印制线路板（PCB）通孔金属化的发展，化学镀铜得到了最早的应用。由于化学镀铜技术不受基体大小、形状和导电与否的影响，因此对非金属表面金属化是一种非常经济、有效的方法。在 20 世纪其取代铝材广泛应用于电子封装技术中，其中最突出的为陶瓷电路衬底金属化。此外将化学镀铜与化学镀镍结合起来可用于各种对电磁波屏蔽要求较高的场合。随着科技的不断发展，化学镀铜包覆粉末在制备复合材料领域正展示其独特的魅力。

以甲醛（HCHO）为还原剂，EDTA和酒石酸钾钠为单独或混合络合剂的化学镀铜工艺一直是工业上广为采用的工艺。但因甲醛对环境和人体的危害，已被世界卫生组织确定为致癌或致畸形物质，因此寻求无甲醛的镀铜工艺一直是化学镀铜的研究方向和重点。已报道的替代物有次磷酸或次磷酸盐（如 NaH_2PO_2）、乙醛酸（CHOCOOH）、二甲氨基硼烷（DMAB）及甲醛-氨基酸甚至硫酸亚铁等。

8.2.1　以甲醛为还原剂的化学镀铜工艺

以甲醛为还原剂的化学镀铜工艺价格低廉且所得镀层中铜的相对含量高，但是较高的pH值限制了施镀的基体材料；施镀过程中存在有毒的甲醛蒸气，镀液稳定性较低。

（1）化学镀铜原理

当以甲醛为化学镀铜还原剂时，还原反应为：

$$Cu^{2+}+2e^- \longrightarrow Cu，E^{\ominus}_{Cu^{2+}/Cu}=0.334V$$

在 pH>11 介质中，甲醛的氧化反应为：

$$2HCHO+4OH^- \longrightarrow H_2\uparrow+2H_2O+2HCOO^-+2e^-，E^{\ominus}=0.32-0.12pH$$

因此，化学镀铜的总反应式可表示为：

$$Cu^{2+}+2HCHO+4OH^- \xrightarrow{\text{催化表面}} Cu\downarrow+H_2\uparrow+2H_2O+2HCOO^-$$

除上述主反应外，还包括甲醛在强碱性条件下的歧化及一价铜的产生与歧化等副反应。由于甲醛还原时为强碱性环境，不适用于聚酰亚氨基材和某些陶瓷基体及对强碱敏感的感光材料。

（2）化学镀铜的影响因素

① 主盐　主盐的主要作用是提供 Cu^{2+}，在化学镀铜液中可使用硫酸铜、氯化铜、碱式碳酸铜、酒石酸铜、醋酸铜等。从降低成本考虑，多数配方选用五水硫酸铜（$CuSO_4 \cdot 5H_2O$）。

化学镀铜溶液中铜盐含量对沉积速度有一定的影响。当溶液的pH值控制在工艺范围内时，提高溶液中的 Cu^{2+} 含量，沉积速度有所增加，但溶液自然分解的倾向也随之增大。在不含稳定剂的溶液中，宜采用7.5～15g/L的低浓度硫酸铜镀液；在含有稳定剂的溶液中，Cu^{2+} 浓度可适当高一些。铜盐浓度对镀层性能的影响不大，但铜盐中的杂质可能对镀层产生很大影响，因此化学镀铜液对铜盐纯度的要求一般较高。

② 还原剂　以甲醛为还原剂，其金属催化活性为：Cu>Au>Ag>Pt>Pd>Ni>Co。

镀液中甲醛35%（体积）的含量在8mL/L以下时，其还原电位随甲醛的浓度增加而明显增大，高于8mL/L时，甲醛的还原电位增加缓慢。在实际应用中，甲醛的浓度范围为10～15mL/L。在此浓度范围内的甲醛含量变化对铜的沉积速度影响不大。

③ 络合剂　以甲醛作还原剂的化学镀铜溶液是碱性的，为防止铜离子形成氢氧化物沉淀析出，镀液中必须加入络合剂，以使铜离子成为络离子状态。可以选用的络合剂有酒石酸钾钠、葡萄糖酸钠、三乙醇胺（TEA）、四羟丙基乙二胺（THPED）、苯基乙二胺四乙酸（CDTA）、甘醇酸、乙二胺四乙酸二钠（EDTA·2Na）等。

酒石酸是最早使用、现仍广泛使用的络合剂，特别适用于室温和低沉积速度时使用，也较易进行污水处理，但不适用于高沉积速率体系，由于酒石酸钾钠的稳定常数不高，镀液稳定性差，也不能有效络合 Cu^+；其镀层疏松、性脆、抗张强度不高，不适用于PCB孔金属化。EDTA盐是化学镀铜溶液广泛使用的络合剂，其沉积速度较快。以THPED或CDTA为络合剂的化学镀铜溶液体系，不仅具有溶液稳定性高、沉积速度快的特点，而且镀层机械、电气性能也很好。这类新型化学镀铜溶液体系工作温度范围很宽，配合不同添加剂可在室温（20℃）至中温（40～45℃），甚至高温（50～70℃）条件下操作，综合性能极其优越。

络合剂对于化学镀铜溶液和镀层性能的影响很大，在化学镀铜溶液中正确选用适当比例的双络合剂或多络合剂较单络合剂的镀液具有更多的优点，如可镀厚铜，工作温度范围宽，溶液稳定性高、镀层质量好等。

④ 稳定剂　化学镀铜液的过程中，除 Cu^{2+} 在催化表面进行有效的氧化还原反应，被甲醛还原成金属铜之外，还存在许多副反应。这些副反应不仅消耗了镀液中的有效成分，而且产生的氧化亚铜以及细微的粉末悬浮在镀液中，很难用过滤除去，容易引起镀液分解，若与铜共沉积，则得到的铜沉积层疏松粗糙、与基体结合力很差，因此抑制甲醛的歧化和消除 Cu^{+} 是解决镀液不稳定的关键。

提高化学镀铜溶液稳定性的措施主要如下。

a. 加稳定剂络合 Cu^{+}，常用的稳定剂一般是含 S 或 N 的化合物。如：α,α'-联吡啶、亚铁氰化钾，2,9-二甲基邻菲咯林、硫脲、十二烷基硫醇、2-巯基苯并噻唑（2-MBT）、烷基巯基化合物 [$CH_3(CH_2)_nSH$，$n=7\sim15$] 等。稳定剂采用两种以上组合效果更好。但是，大多数的稳定剂又同时是化学镀铜反应的催化毒化剂，因此，使用稳定剂时，用量的控制是十分重要的。否则，用量多时，会显著降低镀速甚至造成停镀，且只能获得色泽较暗的镀层。

b. 用空气搅拌镀液，在一定程度上可抑制 Cu_2O 的产生，从而起到稳定溶液的作用。

c. 用粒度 5μm 的滤芯连续过滤化学镀液，滤除镀液中出现的活性颗粒物质。

d. 加入高分子化合物掩蔽 Cu^{+} 歧化产生的铜颗粒，使其失去催化性能稳定镀液。最常用的高分子化合物有胶状纤维素酯、低羟基淀粉、聚乙烯醇、明胶、聚酰胺、聚乙二醇硫醚等。

⑤ 其他添加剂　加速剂有去极化的作用，使镀速增加。这一类物质有氨盐、硝酸盐、聚氧乙烯氨基醚等。为降低化学镀铜溶液的表面张力，改善镀层质量，化学镀铜溶液中有时也添加某些表面活性剂，常用的为非离子表面活性剂，尤其是发泡少的聚乙二醇(PEG)。

⑥ pH 值　甲醛的还原能力随镀液碱性的提高而增加，通常化学镀铜液在 pH>11 的条件才具有还原铜的能力。镀液的 pH 值越高，甲醛的还原能力越强，镀速越快。但是如果镀液 pH 值过高，容易造成镀液的自发分解，降低镀液的稳定性，因此大多数化学镀铜溶液的 pH 值都控制在 11～13。

由于在化学镀铜过程中要不断消耗氢氧化钠，所以镀液的 pH 值在工作中不断下降，为了维持化学镀铜的持续稳定，应及时调整维持镀液 pH 值，最好精度至变化范围小于 0.2。

工业应用中普遍使用 NaOH 提供化学镀铜所需的 OH^{-}，H_2SO_4 用于降低镀液 pH 值。

当化学镀铜液暂时不用时，应当用稀硫酸将镀液的 pH 值调整至 9.5～10，降低甲醛的还原作用，保持镀液的稳定。重新启用镀液时，再用 20%的氢氧化钠溶液将 pH 值调整至正常。

⑦ 温度　镀液的温度愈高，其沉积铜的速度愈快，但镀液稳定性下降，同时在高温下得到的铜沉积层疏松粗糙，与基体结合力差，因此，工作温度的选择要根据络合剂的类型来确定。如以酒石酸钾钠为络合剂时，一般在室温下操作，过高的温度将会使镀液发生自然分解。以 EDTA 钠盐为络合剂时，在室温下反应较慢，可加热至一定温度，反应才能按一定速率进行，但超过 75℃，溶液自然分解加快，操作时要注意控制槽液温度在工艺条件范围内。

在电镀过程中，对镀液加热应防止局部过热，恒温应精确至温度变化小于 2℃。

⑧ 搅拌　化学镀铜在生产中一般都要求搅拌，最好是空气搅拌，压缩空气源应清洁，即无油、无水、无灰尘。这不仅有利于镀液在镀件表面的更新，增加铜的沉积速度，也有利

于提高镀液的稳定性。这是因为空气中的氧能氧化镀液中的一价铜盐，减少镀液产生铜粉的倾向。使用惰性气体搅拌时，效果要差些。另外，在反应过程中所产生的氢也能随着搅拌而逸出，否则，活性氢原子扩散进入铜层，会引起镀层发脆，或滞留于镀层表面形成麻点和孔隙，影响镀层质量。

⑨ 装载量　化学镀铜液的装载量通常范围为 1～3dm^2/L。不同的化学镀铜液具有不同的最佳装载量，在化学镀铜时，若超过镀液的允许装载量，镀液的稳定性将下降，超过得越多，镀液的稳定性越差，使用寿命也大大缩短。因此在实际操作中应尽可能采用该化学镀铜液的最佳装载量。

(3) 化学镀铜的典型工艺

表 8-3 列出了用甲醛作还原剂的典型化学镀铜溶液组成和工艺条件。其中配方 1 为化学镀铜稀溶液，成本较低，适用于塑料表面化学镀铜；配方 2～3 适用于印刷电路板制造工艺中的孔内壁化学镀铜，其中配方 2 为镀薄层溶液，配方 3 镀速较快，为镀厚铜溶液；配方 4～6 可用于“加成法”制造印刷电路板，又称全尺寸镀厚铜，其中配方 4、5 为高温化学镀铜，配方 6 为高速高稳定化学镀铜溶液，镀速可达 20μm/h。

表 8-3　化学镀铜溶液组成及工艺条件

镀液成分及工艺条件	配方 1	配方 2	配方 3	配方 4	配方 5	配方 6
硫酸铜/(g/L)	5～10	10	15	12	16	29
酒石酸钾钠/(g/L)	20～25	50	—	—	14	142
EDTA 二钠盐/(g/L)	—	—	30	42	20	12
三乙醇胺/(g/L)	—	—	—	—	—	5
氢氧化钠/(g/L)	10～15	10	7	3	15	42
碳酸钠/(g/L)	—	—	—	—	—	25
甲醛(37%)/(mL/L)	8～12	10	12	4	15	167
亚铁氰化钾/(g/L)	—	—	—	—	0.01	0.05
α,α′-联吡啶/(g/L)	—	—	0.1	—	0.02	0.1
pH 值(NaOH 调整)	12.5～13	12～13	12～13	12	12.5	12～13
温度/℃	15～25	15～25	25～35	70	40～50	25

在施镀过程中应维持镀液的 pH 值，并定时对镀液进行化学分析，及时补充调整镀液成分至正常范围。补充成分时一般配成母液，禁止直接向镀液中添加固体药品。盛放溶液的槽子最好用聚乙烯或聚丙烯憎水性材料制成，这样可降低镀液对槽壁的润湿，减少在槽壁上沉积金属铜的可能性。为防止镀液过早失效，必须及时除去镀液中出现的固体微粒，如铜粉等，最好用连续过滤装置。镀液停用期间，应在镀槽上加盖，防止灰尘或其他杂质落入镀槽。

8.2.2　以次磷酸钠为还原剂的化学镀铜工艺

以次磷酸钠为还原剂的化学镀铜工艺不产生有害气体、易操作维护且沉积速度快，但价格较贵，所得镀铜层为针状结晶，表面光滑。

(1) 化学镀铜原理

次磷酸钠为还原剂时，其金属催化活性顺序为：At>Ni>Pd>Co>Pt>Cu。

根据以上金属催化活性顺序，Cu 对次磷酸钠还原催化活性小，已被催化的表面被铜所覆盖时反应便停止，通常镀层厚度小于 1μm。在镀液中加入少量的 Ni^{2+}，Ni^{2+} 被还原成金属镍，由于镍具有很高的催化活性，可使自催化反应继续进行。

以次磷酸钠作为还原剂时，镀液中的主要氧化还原反应是铜离子还原成金属铜和次磷酸根离子氧化成亚磷酸根离子。

还原反应：$Cu^{2+}+2e^{-} \longrightarrow Cu$

氧化反应：$H_2PO_2^{-} \longrightarrow HPO_2^{-}+H$

$$HPO_2^{-}+OH^{-} \longrightarrow H_2PO_3^{-}+e^{-}$$

总反应为：$2H_2PO_2^{-}+Cu^{2+}+2OH^{-} \longrightarrow Cu\downarrow+2H_2PO_3^{-}+H_2\uparrow$

（2）化学镀铜的影响因素

① 硫酸铜　在一定范围内，随着铜离子浓度的增加，沉积速度增加，如果铜离子的浓度降低，则沉积速度也降低。如果镍离子与铜离子的浓度比小于1∶18，尽管铜离子浓度增加，当钯催化的表面被覆盖后，沉积仍会完全停止。

② 次磷酸钠　还原剂次磷酸钠的浓度与铜离子相比过量很多，当比值大于15∶1时，沉积速度达到稳定值，还原剂含量过高时会发生副反应。

③ 硼酸　硼酸浓度超过0.025mol/L时可以加速沉积反应的电子转移，但浓度大于0.5mol/L时，沉积速度不再增加。

④ 稳定剂　化学镀液在使用过程中由于存在杂质、固体微粒，易分解失效，为解决这类问题，要添加稳定剂。目前所用的稳定剂主要有三类：含硫化合物、重金属离子、含氧酸盐。包含有Ni^{2+}的镀液很不稳定，会在24h内自发分解析出全部的铜。在镀液中加入少量（$<$0.2mmol/L）的硫脲或2-巯基苯并噻唑会使沉积反应完全停止。

⑤ 硫酸镍　在溶液中加入少量的镍盐，镍离子被还原成金属镍，它对次磷酸盐的氧化反应有很强的催化活性，使沉淀反应继续进行。沉淀反应随镍离子浓度的增加而加速，但到达一定浓度后，反应速率变化将不大。

⑥ 温度　随着施镀温度的升高，施镀速度呈现先上升后下降的趋势。当镀液的温度升高时，镀液中粒子运动的速度加快，粒子冲击和撞镀件表面的速度加快，对镀件表面的冲刷作用增强，从而使镀件表面催化活性点的数目增加，促进金属离子的沉积速度加快。当施镀温度继续升高时，粒子的运动速度进一步加快，当粒子速度达到某一极限值，由于粒子碰撞时的反射作用，粒子在镀件金属表面停留时间会随着粒子运动速度的加快而缩短，不利于镀层的形成及金属粒子的沉积，且容易从镀件基体表面脱落，从而形成金属碎片的沉积物。

⑦ pH值　pH值高，有利于化学镀反应完全进行，并且缩短反应时间，但是不利于均匀镀覆；pH值较低，有利于提高镀层质量，但过低的pH值不利于反应完全进行，从而不利于获得包裹良好的纳米粉体，可见pH值对纳米粉体化学镀有很大影响。在化学镀反应能够完全进行的前提下，选择适当的pH值，既要有较短的反应时间，又要保证镀层质量。

8.2.3　化学镀铜的应用

（1）通孔金属化

化学镀铜在工业上最主要的应用是印刷线路板（printed circuit board，简称PCB）的通孔金属化。

印刷线路板通孔金属化处理常分为两大类，即镀薄铜层和镀厚铜层。镀薄铜工艺是指在沉积速度为1.2～2.5μm/h下化学镀铜0.5～1.0μm，且内壁镀铜层应无孔洞、厚度均匀。这种化学镀铜液不添加还原促进剂，在镀铜液中浸3min即可获得0.1μm厚的镀铜层，然后再在硫酸铜电镀液中以$1A/dm^2$的微电流电镀铜，就可获得0.5μm以上的镀铜层（酸性镀铜中增厚镀层约5μm）。图形转印是在电镀铜层之上；镀厚铜层是指在沉积速度为6～9μm/h下化学镀铜约2～3μm，不必电镀增厚。

基板材料是以环氧树脂为黏结剂的玻璃纤维增强塑料。

工艺流程为：印刷线路板→钻孔→超声波溶剂除油→蒸汽喷射→电刷洗→轻度粗化→

10%硫酸浸蚀→25%盐酸浸蚀→敏化→活化→酸浸蚀（活化）→化学镀铜→酸浸蚀→电镀铜→按要求镀其他镀层；印刷线路板→碱性清洗→漂洗→粗化→漂洗→预浸→活化→解胶(除去钯核上吸附的锡)→漂洗→化学镀铜。

（2）电磁屏蔽

一些电子元件外壳通常采用ABS塑料和尼龙，还有少量的聚碳酸酯。为了减少电磁干扰，1966年Lordi首次建议对塑料外壳表面实施化学镀铜，使其表面沉积一层金属铜，从而有效地屏蔽电磁波干扰。此方法在80年代初期得到了广泛的应用，并一直沿用至今。

另外，还可先化学镀铜再化学镀镍。

此法将化学镀铜层优越的导电性和屏蔽效果与化学镀镍层优良的耐蚀性、耐磨性相结合。使镀层具有两者的综合性能。铜层厚度按所要求的屏蔽值设定，一般在1～5μm之间，镍层厚度一般约为1μm，且以含磷6%～8%的镍-磷合金镀层为佳。

工艺流程为：除油→水洗→粗化→水洗→敏化→水洗→预活化（消除塑料中的三氧化二锑)→水洗→活化→化学镀铜→水洗→碱性化学镀镍（防止对塑料软化)。

（3）电子封装

随着微电子制造向精细化方向发展，铜以其电阻小、散热好等优势取代了传统的铝材，成为复杂电路和焊垫金属化的主要材料，采用化学镀铜技术制备电路基板，导电性好、导热好、键合性能（铜导体上电镀镍/金）及软焊接性能好、工艺稳定、制作方便、成本低廉，是一种对微波和混合集成电路衬底金属化实用有效的新工艺。

（4）制备复合材料

采用化学镀法可在金属、玻璃、陶瓷或塑料表面上制备均匀的金属镀层，为制备复合材料提供了新途径。

化学镀中的粉体可分为金属粉体、无机粉体及有机粉体。金属粉体有Fe、Al、Ti及稀土金属化合物；无机粉体通常为金属或者非金属的氧化物、硅酸盐、碳化物和卤化物等；有机粉体有天然树脂、天然纤维、聚氯乙烯、聚苯乙烯等。

工艺流程为：粉体材料→粗化→敏化→活化→稀次磷酸钠还原（保证化学镀液的稳定)→化学镀铜。

8.3 化学镀银

化学镀银（electroless silver plating）是最早开发的化学镀方法，其工艺相对简单，不要求材料本身具有导电性，且适用于各种形状不规则的非金属基体施镀。通过化学镀银使非金属材料表面金属化，已在导电填料、电触点材料、导电涂料、电磁屏蔽材料、吸波材料以及飞机隐身涂料等方面得到了广泛的应用。此外，化学镀银也广泛应用于微电子以及PCB行业。在这些化学镀银应用中，基体表面与镀层的结合力相对较弱，由于镀件形状的特殊性，需要进行预处理，然后再施镀。

通常化学镀银的工艺流程为：粗化→水洗→敏化→水洗→活化→水洗→化学镀银→水洗→干燥。

8.3.1 化学镀银的机理

通过还原剂甲醛或糖类等与银氨络盐（如硝酸二氨合银）的氧化还原作用，在金属、玻璃、陶瓷和塑料等制件的表面上沉积一层银：

$$Ag(NH_3)_2OH + \text{还原剂} \longrightarrow Ag\downarrow + 2NH_3 + H_2O$$

8.3.2 化学镀银液的组成及作用

（1）主盐

化学镀银液中的主盐一般为硝酸银。随着镀液中 Ag（反应物）的质量浓度增大，镀速也逐渐增大，但镀速增加的幅度却越来越小；当镀液中的 Ag 质量浓度过高时，镀液中银氨络合物发生自分解，镀液的稳定性变差，所以只能用中、低浓度主盐。

（2）还原剂

银标准电极电位很正（+0.8V），极容易还原，常采用弱还原剂，如甲醛、葡萄糖、酒石酸盐或二甲基氨基硼烷等。还原剂不同，银的还原速度也不同，甲醛>葡萄糖>酒石酸盐。还原剂浓度低，还原反应慢；太高，还原速度剧增，容易造成镀液自分解。但是研究发现影响沉积速度的因素不单是主盐或者还原剂各自的质量浓度，二者比值的影响也不可忽视。

（3）络合剂

一般来说化学镀银液性能的差异、寿命长短主要决定于络合剂的选用及搭配关系。常用的络合剂有氨水或柠檬酸铵。络合剂质量浓度的变化，对镀液的稳定性影响较大。氨水质量浓度较低时，镀液中 Ag 没有完全被络合，加入还原液 1～2min 后镀液就反应完全，镀件表面很快变黑。当氨水质量浓度较高时，镀液趋于稳定，反应时间逐渐延长，继续增加氨水质量浓度，则镀液的稳定性反而下降。

（4）稳定剂

化学镀银液是一个热力学不稳定的体系，如局部过热、pH 过高或某些杂质的影响不可避免地会在镀液中出现一些活化微粒催化核心，往往会导致镀液在短时间内发生分解。稳定剂的作用就是抑制镀液的自发分解，掩蔽这些活性催化核心，使施镀过程在控制下有序进行。稳定剂主要有乙醇、硫脲、无机酸或有机酸等。此外，稳定剂也是镀液的毒化剂，一旦使用过量，轻则显著降低镀速，重则镀液中毒不再起镀。

（5）加速剂

为了增加化学镀银的沉积速度，常采用氢氧化钾、氢氧化钠作为镀液的加速剂，加速机理被认为是：提高镀银液中 OH^- 的质量浓度，使氨水停留在不离解的状态，生成大量银氨络离子，提高镀银液化学稳定性，同时还可以中和前处理过程引入的酸，有利于还原，因此，随着 OH^- 质量浓度的增加，镀速相应地增大。

8.3.3 化学镀银的工艺条件及其影响

（1）温度

化学镀银过程是吸热过程，提高镀液温度，离子扩散速度加快，反应速度也随之加快。当温度过高时，不利于银原子的还原沉积，会导致镀层厚度不匀，结构疏松，表面粗糙；如果温度偏低，虽然沉积颗粒较小，镀层致密，但反应速度太慢，生产效率比较低，而且容易出现黄色或黑色斑点。

（2）pH

镀银反应是一个消耗 OH^- 的过程，pH 高的镀液可以提供足量的 OH^- 以保证反应的不断进行。通常控制 pH 在 12～13 较好。如果 pH 过高，通常采用酒石酸和柠檬酸来调节。

（3）装载量

对于一个选定的化学镀银体系析出的银量是固定的。装载量越大，表面积越大，因此银核的核心越多，减少了银单质的出现，因此，在一定范围内增加装载量可以减少镀层厚度，提高镀层的均匀性和致密性。但装载量过大时，就会出现镀层较薄，呈孤岛状，包覆不连续等现象。

（4）超声波

超声波通过空化作用，使得液体与反应粒子因不同加速度而相互摩擦，波动和摩擦又使生成的银粒子破碎、细化，细化的银粒子以很大速度沉积得到了致密的镀层。另外，超声波的波动和摩擦还对镀层表面有连续的清洗作用，新鲜镀液得到及时补充，这种作用和超声波的热效应叠加，从而使银镀层生长加快，时间缩短。

8.3.4 化学镀银的典型工艺

化学镀银溶液稳定性很差，常将银盐和还原剂分开配制，再混合。常用的工艺配方如下。

（1）甲醛型

① 银盐溶液　硝酸银 60g，氨水 60mL，蒸馏水 1L。

② 还原剂液　甲醛 65mL，蒸馏水 1L。

甲醛对银盐的还原能力比酒石酸盐或葡萄糖强，沉积速度快，但沉积的银层晶粒较粗糙，银层的反射率低，且结合力较差（8MPa）。

（2）葡萄糖型

① 银盐溶液　硝酸银 3.5g，氨水 5mL，氢氧化钠 2.5g，蒸馏水 60mL。

② 还原剂液　葡萄糖 45g，酒石酸 4g，乙醇 100mL，蒸馏水 1L。

葡萄糖作为还原剂的镀液寿命很短，使用一次，就会自发分解，得到的银层沉积速度和最大厚度取决于溶液的组成和工作条件，其沉积速度随 Ag^+ 和 OH^- 浓度的增加而提高。

（3）酒石酸盐型

① 银盐溶液　硝酸银 20g，氨水 30mL，蒸馏水 1L。

② 还原剂液　酒石酸钾钠 100g，氢氧化钠 10g，蒸馏水 1L。

酒石酸钾钠的还原能力比葡萄糖弱，但得到的银层与玻璃结合力则较强，可达 16～20MPa。镀银后在一定温度下进行热处理，可提高镀层结合力。

（4）二甲基氨基硼烷型

① 银盐溶液　银氰化钠 1.8g，氰化钠 1.0g，氢氧化钠 0.8g，蒸馏水 1L。

② 还原剂液　二甲基氨基硼烷 2g，蒸馏水 1L。

用二甲基氨基硼烷作还原剂的化学镀银属自催化过程。镀液中加入少量的硫脲可改善溶液的稳定性，并能在 65℃下将镀速提高到 6μm/h。这种化学镀银层可以在铜、黄铜、金和化学镀镍层上沉积。但最好是在银含量低（如 0.46g/L 银氰化钠）的槽液中进行化学预镀，以提高结合力。

8.3.5 化学镀银液的工艺管理

① 银氨溶液在室温下长期存放具有爆炸的危险，因为随溶液水分蒸发，在容器壁上会生成易爆炸的雷酸银（$AgNH_3 \cdot Ag_2N$ 等的混合物），所以溶液配制后应立即使用。用过的废液加盐酸使之生成氯化银，可消除易爆的危险。

② 银盐溶液与还原溶液应在使用前混合，由于溶液的稳定性不好，只能使用一次，所以应尽量提高溶液的加载量，以充分利用银盐。

③ 化学镀银层的化学稳定性较差，因此镀后尽快用水认真洗净，并及时进行后续工艺，如无后续工艺，应涂覆防护膜。

思考题

1. 什么是化学镀？有何特点？

2. 根据化学镀镍的机理，说明化学镀过程中为什么酸度会发生变化？在实验及生产中如何控制镀液的 pH？

3. 简要说明化学镀镍中促进剂、稳定剂的种类及作用机理。使用中应注意哪些问题？

4. 酸性及碱性化学镀镍中温度一般控制多少？温度过高或过低会出现什么问题？

5. 酸性化学镀镍中物料消耗有什么规律？如何控制各成分的稳定？

6. 化学法再生化学镀镍废液的原理是什么？如何控制各物质的用量和工艺条件？

7. 化学镀铜中选用的还原剂有哪些？其还原机理如何？

8. 在甲醛为还原剂的化学镀铜中，如何提高镀层的稳定性？

9. 以次磷酸钠为还原剂的化学镀铜有何特点？影响化学镀铜层的因素有哪些？

10. 简述化学镀铜的应用领域。

11. 说明化学镀银的应用领域。化学镀银的典型工艺有哪些？

第9章 金属转化膜处理

9.1 铝及其合金的氧化及着色

铝是银白色金属，相对原子质量26.98，质量密度2.7g/cm^3，熔点659.8℃，标准电极电位−1.66V，纯铝的强度低，若加入适量的其他元素，如铜、镁、锌和硅等制成各种铝合金，强度大大提高，并赋予其一系列优良的性能，如较高的机械强度，优良的导热性及导电性，无磁性、相对质量密度小、腐蚀产物无毒等，因此在飞机、汽车、电器、仪表、日用品等方面获得广泛的应用。

铝是一种两性金属，化学性质活泼，能在空气形成一层氧化膜，但膜薄、孔隙大、不连续且机械强度较低，不能满足使用要求。用化学或电化学方法，可在铝及合金的表面获得几十到几百微米的氧化膜，大大提高零件的抗腐蚀能力，增强耐磨性、提高绝缘性、美化外观，并可作为涂装的底层使用。

9.1.1 化学氧化

（1）铝及合金的化学氧化（chemical oxidation）原理

铝及合金的化学氧化是在含有氧化剂的弱酸性或弱碱性溶液中进行，在弱碱性溶液中Al^{3+}与溶液中的OH^-形成可溶性的AlOOH，而后转化为难溶的γ-$Al_2O_3 \cdot H_2O$附着在铝及合金的表面；在含有磷酸、铬酸和氟化物的弱酸性溶液中，Al与H_3PO_4、$Cr_2O_7^{2-}$反应生成Al_2O_3及$AlPO_4$、$CrPO_4$薄膜。

由化学反应生成的膜厚达一定值（0.5～4μm）时，由于膜无松孔，阻碍了溶液与基体金属的接触，使膜生长停止，为了保持一定的孔隙，使膜继续增厚，需向溶液中加入弱酸或弱碱，所以酸和碱是化学氧化成膜的主要成分；再者，为了抑制酸和碱对膜的过度溶解腐蚀，还向溶液中加入氧化剂铬酐或铬酸盐，使膜的生长和溶解保持一定的平衡，以达到较厚的膜层（碱性液中厚度可达到2～3μm；酸性溶液中厚度可达3～4μm）。

（2）铝及合金的化学氧化工艺

铝及合金的化学氧化工艺规范如表9-1所示。

（3）铝及合金化学氧化后的封闭处理

化学氧化膜可在30～60g/L的重铬酸钾溶液中封闭处理，温度90～95℃，时间5～10min；或铬酐5g/L，温度40～45℃，时间10～15s，以提高其耐蚀性。作为涂装底层时，则不进行封闭。合金元素含量不高的铝合金，转化处理后可以着色，而后用清漆或蜡封闭。

9.1.2 阳极氧化

将铝及其合金置于适当的电解液中作为阳极电解处理，称为阳极氧化（anodizing）。铝及其合金阳极氧化膜层厚度可达几十至几百微米，其耐蚀性、耐磨性及装饰性等比原金属或合金有明显的提高。采用不同的电解液和工艺条件，可获得不同性能的氧化膜层。

（1）铝及其合金阳极氧化膜形成机理

铝及铝合金阳极氧化的电解液一般为具有中等溶解能力的酸性溶液，如硫酸、草酸等。

表 9-1　铝及合金的化学氧化工艺规范

镀液成分及工艺条件	弱碱性氧化			组成及工艺	酸性氧化		
	配方 1	配方 2	配方 3		配方 4	配方 5	配方 6
碳酸钠 Na_2CO_3/(g/L)	50	50	40～80	磷酸 H_3PO_4(d=1.7)/(mL/L)	50～60	10～15	
铬酸钠 Na_2CrO_4/(g/L)	15	15		铬酐 CrO_3/(g/L)	20～25	1～2	3.5～4
氢氧化钠 NaOH/(g/L)	5～10			氟化氢铵 NH_4HF/(g/L)	3～3.5		
氟化钠 NaF/(g/L)		3～3.5		磷酸氢二铵$(NH_4)_2HPO_4$/(g/L)	2～2.5		
高锰酸钾 $KMnO_4$/(g/L)			10～30	硼酸 H_3BO_3/(g/L)	1～1.2	1～3	
碳酸铬 $Cr_2(CO_3)_3$/(g/L)			20～35	氟化钠 NaF/(g/L)		3～5	0.5～0.8
磷酸氢二钠 Na_2HPO_4/(g/L)			5	重铬酸钠 $Na_2Cr_2O_7\cdot 2H_2O$/(g/L)			3～3.5
温度/℃	60～70	95～100	90～100	pH			1.5
时间/min	5～10	10～30	3～5	温度/℃	30～40	室温	30
				时间/min	2～8	5～15	3

注：1. 配方 1 适用于纯铝及铝锰、铝镁等合金，但不适合含铜量高于 4%的铝合金。

2. 配方 2 适用于含铜的铝合金，但不适合于含镁量高于 5%的铝合金。

3. 配方 3 适用于大多数铝合金，也适用于硬铝合金。

4. 配方 4 膜呈无色至带黄绿的灰蓝色，厚 0.5～5μm，致密，硬度及耐蚀性高，需封闭处理。

5. 配方 5 膜薄，呈无色至彩虹色，适用于处理后需变形的零件，也适合铝铸件，不需封闭处理。

6. 配方 6 制取铬酸盐膜转化工艺，适用于转化膜后需涂装处理的铝薄板卷材。

将铝件作为阳极，铅板为阴极，通以直流电，电极反应为水的放电，生成初生态原子氧［O］。由于［O］具有很强的氧化能力，在强大的外电场力作用下，会从电解液/金属界面上向内扩散，与铝作用形成氧化物并放出大量的热。反应多余的氧则在阳极以气体状态析出。

由于在酸性溶液中氧化膜的生成和溶解是同时进行的，只有当膜的生成速度大于膜的溶解速度时，膜才不断增厚。其形成过程可利用阳极氧化测得的电压-时间曲线进行分析，如图 9-1 所示。

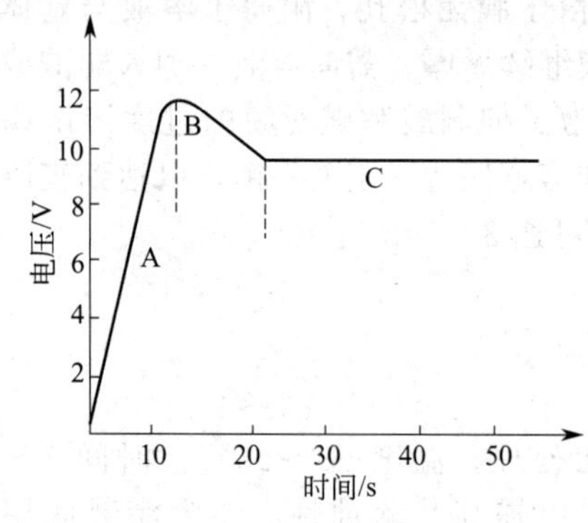

图 9-1　阳极氧化特征曲线

A—无孔层形成段；B—膜孔层出现段；C—多孔层增厚段

整个阳极氧化的电压-时间曲线大致可以分为以下三段。

① 第一段：无孔层形成　通电开始的几秒至十几秒时间内，电压随时间急剧上升至最大值，该值称为临界电压（或形成电压）。说明在阳极上形成了连续的、无孔的薄膜层（阻挡层）。此膜具有较高的电阻，因此随着膜层的加厚，电阻加大，槽电压急剧呈直线上升。无孔层的出现阻碍了膜层的继续加厚，其厚度与形成电压成正比，与氧化膜在电解液中的溶解速度成反比。在普通硫酸阳极氧化时，采用 13～18V 槽电压，则无孔层厚度约为 0.01～0.015μm。该段的特点是氧化膜的生成速度远大于溶解速度。临界电压受电解液温度的影响很大，温度高，电解液对膜层的溶解作用强，无孔层薄，临界电压较低。

② 第二段：膜孔的出现　阳极电位达到最高值以后，开始下降，其下降幅度为最大值的 10%～15%。这是由于电解液对膜层的溶解作用，使氧化膜最薄的局部产生孔穴，电阻下降，电压也随之下降。氧化膜有了孔隙之后，电化学反应可继续进行，氧化膜继续生长。

③ 第三段：多孔层的增厚　此段的特征是氧化时间大约 20s 后，电压开始趋于平稳。此时，阻挡层生成速度与溶解速度达到平衡，其厚度保持不变，但氧化反应并未停止，氧化膜的生成与溶解仍在每个孔穴的底部继续进行，使孔穴底部向金属内部移动，随着时间的延长，孔穴加深形成孔隙和孔壁。由于孔隙内电解液的存在，导电离子便可在此畅通无阻，因此在多孔层的建立过程中，电阻值的变化并不大，电压也就无明显的变化，反映在特性曲线上是平稳段。多孔层的厚度取决于工艺条件，主要因素为温度。在阳极氧化过程中，由于各种因素的影响，使溶液温度不断提高，对膜层的腐蚀作用也随之加大，不仅孔底，也使孔口处膜层及外表面膜层的腐蚀速度加大，因此多孔层厚度增长变慢。当孔口膜层的腐蚀速度与孔底处的成膜速度相等时，多孔层的厚度就不会再继续增加，该平衡到来的时间愈长，则氧化膜愈厚。

在氧化膜的生长过程中，电渗起着重要的作用，使电解液在膜孔内不断循环更新。电渗产生的原因可解释为：在电解液中水化了的氧化膜表面带负电荷，而在其周围的溶液中紧贴着带正电荷的离子（如由于氧化膜的溶解而存在大量的 Al^{3+}），因电位差的影响，带电质点相对于固体壁发生电渗作用，即贴近孔壁带正电荷的液层向孔外部流动，而外部新鲜的电解液沿孔的中心轴流入孔内，促使孔内的电解液不断更新，从而使孔加深扩大，如图 9-2 所示。

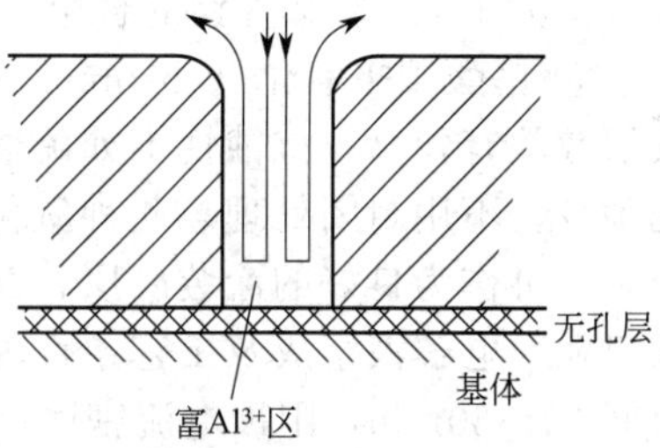

图 9-2　电渗液流过程示意图

电渗的存在是氧化膜生长的必要条件之一，而氧化膜的生长是向着金属那一面进行的，这与金属的电沉积不同。

（2）铝及其合金的阳极氧化工艺

铝及其合金的阳极氧化工艺过程可分为：表面前处理、阳极氧化、着色处理（非装饰性制品可不进行着色）及封闭处理。

① 普通硫酸阳极氧化（sulphuric acid anodizing）工艺　普通硫酸阳极氧化可获得厚度为 5～20μm、吸附性较好的膜层，该法的槽电压低、维护方便，节约能源、成本较低，允许杂质含量范围较宽，它主要用于铝件的防护和装饰。但不适用于孔大的铸铝件、点焊和铆接组合件。常用的有直流电解和交流电解两种工艺，直流法采用 100～200g/L 硫酸，阳极电流密度为 0.8～1.5A/dm^2，温度为 15～25℃，电压为 10～25V，时间为 20～40min；交流法采用 10%～20%硫酸，阳极电流密度为 1～3A/dm^2，温度为 20℃，电压为 20～50V，时间为 20～40min。

② 硬质阳极氧化（hard anodizing）工艺　硬质阳极氧化又称厚层阳极氧化，氧化膜的厚度可达 250μm。膜层具有硬度大、耐磨、绝缘、耐热、耐蚀等特点。表 9-2 为硬质氧化膜与普通氧化膜特征比较。欲获得硬质阳极氧化膜可采用的电解液很多，常用的有硫酸、草酸、丙二酸、苹果酸、磺基水杨酸等。常用直流电源，还可采用交流、交直流叠加及各种脉冲电流。为了得到硬度高、膜层厚的氧化膜，在氧化过程中采用压缩空气搅拌及较低的温度，一般保持在－5～10℃范围内。表 9-3 为硬质阳极氧化工艺。

表 9-2　硬质氧化膜与普通氧化膜特征比较

特征	膜厚/μm	显微硬度(HV)	孔径/nm	孔隙率/%	比电阻/(Ω/cm)	耐击穿电压/V
普通膜	12～30	40～80	12	20～30	10^4	280～500
硬质氧化膜	30～200	内 330～600,外 300～450	10	2～6	10^{15}	800～3000 以上

表 9-3 硬质阳极氧化工艺

组成及工艺	配方 1	配方 2	组成及工艺	配方 1	配方 2
硫酸/(g/L)	10%～20%		温度/℃	0±2	3～5
草酸/(g/L)		3%～5%	时间/min	60～240	60
阳极电流密度/(A/dm²)	2～4	1～5	膜厚/μm	100～200	20
电压/V	20～120	40～60	膜层色泽	灰色	褐色

对于硫酸硬质氧化工艺来说，硫酸的浓度对氧化过程影响极大，当硫酸的浓度较高时，氧化膜的生长速度慢，氧化膜硬度有所降低，孔隙度大。但浓度较低时，槽液寿命短，零件易被烧坏。为了增加氧化膜的厚度，添加一定量的草酸效果较好，且溶液中不应有氯离子和钨盐、镁盐。

温度和电流密度是影响氧化膜质量的重要因素。温度上升，膜的厚度下降，温度还应根据不同的合金来定。若电流密度太小，氧化膜生成速度缓慢，但过高时温度升高快，使零件产生“腐蚀”而“烧损”。硬质氧化的始末电压与时间对氧化膜质量也有很大影响，应根据铝合金成分来确定。对于含铜小于 2.5%的铝合金，开始电压为 5～7V，不应大于 10V；对于含铜大于 2.5%又含锰的合金，开始电压为 20～24V，终了电压根据所需电流密度而定。

③ 铬酸阳极氧化（chromic acid anodizing） 铬酸阳极氧化膜层较薄，大致在 2～5μm，膜层较软有弹性，抗蚀性不如硫酸阳极氧化膜，不透明，颜色由灰白至深灰色，不易着色。孔隙少，不用封闭处理。此种氧化膜适用于精密零件，很少作装饰用。膜层与有机材料结合力好，可作为良好的涂装底层，并广泛用于橡胶黏结件与蜂窝结构的面板，多用于航空与航天工业。电解液组成及工艺条件为：铬酐 50～100g/L，温度（35±2）℃，槽电压 0～50V，时间 30～60min，阳极电流密度（平均）0.3～0.5A/dm²，对于含铜高的铝合金，温度可降至 25～30℃，电压 0～40V。

④ 硫酸-硼酸阳极氧化（sulfuric acid-boric acid anodizing，BASAA） 硫酸-硼酸阳极氧化是现代航空工业中采用的一种薄层阳极氧化新工艺。它克服了传统单一硫酸及铬酸阳极化工艺的不足，具有对电源要求较低（一般电镀所用的直流电源即可）、氧化膜耐蚀性好、疲劳影响小、槽液成分浓度低、不含 Cr^{6+}、槽液处理方便、氧化电压低、氧化时间短等优点。

美国波音公司专利配方：质量分数为 3%～5%的 H_2SO_4，质量分数为 0.5%～1%的 H_3BO_3，[Al^{3+}]≤5.5g/L，电压为（15±1）V，电流密度为（0.5±0.2）A/dm²，最大不超过 1A/dm²，压缩空气搅拌，温度 21～32℃（最佳 24.5～29℃），阳极氧化时间 18～22min，阴极与阳极面积之比不小于 1∶2。按以上工艺参数，可保证阳极氧化膜层质量在 21.5～64.6mg/dm² 之内。该膜层呈淡黄色，具有优良的耐蚀性和与油漆的结合力，而且不会引起任何基体的应力疲劳损失。

工艺参数对膜层质量有较大的影响。

a. 硫酸 其他条件不变时，提高硫酸的浓度，膜层的溶解速度加快，所得氧化膜薄、耐蚀性差，如果硫酸的质量分数≤1.5%，则溶液导电性下降，所得膜层孔隙率低，与油漆附着力差。

b. 硼酸 除具有缓冲作用外还能显著改善氧化膜的成长速率，改善膜层的外观，使氧化膜结构致密、耐蚀性高。适当提高硼酸的浓度，可提高溶液的导电能力，但当硼酸的浓度超过 10g/L 时，溶液的导电性会下降，氧化速率反而降低，膜层向雾状透明转化。

c. 电压 其他条件不变时，若氧化电压低于 13V，成膜质量得不到保证，试片喷漆后的附着力差。提高阳极电压，氧化膜生成较快，可缩短氧化时间。但电压高于 17V 时，氧化膜层会起粉，也易烧焦，膜层的耐蚀性明显下降。

d. 温度 槽液温度升高，膜层厚度下降。当槽液温度高于 27℃时，膜层会出现疏松起粉的现象，膜层的抗蚀能力下降。由于铝的氧化过程放出大量的热，槽液温度会骤然升高，因此在生产过程中为了控制电解液温度，必须配置降温设备。

e. 氧化时间　氧化时间随着氧化温度有轻微的变化。温度在下限时，可允许氧化时间延长；随着氧化液温度升高，应缩短氧化时间。氧化时间应在17～25min范围内。

在硫酸-硼酸阳极氧化工艺中，阴极可选用不锈钢槽壁、铅板、市售纯钛。挂具或吊篮应用铝或钛制；零件浸蚀后的清洗应彻底，以防止将有害杂质（如Cr^{6+}、F^-等）带入阳极氧化槽，污染槽液；零件可带电入槽，也可在入槽后2min内加载电压；初始电压为5V，随后逐步提高电压，应在7min内升至所要求的电压；为防止氧化槽液生霉，可向槽液中加入苯甲酸钠或苯甲酸，但其浓度不可超过1g/L。硫酸-硼酸阳极氧化后的零件需在0.045～0.1g/L的六价铬溶液中进行封闭处理18～20min。溶液pH为3.2～3.8，杂质SiO_2的浓度≤0.01g/L，零件封闭后，不清洗直接干燥，干燥温度不超过71℃。

⑤ 其他阳极氧化工艺　草酸阳极氧化工艺能得到硬度较高和较厚的黄色氧化膜层，厚度可达60μm。不用染色就能得到不同的色彩。当铝合金成分不同时，膜层色彩可由银白至棕色。但膜层着色困难，耐蚀性不强，成本较高。目前，此种工艺主要用于电气绝缘层和日用表面装饰，常用电解液及工艺为：草酸3%～10%，温度2～35℃，电压40～60V，阳极电流密度1.0～2.0A/dm²，时间40～60min。

经磷酸阳极氧化的铝合金与电镀层的结合力良好，常用工艺为磷酸3%～20%，温度30～35℃，电压50～60V，时间15～30min。氧化膜在电镀前不要干燥，经磷酸处理后，要清洗干净，否则会影响结合力，并需采用适当的冷却和搅拌方法使电解液温度不能超过40℃。

铝合金在含少量硼砂或氨水的硼酸溶液中阳极氧化，可获得电绝缘性优异的氧化膜；在铬酸、草酸、硼酸的混合液或草酸、柠檬酸、硼酸和草酸钛盐的混合液中阳极氧化后，铝合金可获得仿釉效果的所谓瓷质阳极氧化膜。靠稀有金属（如钛、钍、锆等）盐类的水解作用沉积在氧化膜孔隙中时氧化膜质量好，硬度高，可保持零件的高精度和表面低粗糙度，但价格较贵，使用周期较短。混酸的瓷质阳极氧化工艺，适用于纯铝或含铜、镁较低的铝合金，膜层为银灰色、半透明，可以染色，类似聚氯乙烯塑料的外观。

(3) 阳极氧化膜的着色（colouring）

阳极氧化后得到的新鲜氧化膜，可以及时进行着色处理，既美化了氧化膜表面，又能增加抗蚀能力。纯铝、铝-镁合金和铝-锰合金的氧化膜，易于染成各种不同的颜色，铝-铜和铝-硅合金的氧化膜发暗，只能染成深色。

① 整体着色　将铝及其合金放入含有机物（如甲酚、苯磺酸、磺基水杨酸等）的电解液中进行阳极着色处理，在阳极氧化的同时也被着色，微小的颗粒分散于膜孔的内壁，由于入射光的散射产生不同的色彩。微小颗粒来自基体金属或电解液中有机物的分解产物，颜色的深浅与膜的厚度有直接关系。该工艺因需要高的阳极电流密度和高的电压，所以能量消耗大。

② 电解着色　铝及铝合金电解着色技术是指铝材经过阳极氧化处理获得氧化膜后在金属着色液中进行表面电解着色的技术。在电场作用下，金属着色液中的镍盐、钴盐、锡盐或铜盐等金属离子在氧化膜的底部还原沉积，实现着色。此法具有良好的防护性、装饰性和耐光性、耐热性，因此在国内外得到广泛的应用。

[实例1]　七水硫酸镍30～170g/L，硼酸25～40g/L，氯化镁10～30g/L，室温，电压12～18V，电解着色30min可获得古铜、褐或黑色。

[实例2]　五水硫酸铜20g/L，硫酸H_2SO_4 7g/L，室温，电压15～30V，电解着色13～15min，可获得淡红色、紫色或红褐色。

在此工艺基础上，人们开发出的一种能改变被处理材料表面颜色的先进电解着色技术，即在阳极氧化和电解着色工序之间增加一次磷酸阳极氧化扩孔工序，以改变氧化膜的结构和几何尺寸，从而使铝合金表面颜色由青铜色系变为黄色、金黄色、橙色、红褐色等多种鲜艳色调的电解着色法，目前该技术在日本和意大利有应用。

③ 有机着色　由于氧化膜具有多孔性和强的吸附能力，因而可以染上不同的颜色。最适宜直接着色的氧化膜是从硫酸溶液中得到的阳极氧化膜，它使大多数铝及其合金形成无色透明膜，有适宜的厚度、孔隙率和吸附性。草酸阳极氧化工艺较硫酸工艺价格高，得到黄色膜。当膜层超过 50μm 即得到自然的黄色或棕色。铬酸阳极氧化工艺由于膜薄、孔隙少，而且它本身是灰色的，一般不宜着色。着色对氧化膜的要求是膜厚适宜、有足够的孔隙和良好的吸附能力、无外伤和污染。

④ 无机盐着色　无机盐着色主要依靠物理吸附作用，盐分子进入孔隙发生化学反应而得到有色物质。限于无机盐的色种较少，色调也不够鲜艳，现应用不多。

(4) 阳极氧化膜的封闭（sealing）

由于铝及其合金生成的氧化膜具有高的孔隙率和吸附性，因此很易被污染或腐蚀。氧化膜无论染色与否都应进行封闭处理，以增加色泽的耐晒性或耐蚀性。氧化膜封闭处理的方法很多，表 9-4 为铝及其合金阳极氧化膜的封闭处理工艺。

表 9-4　铝及其合金阳极氧化膜的封闭处理工艺

处理方法	溶液成分/(g/L)	pH 值	温度/℃	时间/min	特　点
热水封闭	蒸馏水或去离子水	6.0～6.9	80～100	30	用于无色氧化膜
水蒸气封闭	纯净水蒸气	6.0～6.9	10～110	20～25	
重铬酸盐封闭	重铬酸钾 60～100	6～7.5	80～100	20～25	防护性高，呈黄色，应用广
	重铬酸钾 100，碳酸钠 18	6～7	90～95	3～10	
水解盐封闭	硫酸镍 5～5.8 醋酸钴 1，硼酸 8～8.4	5～6	70～90	15～20	用于染色后封闭，效果更好
	硫酸镍 4.2，硫酸钴 0.7 醋酸钠 4.8，硼酸 5.3	4.5～5.5	8～85	15～20	

根据使用要求，将氧化膜层浸入有机物（如清漆、熔融石蜡、各种树脂和干性油等）的溶液中使膜孔封闭，又称有机物封闭或填充封闭法，可大大提高氧化膜的防护能力和电绝缘性能。根据对氧化膜的质量要求，还可进行两次封闭处理，它比单一处理好，如先用水解盐封闭之后，再用热水封闭；也可先用热水封闭后，再用重铬酸盐封闭。

(5) 不合格阳极氧化膜的退除

对于精度要求高的零件可采用 ASTM B137（美国试验材料标准）磷酸 H_3PO_4（1.7）35mL/L，铬酐 CrO_3 20g/L，温度 70～90℃，退净为止；对于粗糙零件可采用氢氧化钠 NaOH 30～50g/L，温度 50～60℃，退净为止。

9.1.3 微弧氧化

铝及合金的微弧氧化（微等离子体表面陶瓷化，microarc oxidation）技术，是指在普通阳极氧化的基础上，利用弧光放电增强并激活在阳极上发生的反应，从而在铝及其合金表面形成优质的强化陶瓷膜的方法，达到工件表面强化的目的。微弧阳极氧化又称为阳极脉冲陶瓷化、阳极火花沉积或微等离子体氧化。微弧氧化装置包括专用高压电源、氧化槽、冷却系统和搅拌系统。氧化液为环保型，工艺流程简单，操作方便，设备简易，适用范围广，除铝及铝合金、铝基复合材料外，还能在钛、镁、铌等金属及其合金表面生成氧化陶瓷层。

（1）微弧阳极氧化技术的特点及应用

微弧氧化液大多采用碱性溶液，对环境污染小。溶液温度以室温为宜，温度变化范围较宽，氧化速度快，可大幅度提高材料的表面硬度，膜层有良好的结合力、耐磨性、耐热性、绝缘性及抗腐蚀性，适于较复杂零件及内表面的强化处理。采用微弧氧化技术对铝及其合金材料进行表面强化处理，与硬质阳极氧化相比，无论在氧化工艺或膜层性能上都有许多优越之处。表9-5为微弧氧化与阳极氧化技术的比较。

表9-5 微弧氧化与阳极氧化技术比较

项目		微弧氧化	硬质阳极氧化
电压、电流		高压、强流	低压、电流密度小
工艺流程		去油→微弧氧化	去油→碱蚀→酸洗→机械性清理→阳极氧化→封孔
溶液性质		碱性溶液	酸性溶液
工作温度		＜45℃	低温
氧化类型		化学氧化、电化学氧化、等离子体氧化	化学氧化、电化学氧化
氧化膜性质	相结构	晶态氧化物（如α-Al_2O_3、γ-Al_2O_3）	无定形相
	硬度(HV)	2500	300～500
	5%盐雾腐蚀试验/h	＞1000	＞300（经$K_2Cr_2O_7$封闭）
	最大厚度/μm	200～300	50～80
	柔韧性	好	差
	均匀性	好	差
	处理效率	10～30min(50μm)	60～120min(50μm厚)
	对材料适应性	较宽	较窄

微弧氧化工艺处理能力强，可通过改变工艺参数获取具有不同特性的氧化膜层以满足不同需要；也可通过改变或调节电解液的成分使膜层具有某种特性或呈现不同颜色；还可采用不同的电解液对同一工件进行多次微弧氧化处理，以获取具有多层不同性质的陶瓷氧化膜层。微弧阳极氧化新技术问世以来，已引起人们的普遍关注，在化工、电子、纺织、建筑等工业领域有广阔的应用前景。

（2）微弧阳极氧化技术的原理

铝及其合金等样品放入电解液中，通电后金属表面立即生成很薄一层氧化物绝缘膜。形成完整的绝缘膜是进行微弧氧化处理的必要条件。当样品上施加的电压超过某一临界值时，这层绝缘膜上某些薄弱环节被击穿，发生微弧放电现象，浸在溶液里的样品表面可以看到无数个游动的弧点或火花。因为击穿总是在氧化膜相对薄弱部位发生，因此最终生成的氧化膜是均匀的。每个弧点存在时间很短，但等离子体放电区瞬间温度很高，在此区域内金属及其氧化物发生熔化，使氧化物产生结构变化。微弧氧化不同于常规的阳极氧化技术，它在工作中使用较高电压，在微弧氧化过程中，化学氧化、电化学氧化、等离子体氧化同时存在，因此陶瓷氧化膜的形成过程非常复杂，至今还没有一个合理的模型能够全面描述陶瓷膜的形成。

（3）微弧阳极氧化工艺

铝及铝合金材料的微弧氧化技术工艺流程主要包括铝基材料的前处理、微弧氧化、后处理三部分。

其工艺流程为：铝基工件→化学除油→清洗→微弧氧化→清洗→后处理→成品检验。

微弧氧化电解液组成、工艺条件及影响因素如下。

微弧氧化工艺实例：偏硅酸钾 5～10g/L，过氧化钠 4～6g/L，氟化钠 0.5～1g/L，乙酸钠 2～3g/L，偏钒酸钠 1～3g/L，pH＝11～13，20～50℃，阴极材料为不锈钢板，氧化时先将电压迅速上升至 300V，并保持 5～10s，然后将阳极氧化电压上升至 450V，电解5～10min。

① 合金材料及表面状态的影响　微弧氧化技术对铝基工件的合金成分及表面状态要求不高，对一些普通阳极氧化难以处理的铝合金材料，如含铜、高硅铸铝合金等均可进行微弧氧化处理。一般不需进行表面抛光处理，对于粗糙度较高的工件，经微弧氧化处理后表面得到修复变得更均匀平整；而对于粗糙度较低的工件，经微弧氧化后，表面粗糙度有所提高。

② 电解质溶液及其组分的影响　微弧氧化电解液是获得合格膜层的技术关键。溶液配方应有利于维护氧化膜及随后形成的陶瓷氧化层的电绝缘性，又有利于抑制微弧氧化产物的溶解。电解液成分及氧化工艺参数不同，所得膜层的性质也不同。微弧氧化电解液多采用含有一定金属或非金属氧化物碱性盐溶液（如硅酸盐、磷酸盐、硼酸盐等），其在溶液中的存在形式最好是胶体状态。溶液的 pH 值一般为 9～13。根据膜层性质的需要，可添加一些有机或无机盐类作为辅助添加剂。在相同的微弧电解电压下，电解质浓度越大，成膜速度就越快，溶液温度上升越慢，反之，成膜速度较慢，溶液温度上升较快。

③ 氧化电压及电流密度的影响　微弧氧化电压和电流密度的控制对获取合格膜层同样至关重要。不同的铝基材料和不同的氧化电解液，具有不同的微弧放电击穿电压（击穿电压：工件表面刚刚产生微弧放电的电解电压），微弧氧化电压一般控制在大于击穿电压几十至上百伏的条件进行。氧化电压不同，所形成的陶瓷膜性能、表面状态和膜厚不同，根据对膜层性能的要求和不同的工艺条件，微弧氧化电压可在 200～600V 范围内变化。选用工作电压的原则是既要保证在氧化过程中尽可能长时间地维持发育良好的火化或电弧现象，又要防止电压过高而引发破坏性电弧的出现。

微弧氧化可采用控制电压法或控制电流法进行，控制电压进行微弧氧化时，电压一般分段控制，即先在一定的阳极电压下使铝基表面形成一定厚度的绝缘氧化膜层；然后增加电压至一定值进行微弧氧化。当微弧氧化电压刚刚达到控制值时，通过的氧化电流一般都较大，可达 $10A/dm^2$ 左右，随着氧化时间的延长，陶瓷氧化膜不断形成与完善，氧化电流逐渐减小，最后小于 $1A/dm^2$。氧化电压的波形对膜层性能有一定影响，可采用直流、锯齿或方波等波形。采用控制电流法较控制电压法工艺操作上更为方便，控制电流法的电流密度一般为 $2～8A/dm^2$。控制电流氧化时，氧化电压开始上升较快，达到微弧放电时，电压上升缓慢，随着膜的形成，氧化电压又较快上升，最后维持在一较高的电解电压下。

④ 温度与搅拌的影响　与常规的铝阳极氧化不同，微弧氧化电解液的温度允许范围较宽，可在 10～90℃条件下进行。温度越高，工件与溶液界面的水汽化越厉害，膜的形成速度越快，但其粗糙度也随之增加。同时温度越高，电解液蒸发也越快，所以微弧氧化电解液的温度一般控制在 20～60℃范围。由于微弧氧化的大部分能量以热能的形式释放，其氧化液的温度上升较常规铝阳极氧化快，故微弧氧化过程须配备容量较大的热交换制冷系统以控制槽液温度。虽然微弧氧化过程工件表面有大量气体析出，对电解液有一定的搅拌作用，但为保证氧化温度和体系组分的均一，一般都配备机械装置或压缩空气对电解液进行搅拌。

⑤ 氧化时间的影响　微弧氧化时间一般控制在 10～60min。时间越长，膜的致密性越好，但其粗糙度增加。

⑥ 阴极材料的影响　微弧氧化的阴极材料采用不溶性金属材料。由于微弧氧化电解液多为碱性液，故阴极材料可采用碳钢、不锈钢或镍，其方式可采用悬挂或以上述材料制作的电解槽作为阴极。

铝基工件经微弧氧化后可不经后处理直接使用，也可对氧化后的膜层进行封闭、电泳涂装、机械抛光等后处理，以进一步提高膜的性能。

9.2　镁及其合金的氧化及着色

镁是一种银白色的轻金属，密度 $1.738g/cm^3$，熔点 651℃，镁在酸性溶液中的标准电极电位为－2.375V，在碱性溶液中的标准电极电位为－2.69V。镁合金是最轻的金属结构材料，具有高的比强度和比刚度，对撞击和振动能量吸收性强，因此，在航空、航天、汽车、仪表、电子等工业上得到广泛的应用。但镁合金耐蚀能力低，为了提高防护和装饰性，还须进行可靠的表面防护处理。为了降低反光率或增大热辐射和表面伪装，需要进行发黑处理。

镁合金的表面防护方法也有化学氧化、电化学氧化和微弧氧化等工艺，获得应用的主要是前两种。化学氧化可获得 0.5～3μm 的薄膜层，电化学氧化可获得 10～40μm 的厚膜层。由于化学氧化膜薄而软，电化学氧化膜质脆而多孔，所以镁合金氧化除作装饰和中间工序防护外，很少单独使用。为了提高镁合金的耐蚀性，一般在氧化后都要进行涂装。

9.2.1　化学氧化

（1）镁合金化学氧化原理

镁合金的化学氧化处理通常在以重铬酸盐为主要组分的酸性溶液中进行，氧化膜由于材料成分不同，氧化溶液不同，膜层的组织结构略有差异，但膜的生长过程大致相同。表面膜层的生成主要是氧化还原过程，可用电化学反应来说明膜层形成机理。在微阳极是镁的溶解：

$$Mg \longrightarrow Mg^{2+} + 2e^-$$

在微阴极是六价铬的还原和析氢：

$$Cr_2O_7^{2-} + 14H^+ + 6e^- \longrightarrow 2Cr^{3+} + 7H_2O$$

$$2H^+ + 2e^- \longrightarrow H_2\uparrow$$

随着反应的不断进行，金属表面将积累一定的 Mg^{2+} 和 Cr^{3+}，又由于 H^+ 的消耗，金属表层溶液的 pH 值上升，碱性加大。因此有以下反应发生：

$$Cr^{3+} + 3OH^- \longrightarrow Cr(OH)_3$$

$$Cr(OH)_3 + OH^- \longrightarrow CrO_2^- + 2H_2O$$

$$2CrO_2^- + Mg^{2+} \longrightarrow Mg(CrO_2)_2$$

随着亚铬酸镁的沉积，Mg^{2+} 的溶解量逐渐减少，膜的生长速度也降低。溶液中的 Cr^{3+} 将与铬酸根 CrO_4^{2-} 进行反应生成铬酸铬 $Cr_2(CrO_4)_3 \cdot 2H_2O$。所以镁合金经化学处理后，膜的成分主要是亚铬酸镁及铬酸铬。对于含氟化物的溶液，可能生成氟化物铬酸盐膜。

镁合金经过铬酸盐处理生成铬酸盐膜。这层膜防护性好，表面呈弱酸性且附着力强，是很好的涂装底层。该法简便，应用广泛。化学发黑的实质也属铬酸盐法。

（2）镁合金化学氧化工艺

镁合金制件在化学氧化前，须经脱脂、除氧化膜和除其他杂质处理。对铸件宜采用喷砂处理，以避免酸、碱溶液的腐蚀。镁合金化学氧化工艺实例如下。

［实例 1］　重铬酸钾 15～35g/L，硫酸铵 30～35g/L，邻苯二甲酸氢钾 15～20g/L，pH＝4～4.5，85℃～沸腾，氧化 15～40min，膜层耐蚀性好，适于铸镁件 ZM_5 发黑处理，也适于其他镁合金成品及半成品件氧化。

［实例 2］ 重铬酸钾 140～160g/L，铬酐 1～3g/L，60％的醋酸 10～40mL/L，pH＝3～4，60～80℃，氧化 0.5～1min，此法氧化时间短，膜层呈金黄色至深棕色，耐蚀性较差，适于容差小或具有抛光表面的成品或半成品氧化。

［实例 3］ 七水硫酸镁 40～75g/L，硫酸锰 40～75g/L，铬酐 1～2g/L，重铬酸钠 110～170g/L，pH＝2～4，80℃～沸腾，氧化 15～20min，膜层为深黑色，外观美丽，防护性好，适于镁合金成品和半成品氧化。

［实例 4］ 硫酸锰 40g/L，氧化镁 8～9g/L，98％硫酸 0.1～1.0g/L，室温，氧化 30～45s，膜层为黄色，适于已经涂过漆或准备涂漆的成品零件的局部氧化。

槽液成分及工艺的影响如下。

a. 重铬酸盐 成膜主要成分。含量少，膜层薄或不易成膜；含量多，成膜速度减慢。

b. 氟化物 成膜主要成分。含量高，膜疏松；含量低，形成膜薄，而且产生腐蚀点。

c. 硝酸和醋酸 调整酸度。含量高，成膜速度快，但膜层疏松，甚至出现腐蚀斑点；含量低，成膜速度慢，且膜层较薄。

d. 氯化物和硫酸盐 起表面活化作用，促使膜生成。Cl^- 含量过多，将会腐蚀金属表面。

e. 温度 温度高，反应速度快，易生成疏松氧化膜；温度低，反应速度慢，成膜速度慢。

f. 时间 要根据溶液的氧化能力、温度、镁合金材料而定。

(3) 后处理

镁合金化学转化处理后，为了提高膜层的耐蚀能力，可以进行封闭处理。其工艺规范为重铬酸钾 $K_2Cr_2O_7$ 40～50g/L，温度 90～98℃，时间 15～20min。

需要局部转化处理，或不便于浸渍的零部件可以进行刷涂。这种方法还经常用于修复损伤的转化膜。对于已涂过漆或准备涂漆的零件采用下列溶液：铬酐 CrO_3 45g/L，氧化镁 MgO 8～9g/L，硫酸 H_2SO_4（d＝1.84）0.1～1g/L。对于不涂漆的半成品或成品适用的溶液为：亚硒酸 H_2SeO_3 24g/L，重铬酸钠 $Na_2Cr_2O_7 \cdot 2H_2O$ 12g/L。

9.2.2 阳极氧化

(1) 镁合金阳极氧化原理

镁合金的阳极氧化又称镁合金电化学氧化，可以在碱性或酸性溶液中进行，以酸性溶液应用最为广泛。采用直流电或交流电，所得的膜厚为 40～60μm，具有较高的硬度、耐磨性和耐蚀性。其不足是膜层弹性低，氧化过程较复杂，形状复杂的零件膜厚不均匀，限制了它在工业上更广泛的应用。

镁合金的酸性阳极氧化液里最重要的成分是重铬酸钠、氟化氢铵和磷酸，生成的膜含有这些化合物的阴离子。膜层孔很多，必须在含有铬酸盐和水玻璃的溶液中封闭。膜层有较好的耐高温性能。

［实例 1］ 氟化氢铵 240～300g/L，重铬酸钠 100g/L，85％的磷酸 85～90g/L，70～80℃，阳极电流密度 0.5～5A/dm²，薄膜终止电压为 60～70V，厚膜终止电压为 75～95V。电流可采用直流或交流。

［实例 2］ 氟化氢铵 270g/L，重铬酸钠 80g/L，磷酸二氢铵 100g/L，70～82℃，阳极电流密度 0.5～4A/dm²，薄膜终止电压为 60～70V，厚膜终止电压为 75～95V。电流波形为直流。

镁合金电化学氧化后，为了提高膜层的耐蚀性能，可用含量为 10％～20％的环氧树脂进行封闭处理，也可在含有 0.5～1.0g/L 的重铬酸钾或 0.3～0.5g/L 磷酸二氢钠的溶液中封闭处理，温度为 70℃，时间为 20min。

（2）不合格膜层的退除

不合格膜层的退除工艺及适用膜层见表 9-6。

表 9-6　不合格膜层的退除工艺及适用膜层

组成及工艺	化学氧化膜		电化学氧化膜	
	配方 1①	配方 2	配方 1	配方 2
氢氧化钠 NaOH/(g/L)		260～310		
铬酐 CrO_3/(g/L)	150～250		100～150	180～250
硝酸钠 $NaNO_3$/(g/L)			5	
温度/℃	室温	70～80	室温	50～70/沸腾
时间/min	退净为止	退净为止	退净为止	10～30/2～5
适用条件	容差小零件	变形镁合金	碱性阳极氧化膜	酸性阳极氧化膜

① 退膜后需用热水和冷水清洗，并在铬酸溶液中中和 0.5～1min。

9.2.3　微弧氧化

镁及其镁合金微弧氧化工艺的膜层也分疏松层、致密层和界面层，只不过致密层主要由立方结构 MgO 相构成，疏松层则由立方结构的 MgO 和尖晶石型的 $MgAl_2O_4$ 以及少量非晶相所组成。

一般认为微弧氧化过程经过四个阶段：第 1 阶段，表面生成氧化膜；第 2 阶段，氧化膜被击穿，并发生等离子微弧放电；第 3 阶段，氧化进一步向深层渗透；第 4 阶段为氧化、熔融、凝固平稳阶段。在微弧氧化过程中，当电压增大至某一值时，镁合金表面微孔中产生火花放电，使表面局部温度高达 1000℃以上，从而使金属表面生成一层陶瓷质的氧化膜。其显微硬度在 HV1000 以上，最高可达 HV2500～3000。在微弧氧化过程中，氧化时间越长，电压值越大，生成的氧化膜越厚。但电压最高不应超过 650V，否则，氧化过程中会发出尖锐的爆鸣声，使氧化膜大块脱落，并在膜表面形成一些小坑，从而大大降低氧化膜的性能。研究表明，合适的电解质组分和电源模式（如控制电源脉冲频率和类型）是改善微弧氧化效率以及提高在特定镁合金表面得到满意性能氧化膜层的两个最有效的途径。

微弧氧化与普通阳极氧化相比，所得到的陶瓷膜结构致密、与基体结合紧密、摩擦因数小、导热性低，特别适用于处于高速运动，且对耐磨性、耐蚀性等要求高的零部件的表面处理。

镁及其镁合金微弧氧化工艺实例：氢氧化钠 5～20g/L，偏铝酸钠 5～20g/L，过氧化氢 5～20g/L，阳极电流密度 0.1～0.3A/dm^2，氧化时间 10～120min，氧化膜厚度 8～16μm。

9.3　铜及铜合金的氧化与着色

铜及铜合金的氧化处理有化学氧化和电化学氧化，经过氧化处理能使其表面生成致密的、结合牢固的防护-装饰性薄膜。根据氧化工艺的不同，氧化膜的组成可以是氧化铜、氧化亚铜、硫化铜或它们的混合物。由于膜的组成不同，所得的颜色也有不同。由氧化铜组成的氧化膜可呈现褐色、黑色；由氧化亚铜组成的氧化膜可呈现黑色、橙黄色、紫色、褐色等颜色；由硫化铜组成的氧化膜可呈现褐色、灰色和黑色，膜的厚度为 0.5～2μm。之后在表面上涂覆一薄层罩光漆，能明显提高氧化膜的防护能力。铜及铜合金的氧化处理常用于光学仪器、无线电工业、工艺品及日用品的表面防护和装饰。

9.3.1 铜与铜合金的氧化

（1）化学氧化

铜及铜合金可经过不同的化学氧化液处理而使表面生成不同色泽的转化膜。

① 铜及铜合金化学氧化溶液成分及工艺条件　见表9-7。

表9-7　铜及铜合金化学氧化溶液成分及工艺条件

溶液成分及工艺条件	1号溶液（过硫酸盐）	2号溶液（铜氨盐）	溶液成分及工艺条件	1号溶液（过硫酸盐）	2号溶液（铜氨盐）
过硫酸钾/(g/L)	10～20		氨水(25%)/(g/L)		200mL/L
氢氧化钠/(g/L)	40～50		温度/℃	60～65	15～40
碱式碳酸铜/(g/L)		40～50	时间/min	5～10	5～15

② 工艺控制

a. 1号溶液采用过硫酸盐，它是一种强氧化剂，在溶液中分解为硫酸和极活泼的氧原子，使零件表面氧化，生成黑色氧化铜保护膜。由于氧原子的不断供给，氧化膜也不断增厚，当生成紧密的氧化膜后，便冒出气泡，表明氧化处理已完成。

若溶液中过硫酸盐含量不足，分解产生的原子氧就有限，会影响膜的生成。当含量过高时，分解产生的硫酸过多，会加剧对膜的溶解，造成膜层疏松易脱落。

氢氧化钠在溶液中的主要作用是中和氧化过程中过硫酸盐分解产生的硫酸，减少硫酸对膜的溶解，保证膜的厚度。若氢氧化钠含量不足，硫酸不能完全被中和，氧化膜会变成微红色或微绿色。

温度过高，将促使过硫酸盐加速分解，使氧化膜生成速度急剧增加，从而不能获得致密的氧化膜。

温度过低，反应速度减慢，延长氧化时间，并使氧化质量下降。

氧化时间对氧化膜质量也有较大影响。时间过长，氧化膜反遭溶解，膜层变薄，而且疏松；时间过短，达不到应有的氧化膜厚度。

1号溶液适用于纯铜零件的氧化。为保证质量，铜合金零件氧化前应镀一层厚为3～5μm的纯铜。

1号溶液的缺点是稳定性差，使用寿命短，在溶液配制后应立即进行氧化。

b. 2号溶液适用于黄铜零件的氧化处理，能得到亮黑色或深蓝色的氧化膜，装挂夹具只能用铝、钢、黄铜等材料制成，不能用纯铜作挂具，以防止溶液恶化。

在氧化的过程中，溶液中氨的浓度会减少，使膜层产生缺陷，故要经常调整溶液。

黄铜零件生成氧化膜层的速度与合金中锌含量有关。锌含量低的铜合金氧化膜生成的速度要慢些。

黄铜零件氧化前，最好在含有70g/L的$K_2Cr_2O_7$和40g/L的硫酸组成的溶液中处理15～20min，然后再在50～100g/L的硫酸溶液中浸蚀5～15s，以保证氧化膜的质量。

在氧化过程中，要经常翻动零件，以免产生斑点。氧化后的零件需要在100℃左右烘干30～60min，然后再浸油处理，以提高氧化膜的抗蚀性能。

（2）电化学氧化处理

铜及铜合金在热碱性溶液中进行阳极电解时，在阳极上析出的氧将使铜及合金氧化生成氧化膜。

［实例 1］ 氢氧化钠 150～200g/L，钼酸铵 5～15g/L，80～90℃，阳极电流密度 2～3A/dm^2，氧化时间 10～30min，适用于纯铜件。如降低温度为 60～70℃，可用于黄铜件氧化。

［实例 2］ 氢氧化钠 400g/L，重铬酸钾 50g/L，60℃，阳极电流密度 3～5A/dm^2，氧化时间 15min，适用于青铜件氧化。

电化学处理时可选用不锈钢作为阴极，阴、阳极面积比为（5～8）：1，新配制的溶液应用铜阳极处理至溶液呈浅绿色后进行。零件先在槽中预热 1～2min，以 0.3～0.6A/dm^2 的电流密度预氧化 3～5min，再将电流密度升至正常范围继续处理。当零件表面大量析出气泡时，说明处理完成，必须带电出槽。氧化后，零件应立即烘干，然后涂凡士林或浸清漆，以提高耐蚀性。

对于成分或表面不均匀的黄铜零件，为防止零件在阳极处理时遭受不均匀浸蚀，可预镀 2～4μm 的铜层。

在氧化过程中，阴极上产生的海绵状的铜沉积必须按时取出清洗。

9.3.2 铜及铜合金的着色

铜及铜合金经过化学或电化学处理等特定的处理方法使其表面产生一种与原来本色不同的色调，以满足装饰的要求。着色膜的外观，一定程度上取决于零件在处理前的表面状态，又因膜层很薄，能反映出底金属的表面状况。实际生产中采用相同的着色工艺，往往因为零件着色前处理方法（如光亮浸蚀、喷砂或揩擦等）不同而得到完全不同的结果，着色后再采用湿的浮石抛光等修饰处理，着色层的色调和光亮度可得到进一步的提高。着色膜的耐蚀性和耐久性较差，所以着色后表面要涂覆一层透明的保护层（如清漆等），以增加耐候性和使用效果。

近年来，研制成功一种对纯铜进行阴极电化学转化膜处理（着色）的工艺。在特定的溶液中以适当的电流密度和电压，电解不同的时间，可得到从紫红色直至草绿色的外观。

［实例］ 硫酸铜 30～60g/L，柠檬酸钠 60～120g/L，乳酸 80～140g/L，氢氧化钠 80～120g/L，pH 大于 12，室温，阴极电流密度 5～40A/dm^2。

9.4 不锈钢的着色

不锈钢主要含有铬、镍、铁、钼、钛等金属，金相组织致密，表面能自然形成很薄的钝化膜，是一种抗蚀性能很高的合金钢。

不锈钢的着色（stainless steel colouring）是利用物理或化学的方法使其表面产生色泽的过程，通过着色不仅赋予零件各种装饰性的色泽，而且可进一步提高零件的耐蚀性和耐磨性。着色膜的厚度直接影响着色膜的颜色。当膜层很薄时，呈蓝色，随着膜厚的增加而呈现黄、红至绿色，并可实现多种色调。同时不锈钢的化学组成、组织结构和加工状态也直接影响着色膜的色彩和外观。

镍-铬奥氏体不锈钢着色膜的色彩鲜艳，耐蚀性好，长时间经受紫外线照射而不变色，并有一定的耐热性和耐磨性，在建筑业得到广泛的应用，适于各种室内外装饰及工艺美术品。不锈钢的黑色着色膜具有良好的消光性，主要用于光学仪器、太阳能集热板及其他需要黑色精饰的产品。

不锈钢的着色方法可分为熔融盐着色、化学着色和电解着色。随着不锈钢着色工艺在国内外的不断发展，离子沉积氮化物或氧化物、气相裂解法、高温氧化法等也不断得以发展。表 9-8 为不锈钢着色成分及工艺条件。

表 9-8 不锈钢着色成分及工艺条件

颜色	序号	着色液成分	浓度/(g/L)	温度/℃	时间/min	备注
黑色	1	重铬酸钾 硫酸(1.84)	300～350 300～350mL/L	95～102 (镍-铬不锈钢) 100～110 (铬不锈钢)	5～15	着色膜为蓝色、深蓝色或藏蓝色，经抛光后为黑色，膜厚 1μm，适于海洋舰艇，高热潮湿环境下使用的零件
	2	草酸	10%(质量分数)	室温	根据着色程度而定	零件经着色后，冲洗干净并烘干，用质量分数为 1%的硫代硫酸钠溶液浸渍后即成黑色
	3	重铬酸钾 重铬酸钠	1 份 1 份	204～235 熔盐	20～30	
	4	重铬酸钠	按实际调整用量	198～204	20～30	
仿金色	1	偏矾酸钠 硫酸	130～150 1100～1200	80～90	5～10	零件需先经电解抛光后方可着色，提高着色液温度，可使着色时间缩短，铁离子和镍离子对着色有干扰
	2	铬酐 硫酸	250～300 500～550	70～80	9～10	适于纯度较高的不锈钢。在着色液中加入钼酸铵，可改善光亮性与色泽，加硫酸锰可加速反应。挂具一般为不锈钢丝
巧克力色	1	铬酐 硫酸	100 700	100	18	以 SUS304BA 不锈钢为宜
电解着各种色	1	铬酐 硫酸	250 500	75	9～10	以 SUS304BA 不锈钢为宜。着色电位在 5mV 时为青色；11mV 时为金色；16mV 时为赤色；19mV 时为绿色

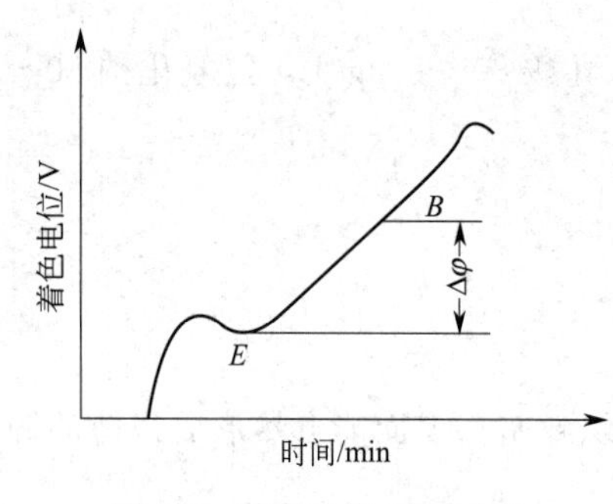

图 9-3 着色电位-时间曲线

不锈钢化学着色的控制方法，最初是采用控制时间法，即将不锈钢零件在着色溶液中浸渍一定时间，就能得到一定颜色。以 18-8 型奥氏体不锈钢为例，采用铬酐与硫酸的着色液处理，随着处理时间的不同，膜层的主色调也不同。15min 时为蓝色，18min 时为金黄色，20min 时为紫红色；25min 时为绿色。与此同时，不同材料牌号及状态、溶液的浓度及温度也影响时间与色调的关系，其中温度的影响尤为显著，因此通过控制时间很难得到重复的颜色。人们对着色过程中，不锈钢电极的电位随时间变化的研究发现，在某一电位差出现一定的颜色，这个关系不随着色溶液的温度、组成等的轻微变化而变化。所以，生产上就可以用控制电位差的方法进行配色。图 9-3 为着色电位-时间曲线。图中 E 点为起始着色电位，B 点为某种颜色的着色电位，$\varphi(B)-\varphi(E)=\Delta\varphi$ 为着色电位差，每种颜色的着色电位差见表 9-9。

表 9-9 不同颜色的着色电位差

颜色	蓝色	蓝灰色	黄色	紫色	绿色
$\Delta\varphi$/mV	6	12	14	16	21

只要测得着色起始电位便可求得着色电位 $\varphi(B)$，通过控制 $\varphi(B)$ 以取得所需的色彩。

为测得着色的起始电位，不锈钢表面粗糙度应低，且无脏污、油膜等。

9.5　钢铁的氧化

用化学、电化学或热加工等方法，在黑色金属上制取一层人工发黑膜的过程，称为钢件的氧化处理（chemical oxide），又称发蓝或发黑（blackening/bluing）。钢铁表面发黑处理可提高钢铁材料的耐蚀性能，且具有一定的装饰效果。钢铁的化学氧化按其发展历程又可分为高温型发黑、常温发黑、常温无毒发黑工艺。其中最成熟且在工业中广为使用的为钢铁的高温发黑工艺。

9.5.1　钢铁的高温发黑工艺

钢铁的高温发黑（high-temperature blackening）是将零件置于含有氢氧化钠和氧化剂（硝酸钠或亚硝酸钠）的溶液中，在接近沸点的温度下进行氧化处理，膜的组成主要是磁性氧化铁（Fe_3O_4），膜层的颜色取决于零件的表面状态、材料的成分和氧化处理的工艺规范，一般呈黑色和蓝黑色；铸钢和含硅量较高的特殊钢，由褐色到黑褐色。发黑膜的厚度约为0.6～1.5μm，其抗蚀能力较低，氧化处理后需经肥皂或重铬酸钾溶液处理，或进行涂油处理以提高发黑膜的耐蚀性和润滑性能。由于氧化处理是在碱性溶液中进行的，各种钢零件氧化后没有氢脆产生，所以像弹簧钢、钢丝及薄钢片零件也常用氧化处理。发黑膜以其美观的色泽、良好的弹性和膜层薄等优点广泛应用于机械、精密仪器、仪表、武器和日用品的防护-装饰。传统的高温发黑工艺具有操作简单、维护方便等优点，但生产中也存在着能耗大、效率低、劳动条件恶劣、环境污染严重等问题。

（1）高温发黑成膜机理

高温发黑膜的形成可包括以下三个历程。

① 表面金属的溶解　铁在氧化剂存在下被浓碱溶解生成亚铁酸钠（Na_2FeO_2）：

$$5Fe+2NaNO_3+9NaOH \longrightarrow 5Na_2FeO_2+NaNO_2+NH_3\uparrow+3H_2O$$

$$3Fe+NaNO_2+5NaOH \longrightarrow 3Na_2FeO_2+H_2O+NH_3\uparrow$$

② 亚铁酸钠被氧化成铁酸钠

$$8Na_2FeO_2+NaNO_3+6H_2O \longrightarrow 4Na_2Fe_2O_4+NH_3\uparrow+9NaOH$$

$$6Na_2FeO_2+NaNO_2+5H_2O \longrightarrow 3Na_2Fe_2O_4+NH_3\uparrow+7NaOH$$

另外，有部分铁酸钠水解生成氧化铁的水化物（红色挂灰），即：

$$Na_2Fe_2O_4+(m+1)H_2O \longrightarrow Fe_2O_3\cdot mH_2O+2NaOH$$

③ 氧化物从过饱和溶液中析出

铁酸钠与未被氧化的亚铁酸钠作用，生成难溶的化合物——磁性四氧化三铁：

$$Na_2Fe_2O_4+Na_2FeO_2+2H_2O \longrightarrow Fe_3O_4\downarrow+4NaOH$$

当析出的 Fe_3O_4 达到一定的过饱和度时，便在零件表面结晶析出为发黑膜（发黑）。

（2）高温发黑处理工艺

钢铁零件的高温氧化处理工艺流程为：

零件脱脂→热水洗→冷水洗→酸洗→冷水洗两次→氧化处理→回收→温水洗→冷水洗→浸肥皂水或重铬酸钾溶液填充→干燥→浸油。

① 高温型氧化工艺规范及影响因素　表 9-10 列出高温发黑处理工艺规范。

a. 氢氧化钠的浓度　提高溶液中 NaOH 的浓度，发黑膜的厚度稍有增加，但容易出现结晶疏松和多孔的缺陷。NaOH 的浓度较高时，发黑膜还容易出现红色挂灰。若浓度过高时，则磁性氧化铁被溶解，发黑膜就不能生成；若 NaOH 浓度太低，则发黑膜较薄，表面发花，防护性能较差。高碳钢氧化速度快，可采用较低的浓度（550～650g/L）；而低碳钢或合金钢氧化速度慢，宜采用较高的浓度（600～700g/L）。

表 9-10　钢铁高温氧化处理工艺条件

组成 1(g/L)及工艺条件	配方 1	配方 2	配方 3	配方 4	配方 5	配方 6	配方 7		配方 8	
							第一槽	第二槽	第一槽	第二槽
氢氧化钠	550～650	600～700	650～700	650	800～900	300～350	550～650	700～840	550～650	700～850
亚硝酸钠	150～200	200～250	200～220	60	80～90	80～110	100～150	150～200		
硝酸钠			50～70						70～100	100～150
重铬酸钾		25～35								
二氧化锰			20～25							
磷酸钠				20～30						
亚铁氰化钾					30～80					
温度/℃	135～145	130～135	135～155	140～148	140～150	125～130	130～135	140～152	130～135	140～152
时间/min	40～120	15	20～60	60～90	80～90	40	15	45～60	15～20	45～60

注：1. 配方 1 为通用的氧化溶液，发黑膜美观光亮；配方 2 氧化速度快，发黑膜光亮度稍差；配方 3 氧化速度快，膜较厚；配方 4 中加入磷酸钠，当溶液铁含量增多时，可提高发蓝膜的性能；配方 5 所得发黑膜外观色泽好，发蓝时要求较低温度下开始，较高温度终止，溶液蒸发和浓缩快，温度波动范围大，且成本较高；配方 6 为试验优化所得，配方简单；配方 7 可获得保护性能较好的蓝黑色光亮发黑膜；配方 8 可获得较厚的黑色发黑膜。

2. 单槽氧化只能获得较薄和保护性较低的膜，易形成红色挂灰；双槽氧化可获得较厚且防护性较高的膜，可避免挂灰的形成，第一槽和第二槽中间不必清洗。

b. 氧化剂　提高溶液中氧化剂的浓度，可以加快氧化速度，获得的膜层致密、牢固、金属溶解损失较少；反之，发黑膜生成速度慢，且膜层厚而疏松。通常采用亚硝酸钠作氧化剂，获得的发黑膜呈蓝黑色，光泽较好。

c. 温度　在碱性氧化溶液中，氧化处理必须在沸腾的温度下进行，溶液沸点随 NaOH 浓度的增加而升高。表 9-11 为常压下不同浓度的氢氧化钠溶液的沸点。温度升高，氧化速度加快，膜层薄而致密；温度过高，则发黑膜的溶解速度增加，氧化速度减慢，膜层疏松。在一般情况下，零件入槽的温度应取下限，出槽的温度应取上限值。

表 9-11　不同浓度的氢氧化钠溶液的沸点（常压下）

NaOH 的浓度/(g/L)	400	500	600	700	800	900	1000	1100	1200
溶液沸点/℃	117.5	125	131	136.5	142	147	152	157	161

d. Fe^{3+} 的浓度　一定浓度的 Fe^{3+} 能使膜层致密，结合牢固；Fe^{3+} 含量过高，氧化速度降低，零件表面容易出现红色挂灰。溶液中铁的含量一般控制在 0.5～2.0g/L，若铁的含量过高，溶液将稀释，使沸点降到 120℃左右，沸腾片刻后，静止，部分铁酸钠水解成 $Fe(OH)_3$ 沉淀而降入槽底。澄清和倾泻溶液除去沉淀物，然后加热浓缩槽液，待沸点上升到工艺规范之内，就可生产。亚铁氰化钾和磷酸钠也可降低 Fe^{3+} 含量，改善膜层质量。

e. 氧化时间　氧化时间与钢的含碳量有关。含碳量高，氧化容易进行，需要时间较短；含碳量低，不易氧化，需要时间较长，入槽和出槽温度都应高些。表 9-12 为氧化液温度、时间与钢含碳量关系。

表 9-12　氧化液温度、时间与钢含碳量关系

钢含碳量/%	氧化液温度/℃	氧化时间/min	钢含碳量/%	氧化液温度/℃	氧化时间/min
>0.7	135～138	15～20	合金钢	140～145	50～60
0.4～0.7	138～142	20～24	高速钢	135～138	30～40
0.1～0.4	140～145	35～60			

② 发黑膜的后处理　为了提高膜层的防护性能和对油的润湿性，钢铁零件氧化后常在肥皂溶液或重铬酸盐溶液中进行填充处理，填充工艺实例如下。

[实例 1]　3%～5%肥皂溶液，80～90℃，填充时间 1～2min。

[实例 2]　3%～5%重铬酸钾溶液，90～95℃，填充时间 10～15min。

经填充后的零件用流动温水洗净、吹干或烘干，最后在 105～110℃的机油、锭子油或变压器油中浸 5～10min。

③ 不合格发黑膜的退除　不合格发黑膜经汽油和化学方法除油后，在 10%～15%的盐酸或硫酸中浸蚀数十秒即可退除。

9.5.2　钢铁的常温发黑工艺

为取代污染严重、能耗大的碱性高温发黑工艺，1986 年美国开发的以氧化硒为主成膜剂的常温发黑技术（room temperature blackening technology）拉开了常温发黑研究的序幕。这种硒化物体系下的发黑工艺具有节能、不择钢型、操作方便、发黑周期短、不需要昂贵设备投资等优点。但同时也存在着硒化物昂贵、毒性大、黑膜附着力低等不足之处。在环保日益受到重视的今天，钢铁的常温无毒发黑（nontoxic blackening）研究日益得到金属表面处理工作者们的重视，目前已涌现出数种无毒的常温发黑工艺。配方涉及铜硫系、钼系、锰系等多种体系及黑化-磷化一体工艺。它们有着各自的优势，为钢铁表面处理增加了多种途径。

(1) 钼系发黑工艺

钼系发黑（molybdemum group blackening）膜一般耐蚀性都很强，黑度好，但附着力、光泽度稍差，膜层表面易形成细小皱裂，且黑色膜层中的含钼化合物不太稳定，以及某些含还原剂的发黑液不够稳定等问题。该类配方的成本主要由钼系化合物组分含量的多少决定，应尽量减少钼酸铵等含钼组分的用量。

[实例]　磷酸二氢锌 6～7g/L，硫酸铜 2.4g/L，钼酸铵 1g/L，柠檬酸 2.8g/L，OP-10 乳化剂 0.2g/L，其余为水。室温，pH=2～3，时间 4～8min。

(2) 铜-硫系发黑工艺

在铜-硫系发黑（copper-sulfide system blackening）液中，Cu^{2+} 被 Na_2SO_3 还原成 Cu^+，Cu^+ 与 $S_2O_3^{2-}$ 络合形成 $Cu(S_2O_3)^-$。在活性铜粒子的催化作用下，络离子分解成膜。该过程可分为以下三步：

$$Cu^{2+}+SO_3^{2-}+S_2O_3^{2-} \longrightarrow Cu(S_2O_3)^-$$

$$Cu^{2+}+Fe \longrightarrow [Cu]+Fe^{2+}$$

$$Cu(S_2O_3)^-+[Cu] \longrightarrow Cu_2S\downarrow+SO_3^{2-}$$

铜-硫系发黑膜耐蚀性、附着力都很强、光泽度好，但黑色度较差，呈深棕黑色，对处理黑度要求不太高的材料是一种很好的选择。该配方成本低，发黑液的稳定性可通过调节 pH 值、密封等方式加以调节。

［实例］ 六水硫酸铜 5～6g/L，五水硫代硫酸钠 7～8g/L，六水硫酸镍 2～3g/L，二水磷酸二氢锌 2～3g/L，磷钼酸铵 6～7g/L，冰醋酸 3～4g/L，乙二酸四乙酸二钠 2.4～3.2g/L，聚乙二醇（800）0.02～0.04g/L，pH＝1.5～2.5，温度 10～40℃，时间 6～8min。

该发黑液在满足膜层质量的同时，具有节能、无毒、高效、低成本、操作简单、适用范围较广的特点，但发黑液使用周期较短，有待于进一步研究解决。

（3）黑化-磷化一体工艺

钢铁表面转化膜技术是应用最为广泛的表面处理技术之一，但普通的磷化膜和发黑膜的耐蚀性都较差，为了提高钢铁常温发黑膜的结合力、耐蚀性和耐磨性能，人们将发黑与磷化的优势结合在一起，在发黑液中加入磷化剂的主要成膜组分磷酸二氢盐等，使发黑液在形成黑色 CuO 膜的同时形成一层磷化膜。磷化膜的晶形特点对提高发黑膜附着力、耐蚀性等有很大帮助。该类配方形成的发黑膜的可能组成为 $CuO \cdot Fe_3O_4 \cdot Zn_3(PO_4)_2 \cdot Zn_2Fe(PO_4)_2$ 等。膜层附着力、耐蚀性强是该工艺的最大特点，且发黑膜黑度高、色泽度好，通常不需要特别的后处理。但由于磷化组分的引入，使该工艺存在沉渣的问题，同时发黑液各组分的利用率下降。

［实例］ 磷酸二氢锌 15～20g/L，硝酸锌 35～45g/L，硝酸锰 10～15g/L，硝酸镍 2～3g/L，间硝基苯磺酸钠 2～4g/L，钼酸盐 4～10g/L，10～30℃，发黑时间 5～10min。

该工艺可获得均匀、细致、无挂灰的发黑膜，耐蚀性强（为普通磷化膜的 3～5 倍、为钢铁发黑膜的 10 倍以上）。膜层浸机油后，黑化膜耐中性盐雾试验时间由 6～8h 提高到 20～24h。本工艺不受材质影响，操作简单，无毒环保。

9.6 钢铁的磷化

磷化处理是在金属表面通过化学反应生成一层难溶的、非金属的、不导电的、多孔的磷酸盐薄膜的过程，通常称为转化膜处理过程。

磷化处理在工业上使用很广泛，主要用作工件防锈、机加工过程中润滑及涂装前处理。因为磷化膜具有多孔性，涂料、润滑油、防锈液等可以渗入到这些孔隙中，显著提高涂层的附着力、耐蚀性和润滑性能。

9.6.1 磷化膜形成机理

对磷化膜的形成机理有多种解释，目前主要有热力学机理、动力学机理。

（1）磷化膜形成的热力学机理

磷化处理材料的主要组成为酸式磷酸盐，其分子式可写为 $Me(H_2PO_4)_2$，其中 Me 通常为 Zn^{2+}、Mn^{2+}、Fe^{2+} 或 Na^+、NH_4^+ 等。酸式磷酸盐存在下列平衡反应：

$$3Me(H_2PO_4)_2 \rightleftharpoons Me_3(PO_4)_2 + 4H_3PO_4 \tag{9-1}$$

当将洁净的金属放入含有氧化剂、催化剂的酸式磷酸盐溶液时，游离磷酸将与基体反应，以钢铁为例：

$$Fe + 2H_3PO_4 = Fe(H_2PO_4)_2 + H_2 \uparrow \tag{9-2}$$

$$3Fe(H_2PO_4)_2 = Fe_3(PO_4)_2 + 4H_3PO_4 \tag{9-3}$$

该反应使金属与磷化溶液相接触的界面处酸度下降，平衡反应(9-1) 和反应(9-3) 向右移动，难溶性磷酸盐在基体表面沉积析出，当整个基体形成完整的磷酸盐薄膜时，成膜反应结束。

成膜过程中释放出来的氢气被吸附在待磷化金属的表面，阻碍了磷化膜的形成。为加快磷化反应的速度，在磷化处理溶液内加入氧化剂和催化剂（又称去极化剂），使初生态的氢氧化为水：

$$2[H]+[O] \longrightarrow H_2O$$

钢铁表面溶解下来的 Fe^{2+} 被氧化生成 Fe^{3+}，在磷化工作液的酸度下，它几乎完全不溶解，成为磷化淤渣沉淀下来，其反应式如下：

$$Fe^{2+}+[O] \longrightarrow Fe^{3+} \tag{9-4}$$

$$Fe^{3+}+PO_4^{3-} \longrightarrow FePO_4 \downarrow \tag{9-5}$$

将上述各反应结合起来，磷化过程的总反应方程式可写为：

$$4Fe+3Me^{2+}+6H_2PO_4^-+[O] \longrightarrow \underset{\text{(淤渣)}}{4FePO_4 \downarrow}+\underset{\text{(磷化膜)}}{Me_3(PO_4)_2 \cdot 4H_2O \downarrow}+2H_2O$$

实际的磷化反应远比上述过程复杂，因为还有一些副反应存在。

由以上机理看出：磷化渣的主要成分是 $FePO_4$，但其中也有少量的 $Me_3(PO_4)_2$，磷化膜的主要成分是 $Me_3(PO_4)_2 \cdot 4H_2O$，但也有磷酸铁与氧化铁存在。

当以 Na^+ 或 NH_4^+ 的酸式磷酸盐为磷化液的主要成分时，碱金属的磷酸二氢盐溶液在氧化剂的存在下，与钢铁表面产生下列反应：

$$4Fe+4NaH_2PO_4+[O] \longrightarrow \underset{\text{(铁盐磷化膜)}}{2FePO_4+Fe_2O_3}+2Na_2HPO_4+3H_2O \tag{9-6}$$

从磷化膜的形成过程看出，氧化剂、催化剂以及溶液的酸度是影响磷化速度的重要因素，对磷化质量起着决定作用，配制和调整磷化液时必须予以重视。

(2) 磷化过程动力学

磷化处理的动力学过程可分为四个阶段（见图 9-4）：①诱导期 α；②膜的初始生长期 β；③膜的指数生长期 γ；④膜的线性生长期 δ。

诱导期 α 取决于溶解反应的表面钝化、表面润湿及晶核的生成等作用。在 β 阶段形成初始膜，但膜的主要生长是在 γ 阶段，δ 阶段则使膜更完善。加入促进剂显然是为了缩短诱导期，加快膜的生成。当用 ClO_3^- 和 NO_3^- 作促进剂时，都在较高温度下才能起作用，ClO_3^- 促进剂使用温度大于 55℃，形成磷化膜薄而致密，氧化作用也比较稳定，没有 δ 阶段；NO_3^- 作促进剂，需更高的使用温度（大于 75℃），氧化作用不稳定，在 γ 阶段之后，因其分解作用，继续沉淀析出而产生线性生长期，以致获得较粗的厚膜。H_2O_2、$NaNO_2$ 作促进剂，氧化作用强，成膜过程可实现低温快速，但不稳定易分解，生成渣较多，膜稍粗。若用 $NaClO_3$ 与有机硝基基化合物复合或仅用有机硝基化合物作促进剂，同样可实现低温、快速，且生成渣量较少，形成膜比较细致，氧化作用比较稳定，其成膜速率见图 9-5。

在有机氧化剂硝基苯磺酸钠（SNBS）作促进剂时，诱导期主要是受晶核形成作用所抑制。由于磷酸盐的晶核形成有差别，钙改性则使诱导期延长（参见曲线 a、b）。当 SNBS 和 $NaClO_3$ 复合时，促进作用大于纯有机硝基化合物（见曲线 c），诱导期几乎消失，γ 期也缩短，膜的生成速度极快。

在图 9-5 中，曲线 a、b 的生长特征基本一致，速度也差不多，因此体系的磷化过程成膜动力学主要由所采用的氧化性促进剂所决定。事实上，从图 9-5 和图 9-4 的比较，我们可以发现，曲线 a、b 的形状和 NO_3^- 作促进剂的差不多，即单纯的有机硝基化合物促进剂仍呈现 NO_3^- 的特征；而曲线 c 和单独的 ClO_3^- 促进剂特征差不多，即它与 SNBS 复合时，仍保持单独 ClO_3^- 作促进剂的特征。唯一的差别是诱导期大大缩短，磷化速度加快。

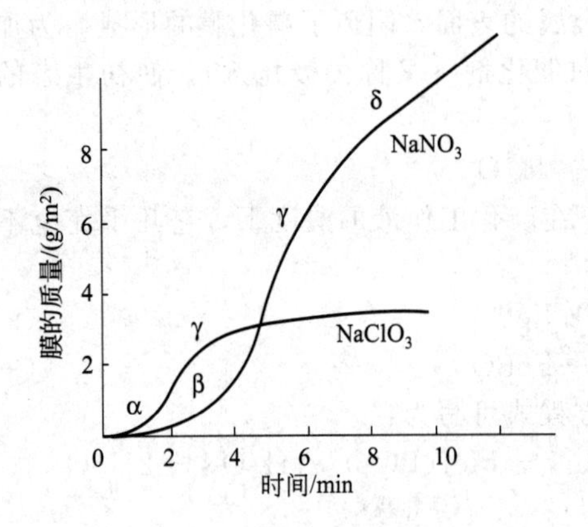

图 9-4　高温锌系磷化膜生长速率

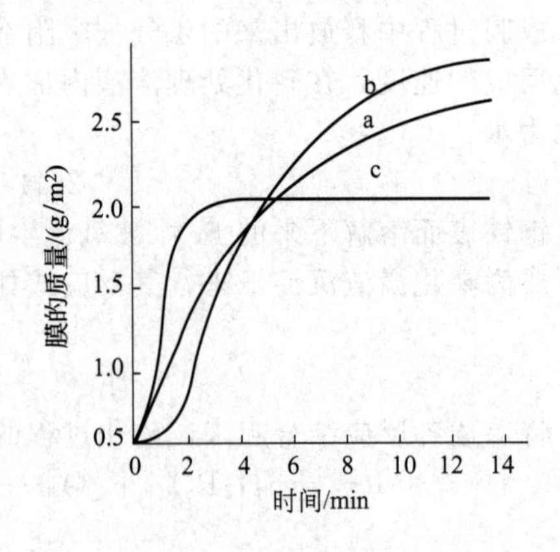

图 9-5　中低温下氧化剂的促进作用

a—50℃下 SNBS 作促进剂，磷酸锌膜的生长曲线；

b—50℃下 SNBS 作促进剂，钙改性磷酸锌膜的生长曲线；

c—50℃下，$NaClO_3$-SNBS 复合促进剂时的磷酸锌膜的生长曲线

通过电位测定，可以监测磷化膜的生长过程，见图 9-6。电位的初期升高对应于金属溶解的第一阶段（α 期）。由于溶解反应很快，在局部阳极区域产生的 $Fe(H_2PO_4)_2$ 浓度迅速增加而达到饱和，并在局部阴极以溶解不可逆的无定形形态沉积于表面，导致电位图上电位的急剧下降，形成初始沉积膜（β 期）。由于最先生成的无定形沉淀膜具有钝化作用，随后的电位变化趋势较平坦。

除了用单位面积膜质量随时间增长来表示成膜速率外，也可以采用孔隙率，更确切地说以阳极面积百分率随时间下降来表示，见图 9-7。

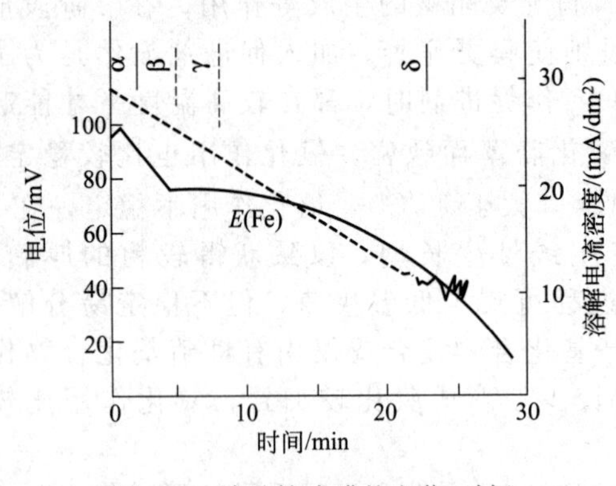

图 9-6　磷酸锌成膜的电位-时间曲线及溶解电流密度

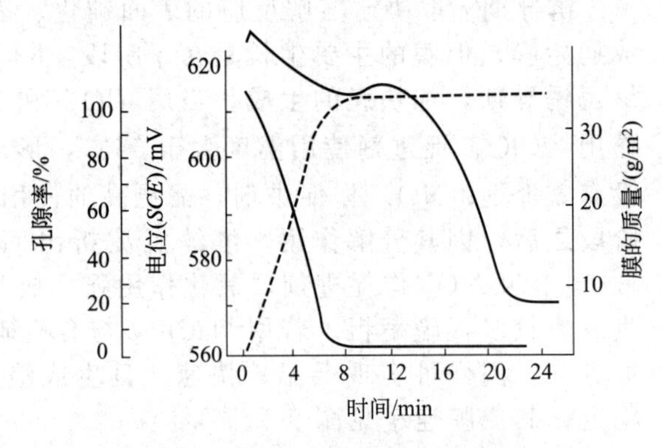

图 9-7　电位监测高温磷酸锌成膜的速率及孔隙率变化

其数学表达式为：

$$\ln F_{a0}/F_{a}=kt \tag{9-7}$$

式中　k——速率常数，min^{-1}；

t——反应时间，min；

F_{a0}——初始自由阳极面积，cm^2；

F_a——t 时残留的阳极面积，cm^2。

显然，速率常数 k 值越大，成膜越快。否则，形成一定厚度的磷化膜就需要相当长的时间。从化学反应动力学理论知，速率常数 k 是温度的函数：

$$k=k_0\mathrm{e}^{-E/RT} \tag{9-8}$$

式中　k_0——活化能等于零的最大速率常数；

R——气体常数；

E——活化能；

T——温度，K。

因此，速率常数 k 只是温度和活化能的函数。温度升高，k 值增大，反应加快。活化能则与被磷化金属的化学性能及其表面物理状态、磷化液的性能等因素有关。磷化液的性能主要由氧化性促进剂决定，它降低活化能而使 k 值增大，磷化加快。此外，成膜物质的浓度、物质在界面处的扩散、成膜时的晶核生成及结晶排列等也影响磷化液的性能。通常情况下，各项因素是彼此相关的。

(3) 晶核的形成

由金属溶解反应导致局部阴极区域界面附近溶液的酸度下降，从而形成过饱和溶液。在 pH＝4～5 时，出现磷酸盐的起始沉淀点（PIP），出现起始沉淀点的 pH 值则随溶液中 PO_4^{3-}/Zn 比值的升高而提高，见图 9-8。另外，最先形成的不完善的磷酸铁、氧化铁混合物组成的钝化膜，也能作为供磷酸锌结晶增长的晶核。

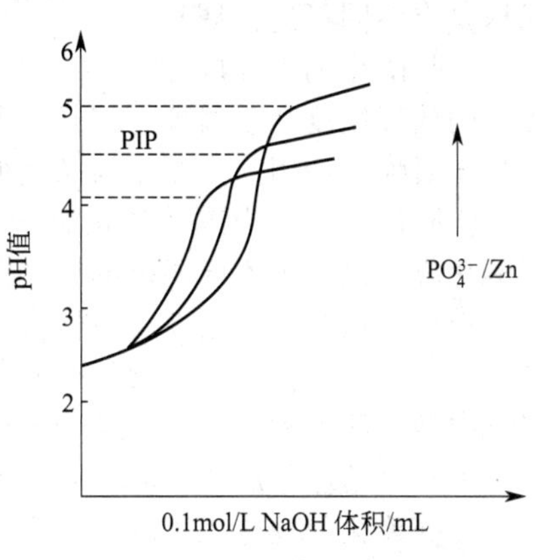

图 9-8　PIP-PO_4^{3-}/Zn 关系

一般地，钢铁表面晶粒界面处都是晶粒形成的活性中心，所以钢铁结晶组织愈小，磷酸盐结晶的析出度愈大。晶核都是在反应开始后的最初几秒钟内完成，随后的结晶过程只是晶粒长大，而晶粒数并不增加。一般情况下，单位面积（cm^2）的钢铁表面有几十万至几百万个晶粒。喷磷化和浸磷化的晶核生成数有很大的差别，一般喷磷化晶核生成数多，速度快，膜细致。

金属的表面状态，可以用化学整理剂进行表面调整，如磷酸钛胶体液。调整以后，改善了表面活性中心的密度，有助于提高磷化膜的质量和速率。此外，可通过机械活化手段，如砂纸打磨、擦拭来提高成膜速度，因为晶核数量还与金属表面粗糙度成正比。这样，打磨以后得到的磷化膜细致；而擦拭作用则给予金属表面能量，使活性中心的能级升高，磷化加快。

9.6.2　磷化处理的分类

磷化按照不同的标准，有不同的分类方法。

根据磷化处理剂的组成，分为铁盐磷化、锌盐磷化和锰盐磷化三大类。

铁盐磷化剂的主要成分为 Na^+ 或 NH_4^+ 的酸式磷酸盐，所以铁盐磷化也称为碱金属磷酸盐处理法。铁盐磷化膜的主要组成是磷酸铁与氧化铁，其颜色从蓝色到褐色，并且有彩虹色的外观。磷化膜很薄，膜的质量大约是 0.3～0.5g/m^2。铁盐磷化具有磷化速度快、处理时间短、处理温度较低、工艺容易控制、磷化工作液的酸度低（pH＝4～5.5）等特点，因而对磷化设备的耐酸度要求不高，磷化药品消耗少，生产成品较低，磷化淤渣较少，设备容易维护，还可以加入合成洗涤剂形成清洗、磷化二合一工艺，从而简化磷化处理的工序和设备。但是由于铁盐磷化膜很薄，耐腐蚀性不如锌盐磷化膜，所以它一般用来处理装饰性要求高、耐蚀性没有特殊要求的部件。

锌盐磷化的磷化剂主要为 Zn^{2+} 酸式磷酸盐，它是漆前磷化处理中应用最为广泛的一种工艺。锌盐磷化根据配方不同，可形成轻量型、中量型或重型磷化膜，其膜的质量范围在1.0～100g/m^2 之间，膜厚可达到 50μm。但用作涂层基底时，通常采用轻量型，膜的质量为 1～5g/m^2，膜厚一般为 3μm 以下。磷化液的组成除磷酸二氢锌外，还有氧化剂（常用硝酸盐）、催化剂（常用亚硝酸钠、氯酸钠和过氧化氢等强氧化剂）和一些添加剂（如三聚磷酸钠、氟化钠等），其中以硝酸钠、亚硝酸钠体系应用最为普遍。磷化膜从灰白色到灰黑色，根据要求不同可进行调整。

锰盐磷化的主要成分为 Fe^{2+} 与 Mn^{2+} 的酸式磷酸盐，即马尔夫盐。由于它较锌盐磷化要求的处理温度高，处理时间长，所得的磷化膜厚而疏松，膜的质量一般超过 10g/m^2，不宜与涂层配套使用，主要作为防锈使用。

实际使用中，为改善磷化膜的性能，常常加入含 Ca^{2+}、Ni^{2+}、Mn^{2+} 等的盐，形成多元磷化膜，以满足不同要求的涂层需要。

根据所形成的磷化膜的质量，磷化分为重型（＞7.5g/m^2）、中型（4.3～7.5g/m^2）、轻型（1.1～4.3g/m^2）和最轻型（0.3～1.1g/m^2）四类；根据磷化膜的厚度，分为厚膜型、中型、薄型和特薄型。厚型磷化主要用于防锈、拉延等，中型磷化主要作为空气喷涂、高压无空气喷涂的底层，薄型与特薄型磷化主要用于电泳涂装、高压静电喷涂等。

根据磷化处理施工温度不同，分为高温磷化（＞90℃）、中温磷化（50～70℃）、低温磷化（30～50℃）和室温磷化（20℃）。

室温快速磷化节省能源，节省时间，是目前的发展方向之一。市场上有一些常低温磷化液，但磷化工艺不稳定，管理复杂，所以主要作为小批量、间歇式生产使用，在大规模流水线生产中，主要采用中低温磷化液。

9.6.3　影响磷化处理质量的因素

（1）底材的影响

不同材料的组成与结构不同，在完全相同的磷化处理过程中，磷化膜的晶体结构和耐腐蚀性也不一样。即使组成相同的钢材，在经过不同热处理工艺处理后，磷化膜的质量也不相同。因为钢铁中含有各种微量元素，它们对磷化成膜起着不同的作用。如当 Ni/Cr 含量超过 5%时，不利于磷化膜生成，尤其是 Cr 对磷化成膜的阻化作用最强；金属中的 P、S 也影响金属的溶解反应；Mn 则使之易于磷化。热处理退火和重结晶过程中，渗碳体（Fe_3C）沉积于晶粒间，如果渗碳体细而多，形成磷化膜则细；反之，金属溶解较慢，膜也较粗糙。实际上，渗碳体起着活泼阴极的作用，即渗碳体越多，阴极表面积越大，越容易快速均匀成膜。

因此，在研究磷化液组成、制定磷化工艺时必须考虑基体材料及其结构对磷化质量的影响。

（2）促进剂的影响

根据磷化机理，氧化剂、促进剂可提高磷化速度，改善磷化质量。常用的氧化剂、促进剂有硝酸盐、氯酸盐、亚硝酸盐、过氧化物及有机氧化剂等。一般硝酸盐用于高温磷化，氯酸盐用于中温磷化，亚硝酸盐和有机氧化剂主要用于低温磷化，而过氧化物如 H_2O_2 等因很不稳定，很少使用。

NO_3^--NO_2^- 体系是常用的氧化催化体系。NO_2^- 能钝化金属表面：

$$2Fe + NO_2^- + 2H^+ \longrightarrow NH_4^+ + \gamma\text{-}Fe_2O_3$$

不完善的钝化层使大阳极变为大阴极，磷化速度大大加快。NO_2^- 氧化作用强，促进效果显著，中低温下可得到均匀致密的薄膜。其用量一般为磷化工作液的 0.02%～0.03%。用量不足，磷化速度减慢；用量过多，磷化淤渣量增多，加剧磷化药品的消耗，增加了设备清理维护的工作量。

由于亚硝酸钠在酸性溶液中容易分解，只要半小时不补充，即使没有工件通过，亚硝酸盐也会分解使其含量减半：

$$2NO_2^- + 2H^+ \longrightarrow H_2O + NO_2\uparrow + NO\uparrow$$

NO在大气中进一步氧化生成NO_2：$2NO + O_2 \longrightarrow 2NO_2$。

因此磷化处理时，亚硝酸钠常作为第二组分单独添加，给生产带来不便；分解产生的酸性气体NO_2，使磷化工件在停车时容易产生锈蚀；静置情况下NO在溶液中积累，与Fe^{2+}形成［Fe(NO)］$^{2+}$络合物，使槽液老化。

氯酸钠在55～75℃具有很强的氧化作用，该促进剂稳定性好，可使用浓度范围宽，形成的磷化膜结晶细致，硬度高，完全克服了NO_3^--NO_2^-催化体系的缺点，是中温磷化的良好促进剂。但其还原产物Cl^-在溶液中积累，成膜时可能被结晶物质夹带留在沉积膜中，如以$[Fe^{III}Cl_3PO_4]^{3-}$的络合物形式共结晶而残留于膜中，如果水洗不彻底，使涂膜耐蚀性变差；ClO_3^-催化产生的浮渣很细，易在磷化膜表面形成浮灰。因此在实际使用时，常采用NO_2^--ClO_3^-复合促进剂，充分发挥各自的优点，同时ClO_3^-还能分解$[Fe(NO)]^{2+}$络合物：

$$3[Fe(NO)]^{2+} + ClO_3^- \longrightarrow 3Fe^{3+} + 3NO_2^- + Cl^- \quad (>10℃)$$

具有一定水溶性的有机硝基化合物，在酸性条件下，于阴极区得到电子而还原：

$$Ar\text{-}NO_2 + 6H^+ + 6e^- \longrightarrow Ar\text{-}NH_2 + 2H_2O$$

中间产物为羟胺，促进作用与NO_2^-相当，但放置稳定性比$NaNO_2$好得多。由于还原产物使槽液变成酱色，限制了它的应用。

各类促进剂的促进作用大小顺序为：

$$NO_2^-/ClO_3^- > NO_2^- \approx Ar\text{-}NO_2 > ClO_3^-/NO_3^- \geqslant ClO_3^- > NO_3^-$$

氧化剂用量对磷化膜结晶过程有较大影响。在氧化剂用量较少的情况下，Fe^{2+}被氧化为Fe^{3+}的速度较慢，在磷化膜初始层中，以结晶型$Fe_3(PO_4)_2 \cdot 8H_2O$为主，作为随后沉积的$Zn_3(PO_4)_2$结晶的晶核，磷化速度较快，但获得的磷化膜稍厚、膜较粗糙、附着力差、孔隙率高。氧化剂用量适中的情况下，有适量的Fe^{2+}被氧化为Fe^{3+}，有无定形γ-Fe_2O_3和结晶型$Fe_3(PO_4)_2 \cdot 8H_2O$一起形成初始层。无定形γ-Fe_2O_3抑制晶核的形成，使$Fe_3(PO_4)_2 \cdot 4H_2O$沉积速工下降，磷化膜较薄，但结晶细、孔隙率低。当氧化剂过量时，有大量的Fe^{2+}被氧化为Fe^{3+}，产生过多的无定形$Fe(OH)_3$胶质沉淀，抑制晶核生长，获得磷化膜较薄，由于初始层并不完善，随后的$Fe_3(PO_4)_2 \cdot 4H_2O$结晶层也不完善，孔隙率较大，此时磷化膜外观的显著特性是产生浮灰，即无附着力的白色胶质沉淀，使涂膜易于起泡，氧化剂高时，甚至会产生极薄的彩色磷酸铁膜，附着不上结晶膜。

一些金属离子如Ni^{2+}、Mn^{2+}、Ca^{2+}、Cu^{2+}等对磷化膜的形成具有促进作用，称为辅助促进剂。亚铁离子也有一定的催化能力。当磷化液中Fe^{2+}达到5点以上时（所谓“点”是指取样25mL，用硫酸溶液酸化后，以0.01mol/L高锰酸钾溶液滴定，直至所产生的粉红色在10s之内不消失，每消耗1mL高锰酸钾溶液为1点），催化效果较好。当亚铁离子含量达到7～8点时，催化效果就更为明显。但是以亚铁离子催化，磷化结晶较粗，而且亚铁离子的含量也难以控制。

F^-是一种有效的磷化反应活化剂，它可以加速磷化晶核的生成，使晶核致密，耐蚀性增强，在常低温磷化溶液中，氟化物的重要性尤为突出。对锌合金、铝合金材料的处理中，Al^{3+}是磷化反应阻止剂，F^-的存在可消除Al^{3+}的影响。一般中温磷化每班补充NaF不超过0.5g/L，常温磷化每班补充不超过1g/L。

(3) 总酸度（TA）、游离酸度（FA）和酸比的影响总酸度表示磷化液中含有的所有酸性成分，通常用“点”数表示。以酚酞为指示剂，以0.1mol/L NaOH标准溶液滴定10mL磷化液，每消耗1mL NaOH溶液称为1“点”。游离酸度表示磷化液中游离酸的浓度，同样以“点”数表示，其测定方法同总酸度，只是它以甲基橙为指示剂。酸比是指总酸度与游离酸度之比。

根据磷化反应的机理，在游离酸度一定时，提高$Zn(H_2PO_4)_2$的浓度，即提高总酸度，有利于磷化膜的生成，而且成膜均匀、致密、降低室温成膜的温度下限。游离酸对磷化过程的阳极溶解步骤起决定性作用，对磷化速度起决定性的作用。游离酸度太低，成膜时间长，膜难以形成，成膜易锈、易擦掉；游离酸度过高，试样表面腐蚀过度，过多的气泡会阻碍成膜，结晶粗大、泛黄、疏松、抗腐蚀能力很差。因此根据平衡移动原理，要真正获得优质磷化膜，必须严格控制酸比，只有在酸比恰当时，才能保证结晶致密、膜层完整。

一般酸比越高，磷化膜越细、越薄，磷化温度越低，但酸比过大时，不易成膜，膜层容易锈蚀、溶液容易浑浊、沉淀多；若酸比过小，膜结晶疏松粗大，膜层质量低劣。磷化温度不同，酸比也不同，常低温磷化酸比较高，而高温磷化酸比较低，通常在（5～15）：1之间。

（4）温度的影响

磷化温度对成膜速度的影响显著，因为酸式磷酸盐的水解反应为吸热过程，因此温度降低，平衡反应向左进行，游离酸度显著降低，而游离酸度对钢铁的阳极溶解步骤、磷化速度起决定作用，因此温度降低不利于磷化。

根据上述原理，欲得到低温快速磷化膜，就要想法使上述平衡右移，可采取增大酸比，添加适量强氧化性促进剂，在磷化前进行表面调整，增加磷化形核的活性点等措施。

（5）表面调整的影响

使金属表面晶核数量和自由能增加，从而得到均匀、致密磷化膜的过程称为表面调整。简称为表调，所用的试剂称为表调剂。

常采用的表调剂是磷酸钛胶体溶液，主要由K_2TiF_6、多聚磷酸盐、磷酸一氢盐合成，使用时配成$10^{-5}g/cm^3$ Ti的磷酸钛胶体溶液，磷酸钛沉积于钢铁表面作为磷化膜增长的晶核，使磷化膜细致。由于钛胶表调液浓度低，胶体稳定性差，所以将溶液pH值控制在7～8之间，并采用去离子水配制。尽管如此，该表调液的老化周期一般在10～15天。

由于钛胶表调剂中有较多的多聚磷酸盐胶体稳定剂，对磷化成膜有显著抑制作用，因此在表调剂中加入适量Mg^{2+}、Mn^{2+}，并控制pH=8～9.5，具有改良作用。另外表调剂的制备工艺和过程对表调作用影响也很大。

具有络合作用的物质，如酒石酸、柠檬酸、EDTA等除了具有晶核调整作用外，还有减少磷化渣作用。

（6）P比及其影响

锌盐磷化膜中主要由两种磷酸盐组成，一种是磷酸锌（hopeite，简称为H成分），化学式为$Zn_3(PO_4)_2 \cdot 4H_2O$，另一种是磷酸锌铁（phosphophyllite，简称为P成分），化学式为$Zn_2Fe(PO_4)_2 \cdot 4H_2O$。实验证明，当磷化膜中P成分提高，即：

$$\text{P比值}=\frac{\text{P的质量}}{(\text{P}+\text{H})\text{的质量}}\times 100\%$$

提高时，膜的耐蚀性显著提高。也就是说，当磷化膜中Fe含量提高时，磷化膜的耐酸、耐碱溶解性能提高，如图9-9所示。

在一定浓度范围内，增加磷化液中Zn^{2+}的浓度，磷化膜质量增加；适当降低磷化液中Zn^{2+}的浓度，有利于形成$Zn_2Fe(PO_4)_2$，使P比增大。但Zn^{2+}浓度太低时，磷化膜太薄，防腐性变差。

磷化方式也影响 P 值，实验证明，浸渍磷化可形成耐蚀性好、P 值高的磷酸锌膜；而喷磷化只能形成磷酸锌膜，耐蚀性相对降低。

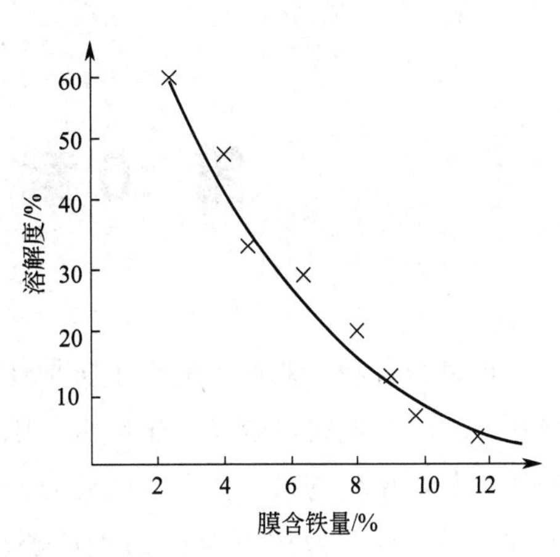

图 9-9　磷化膜铁含量与耐碱溶解性关系

9.6.4　磷化液配方举例

铁盐磷化：NaH_2PO_4 88g/L；$H_2C_2O_4$ 39.7g/L；FeC_2O_4 7.9g/L；$K_2Cr_2O_7$ 10.5g/L；$NaClO_3$ 5g/L；pH=2 50℃/10～15min。

锌盐磷化：ZnO 0.6g/L；85% H_3PO_4 7.8g/L；$NaNO_3$ 9.4g/L；$NaNO_2$ 0.15g/L；TA 10～12 点；pH=3.4±0.1 50～55℃/喷 2min。

低温喷磷化：85% H_3PO_4 7.0g/L；ZnO 4.4g/L；HNO_3 4mL/L；$Ni(NO_3)_2$ 2g/L；$Mn(H_2PO_4)_2$ 1g/L；$NaClO_3$ 3.5g/L；间硝基苯磺酸钠 1.0g/L；酒石酸 1.0g/L；HBF_4 0.7g/L；FA0.8～1.2 点，TA20～21 点；35℃/喷 80s。

低温浸磷化：$Zn(H_2PO_4)_2$ 55g/L；$Ni(NO_3)_2$ 5g/L；$Zn(NO_3)_2$ 90g/L；FA 3～4 点，TA 75～95 点；酒石酸 0.5g/L；35～45℃/浸 5～15min。

锌镍锰系：$Zn(H_2PO_4)_2$ 60～80g/L；$Mn(NO_3)_2$ 15～30g/L；TA 80～110 点，FA3～4 点；$Zn(NO_3)_2$ 80～100g/L；$Ni(NO_3)_2$ 0.5～1g/L；60～70℃/3～5min。

思考题

1. 简述铝材零件阳极氧化的优点。
2. 如何解释铝阳极氧化膜多孔层的形成与加厚？
3. 铝材零件阳极氧化膜的封闭一般采用哪些方法？
4. 什么样的阳极氧化膜才可进行染色处理？
5. 硫酸阳极氧化生成的氧化膜疏松、粉化的原因是什么？怎样解决？
6. 为什么要进行钢铁的氧化处理，可通过哪些主要方法实现？
7. 在高温型钢铁发黑工艺中，何为“红色挂灰”，如何防止？
8. 简要说明高温型钢铁发黑工艺参数对发黑膜质量的影响。
9. 说明高温型和常温型发黑工艺的特点是什么？
10. 简述钢铁的磷化机理，说明温度、氧化剂、酸度对磷化条件的影响。
11. 试述磷化溶液游离酸度和总酸度的调整方法。

第10章 电镀清洁生产

电镀为各种工业产品提供了防护性、装饰性或功能性镀层，在制造业中具有不可替代的作用。同时，电镀也容易产生废水、废气和废渣，给环境造成一定的危害。因此，电镀是一把双刃剑，作为电镀工作者，既要充分认识到电镀在国民经济中的重要性，也要清楚其存在的问题。研究和使用符合清洁生产要求的电镀工艺与设备，是电镀领域健康发展的必由之路。

10.1 电镀清洁生产与工艺选择

10.1.1 清洁生产的概念

清洁生产（cleaner production）是一种新型污染预防和控制战略，是实现经济和环境协调持续发展的一种重要手段。联合国环境规划署（UNEP）早在1989年就提出了“清洁生产”的战略和推广计划，随后我国在清洁生产方面也相继提出了若干意见和举措，2002年6月我国以立法形式颁布了《中华人民共和国清洁生产促进法》，2004年国家发改委、国家环保局发布了《清洁生产审核暂行办法》，使清洁生产更加具体化、规范化和法制化。我国“清洁生产促进法”指出，清洁生产是指不断采取改进设计、使用清洁的能源和原料、采用先进的工艺技术与设备、改善管理、综合利用等措施，从源头消减污染，提高资源利用效率，减少或者避免生产、服务和产品使用过程中污染物的产生和排放，以减少或者消除对人类健康和环境的危害。清洁生产不包括末端治理技术，如空气污染控制、废水及固体废物处理等，可以简单描述为“能使自然资源和能源利用合理化、经济效益最大化、对人类和环境的危害最小化”。

为贯彻《中华人民中华国环境保护法》和《中华人民共和国清洁生产促进法》，国家发展和改革委员会、环境保护部与工业和信息化部三部门联合下发了《电镀行业清洁生产评价指标体系》2015年第25号。此评价体系的指标参数形式包括定量和定性两类，在定量评价指标中，各指标的评价基准值是衡量该项指标是否符合清洁生产基本要求的评价基准；在定性评价指标体系中，衡量该项指标是否贯彻执行国家有关政策、法规的情况，是否采用电镀行业污染防治措施，按“是”或“否”两种选择来评定。然后根据综合评价所得分值将清洁生产等级划分为三级，Ⅰ级为国际清洁生产领先水平；Ⅱ级为国内清洁生产先进水平；Ⅲ级为国内清洁生产一般水平。表10-1和表10-2分别列举了电镀及阳极氧化企业清洁生产评价指标体系的各评价指标、评价基准值和权重值。

表 10-1　综合电镀清洁生产评价指标项目、权重及基准值

序号	一级指标	一级指标权重	二级指标	单位	二级指标权重	Ⅰ级基准值	Ⅱ级基准值	Ⅲ级基准值
1	生产工艺及装备指标[8]	0.33	采用清洁生产工艺[1]		0.15	1. 民用产品采用低铬[9]或三价铬钝化 2. 民用产品采用无氰镀锌 3. 使用金属回收工艺 4. 电子元件采用无铅镀层替代铅锡合金	1. 民用产品采用低铬[9]或三价铬钝化 2. 民用产品采用无氰镀锌 3. 使用金属回收工艺	
2			清洁生产过程控制		0.15	1. 镀镍、锌溶液连续过滤 2. 及时补加和调整溶液 3. 定期去除溶液中的杂质	1. 镀镍溶液连续过滤 2. 及时补加和调整溶液 3. 定期去除溶液中的杂质	
3			电镀生产线要求		0.4	电镀生产线采用节能措施[2]，70%生产线实现自动化或半自动化[7]	电镀生产线采用节能措施[2]，50%生产线实现半自动化[7]	电镀生产线采用节能措施[2]
4			有节水设施		0.3	根据工艺选择逆流漂洗、淋洗、喷洗，电镀无单槽清洗等节水方式，有用水计量装置，有在线水回收设施		根据工艺选择逆流漂洗、喷淋等，电镀无单槽清洗等节水方式，有用水计量装置

续表

序号	一级指标	一级指标权重	二级指标	单位	二级指标权重	Ⅰ级基准值	Ⅱ级基准值	Ⅲ级基准值
5	资源消耗指标	0.10	* 单位产品每次清洗取水量③	L/m^2	1	≤8	≤24	≤40
6		0.18	锌利用率④	%	0.8/n	≥82	≥80	≥75
7	资源综合利用指标		铜利用率④	%	0.8/n	≥90	≥80	≥75
8			镍利用率④	%	0.8/n	≥95	≥85	≥80
9			装饰铬利用率④	%	0.8/n	≥60	≥24	≥20
10			硬铬利用率④	%	0.8/n	≥90	≥80	≥70
11			金利用率④	%	0.8/n	≥98	≥95	≥90
12			银利用率④（含氰镀银）	%	0.8/n	≥98	≥95	≥90
13			电镀用水重复利用率	%	0.2	≥60	≥40	≥30
14	污染物产生指标	0.16	* 电镀废水处理率⑩	%	0.5	100		
15			* 有减少重金属污染物污染预防措施⑤		0.2	使用四项以上（含四项）减少镀液带出措施		至少使用三项减少镀液带出措施
			* 危险废物污染预防措施		0.3	电镀污泥和废液在企业内回收或送到有资质单位回收重金属，交外单位转移须提供危险废物转移联单		
16	产品特征指标	0.07	产品合格率保障措施⑥		1	有镀液成分和杂质定量检测措施、有记录；产品质量检测设备和产品检测记录	有镀液成分定量检测措施、有记录；有产品质量检测设备和产品检测记录	
17			* 环境法律法规标准执行情况		0.2	废水、废气、噪声等污染物排放符合国家和地方排放标准；主要污染物排放应达到国家和地方污染物排放总量控制指标		
18			* 产业政策执行情况		0.2	生产规模和工艺符合国家和地方相关产业政策		

续表

序号	一级指标	一级指标权重	二级指标	单位	二级指标权重	Ⅰ级基准值	Ⅱ级基准值	Ⅲ级基准值
19	管理指标	0.16	环境管理体系制度及清洁生产审核情况		0.1	按照 GB/T 24001 建立并运行环境管理体系，环境管理程序文件及作业文件齐备；按照国家和地方要求，开展清洁生产审核	拥有健全的环境管理体系和完备的管理文件；按照国家和地方要求，开展清洁生产审核	
20			＊危险化学品管理		0.10	符合《危险化学品安全管理条例》相关要求		
21			废水、废气处理设施运行管理		0.1	非电镀车间废水不得混入电镀废水处理系统[⑪]；建有废水处理设施运行中控系统，包括自动加药装置等；出水口有 pH 自动监测装置，建立治污设施运行台账；对有害气体有良好净化装置，并定期检测	非电镀车间废水不得混入电镀废水处理系统；建立治污设施运行台账，有自动加药装置，出水口有 pH 自动监测装置；对有害气体有良好净化装置，并定期检测	非电镀车间废水不得混入电镀废水处理系统；建立治污设施运行台账，出水口有 pH 自动监测装置，对有害气体有良好净化装置，并定期检测
22			＊危险废物处理处置		0.1	危险废物按照 GB 18597 等相关规定执行		
23			能源计量器具配备情况		0.1	能源计量器具配备率符合 GB 17167 标准		
24			＊环境应急预案		0.1	编制系统的环境应急预案并开展环境应急演练		

注：标“＊”号的指标为限定性指标。

① 使用金属回收工艺可以选用镀液回收槽、离子交换法回收、膜处理回收、电镀污泥交有资质单位回收金属等方法。

② 电镀生产线节能措施包括使用高频开关电源和/或可控硅整流器和/或脉冲电源，其直流母线压降不超过 10%并且极杠清洁、导电良好、淘汰高耗能设备、使用清洁燃料。

③“每次清洗取水量”是指按操作规程每次清洗所耗用水量，多级逆流漂洗按级数计算清洗次数。

④ 镀锌、铜、镍、装饰铬、硬铬、镀金和含氰镀银为七个常规镀种，计算金属利用率时 n 为被审核镀种数；镀锡、无氰镀银等其他镀种可以参照“铜利用率”计算。

⑤ 减少单位产品重金属污染物产生量的措施包括：镀件缓慢出槽以延长镀液滴流时间（影响产品质量的除外）、挂具浸塑、科学装挂镀件、增加镀液回收槽、镀槽间装导流板，槽上喷雾清洗或淋洗（非加热镀槽除外）、在线或离线回收重金属等。

⑥ 提高电镀产品合格率是最有效减少污染物产生的措施，“有镀液成分和杂质定量检测措施、有记录”是指使用仪器定量检测镀液成分和主要杂质并有日常运行记录或委外检测报告。

⑦ 自动生产线所占百分比以产能计算；多品种、小批量生产的电镀企业（车间）对生产线自动化没有要求。

⑧ 生产车间基本要求：设备和管道无跑、冒、滴、漏，有可靠的防范泄漏措施、生产作业地面、输送废水管道、废水处理系统有防腐防渗措施、有酸雾、氰化氢、氟化物、颗粒物等废气净化设施，有运行记录。

⑨ 低铬钝化指钝化液中铬酸酐含量低于 5g/L。

⑩ 电镀废水处理量应≥电镀车间（生产线）总用水量的 85%（高温处理槽为主的生产线除外）。

⑪ 非电镀车间废水：电镀车间废水包括电镀车间生产、现场洗手、洗工服、洗澡、化验室等产生的废水。其他无关车间并不含重金属的废水为“非电镀车间废水”。

表 10-2　阳极氧化清洁生产评价指标项目、权重及基准值

序号	一级指标	一级指标权重	二级指标	单位	二级指标权重	Ⅰ级基准值	Ⅱ级基准值	Ⅲ级基准值
1	生产工艺及装备指标⑤	0.4	采用清洁生产工艺		0.2	1. 除油使用水基清洗剂 2. 碱浸蚀液加铝离子络合剂，以延长寿命 3. 阳极氧化液加入添加剂，以延长寿命 4. 阳极氧化液部分更换老化槽液，以延长寿命 5. 低温封闭	1. 除油使用水基清洗剂 2. 碱浸蚀液加铝离子络合剂 3. 硫酸阳极氧化液添加具有 α-活性羟基羧酸类物质	1. 除油使用水基清洗剂 2. 硫酸阳极氧化液添加具有 α-活性羟基羧酸类物质
2			清洁生产过程控制		0.1	1. 适当延长零件出槽停留时间，以减少槽液带出量 2. 使用过滤机，延长槽液寿命	适当延长零件出槽停留时间，以减少槽液带出量	
3			阳极氧化生产线要求		0.4	生产线采用节能措施①，70%生产线实现自动化或半自动化④	生产线采用节能措施①，50%生产线实现自动化或半自动化④	阳极氧化生产线采用节能措施①
4			有节水设施		0.3	根据工艺选择逆流漂洗、淋洗、喷洗，阳极氧化无单槽清洗等节水方式，有用水计量装置，有在线水回收设施	根据工艺选择逆流漂洗、喷淋等，阳极氧化无单槽清洗等节水方式，有用水计量装置	
5	资源消耗指标	0.15	*单位产品每次清洗取水量②	L/m²	1	≤8	≤24	≤40
6	资源综合利用指标	0.1	阳极氧化用水重复利用率	%	1	≥50	≥30	≥30
7	污染物产生指标	0.15	*阳极氧化废水处理率	%	0.5	100		
8			*重金属污染物污染预放措施③		0.2	使用四项以上（含四项）减少槽液带出措施③	使用四项以上（含四项）减少槽液带出措施③	至少使用三项减少槽液带出措施③
			*危险废物污染预防措施		0.3	阳极氧化污泥和废液在企业内回收或送到有资质单位回收重金属，电镀污泥和废液在企业内回收或送到有资质单位回收重金属，交外单位转移须提供危险废物转移联单		

续表

<table>
<tr><th>序号</th><th>一级指标</th><th>一级指标权重</th><th>二级指标</th><th>单位</th><th>二级指标权重</th><th>Ⅰ级基准值</th><th>Ⅱ级基准值</th><th>Ⅲ级基准值</th></tr>
<tr><td>9</td><td rowspan="2">产品特征指标</td><td rowspan="2">0.07</td><td colspan="2">产品合格率保障措施</td><td>0.5</td><td>有槽液成分和杂质定量检测措施、有记录;产品质量检测设备和产品检测记录</td><td colspan="2">有槽液成分定量检测措施、有记录;有产品质量检测设备和产品检测记录</td></tr>
<tr><td>10</td><td>产品合格率</td><td>%</td><td>0.5</td><td>98</td><td>94</td><td>90</td></tr>
<tr><td>11</td><td rowspan="8">清洁生产管理指标</td><td rowspan="8">0.13</td><td colspan="2">*环境法律法规标准执行情况</td><td>0.2</td><td colspan="3">符合国家和地方有关环境法律、法规,废水、废气、噪声等污染物排放符合国家和地方排放标准;主要污染物排放应达到国家和地方污染物排放总量控制指标</td></tr>
<tr><td>12</td><td colspan="2">*产业政策执行情况</td><td>0.2</td><td colspan="3">生产规模和工艺符合国家和地方相关产业政策</td></tr>
<tr><td>13</td><td colspan="2">环境管理体系制度及清洁生产审核情况</td><td>0.1</td><td>按照 GB/T 24001 建立并运行环境管理体系,环境管理程序文件及作业文件齐备;按照国家和地方要求,开展清洁生产审核</td><td colspan="2">拥有健全的环境管理体系和完备的管理文件;按照国家和地方要求,开展清洁生产审核;符合《危险化学品安全管理条例》相关要求</td></tr>
<tr><td>14</td><td colspan="2">*危险化学品管理</td><td>0.1</td><td colspan="3">符合《危险化学品安全管理条例》相关要求</td></tr>
<tr><td>15</td><td colspan="2">废水、废气处理设施运行管理</td><td>0.1</td><td>非阳极氧化车间废水不得混入阳极氧化废水处理系统;建有废水处理设施运行中控系统,包括自动加药装置等;出水口有 pH 自动监测装置,建立治污设施运行台账;对有害气体有良好净化装置,并定期检测</td><td>非阳极氧化车间废水不得混入阳极氧化废水处理系统;建立治污设施运行台账,有自动加药装置,出水口有 pH 自动监测装置;对有害气体有良好净化装置,并定期检测</td><td>非阳极氧化车间废水不得混入阳极氧化废水处理系统;建立治污设施运行台账,出水口有 pH 自动监测装置,对有害气体有良好净化装置,并定期检测</td></tr>
<tr><td>16</td><td colspan="2">*危险废物处理处置</td><td>0.1</td><td colspan="3">危险废物按照 GB 18597 等相关规定执行</td></tr>
<tr><td>17</td><td colspan="2">能源计量器具配备情况</td><td>0.1</td><td colspan="3">能源计量器具配备率符合 GB 17167 标准</td></tr>
<tr><td>18</td><td colspan="2">*环境应急预案</td><td>0.1</td><td colspan="3">编制系统的环境应急预案并开展环境应急演练</td></tr>
</table>

注：标 * 号的指标为限定性指标。

① 阳极氧化生产线节能措施包括使用高频开关电源和/或可控硅整流器和/或脉冲电源，其直流母线压降不超过 10% 并且易清洁、导电良好、淘汰高耗能设备、使用清洁燃料。

② “每次清洗取水量”是指按操作规程每次清洗所耗用水量，多级逆流漂洗按级数计算清洗次数。

③ 减少单位产品酸、碱和重金属污染物产生量的措施包括：零件缓慢出槽以延长镀液滴流时间（影响氧化层质量的除外）、挂具浸塑、科学装挂零件、增加氧化液回收槽、氧化槽和其他槽间装导流板，槽上喷雾清洗或淋洗（非加热氧化槽除外）、在线或离线回收酸、碱等。

④ 自动生产线所占百分比以产能计算；对多品种、小批量生产的电镀企业（车间）生产线自动化没有要求。

⑤ 生产车间基本要求：设备和管道无跑、冒、滴、漏，有可靠的防范泄漏措施、生产作业地面、输送废水管道、废水处理系统有防腐防渗措施、有酸雾、氟化物、颗粒物等废气净化设施，有运行记录。

根据目前我国电镀行业的实际情况，不同等级的清洁生产企业的综合评价指数列于表 10-3。

表 10-3 电镀行业不同等级清洁生产企业综合评价指数（Y）

企业清洁生产水平	评定条件
Ⅰ级(国际清洁生产领先水平)	同时满足： $Y_{\text{Ⅰ}}\geqslant 85$；限定性指标全部满足Ⅰ级基准值要求
Ⅱ级(国内清洁生产先进水平)	同时满足： $Y_{\text{Ⅱ}}\geqslant 85$；限定性指标全部满足Ⅱ级基准值要求及以上
Ⅲ级(国内清洁生产基本水平)	满足：$Y_{\text{Ⅲ}}=100$

10.1.2 电镀清洁生产的选择

（1）尽量使用低污染、无污染的原料，替代有毒有害的原材料

如采用无氰、无铅电镀，三价铬电镀，三价铬钝化及无铬钝化均是从源头出发，实现清洁生产的典型代表。

① 代氰工艺 氰化物的毒性大、作用快，口服微量几秒之内就能使人毙命，通过皮肤或呼吸吸收也能致死或致残。氰化物进入水中，即使浓度很低（0.1mg/L），也会使水生生物、植物中毒而死。以氯化物镀锌、碱性锌酸盐镀锌代替氰化镀锌；以中性镍工艺代替碱性氰化镀铜，用于钢铁金属的打底镀层，以焦磷酸盐镀铜加厚等；国内还研究使用了柠檬酸盐镀Sn-Zn合金，焦磷酸盐、锡酸盐镀Sn-Co合金，无氰镀Sn-Ni、Ni-W、Ni-Mo合金等。无氰镀银、无氰镀金等工艺也取得了长足发展。其中丙尔金镀金不仅适用于功能性电镀而且也适于装饰性电镀，目前已成功应用于实际生产中。无氰电镀工艺的发展，带来了多种络合剂、添加剂及其复配的使用，但值得注意的是发展绿色环保电镀技术，一定不能以牺牲废水处理为代价。

② 代铬技术 六价铬是一种毒性极强的致癌物质，它在生物和人体内积聚，能够造成长期性的危害。美国环保局将六价铬确定为17种高危险的毒性物质之一。

采用化学镀镍磷合金、镍-硼（1%～8%）合金代替电镀硬铬，其硬度和耐磨性完全满足一般工业要求，耐蚀性显著提高；电镀Ni-P、Ni-B、Ni-Mo和Ni-W及其三元合金，都具有较高的硬度和耐磨性，特别是经过热处理后，其硬度超过1000HV。此外，在合金电镀的基液中，如镍-磷、镍-硼、镍-钨合金等，加入适量微细的硬质颗粒，如金刚石、碳化硅、碳化硼、三氧化铝等，在表面活性剂和搅拌的条件下，可得到高硬度、高耐磨的合金复合镀层，是代替硬铬的优良镀层。在磨损件修复和加工超差工件中可采用镀铁代替，对于有较高硬度要求的修复件则需要镀后渗碳强化处理。

在替代六价铬装饰镀铬的生产中，除了出现三价铬镀铬工艺以外，还出现了以锡镍合金、锡钴合金及在锡钴合金镀液中引入锌、铟或铬等形成三元合金来替代装饰铬层。其中三元合金的代铬镀层与铬层具有相似的浅蓝银白色，比铬镀层具有更好的耐盐、硫酸、强碱能力，镀层可焊接，镀液电流效率接近90%～95%；缺点是镀层比铬层稍软且耐磨性稍弱。在不经常受磨损以及一些形状复杂的小零件生产上，可采用此工艺，并可进行滚镀生产，实现了电能耗、污染及治理费用的降低。

③ 代隔技术 镉的毒性极大，易被人体吸收并积累，导致骨痛病，曾在日本造成严重危害，饮水标准含镉量为小于0.01mg/L。镉镀层的另一缺点是在高强钢上电镀，容易产生氢脆和镉脆。我国自20世纪70年代，在以锌代镉方面进行了大量试验研究，有部分镀镉产品被锌镀层所取代。随着锌合金的应用和发展，对锌合金代镉也进行了许多研究，其中锌-

镍合金具有最多的优点，特别是具有良好的耐蚀性和低氢脆性，还有锌-钴合金等，有的工艺已经在欧美和我国的航空航天产品上得到应用。另一种锌合金是锡-锌合金，其镀层特性与镉镀层相近，也是比较好的代镉镀层，已在生产上得到应用。

④ 无氟工艺　在电镀过程中，有不少镀种使用氟化物，如氟硅酸盐、氟硼酸盐等有毒物质，这些物质具有很强的腐蚀性，对人体危害极大（我国饮水标准氟化物应小于1.0mg/L），且三废处理困难。含氟镀液主要用在电镀铅、锡及其合金以及高效、高速镀铬等。目前高效、高速镀铬已逐渐被含无氟复合有机添加剂的镀液所取代。在镀锡-铅合金生产线上，由于氟化物和氟硼酸盐具有适于钢板快速、常温电镀等优点，在生产中仍占有相当的比重。从环保和发展考虑，研究并开始使用的有两种无氟镀液。一种是氨基磺酸盐镀液，它有很高的溶解度，对 Pb^{2+} 有一定的络合作用，可获得结晶细致、平滑、光亮的镀层，且沉积速度快，适合高速电镀；另一种是甲基磺酸盐镀液，成分简单，容易维护，废水处理简单，其优点是可在高电流密度下工作，适合高速电镀，但价格较贵。

⑤ 代铅工艺　铅的毒性很大，我国饮水标准为小于0.1mg/L。据国外报道，在21世纪初将逐渐禁止铅的使用。近几年来，各国都在积极研究和发展无铅的可焊性镀层，镀种有锡、锡-铋、锡-银、锡-铜和锡-锌合金等。锡作为可焊性镀层的主要缺点是容易生成锡须，而锡-锌合金作为可焊性镀层的主要缺点是锌在铜上的迁移，不能在铜基体上电镀。Sn-Cu合金具有更多的优点和可使用性，它很可能成为无铅可焊性合金的代用镀层而取代锡-铅合金，预计 Sn-Cu 合金将会广泛应用。

⑥ 代镍及节镍工艺　由于镍价格昂贵且镍的可致敏性，可用低锡氰铜合金代替作为装饰性镀层的中间层使用，研究表明，低锡氰铜的抗蚀性能比同等厚度的铜/镍组合镀层优异，铜锡合金/铬镀层的抗蚀效果优于铜/镍/铬。锡-钴-锌三元合金外观酷似镍铬层，耐蚀性又比一般镍铬镀层好，可作为代镍铬镀层使用，在超市货架、螺母及电风扇网罩等产品上已有使用。

（2）采用清洁、高效的生产工艺，使物料、能源高效地转化成产品，实现低碳运行

如电镀锌中，在相同情况下酸性氯化物镀锌的电流效率接近100%，而碱性锌酸盐镀锌的电流效率仅为70%左右，因此，虽然从原料上看都没有采用有毒物质，但能耗和生产效率不同，在保证镀层质量的前提下，氯化物镀锌更节能、高效。

（3）对生产过程中排放的废物实行再利用，做到变废为宝、化害为利。

（4）从工艺管理角度，注意清洁生产的过程控制

① 延长镀液的使用寿命　采用去离子水配制溶液和清洗镀件；采用连续过滤，及时补加、调整溶液，定期去除溶液中的杂质，减少杂质带入，及时清除掉落的镀件等；采用纯度高的化工原料、阳极材料（并装挂阳极袋）；保持工装挂具的完好等都可大大延长镀液的使用寿命，减少污染物的排放，节约资源。

② 减少工作溶液的带出量　工作槽之间加导液板；适当延长镀件出槽停留时间；控制工艺溶液在低浓度范围；合理的镀件装挂位置；增加回收槽等可有效降低镀液的带出量，减少资源浪费。

③ 减少清洗水的用量　采用加压水、湍流清洗等，提高清洗效率，减少用水量。

④ 尽量选择易被降解的表面活性剂　一些脂肪链表面活性剂相对于含苯环的表面活性

剂容易被微生物降解，因此在前处理液、电镀添加剂中应注意选择。另外，一些螯合物，如EDTA络合盐，很难降解，应尽量不选用。

（5）采用先进的电镀设备，实现电镀清洁生产

使用直线式自动线［见图10-1(a)］、小型环形自动线［见图10-1(b)］。大大提高了自动化程度和生产效率，改善了生产环境和劳动卫生条件；高频开关电源的使用，使电镀电源小型化、便捷化，节能甚至高达50%，这些都为现代电镀领域的清洁生产提供了重要保证。但是，我国的电镀设备与发达国家相比还有差距，应加大研究开发力度，生产出技术超前的、适应新工艺发展和清洁生产要求的先进设备；提高生产设备的密闭化与自动化程度，严格监督各种废气、废水处理设备的运行情况，使生产环境和生态环境切实得到进一步改善。

(a) 直线式自动线

(b) 小型环形自动线

图10-1　电镀自动线

10.2　电镀生产中的节水方法

随着工业化的发展，环境污染的加剧，水不再是源源不尽的资源。在我国很多城市，已出现严重缺水，很大程度上限制了城市的发展，所以，节约用水应成为每一个公民、每一个企业自觉的行为。电镀是耗能、耗水大户，必须采取多种措施节约用水，不但是对资源的节约保护，对自身来说，减少了用水量、排污量，也降低了生产成本。

（1）清洗用水的节约

为保证产品质量，电镀工件出槽后要经多道水洗，这也是电镀用水的主要工序。

① 装挂的改进　在设计工件装挂方式时，除了考虑提高镀层电镀性能的几何因素外，还应考虑镀件出槽时易于滴流，如对箱体、盒装件、管件、深孔件，应充分考虑悬挂方式，使其出槽时尽量少存溶液。

② 槽上的适当停留　工件从槽中取出，镀液从工件上滴流有个过程，当无喷气吹滴的时候，完全依靠重力作用自然流淌。因此，必须给予适当的滴流时间。在自动提升工件时，一是减慢自动线提升速度，二是工件提升出液面后设计数秒的停留时间，再作水平移动。手工操作时，可在槽上方设置挂杆，挂具挂在其上，停留几秒再行清洗。对于滚镀，带出量更大，一是要注意停留；二是滚筒孔径在允许情况下尽量加大；三是在出料斗下方设置回收接液盒。

至于具体的出槽速度和停留时间，需要考虑镀液浓度与气温的变化。浓度较高，黏度较

大，气温较低，提出速度要慢一些，停留时间要稍长一些。若是浓度较稀的溶液，黏度小，气温较高，提出速度快一些，停留时间短一些。

③ 防止洗液滴流损失　工件带出液在漂洗运行过程中，出现滴流不可避免，如滴流在槽与槽的空隙进入地沟，既导致污染，又造成原料、水源的流失浪费。为此，可在槽与槽间设置一块软塑料，这样，槽液、漂洗液只能从软塑料表面滴流入漂洗槽，不会从槽间隙滴入地沟导致污染。

④ 采用动态漂洗　将挂具在漂洗槽内，来回摆动2～3次，残留液能基本漂洗干净，这样可提高清洗质量，减少清洗用水，切忌静态清洗。

⑤ 设置回收槽　在镀槽后面设置一个或几个静止水洗回收槽，回收镀件带出的镀液，以降低清洗槽的浓度，而浓的回收槽溶液可视各镀种对液温的工艺要求以及对杂质敏感性和容忍程度，可将它们作为镀液补充或采取浓缩措施加以回用。这样不但回收了电镀的原辅材料，也降低了废水的浓度，减轻了末端处理的负荷。

⑥ 采用逆流漂洗工艺　逆流漂洗（countercurrent rinsing）是公认的环保、节水工艺技术（见图10-2）。其包括连续逆流漂洗，间歇逆流漂洗两种形式。连续逆流漂洗是局部倒槽以等量补充镀槽工作时的蒸发及带出损耗，间歇逆流漂洗是定期全部倒槽至备用槽，以加热浓缩后补充镀槽的成分损耗。一般情况下，加热至45℃以上的镀槽，采用连续逆流漂洗，其优势在于不需要额外备用槽，回收槽数量少，占地面积小，流水线短。常温工作的镀槽，溶液蒸发消耗不多，只是带出消耗，其等量补充有限，所以采用间歇逆流漂洗，但需要设置备用槽及蒸发器，设备占地面积大，流水线长。

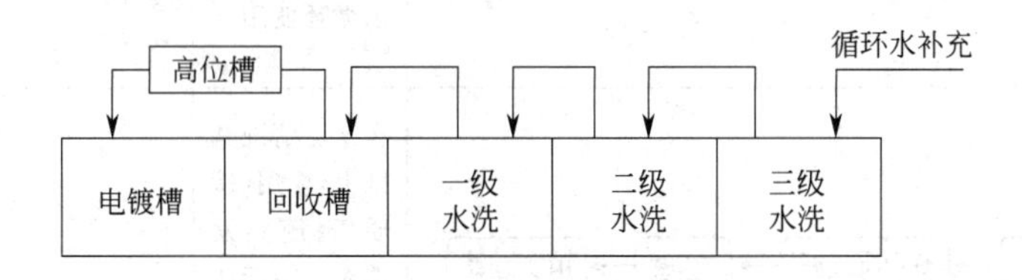

图10-2　逆流漂洗示意图

采用多级逆流漂洗和喷淋（见图10-3）相结合的方法能节约大量用水，减少废水排放量，减轻对环境污染。

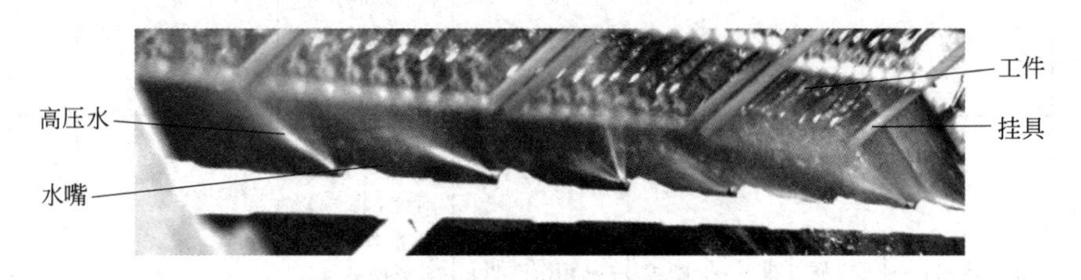

图10-3　高压水喷淋

⑦ 槽边循环　槽边循环是在始端漂洗槽（回收槽）旁边设置一套循环回收或净化装置，用化学法或物理化学法将重金属离子或有毒物质连续回收或破坏，使水实现循环返回进行漂洗。目前在镀件的清洗水处理上可实现槽边的闭路循环。循环系统的设计是在逆流清洗的基础上，辅助离子交换、反渗透、电渗析等处理方式，运用分离、浓缩技术实现金属离子回收利用，同时也实现最大限度地节约用水。采用何种辅助处理方法，需考虑设计的合理性、可

靠性、运行成本、设备投资及操作便捷等因素。典型的闭路循环系统设计流程如表 10-4 所示。

表 10-4　典型清洗闭路循环系统设计

闭路循环系统设计类型	工艺流程	特点	优势	应用及备注
逆流清洗-离子交换	清洗废水→砂滤→碳滤→精密过滤→强酸阳柱→①弱碱阴柱、②强碱阴柱→精密过滤→再生水回末级清洗槽	在逆流清洗基础上，通过离子交换对一级清洗排出的废水进行分离，处理后的清水回镀槽，多余清水用于末级清洗水循环使用	水回用率 90%～95%，且可用于其他任何工位的清洗	①一般清洗废水、含氰、含铬 ②清洗废水
逆流清洗-反渗透分离	清洗废水→多介质过滤→碳滤→精密过滤→超滤→反渗透→淡水回末级清洗槽；反渗透→浓缩水回镀槽或回收槽	在逆流清洗基础上，利用超滤、反渗透将第一级清洗排出的废水进行过滤、分离，浓缩液回镀槽或回收槽，淡水用于末级清洗水循环使用	(1)不消耗化学品，不产生废渣，无相变过程 (2)经反渗透离子的去除率为：Ni^{2+} 95%～99%，SO_4^{2-} 98%，Cl^- 80%～90%，H_3BO_3 30%	①适于镀锌、铜、镍、镀铬的清洗废水的回收利用 ②对于镀液中有添加剂及分解产物的，直接打入镀槽，易降低镀液使用寿命，最好单独收集并净化回收处理
逆流清洗-蒸发浓缩	清洗废水→多介质过滤→碳滤→精密过滤→蒸发浓缩装置→蒸馏水回末级清洗槽；蒸发浓缩装置→浓缩水回镀槽或回收槽	在逆流清洗基础上，应用(钛质)薄膜蒸发器对一级清洗排出的废水进行蒸发浓缩，浓缩液全部回镀槽或回收槽，蒸馏水返回末级清洗槽循环使用	(1)不排除废水 (2)铬的去除率为 99.9%	用于镀铬清洗废水回收利用
逆流清洗—阳离子交换—蒸发浓缩	清洗废水→多介质过滤→碳滤→精密过滤→阳离子交换柱→蒸发浓缩装置→蒸馏水回末级清洗槽；蒸发浓缩装置→浓缩水回镀槽或回收槽	在逆流清洗基础上，将一级清洗排出的废水经阳离子交换柱分离后，再经蒸发浓缩，浓缩液补回镀槽或回收槽，蒸馏水返回末级清洗槽循环使用		

a. 化学漂洗槽边循环　化学漂洗槽边循环是应用添加化学药剂的漂洗水对镀件进行漂洗，使镀件带出的污染物在漂洗槽内回收或破坏，漂洗槽与漂洗液贮槽之间形成一个循环系统。许多电镀废水都可采用这种方法（如镀镍、镀铜等）。对于化学漂洗槽可采用自动控制等方法达到最佳工艺条件。化学漂洗槽边循环法药剂消耗少，化学反应完全，漂洗水用量可节省90%以上。

b. 离子交换槽边循环　国内较多采用离子交换进行漂洗水的槽边循环，其中比较突出、经济效益较高的是镀镍废水的处理。离子交换槽边循环水回用率一般为90%左右，但由于树脂再生、转型、冲洗等操作，需消耗部分水，实际上水循环率为75%～80%。

c. 电化学法槽边循环　应用电渗、电解、隔膜电解等电化学技术，直接在生产线的终端漂洗槽或回收槽边进行重金属资源回收，达到槽边循环漂洗，节约漂洗水量。

d. 反渗透槽边循环　镀液经过机械过滤、活性炭吸附、超滤等处理后，进入反渗透装置，浓缩液直接回镀槽，淡水用于清洗水。目前在电镀镍、电镀铜等工艺中都有所使用，效果显著。该设备的管理比离子交换树脂法简单。

⑧ 采用先进的清洗工艺与设备

a. 超声波清洗　超声波清洗是利用超声波的空化作用，将工件各个部位的残留液彻底清除干净。清洗效果好，而且可大量节约用水，是目前推广的环保清洗技术。

b. 雾化水清洗技术　20世纪90年代起，上海应用技术学院电镀工程研究所开始探索电镀漂洗废水“零排放”技术。研究人员通过加压方式把液态水通过雾化喷嘴变成“水雾帘”，液滴颗粒更小、冲力更大，仅用原先2%～3%的水量，零件照样洗得干干净净，大大降低清洗用水量，提高清洗质量。同时，由于洗下来的废液中金属离子浓度较高，无需处理即可全部直接回用至电镀槽，避免了环境污染风险。

（2）尽量采用低浓度工艺

生产实践表明，镀液浓度越高，溶液黏度就越高，带出量就越大。反之，若槽液浓度低，黏度低，工件带出液相应就少，因此，采用低浓度工艺是多方收益的。目前，镀镍、铬等工艺均有成熟实用的低浓度电镀工艺，质量也会达到高浓度效果，可节约大量的漂洗用水。

10.3　废水处理与回用

电镀废水中的污染物除了含有酸、碱、重金属离子及各种光亮剂、表面活性剂等。在镀槽后设置回收槽，回收镀件带出的镀液，用于补充镀液的消耗或通过加热或者其他分离技术浓缩后返回原镀槽重新利用，实现资源节约，变废为宝。下面以电子行业电镀废液为例，介绍各类废水的处理方法。

（1）含氰电镀废水处理

含氰废水是由电镀车间镀铜、镀银产生的电镀废水，主要污染物为氰化钠、氰化钾、氰化银钾等氰化物以及铜、银等重金属。生产线为连续生产，污染物浓度在一定范围内波动。其具体水量杂质为：$Q=5t/h$，$CN^- \leqslant 45mg/L$，$Ag^+ \leqslant 0.1mg/L$，$Cu^{2+} \leqslant 15mg/L$，pH值：7～9，$COD_{Cr} \leqslant 80mg/L$，$BOD_5 \leqslant 50mg/L$。

氰根采用氧化的方法去除，铜、银采用碱化沉淀的方法。其处理工艺流程如图10-4所示。

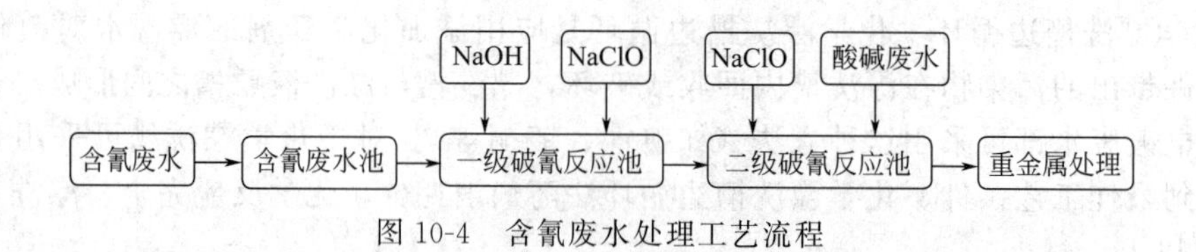

图 10-4　含氰废水处理工艺流程

含氰废水由 PVC 管道从生产线收集到含氰废水池。含氰废水池容积为 $48m^3$，池内安装一个液位控制开关，控制提升泵。提升泵将废水提升至一级破氰反应池。反应池内有两台计量泵分别泵入氢氧化钠和次氯酸钠。pH 值控制在 9～10，次氯酸钠量为 350mL/L。

一级破氰反应又称局部氧化，一级破氰反应在任何 pH 值条件下均能迅速完成。在酸性条件下生成的剧毒物 CNCl（氯化氰）会很快水解转化为微毒的 CNO^-（氰酸根）。温度越高，转化越快。pH 值小于 8.5 有释放出 CNO^- 的危险。实际操作中 pH 值控制在 9～10，经济有效，反应时间约 1h。NaClO（次氯酸钠）的加入量由实测反应池中的余氯含量决定，余氯量控制在 100mg/L。废液中除含游离氰外，还有重金属与氰的络合离子，因此要加入过量 NaClO，根据处理效果，控制计量泵流量为 350mL/L。反应池中用搅拌器进行搅拌，有利于反应彻底。

二级破氰反应又称完全氧化。完全氧化是在局部氧化的基础上进行的，将 CNO^- 进一步氧化生成 CO_2 和 N_2，消除氯酸盐对环境的影响。完全氧化工艺的关键在于控制反应的 pH 值，实际操作中完全氧化工艺的 pH 值控制在 7.5～8。当 pH 值过高时反应停止，而 pH 值太低时 CNO^- 会水解生成氨，并与次氯酸生成有毒的氯胺。

在实际运行中，二级破氰反应用酸碱废水代替硫酸。这样既可降低二级反应的 pH 值，又可节省硫酸的量。酸碱废水能够代替硫酸原因有两点：一是酸碱废水为清洗水，又经过均质池混合收集，混合后 pH 值为 7 左右，不影响破氰效果；二是酸碱废水量大，可以达到稀释废水降低 pH 值的作用。

二级破氰反应加入 NaClO 的量也要稍微过量。实际运行中加入 NaClO 的量控制在 150mL/min，反应时间为 1h。反应过程中可用机械搅拌器搅拌或水力搅拌，使反应进行彻底。

含氰废水不仅含有氰化物，而且还含有铜、银等重金属离子。破氰后的废水需要和其他废水混合处理，除去重金属离子。

含氰废水处理调试阶段，在废水处理池出水口取样检测废水中的含氰量，含氰量明显低于 0.5mg/L，达到二级排放标准。正式运行阶段发现，只要出水口余氯含量高于 50mg/L，含氰量都是达标的。于是，日常运行中，通过含氯检测试纸检测废水中的含氯量，以此来决定 NaClO 的加药量。此方法简单易行，能及时有效地控制废水处理效果。

（2）重金属电镀废水处理

重金属废水来源于电镀线清洗水，主要污染物有 Cu、Ag、Ni、Sn 等重金属，因为电镀基材为铜，镀液也有铜离子，所以铜含量较高。含 Ag 废水来源于镀银回收槽的清洗水，镀银槽后设两级回收槽，经两级回收后的清洗水中含 Ag 量减少了，重金属废水中的 Ag^+ 存在于破氰处理后的废水中。含 Ni 废水来源于镀 Ni 后的清洗水。重金属废水流量和水量为：$Q=4m^3/h$，$Cu^{2+}\leqslant 40mg/L$，$Ni^{2+}\leqslant 5mg/L$，$Ag^+\leqslant 0.1mg/L$，$Sn^{2+}\leqslant 5mg/L$，$Sn^{4+}\leqslant 10mg/L$，pH＝7～8。

因为含铜、镍的 pH 值基本呈中性，可以与破氰后的废水混合处理，加上预处理的酸碱废水，流量为 $4m^3/h$。含锡废水片 pH 值较低，需要先调节 pH 值，然后再化学沉淀处理，流量为 $10m^3/h$。需要处理后再与其他废水混合，进一步处理。

重金属处理采用化学沉淀的方法完成，处理流程如图 10-5 所示。

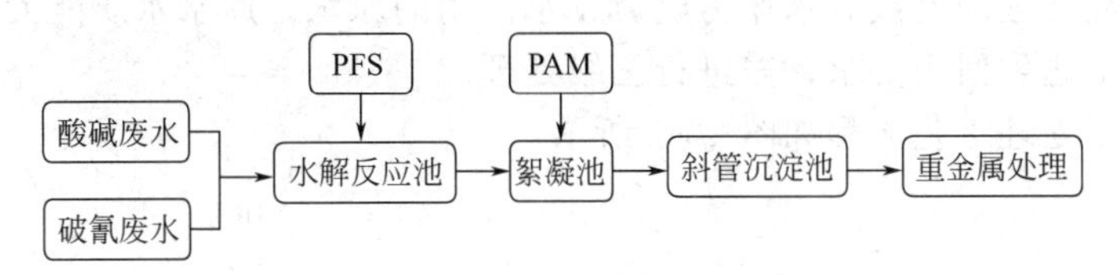

图 10-5　重金属废水处理工艺流程

重金属沉淀的关键是控制 pH 值，工艺中重金属离子主要含 Cu、Ni、Ag。两步破氰反应后废水 pH 值在 8 左右，根据重金属处理后的检测结果 Cu^{2+} 和 Ni^{2+} 都小于 0.2mg/L，Ag^{+} 含量基本测不出。因此这里省去了加 NaOH（氢氧化钠）调节 pH 值，废水直接进入水解反应槽，水解反应槽中加入溶解好的 PFS（聚合硫酸铁）。水解反应槽中有搅拌器搅拌，使废水混合，反应彻底。水解反应槽中有较细小的颗粒物产生。以此指标调节 PFS 的上药量。

废水经水解反应槽底部靠重力流至絮凝池，絮凝池中加入 PAM（聚丙烯酰胺）。絮凝池中依靠水力搅拌，混合比较均匀，能够产生直径约 2cm 的矾花。这时处理效果是比较好的，上药量也经济。PAM 是在药量溶解槽中配制好，配制过程中需要持续用机械搅拌。PAM 为白色颗粒状物质，配制时先加入 $0.5m^3$ 自来水，边搅拌边加入 PAM，至溶液能够拉出丝就停止加入，搅拌器继续搅拌 30min 后停止。

生成矾花的废水经过引水管进入斜管沉淀池下方，污泥沉入沉淀池底部，清水排入下一级和处理好的含锡废水混合。

从含氰废水处理到重金属废水处理，使用的是连续性处理。耐冲击负荷较小，以下废水不能排入混合废水处理：未经氧化处理的含氰废水和未经除铬处理的含铬废水；含各种络合剂超过允许浓度的废水；含各种表面活性剂超过允许浓度的废水。

（3）含锡电镀废水处理

含锡废水主要来源于镀件清洗水。废水中主要污染物是 Cu^{2+}、Sn^{2+}、Sn^{4+} 等重金属离子。这部分废水 pH 值偏低，为 2～3。因此，含锡废水需要单独处理。然后再与其他废水混合，进一步处理。含锡废水流量和水质为：$Q=10m^3/h$，$Cu^{2+}\leqslant 40mg/L$，$Sn^{2+}\leqslant 5mg/L$，$Sn^{4+}\leqslant 10mg/L$，$T_{ss}\leqslant 50mg/L$。其废水处理工艺流程如图 10-6 所示。

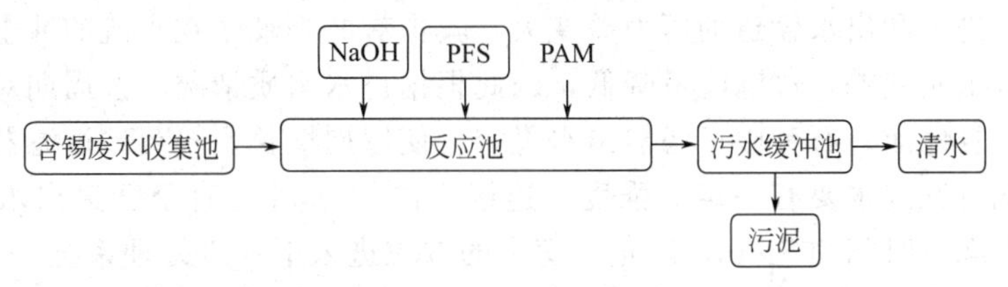

图 10-6　含锡电镀废水处理工艺流程

含锡废水使用间歇处理方法，工艺简单，好操作。工艺的关键是控制 pH 值为 8 左右，不宜过高。

含锡废水由提升泵提升至反应池，加满后开启搅拌机。先加入片碱 15kg，搅拌 5min，控制 pH 值在 8 左右，确定是否再加入少量片碱。废水 pH 值合适后再加入 PFS 约 2kg，搅拌 5min。最后加入配制好的 PAM 约 15L，反应池中出现明显的矾花时，关闭搅拌机。沉淀

2～3h，清水和污泥分层。先把污泥由污泥泵抽至污泥池，然后把清水排入缓冲池，和其他处理好的废水混合，等待进一步处理。

（4）电镀废水的回用

经过化学沉淀处理的电镀废水作为电镀废水回用的原水。原水水质能大部分指标达到一级排放标准。为了达到回用要求，需进行三级处理。

电镀废水回用处理工艺流程如图10-7所示。

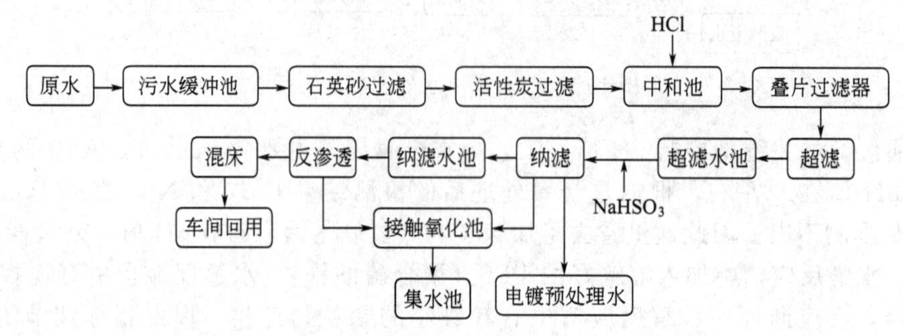

图10-7　电镀废水回用流程

电镀废水经过化学沉淀处理，去除了大部分重金属离子。用活性炭、石英砂过滤器去除小的颗粒物。用叠片过滤器（DF）和超滤（UF）分离胶体和颗粒物。纳滤（NF）分离化学处理未分离的绝大部分二价重金属离子和有机物。DF＋UF＋NF浓水经生化处理后返回废水收集池，循环去除重金属离子，产水回用到反渗透原水箱，进入下级纯水处理。本工艺可实现电镀废水的零排放，根据不同水质使用要求，可分别用于绿化、电镀预处理回用水和电镀生产线清洗水。

至此，以上工艺解决了生产过程中产生废水的出路问题，提高了水的重复利用率，大大减少了废水的排放，达到回用的目的。各工序的主要作用如下所述。

① 石英砂过滤

石英砂过滤是利用不同粒径的石英砂作滤料，降低水的浊度，截留水中的悬浮物、胶质颗粒，特别是能有效去除沉淀技术不能去除的微小颗粒。石英砂过滤器使用手动操作。过滤器外形尺寸为2500mm×3500mm，出力为$32m^3/h$。石英砂过滤器如图10-8所示。

石英砂过滤器是一种压力式过滤器，其填充料为精制石英砂滤料。石英砂滤料具有过滤阻力小、耐酸碱性强、抗污染性好等特点。在过滤过程中，过滤器使用一定时间，水中的颗粒物被滤料表面吸附并不断地在渗层中积累，滤料表面截留或吸附一定量的颗粒物，滤层孔隙逐渐被堵塞，进水和出水管道的压力差变大，其中有些颗粒物在水流的冲击下移到下层滤料中去，使出水水质变差，过滤流量降低，因此根据进水水质情况，按周期对过滤器进行反洗，使过滤器恢复性能。石英砂过滤器出水稳定，使用周期长。石英砂过滤器压差变大时要进行反洗。反洗时反洗水要有一定的强度，连续反洗约0.5h，直至管道出水清澈为止。反洗后还要进行正洗，时间约5min，防止管道中的颗粒进入下一级处理系统。

② 活性炭过滤　活性炭过滤主要利用含碳量高、分子量大、比表面积大的活性炭有机絮凝体对水中杂质进行物理吸附，达到水质要求。活性炭过滤器如图10-9所示。活性炭过滤器外形尺寸2500mm×3500mm，出力为$32m^3/h$。选用椰壳活性炭为原料，这种活性炭比表面积大，吸附能力强，机械强度高，表面含氧基团多。当水流通过活性炭的孔隙时，各种悬浮颗粒、有机物、水中异味、胶体及色素、重金属离子等在范德华力的作用下被吸附在活性炭孔隙中，防止在后级纳滤膜、反渗透膜氧化降解，还具有降低COD的作用，可以进

图 10-8 石英砂过滤器

图 10-9 活性炭过滤器

一步降低水中的 SDI 值。同时，吸附于活性炭表面的氯（次氯酸）在炭表面发生化学反应，被还原成氯离子，从而有效地去除了氯，确保出水余氯量小于 0.1μg/mL，满足 RO 膜的运行条件。

活性炭吸附能力较强，经过一段时间，需要根据进出口管道压力差及时对活性炭过滤器进行反洗，恢复处理能力。过滤器中活性炭质量相对较轻，反洗时要注意反洗强度，防止活性炭泄漏。在通常情况下，利用逆向水流反洗滤料，使大部分吸附于活性炭孔隙中的截留物剥离并被水流带走，恢复吸附功能；当活性炭达到饱和吸附容量彻底失效时，应对活性炭再生或更换活性炭。

③ 叠片过滤　叠片过滤属于机械拦截，作为 UF（超滤）的预处理能够保证拦截大于标称过滤粒径的悬浮物，从而保护 UF 不被大颗粒的悬浮物伤害，过滤精度为 55μm。叠片过滤器如图 10-10 所示。

本工艺配置了三台三寸叠片过滤器，每台通过能力为 $12m^3/h$。叠片过滤器水流通过过滤器进水口进入过滤器内，通过过滤片时，过滤叠片在弹簧力和水力的作用下，被紧紧连在一起，杂质颗粒被截留在叠片交叉点，经过过滤的水，从过滤器主通道中流出。此时单向隔膜阀处于开启状态。在设定的时间内系统自动进入反冲洗状态，控制阀门改变水流方向，过滤器的隔膜阀关闭主通道，反洗水使叠片旋转并均匀分开，喷洗水喷洗叠片表面，将截留在叠片上的杂质甩出。当反冲结束时，水流方向再次改变，叠片再次被压紧，系统重新进入过滤状态。在过滤系统内，各个过滤单元和工作阀，按顺序进行反洗。工作反洗之间自动切换，可确保连续供水。

图 10-10 叠片过滤器

④ 超滤　超滤（UF）是利用加压膜技术，即在进水流动过程中，部分水透过膜，而大部分水沿膜平面平行流动，同时将表面上的截留物带走。设备如图 10-11 所示。在超滤过程

中，水溶液在压力推动下，流经膜表面，小于膜孔的溶剂（水）及小分子溶质透过膜，成为净化液，比膜孔大的溶质被截留，随流水排出，成为浓缩液。超滤过程为动态过滤，分离是在流动状态下完成的。超滤用于截留水中胶体大小的颗粒，而水和低分子溶质则允许透过膜。反渗透、超滤、微孔过滤均以压力差为推动力，三者之间的比较如表10-5所示。

图10-11　超滤设备

表10-5　RO、UF、MF过滤的比较

项目＼类型	反渗透(RO)	超滤(UF)	微孔过滤(MF)
膜孔径	2～3nm以下	5nm～0.1μm	0.22～10μm
操作压力/MPa	1～2	0.1～1.0	0.1～0.2
主要分离物质	1nm以下无机离子以及小分子	分子300～3000nm的大分子以及细菌、病菌、胶体等物质	细菌、黏土等物质

超滤的核心是超滤膜，目前超滤膜的种类有醋酸纤维膜，聚砜膜以及聚砜胺膜等，超滤膜一般选用管式，包括内压列管式和外压管束式。超滤虽无脱盐性能，但对于水中的细菌、病毒、胶体、大分子等微粒相当有效。工作压力较低，小于2.0bar，运行成本较低。超滤装置反洗用的是进水，不是超滤产水，不会造成浪费。

本例中超滤系统含两套机组，每套机组由10支法国Aqusocc的中空纤维膜组成，出水为27m^3/h。超滤按周期需要进行反洗，以恢复性能。当反洗无法恢复性能时，需要进行化学清洗。超滤采用全自动运行，由控制阀门自动转换运行与反洗状态。

⑤ 纳滤　纳滤（NF）又称为低压反渗透，是膜分离技术的新兴领域，其以压力差为推动力，分离性能介于低压反渗透和超滤之间，允许小分子有机物、一价离子和某些溶剂透过膜，截留水中纳米级的颗粒，从而达到分离效果。纳滤可在高温、酸碱等苛刻条件下运行，耐污染；运行压力低，膜透过率高，装置运行费用低，可以和其他污水处理过程相结合，进一步降低费用和提高处理效果。

纳滤设备如图10-12所示。经过纳滤，水中的杂质含量降低，提高水质纯度，其二价离子脱盐率达到98%以上，一价离子脱盐率可达50%以上，并将大部分细菌、胶体以及大分子量的有机物去除。

图 10-12　纳滤设备

本工艺采用美国 DESAL/FRISEP 公司 8 寸纳滤膜，运行压力低，膜的透过率和脱盐率高。纳滤装置装有 24 支纳滤膜，安装在 6 个 FRP（纤维增强复合材料）的压力容器内，组成三比三排列。NF 装置配有高压泵，进口压力约为 0.5MPa，出力 $20m^3/h$。NF 系统产水率在 75%以上，系统二价离子脱盐率不小于 95%。纳滤的产水水质优于自来水，可部分回用于车间，代替使用自来水的场合。

在纳滤装置运行时，用产品水自动清洗，清洗掉纳滤膜和不锈钢管道中的高 TDS（总溶解性固体含量）残留水，使运行膜浸润在淡水中，可以防止膜的自然渗透造成的膜层损伤，去除污垢，使 NF 膜得到有效的保养。由于废水中含有微量余氯，进入 NF 前配有加 $NaHSO_3$（亚硫酸氢钠）的加药装置，保护 NF 膜。还配置一套化学清洗系统，主要用途是被污染时，用来清洗 NF 膜，同时在正常运转时用来进行冲洗，将膜表面的一些沉积物冲掉，并使被压实的膜恢复性能，提高产水量，并延长膜的寿命。

⑥ 反渗透　反渗透（RO）也是一种以压力差为推动力，从溶液中分离出溶剂的膜分离操作。反透所用膜，主要有卷式或中空纤维式。反渗透膜能截留水中的各种无机离子、胶体物质和大分子物质，从而取得较纯净的水。反渗透膜一端进水，另一端出水，出水分为产品水和浓水。反渗透设备如图 10-13 所示。

反渗透装置是由美国进口的 RO 膜、高压泵、流量分配控制管系、压力控制元件、膜组清洗系统及纯水箱组成。膜组采用 8040 型的标准复合膜，单管膜组试验脱盐率为 99.7%。通过膜组压力分配和不同的排列，充分利用每组膜管的效率，达到出水质量稳定。装置的脱盐率可达 98%，产出纯水的电导率小于 $20\mu S/cm$，高压泵为格兰富不锈钢多级立式泵，运行平稳，耗能低，占地面积小。反透过膜采用 SS304 不锈钢成型方管制作，结构牢固可靠，抗氧化性好。

产出的纯水由纯水箱存放，并有液位控制开关控制，保证水箱达到高位时自动停止 RO 装置运行，低位时自动启动 RO 装置运行，使设备处于自动控制状态。设备运行期间，要做好记录，管道、阀门、配件等出现漏水现象及时修理。

图 10-13 反渗透设备

工艺中反渗透装置使用两级两段，两级反渗透能够产出更好的水质。一级产水水质为 30μS/cm 左右，二级产水水质为 10μS/cm 左右。使用半年时间，水质会有所上升，然后稳定一段时间。时间长短跟预处理的效果有关。经过双级反渗透的处理，能够更好地保护混床。

⑦ 混床 混床是指装有氢型阳离子交换树脂和氢氧型阴离子交换树脂的系统。氢型阳离子交换树脂用于去除水中的阳离子，氢氧型阴离子交换树脂用于去除水中的阴离子。通过混床可将水中的各种矿物盐基本去除。由于阳离子交换树脂的密度重比阴离子交换树脂大，所以混床内阳离子交换树脂在下，阴离子交换树脂在上。一般阳、阴离子交换树脂填充量为 1∶2，也有填充比例 1∶1.5 的。

混床的树脂吸附一定量的阴、阳离子就会饱和无法继续吸附，这时需要对混床进行再生。再生可使混床重新恢复处理效果。

混床再生包括反洗分层、吸酸、吸碱、慢冲洗、双快洗、空气混合、正洗过程。

a. 反洗分层 开混床总进水阀，反洗排水阀，反洗进水阀，使树脂到上窥视孔中心线，流量以不跑树脂为准，阴、阳离子交换树脂可明显分层时，缓慢关反洗进水阀、反洗排水阀，使树脂完全沉降，阴、阳离子交换树脂分层。当反洗分层不明显时应停止反洗，通过碱喷射器进少量碱，当用酚指示剂滴入排水样中有微红即可停止进碱。继续反洗至能明显分层。

b. 吸酸碱 开启进碱阀门，开启碱混喷射器进水阀门，调整流量到 2t/h，开混床碱计量箱出碱阀门、喷射器吸碱阀门，调整吸碱阀门升度使碱液浓度为 2.0%～2.5%。大约在 30min 吸收液约 70L，关闭吸碱阀门、碱计量箱出口阀门。

开启酸混计量箱出酸阀门、喷射器吸酸阀门，调整酸液浓度在 20%～30%。大约在 30min 吸收液约 50L，关闭酸计量箱出酸阀门及吸酸阀门。

c. 慢冲洗 继续用酸、碱喷射器通水 1h 左右，以中排出水 pH 值接近 7 时为终点。

d. 双快洗 中排出水接近中性时，同时开启上进水阀门和下进水阀门，继续冲洗约 10min。关闭所有阀门。

e. 空气混合 开空气进气阀门，开排气阀。进气约 5min，混床阴阳离子交换树脂充分混合。关闭进气阀门及排气阀门。

f. 正洗 快速开启上进水阀门和下排水阀门，使树脂快速下压，防止树脂分层。当出水水质达到用水要求时，关闭所有阀门。混床备用。

思 考 题

1. 什么是清洁生产？电镀清洁生产包括哪些内容？

2. 举例说明电镀生产中如何节约水资源。

3. 为什么要加强电镀液的过滤？如何实现有效过滤？

4. 电镀生产中资源的循环利用包括哪些内容？试举一例，具体说明其可能利用的途径，并探讨处理工艺。

第 11 章　典型电镀工艺

随着科技的不断发展，材料的不断更新，电镀工艺的设计也由原始的手工线，发展成不同形式的半自动线、自动线。电镀的工艺流程可简单归纳为前处理→电镀→镀后处理。为了达到产品的外观及性能指标要求，电镀工艺流程的设计需要综合考虑施镀零件的材质、表面状态、加工形态、尺寸、镀层性能要求及应用领域等。本章从不同的电镀形式、不同基体施镀以及典型用途镀层方面分别选取典型实例介绍电镀工艺流程的设计。

实例 1　标准紧固件钾盐滚镀锌工艺

标准紧固件是指按照标准化生产的具有紧固连接作用的一类机械零件，主要包括螺栓、螺柱、螺钉、螺母、垫圈等不同类型，同一类型紧固件的结构形式也多种多样，根据应用场合及性能要求不同，其生产原料也有不同，但多采用中碳钢制造。为了提高部件的耐腐蚀性能，需要对其表面进行镀锌及钝化处理。紧固件镀锌目前主要用于中低档产品的生产。由于标准紧固件尺寸小、量大，挂镀生产效率低，成本高，因此在工艺条件许可的条件下多采用滚镀工艺。常用的工艺流程如图 11-1 所示。

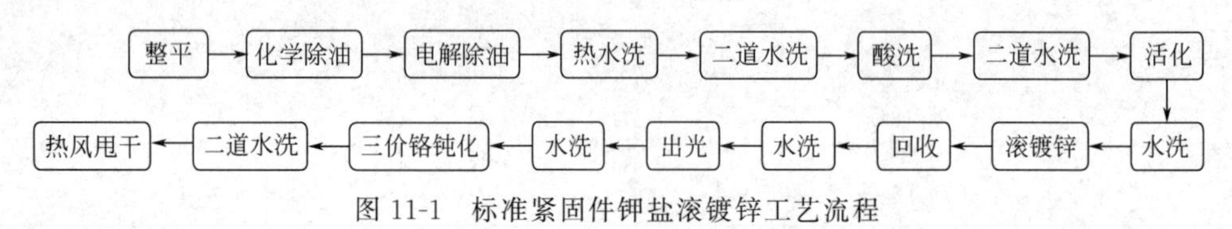

图 11-1　标准紧固件钾盐滚镀锌工艺流程

主要工序典型工艺如表 11-1 所示。

表 11-1　主要工序典型工艺

序号	工序名称	生产设备	设备参数	溶液组成	工艺规范	备注
1	除油	加热管 局部排风	滚筒转速 10～12r/min	NaOH 20g/L Na_2CO_3 20g/L Na_3PO_4 20g/L Na_2SiO_3 5g/L OP 乳化剂 2mL/L 碱雾抑制剂 1mL/L	50～60℃ 6～8min	
2	电解除油	加热管 整流器 局部排风	电加热功率 15kW 电流密度 5～10ASD[1]	NaOH 10～20g/L Na_2CO_3 20～30g/L Na_3PO_4 20～30g/L Na_2SiO_3 5g/L OP 乳化剂 2mL/L 碱雾抑制剂 1mL/L	70～80℃ 阴极 5～10min 后 阳极 0.2～0.5min	

续表

序号	工序名称	生产设备	设备参数	溶液组成	工艺规范	备注
3	酸洗	局部排风		盐酸 8%～10% 表面活性剂 1～2g/L	15～40℃ 除尽	经热处理或冷作硬化的硬度超过385HV或性能等级12.9级及其以上的紧固件不宜采用酸洗处理，应使用无酸的特殊方法，如碱性清洗、喷砂等方法
4	活化			盐酸 3%～5%	室温 0.5～1min	
5	滚镀锌	整流器 滚镀机 循环过滤	D_K:2～6ASD 电压:5V左右 滤芯精度:1μm $v_{滚筒}$:10～15r/min 滚筒孔径：对大小变化多的非定形产品滚筒孔径不宜大于ϕ3。若以镀小自攻螺丝为主时，孔径宜小至ϕ2。 开孔率不低于40%	氯化钾 160～220g/L 氯化锌 60～70g/L 硼酸 25～30g/L 光亮剂 14～18mL/L	0～55℃ pH5～6 阴、阳面积比 1:(1.5～2.0) 阳极为0号锌锭	①可用5%稀盐酸或5%的氢氧化钠调节镀液pH值 ②镀锌层厚度与紧固件的螺距大小及使用环境有关，可查阅GB/T 5267.1—2002《紧固件电镀层》
6	出光			硝酸 1%～1.5%	室温 2～5s	如镀层光亮剂夹杂过多，可采用15mL/L盐酸出光，去黄膜能力强，但亮度较硝酸出光略差，但操控性好
7	三价铬钝化			硝酸铬 20～60g/L 柠檬酸钠 35～65g/L 钴盐 24～44g/L	pH 1.8～2.0 室温 0.1～0.3min	易重叠的垫圈之类钝化，装载量要少。装筐钝化时每次量应少，中途加强翻抖
8	热风甩干	甩干筒			60～70℃	

❶ 1ASD=1A/dm²

实例2　集成电路引线框架全自动连续局部镀银工艺

连续电镀原料一般为成卷的带材或丝材，如钢丝或冲压后的铜带等。对带材的局部电镀又称为卷对卷电镀，每个电镀槽一般分为母槽和子槽，药水从母槽由泵打入子槽，子槽两边有狭缝，需要电镀的带材从缝隙中穿过，打入子槽的药水也从狭缝中流出而流入母槽，通过控制镀液流入与流出的量，就可以保持子槽中液位的恒定。

为实现带材全自动连续局部电镀，有两种常见的设备可供选择，分别为压板式摄像定位全自动连续局部电镀生产线和小轮式全自动连续局部电镀生产线。两种生产线的特点比较如表11-2所示。

表 11-2　全自动连续局部电镀生产线特点比较

设备类别	压板式摄像定位全自动连续局部电镀生产线	小轮式全自动连续局部电镀生产线
运行简单流程	上料→镀前驱动→缓冲→电镀→定位拉料→缓冲→镀后驱动→下料	上料→镀前驱动→电镀→镀后驱动→下料
模具形式	板式	小轮式
定位形式	摄像定位	导钉定位
喷液方式	高低频控制磁力泵	直立式磁力泵
非电镀区保护	压板	皮带
电源	脉冲高频整流器	脉冲高频整流器

以铜带局部镀银为例，其工艺流程可设计如图 11-2 所示。

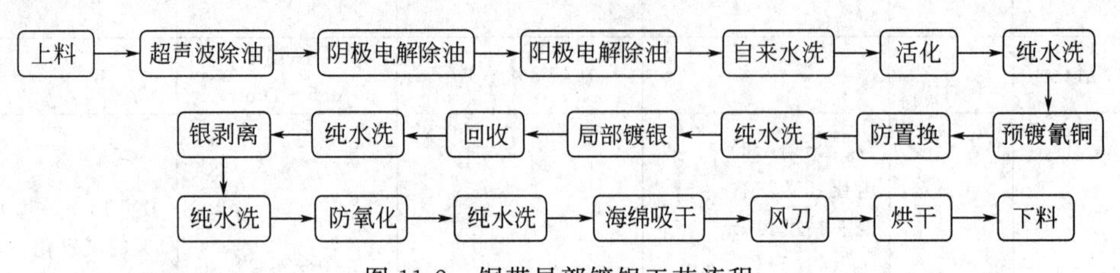

图 11-2　铜带局部镀银工艺流程

各主要工序的工艺参数、设备及作用如表 11-3 所示。

表 11-3　各主要工序的工艺参数、设备及作用

工序	生产设备	设备参数	溶液组成	浓度（未注明单位 g/L）	工艺条件	作用
超声波除油	超声波发生器	频率:40kHz	除油粉	130±50	温度 55.0℃±5.0℃	去除带材表面油污
电解除油	整流器	电流密度:5～30ASD	除油粉	130±50	温度 55.0℃±5.0℃	除净油污,达到电镀标准
活化			H_2SO_4	(30±10)mL/L	室温	除带材表面微观氧化膜
预镀氰铜	循环过滤机	滤芯精度:5μm	Cu^+	40±10	温度 50.0℃±5.0℃	打底镀层，增加铜带与银层的结合力
	整流器	阴极电流密度:1～8ASD	络合剂:游离KCN	30±10		
防置换			A剂	(20±1)mL/L	室温	防止铜带在镀银液中发生置换反应
			B剂	10±1		
			Ag^+	1.0±0.5		
镀银	循环过滤机	滤芯精度:5μm	Ag^+	65.0±5.0	温度 60.0℃±5.0℃ pH=9.0±1.0 比重 16～24°Be′	保证所要求镀银区域的精准电镀
	脉冲电源	阴极电流密度:50～200ASD 占空比:80% 单脉冲	络合剂(KCN)	2.0±1.0		
银剥离	循环过滤机	滤芯精度:5μm			pH=10±0.5 室温 比重(5.5±1.5)°Be′	剥去非镀银区漏镀的银层
防氧化			C剂	(40±5)mL/L	室温	保护银层不发生氧化反应
			Ag^+	1.0±0.5		
烘干	吹风式烘干机				120～150℃	干燥镀层
纯水					室温 电导率:≤0.5μS/cm	每班测 1 次

不同产品，需镀形状和范围不同，故所对应的电流有所不同，以两种产品为例介绍电镀

工艺参数的设置。表 11-4 为压板式摄像定位生产线工艺参数的设置。表 11-5 为小轮式生产线工艺参数的设置。

表 11-4　压板式摄像定位生产线

<table>
<tr><td>品名规格</td><td colspan="9">产品一</td></tr>
<tr><td>设备名称</td><td colspan="4">1 号电镀线</td><td>电镀方式</td><td colspan="4">选择镀银(光滑面)</td></tr>
<tr><td>产品尺寸</td><td colspan="4">(0.254±0.010)×(24.638±0.050)</td><td>材质</td><td colspan="4">C19400-SH</td></tr>
<tr><td>产品步距</td><td colspan="4">17.120±0.025</td><td>镀银厚度</td><td colspan="4">2.5～7.0μm</td></tr>
<tr><td>压模压力</td><td colspan="4">0.25～0.45MPa</td><td>烘干温度</td><td colspan="4">120～150℃</td></tr>
<tr><td>水洗流量</td><td colspan="4">3～7L/min</td><td>镀层光泽度</td><td colspan="4">GAM 0.5～1.5</td></tr>
<tr><td rowspan="2">电流/A</td><td colspan="2">电解除油</td><td colspan="3">预镀铜</td><td colspan="2">选择镀银</td><td colspan="2">银剥离</td></tr>
<tr><td colspan="2">25.0±5.0</td><td colspan="3">20.0±5.0</td><td colspan="2">15±3</td><td colspan="2">1.0±0.3</td></tr>
<tr><td rowspan="2">控制面板参数设置</td><td>Stroke
选镀长度/mm</td><td colspan="2">Pre Time
预喷时间/s</td><td colspan="2">Plating Time
电镀时间/s</td><td>After Time
后喷时间/s</td><td colspan="2">Pump High
磁力泵高频/Hz</td><td>Pump Low
磁力泵低频/Hz</td></tr>
<tr><td>787.0～788.0</td><td colspan="2">0.2～1.0</td><td colspan="2">6.0±1.5</td><td>0.2～1.0</td><td colspan="2">40～50</td><td>10～20</td></tr>
<tr><td>选择镀银位置示意图</td><td colspan="9">2.778
MAX PLATING AREA
2.278±0.15COINED AREA
MIN PLATING AREA
1.524
RO.200
0.000
2.778
MAX PLATING AREA
2.278±0.15COINED AREA
WIN PLATING AREA
1.524
0.000
COINED & PLATING AREA</td></tr>
</table>

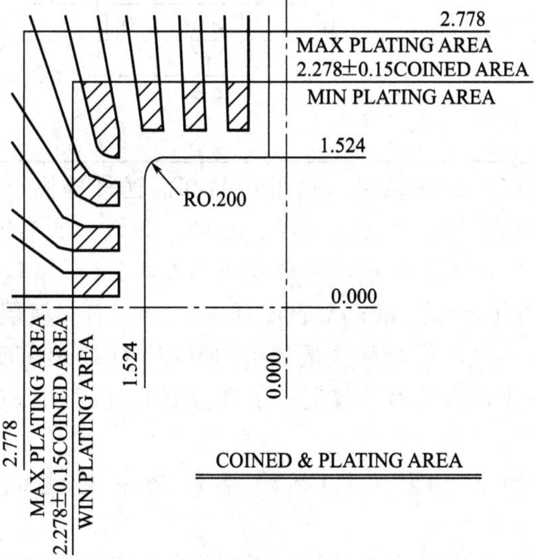

表 11-5　小轮式生产线

<table>
<tr><td>品名规格</td><td colspan="7">产品二</td></tr>
<tr><td>设备名称</td><td colspan="2">2 号电镀线</td><td colspan="2">电镀方式</td><td colspan="3">选择镀银(光滑面)</td></tr>
<tr><td>产品尺寸</td><td colspan="2">(0.381±0.010)×(25.400±0.050)</td><td colspan="2">材质</td><td colspan="3">C19400-1/2H</td></tr>
<tr><td>镀层光泽度</td><td colspan="2">GAM 0.5～1.5</td><td colspan="2">镀银厚度</td><td colspan="3">选择镀银 2.5～5.0μm</td></tr>
<tr><td>电镀速度</td><td colspan="2">(9.5±1.0)m/min</td><td colspan="2">烘干温度</td><td colspan="3">120～150℃</td></tr>
<tr><td>水洗流量</td><td colspan="2">3～7L/min</td><td colspan="2">热水洗</td><td colspan="3">流量:1～3L/min</td></tr>
<tr><td rowspan="2">电流/A</td><td>电解除油</td><td colspan="2">预镀铜</td><td colspan="2">选择镀银</td><td>银剥离</td><td></td></tr>
<tr><td>40.0±5.0</td><td colspan="2">20.0±5.0</td><td colspan="2">29.0±3.0</td><td>1.0±0.3</td><td></td></tr>
</table>

续表

品名规格	产品二
选择镀银位置示意图	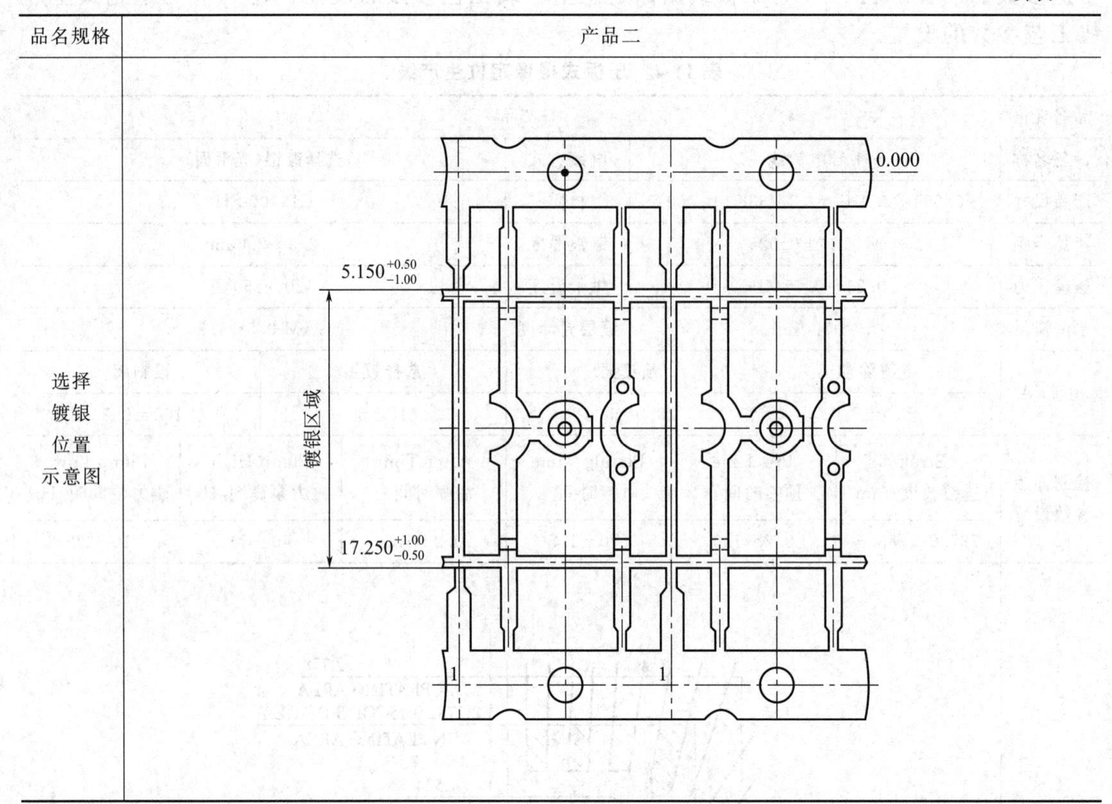

电镀层厚度根据客户要求确定，每批产品都需送样检测，确保银层厚度在要求范围以内。银层外观需无明显划伤、沾污、发花、粗糙、漏镀、凹痕等不良，选择镀银范围符合要求。银层光泽度根据客户要求确定，一般要求GAM 0.5～1.5，镀银层的结合力测试采用热震方法，要求380℃加热台板2min无起皮现象。为了确保镀层质量，镀液的分析需每天进行，分析项目包括：Ag^{+}，络合剂含量分析和镀液pH值及密度的测定。每月用活性炭滤芯过滤溶液；每年将溶液转移到另外容器，活性炭滤芯过滤3～8h。

实例3　PC＋ABS汽车装饰条电镀铜镍铬工艺

塑胶产品不仅量轻、成型简单且易加工成形状复杂的零件而在汽车零部件、机械仪表精密部件、电子产品外壳、造船业、航空航天等领域具有广泛的用途。对塑胶产品的表面进行电镀处理赋予产品金属的质感，不仅提高装饰性，而且还提高了产品的防护性能。常用的电镀的塑胶基材有ABS（丙烯腈-丁二烯-苯乙烯共聚物）、PC＋ABS（聚碳酸酯和丙烯腈-丁二烯-苯乙烯共聚物）以及PA（尼龙/聚酰胺）。根据产品要求不同，塑胶电镀铜镍铬工艺又分为普通亮镍六价铬镀铬、三价铬镀铬、珍珠镍六价铬、珍珠镍三价铬镀铬、双色电镀等。现以汽车装饰条为例，介绍电镀铜镍铬（六价铬）工艺流程。

汽车装饰条基体材料为PC＋ABS，根据企业的要求电镀铜镍铬三层组合镀层，要求厚度Cu≥25μm；Ni≥16.5μm；Cr 0.3～0.5μm；电位差镍封≥20mV；双层镍≥120mV；镍封颗粒数≥8000个/cm^2；CASS盐雾试验48h无变化。设计工艺流程如图11-3所示。

各主要工序工艺参数如表11-6所示。

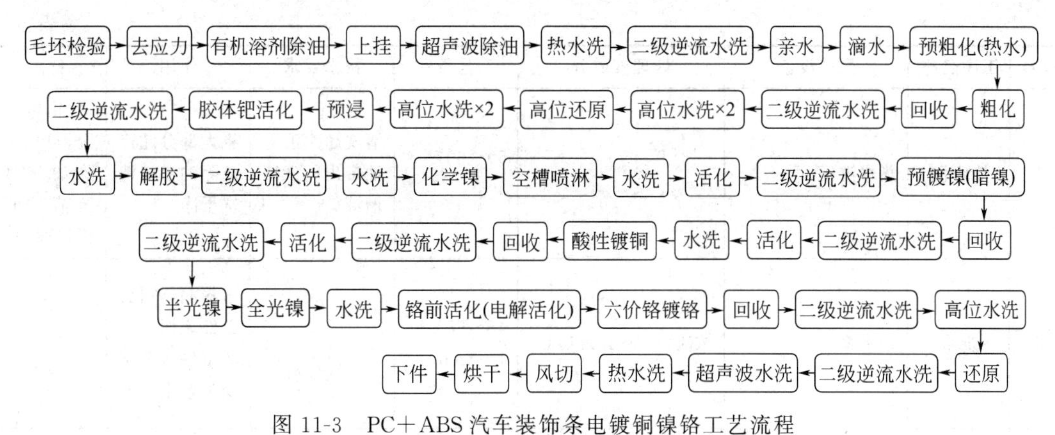

图 11-3　PC＋ABS 汽车装饰条电镀铜镍铬工艺流程

表 11-6　PC＋ABS 汽车装饰条电镀铜镍铬各主要工序工艺参数及作用

序号	工序名称	生产设备	处理液成分	工艺条件	技术要求	作用	备注
1	有机溶剂除油	无尘布(擦拭工件表面不能造成产品划伤)	无水乙醇	擦拭时间根据工件表面状况而定	消除工件表面灰尘，尤其是有机污物	①消除表面过多污染物 ②延长除油液寿命	此工序为可选工序，正常情况下无需此工序。对于特殊状况，可采用此方法来尽可能减少可能造成的不良
2	上挂	挂具	无	需要带专门的作业手套，一般为白色棉质手套	①上挂时要检验工件表面状态，避免划伤、带有油污的工件进入产线； ②工件不能发生磕碰、掉落等问题，发生此类问题直接将工件报废； ③对长条形等容易变形产品需调整挂具挂齿，使处于不受力状态，否则产品下线后会造成变形	工件挂到挂具上，由行车转移至线上进行电镀	
3	超声波除油	①超声波发生器 ②超声波除油槽(PP槽内衬 SUS304 不锈钢) ③槽边吸风 ④过滤机(每小时循环槽液 3～4 次)	除油粉:40～60g/L	50～60℃ 1～4min	将工件表面的油污杂质等清洗干净	将工件表面的油污杂质清洗干净，暴露处为干净的表面以供电镀	

续表

序号	工序名称	生产设备	处理液成分	工艺条件	技术要求	作用	备注
4	热水洗	热水洗槽		50～60℃ 30s	清洗超声波除油带出的残留槽液	将大部分超声波除油槽液清洗干净	采用热水洗，可以使除油液残留清洗得更加彻底
5	亲水	亲水槽	浓硫酸 80～130mL/L	45～55℃ 1～3min		①膨润（软化）工件表面 ②工件从疏水变为亲水	
6	预粗化/粗化	①粗化槽（钛槽外包 PVC 塑料板） ②四周型加热管（钛管） ③粗化再生系统 ④空气搅拌（钛管） ⑤槽边吸风	CrO_3：380～420g/L 浓硫酸：380～420g/L Cr^{3+}：8～20g/L 镀铬抑雾剂 21LF：1mL/L	65～72℃ 8～12min	①此工序温度要求最高，产品变形最容易在此工序发生 ②空气搅拌要大小适中，并根据产品进行调节，细小较长的工件应适当减少打气量 ③ Cr^{3+} 过高会影响到粗化效果 ④PC/ABS 材料的产品一般时间要延长 60～120s	将 ABS 塑胶表面的 B 组分氧化，使之脱离成一个个小坑，从而使工件表面变得“粗糙”，钯金属可以附着，该工序是将来镀层的结合力是否优良的关键	①铬酐可采用国产铬酐 ②为电镀线上最危险的工序 ③粗化再生系统可有效降低槽液中的 Cr^{3+} 含量，降低粗化槽液更换频次及生产成本 ③铬雾不能扩散到其他工序（特别是钯活化），在生产线设计阶段一定要考虑车间内部风向
7	高位还原	①高位还原槽（PP） ②空气搅拌 ③过滤机（每小时循环槽液 3～4 次）	还原剂：40～60mL/L	20～40℃ 1～2min	如果槽液颜色绿色较深，说明槽内 Cr^{3+} 很多，需要及时更换	将粗化表面附着的铬酸除去，使洗涤更干净，同时亦使后几项工序减少铬酸引起的污染	注意温度不宜太高，时间不宜太长，否则会将挂具表面的微量 Cr^{6+} 全部还原，造成挂具在化学镍内上镀

续表

序号	工序名称	生产设备	处理液成分	工艺条件	技术要求	作用	备注
8	预浸	①预浸槽(PP) ②空气搅拌 ③槽边吸风 ④过滤机(每小时循环槽液3～4次)	浓盐酸:220～280mL/L	1～2min	如果颜色发黄,则表示还原已经失效。如果颜色绿色较深,则表明槽液内含有较多Cr^{3+},需要更换	①溶解铬离子,减少铬离子带入钯活化的量 ②将预浸内的盐酸带入钯活化内,维持钯活化内盐酸浓度	铬离子在盐酸中的溶解度要大于在硫酸中的溶解度
9	钯活化(胶体钯)	①钯活化槽(PP) ②槽边吸风 ③过滤机(每小时循环槽液4～5次)	浓盐酸:260～320mL/L 活化剂(含钯5g/L):25～35μg/mL 活化修正剂(含氯化亚锡):2～4g/L	25～33℃ 3～5min	①补充液位要用稀盐酸补加,直接补水可能造成钯离子氧化分解 ②不能有打气或者过滤机进气现象,否则钯离子会氧化分解 ③当溶液中铬离子含量超过150μg/mL时,需更换一半溶液	在经粗化刻蚀的产品表面吸附钯胶体为后续化学镀镍提供催化中心和成核中心	单位体积槽液最贵而且极易氧化分解,日常维护及使用时一定要多注意观察,当槽液颜色变浅之后,一定要查明原因并及时补加氯化亚锡
10	解胶	①解胶槽(PP) ②槽边吸风 ③过滤机(每小时循环槽液4～5次) ④空气搅拌	浓硫酸:42～50g/L 加速剂:60～80g/L	45～55℃ 3～5min		通过化学的方法把包围在钯核周围的二价锡胶体去掉,使钯直接裸露,以方便后续的化学镀镍	解胶槽液进入钯活化会使钯活化迅速分解
11	化学镍	①化学镍主槽(NPP) ②化学镍管理槽(NPP) ③立式无轴封过滤机(每小时循环槽液2～3次)	主镍:28～32mL/L 还原剂:24～28mL/L 稳定剂:35～50mL/L	28～35℃ 6～15min pH8.3～9.2	①温度越高,pH值越高,稳定剂越少,镍沉积速度越快 ②沉积速度过快会导致掉粉(镍颗粒)、沉积镀层不致密等问题,严重的甚至会发生爆缸(自身氧化还原分解) ③亚磷酸钠>60g/L,需要更换溶液或者一年更换一次	镀液中的硫酸镍与次磷酸钠在钯催化作用下反应,产生化学镀层,使塑胶具有导电性,以便能进行一般性电镀	①调节pH值使用氨水,随着生产的进行,pH值不断升高 ②塑胶电镀前处理-金属化到此结束

续表

序号	工序名称	生产设备	处理液成分	工艺条件	技术要求	作用	备注
12	活化	活化槽(PP)	浓硫酸：1～2mL/L	25～45s	产品镀完化学镍之后，表面的金属层很薄，化学镍后活化一般硫酸浓度比较低，防止产品表面镍层被腐蚀掉	防止产品表面钝化，提高后续镀层结合力	
13	预镀镍	①主槽(PP) ②空气搅拌 ③过滤机（每小时循环槽液4～5次） ④整流器（12V，1000A） ⑤槽边吸风 ⑥管理槽 ⑦加药袋	硫酸镍：225～275g/L 氯化镍：45～55g/L 硼酸:40～50g/L 润湿剂（不含硫):1mL/L	50～60℃ 稳压3.5～4.5V 3～6min pH 3.8～4.2	预镀镍电流一般采用稳压来控制，电流密度也比较小，防止因为电流过大造成挂点位置镍层被冲掉，造成挂点位置漏镀或者导电不良	提高零件导电性，与后续镀层的结合，增厚镀层	①加药时要将药品加入管理槽加药袋内，特别是硼酸，防止主盐溶解不充分就进入主槽内 ②使用硫酸调节pH值，生产过程中pH会不断升高
14	酸性镀铜	①主槽（PP） ②空气搅拌 ③过滤机（每小时循环槽液7～8次） ④整流器（12V，2000A） ⑤槽边吸风 ⑥管理槽	硫酸铜：190～220g/L 硫酸：33～40mL/L 氯离子：80～150μg/mL； 开缸剂：8～10mL/L A剂：0.4～0.6mL/L B剂：0.2～0.6mL/L 润湿剂：0.6～1.5mL/L	22～28℃ 稳流2～4ASD 30～60min	①镀层厚度≥25μm ②镀层光亮平整 ③酸铜的开缸剂里含有20%的B剂 ④补充添加剂时一般按照1∶0.2进行添加，例如A剂缺少1mL/L，需要0.2mL/L的B剂添加补充	在预镀镍镀层上镀上一层铜，使镀层膨胀系数和塑料相当并提高镀层光亮度和整平度	镀层中至低电流密度区暗哑、填平度欠佳，可加入酸铜A剂（每次添加量建议为0.05～0.1mL/L）作调整。如有需要，亦可提高A剂的补充量及同时降低B剂的补充量 镀层出现针孔，高电流密度区容易出现烧焦，可加入酸铜B剂（每次添加量建议为0.1mL/L）作调整，同时需加入酸铜A剂，其添加量为B剂添加量的20%，以防止镀层出现雾状沉积

续表

序号	工序名称	生产设备	处理液成分	工艺条件	技术要求	作用	备注
15	半光镍	①主槽(PP) ②空气搅拌 ③过滤机(每小时循环槽液6～7次) ④整流器(15V，2000A) ⑤槽边吸风 ⑥管理槽 ⑦加药袋	硫酸镍：240～320g/L 氯化镍：40～50g/L 硼酸：40～50g/L A剂：4～8mL/L B剂：0.5～1.5mL/L C剂：每加入0.1mL/L可提升电位差10mV 润湿剂(不含硫)：1mL/L	pH3.8～4.2 22～30℃ 稳流：1～4ASD 16～25min	①总镍厚度≥16.5μm，半光镍厚度不得低于7.5μm ②pH值调高使用碳酸镍或者慢慢电解，但是不可以使用氢氧化钠调节；降低pH值使用10%稀硫酸调节 ③电镀完成之后，镀层整体呈现出半光亮状态 ④润湿剂一定不能使用含硫的，否则会严重影响电位差以及耐蚀性	在光亮酸铜层表面形成一层不含硫的镍层，通过控制含硫量的不同，进而得到拥有不同电位的镀层	添加剂要协调，避免镀层过于光亮，引致镀层延展性下降及低电流密度区漏镀
16	全光镍	①主槽(PP) ②空气搅拌 ③过滤机(每小时循环槽液6～7次) ④整流器(15V，2000A) ⑤槽边吸风 ⑥管理槽 ⑦加药袋	硫酸镍：240～320g/L 氯化镍：40～50g/L 硼酸：40～50g/L 光亮剂：0.2～0.3mL/L 柔软剂：10mL/L 辅助剂：7.5mL/L 润湿剂(含硫)：1mL/L	pH3.8～4.2 22～30℃ 稳流：1～4ASD 16～25min	①总镍厚度≥16.5μm，全光镍厚度在7.5μm ②pH值调高使用碳酸镍或者慢慢电解，但是不可以使用氢氧化钠调节；降低pH值使用10%稀硫酸调节 ③镀层整体呈现出光亮状态，但是也不宜过亮，否则会影响到镀铬的走位和造成镀层发脆	提高光亮度和整平度，配合半光亮镍、光亮镍和微孔镍，通过控制含硫量的不同，进而得到拥有不同电位的镀层	

续表

序号	工序名称	生产设备	处理液成分	工艺条件	技术要求	作用	备注
17	镍封	空气搅拌＋自动空气搅拌（产品入槽之后自动再开一路打气，加强打气效果） 其他同上	硫酸镍：240～320g/L 氯化镍：40～50g/L 硼酸：40～50g/L 光亮剂：0.2～0.3mL/L 柔软剂：5mL/L 辅助剂：3mL/L 镍封颗粒：15mL/L 润湿剂（含硫）：1mL/L	pH4.4～4.9 52～60℃ 稳流：1～4ASD 3～6min	①镍封厚度在1.5μm ②pH值调高使用碳酸镍或者慢慢电解，但是不可以使用氢氧化钠调节 ③降低pH值使用10%稀硫酸调节 ④电镀完成之后，镀层整体呈现出光亮状态，但是整体亮度要低于光亮镍 ⑤部分公司的镍封颗粒添加量过多会出现倒光现象	在光亮镍表面电镀一层微孔镍，形成微观小孔进而分散腐蚀电流	液体镍封800的分两步添加：先按照50%的开缸量加入液体镍封800，经过2h搅拌均匀后再加入余下的50%开缸量的液体镍封800
18	铬前活化	①铬前活化槽（PVC） ②空气搅拌 ③整流器（9V，500A）	①铬酐：6～10g/L 硫酸：0.4～0.8（一般控制在0.5以下）	稳压：3.5V 30～60s		活化产品表面	控制槽内硫酸浓度，绝对不可高于六价铬槽内硫酸浓度
19	六价铬镀铬	①六价铬镀铬槽（PVC） ②空气搅拌（生产时不开搅拌） ③槽边吸风 ④整流器（10V，6000A）	①铬酐：280～350g/L ②硫酸：0.9～2g/L ③三价铬：1～3g/L ④镀铬抑雾剂：1mL/L ⑤添加剂：5mL/L	30～40(37)℃ 稳流：7.0～12ASD 3～5min	①阳极材料为铅锡合金板，一般为92%铅，8%锡，锡含量越高，导电性越好，价格也越贵 ②铬酸：硫酸＝200：1 ③铬层厚度0.3～0.5μm ④阳极：阴极面积(1.5：1)～(1：1)	提高镀层的装饰性及耐蚀性	催化剂（氟硅酸盐）的最佳含量取决于铬酸的含量、带入的金属离子含量及铬层厚度。铬酸含量和带入的金属离子较低，且镀层较厚（0.5～1μm）时，催化剂含量应保持在较低的范围（0.7～0.8g/L氟硅酸盐），否则会在高电流密度区域出现开裂（发雾）现象。如铬酸含量（＞300g/L）和带入的金属离子较高，且镀层较薄（小于0.5μm）时，催化剂含量保持在较高的范围（1.0～1.3g/L氟硅酸盐）

镀后的外观检查是在 600 照度下距检验区域 0.5m 目测 2～3s，零件镀层表面光泽颜色均匀一致；零件镀层表面无损坏；主要表面允许有两个直径不超过 0.3mm 的疵点和凹坑，并且两个缺陷之间的距离不得小于 9cm；料把和保护条等修剪要平齐不可高于边缘，修剪时镀层无撕裂。照度需要用照度计定期测量，表面缺陷大小会用菲林卡尺测量。各性能检测标准及仪器参照见表 11-7。

表 11-7 PC＋ABS 汽车装饰条电镀铜镍铬镀后性能检验

检验项目	检验标准	检验仪器
镀层厚度	Cu≥25μm	X 射线测厚仪 金相磨抛机、金相显微镜 电解测厚仪
	Ni≥16.5μm	
	Cr0.3～0.5μm	
电位差	mp-Ni/b-Ni≥20mV	电解测厚仪
	b-Ni/s-Ni≥100mV	
镍封颗粒	≥8000 个/cm^2	金相显微镜、赫尔槽
交变循环试验	一个交变循环：1h 加热到 80℃，湿度为 80%；4h 保温 80℃，湿度为 80%；2h 冷却到－40℃，湿度为 30%；4h 保温－40℃，湿度为 30%；1h 加热到 23℃，湿度为 30%；共 8 个循环，做完交变试验后，用壁纸刀做划格试验，再用专用胶带粘，镀层无开裂及起皮现象	可程式恒温恒湿机
耐腐蚀性实验	CASS 试验 48h 无腐蚀	CASS 盐雾箱
环境循环 盐雾实验	96h(8 个温度交变实验)后 480h NSS(中性盐雾实验)	可程式恒温恒湿机 中性盐雾箱

实例 4 二极管产品滚镀锡工艺

锡作为钎焊性、导电性良好的镀层在电子行业具有较为广泛的应用。二极管的引线镀锡可根据产品的形状采用挂镀、滚镀或连续高速电镀的形式，通常单个的塑封或玻封的二极管，可采用滚镀的形式完成。由于二极管的引线容易缠绕或零件间成团而使零件受镀不均，因此滚筒的装载量不得超过 10kg。对于小尺寸的零件，由于其比普通零件数目多，易造成堆积重叠现象，因此滚筒的尺寸应更小一些。下面以二极管滚镀锡为例，介绍酸性滚镀锡的工艺流程，如图 11-4 所示。各主要工序的工艺参数如表 11-8 所示。

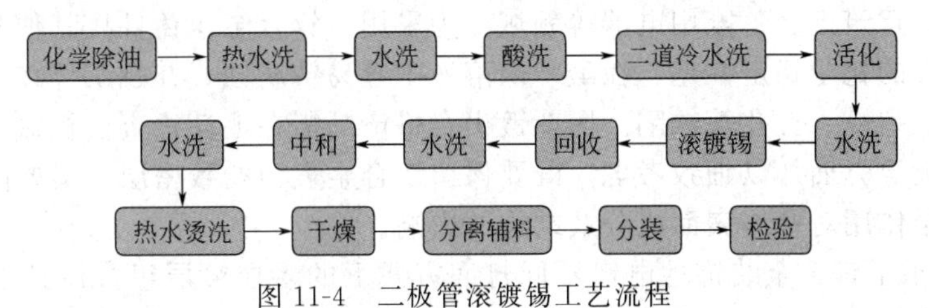

图 11-4 二极管滚镀锡工艺流程

表 11-8 二极管滚镀锡主要工序工艺参数

工序名称	溶液组成及浓度	实施工艺规范	作用	备注
除油	氢氧化钠 20～40g/L 碳酸钠 50～70g/L 磷酸三钠 50～70g/L	90℃±5℃	将待镀件外表面上的溢料去除干净	水洗中可用水枪冲洗去除二极管封装的溢料
酸洗	盐酸 200～250mL/L	常温	去除待镀件表面氧化层，完全露出金属表面	
活化	硫酸/甲基磺酸 100～120mL/L	常温	去除待镀件酸洗后形成的氧化层	

续表

工序名称	溶液组成及浓度	实施工艺规范	作用	备注
镀哑光纯锡（甲基磺酸亚锡系列）	甲基磺酸亚锡:8～12g/L 甲基磺酸:100～180g/L 开缸剂 A:20～40mL/L 光亮剂 B 据消耗量添加	阴极电流密度:0.1～3ASD 滚筒转速:3～12r/min 温度:20～35℃ 阳极:纯锡板(99.99%以上) 阴、阳极面积比(2～4):1	在待镀件外引线表面电镀一层金属锡,以提高外引线的可焊性和防腐性能	①导电辅料添加量可根据镀料尺寸而定，例如1.5kg 料:2.3 铜或铁辅料 ②辅料材质选择以易于分离为宜 ③镀锡厚度 5～20μm,根据客户要求而定
镀光亮纯锡（硫酸亚锡系列）	硫酸亚锡:20～35g/L 硫酸:120～180g/L 开缸剂 C:50mL/L 光亮剂 D 据消耗量添加	阴极电流密度:0.6～1.2ASD 滚筒转速:3～12r/min 温度:0～8℃ 阳极:纯锡板(99.99%以上) 阴、阳极面积比(2～4):1	在待镀件外引线表面电镀一层金属锡,以提高外引线的可焊性和防腐性能	
中和	磷酸三钠:50～100g/L	50℃±5℃	中和电镀后镀件表面残留的酸液,提高镀层抗氧化能力	
烘干		120℃±5℃	表面干燥不易氧化	

电镀锡后，需要对镀层的外观、厚度和钎焊性能进行检验，要求镀层外观光亮、均匀，无麻点、污点、粗糙、剥落、毛边、异色等；锡层厚度利用测厚仪测试，根据客户要求保证锡层厚度；锡层钎焊性利用化锡炉蘸锡的方法测试，产品蘸锡后表面蘸锡层均匀挂在产品表面即为合格。

实例 5 锌合金压铸件装饰性电镀工艺

锌合金压铸件是一种压力铸造的零件，主成分是锌，此外还含有 3.5%～4.0%的铝及微量的铜、镁。由于锌合金压铸件可一次成型，加工精度高且少缺削，并具有一定机械强度，因此可制备各种复杂尺寸及机械加工难度大的零件，通过电镀可实现制件的防护及装饰作用，在汽车、建筑五金、家用电器等领域广为采用。锌合金压铸件比其他基体难以电镀主要是因为锌合金的化学稳定性差，在酸、碱溶液中容易被腐蚀，并且工件在压铸成型时基体可能留有气泡、裂纹、针孔等缺陷。因此镀出合格产品需在毛坯检查、机械磨抛、除油、浸蚀、活化及预镀等方面加以细致考虑。既要保留锌合金表面的致密层，又要防止研磨过热及各工序中的化学作用对基体表面成分及结构的影响。

图 11-5 列举了锌合金装饰性电镀不同打底方式下的多层镀层组合设计工艺流程，省略了打底层及多层组合镀层施镀后的回收、水洗及各工序间的活化、水洗工艺。各主要工序的工艺参数、设备及作用如表 11-9 所示。

GB/T 9797—2005 规定了锌合金上装饰和防护性镍＋铬和铜＋镍＋铬电沉积层的要求，给出厚度及种类不同的几级镀层以及暴露于相应服役条件的镀层级别选择指南。锌合金压铸件镀后检验包括外观检验、气孔率和镀层厚度以及耐蚀性能检验。镀层外观不允许有鼓泡、脱落、起皮、粗糙、发黑等明显缺陷，镀层厚度控制采取电镀过程中随机抽样，点滴法测厚或无损测厚。耐蚀性采用铜盐加速乙酸盐雾实验。镀层的附着力可采取热震 ASTM571—97(2008) 或干湿冷热循环的方法检验，镀层不能出现裂纹、起泡和剥离。

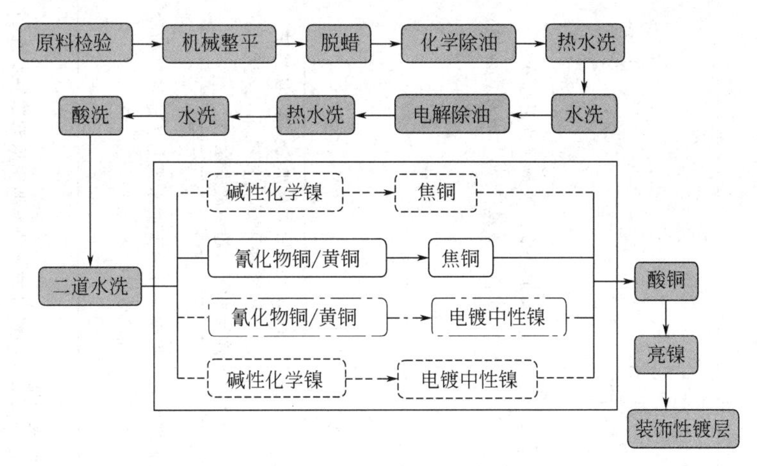

图 11-5　锌合金不同打底方式的装饰性电镀工艺流程

实例 6　变形铝合金装饰性阳极氧化工艺

纯铝中加入合金元素可制成改变组织结构与性能的铝合金，使之适应制造业的各种需求。变形铝合金是有别于铸铝合金的通过一系列冲压、弯曲、轧、挤压等机械加工工艺生产而成的。其大体分为 7 个系列，1000 系列铝合金含铝量最多，纯度可以达到 99.00%以上；2000 系列铝合金铜元素（含量 3%～5%）较高，属于航空铝材，在常规工业中不常应用。3000 系列铝合金锰元素（含量 1.0%～1.5%）为主要成分，是一款防锈功能较好的铝合金。4000 系列铝合金是硅元素（含量 4.5%～6.0%）较高的系列，具有低熔点、耐热、耐磨的特性；5000 系列铝合金主要元素为镁（含量 3%～5%），具有密度低，抗拉强度高，延伸率高，疲劳强度好，但不可做热处理强化的特点；6000 系列铝合金主要含有镁和硅两种元素，适用于对抗腐蚀性、氧化性要求高的应用。7000 系列铝合金是铝镁锌铜合金，属超硬铝合金，具有良好的耐磨性、焊接性，但耐腐蚀性较差。其中在阳极氧化生产中广为采用的变形铝合金基材是 6000 系，通过选择适宜的氧化工艺，不仅可赋予产品高装饰性，而且还可同时获得耐磨、耐蚀等功能性要求的膜层。

现分别以建筑型材的装饰氧化和汽车铝合金外装饰件为例说明各工序的主要作用及注意事项。

（1）E6 效果建筑铝型材装饰性阳极氧化

建筑铝合金型材是以 6063 为代表的热挤压成型产品，对其阳极氧化的外观要求最多的是银白色氧化膜，其次是电解着色膜。常用的工艺流程如图 11-6 所示。表 11-10 列出各主要工序的设备、处理液成分、工艺条件、技术参数及作用。

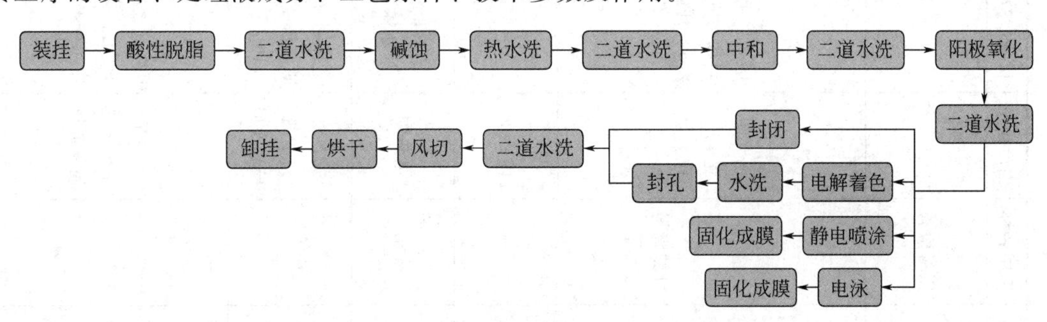

图 11-6　铝合金装饰性阳极氧化工艺流程

表 11-9　各主要工序的工艺参数、设备及作用

序号	工序名称	生产设备	设备参数	处理液成分	工艺条件	技术要求	作用	备注
1	原料检验				100～110℃ 保温 30min	观察是否有凸泡等缺陷		检查零件表面状态，去除难以机械磨抛光的毛坯件 检查材料牌号、回料比例应控制在15%
2	机械整平	磨光机 抛光机 滚光机	磨光采用白棉布支撑的弹性轮		较大件缺陷： 磨光砂粒＞220 红色或白色抛光膏 圆周速度 1100～2200m/min 较小件缺陷： 磨料：氧化铝、花岗岩、陶瓷、塑料颗粒、肥皂水、SAA 装载量 3/4～4/5 滚筒 磨料：零件＝(1.5～2)：1 滚筒转速：6～12r/min 少量瑕疵： 磨料：塑料颗粒、谷壳、玉米棒、SAA 滚筒圆周速度：600m/min		消除毛刺、飞边及磨痕等缺陷	①不要损伤表面致密层及引起变形 ②抛光膏要适量，防粘着及局部过热
		喷砂机			低压细石英砂，粗糙度 180～200 目 喷射距离 150～300mm，喷射角度＞60°，喷射压力＜$20N/cm^2$			
3	脱蜡	电热炉	耐酸电加热棒	工业级浓硫酸 100%体积分数	60～70℃ 3～5min	去除抛光过程中残留的蜡		①硫酸处理后大量水洗去酸，防腐蚀 ②可将零件干燥后浸或采用冷脱剂/除蜡水配以超声波去除
4	化学除油	加热管 过滤机 局部通风	连续过滤 滤芯精度：10μm	Na_2CO_3：10～20g/L Na_3PO_4：20～30g/L Na_2SiO_3：10～20g/L OP 乳化剂：1～2mL/L	pH＜10 50～60℃ 1～2min	除尽为止	除去制件表面油污	根据工件表面的水膜是否连续判断除油的效果
5	电解除油	整流器 工件摇摆 局部通风	阳极电流密度：1.5～3.0ASD	Na_2CO_3：25g/L Na_3PO_4：25g/L	50～60℃ 阳极除油 10s		消除表面的氧化膜裸露出新鲜基体、清除表面不溶性杂质	①锌合金基体表面生成的膜容易在弱碱中电解除去 ②时间要短，防止免锌合金表面氧化或溶解产生腐蚀或生成白色胶状腐蚀物及麻点

续表

序号	工序名称	生产设备	设备参数	处理液成分	工艺条件	技术要求	作用	备注
6	酸洗	工件摇摆		氢氟酸:10～15mL/L 硼酸:3～5g/L	室温 10～15min		去除表面氧化膜	①强酸会使富锌相优先溶解，使工件表面产生孔穴，残液不易清洗，引起镀层起泡、脱皮等 ②浸蚀后出现挂灰可以采用草酸 15g/L 和磺基水杨酸 15g/L 的清洗液，室温下浸渍 5min 左右
7	氰铜	整流器 过滤机 钛加热管	阴极移动 周期换向电流 $t_{阴}:t_{阳}=25:5$ 电流密度: 0.5～1.5ASD	氰化镀铜:40～60g/L 游离:NaCN 15～20g/L 酒石酸钾钠:40g/L 氢氧化钠:10g/L 碳酸钠:30g/L	温度 40～50℃ pH<12 阳极电解铜	工件包裹完整，无漏镀。厚度应不少于 5μm，最好 8～10μm 以上	提高镀层与基体结合力	①锌合金压铸零件应带电入槽 ②入槽前可在 3～10g/L 氰化钠溶液中活化，不水洗直接镀氰铜 ③入槽后先采用 2～3ASD 大电流冲击电镀 1～3min ④形状不复杂的锌合金压铸件也可采用中性镍预镀
8	化学浸镍			氯化镍:40～50g/L 柠檬酸钠:90～100g/L 氯化铵:45～55g/L 次磷酸钠:10～12g/L	温度 80～90℃ pH8.5～9.5 5～10min			
9	电镀中性镍		阴极移动 电流密度: 0.4～1.0ASD	硫酸镍:160～180g/L 柠檬酸钠:180～200g/L 氯化钠:10～15g/L 硼酸:20～30g/L 丹宁酸:0.4～0.6g/L	pH6.5～7.0 15min			入槽前可在 30～50g/L 柠檬酸溶液中活化，不水洗直接镀镍

续表

序号	工序名称	生产设备	设备参数	处理液成分	工艺条件	技术要求	作用	备注
10	焦铜	直流电源 过滤机 钛加热管 阴极移动	连续过滤 滤芯精度 10μm 电源： 单相半波 或全波 电流密度： 1～1.5ASD	焦磷酸铜：60～70g/L 柠檬酸钾：280～350g/L 柠檬酸铵：20～35g/L 氨水：0.5～1.0ml/L	阳极电解铜 30～50℃ pH8.2～8.8		加厚镀层，以防止锌合金基体在后道工序中被腐蚀	
11	酸铜	直流电源 过滤机 冷冻机 空气搅拌	连续过滤 滤芯精度 10μm 电流密度： 1～6ASD	硫酸铜 160～220g/L 硫酸 70～100g/L 氯离子 30～90mg/L 添加剂：适量	20～25℃； 阳极磷铜	厚度到达要求，镀层整平出光		氯离子含量是一个极为重要又容易被忽略的指标。氯离子含量不足，酸铜填平出光效果大打折扣，氯离子含量高，阳极出现白膜，镀层发雾、有麻点、毛刺等不良
12	亮镍	直流电源 过滤机 空气搅拌 钛加热管	阴极摇摆 连续过滤 滤芯精度： 10μm 电流密度： 2～4ASD	硫酸镍：200～300g/L 氯化镍：40～60g/L 硼酸：35～55g/L 添加剂适量	53～60℃ pH4.0～4.6	表面平整、光亮，无瑕疵	中间层，提高耐蚀性	
13	装饰铬		电流密度： 10N20ASD	铬酐：230～270g/L 硫酸：2.5～2.7g/L Cr^{3+}：2～4g/L	45～50℃ 5min			①带电入槽 ②先采用正常电流 1.5～2.0 倍的冲击电流电镀 30～60s，再恢复正常电流密度

表11-10　6063建筑铝型材阳极氧化各主要工序工艺参数及作用

序号	工序名称	生产设备	处理液成分	工艺条件	技术要求	作用	备注
1	装挂	专用上料机架、挂具 生产线龙门行车		操作工戴一类手套单件拿取装挂	①注意接触点面积足够，$20A/mm^2$ ②注意倾角，防止凹槽内产生气泡，导致不成膜	①产品转移工位 ②保障导电	
2	酸性脱脂	脱脂槽组 溢流循环系统 无油空气搅拌	三泳-201：3%～8%	常温～60℃ 1～10min	①确保液位高度，溢流走浮油 ②根据分析浓度，调整脱脂剂浓度 ③依据产品的表面状况，设定操作工艺规范，以达到最佳表面效果时的参数为准	去松化、除掉铝材时效后表面干固的油脂，为后续生产提供洁净的表面	①建议设置后置隔油管理槽 ②脱脂剂浓度范围宽泛，可按产品表面油污状态采用合理的区间 ③替代传统三步法前处理；处理过的铝表面可保持铝基材原有光泽
3	碱蚀	碱蚀槽组 热管理系统 溶铝循环去除系统 槽口排风系统	NaOH：75～80g/L 三泳-204：30～45g/L	40～60℃ 10～20min	①通过改变工艺规范（温度、时间等），可获得光亮和哑亮缎面效果 ②后序清洗要格外仔细，调控清洗水的pH值，确保中和效果 ③碱蚀后回收槽的清洗水每天要排槽底，并且要依据产量设定换水周期	超低腐蚀量、长效碱蚀溶液寿命、光亮/哑亮的E6效果；可除去铝材表面轻微的挤压纹与划痕，为后续生产做好准备	①建议设置胶体铝结晶析出装置 ②可根据产品不同要求，采用相应的工艺规范 ③优势：抑制碱蚀过程溶铝量，抑制表面产生过腐蚀；起砂和增光效果
4	中和	中和槽组	H_2SO_4：200～260g/L H_2O_2：20g/L	室温	①浓度不足时，清洗效果差；浓度过高时，带出损耗较大，成本增高 ②使用过程中，絮状沉淀物会累积增高，每周少量排槽底，根据产量（工件盲孔情况）制定更换周期	清洗碱腐蚀产物，确保铝合金基体充分裸露，利于阳极氧化成膜；同时双氧水保护铝基体不被腐蚀	单独使用硫酸，会在铝合金中含有微量杂质金属时，产生电偶腐蚀

续表

序号	工序名称	生产设备	处理液成分	工艺条件	技术要求	作用	备注
5	阳极氧化	电解槽组(PP槽) 高频开关直流电源 直冷式冷水机组 过滤机循环系统 空气搅拌系统 槽口排风装置 管理槽系统 电解液去杂系统	H_2SO_4： 160～180g/L 三泳-301： 25～35g/L	18～22℃ 20～60min 0.8～1.2ASD	①下槽前注意检查挂具导电点，确保导通良好 ②注意工件与阴极的距离，阴阳极之间最小间距150mm ③每月必做两次Al^{3+}分析，超过28g/L清缸	①所列8类设备，从节能、环保、降本、质保四方面为铝型材阳极化提供了保障 ②电解液确保氧化后呈现外观银白、膜层细腻的铝表面氧化膜的同时，降槽压节能	①铝基体材料的合金成分直接影响膜层厚度和颜色、外观，因此相同材质产品可保持一致 ②此阳极电解液的电导率，溶液寿命长；处理时间短；溶液温度最高容许30℃，最大铝含量为28g/L
6	电解着色	电解着色槽组 正负脉冲电源 过滤机循环系统 空气搅拌系统	H_2SO_4： 10～12g/L $C_4H_6O_6$： 5～8g/L 硼酸： 20～25g/L 硫酸亚锡： 6～8g/L 硫酸镍： 20～25g/L 三泳311： 100～120g/L	pH0.9～1.2 15～25℃ 17～19V 0.5～0.8ASD 30s ～ 10min 时间依颜色而定，从浅香槟、青铜色、古铜色至黑色	①检查挂具点是否松动，确保导电良好 ②产品入电解槽后需静置1～2min ③电压升压要缓慢，需在1min内调至规定的着色电压值，着色时间应从最大电压达到之后开始计算 ④随着温度的升高，离子扩散速率加快，色调加深，为使着色均匀，采用空气搅拌法 ⑤产品经阳极氧化后，清洗干净表面的酸液，然后马上放入电解着色槽，如未能马上进入着色槽，应浸泡在洁净的清水中，避免被空气氧化	电解着色可得到色泽均匀一致的青铜色—黄色—古铜色—褐色—黑色等色系	①着色结束后，颜色深可重新入槽静置褪色；颜色浅可重新入槽进行补色 ②电解着色溶液中镍盐浓度低，上色速度慢 ③若温度低于15℃则上色慢，过高着色膜发雾，且亚锡离子很容易氧化成锡离子形成白色沉淀造成槽液浑浊 ④槽电压较低会造成颜色变化慢，着色不均现象；电压较高时，着色速度快，着色膜易剥落

续表

序号	工序名称	生产设备	处理液成分	工艺条件	技术要求	作用	备注
7	封孔	封孔槽组	三泳-321：10%～50%	20～40℃ 3～10min pH 3.7～3.95	①封孔前需用喷淋或清洗干净 ②pH 用 5% 的硫酸溶液或 1% 的氢氧化钠溶液缓慢地调整 ③封孔速度约 5μm/min ④封孔后需检查封孔度	使初生态的氧化膜表面从活性状态变为钝态，提高氧化膜综合性能和耐蚀性	①封孔时间依氧化膜厚度制定 ②封孔速度快；槽液寿命长，槽液处理简单；维护添加频率低

建筑铝合金型材阳极氧化膜检验，执行 GB/T 5237.2—2008《铝合金建筑型材》国家标准，在用户无特别注明功能性要求情况下，做以下三项常规检验，各性能检测标准及仪器参照表 11-11。

表 11-11　建筑铝型材阳极氧化后性能检验

检验项目	检验标准	检验仪器
外观	氧化膜致密、连续、均匀一致、无划伤、腐蚀、电击等现象	100lx 照度下目视
膜厚	用户无要求时≥10μm	涡流测厚仪
封孔度	用油性笔划在产品非装饰面上，停留 30s 后用无尘布蘸取酒精擦拭，若不留痕迹即为合格	油性笔、无尘布、酒精

2）汽车铝合金外装饰件高防护性阳极氧化工艺

铝合金基体材质为 6463，此合金耐蚀性、装饰性能优良，经阳极氧化后可呈现近似镜面光亮的表面，适用于汽车用装饰件。6463 是 6063 材质的第 4 次改性，添加少量锌合金元素，使阳极氧化膜白而透明，提高了表面装饰性效果。按照产品要求光泽度>500、膜厚达到 12～14μm 并且高耐蚀、耐高温等，特制定如下工艺，为保证其光泽度，特将阳极氧化送电参数设为 2 段式供电，后处理采用冷封孔和热封孔叠加的方法，以提高氧化膜的高防护性要求，具体阳极氧化工艺流程如图 11-7 所示。

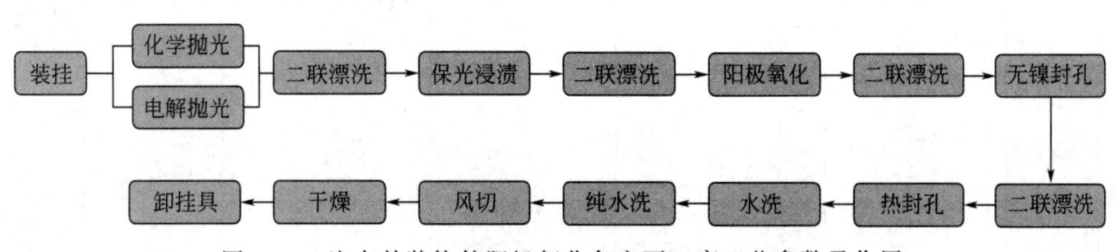

图 11-7　汽车外装饰件阳极氧化各主要工序工艺参数及作用

各主要工序工艺参数如表 11-12 所示。

表 11-12　汽车外装饰件阳极氧化各主要工序工艺参数及作用

序号	工序名称	生产设备	处理液成分	工艺条件	技术要求	作用	备注
1	装挂	专用上料机架、挂具 生产线龙门行车	无	操作工戴一类手套，单件拿取装挂	①注意接触点面积足够，$20A/mm^2$ ②注意倾角，防止凹槽内产生气泡，导致不成膜	①产品转移工位 ②保障导电	
2	化学抛光	①化抛槽组 ②热管理系统 ③槽口排风系统	①H_3PO_4：H_2SO_4体积比1：1 ②三泳-206总容积5%～10%	化抛液相对密度：1.76～1.82 化抛温度：98～110℃ 化抛时间：40～45s 空停时间：40～50s	①化抛前要进行除油和除蜡，确保产品的品质和槽液的清洁度。槽液稳定正常使用时要求恒温操作 ②开槽时需在溶液中加1%的铝离子 ③待使用几天，化抛液中铝离子含量升高，化抛温度可适当提高及化抛时间稍延长。铝离子含量上限10g/L ④生产过程中掉料一定要及时清理拿出，不然铝离子会升高 ⑤槽液相对密度一天要测量三次，在温度100℃的条件保持在1.75～1.85之间	去除铝制品表面轻微的磨痕、划伤条纹及机械抛光中可能形成的摩擦条纹、热变形层、氧化膜等，使粗糙的表面趋于光滑，从而获得近似镜面光亮的表面	①产品化抛后空中停留时间可达20s以上，可减少药液带出量，节省成本，并能上自动线操作 ②管控简单，新液配槽时注意铝离子含量和温度即可，化抛操作时掌握好温度和时间，不需管控磷硫比 ③化抛出光快，效率高

续表

序号	工序名称	生产设备	处理液成分	工艺条件	技术要求	作用	备注
3	电解抛光	①电解抛光槽组 ②热管理系统 ③交流电源/高频正负脉冲电源 ④循环过滤系统	①浓磷酸(相对密度 1.74):70% ②三泳-207:1.6g/L	55～65℃ 阳极电流密度:2～8ASD 3～5min 10～15V	①抛前要进行除油和除蜡,确保产品的品质和槽液的清洁度 ②抛光时是否采用搅拌与采取搅拌的方式,取决于工件形状 ③抛光液需定期过滤 ④掌握好不同铝合金的最佳操作条件,并做好记录,主要是:温度、电解时间、槽液相对密度 ⑤槽液相对密度一天要测量三次,在温度 100℃ 的条件保持在 1.50～1.52 之间	零件为阳极,选择性的阳极溶解去除了工件表面细微毛刺,达到增光效果	在溶液中添加纯铝 38～45g/L,取得较好的光亮效果
4	保光浸渍	保光浸渍槽组	①三泳-211 3%～10% ②游离酸度:2～5	室温～50℃ 15～60s	①化学抛光/电解抛光后,铝基体表面活性强,为防止表面出现不均匀氧化的花纹,要进行保光处理 ②保光处理前要清洗干净,重要的是控制水洗槽的 pH 值	清洗酸腐蚀产物,确保铝合金基体充分裸露,利于阳极氧化成膜	①若此工序除灰不彻底,并在空气中停留时间长,会造成局部腐蚀现象。 ②优势:环保型工艺,不含氟不含铬。操作简单,处理后不影响表面光泽度

续表

序号	工序名称	生产设备	处理液成分	工艺条件	技术要求	作用	备注
5	阳极氧化	①电解槽组（PP槽） ②高频开关直流电源 ③直冷式冷水机组 ④过滤机循环系统 ⑤空气搅拌系统 ⑥槽口排风装置 ⑦管理槽系统 ⑧电解液去杂系统	①H_2SO_4：160～180g/L ②三泳-301：25～35g/L	18～22℃ 两段式供电 a. 0.36ASD，8～10min b. 1ASD，20～30min	①下槽前注意检查挂具导电点，确保导通良好 ②注意工件与阴极的距离，阴阳极之间最小间距150mm ③每月必做两次AL^{3+}分析，超过28g/L清缸 ④定期分析游离酸及添加剂浓度，以确保产品稳定性	该工艺确保氧化后呈现外观亮白、膜层透明的铝表面氧化膜	①所列8类设备，从节能、环保、降本、质保四方面为铝型材阳极化提供了保障 ②注意控制槽液杂质含量，以确保氧化膜不失光
6	无镍封孔	①封孔槽组 ②热管理系统 ③过滤系统	三泳-361：3.3～5.5mL/L	20～40℃ 3～10min pH3.7～3.95	①封孔前需用喷淋或清洗干净 ②需要定期过滤掉槽液中的杂质，按规定补充槽液，保证槽液中各种化学成分都在工艺要求的范围内	提高氧化膜耐蚀性	①控制好封闭工序之前、后的水质是非常重要的优势 ②有些特定的污染物，如磷酸盐，会极大地缩短该槽液的使用寿命 ③工艺中不含重金属，不含有任何镍盐
7	热封孔	①封孔槽组 ②热管理系统	三泳-351：3%～6%	pH10～10.5 96～98℃ 封孔速度1～2min/μm	①进行此工序前产品需用热水烫洗，以保证溶液温度的稳定性 ②pH值通过烧碱来调节	处理后会在氧化膜层上形成无机保护层，增加耐蚀性	具体封孔时间依氧化膜厚度而定

氧化后需要对氧化膜的外观、光泽度、厚度、耐蚀性等性能进行检测。行业要求氧化膜的光泽度＞500即可，氧化膜厚度为12～14μm，CASS试验参照DIN EN ISO9227（10）标准，将测试样品暴露144h（标准3.5腐蚀测试要求）与原件相比外观无变化、无涂层分离；盐雾试验参照DIN EN ISO9227（06）测试。样品暴露960h，要求与原件相比外观无变化、无涂层分离；冷凝湿度参照ISO6270-2（05）测试。样品暴露480h，要求与原件相比外观无变化、无涂层分离；耐化学性试验是将样件浸入pH＝1（0.1mol/L HCl）的溶液中10min，水洗，放入40℃烘干箱中烘干1h，然后再进入pH＝13.5的溶液中10min，要求表面无变化；耐高温试验是将样品置于160℃烘箱中保温24h，要求表面无变化。而光照和风化耐性

实验（短期测试），需经沟通由顾客负责测试。

实例 7　高硅铸铝合金功能性阳极氧化工艺

常用的压铸铝合金，主要可以分为两大类：一是铝硅合金，主要包括 YL102（ADC1、A413 等）、YL104（ADC3、A360）；二是铝硅铜合金，主要包括 YL112（A383、ADC12）、YL117（B390、ADC14），对于铝硅合金、铝硅铜合金，其成分除铝之外，硅和铜是主要构成元素；通常情况下，硅含量在 6%～12%之间，主要起到提高合金液流动性的作用；铜含量仅次之，主要起到增加强度及拉伸力的作用。当前国内广泛应用的压铸合金是 ADC12，一般应用在汽车气缸盖罩盖、传感器支架，盖子、缸体类等。对于此类合金，在阳极氧化的生产中发现前处理碱蚀后基材表面会产生大量硅灰，难以去除，若使用传统的含氟中和液，依然去除不彻底并且污染环境；此外，阳极氧化成膜速度慢，膜层发暗发灰，光泽性不好，膜层粗糙不均匀，这主要是因为硅在氧化过程中不溶解，而其他的合金元素溶解于溶液中，硅在合金中阻止了铝的氧化，所以成膜不完整。因此预解决此类问题，首先前处理需选用无腐蚀性的脱脂剂代替传统的三步法，其次阳极氧化需选用适合电源，以改善成膜速度，并且工艺参数的设定也对表面粗糙度有至关重要的影响。

现以汽车用高硅铸铝件为例，介绍低粗糙度、高耐磨阳极氧化工艺。高硅铸铝基体材质为 ADC12，根据产品要求制定工艺流程如图 11-8 所示。

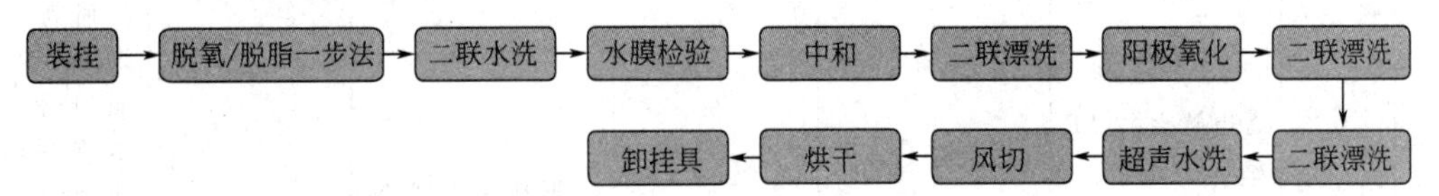

图 11-8　ADC12 高硅铸铝功能性阳极氧化工艺流程

各主要工序工艺参数如表 11-13 所示。

表 11.13　ADC12 高硅铸铝功能性阳极氧化各主要工序工艺参数及作用

序号	工序名称	生产设备	处理液成分	工艺条件	技术要求	作用	备注
1	装挂	专用上料机架、挂具 生产线龙门行车	无	操作工戴一类手套，单件拿取装挂	①注意接触点面积足够，20A/mm^2 ②注意倾角防止涓气	①产品转移工位 ②保障导电	
2	脱氧/脱脂一步法	①脱脂槽组 ②热管理系统 ③槽口排风系统 ④空气搅拌系统	SY-405：5%～20%	21～43℃ 3～10min	①确保液位高度，溢流走浮油 ②根据分析浓度，调整脱脂剂浓度 ③依据产品的表面状况，设定操作工艺规范，以达到最佳表面效果时的参数为准	清洗压铸铝合金表面油污、氧化皮、脱模剂等	①建议设置后置隔油管理槽 ②脱脂剂浓度范围宽泛，可按产品表面油污状态采用合理的区间 ③替代传统三步法前处理；处理过的铝表面可保持铝基材原有光泽

续表

序号	工序名称	生产设备	处理液成分	工艺条件	技术要求	作用	备注
3	水膜检验	黑光灯	无	无	操作者打开黑光灯，距离零件表面30cm照射，查看是否出现点状荧光，有荧光说明除油未彻底，还需重复脱氧/脱脂一步法工序	检查表面是否无油脂	检查产品表面，若出现荧光，需返回脱脂槽继续处理
4	中和	中和槽组	SY-212：2%～4%	20～55℃ 0.5～10min	①浓度不足时，清洗效果差；浓度过高时，带出损耗较大，成本增高 ②使用过程中，絮状沉淀物会累积增高，每周少量排槽底，根据产量（工件盲孔情况）制定更换周期	防止产品氧化前在空气或水溶液中停留时间过长，产生腐蚀	
5	阳极氧化	①电解槽组（PP槽） ②高频开关直流电源 ③直冷式冷水机组 ④过滤机循环系统 ⑤空气搅拌系统 ⑥槽口排风装置 ⑦管理槽系统 ⑧电解液去杂系统	H_2SO_4：180～220g/L 三泳-300：2%～4%	10～20℃ 按两段式供电： a. 0.36ASD，8～10min； b. 1 ASD，20～30min	①下槽后注意排气，使凹孔内气泡溢出 ②注意工件与阴极的距离，阴阳极之间最小间距150mm ③每月必做两次 Al^{3+} 分析，超过24g/L清缸	该工艺确保氧化后得到高耐磨、低粗糙度的氧化膜	①所列8类设备，从节能、环保、降本、质保四方面为铝型材阳极化提供了保障 ②可减缓氧化膜的溶解，提高膜厚均匀度，在阳极氧化时温度及电流密度的波动情况下受影响率较小，能在较高温度下使用
6	超声水洗	①超声水洗槽组 ②超声波发生器 ③过滤循环系统	纯水	10～30℃ 3～5min pH5.5～8.0 频率50Hz	下槽后静止30s，再上下循环三次（在水槽中浸泡20s，提出后空停10s再入水槽为一个循环）	保证产品表面清洁度要求	pH超出范围需更换水溶液

上述工艺中前处理的脱氧/脱脂一步法选用的是针对铸铝合金研制的无咬蚀低酸浸泡式脱脂剂，能提供和含铬除氧剂/去污剂相当的去污能力，并且不腐蚀产品表面，因此不会产生硅灰，为后续生产提供了强有力的保证。阳极氧化工序是影响表面粗糙度和膜层连续性的主要因素，所以在参数设定上采用两段式供电，选择高频电源在低电流密度下使表面形成一

层细腻均匀的薄膜，然后提高电流密度使其在薄膜上继续增厚，以达到理想效果。而高耐磨性能的形成主要是添加剂的作用，氧化过程中，基材不断溶解成膜，形成阻挡层和多孔层，在特定溶液和电流下使添加剂微粒渗入氧化膜微孔中，以提升耐磨性。

氧化膜性能检测要求如表 11-14 所示。

表 11-14　高硅铸铝功能性阳极氧化后性能检验

检验项目	检验标准	检验仪器
外观	①表面无划伤、磕伤、碰伤痕迹 ②表面颜色均匀一致 ③孔内无消气 ④零件无掉电、烧货现象 ⑤表面无水痕、腐蚀现象	100lx 照度下距离 30cm 左右目视
膜厚	满足平均膜厚：2μm±1μm/12μm±2μm （有 R_a 要求选前者，无 R_a 要求选后者）	金相显微镜
粗糙度	粗糙度 R_a 满足单件<0.6；R_{max}<5	粗糙度仪
耐磨性	喷砂磨耗≥25s	干磨试验机
清洁度	满足清洁度，单件杂质颗粒质量<0.5mg 夹杂物（颗粒物），投影面积<0.16mm²	十万分之一天平

实例 8　变形铝合金及压铸铝合金电镀工艺

铝及合金上进行电镀最关键的问题是结合力，引起这种问题的主要原因来源于这样几个方面：①金属铝与氧的亲和力较强，极易生成一层氧化膜，甚至此氧化膜刚除去又会迅速重新生成新的氧化膜；②具有化学活性的铝在电解液中能与多种金属离子发生置换反应形成疏松粗糙的接触层；③铝材与镀层膨胀系数的差异会使镀层在温度变化时产生应力而遭到破坏。因此，前处理工艺及适宜的底镀层工艺的选择在电镀生产中十分关键。目前，国内铝合金电镀前处理传统的也是最常用的做法应是采用二次浸锌后电镀，在打底层设计上出现了不同形式的变化，其工艺流程如图 11-9 所示。其中前处理阶段标注了水洗，电镀工艺中省略了各工序之间的活化、水洗以及镀后回收、水洗的工序。

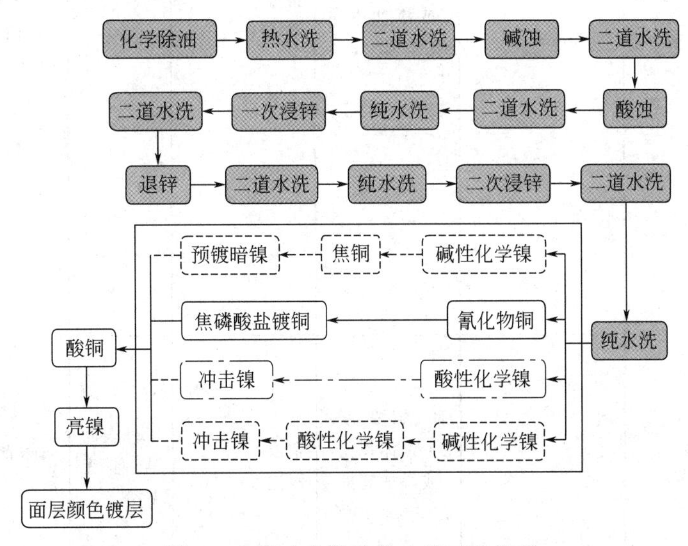

图 11-9　铝合金装饰性电镀工艺流程

（1）变形铝合金装饰性电镀工艺

任何变形铝合金表面进行电镀，均可以改善其导电、导热、耐磨、耐腐蚀以及光学性能等。但是由于铝合金自身特点决定了其与电镀层结合难度大，因此在电镀和化学镀之前的预浸处理非常关键，目前大多采用的是浸锌处理，在铝表面上获得细致、均匀的锌层，从而达到阻止铝表面钝化膜的生成。以变形铝合金装饰性电镀工艺为例，介绍各工序的主要参数及作用。如表 11-15 所示。

表 11-15　各主要工序的工艺参数、设备及作用

序号	工序名称	生产设备	设备参数	处理液成分	工艺条件	技术要求	作用	备注
1	化学除油	①加热控温系统 ②槽液过滤系统	连续过滤 滤芯精度 10μm	中性或弱碱性	35～50℃	除尽为止	除去制件表面油污	①对表面粗糙度、尺寸要求极高的工件，建议使用弱酸性或者中性的除油液 ②根据工件表面的水膜是否连续判断除油的效果
2	碱蚀	工件摇摆		NaOH 50g/L（或添加少量络合剂）	常温 浸泡 1～2min		消除表面的氧化膜裸露出新鲜基体、清除表面不溶性杂质	①富硅铝合金经碱蚀后，表面会形成一层灰分，需后续酸蚀 ②加入适量柠檬酸钠、葡萄糖酸钠、三乙醇胺等作络合剂，碱蚀反应更加均匀，有利于减轻选择性腐蚀现象的发生，并延长碱蚀液使用寿命
3	酸蚀	工件摇摆		硝酸浓度：1∶1（体积比）（或添加氢氟酸 5%～10%）	常温 浸泡 30～90s	工件表面洁白无灰分	去除表面的灰分并出光	氢氟酸可提高除灰的效率并活化基体

续表

序号	工序名称	生产设备	设备参数	处理液成分	工艺条件	技术要求	作用	备注
4	一次浸锌	①工件摇摆 ②加热控温系统		NaOH：120g/L ZnO：20g/L $KNaC_4H_4O_6 \cdot 4H_2O$：40g/L $FeCl_3 \cdot 6H_2O$：2g/L	30～35℃ 浸泡 60～90s			可加入少量 NaCN 与镍、铜金属离子
5	退锌	工件摇摆		硝酸浓度：1∶1（体积比）	常温浸泡 30s	锌层退尽为止		
6	二次浸锌	工件摇摆 温控系统		NaOH：100g/L ZnO：16g/L $KNaC_4H_4O_6 \cdot 4H_2O$：32g/L $FeCl_3 \cdot 6H_2O$：1.6g/L	30～35℃ 浸泡 40～60s	表面锌层薄而均匀细致，达到米黄色为宜		二次沉锌镀液浓度要略低，为一次沉锌镀液浓度的 80%
7	氰铜	整流器 过滤机 钛加热管	连续过滤 滤芯精度 10μm 0.5～1.5ASD	CuCN：20～30g/L 游离 NaCN：6～8g/L	40～50℃ 2～5min 阳极电解铜	工件包裹完整，无漏镀	提高镀层与基体结合力	游离氰化钠不宜过高
8	焦铜	直流电源 过滤机 钛加热管 阴极移动	连续过滤 滤芯精度：10μm 1～1.5ASD	$Cu_2P_2O_7$：60～70g/L $K_4P_2O_7$：280～350g/L 氨水：0.5～1.0mL/L	阳极电解铜 35～45℃ pH8～9		弥补氰铜的不良，加强铜对工件的包裹，提高结合力、减少起泡；加快酸铜的整平与出光	
9	碱性化学镍	无轴封立式过滤机 铁氟龙或石英加热管	连续过滤 滤芯精度：10μm；停槽后过滤滤芯精度 5μm	A 液：6%开缸 B 液：15%开缸 c_{Ni}^{2+}=6.0g/L A∶C=1∶1 补加	35～40℃ 5～10min	工件包裹完整，无漏镀	对锌层的腐蚀更小，镀层含磷少，可以直接进行预镀	不存在走位问题，镀层覆盖均匀，避免氰化物的使用
10	酸性化学镍	无轴封立式过滤机 铁氟龙或石英加热管	连续过滤 滤芯精度：10μm；停槽后过滤 滤芯精度：5μm	A 液：6%开缸 B 液：15%开缸 c_{Ni}^{2+}=6.0g/L A∶C=1∶1 补加	85～90℃ 10min	工件包裹完整，无漏镀	镀层增厚，加强对基体的包裹	

续表

序号	工序名称	生产设备	设备参数	处理液成分	工艺条件	技术要求	作用	备注
11	冲击镍	直流电源 过滤机	连续过滤滤芯 精度：10μm 电流密度： 2～5ASD	$NiCl_2 \cdot 6H_2O$： 150～200g/L 盐酸：100～160mL/L	常温 2～5min	闪镀镍	活化酸性化学镍镀层，提高后续电镀结合力	冲击镍槽杂质容忍度低，要防止污染
12	酸铜	直流电源 过滤机 冷冻机 空气搅拌	连续过滤滤芯 精度：10μm 电流密度：2～6ASD	$CuSO_4 \cdot 5H_2O$： 180～220g/L H_2SO_4：50～90g/L Cl^-：30～90mg/L 添加剂，适量	18～25℃ 阳极磷铜	厚度到达要求，镀层整平出光		氯离子含量是一个极为重要又容易被忽略的指标。氯离子含量不足，酸铜填平出光效果大打折扣，氯离子含量高，阳极出现白膜，镀层发雾、有麻点、毛刺等不良
13	亮镍	直流电源 过滤机 空气搅拌 钛加热管	阴极摇摆 连续过滤 滤芯精度 10μm 电流密度：2～4ASD	$NiSO_4 \cdot 6H_2O$： 200～300g/L $NiCl_6 \cdot 6H_2O$：40～60g/L H_3BO_3：35～55g/L 添加剂适量	53～60℃ pH4.0～4.6	表面平整、光亮，无瑕疵	进一步出光，作为颜色面层和酸铜的中间层，提高耐蚀性	

（2）压铸铝合金装饰性电镀工艺

压铸的铝合金由于铝、硅的熔点、相对密度以及凝固点的不一致而使压铸过程中容易造成偏析现象，这在大的平面压铸件上表现更为突出，造成电镀处理更加困难。此外，铸铝件有砂眼、铸孔、气泡等不仅会降低析氢过电位，使金属难于沉积，而且电镀中这些加工缺陷处易残留槽液和氢气，引起化学和电化学腐蚀，产生镀层起泡和脱落。镀前浸锌虽然可克服镀层结合力，但预浸锌清洁处理极为严格，操作繁琐造成成本高等缺陷。近年来出现了一种可直接在压铸铝合金表面电镀的预处理活化液，现已应用到电镀生产线。现以高硅铸铝合金A356 为例，介绍其前处理及打底层的处理工艺，工艺流程如图 11-10 所示。各主要工序的设备、工艺参数及作用如表 11-16 所示。

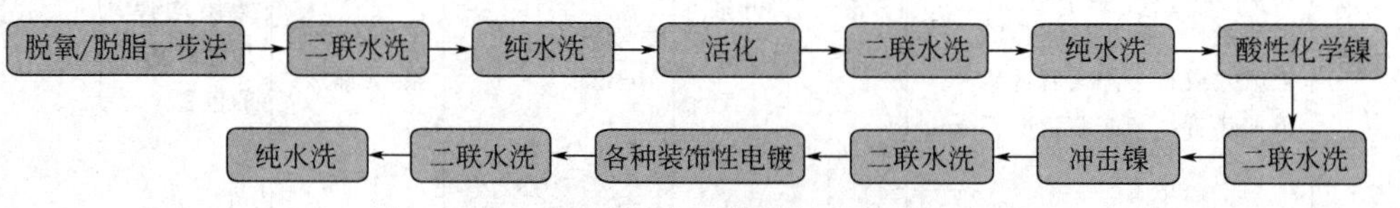

图 11-10　A356 高硅铸铝装饰性电镀工艺流程

表 11-16　A356 高硅铸铝装饰性电镀各主要工序工艺参数及作用

序号	工序名称	生产设备	处理液成分	工艺条件	技术要求	作用	备注
1	脱氧/脱脂一步法	①脱脂槽组 ②热管理系统 ③槽口排风系统 ④空气搅拌系统	三泳-405：5%～20%	21～43℃ 3～10min	①确保液位高度，溢流走浮油 ②根据分析浓度，调整脱脂剂浓度 ③依据产品的表面状况，设定操作工艺规范，以达到最佳表面效果时的参数为准	清洗压铸铝合金表面油污、氧化皮、脱模剂等	①建议设置后置隔油管理槽 ②脱脂剂浓度范围宽泛，可按产品表面油污状态采用合理的区间 ③处理过的铝表面可保持铝基材原有的光泽
2	活化	①活化槽组 ②热管理系统 ③槽口排风系统	三泳-209；5%～20%	15～50℃ 30s～3min	①槽液经分析调整可重复使用 15 个周期以上，活化剂平时只需补充浓缩液 ②每升活化剂可处理工件 10～20m^2，活化剂的消耗量为 100dm^2/(100～150)mL	代替传统二次浸锌，活化基体表面，提高镀层结合力	①配制活化剂时请使用塑胶容器盛装，避免使用金属容器 ②凡是活化剂渗透到的部位即有镀层。避免了铝合金压铸件因二次浸锌进行化学镀镍所引发的晶间腐蚀和横向腐蚀 ③不污染镀液，槽液稳定，维护方便；工件与镀层结合力更高，韧性更强；不用二次浸锌即可直接进行化学镀镍

续表

序号	工序名称	生产设备	处理液成分	工艺条件	技术要求	作用	备注
3	酸性化学镍	①化学镀槽组 ②槽液过滤系统 ③加热控温系统 ④空气搅拌系统 ⑤管理槽系统	硫酸镍：20g/L 次磷酸钠：25g/L 结晶醋酸钠：15g/L 乳酸：4～6mL/L 三泳-450：4～6mL/L 三泳-451：4～6mL/L	85～90℃ 装载量：0.5～2.0dm^2/L 沉积速度：15～20μm/(dm^2·h) 施镀面积：45～50μm/(dm^2·L) pH：4.6～4.8	①工件包裹完整，无漏镀 ②溶液可循环使用10～20个周期，盐雾试验48～300h	镀层增厚，加强对基体的包裹	活化后可直接做化学镀镍或者以化学镀镍为底层继续镀其他镀种
4	冲击镍	①冲击镍槽组 ②直流电源 ③过滤机循环系统 ④空气搅拌系统 ⑤槽口排风装置	$NiCl_2 \cdot 6H_2O$：150～200g/L 盐酸：100～160mL/L	常温 3～5min 阴极电流密度：5～10ASD	闪镀镍	活化酸性化学镍镀层，提高后续电镀结合力	产品经冲击镍后可继续镀其他装饰性镀层，其工艺与普通电镀相同

铝合金和高硅铸铝电镀后的检验主要包括外观检验及镀层厚度和结合力的检验。外观是在100lx照度下目视，产品表面应颜色均匀一致、无漏镀、烧损现象；镀层厚度符合设计性要求；镀层结合力是将镀后工件置于200℃烘箱中烘烤1h，取出后迅速放进冷水中，若镀层无起泡，则结合力良好。

实例9　五金工具表面多层电镀工艺

五金工具电镀在达到良好耐蚀性的同时不乏金属质感，以铁基呆头扳手为例，介绍多层电镀工艺。比较典型的工艺流程如图11-11所示。各主要工序的工艺参数、设备及作用如表11-17所示。

五金工具镀后检测项目主要包括：电镀外观、结合力、膜厚及盐雾试验。外观检测采用目视法，要求镀层饱满平整光亮，无针孔、麻点、毛刺、起泡、烧焦等电镀弊病，挂点处不能有超出允许的铬黄，对于做颜色的产品，工件外观、颜色要在样品范围梯度内；结合力检测可采用“♯”字划痕法，要求镀层不剥离；膜厚检测可使用电解膜厚仪、X射线膜厚仪及金相显微法；盐雾试验过程要严格遵守国标规定，结束后进行等级评价。针对扳手性能的检测还有尺寸检测、扭矩检测等。

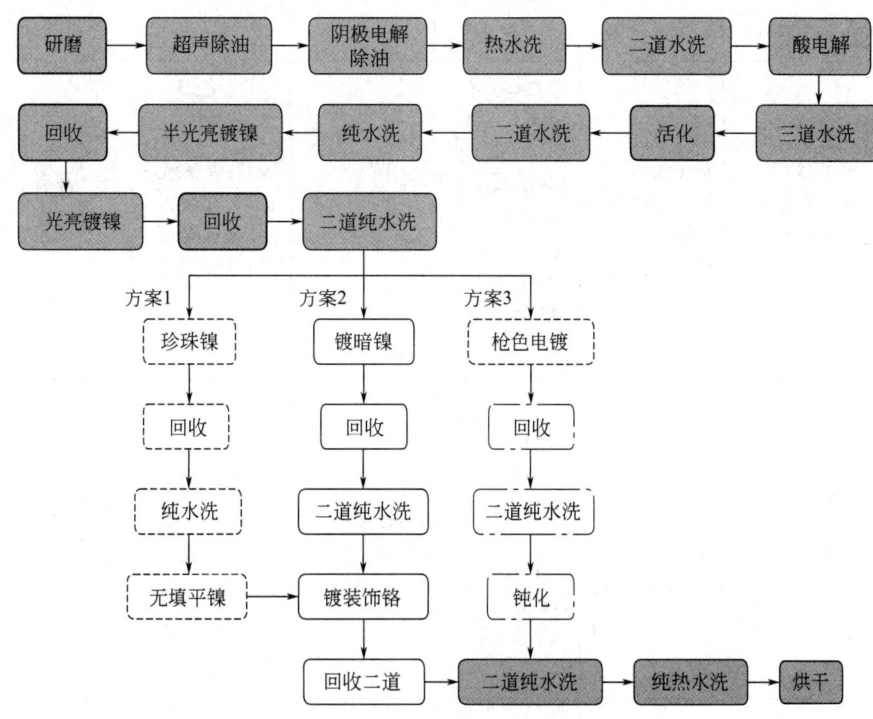

图 11-11　五金工具表面多层电镀工艺流程

表 11-17　各主要工序的工艺参数、设备及作用

序号	工序名称	生产设备	设备参数	处理液成分	工艺条件	技术要求	作用	备注
1	整平	振动光饰机		研磨液	磨料:刚玉石	表面平整光滑、无锈迹	去除毛刺和表面锈迹，消除内应力，使制件整平、出光	强化整平过程的出光效果，可省略酸铜工艺
2	超声除油	超声波振板 超声波发生器	频率:28kHz	除油粉	50～70℃ 5～10min	预除油	去除油污	
3	阴极电解除油	整流器 不锈钢加热管	电流密度:5～10ASD	电解除油粉	阳极:不锈钢板 2～5min	无油污，液膜连续	除尽油污	
4	酸电解	整流器	恒压:3～5V	H_2SO_4：10%(质量分数) OP-10：0.5～1mL/L	1～3min 阳极:铅板	除去表面浮锈	除锈兼具除油，活化基体	

续表

序号	工序名称	生产设备	设备参数	处理液成分	工艺条件	技术要求	作用	备注
5	半光亮镍	整流器 循环过滤机 钛加热管 空气搅拌	阴极摇摆 电流密度：2～6ASD 滤芯精度：10μm	$NiSO_4 \cdot 6H_2O$：250～320g/L $NiCl_6 6H_2O$：40～60g/L H_3BO_3：35～55g/L 添加剂适量	pH3.5～4.0 52～60℃	镀层平整光亮，无低区漏镀，无针孔麻点毛刺等不良	提高工件的装饰性及耐蚀性	①半光镍槽严禁被含硫光亮剂及全光镍镀液污染 ②双层镍电位差应控制在120～150mV ③为避免双层镍之间结合力不良，可以在半光镍回收槽中加入少量硫酸活化镀层
6	光亮镍	整流器 循环过滤机 钛加热管 空气搅拌	阴极摇摆 阴极电流密度：2～6ASD 滤芯精度：10μm	$NiSO_4 \cdot 6H_2O$：250～320g/L $NiCl_6 \cdot 6H_2O$：40～60g/L H_3BO_3：35～55g/L 添加剂适量	pH4.2～4.6 52～60℃	镀层平整光亮，无低区漏镀，无针孔麻点毛刺等不良	提高工件的装饰性及耐蚀性	
7	暗镍（假镍封）	整流器 循环过滤机 钛加热管	阴极电流密度：2～4ASD 空气搅拌 阴极摇摆 滤芯精度：10μm	$NiSO_4 \cdot 6H_2O$：180～250g/L $NiCl_6 \cdot 6H_2O$：30～50g/L H_3BO_3：30～50g/L	pH4.2～4.6 52～60℃ 2min		全光镍镀层有机物夹杂量大，镀层易钝化，套铬困难，经常出现"假烧"现象，暗镍用于提高镀层间结合力	①暗镍槽转为真镍封，即可得到微孔铬，耐蚀性进一步增加
8	装饰性镀铬	整流器 钛加热管 冷冻机	阴极电流密度：10～50ASD	CrO_3：180～300g/L SO_4^{2-}：0.9～1.5g/L Cr^{3+}：0.1～0.3g/L	36～38℃ 阳极：铅锡合金	CrO_3：SO_4^{2-}=(150～200)：1		CASS16h8级可设计半光镍15μm，全光镍10μm，半光镍与光镍的厚度比为3：2，装饰铬0.3μm

续表

序号	工序名称	生产设备	设备参数	处理液成分	工艺条件	技术要求	作用	备注
9	枪色电镀锡镍合金	整流器 铁氟龙加热管 循环过滤机	阴极摇摆 电流密度:0.5～1.5ASD 连续过滤 滤芯精度：$10\mu m$	$NiSO_4 \cdot 6H_2O$：40～45g/L， $SnCl_2$：2.5～4g/L $K_4P_2O_7 \cdot 2H_2O$：200～250g/L 添加剂适量	温度 50～65℃ 电镀时间 1～4min	高低区色泽一致，镀层光亮不起雾		碱性镍锡合金优点为颜色可调节范围大、黑色中还透着高贵的蓝色色调，缺点是耐磨性及抗变色性较差，外层需要再罩一层清漆；酸性镍锡合金的缺点是颜色可调节范围窄，但是具有高档迷人的深棕红色色调，优点是具有高抗变色性及高硬度，可以直接作为最终的面层
10	珍珠镍	整流器 循环泵 过滤机 钛加热管	阴极摇摆 生产过滤打开循环泵，循环8～10次/h，要求不能漏气；处理沙剂时打开过滤机 电流密度：2～6ASD	$NiSO_4 \cdot 6H_2O$ 380～420g/L： $NiCl_6 \cdot 6H_2O$：50～70g/L H_3BO_3 30～40g/L 添加剂适量	温度：55～62℃； pH＝4.5～5.0 电镀时间：4～8min	外观达到样品标准，色泽均一，表面无黑点、亮点		①通过控制电镀时间的长短、电流大小、沙剂的使用量做出不同的外观 ②全光镍槽主光剂用量要适当减少，否则珍珠镍起沙慢，哑度不够，沙剂用量增大 ③珍珠镍后镀镍再套铬，工件表面颗粒凸显、金属感十足，镀层硬度高，不怕磕碰

实例10　304不锈钢的电解抛光及钝化工艺

304不锈钢制品因其具有较好的耐蚀性及装饰性得到广泛的应用。常用的不锈钢表面处理方法有酸洗钝化和电解抛光。其中电解抛光不仅可消除不锈钢表面的有害物质，获得光滑明亮的表面，而且还可降低材料表面应力和摩擦系数。影响304不锈钢抛光性能的主要原因是材料自身存在细小的点状缺陷和色差，产品细腻度不均匀，表面粗糙度高等。这些缺陷主要受不锈钢生产工艺，如热轧原料、酸洗工艺、冷轧轧制工艺、存放条件等方面的影响。不锈钢根据其结构的不同可分为奥氏体不锈钢和马氏体不锈钢，奥氏体不锈钢大多表面相对于净，简单前处理后就可直接抛光。本例中的304不锈钢即为奥氏体不锈钢。马氏体不锈钢因为经过了淬火、回火等热处理，其表面有一层厚的氧化皮与油污，因此必须进行充分的前处理以使获得洁净的表面，才可进行电解抛光处理。不同类型的材料要求的抛光液也不尽相同，必须根据抛光材料合理选用相应的抛光液，才能获得满意的抛光效果。

电解抛光时以不锈钢工件作为阳极，铅板为阴极。其工艺流程如图11-12所示。其中"脱膜出光/中和"及后续的"中和"可依据前一工序处理后的表面情况加以增减，非必需步骤。

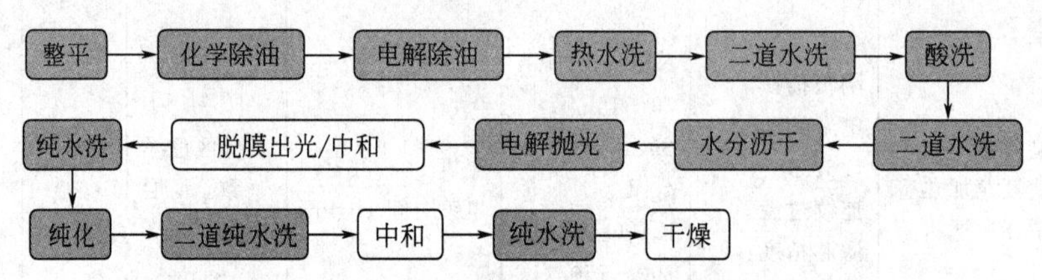

图11-12 304不锈钢的电解抛光及钝化工艺

各主要工序工艺参数如表11-18所示。

表11-18 不锈钢电解抛光主要工序参数及要求

序号	工序名称	生产设备	设备参数	处理液成分	工艺条件	技术要求	作用	备注
1	整平	破鳞机 抛丸机	下砂因数：1.2～1.5 混合磨料粒度（0.18～0.25、0.3～0.5、+0.5mm） 质量比=2：6：2 抛丸速度：1750～1850r/min		时间1～3min		去除氧化皮，改善基材应力	①适用于不锈钢热轧板 ②避免钢丸击打力度过大造成的麻点及小坑
2	化学除油	加热管	石英加热管或钛加热管	$NaOH$：60～80g/L Na_2CO_3：20～40g/L Na_3PO_4：20～40g/L Na_2SiO_3：3～10g/L 表面活性剂：3～5mL/L 总碱度：65～100g/L	70～90℃		除油	如为非皂化油，可用汽油、酒精等有机溶剂预除油，后再进行化学除油。对要求较高的工件可增加电解去油工序
3	电解除油	整流器	$D_A=3\sim10A/dm^2$	$NaOH$：30～50g/L Na_2CO_3：20～30g/L Na_3PO_4：20～30g/L Na_2SiO_3：3～5g/L 总碱度：40～60g/L	60～80℃ 阴极3～5min，阳极1～5min，第二电极：钢板或镀镍钢板	水膜连续，30s不裂开	除油	

续表

序号	工序名称	生产设备	设备参数	处理液成分		工艺条件		技术要求	作用	备注
				配方1/(g/L)	配方2/(g/L)	配方1	配方2			
4	酸洗	超声波	频率:22Hz左右	硫酸:80～100 硝酸:130～170 氢氟酸:40～70 磺化煤:1.0～1.5 余量	硝酸:140～150 磷酸:110～120 余量水	室温 15～30min	室温 5～10min		去除氧化皮和污染物	配方1适于奥氏体不锈钢 配方2适于非机加工面经过热加工(热处理、焊接等)有较厚的氧化皮的工件预松皮处理。适于马氏体不锈钢 ③超声波频率过高，易产生点蚀或晶间腐蚀
				配方1	配方2	配方1	配方2			
5	电解抛光	整流器 过滤机	阳极移动 阴阳极板面积比:1∶(2～3.5) 阴、阳极间距:10～300mm 阴极:铅板	磷酸:300～350mL/L 硫酸:120～160mL/L 甘油:60～80mL/L 缓蚀剂适量 光亮剂适量	磷酸60%(体积分数) 硫酸27.5%(体积分数) 聚乙二醇8g/L 葡萄糖10g/L 水12.5%(体积分数)	D_A=15～20ASD 温度:50～60℃ 抛光时间:3～6min	D_A=20～110ASD 电压4～5V 温度:30～70℃ 抛光时间1～2min	粗糙度0.02～0.045μm 光泽度1100～1300		①经常测量抛光液的相对密度。相对密度小于配方规定值,80℃蒸发法去除水 ②工件进入抛光槽前,将工件水分沥干或吹干 ③配抛光液最好保留20%旧溶液,防止氯离子进入抛光液
6	脱模出光			硝酸10%～30%(体积分数)		室温				可选工艺
7	中和			5%碳酸钠		t=8～10s				工件复杂如有盲孔、锣纹的需用中和处理

续表

序号	工序名称	生产设备	设备参数	处理液成分		工艺条件		技术要求	作用	备注
				配方 1	配方 2	配方 1	配方 2			
8	钝化			$K_2Cr_2O_7$：15g/L NaOH：3g/L	$K_2Cr_2O_7$：18g/L HNO_3：250mL/L	pH＝6.5～7.5 T＝60～80℃ t＝3min	室温 T＜30min			

实 验 部 分

实验一　镀锌液阴极极化曲线的测定

一、 目的要求

1. 掌握准稳态恒电位法测量极化曲线的基本原理和测量技术。
2. 通过镀液阴极极化曲线的测量，掌握不同组分及含量对阴极极化曲线的影响。
3. 通过实验加深对极化度的理解及掌握电镀添加剂选择的原则。

二、 实验原理

为了探索电极过程的机理及影响电极过程的各种因素，必须对电极过程进行研究，其中极化曲线的测定是重要的方法之一。当电流通过电极时，由于电极反应的不可逆而使电极电位偏离平衡值的现象称作电极的极化。根据实验测出的数据来描述电流密度与电极电位之间关系的曲线称作极化曲线。为了比较各不同电流密度下极化的变化趋势，常采用极化度的概念来表示，即对应于单位电流密度变化值的电极电位变化值，即 $d\varphi/dD$ 值。

电镀的实质是电结晶过程。为了获得细致、结合力优良的镀层，就必须创造条件，使晶核生成速度大于晶核成长速度。小晶体比大晶体具有更高的表面能，因而从阴极析出小晶体，就需要较高的过电位。阴极电位越负，晶核的生成速度越快，而镀层的结晶就越细。由此可知，凡能增大阴极极化作用，大都能改变镀层质量，但若单纯增大电流密度以造成较大的浓差极化，则会形成疏松的镀层。因而应该采用能阻延电极反应增加电化学极化的措施。

在镀液中添加络合剂和表面活性剂，就能有效增大阴极的电化学极化作用。当金属离子和络合剂络合之后，金属离子的还原就要困难得多，这是因为它还要附加破坏络合键所需的能量。加入表面活性剂后，由于它吸附在阴极表面，迫使放电离子要在阴极表面上进行放电反应，就需要附加克服吸附能的电位。上述两种作用，都能使阴极获得较大的极化度，

极化曲线的测量包括恒电位法和恒电流法。

恒电位法又称控制电位法，是将研究电极上的电位依次恒定在某一数值上，然后测量对应于该电位下的电流。由于电极表面状态在未建立稳定状态之前，电流会随时间而改变，故一般测出来的曲线为“暂态”极化曲线。在实际测量中，常采用的控制电位测量方法有下列两种。

（1）静态法：将电极电位较长时间地维持在某一恒定值，同时测量电流随时间的变化，直到电流值基本上达到某一稳定值。如此每隔 20～50mV 逐点地测量各个电极电位下的稳定电流值，即可获得完整的极化曲线。在实验中，由于静态法耗时较长，因此采用准稳态的方法测量，即将电极电位调节到某一值时，瞬间记录其相应的电流值。

（2）动态法：控制电极电位以较慢的速度连续地改变（扫描），并测量对应电位下的瞬时电流值，并以瞬时电流与对应的电极电位作图，获得整个的极化曲线。扫描速度（即电位变化的速度）应较慢，使所测得的极化曲线与采用静态法的接近。

恒电流法即将研究电极的电流恒定在某定值下，测量其对应的电极电位得到的极化曲

线。恒电流法所得到的阳极极化曲线只能近似地估计被测电极的临界钝化电位及氧的析出电位，不能完全描绘出阳极的溶解和钝化的实际过程。因此阳极极化曲线最好采用恒电位法。

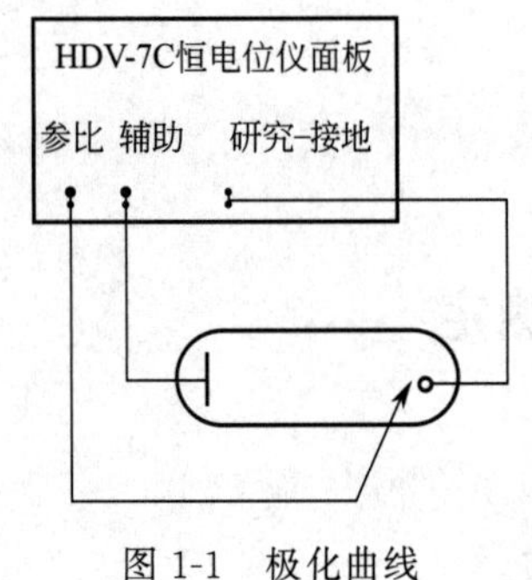

图 1-1　极化曲线测量装置图

影响测量结果的因素主要有镀液、电解池、电极面积及放置的位置、参比电极的选择以及盐桥的使用。

镀液中的金属杂质或有机杂质会吸附于待测电极表面而影响测量结果，因此镀液除应采用分析纯试剂和蒸馏水配制外，还应对镀液进行净化处理，例如预电解，以消除镀液中的各种杂质。镀液中溶解的氧对测量结果有严重影响，必要时应在测量前向镀液中通以纯净的氮气或氢气予以排除。

在设计和选用电解池时应考虑电解池的容积；各电极在电解池中的放置；加入或排除镀液和气体的方便等方面的合理性。

电极在电解池中的安放位置和方向很重要，由于待测电极表面各处和辅助电极间溶液电力线的路径不同，电流分布不同，从而引起溶液欧姆电压降的不同，以致所控制或测得的电位就有所不同。为了使电流和电位在电极表面分布均匀，待测电极的工作面与辅助电极应对称平行放置。为了消除电解液引起的欧姆电压降，连接参比电极盐桥一端的鲁金毛细管口应尽量靠近待测电极工作面的中间位置。

参比电极在规定的条件下应具有稳定的、重现的可逆电极电位，并应有温度系数小的特点。根据电解液的特点合理选择参比电极，并定期校核参比电极。

当待测镀液与参比电极的溶液不同时，为消除溶液之间的相互污染，减少液体接界电位的影响，应用盐桥将它们连接起来。盐桥溶液浓度应饱和，溶液中阴、阳离子的扩散速度相差越小越好。

三、 仪器、 药品与实验装置

1. 待测镀液

a. $ZnCl_2$ 50g/L；b. $ZnCl_2$ 50g/L＋NH_4Cl 250g/L；c. $ZnCl_2$ 50g/L＋NH_4Cl 250g/L＋NTA 40g/L；d. $ZnCl_2$ 50g/L＋NH_4Cl 250g/L＋NTA 40g/L＋聚乙二醇(6000)2g/L。

2. 仪器与药品

恒电位仪(1 台)，硝基清漆或石蜡，金相砂纸，滤纸，电烙铁，酒精(C. P.)。

3. 测量体系

锌电极(2 支)，饱和甘汞电极(1 支)，三室电解池。

四、 实验步骤

1. 用分析纯化学试剂和蒸馏水配制待测镀液，注入电解池中。

2. 将辅助电极、参比电极分别置于三室电解池的相应位置中。

3. 将以自制的待测锌电极工作面(单面 $1cm^2$)，依次用 280、320、400、600 号水磨砂纸湿磨，然后再用金相砂纸湿磨抛光至镜面光亮，经水洗、干燥后待用。

4. 待测电极经除油、活化、蒸馏水洗、滤纸吸干后放置于三室电极池中，使其工作面与辅助电极相对。调节鲁金毛细管，使毛细管口距待测电极表面之间部位大约为 2mm 或 2 倍于毛细管口直径的位置。

5. 如图 1-1 所示连接恒电位仪与电解池的各线路，确认无误后进行测量。

6. 打开恒电位仪的电源开关，预热 15min，将恒电位仪调整好。

7. 恒电位仪电源开关置于“自然挡”，恒电位选择开关置于“参比挡”，测量研究电极对参比电极的稳定电位(自腐蚀电位)。

8. 恒电位仪选择开关置于“给定挡”，调节电位粗调旋钮，使“给定电位”等于“稳定电位（自腐电位）”。

9. 将恒电位仪电源开关置于“极化档”，调节电位粗、细调旋钮，从“稳定电位”开始，向负向减小电位，每次减小 0.02V，同时记录电极电位和相应的电流值，连续记录电极电位值为−2.0V 为止。

10. 一系列数据记完之后，再将恒电位仪电源开关转向“关”，然后才能拆线路。

11. 更换溶液，重新处理研究电极，重复上述步骤，并依次记录电极电位及相应的电流值。

五、 数据处理

1. 将测量的数据填入如下的表格中。

镀液 a 成分：______________

φ_K/V																				
D_K/(mA/cm^2)																				
φ_K/V																				
D_K/(mA/cm^2)																				

镀液 b 成分：______________

φ_K/V																				
D_K/(mA/cm^2)																				
φ_K/V																				
D_K/(mA/cm^2)																				

镀液 c 成分：______________

φ_K/V																				
D_K/(mA/cm^2)																				
φ_K/V																				
D_K/(mA/cm^2)																				

镀液 d 成分：______________

φ_K/V																				
D_K/(mA/cm^2)																				
φ_K/V																				
D_K/(mA/cm^2)																				

2. 以 φ_K 为横坐标，D_K 为纵坐标，将各镀液的阴极极化曲线绘制在同一坐标系中。

3. 比较不同镀液的阴极极化曲线，得出结论。

六、 思考题

1. 如何分析极化曲线？

2. 恒电流法与恒电位法在应用中有何差异？

实验二　碱性锌酸盐镀锌液分散能力的测定

一、 目的要求

1. 掌握镀液分散能力的远、近阴极测试法。
2. 掌握镀液分散能力测试的赫尔槽法。
3. 熟悉镀液分散能力的表示法。

二、 实验原理

电镀液分散能力又称为“均镀能力”，是电镀液使零件表面镀层厚度均匀分布的能力，是电镀液的重要性能指标。工艺规范不同，镀液组成不同，分散能力不同；同一镀液，工艺条件不同，分散能力也不相同，因此影响镀液分散能力的因素较多。

分散能力测定方法有远近阴极法（哈林槽测定法）、弯曲阴极法、赫尔槽法等，不同测定方法测得的同一镀液、同一工艺条件下的分散能力数值不同，因此，镀液分散能力是一相对值。

1. 电镀液分散能力的测定——哈林槽法

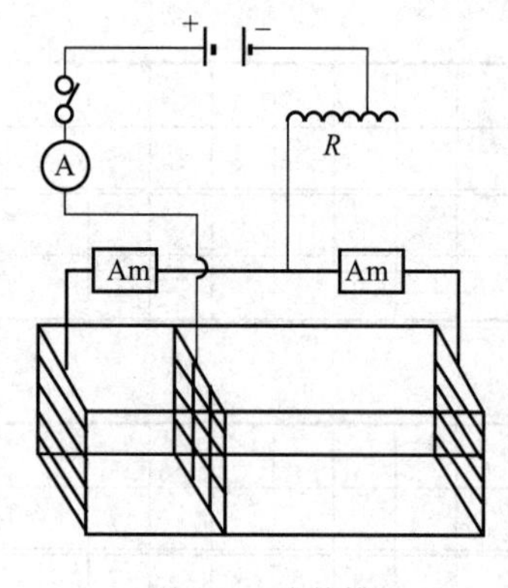

图 2-1　哈林槽

其实验装置如图 2-1 所示，计算方法可按下式计算：

$$T=(K-M_1/M_2)/(K-1)\times100\%$$

式中　M_1——近阴极质量增量，g；

M_2——远阴极质量增量，g；

K——远、近阴极与阳极距离之比。

哈林槽法是在矩形槽中放置两个尺寸相同的金属平板作为阴极，在两阴极之间放一个与阴极尺寸相同的带孔的或网状阳极。一般使远阴极、近阴极与阳极之间的距离比为 5∶1 ($K=5$)或 2∶1($K=2$)，当待测镀液的工作电流密度较宽及均镀能力较好时，可选择较大的 K 值，反之，可选择较小的 K 值。电镀一段时间后，称取远、近阴极上沉积的金属的质量，代入公式，可求出镀液的分散能力。

镀槽一般采用有机玻璃，内部尺寸为(150×50×70) mm^3，阴极尺寸为(50×70) mm^2，厚度为 0.25～0.5mm。阴极材料一般为铜片或黄铜片，要求表面光亮。试片背面和侧面用清漆绝缘，也可用单面镀铜板作阴极。电镀时间 30min，电流大小和温度视测量溶液而定。断电后，清洗阴极，并置于 100～115℃烘箱中干燥 15min，冷却后用分析天平称出镀层的质量。

2. 电镀液分散能力的测定——赫尔槽法

试验时，根据不同镀种的需要，电流强度可选择 0.5～3.0A，电镀时间一般为 10～15min。测量时固定电流强度和电镀时间，镀后将试片分成 10 个部分，如图 2-2 所示，并分别取1～8 号方格中心部位镀层的厚度为 δ_1、δ_2、δ_3、δ_4、δ_5、δ_6、δ_7、δ_8，根据 $T=\delta_i/\delta_1\times100\%$计算电解液的分散能力。

式中，δ_i 为 2～8 方格中任一方格的镀层厚度，一般可选用 δ_5 的数值；δ_1 为 1 号方格中镀层的厚度。$T.P.=\frac{\delta_5}{\delta_1}\times100\%$，用这种方法获得分散能力的数值在 0～100%之间。

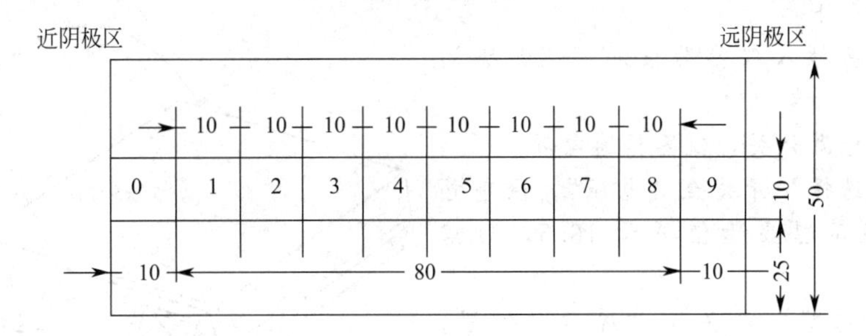

图 2-2 赫尔槽分散能力测定样板分区图（单位：mm）

三、 仪器、 药品与实验装置

1. 镀液成分及工艺规范

氧化锌 11g/L，氢氧化钠 110g/L，DPE-Ⅲ 5mL/L，WB 3mL/L；阴极电流密度 0.5～4A/dm²，电镀时间 30min。

2. 仪器

整流器一套，矩形槽，电吹风等。

3. 测量体系

阳极锌板（2 块），赫尔槽样板（70mm×100mm×1mm），矩形槽阴极铜板（8 块，50mm×70mm×1mm）。

四、 实验步骤

1. 镀液的配制。
2. 按照图 2-1 连接线路。
3. 对阴极试片分别进行除油、浸蚀、水洗后，吹干称重。
4. 选取阴极电流密度分别为 0.5A/dm²、2A/dm²、4A/dm²，均施镀 20min，取出远、近阴极，洗净吹干，称重。计算试片增重值。
5. 计算不同电流密度下镀液的分散能力。

五、 数据处理

实验温度：________

1. 哈林槽法

$K=$________；分散能力计算公式：________

阴极名称	阴极面积 /dm²	电流密度 /(A/dm²)	电流强度 /A	镀前质量 /g	镀后质量 /g	增加的质量 /g	镀液分散能力 *T. P*
近阴极							
远阴极							

2. 赫尔槽法

$\delta_1=$________ μm，$\delta_5=$________ μm，镀液分散能力 *T. P*＝________。

附：磁性测厚仪的使用

磁性测厚法根据磁性基体上的非磁性镀层对磁引力和磁感应的影响而工作。由于非磁性镀层厚度不同，闭合磁路中的磁通量发生相应改变，因此可利用测定磁性基体上非磁性镀层的磁阻或者是磁引力的变化来反映被测镀层的局部厚度。本法适用于测量铁基体上的非磁性镀层、化学保护层和油漆层的厚度。图 2-3 为 QUC-200 型数显式磁性测厚仪面板。

操作方法如下：

（1）将测头插入仪器面板右下侧测头插座上；

（2）开启电源开关，仪器接通电源；

（3）掷“选择”开关至“电压”，检查电池容量，如显示器显示值低于16.5，则需充电；

（4）掷“选择”开关至“厚度”位置，测厚。

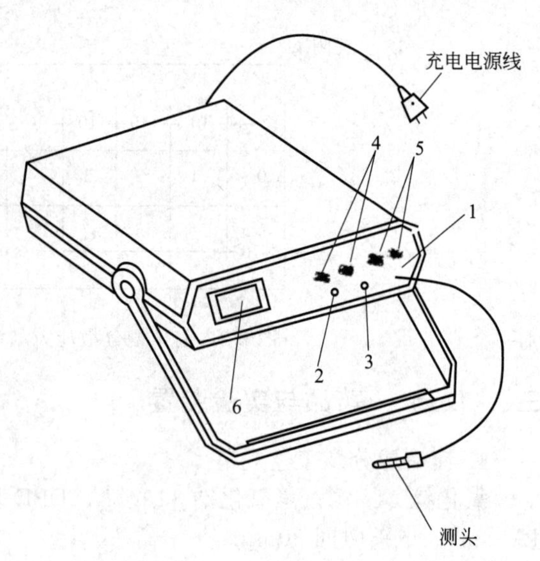

图 2-3　QUC-200 型数显示磁性测厚仪面板
1—测头插座；2—电源开关；3—选择开关；4—调零电位器；5—校准电位器；6—液晶显示板

测量钢铁基体表面非磁性涂镀层的方法如下：

（1）将测头置于基体上未涂覆部位，或与基体材料同一标牌号同样厚度的基板上，调零；

（2）将校准片置于基材与测头之间，调节“校准”旋钮，使显示板显示校准片厚度值；如图 2-4 所示；

（3）重复(1)、(2)，直至显示板读数准确为止；

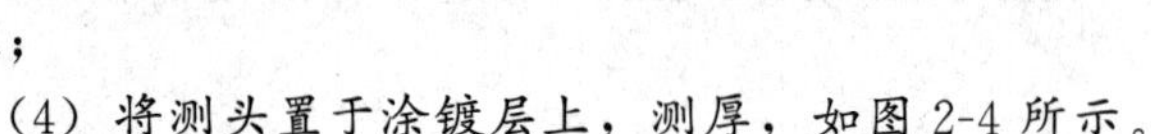

（4）将测头置于涂镀层上，测厚，如图 2-4 所示。

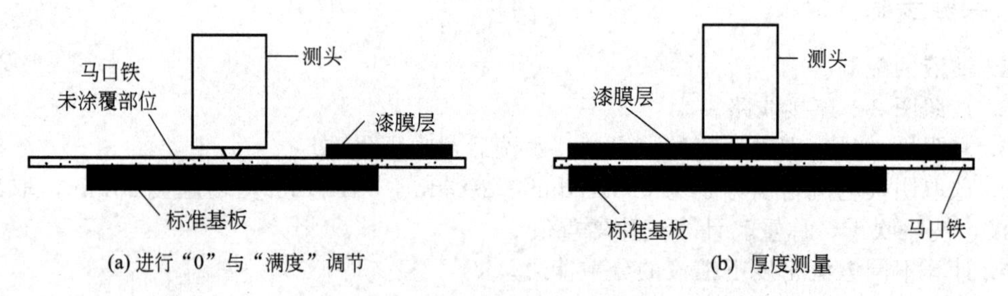

图 2-4　仪器调零与涂镀层测厚

实验三　镀液阴极电流效率的测定

一、目的要求

1. 了解铜库仑计的构造与工作原理。
2. 学会使用铜库仑计测定待测镀液的阴极电流效率。

二、实验原理

在电镀过程中，电极上往往发生不止一个反应，与主反应同时进行的还有副反应。消耗于所需沉积金属的电量占通过总电量的份数称为电流效率：

$$\eta=(M_1/M_2)\times100\%=(Q_1/Q_2)\times100\%$$

式中　η——电流效率，%；

M_1——电极上析出所需金属的实际质量，g；

M_2——由总电量所折算的产物的质量，g；

Q_1——析出所需金属消耗的电量，C；

Q_2——通过电极的总电量，C。

电流效率是评定镀液性能的一项重要指标。电流效率高，可加快镀层沉积速率，减少电耗。电流效率与镀种、工艺规范等有关。镀液电流效率的测定，是将待测镀液槽与库仑计串联，通过库仑计析出物质的质量，根据法拉第定律计算通过镀槽的总电量。

为提高测量的精度，要求库仑计具备以下条件：

(1) 电极反应中无副反应；

(2) 电解槽中无漏电现象；

(3) 电极上析出的物质能全部收集起来而无任何损失。

铜库仑计是常用的一种库仑计，通常采用玻璃容器，电解液组成为 $CuSO_4 \cdot 5H_2O$ 125～150g/L，H_2SO_4（相对密度 1.84）26mL/L，C_2H_5OH（乙醇）50mL/L。铜库仑计的阳极为纯的电解铜板，阴极为经过表面处理的活性铜板，阴、阳极面积大小相仿，通过铜库仑计的电量时由阴极上析出的铜的质量来确定的。随着线路中通过的电流的大小不同，阴极尺寸的大小也应不同，选择阴极尺寸的原则是使阴极电流密度维持在 0.2～2A/dm^2。

待测镀槽的电流效率 η_K 为：

$$\eta_K = (1.186 \times \Delta m_{待测}) / (K_{待测} \times \Delta m_{铜库仑计})$$

式中 $\Delta m_{待测}$——待测镀槽阴极试片实际增加质量，g；

$\Delta m_{铜库仑计}$——铜库仑计阴极试片实际增加质量，g；

$K_{待测}$——待测镀槽阴极上析出物质的电化学当量值，g/(A·h)；

1.186——铜库仑计铜的电化学当量值，g/(A·h)。

三、仪器、药品与实验装置

1. 待测镀液

碱性锌酸盐镀锌液配方为：氧化锌 10～11g/L，氢氧化钠 100～110g/L，DPE-Ⅲ6mL/L，WB 2～4mL/L。

2. 仪器

整流器（一套），矩形槽（两个），电吹风，分析天平等。

3. 测量体系

电解铜板（两块），低碳钢板（50mm×70mm）5片，纯锌板 1 块。

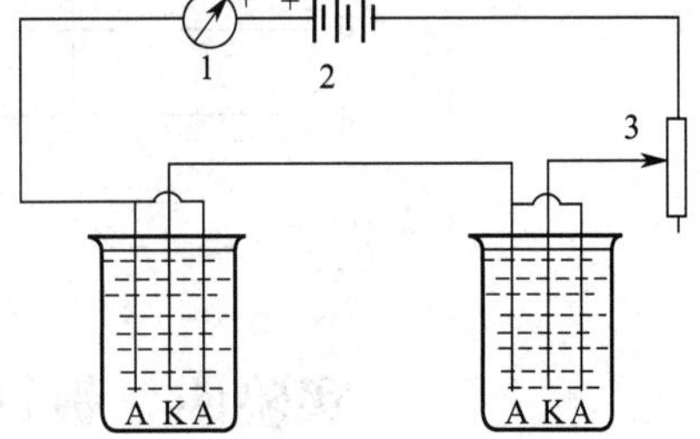

图 3-1 镀液阴极电流效率测量装置图

1—电流表；2—直流电源；3—可变电阻；A—阳极；K—阴极

四、实验步骤

1. 分别配制 1L 待测镀液及铜库仑计镀液。

2. 将铜库仑计和待测镀槽（阳极为 99.99% 锌板，阴极为不锈钢板或铁板，阴、阳极面积约为 1∶3）的阴极片分别除油、浸蚀，用蒸馏水冲洗后吹干称量。

3. 将已称量的阴极片，分别进行弱浸蚀后放入各自的镀槽中。然后按图 3-1 所示将铜库仑计与待测镀槽串联起来，调节所需的电流强度。通电 20min 后取出，并进行清洗、吹干、称量。

4. 控制电解液的温度为室温，测定待测镀槽阴极电流密度分别为 1A/dm^2、2A/dm^2、3A/dm^2、4A/dm^2、5A/dm^2 时的阴极电流效率。

五、数据处理

1. 实验温度：＿＿＿＿＿，电镀时间：＿＿＿＿＿，待测镀液：＿＿＿＿＿

阴极电流密度(D_K)		1A/dm²	2A/dm²	3A/dm²	4A/dm²	5A/dm²
库仑计阴极片	通电前质量/g					
	通电后质量/g					
	增加质量/g					
镀锌阴极片	通电前质量/g					
	通电后质量/g					
	增加质量/g					
阴极电流效率(η_K)/%						

2. 以 D_K 为横坐标、η_K 为纵坐标，绘出阴极电流密度与阴极电流效率的关系曲线。

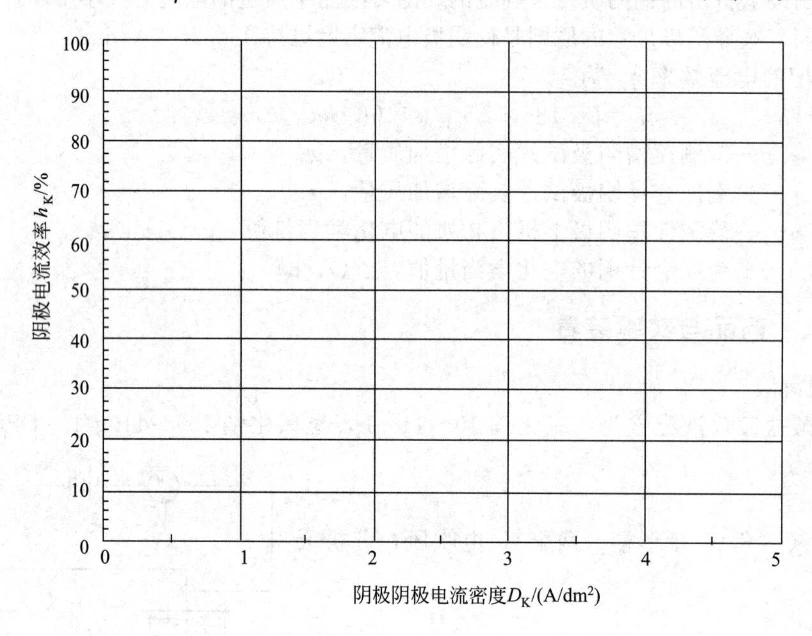

实验四　镀锌钝化膜耐蚀性的电化学测试

一、实验目的及要求

1. 掌握镀锌钝化膜质量的外观评定方法。

2. 掌握恒电位法测定电极极化曲线的原理和实验技术；掌握待测试样自腐蚀电位的测试方法及自腐蚀电流的求算方法。

3. 了解电化学阻抗谱（electrochemical impedance spectroscopy，EIS）测试技术在检测镀锌钝化膜抗腐蚀性能中的应用；掌握电化学阻抗谱测试的步骤、原理以及阻抗谱数据的分析处理。

二、 实验原理

利用现代的电化学测试技术，已经可以测得以自腐蚀电位为起点的完整的极化曲线。如图 4-1 所示。这样的极化曲线可以分为三个区：①线性区，AB 段；②弱极化区，BC 段；③塔菲尔区，直线 CD 段。把塔菲尔区的 CD 段外推与自腐蚀电位的水平线相交于 O 点，此点所对应的电流密度即为金属的自腐蚀电流密度 i_c。根据法拉第定律，即可以把 i_c 换算为腐蚀的质量指标或腐蚀的深度指标。

对于阳极极化曲线不易测准的体系，常常只由阴极极化曲线的塔菲尔直线外推与 φ_c 的水平线相交以求取 i_c。这种利用极化曲线的塔菲尔直线外推以求腐蚀速度的方法称为极化曲线法和塔菲尔直线外推法。此方法灵敏、快捷，但是也有局限性：它只适用于活化控制的腐蚀体系，如析氢型的腐蚀。对于浓度极化较大的体系、电阻较大的溶液以及在强烈极化时金属表面发生较大变化（如膜的生成或溶解）的情况就不适用。此外，在外推作图时也会引入较大的误差。

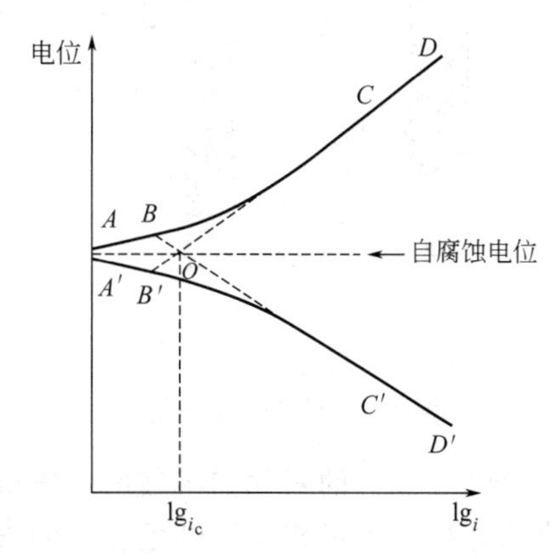

图 4-1 极化曲线塔菲尔直线外推示意图

Tafel 曲线的实验测量可采用恒电位仪或电化学工作站完成，其中电化学工作站配备的软件还可实现对 Tafel 曲线的自动分析，得出腐蚀电流、极化电阻等相关电化学数据。

利用电化学阻抗谱（EIS）测试技术可以得到与腐蚀电流大小成反比的极化电阻和反映金属表面变化（粗糙度变化、缓蚀剂吸附、钝化膜形成与破坏、表面固体腐蚀产物形成等）的界面电容。用 EIS 方法可在不同的频率段分别得到与腐蚀对应的电化学信息，根据阻抗数据利用 Zview310 软件设计等效电路并模拟，得到等效电路的相关元件数值。在镀锌钝化膜测试时，会看到各阻抗数据都对应着一段圆弧，该圆弧与电极在电解质溶液中发生电化学反应的电荷传递电阻（charge-transfer resistance）有关。通常来说，电荷传递电阻越大，相同电位下通过电极的腐蚀电流就越小，电极的抗腐蚀性能就越好。因此，通过比较不同条件下测试样的电荷传递电阻大小，对测试样的耐蚀性能做出相应的评估。

三、 实验仪器与试剂

1. 试剂

氯化钠，碱性镀锌液，钝化液，出光液，蒸馏水，低碳钢试片，99.99%的锌板，石蜡或绝缘硅胶。

2. 仪器及测量体系

电化学工作站，铂电极，饱和甘汞电极，研究电极（$1cm^2$ 裸露表面），三室电解池、导线。

四、 实验步骤

1. 测量电极的准备

分别将镀锌试片及不同钝化条件下（可自行设计钝化条件）的试片留出 $1cm^2$ 的测试区域，其他部分用石蜡或绝缘硅胶封闭，如图 4-2 所示。制备好的电极分别用酒精除油，用蒸馏水洗净备用。

2. 将待测电极、辅助电极（铂电极）及参比电极（饱和甘汞电极）分别置于三室电极池中，如图 4-3 所示。要求研究电极的待测试面与辅助电极相对，调节鲁金毛细管，使毛细管口距待测电极表面之间部位大约为 2mm 或 2 倍于毛细管口直径的位置。

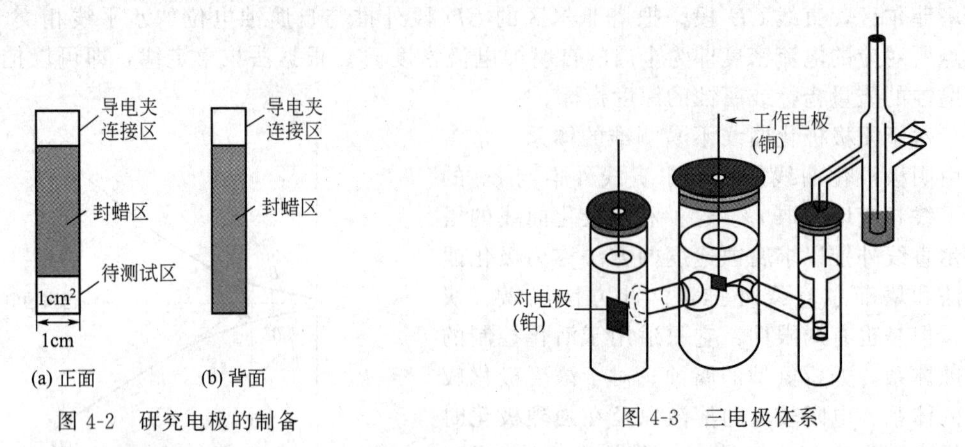

图 4-2　研究电极的制备　　　　图 4-3　三电极体系

3. 配制 3.5%的氯化钠溶液倒入电解池中。打开电化学工作站窗口，将工作站的绿色导线的夹头与研究电极相连，红色导线的夹头与辅助电极（铂电极）相连，白色导线的夹头与参比电极（饱和甘汞电极）相连，黑色电极接地。

4. 打开电化学工作站电源（Power）开关，电源指示灯亮，预热 15min。

5. 启动操作软件 CHI660E，出现图 4-4 的测试界面。首先进行开路电位测试。在图 4-4 的界面中点击“T”，在出现的对话框中选择最后一项测试技术“OCPT-Open Circuit Potential-Time”，出现图 4-5 的测试参数设置界面。

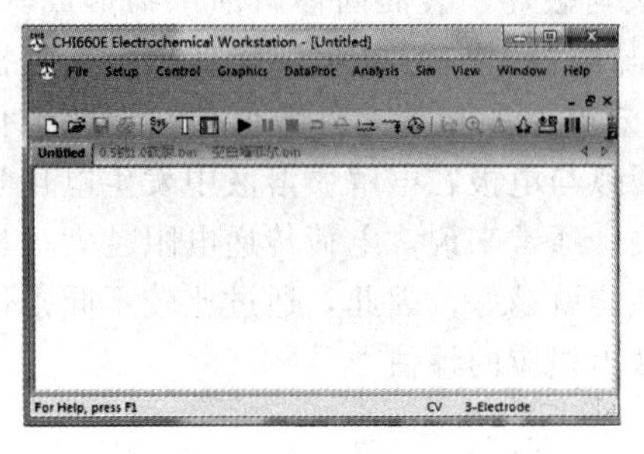

图 4-4　CHI660E 测试界面

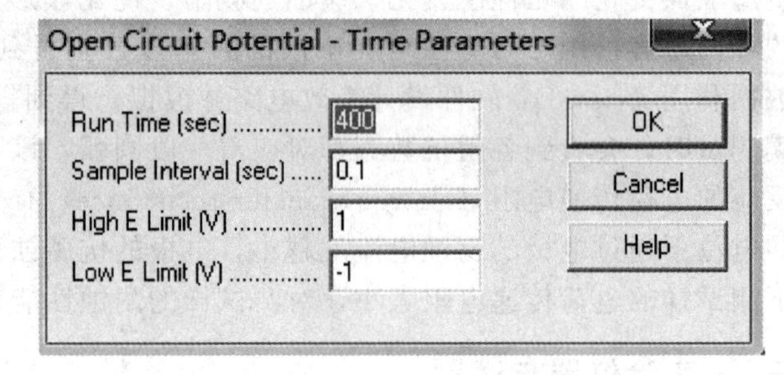

图 4-5　开路电位测试界面

6. 点击运行开关“▶”，仪器就会自动测试数据，在测试界面的右上方会出现倒计时。测试结束后记下开路电位值。

7. 在图 4-4 的界面中点击选择，电化学交流阻抗“IMP-A. C. impedance”技术，出现参数设置窗口，如图 4-6 所示。其中 Init E 起始电位设置为开路电位；High Frequency 高频 10^5 Hz；Low Frequency 低频 1Hz（试验本身需要）；其余选择默认。

8. 点击运行开关“▶”，测试结束后，点击“file”选择“Save As”，命名保存到设定的文件夹中，此时的文件为测试软件能打开的后缀“. bin”的文件，点击“Convert to Text …”，将 . bin 文件转换为文本文件。

9. 重新准备试样，进行塔菲尔曲线测试。点击“T”选择测试技术“TAFEL-Tafel Plot”，出现参数设置窗口，如图 4-7 所示。起始电位 Init E 设置为开路电位负 200mV，终止电位 Final E 设置为开路电位正 200mV。其他参数选择系统默认。

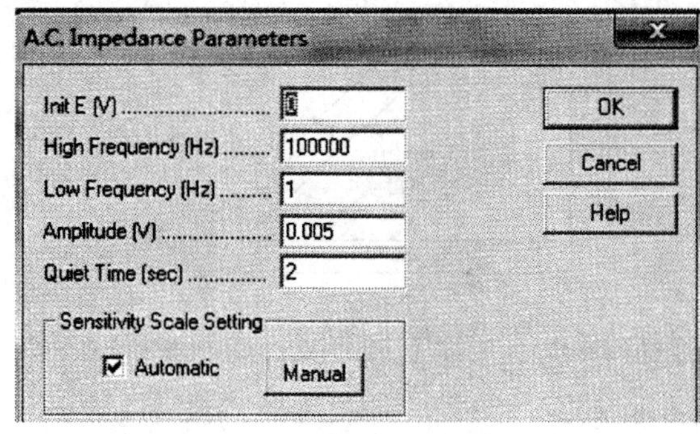

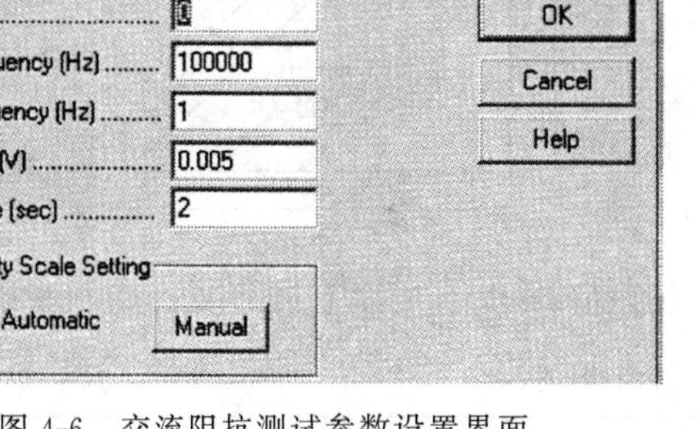

图 4-6 交流阻抗测试参数设置界面

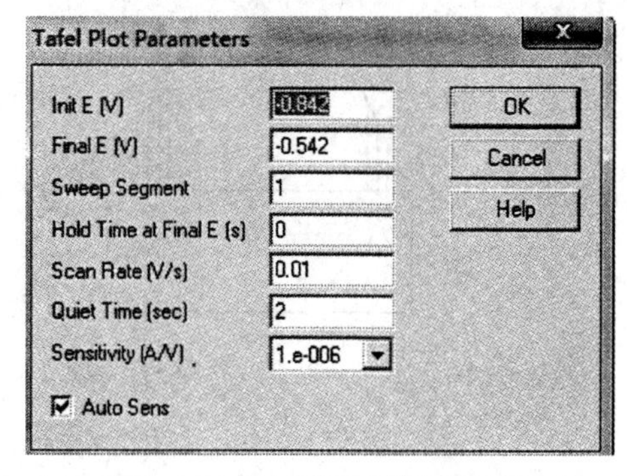

图 4-7 Tafel 测试参数设置界面

10. 测试结束后，按照步骤“8”保存数据。

11. 测试结束后，关闭电源。拆解电极，移走电解池，清洗，整理实验台面。

五、 数据处理

1. 将实验数据导出，以电位为纵坐标，以极化电流密度的对数值为横坐标进行绘图，得出 φ-lg$i$ 曲线，从图中按照 Tafel 外推法求得镀锌及钝化处理后的试片腐蚀电流、腐蚀电位。

电化学数据	腐蚀电位/V	腐蚀电流/(A/cm^2)	腐蚀电阻/Ω
镀锌试片			
镀锌后钝化处理			

2. 以阻抗的虚部数据为纵坐标，以实部数据为横坐标进行绘图，得出 Z'-Z''曲线（可以使用 Excel 软件或者 Origin 软件）。根据电极的阻抗谱图中的圆弧半径，比较镀锌及不同钝化条件下试样耐蚀性能。

六、 思考题

如何通过电化学测试手段评价镀层的耐蚀性。

实验五 电镀光亮镍赫尔槽实验

一、 目的要求

1. 应用赫尔槽实验考察镀镍液中不同光亮剂对镀层质量的影响。
2. 用赫尔槽实验观察并鉴别铬、铜等杂质对镀层质量的影响。
3. 掌握镀层孔隙率的测定方法。
4. 掌握电镀赫尔槽的实验方法。

二、 实验原理

1. 赫尔槽法

赫尔槽的构造如图 5-1 所示。槽体材料一般采用有机玻璃或硬聚氯乙烯板，根据槽的容积大小可分为 1000mL、267mL、250mL 三种，其内部尺寸如表 5-1 所示。

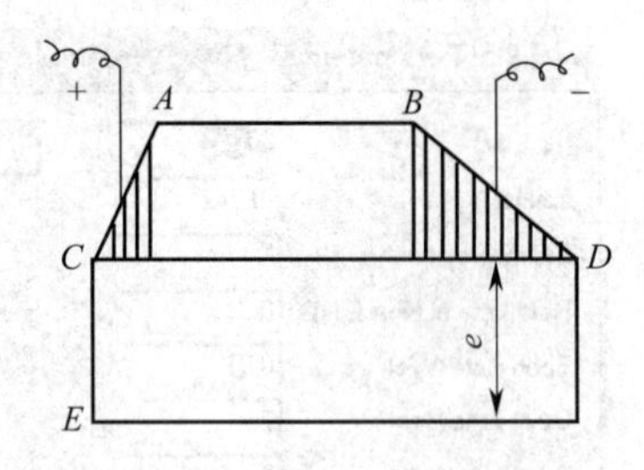

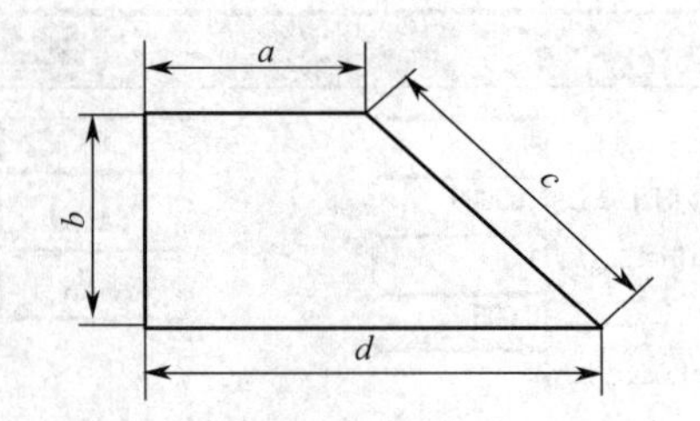

图 5-1 赫尔槽的结构

表 5-1 赫尔槽的尺寸

规格	AB/mm	CD/mm	AC/mm	BD/mm	CE/mm
250mL	48	127	64	102	65
1000mL	119	213	86	127	81

从赫尔槽的构造可以看出，阴极试片上各部位与阳极的距离不等，所以阴极上各部位的电流密度也不同。离阳极距离最近的一端称为近端，它的电流密度最大，随着阴极部位与阳极距离的增大，电流密度逐渐减小，直至离阳极最远的一端（称为远端），它的电流密度最小。根据试验测定，阴极电流分布经验公式为：

250mL 赫尔槽 $D_K = 1.068I(5.1019 - 5.2401\lg L)$

式中 I——通过赫尔槽的电流强度，A；

L——阴极某点至阴极近端的距离，cm。

由于靠近赫尔槽阴极样板两端的电流密度计算值不准确，所以上述经验公式的 L 取值范围是 0.635～8.255cm。表 5-2 为常用的电流强度与赫尔槽阴极样板各点的电流密度对应值。

表 5-2 常用的电流强度与 250mL 赫尔槽阴极样板各点的电流密度对应值

电流	至阴极近端的距离/cm								
	1	2	3	4	5	6	7	8	9
1A	5.45	3.74	2.78	2.08	1.54	1.09	0.72	0.40	0.11
2A	10.90	7.48	5.56	4.16	3.08	2.18	1.44	0.80	0.22
3A	27.25	18.70	13.90	10.40	7.70	5.45	3.60	2.00	0.55

赫尔槽实验方法如下。

（1）样液：取样应有代表性，样品应充分混合，若混合有困难时，可用移液管在溶液的不同部位取样，每次所取溶液体积应相同。当使用不溶性阳极时，电解液经 1～2 次试验后应换新溶液。在试验少量杂质及添加剂的影响时，每批电解液的试验次数应少一些。

（2）工艺规范：试验时的电流强度应根据电解液的性能而定，若电流密度的上限较大，则试验时的电流强度应大一些；反之，应小一些，一般在 0.5～3.0A 范围内变化。大多数的光亮电解液包括镀镍、铜和镉等，可采用 2A 的电流强度；非光亮电解液一般采用 1A 的电流强度，对装饰性镀铬，电流强度需要 5A；对硬铬电流强度要用 6～10A。试验时间一般为 5～10min，有些电解液可适当延长时间。试验时的温度应与生产时相同。

（3）阴、阳极材料的选择：赫尔槽的阴、阳极通常是长方形薄板，槽子体积不同，阴、阳极尺寸也不同，250mL 槽所用的阴极为 100mm×70mm，阳极为 63mm×70mm；1000mL 槽所用的阴极为 125mm×90mm，阳极为 85mm×90mm，阳极厚度为 3～5mm，其材料与生产中使用的阳极相同，也可以用不溶性阳极。若阳极易钝化，可用瓦楞形及网状阳极，但其厚度不应大于 5mm。阴极板厚度为 0.25～1mm，材料视实验要求而定，一般可用冷轧钢板、白铁片、钢及黄铜片，试片表面必须平整。

(4) 阴极试片镀层外观的表示方法：实验发现，在同一距离，阴极的不同高度处，镀层的外观并不一样。根据经验可选取阴极试片中线偏上的部位作为实验结果，如图5-2所示。

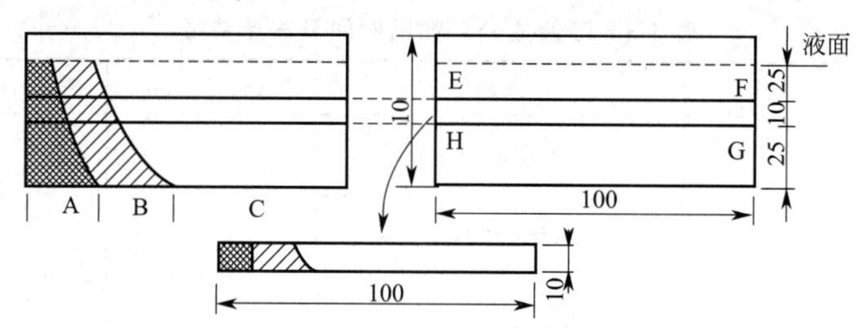

图 5-2 阴极试片结果部位选取（单位：mm）

A—镀层烧黑而粗糙部分；B—镀层发暗部分；C—镀层光亮部分

为了便于将实验结果以图示形式记录下来，可用图5-3的符号表示镀层的状况。如果这些符号还不足以说明问题，也可配合文字说明。

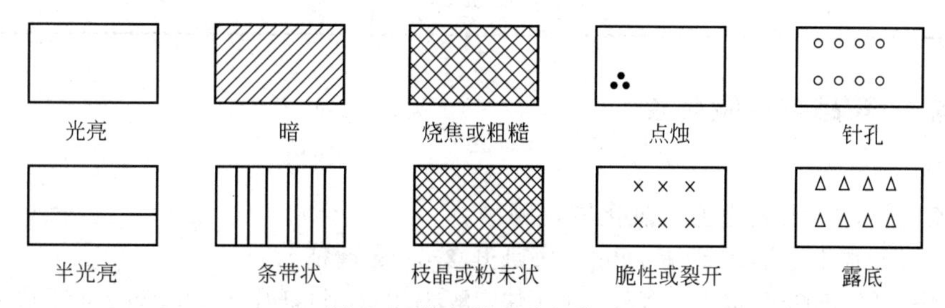

图 5-3 赫尔槽试片的符号

阴极试片除绘图说明外，一些具有代表性的试片在干燥后可涂清漆，以便长期保存。

2. 贴滤纸法

贴滤纸法测镀层的孔隙率是将浸有特定检验试液的滤纸贴置在受检零件的表面上，若镀层存在孔隙或裂缝，则检验试液通过孔隙或裂缝与基体金属或底金属镀层发生化学反应，生成与镀层有明显色差的化合物，并渗到滤纸上，使之呈现出有色斑点，根据有色斑点数的多少确定其孔隙率。

孔隙率计算：将划有方格的玻璃板（方格面积为$1cm^2$）放在印有孔隙斑痕的滤纸上，分别数出每方格内的斑点数，然后分别计算镀层到基体金属或下层镀层金属的孔隙率。测定3次，取其平均值作为测定结果。

$$孔隙率=n/S$$

式中 n——孔隙斑点数；

S——被测镀层面积，cm^2。

对斑点直径的大小作如下规定：斑点直径在1mm以下，一个点按一个孔隙计算；斑点直径在1～3mm以内，一个点按3个孔隙计算；斑点直径在3～5mm以内，一个点按10个孔隙计算。

检验步骤如下。

(1) 检验前，镀层表面的受检部位可用有机溶剂除油，若在镀覆后立即进行检验，则可不必除油。

（2）将浸透检验溶液的滤纸，紧贴在受检镀层表面上，滤纸与零件表面之间不应有气泡，同时可以不断补加检验溶液，以使滤纸保持湿润，等滤纸贴至表5-3规定的时间后，即揭下印有孔隙斑点的滤纸，用蒸馏水冲洗，再放在清洁玻璃板上，干燥后计算孔隙的数目。表5-3为溶液成分、粘贴时间及斑点特征。

表5-3 溶液成分、粘贴时间及斑点特征

基体或中间层	镀层	溶液成分	粘贴时间/min	斑点特征
钢	铜	铁氰化钾 10g/L 氯化钠 20g/L	20	孔隙至钢基体时为蓝色斑点
铜及铜合金	镍	铁氰化钾 10g/L 氯化钠 20g/L	10	孔隙至铜时为红褐色斑点
钢	镍	铁氰化钾 10g/L 氯化钠 20g/L	5	孔隙至钢基体时为蓝色斑点

三、仪器、药品与实验装置

1. 药品

七水硫酸镍，六水氯化镍，氯化钠，硼酸。

糖精：每升水中，溶解糖精100g；每毫升含0.1g糖精。

1,4-丁炔二醇：500mL水中，溶解1,4-丁炔二醇31.25g，每毫升含0.0625g 1,4-丁炔二醇。

十二烷基硫酸钠：0.25g十二烷基硫酸钠溶解于煮沸的500mL水中，每毫升水中含十二烷基硫酸钠0.0125g。

铬酸溶液：称取250g铬酐，溶于500mL水中，每毫升含Cr^{6+}约0.26g。

硫酸铜溶液：称取110g结晶硫酸铜溶于500mL水中，每毫升含Cu^{2+}约0.056g。

贴滤纸法试液：铁氰化钾10g/L，氯化钠20g/L。

电解退镍液：盐酸40～90g/L，氯化钠5～15g/L，室温，阴极为不锈钢板，阳极电流密度4～6A/dm²。

2. 仪器及测量体系

250mL赫尔槽及整流器一套，赫尔槽用阴极铜板6块，镍阳极板1块，电吹风，烧杯，玻璃棒，精密pH试纸（3.8～5.4，5.4～7）。

四、实验步骤

1. 配制1L镀镍基础溶液。

七水硫酸镍300g/L，氯化钠15g/L，六水氯化镍30g/L，硫酸钠60g/L，硼酸40g/L，pH＝4～4.5。

取配好的镀镍溶液250mL，在温度50℃下做赫尔槽实验，电流强度为1A，时间为8min，不断搅拌，镀得样板，记录为编号1。

2. 在“1”液中加入糖精溶液2.5mL，相当于每升镀液中含有糖精1g，在其他条件相同的情况下做实验，观察样板并记录为编号2。

3. 在“2”中加入1,4-丁炔二醇2mL，相当于每升镀液中含1,4-丁炔二醇0.5g，其他条件不变做实验，观察样板并记录为编号3。

4. 在“3”液中加入配制好的硫酸铜溶液2mL，镀液约含铜离子杂质0.448g/L，其他条件不变做实验，实验完毕取出样板观察并记录为编号4。

5. 在“4”液中加入配制好的铬酸溶液1mL，镀液约含六价铬离子杂质0.01g/L，其他条件不变做实验，实验完毕取出样板观察并记录为编号5。

6. 取配好的镀镍基础液250mL，加入糖精溶液2.5mL，1,4-丁炔二醇2mL，在温度50℃下，做矩形槽实验，以铜板为阴极，电流强度为$2A/dm^2$，不断搅拌，电镀时间分别为3min和8min，镀得样板，分别记录为编号6、7。

7. 由贴滤纸法测定编号为6、7的样板的孔隙率。

8. 电解退除铜板上的镍。

五、 数据处理

1. 赫尔槽样板记录

镀种名称________________________，

基础溶液________________________，

电流________A，时间________min，温度________℃，搅拌

项目	施镀条件	样板情况及文字说明
1		近端 远端
2		近端 远端
3		近端 远端
4		近端 远端
5		近端 远端

赫尔槽样板结论：____

____

____。

2. 贴滤纸法镀镍孔隙率测定结果

电镀时间/min	孔隙率/(个/cm^2)

六、思考题

1. 铜离子和六价铬离子对镀层有何影响，为什么？
2. 赫尔槽电镀中，对阳极板需注意的问题是什么？

实验六　ABS塑料化学镀铜工艺

一、目的要求

1. 了解非金属材料电镀的特点，掌握其前处理工艺。
2. 学习掌握ABS塑料电镀工艺。
3. 掌握化学镀铜工艺。

二、实验原理

ABS塑料是丙烯腈(A)、丁二烯(B)、苯乙烯(S)的三元共聚物，一般是不透明的，外观呈浅象牙色，无毒、无味。其结构组成为$(C_8H_8 \cdot C_4H_6 \cdot C_3H_3N)_x$。其中丙烯腈赋予塑料良好的耐蚀性和表面硬度；丁二烯使塑料坚韧；苯乙烯使塑料加工性良好和易染色。因此使ABS塑料兼有韧、硬、刚的特性，在工业上具有广泛的应用。对电镀级ABS塑料来讲，丁二烯的含量对电镀影响很大，一般应控制在18%～23%。

由于ABS是非导体，所以电镀前必须附上导电层。形成导电层要经过粗化、中和、敏化、活化、化学镀等几个步骤，比金属电镀复杂。其电镀工艺流程为：

ABS塑料模制件检验→化学除油→水洗→粗化→水洗→敏化→水洗→活化→晾干→化学镀铜→水洗→常规电镀→水洗→干燥

粗化的目的是使非金属基体表面呈现微观粗糙，增大镀层与基体的接触面积，并使非金属基体由憎水性变为亲水性，从而增强镀层与基体的结合力。表面粗化处理常用的方法有机械粗化法和化学粗化法。塑料和一些表面粗糙度要求高的装饰零件，以及外形复杂、小尺寸、薄壁零件只采用化学粗化法。常用的化学粗化溶液有酸、碱或者有机溶剂，有时也可交替结合起来应用。

敏化处理是将经粗化处理后的非金属材料浸入亚锡盐的酸性溶液中，使非金属材料表面吸附一层液膜，在其后清水洗涤时，由于pH值升高，亚锡盐水解生成一氯三羟基合锡沉积物，被均匀地吸附在处理过的材料表面，以便在活化处理时被氧化，在制品的表面上形成“催化膜”。

敏化过程的反应方程为：

$$SnCl_2 + H_2O \longrightarrow Sn(OH)Cl + H^+ + Cl^-$$

$$SnCl_2 + 2H_2O \longrightarrow Sn(OH)_2 + 2H^+ + 2Cl^-$$

$$Sn(OH)Cl + Sn(OH)_2 \longrightarrow Sn_2(OH)_3Cl$$

活化处理是将敏化处理后的塑料制品浸入含有催化活性的贵金属（如 Au、Ag、Pd 等）化合物的溶液中，亚锡离子把活化剂中的金属离子还原成金属粒子，使塑料表面生成一层具有催化活性的贵金属层，作为化学镀的氧化还原反应催化剂。

其活化反应方程为：$2Ag^+ + Sn^{2+} \longrightarrow Sn^{4+} + 2Ag\downarrow$（以银盐为活化剂）

$Pd^{2+} + Sn^{2+} \longrightarrow Sn^{4+} + Pd\downarrow$（以钯盐为活化剂）

化学镀铜中以甲醛为还原剂，以银为催化剂，把铜离子还原成金属铜沉积在不导电的 ABS 塑料基体上，使 ABS 塑料表面金属化，以进行后续电镀处理。

三、仪器、药品及实验装置

1. 仪器

烘箱（恒温水浴），放大镜，烧杯。

2. 药品

丙酮，冰醋酸，磷酸钠，碳酸钠，氢氧化钠，OP 乳化剂，硫酸，铬酸，氯化亚锡，盐酸；金属锡粒，硝酸银，氨水，五水硫酸铜，酒石酸钾钠，氢氧化钠，六水氯化镍，37%甲醛，精密 pH 试纸。

四、实验步骤

1. ABS 塑料表面整理

用 20%丙酮溶液，浸 5～10s。

2. ABS 塑料去应力

在 80℃恒温下用烘箱或者水浴处理至少 8h。

3. ABS 塑料化学除油

除油液配方及工艺为：磷酸钠 20g/L，碳酸钠 20g/L，氢氧化钠 5g/L，乳化剂 1mL/L，温度 60℃，时间 30min。

4. ABS 塑料粗化

粗化液配方及工艺为：硫酸（质量分数）80%，铬酸（质量分数）4%，温度 50～60℃，时间 5～15min。

5. ABS 塑料敏化

敏化液配方及工艺为：氯化亚锡 10g/L，盐酸 40mL/L；金属锡粒适量；温度 15～30℃，浸渍 3～5min。

6. ABS 塑料活化

活化工艺为：硝酸银 5～10g/L，用氨水调到溶液澄清为止，室温浸 1min。

7. 化学镀铜

镀铜液配方及工艺为：五水硫酸铜 7g/L，酒石酸钾钠 25g/L，氢氧化钠 12g/L，六水氯化镍 2g/L，37%甲醛 11mL/L，pH 值为 12.5～13，温度 18～25℃，时间 20～30min。

五、实验注意事项

1. 内应力检查方法。

在室温下将注塑成型的 ABS 塑料制品放入冰醋酸中浸 2～3min，然后仔细清洗表面，晾干。在 40 倍放大镜或立体显微镜下观察表面，如果呈白色表面且裂纹很多，说明塑料的内应力较大，不能马上电镀，要进行去应力处理。如果呈现塑料原色，则说明没有内应力或内应力很小。内应力严重时，经过上述处理，不用放大镜就能够看到塑料表面的裂纹。

2. 除油后，经水洗、5%的硫酸中和、再水洗，方可进入粗化工序，目的是保护粗化液，使之寿命得以延长。

3. 粗化处理一段时间后，当粗化液的颜色因三价铬含量增高而呈现墨绿色时，要弃掉一部分旧液后再补加铬酸。粗化完毕的制件要充分清洗。由于铬酸浓度很高，首先要在回收槽中加以回收，再经过多次清洗，并浸5%的盐酸后，再经过清洗方可进入以下流程。

4. 配制敏化液。

配制敏化液时，先将氯化亚锡溶于盐酸中，待全部溶解后，再加水稀释。在敏化液中要放入纯锡块，抑制四价锡的产生。

5. 配制活化液。

配制活化液时氨水不要过量，活化后的塑料件不应水洗。晾干后再去化学镀铜。

6. 使用化学镀铜液，甲醛溶液应在放入塑料件时加入，不用时用20%硫酸降低pH值至9左右，使用时用氢氧化钠的稀溶液升高pH值为12.5～13。

六、 思考题

1. 塑料电镀的工艺流程是什么？敏化、活化过程中应注意哪些问题？
2. 影响化学镀层结合力的因素有哪些？

实验七 纯铝的阳极氧化、着色及封闭处理工艺

一、 目的要求

1. 掌握铝阳极氧化工艺的基本原理及方法。
2. 掌握铝阳极氧化膜封闭及着色处理工艺。
3. 掌握铝阳极氧化膜的质量检验方法。

二、 实验原理

铝及其合金在空气中都会在其表面自然生成一层极薄的氧化膜(0.01～0.5μm)。这层氧化膜是无定形的，因此使表面失去原有的光泽，而且因氧化膜疏松多孔不均匀，它虽有一定的抗腐蚀作用，但不可能有效地防止铝及其合金遭受进一步的氧化、腐蚀。

用电化学方法在铝或铝合金表面生成较厚的致密氧化膜，该过程称为阳极氧化。这种人工氧化膜经过适当处理（封闭）后，无定形氧化膜转化为晶形氧化膜，膜层硬度增高，耐磨性、抗腐蚀性、电绝缘性也大大提高，光泽度增强，能经久不变，还可经适当染色处理而得到理想的外观。因此，铝的表面氧化处理在许多工程技术中得到广泛的应用。

工业上，铝阳极氧化采用的电解液主要有三种：硫酸、草酸和铬酸。采用不同的电解液，可以获得不同厚度的具有不同机械性能和物理化学性能的氧化膜。

以铅（或石墨）为阴极、铝为阳极，在 H_2SO_4 溶液中进行电解，两极反应如下：

阴极 $$6H^+ + 6e^- \longrightarrow 3H_2 \uparrow$$

阳极 $$2Al - 6e^- \longrightarrow 2Al^{3+}$$

$$2Al^{3+} + 6H_2O \longrightarrow 2Al(OH)_3 + 6H^+$$

$$2Al(OH)_3 \longrightarrow Al_2O_3 + 3H_2O$$

电解过程中，H_2SO_4 又可以使形成的 Al_2O_3 膜部分溶解，所以氧化膜的生长依赖于金

属氧化速度和 Al_2O_3 膜溶解的速度。要得到一定厚度的氧化膜，必须控制适当的氧化条件，使氧化膜形成速度大于溶解速度。

氧化膜的表面是由多孔层构成的，其比表面积大，具有很高的化学活性。利用这一特点，在阳极氧化膜表面可进行各种着色处理。着色的目的在于提高产品的装饰性和耐蚀性，同时给铝制品表面以各种功能性。阳极氧化膜着色方法有整体着色、有机着色、电解着色和无机盐着色。其中有机染料着色通常被认为既有物理吸附，也有有机染料官能团与氧化铝发生的络合反应。因氧化膜呈正电性，故应选用负电性而且易溶于水的阴离子染料。例如酸性染料和活性染料，它们分别带有亲水的磺酸基—SO_3Na、羧酸基—COONa，能溶于水，且带负电性。氧化膜着色应在氧化结束后进行。将阳极氧化处理得到的新鲜氧化膜铝片直接用水冲洗干净，立即放入着色液中着色。着色时注意染料的纯度，水温约在15～35℃，不能太高。适当加热可加速染色，但水温太高会造成氧化膜的孔隙过早封闭，降低吸附染料的性能，pH 值在 4.5～7.0 之间为宜，着色时间视需颜色的深浅而定。染色后的铝片经水冲洗干净后，再进行水封闭处理。

氧化膜的表面是多孔的，在这些孔隙中可吸附染料，也可吸附结晶水。由于吸附性强，如不及时处理，也可能吸附杂质而被污染，所以要及时进行填充处理，从而提高多孔膜的强度等性能。封闭处理有沸水法、高压蒸气法、浸渍金属盐法和填充有机物（油，合成树脂）等，其中应用最广的是沸水法。即将氧化后的铝片放入沸水中煮，其原理是利用无水氧化铝发生水化作用。由于氧化膜表面和孔壁的水化结果，使氧化物体积增大，将孔隙封闭。沸水封闭时，水的 pH 值应控制在 4.5～6.5 之间，pH 值太高会造成“碱蚀”。用去离子水煮沸，时间一般为 10min，煮沸后取出，放入无水酒精中数秒后再晾干。

三、 仪器、 药品及实验装置

1. 仪器

烧杯（500mL，3 只），量筒（100mL，200mL），玻璃棒（两根），铝氧化电源（1 台），导线若干（带鱼嘴夹），电极挂钩（可用粗的铜导线自己做），万用表，天平，温度计，镊子，电炉，石棉网，秒表。

2. 药品

酸：HNO_3(2mol/L，公用)，H_2SO_4(15%，自行配制)。

碱：NaOH(10%，自行配制)。

盐：腐蚀试液($K_2Cr_2O_7$ 的盐酸溶液，公用)。

其他：铝片，铅片，无水酒精，溶膜液（公用），着色液（公用）。

3. 实验装置

四、 实验步骤

1. 配制 10% NaOH 溶液 500mL

2. 配制 15% H_2SO_4 溶液 500mL

用量筒量取水倒入烧杯，再量取浓 H_2SO_4 缓缓倒入烧杯中，并不断搅拌，直到全部混合均匀。

3. 铝片氧化前处理

(1) 取两块铝片，用去污粉刷洗，然后用自来水冲洗。

(2) 碱洗：将铝片放在 60～70℃10%的 NaOH 溶液中浸 1min，取出后用自来水冲洗。油除净后的铝片表面应不挂水珠。

(3) 酸洗：为了除去碱处理时铝表面沉积出的杂质和中和吸附的碱，将铝片放在 2mol/L

的 HNO_3 溶液中浸泡 1min，取出后用自来水冲洗。

经过清洗后的铝片不能再用手接触，以免沾污。洗净的铝片可存放于盛水的烧杯中待用。

4. 铝片阳极氧化

（1）计算铝片浸入电解液部分（尚留一部分不浸入电解液）的总面积（应计算铝片的两面），按照电流密度为 10～15mA/cm² 计算所需的电流强度大小。

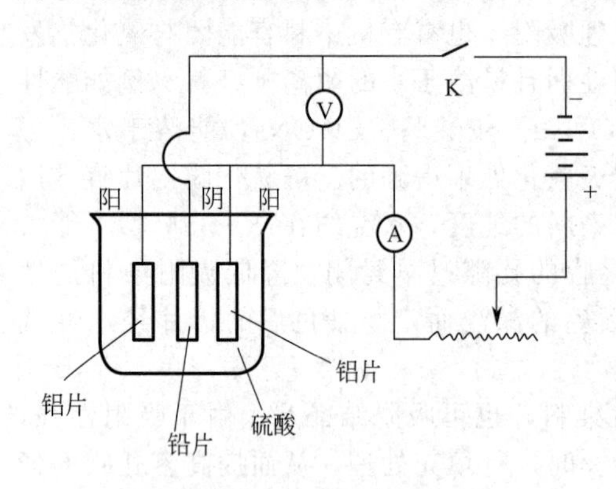

图 7-1　铝的阳极氧化装置图

（2）将两个铝片作为阳极，铅为阴极，15% H_2SO_4 为电解液，按图 7-1 接好线路。通电后，调节铝氧化电源，开始时用不大于 5mA/cm² 的电流密度，氧化 1min，而后逐渐调整电流到所需的数值，观察两极反应的情况。

（3）通电 30min（电解液温度不超过 25℃）后切断电源，取出铝片，用自来水冲洗。

（4）着色：取一片氧化及水洗后的试片，立即放入着色液中着色，着色时间随所需颜色深浅而定。

着色液配方及工艺：茜素红 0.1～0.2g/L，茜素黄 0.04～0.08g/L，温度 50～60℃，时间 1～5min。

（5）水封：取另一氧化及水洗后的试片放在沸水（去离子水）中煮 10min，取出放入无水酒精中数秒钟，再晾干，准备进行质量检验。

5. 质量检验

（1）绝缘性检验：由干电池，小灯泡、万用表电笔和铝试片组成一个闭合回路，实验氧化后的铝试片的绝缘性能。装置如图 7-2 所示。

（2）耐腐蚀性：用点滴法检验膜层的耐蚀性。在铝片阳极氧化处理的部分和未阳极氧化部分各加一滴 $K_2Cr_2O_7$ 盐酸溶液，观察反应，用变色所需时间加以评定，要求在氧化封闭处理后 3h 内进行实验。

点滴液组成为：相对密度 1.19 的盐酸 25mL，重铬酸钾 3g，蒸馏水 75mL。

图 7-2　绝缘性检验装置

（3）氧化膜厚度测定：采用溶膜法测定氧化膜的厚度，溶膜液由 H_3PO_4 和 CrO_3 组成。此溶液可将氧化膜溶解，但不与铝反应。溶膜液配方为：H_3PO_4 35mL，CrO_3 20g，加水至 100mL。

首先将封闭后的铝片置于电子天平上称量，记下质量 m_1，然后将铝片浸入 90～100℃的溶膜液中浸泡 15min，取出后用水冲洗，再浸入无水酒精后取出晾干。用同一电子天平称量，记下质量 m_2。设氧化膜的平均密度 $\rho=2.7\text{g/cm}^3$，m_1-m_2 为氧化膜质量。根据氧化膜的面积 A 就可以计算出氧化膜的厚度（μm）。计算公式为：

$$d=\frac{m_1-m_2}{A\rho}$$

五、数据处理

1. 厚度测定

溶膜前质量/g	
溶膜后质量/g	
氧化膜厚度/μm	

2. 耐蚀性测定

项　　目	液滴变绿时间/s
氧化部分	
未氧化部分	

六、 思考题

1. 本实验是怎样进行铝的阳极氧化的？
2. 用什么方法检验铝阳极氧化后氧化膜的绝缘性及耐腐蚀性？

实验八　镀液成分对低碳钢碱性锌酸盐镀锌工艺的影响（综合性实验）

一、 实验目的

1. 熟悉电镀的前处理工艺。
2. 掌握碱性锌酸盐镀锌工艺。
3. 掌握镀液成分对镀锌层质量的影响。
4. 掌握镀层电解测厚的实验方法。

二、 实验仪器与试剂

1. 试剂及工艺条件

化学除油液及工艺：氢氧化钠 20g/L，碳酸钠 20g/L，磷酸三钠 20g/L，硅酸钠 5g/L，OP 乳化剂 2mL/L，50～60℃。

浸蚀液及工艺：盐酸 HCl（相对密度=1.19g/cm^3）150～200 g/L，六亚甲基四胺（乌洛托品）1～3 g/L，30～40℃。

活化液及工艺：盐酸（相对密度=1.19）体积分数 3%～5%，室温 20～60s。

电镀锌溶液：氧化锌 10～11 g/L，氢氧化钠 100～110 g/L，DPE-Ⅲ 4～6mL/L，WB 2～4mL/L。

电解测厚溶液：将 100g 氯化钠加水溶解，稀释至 1000mL（适用于钢铁基体上锌镀层）。

2. 仪器及测量体系

矩形槽，整流器一套，阴极低碳钢试片（40mm×40mm）若干片/组，锌阳极板 2 片/组（99.99%），烧杯若干，玻璃棒，胶头滴管，600 号、800 号砂纸，电子天平，移液管（1mL、5mL），吹风筒，镊子。

3. 工艺流程

除油→热水洗→水洗→浸蚀→二道水洗→活化→水洗→镀锌→水洗→水洗→硝酸出光→水洗→低铬钝化（彩色）→回收水洗→水洗→温水洗→烘干

三、 实验步骤

1. 镀液配制

每个小组可在下面变量中选择一种进行镀液配制并开展实验研究。

(1) ZnO∶NaOH 比例量

按照 ZnO：NaOH 比例为 1∶6、1∶8、1∶10、1∶12 分别配制基础溶液各 250mL。氧

化锌选择 10g/L，分别计算所需氢氧化钠的质量。将称量好的两种药品均匀混合，并加入 50～100mL 蒸馏水混合均匀，充分络合溶解后加入蒸馏水配制成 250mL 的溶液，分别向每组溶液中加入 DPE-Ⅲ 1.5mL、WB 1mL，混合均匀配成碱性镀锌溶液。将配好的镀液分别编号为"a"、"b"、"c"、"d"。观察络合镀液络合情况及镀液颜色和状态。

（2）DPE-Ⅲ含量的变化

称取氢氧化钠 100g，氧化锌 10g，将其混合均匀，分别加入 50～100mL 蒸馏水至络合溶解，稀释配制 1L 的络合溶液，搅拌均匀，将溶液平均分成 4 份，分别加入 DPE-Ⅲ 0mL、1mL、1.5mL、2mL，按 DPE-Ⅲ用量由低到高依次编号为"e"，"f"，"g"，"h"。混合均匀配成碱性镀锌溶液。

（3）WB 含量的变化

称取氢氧化钠 100g，氧化锌 10g，将两种试剂混合均匀，分别加入 50～100mL 蒸馏水至络合溶解，稀释配制 1L 的络合溶液，加入 DPE-Ⅲ 6mL，混合均匀后将溶液平均分成 4 份，分别加入 WB 0.5mL、1.5mL、2mL、2.5mL，按 WB 用量由低到高依次编号为"i"，"j"，"k"，"l"。

2. 将矩形槽清洗干净，将待测镀液倒入矩形槽中。

3. 将阴极试片分别经前处理后放入镀锌槽中，按图 8-1 所示接好线路。

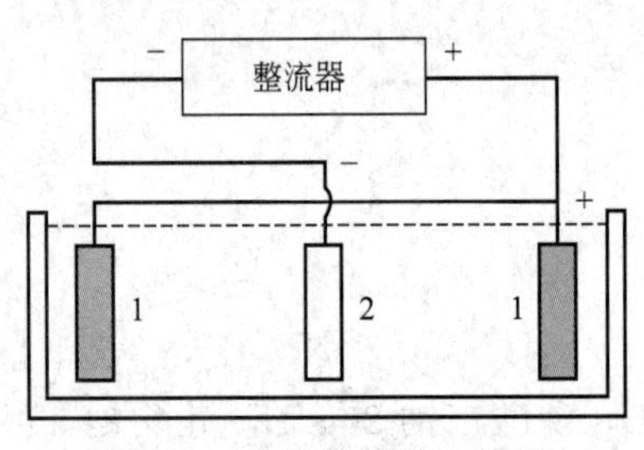

图 8-1 电镀锌线路连接图

4. 根据阴极试片尺寸（注意双面面积），按电流密度 $1A/dm^2$ 计算整流器所需的电流强度，电镀 10min，注意观察阴、阳极板表面状况的变化，气体析出的情况以及电源的数显屏电流、电压变化情况，取出水洗干净，最后一道蒸馏水洗，干燥。观察镀片的外观，阳极板状态，作好记录。

5. 换另一种镀液（变量浓度从低到高的顺序）电镀，施镀条件与步骤"4"相同。

6. 取所得镀锌试片进行测厚，采用电解测厚的方法分别测试镀锌层厚度，取 5 个点测试，求厚度的平均值。

7. 实验完毕，镀液转移至指定容器，清理并擦拭台面。

四、 数据处理

1. 镀液组分对镀层质量的影响

镀液体积：________；阴极尺寸：________；阴极浓度电流：________；

施镀温度：________；施镀时间：________；

编号	变量	镀液颜色及状态	镀层外观	电压平均值/V	镀层厚度/μm

2. 以参数变化为横坐标，镀层厚度为纵坐标绘图，并得出参数变化对镀层厚度影响的规律？

3. 根据所学理论，对实验结果进行合理的解释。

五、 思考题

1. 镀后试片如出现两面外观明显不同，试分析产生这种现象的原因？

2. 镀锌后为什么要及时将试片取出并水洗？

3. 随着电镀时间及次数的延长，阳极板会出现什么状况，为什么，怎么解决？

六、 注意事项

1. 溶解氢氧化钠时，如氢氧化钠是颗粒状，注意防止颗粒溅出。
2. 电镀好的试片要及时取出并水洗。
3. 每次实验前检查阳极板表面是否变黑，发生钝化。
4. 不要用手去触碰镀层的表面，镊子夹取时也要夹在没有镀层的地方。
5. 始终保持台面的清洁，防止碱液污染仪器及衣物。

附：电解测厚仪使用说明

1. 点击电解测厚仪快捷启动键，出现测试界面。

2. 根据试样表面镀层，确定“镀层层数”及“底材选择”，点击“镀层选择”选择正确镀层或镀层组合。按确定，重回测试界面。

3. 点击“自动/手动”按钮确定自动终止测量，还是人为手动终止测量过程。※不正确的报警点设置，自动功能可能不起作用。

4. 根据所选择的测试脚垫直径大小，点击“面积大小”按钮以确定正确测试参数。通常选择标准孔径 2.4mm（大），若是细小试样材考虑 1.7mm（小）。

5. 进行测量。测量完毕可查询。

6. 点击“查询”按钮，可根据“工件批号”、“测试日期”、“测量人”、“镀层体系”等信息，查询以往测试结果，并打印测试曲线及报告。如图 8-2 所示。

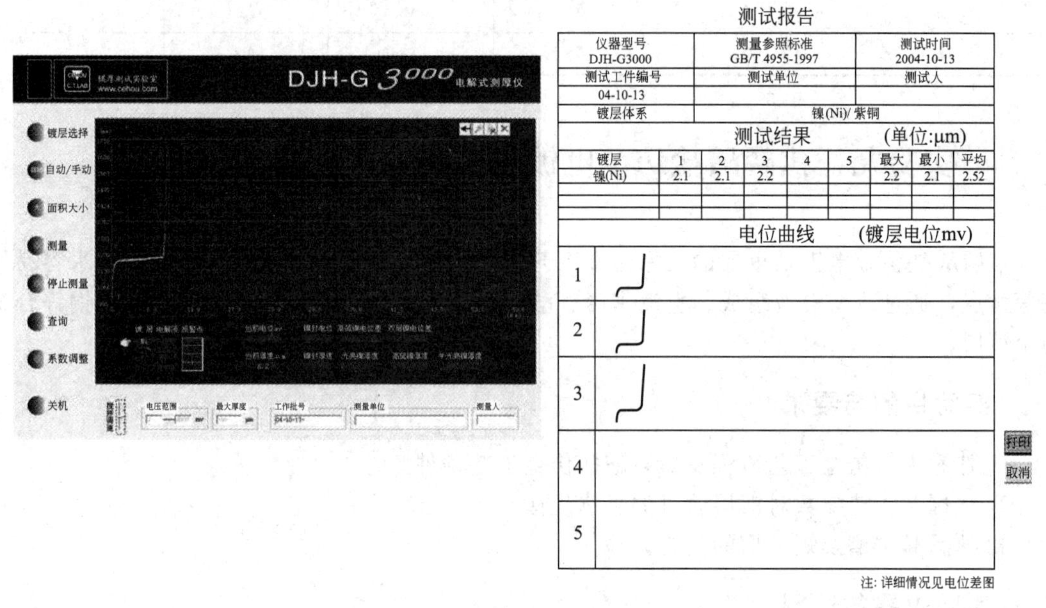

测试报告

仪器型号 DJH-G3000	测量参照标准 GB/T 4955-1997	测试时间 2004-10-13
测试工件编号	测试单位	测试人
04-10-13		
镀层体系	镍(Ni)/ 紫铜	

测试结果 (单位:μm)

镀层	1	2	3	4	5	最大	最小	平均
镍(Ni)	2.1	2.1	2.2			2.2	2.1	2.52

电位曲线 (镀层电位mv)

1	
2	
3	
4	
5	

注：详细情况见电位差图

图 8-2 电解测厚测试结果

注意事项：

（1）每次实验后要清洗测试液盛装槽。

（2）如果电机不转时，考虑是否为盐溶液腐蚀了电极的连线，取出擦拭。

（3）不同镀层，测试液不同。如表 8-1 和表 8-2 所示。

表 8-1 测试常用的电解液配方

测试液代号	测试液成分及含量	备注
A1	碘化钾 100 g/L	加碘 1mg
A2	硫酸钠 20g/L，磷酸 50.5mL/L	
A3	盐酸 73mL 或氢氧化钠 150g/L	
A4	酒石酸钾钠 80 g/L，硝酸铵 100g/L	
A5	硝酸铵 30g/L，硫氰化钠 30g/L	
A6	硝酸钠 100g/L，硝酸 5g/L	
A7	硫氰酸钾 180g/L	
A8	氯化钠 100g/L	

表 8-2 测试电解液的应用

镀层	基体材料				
	铁	铜及其合金	镍	铝	锌
镉	A1	A1	A1	A1	
铬	A2	A3	A2	A2	
铜	A4			A4	B7
铅	B8	B8	B8		
镍	A5	A5		A5	
银	A6	A7	A6		
锡	A3	A3	A3	A2	
锌	A8	A8	A8	A8	

实验九 焦磷酸盐仿金电镀工艺实验（设计性实验）

焦磷酸盐仿金电镀是重要的无氰仿金工艺之一，具有工艺相对稳定、环保、废水容易处理等优点，通过改变镀液组成、电流密度、酸度等工艺条件，可以获得颜色不同的铜锌合金仿金镀层。

一、实验目的与要求

1. 熟悉无氰仿金工艺流程及焦磷酸盐仿金工艺条件。
2. 掌握各工艺参数对镀层质量的影响规律。
3. 熟悉赫尔槽及矩形槽的实验方法。

二、实验仪器与试剂

1. 仪器

试验用整流器，赫尔槽，温度计，500mL 烧杯，玻璃棒，小台秤，恒温水浴，矩形槽。

2. 试剂

硫酸铜，硫酸锌，氯化亚锡，焦磷酸钾，酒石酸钾钠，氨基三乙酸，磷酸氢二钠，柠檬酸钾，氢氧化钾。铜赫尔槽样板，800～1200 号砂纸，去离子水。

铜（以硫酸铜或焦磷酸铜形式加入）14～16g/L，锌(以硫酸锌形式加入）4～5g/L，锡(以氯化亚锡形式加入）1.5～2.5g/L，焦磷酸钾300～320g/L，氨基三乙酸25～35g/L，磷酸氢二钠30～40g/L，柠檬酸钾15～20g/L，氢氧化钾15～20g/L。

工艺条件：pH8.5～8.9（采用磷酸或氢氧化钾调节），温度30～35℃，阴极电流密度0.8～1.0A/dm^2。

阳极：铜锌合金（含铜70%）。

三、 实验步骤

1. 配制镀液500mL。

将计算量的焦磷酸钾溶于欲配制镀液体积1/3的去离子水中，可略加热使其溶解，但水温不能超过40℃，防止焦磷酸根水解。分别溶解所需的硫酸铜、硫酸锌和氯化亚锡，硫酸铜用少量蒸馏水溶解，将焦磷酸钾溶液在搅拌下缓慢加入硫酸铜溶液中，生成焦磷酸铜沉淀，继续加入焦磷酸钾，沉淀逐渐溶解生成蓝色透明的焦磷酸合铜酸钾溶液。硫酸锌用蒸馏水溶解，按上述方法络合锌离子，在少量蒸馏水中加入浓HCl（100g $SnCl_2$ 加入1.5mL HCl计），然后将氯化亚锡倒入使其溶解，再将焦磷酸钾溶液满满倒入并不断搅拌，至生成焦磷酸与二价锡的络合物溶液。在搅拌条件下，将配好的铜和锌的络合物倒入镀槽中。将所需氨基三乙酸用少量蒸馏水调成糊状，然后用计算量的氢氧化钾溶液在搅拌下慢慢加入直至生成透明溶液为止。在搅拌的条件下，将氨水和已溶解好的氨基三乙酸依次加入镀槽中，用氢氧化钾调整溶液pH值为8.5～8.9，缓慢加入已配制好的焦磷酸亚锡配合物，搅拌均匀。

2. 可选实验方案

（1）赫尔槽实验

在电流密度为1A的条件下，电镀时间5min，阴极选择铜板，阳极为铜锌合金（含铜70%）。分别研究不同工艺参数对赫尔槽样板外观的影响，得出获得均匀细致光亮区的阴极电流密度范围。

① 温度的影响：镀液组分及含量均在工艺规范中取一定的值，并保证每组对照试验都不变。只改变镀液温度，从室温开始，每隔10℃取一个点，共计5个温度点，分别做赫尔槽实验，观察温度对赫尔槽样板的影响。

② 硫酸铜含量的影响：其他条件不变，只改变硫酸铜用量，在正常工艺的硫酸铜浓度范围上下各选择两个浓度点，共计5个浓度点，分别观察硫酸铜含量对赫尔槽样板的影响。

③ 其他变量的影响：引导学生自行设计。

（2）矩形槽实验

以镀镍铜板为阴极，阳极为铜锌合金（含铜70%）。

引导学生分别以镀液组分含量、阴极电流密度、温度、时间、pH值等为单一变量，分别探讨单因素不同水平点下对镀层的均匀性、细致程度、光亮度及色泽等的影响。

四、 数据处理

1. 根据实验得出不同参数对镀层外观的影响规律，并用图或表的形式表示这种变化的规律。

2. 用电化学规律解释产生这种现象的原因。

五、 思考题

1. 焦磷酸盐仿金电镀液配制过程中需要注意的问题。

2. 影响焦磷酸盐仿金电镀层质量的因素有哪些？

六、 注意事项

1. 镀液配制，水温不得高于40℃。

2. 主盐要分别络合，氯化亚锡要溶解在盐酸的溶液中，氨基三乙酸采用计算量的氢氧化钾溶液溶解。

附　　录

附录 1　几种常见酸碱的质量密度和浓度

名称	质量分数/%	质量密度/(g/cm^3)	物质的量浓度/(mol/L)
醋酸	99.5	1.05	17.4
盐酸	38	1.19	12.3
硝酸	69	1.42	16.0
硫酸	98	1.84	18.2
磷酸	85	1.70	14.7
氨水	30	0.89	17.4

附录 2　典型零件施镀面积的计算公式

零件的形状	零件及形状名称	施镀面积的计算公式
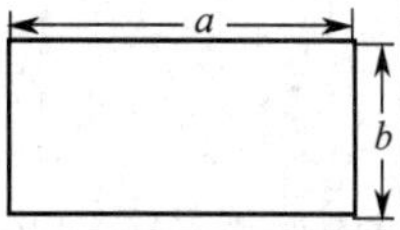	长方形 长:a 宽:b	单面面积 $S=ab$
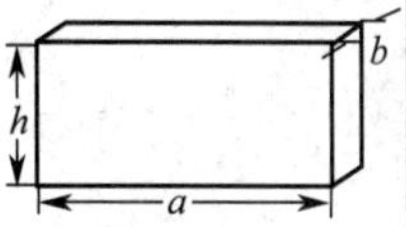	长方体 长:a 宽:b 高:h	总表面积 $S=2(ab+bh+ah)$
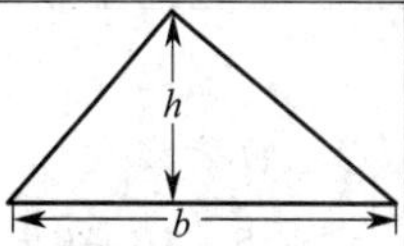	三角形 底边长:b 高:h	单面面积 $S=\frac{1}{2}bh$
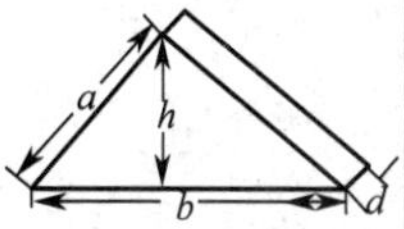	三角板 底边:b 高:h 厚:d 斜边:a	总表面积 $S=bh+bd+hd+ad$
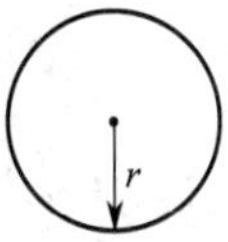	圆 半径:r	单面面积 $S=\pi r^2$
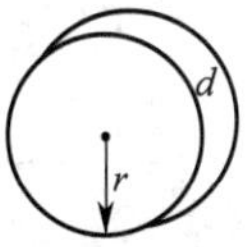	圆板 半径:r 厚度:d	总表面积 $S=2\pi r^2+2\pi rd$
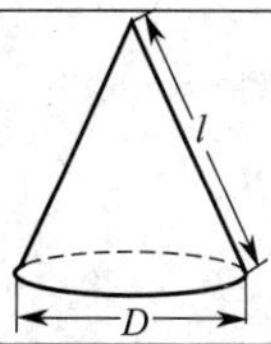	圆锥 底面直径:D 弧长:l	无底时,外表面积 $S=0.5\pi Dl$ 有底时,外表面积 $S=0.5\pi Dl+0.25\pi D^2$

零件的形状	零件及形状名称	施镀面积的计算公式
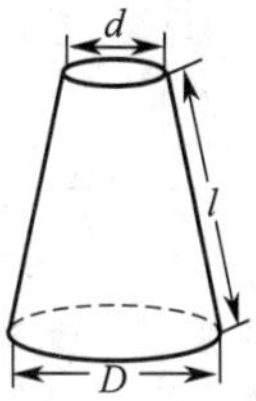	圆台 上底面直径:d 下底面直径:D 弧长:l	无上、下底面时,外表面积 $S=0.5\pi(D+d)l$ 有上、下底面时,外表面积 $S=0.5\pi Dl+0.25\pi(D^2+d^2)$
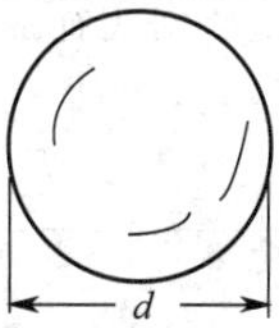	球 直径:d	总表面积 $S=\pi d^2$
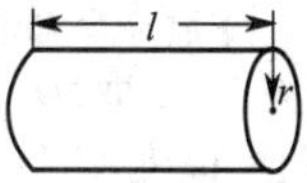	圆柱 半径:r 长度:l	总表面积 $S=2\pi(r^2+rl)$
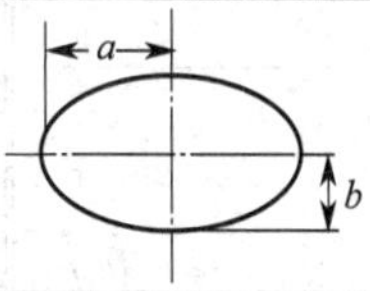	椭圆 长半轴:a 短半轴:b	单面表面积 $S=\pi ab$
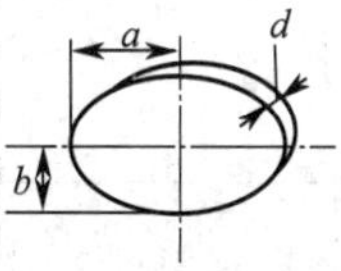	椭圆板 长半轴:a 短半轴:b 厚度:d 周长:l(实测)	总表面积 $S=2\pi ab+ld$
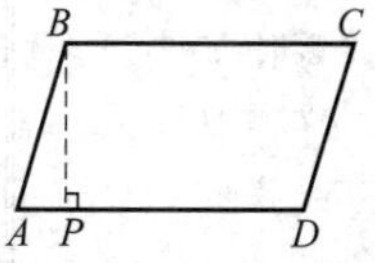	平行四边形	单面面积 $S=AD\times BP$

续表

零件的形状	零件及形状名称	施镀面积的计算公式	零件的形状	零件及形状名称	施镀面积的计算公式
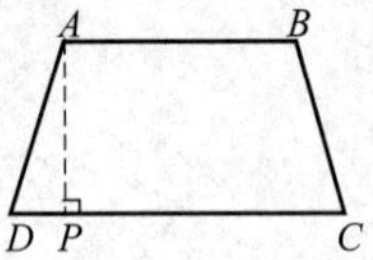	梯形	单面面积 $S=0.5(AB+DC)\times AP$	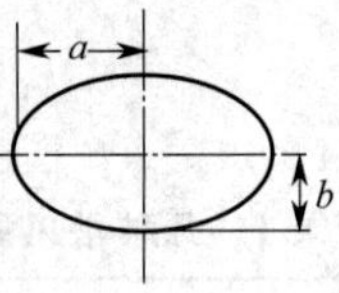	椭圆 长轴：a 短轴：b	全镀时 $S=1.57ab$
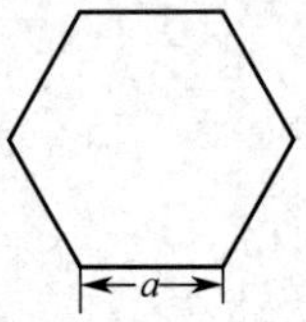	正六边形	单面面积 $S=\frac{3\sqrt{3}}{2}a^2$	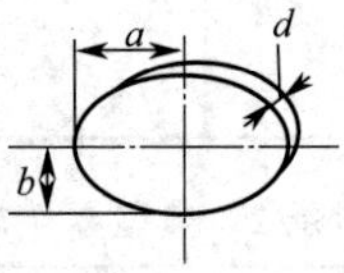	椭圆板 长轴：a 短轴：b 厚度：d 周长：l	全镀时 $S=1.57ab+ld$ 式中，l 为实测的周长
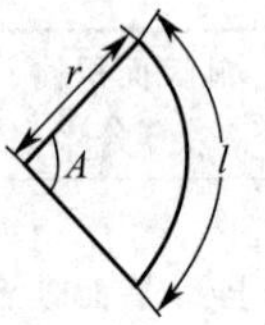	扇形 半径：r 弧长：l 圆心角：A（°）	单面面积 $S=6.28r^2\ \frac{A}{360}$	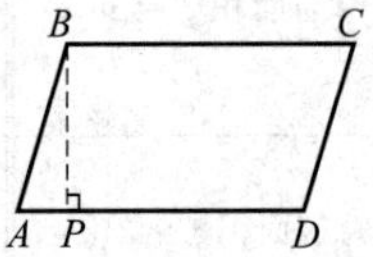	平行四边形	全镀时 $S=2AD\times BP$
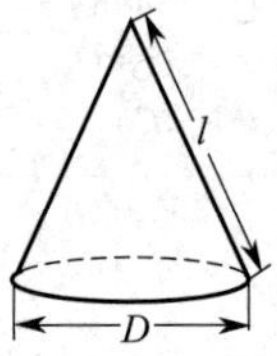	圆锥 底面直径：D 母线长度：l	无底时，外表面 $S=1.57Dl$ 有底时，外表面 $S=1.57Dl+0.785D^2$	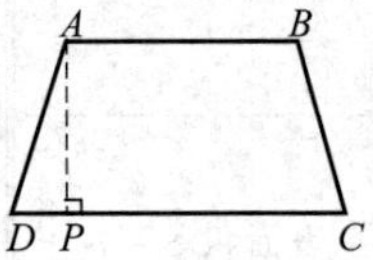	梯形	全镀时 $S=AP(AB+CD)$
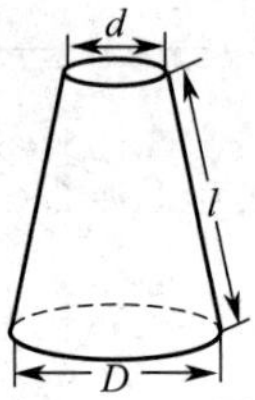	圆台 底面直径：D 上面直径：d 母线长度：l	无上、下底时，外表面 $S=1.57(D+d)\times l$ 有上、下底时，全部镀外表面 $S=1.57(D+d)\times l+0.785(D^2+d^2)$	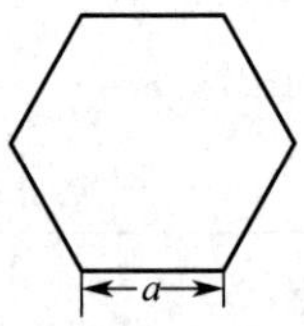	正六边形	全镀时 $S=5.20a^2$
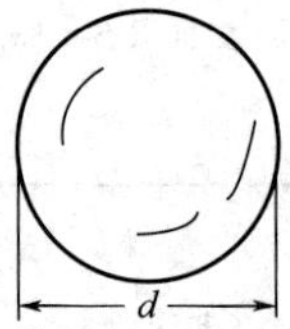	球 直径：d	全镀时 $S=3.14d^2$	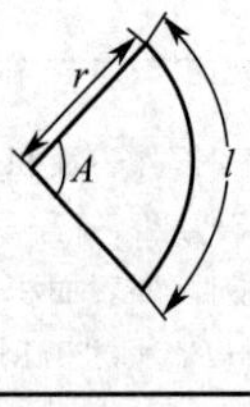	扇形 半径：r 弧长：l 圆心角：A（°）	全镀时 $S=6.28r^2\ \frac{A}{360}$ 或 $S=lr$
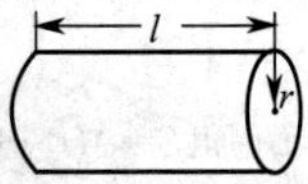	圆柱 半径：r 长度：l	全镀时 $S=6.28(r^2+rl)$			

附录 3　相对质量密度与波美度关系表（15℃）

波美度	相对质量密度	波美度	相对质量密度	波美度	相对质量密度
0	1.000	24	1.200	48	1.498
1	1.007	25	1.210	49	1.515
2	1.014	26	1.220	50	1.580
3	1.022	27	1.231	51	1.546
4	1.029	28	1.241	52	1.563
5	1.039	29	1.252	53	1.580
6	1.045	30	1.263	54	1.597
7	1.052	31	1.274	55	1.615
8	1.060	32	1.285	56	1.635
9	1.067	33	1.297	57	1.650
10	1.075	34	1.308	58	1.671
11	1.083	35	1.320	59	1.690
12	1.093	36	1.332	60	1.710
13	1.100	37	1.345	61	1.731
14	1.108	38	1.357	62	1.753
15	1.116	39	1.370	63	1.775
16	1.125	40	1.383	64	1.795
17	1.134	41	1.397	65	1.820
18	1.142	42	1.410	66	1.842
19	1.152	43	1.424	67	1.865
20	1.162	44	1.438	68	1.891
21	1.171	45	1.453	69	1.916
22	1.180	46	1.468		
23	1.190	47	1.483		

附录 4　国家及行业相关标准

分类	标准编号	标准名称	实施日期	简介
电镀标识与术语	GB/T 13911—2008	金属镀覆和化学处理标识方法	2009-02-01	本标准规定了金属镀覆和化学处理的标识方法。本标准适用于金属和非金属制件上进行电镀、化学镀以及化学处理的标识铝及铝合金表面化学处理的标识方法可参照本标准规定的通用标识方法
	GB/T 3138—2015	金属及其他无机覆盖层 表面处理 术语	2016-01-01	本标准提供了表面处理的一般类型及与此有关的术语和定义。本标准注重金属加工领域中表面处理技术的实际应用。本标准不包括搪瓷和釉瓷、热喷涂、热浸镀锌的术语和定义，这些术语和定义已收录于专业词汇表或正在制定的相关词汇表中
金属覆盖层	GB/T 9799—2011	金属及其他无机覆盖层 钢铁上经过处理的锌电镀层	2012-10-01	本标准规定了钢铁上经过处理的锌电镀层的要求。本标准的内容包含需方向电镀生产方提供的资料和电镀前、后热处理的要求。本标准不适用于：未加工成型的钢铁板材、带材和线材的锌电镀层；密绕弹簧的锌电镀层；非防护装饰性用途的锌电镀层。本标准没有规定电镀锌前基体金属的表面状态的要求，但基体金属表面的缺陷会对外观和膜层性能产生不利影响。螺纹件上电镀层的厚度可以通过螺纹等级或装配等尺寸要求加以限定
	JB/T 12855—2016	金属覆盖层 锌镍合金电镀层	2016-09-01	本标准规定了钢铁上的镍含量(质量分数)为5%～10%(低镍)和10%～17%(高镍)的锌-镍合金电镀层的技术要求和试验方法。本标准适用于汽车、航天、兵器等产品零(部)件的锌镍合金电镀层。本标准不适用于：抗拉强度大于1200MPa或维氏硬度大于370HV的零件；质量等级大于10.9的紧固件(螺栓、螺母等)；与镁材料接触的零件

续表

分类	标准编号	标准名称	实施日期	简介
金属覆盖层	JB/T 12858—2016	无氰电镀锌及锌合金工艺规范	2016-09-01	本标准规定了用于防护型装饰性无氰电镀锌及锌合金(锌酸盐镀锌和碱性镀锌镍合金)工艺要求、质量要求及试验方法。本标准适用于金属零部件防护型装饰镀层。本标准不适用电镀锌及锌合金仅提供特殊颜色或改善油漆附着强度的表面精饰
	GB/T 13912—2002	金属覆盖层钢铁制件热浸镀锌层技术要求及试验方法	2002-12-01	本标准规定了铁制件热浸镀锌层(其他合金元素总含量不超过2%)的技术要求和试验方法。本标准不适用于下列情况：a)连续式热浸镀生产的板材、带材、线材、管材和棒材；b)采用特殊标准的热浸镀产品；c)有附加要求或有与本标准要求不一致的热浸镀产品。本标准对热浸镀锌产品的后处理和附加保护涂层未做规定
	GB/T 5267.1—2002	紧固件电镀层	2003-06-01	本部分规定了钢或钢合金电镀紧固件的尺寸要求、镀层厚度，并给出了高抗拉强度固件或硬化或表面淬硬紧固件消除氢脆的建议。本部分适用于螺纹紧固件电镀层，或其他螺纹零件。对自攻螺钉等的适用情况
	GB/T 12333—1990	金属覆盖层工程用铜电镀层	1990-12-01	本标准规定了金属基体上工程用铜电镀层的有关技术要求。本标准适用于工程用途的铜电镀层，例如在热处理零件表面起阻挡层作用的铜电镀层；拉拔丝加工过程中要求起减磨作用的铜电镀层；作锡镀层的底层防止基体金属扩散的铜电镀层等。本标准不适用于装饰性用途的铜电镀层和铜底层及电铸用铜镀层
	GB/T 12332—2008	金属覆盖层工程用镍电镀层	2009-01-01	本标准规定了黑色和有色金属上的工程用镍和镍合金电镀层的要求。本标准不适用于镍为小组分的二元镍合金电镀层
	GB/T 9798—2005	金属覆盖层镍电沉积层	2006-04-01	本标准规定了在钢铁、锌合金、铜和铜合金、铝和铝合金上装饰性和防护性镍电沉积层的要求，以及在钢铁、锌合金上铜-镍电镀层的要求。给出了不同厚度和种类镀层的标识，以及镀件暴露于相应服役条件下镀层选择的指南。本标准未规定电镀前基体金属的表面状态，本标准不适用于未加工成型的板材、带材、线材上的镀层，也不适用于螺纹紧固件或密圈弹簧上的镀层
	SJ 20912—2004	金属覆盖层低应力镍电镀层	2004-12-30	本标准规定了在黑色和有色金属上的低应力镍电镀层的技术要求。本标准适用于黑色和有色金属上的低应力镍电镀层
	GB/T 12600—2005	金属覆盖层塑料上镍＋铬电镀层	2005-12-01	本标准规定了塑料上有或无铜底镀层的镍＋铬装饰性电镀层要求。本标准允许使用铜或者延层性镍作为底镀层，以满足热循环试验要求。本标准不适用于工程塑料上的电镀层
	GB/T 9797—2005	金属覆盖层镍＋铬和铜＋镍＋铬电镀层	2006-04-01	本标准规定了在钢铁、锌合金、铜和铜合金、铝和铝合金上，提供装饰性外观和增强防腐蚀性的镍＋铬和铜＋镍＋铬电镀层的要求。规定了不同厚度和种类镀层的标识，提供了电镀制品暴露在对应服役环境下镀层标识选择的指南。本标准未规定电镀前基体金属的表面状态，本标准不适用于未加工成型的薄板、带材、线材的电镀，也不适用于螺纹紧固件或螺旋弹簧上的电镀
	GB/T 11379—2008	金属覆盖层工程用铬电镀层	2009-01-01	本标准规定了黑色和有色金属上的有或无底镀层的工程用铬电镀层的要求。电镀层标识提供了一种表示典型工程应用的铬电镀层厚度的方法
	GB/T 26108—2010	三价铬电镀技术条件	2011-10-01	本标准规定了三价铬电镀溶液的试验方法和三价铬镀层技术要求。还规定了三价铬电镀溶液中三价铬的检测方法和六价铬的验证方法。本标准适用于装饰防护性铜＋镍＋铬和镍＋铬电镀层用三价铬电镀铬组合镀层

续表

分类	标准编号	标准名称	实施日期	简介
金属覆盖层	JB/T 12857—2016	无六价铬电镀装饰镀层工艺规范	2016-09-01	本标准规定了用于装饰防护性电镀三价铬、锡钴锌合金和锡钴合金的工艺要求、质量控制及质量要求。本标准适用于装饰防护性铜＋镍＋铬和镍＋铬组合镀层中，用三价铬、锡钴锌合金和锡钴合金镀层替代六价镀层
	GB/T 12305.6—1997	金属覆盖层 金和金合金电镀层的试验方法 第6部分：残留盐的测定	1998-01-01	本标准规定了工程、装饰和防护用金和金合金电镀层免受残留盐污染的试验方法。本标准适用于金属件；不适用于复合材料件，如既有塑料又有镀层金属的零件
	GB/T 12307.3—1997	金属覆盖层 银和银合金电镀层的试验方法 第3部分：残留盐的测定	1998-01-01	本标准规定了工程、装饰和防护用银和银合金电镀层免受残留盐污染的试验方法。本标准适用于金属件；不适用于复合材料件，如既有塑料又有镀层金属的零件
	GB/T 12599—2002	金属覆盖层 锡电镀层 技术规范和试验方法	2003-04-04	本标准规定了金属制品防腐蚀和提高可焊性的锡镀层的要求。执行本标准应考虑国家对食品工业用锡镀层的相关法规和条例
	GB/T 17461—1998	金属覆盖层 锡-铅合金电镀层	1999-07-01	本标准规定了锡含量范围为50％～70％（质量分数）的锡-铅合金电镀层的技术要求和试验方法。本标准适用于电子、电气制品及其他金属制品上防止腐蚀和改善焊接性能的锡-铅合金电镀层。本标准也适用于其他成分的锡-铅合金电镀层，但使用时应注意这些镀层的性能可能与上述合金成分范围的锡-铅合金镀层不同
	GB/T 17462—1998	金属覆盖层 锡-镍合金电镀层	1999-07-01	本标准规定了由约为65％（质量分数）锡和30％（质量分数）的镍所组成的金属间化合物锡-镍合金电镀层的技术要求和试验方法。本标准适用于钢铁及其他金属制品上的锡-镍合金电镀层，该电镀层在不同的使用条件下能防止基体金属腐蚀
	GB/T 10620—2006	金属覆盖层 铜-锡合金电镀层	2007-03-01	本标准规定了铜含量为50％～95％（质量分数）、锡含量为50％～5％（质量分数）的铜-锡合金电镀层的技术要求和试验方法本标准适用于电子、电气制品的防腐蚀和改善焊接性能的铜锡合金电镀层，也适用于部分其他金属制品上装饰性电镀铜锡合金电镀层的要求
	GB/T 13322—1991	金属覆盖层 低氢脆镉钛电镀层	1992-10-01	本标准规定了高强度钢零件低氢脆镀镉钛的质量检验要求、检验方法和镀前检验要求。本标准适用于高强度钢零件低氢脆镀镉钛的镀前和镀后质量检验
电镀溶液试验方法	JB/T 7704.1—1995	电镀溶液试验方法 霍尔槽试验	1996-01-01	本标准规定了电镀溶液的霍尔试验方法。本标准适用于测定电镀溶液的阴极电流密度范围、分散能力及整平性等性能，亦适用于研究电镀溶液组分及工艺条件的改变对镀层质量的影响
	JB/T 7704.2—1995	电镀溶液试验方法 覆盖能力试验	1996-01-01	本标准规定了电镀溶液覆盖能力的试验方法。本标准适用于各类电镀溶液
	JB/T 7704.3—1995	电镀溶液试验方法 阴极电流效率试验	1996-01-01	本标准规定了电镀溶液阴极电流效率的测定方法。本标准适用于各类电镀溶液

续表

分类	标准编号	标准名称	实施日期	简介
电镀溶液试验方法	JB/T 7704.4—1995	电镀溶液试验方法 分散能力试验	1996-01-01	本标准规定了电镀溶液分散能力的试验方法。本标准适用于各类电镀溶液
	JB/T 7704.5—1995	电镀溶液试验方法 整平性试验	1996-01-01	本标准规定了电镀溶液整平性能的试验方法。本标准适用于具有各类整平性能的电镀溶液
	JB/T 7704.6—1995	电镀溶液试验方法 极化曲线测定	1996-01-01	本标准规定了测量电镀溶液极化曲线的方法。本标准适用于测量电镀溶液阴极和阳极极化曲线
电镀液组分及阳极材料	HG/T 3592—2010	电镀用硫酸铜	2011-03-01	本标准规定了电镀用硫酸铜的要求、试验方法、检验规则、标志、标签、包装、运输、贮存。本标准适用于电镀用硫酸铜。该产品主要用于电镀铜、电镀黄铜、化学镀铜
	T/CPCA 4308—2014	印制电镀用硫酸铜	2014-09-18	本标准规定了印制板电镀用硫酸铜(即五水合硫酸铜[Ⅱ])的要求,试验方法、检验规则、标志、标签、包装、运输、贮存。本标准适用于印制板电镀用硫酸铜。该产品主要用于电镀铜、化学镀铜
	HG/T 4355—2012	电镀用氨基磺酸铜	2013-06-01	本标准规定了电镀用氨基磺酸铜的要求、试验方法、检验规则及标志、包装、运输、贮存和安全。本标准适用于以铜盐或金属铜为原料制得的电镀用氨基磺酸铜
	HG/T 2771—2009	电镀用氯化镍	2010-06-01	本标准规定了电镀用氯化镍的要求、试验方法、检验规则及标志、标签、包装、运输、贮存。本标准适用于电镀用氯化镍。该产品主要用于电镀镍,在快速镀镍中用作阳极活化剂
	HG/T 3591—2009	电镀用焦磷酸钾	2010-06-01	本标准规定了电镀用焦磷酸钾的要求、试验方法、检验规则、标志、标签、包装、运输和贮存。本标准适用于电镀用焦磷酸钾。该产品主要用于无氰电镀
	YS/T 592—2006	电镀用氰化亚金钾	2006-12-01	本标准规定了电镀用氰化亚金钾的要求、试验方法、检验规则和标志、包装、运输储存及订货单内容。本标准适用于电镀用氰化亚金钾
	JB/T 10339—2002	光亮镀锌添加剂 技术条件	2002-12-01	本标准规定了光亮镀锌添加剂的技术、试验方法、检验规则、标志、包装和贮运的一般原则
	JB/T 7508—2005	光亮镀镍添加剂 技术条件	2006-02-01	本标准规定了光亮镀镍添加剂的技术要求、试验方法、检测规则、标志、包装和储运的一般原则。本标准适用于电镀工业中酸性光亮镀镍添加剂。电镀光亮镍-铁合金添加剂亦可参照采用本标准
	HG/T 4318—2012	镍钨合金电镀液	2013-03-01	本标准规定了镍钨合金电镀液的要求、试验方法、检验规则、标志、标签、包装、运输和贮存。本标准适用于镍钨合金电镀液
	HG/T 4319—2012	铁镍钨合金电镀液	2013-03-01	本标准规定了铁镍钨合金电镀液的要求、试验方法、检验规则、标志、标签、包装、运输和贮存。本标准适用于铁镍钨合金电镀液
	GB/T 2056—2005	电镀用铜、锌、镉、镍、锡阳极板	2006-01-01	本标准规定了电镀铜、锌、镉、镍和锡轧制阳极板的要求、试验方法、检验规则及包装、运输、储存

续表

分类	标准编号	标准名称	实施日期	简介
化学镀	SJ 20891—2003	化学镀镍-磷合金层规范	2004-03-01	本标准适用于电子行业
	GB/T 13913—2008	金属覆盖层化学镀镍-磷合金镀层 规范和试验方法	2009-01-01	本标准规定了涉及化学镀镍-磷镀层从水溶液到金属底层的所有要求和试验方法。本标准不适用于化学镀镍-硼合金镀层、镍-磷复合镀层以及三元合金镀层
转化膜	GB/T 11376—1997	金属的磷酸盐转化膜	1998-02-01	本标准规定了确定磷酸盐转化膜要求的方法，主要适用于铁金属、铝、锌、镉及其合金
	GB 9800—1988	电镀锌和电镀镉层的铬酸盐转化膜	1989-09-01	本标准规定了在电镀锌层和电镀镉层上用于防腐蚀的铬酸盐转化膜的具体要求。本标准适用于仅仅提供特殊颜色或改善涂料附着强度的表面精饰
	JB/T 11616—2013	电镀锌三价铬钝化	2014-07-01	本标准规定了用于防护装饰性电镀锌三价铬钝化工作液和三价铬钝化层技术要求及试验方法。还规定了三价铬钝化工作液中三价铬和六价铬的检测方法及三价铬钝化层中六价铬的验证方法。本标准适用于防护装饰性电镀锌三价铬钝化工作液和三价铬钝化层。本标准不适用电镀锌三价铬钝化仅提供特殊颜色或改善涂料附着强度的表面精饰
	GB/T 9791—2003	锌、镉、铝-锌合金和锌-铝合金的铬酸盐转化膜试验方法	2004-05-01	本标准修改采用 ISO 3613：2000《锌、镉、铝-锌合金和锌-铝合金的铬酸盐转化膜 试验方法》
	GB/T 9792—2003	金属材料上的转化膜-单位面积膜质量的测定-重量法	2004-05-01	本标准规定了测定金属材料上单位面积转化膜质量的方法。本方法适用于：①钢铁上的磷酸盐膜；②锌和镉上的磷酸盐膜；③铝及铝合金上的磷酸盐膜；④锌和镉上的铬酸盐膜；⑤铝及铝合金上的铬酸盐膜。本方法仅适用于没有任何附加覆盖层(例如油膜、水基或溶剂型聚合物膜或蜡膜)的转化膜
	SJ 20813—2002	铝和铝合金化学转化膜规范	2002-05-01	本规范规定了铝和铝合金表面通过化学反应形成的化学转化膜的要求及质量保证规定。本标准适用于军用电子设备中对防腐蚀能力有较高要求的铝和铝合金零部件的表面处理
铝及铝合金阳极氧化	GB/T 23612—2017	铝合金建筑型材阳极氧化与阳极氧化电泳涂漆工艺技术规范	2018-04-01	本标准规定了铝合金建筑型材阳极氧化与阳极氧化电泳涂漆工艺技术规范的术语和定义、典型工艺流程图、设备要求、基材质量要求、生产工艺要求、工艺参数控制和产品质量控制。本标准适用于铝合金建筑型材表面经阳极氧化或阳极氧化电泳涂漆(水溶性清漆或色漆)处理的生产工艺
	SJ 20892—2003	铝和铝合金阳极氧化膜规范	2004-03-01	本标准规定了 6 种类型 2 种类别的铝和铝合金阳极氧化膜要求。本标准适用于电子行业防护和装饰用铝和铝合金阳极氧化膜。本标准不适用于粘接用阳极氧化膜
	GB/T 8753.4—2005	铝及铝合金阳极氧化氧化膜封孔质量的评定方法 第 4 部分：酸处理后的染色斑点法	2005-12-01	本部分规定了用酸处理后的抗染色吸附能力来评定阳极氧化膜封孔质量的方法。本部分适用于在大气曝晒或腐蚀环境下使用的、具有抗污染能力的阳极氧化膜的生产控制检验。本部分不适用于下列铝合金生成的阳极氧化膜：①含铜量＞2%、含硅量＞4%的阳极氧化膜；②重铬酸钾封孔的氧化膜；③涂油、打蜡、上漆处理过的氧化膜；④深色氧化膜；⑤厚度小于 3μm 的氧化膜。当封孔溶液中含有镍、钴或其他有机添加剂时，本方法不够有效

续表

分类	标准编号	标准名称	实施日期	简介
铝及铝合金阳极氧化	GB/T 8013.1—2007	铝及铝合金阳极氧化膜与有机聚合物膜 第1部分：阳极氧化膜	2007-11-01	本部分规定了铝及铝合金阳极氧化膜的术语、定义及有效面的性能要求、试验方法、检验规则等
	GB/T 8753.1—2017	铝及铝合金阳极氧化 氧化膜封孔质量的评定方法 第1部分：酸浸蚀失重法	2017-12-01	GB/T 8753的本部分规定了铝及铝合金阳极氧化膜在酸性溶液中浸蚀后，按质量损失评定其封孔质量的方法。①本部分适用于在大气中暴露，以装饰和保护为目的，具备抗污染能力，可抵御环境腐蚀的阳极氧化膜封孔质量的评定。其中无硝酸预浸的酸浸蚀法适用于户内用途阳极氧化膜封孔质量的评定，硝酸预浸的酸浸蚀适用于户外用途阳极氧化膜封孔质量的评定。当测试结果出现争议时，硝酸预浸的磷铬酸法可作为仲裁试验。②本部分不适用于下列工艺处理的阳极氧化膜：a. 通常不进行封孔处理的硬质阳极氧化膜；b. 在重铬酸盐溶液中封孔处理过的阳极氧化膜；c. 在铬酸溶液中生成的阳极氧化膜；d. 经疏水处理的阳极氧化膜
	GB 6808—1986	铝及铝合金阳极氧化着色阳极氧化膜耐晒度的人造光加速试验	1987-06-01	本标准规定了评定铝及铝合金着色阳极氧化膜耐晒度的人造光加速试验方法。本标准适用于不同用途，以不同方法制取的铝及铝合金着色阳极氧化膜耐晒度评定。本标准适用于通过室外暴露已知其耐晒度级数（≥6级）的着色阳极氧化膜质量控制试验。本标准等效采用国际标准ISO 2135—84《铝及铝合金阳极氧化-着色阳极氧化膜耐晒度的人造光加速试验》
	GB/T 8014.1—2005	铝及铝合金阳极氧化氧化膜厚度的测量方法 第1部分：测量原则	2005-12-01	本部分规定了铝及铝合金阳极氧化膜厚度测量的一般原则。本部分适用于铸造或变形铝及铝合金生成的所有阳极氧化膜
	GB/T 8014.2—2005	铝及铝合金阳极氧化氧化膜厚度的测量方法 第2部分：质量损失法	2005-12-01	本部分规定了用质量损失法测定铝及铝合金阳极氧化膜单位面积质量（表面密度），并估算氧化膜平均厚度的方法。本部分适用于铜含量不大于6%的铸造或变形铝及铝合金生成的所有阳极氧化膜
	GB/T 8014.3—2005	铝及铝合金阳极氧化氧化膜厚度的测量方法 第3部分：分光束显微镜法	2005-12-01	本部分规定了用分光束显微镜测定铝及铝合金阳极氧化膜厚度的无损测定方法。本部分适用于膜厚大于10μm的一般工业用氧化膜，或膜厚不小于5μm的表面平滑的氧化膜。本部分不适用于深色氧化膜或表面粗糙的氧化膜
	GB/T 8752—2006	铝及铝合金阳极氧化 薄阳极氧化膜连续性检验方法 硫酸铜法	2007-02-01	本标准规定了用硫酸铜溶液检验铝及铝合金薄阳极氧化膜连续性的方法。本标准适用于铝及铝合金薄阳极氧化膜（厚度小于5μm）连续性的快速检验。当对阳极氧化膜表面的可见瑕疵存有疑问时，可用本方法来判断该瑕疵是否为局部裸露出基体金属的缺陷
	GB/T 8754—2006	铝及铝合金阳极氧化 阳极氧化膜绝缘性的测定 击穿电位法	2007-02-01	本标准规定了用击穿电位法测定铝及铝合金阳极氧化膜的绝缘性。本标准适用于以绝缘性能为目的的和以击穿电位原理制订工艺规范的阳极氧化膜

续表

分类	标准编号	标准名称	实施日期	简介
覆盖层性能测试方法	GB/T 10125—2012	人造气氛腐蚀试验　盐雾试验	2013-10-01	本标准规定了中性盐雾(NSS)、乙酸盐雾(AASS)和铜加速乙酸盐雾(CASS)试验使用的设备、试剂和方法。本标准适用于评价金属材料及覆盖层的耐蚀性，被测试对象可以是具有永久性或暂时性防蚀性能的，也可以是不具有永久性或暂时性防蚀性能的。本标准也规定了评估试验箱环境腐蚀性的方法。本标准未规定试样尺寸，特殊产品的试验周期和结果解释，这些内容参见相应的产品规范。本试验适用于检测金属及其合金、金属覆盖层、有机覆盖层、阳极氧化膜和转化膜的不连续性
	GB/T 6465—2008	金属和其他无机覆盖层　腐蚀膏腐蚀试验(CORR 试验)	2009-01-01	本标准规定了评价金属和其他无机覆盖层质量的腐蚀膏法的试剂、设备和步骤。本方法主要适用于铜-镍-铬或镍-铬镀件
	GB/T 6466—2008	电沉积铬层　电解腐蚀试验(EC 试验)	2009-01-01	本标准规定了快速而准确地评价钢或锌合金铸件上的铜-镍-铬和镍-铬电沉积层户外耐蚀性的方法。对产品在户外使用的期限和结果，本标准未作描述和解释
	GB/T 9789—2008	金属和其他无机覆盖层　通常凝露条件下的二氧化硫腐蚀试验	2009-01-01	本标准规定了在含二氧化硫气氛和凝露条件下，材料或产品耐蚀性能的试验方法。木标准适用于金属覆盖层和无机覆盖层的腐蚀试验。本标准不适用于涂料和清漆覆盖层的腐蚀试验。本试验结果不能直接作为被试验材料在使用时所遇到的各类环境中的耐蚀性指南，同样也不能作为不同材料在使用时相对耐蚀性的直接指导
	GB/T 22316—2008	电镀锡钢板耐腐蚀性试验方法	2009-04-01	本标准适用于镀锡量单面规格不低于 2.8g/m^2 的电镀锡钢板耐腐蚀性能的测定。其中包括电镀锡钢板酸洗时滞试验方法、铁溶出值测定方法、锡晶粒度测定方法和合金-锡电偶试验方法
	GB/T 6461—2002	金属基体上金属和其他无机覆盖层　经腐蚀试验后的试样和试件的评级	2003-04-01	本标准规定了在腐蚀环境中进行过暴露试验或经其他目的的暴露后，装饰性和保护性金属和无机覆盖层所覆盖的试板或试件腐蚀状态的评定方法。本标准规定的方法适用于在自然大气中动态或静态条件下暴露的试板或试件，也适用于经加速试验的试板或试件
	GB/T 20018—2005	金属与非金属覆盖层　覆盖层厚度测量　β射线背散射法	2006-04-01	本标准规定了应用β射线背散射仪无损测量覆盖厚度的方法。它适用于测量金属和非金属基体上的金属和非金属覆盖层的厚度。使用本方法，覆盖层和基体的原子序数或等效原子序数应该相差一个适当的数值
	GB/T 31554—2015	金属和非金属基体上非磁性金属覆盖层　覆盖层厚度测量　相敏涡流法	2016-01-01	本标准规定了使用相敏涡流测厚仪无损测量金属和非金属基体上非磁性金属覆盖层厚度的方法，如：①钢铁基体上镀锌、镉、铜、锡或铬；②复合材料基体上镀铜或银。与 GB/T4957 幅敏涡流法相比，相敏涡流法对较小表面和较大曲率表面的镀层无厚度测量误差，同时，受基体的磁性影响更小，但相敏涡流法受覆盖层材料电性能的影响更大。测量金属基体上的金属覆盖层，制品的一种材料(如基体材料)电导率和渗透率(σ、μ)至少应该是另一种材料(如覆盖层材料)电导率和渗透率的 1.5 倍。非铁磁材料的相对渗透率为 1
	GB/T 6462—2005	金属和氧化物覆盖层厚度测量显微镜法	2005-12-01	本标准规定了运用光学显微镜检测横断面，以测量金属覆盖层、氧化膜层和釉瓷或玻璃、搪瓷覆盖层的局部厚度的方法

续表

分类	标准编号	标准名称	实施日期	简介
覆盖层性能测试方法	GB/T 13744—1992	磁性和非磁性基体上镍电镀层厚度的测量	1993-08-01	本标准规定了使用磁性测厚仪无损测量磁性和非磁性基体上镍电镀层厚度的方法。本标准适用于磁性和非磁性基体上镍电镀层厚度的检验。本标准不适用于自动催化(非电镀)镍镀层
	GB/T 4957—2003	磁性基体上非磁性覆盖层 覆盖层厚度测量 磁性法	2004-05-01	本标准规定了使用磁性测厚仪无损测量磁性基体金属上非磁性覆盖层(包括釉瓷和搪瓷层)厚度的方法。本方法仅适用于在适当平整的试样上的测量。非磁性基体上的镍覆盖厚度测量优先采用 GB/T 13744 规定的方法
	GB/T 4957—2003	非磁性基体金属上非导电覆盖层 覆盖层厚度测量 涡流法	2004-05-01	本标准规定了使用涡流测厚仪无损测量非磁性基体金属上非导电覆盖层厚度的方法。本方法适用于测量大多数阳极氧化膜的厚度;但它不适用于一切的转化膜,有些转化膜因为太薄而不能用这种方法测量
	GB/T 6463—2005	金属和其他无机覆盖层厚度测量方法评述	2005-12-01	本标准评述了金属和非金属基体上的金属和其他无机覆盖层厚度的测定方法。这些方法仅限于在国家标准中已规定或待规定的试验,不包括某些特殊用途的试验
	GB/T 31563—2015	金属覆盖层 厚度测量 扫描电镜法	2016-01-01	本标准规定了通过扫描电子显微镜(SEM)检测金属试样横截面局部厚度的方式测量金属涂层厚度的方法。它通常是一种破坏性的检测方式,不确定度小于 10%,或者 0.1μm。该测量方法也可以用 来测量几个毫米厚的涂层,但是对于这类厚涂层建议采用光学显微镜法(GB/T 6462)进行测量
	QB/T 3834—1999	轻工产品金属镀层和化学处理层的厚度测试方法磁性法	1999-04-21	本方法适用于磁性和非磁性基体上镍镀层厚度的磁性测量方法。进行镍镀层测定应由仪器说明书中说明。本方法对较薄镀层如小于 5μm 时误差较大。但在特殊情况下也可达到较高精度。本测试方法无损于试件
	JB/T 10534—2005	多层镍镀层各层厚度和电化学电位同步测定法	2006-01-01	本标准规定了多层镍镀层中各层的厚度和各层之间的电化学电位差同时测定的标准测量方法
	GB/T 20017—2005	金属和其他无机覆盖层 单位面积质量的测定 重量法和化学分析法评述	2006-04-01	本标准等同 ISO 10111:2000《金属及其他无机覆盖层 单位面积质量的测定 质量法和化学分析法评述》(英文版)
	GB/T 13825—2008	金属覆盖层 黑色金属材料热镀锌层 单位面积质量称量法	2009-01-01	本标准规定了测定黑色金属材料上热镀锌层单位面积质量的方法。本标准要求精确计算试样的表面积。因此,本标准适用于表面积易于确定的试样

续表

分类	标准编号	标准名称	实施日期	简介
覆盖层性能测试方法	GB/T 5270—2005	金属基体上的金属覆盖层电沉积和化学沉积层附着强度试验方法评述	2005-12-01	本标准叙述了检查电沉积和化学沉积覆盖附着强度的几种试验方法。它们仅限于定性试验本标准未述及各时期制订的金属覆盖层与基体金属附着强度的一些定量试验方法。因为，这样的试验在实践中需要特殊的仪器和相当熟练的技术，这使之不适用于作产品零件的质量控制试验。然而，某些定量试验方法对研究开发工作可能有用
	GB/T 17721—1999	金属覆盖层孔隙率试验铁试剂试验	1999-09-01	本标准规定了一种测试金属覆盖层孔隙率或不连续的试验方法。在试验过程中所试验的覆盖层不与铁氰化物和氯离子发生明显作用，并对钢铁基体呈阴极性。本方法特别适用于工程用铬覆盖层
	GB/T 17720—1999	金属覆盖层孔隙率试验评述	1999-09-01	本标准评述了已公布的揭示覆盖层中孔隙和不连续的方法。本标准所述的各类试验，是利用适当的试剂与覆盖层不连续处暴露的基体起作用而形成的可观察到的反应产物
	GB/T 9790—1988	金属覆盖层及其他有关覆盖层维氏和努氏显微硬度试验	1989-09-01	本标准适用于金属覆盖层中的电沉积层、自催化镀层、喷涂层和维氏和努氏显微硬度测定，也适用于铝上阳极氧化膜的维氏和努氏显微硬度测定，测定时试验力均低于10N。要得到满意的结果，覆盖层必须具有足够的厚度，且一般宜在横断面上进行测定
电镀废水与污染物	GB 50136—2011	电镀废水治理设计规范	2012-06-01	本规范适用于新建、扩建和改建的电镀废水治理工程的设计
	GB 7466—1987	水质　总铬的测定	1987-08-01	本标准适用于地面水和工业废水中总铬的测定。试份体积为50mL，使用光程长为30mm的比色皿，本方法的最小检出量为0.2μg铬，最低检出浓度为0.004mg/L，使用光程为10mm的比色皿，测定上限浓度为1.0mg/L。铁含量大于1mg/L显黄色，六价钼和汞也和显色剂反应，生成有色化合物，但在本方法的显色酸度下，反应不灵敏，钼和汞的浓度达200mg/L不干扰测定。钒有干扰，其含量高于4mg/L时即干扰显色。但钒与显色剂反应后10min，可自行褪色
	HJ 2002—2010	电镀废水治理工程技术规范	2011-03-01	本标准规定了电镀废水治理工程设计、施工、验收和运行的技术要求。本标准适用于电镀废水治理工程的技术方案选择、工程设计、施工、验收、运行等的全过程管理和已建电镀废水治理工程的运行管理，可作为环境影响评价、环境保护设施设计与施工、建设项目竣工环境保护验收及建成后运行与管理的技术依据
	GB 21900—2008	电镀污染物排放标准	2008-08-01	本标准规定了电镀企业和拥有电镀设施的企业的电镀水污染物和大气污染物的排放限值等内容。本标准适用于现有电镀企业的水污染物排放管理、大气污染物排放管理。本标准适用于对电镀企业建设项目的环境影响评价、环境保护设施设计、竣工环境保护验收及其投产后的水、大气污染物排放管理。本标准也适用于阳极氧化表面处理工艺设施

附录 5　电镀污染物排放标准（GB 21900—2008）

新建企业自2008年8月1日起执行附表5-1规定的水污染物排放限值

附表 5-1　规定的水污染物排放浓度限值

序号	污染物	排放浓度限值	污染物排放监控位置
1	总铬/(mg/L)	1.0	车间或生产设施废水排放口
2	六价铬/(mg/L)	0.2	车间或生产设施废水排放口
3	总镍/(mg/L)	0.5	车间或生产设施废水排放口

续表

序号	污染物	排放浓度限值	污染物排放监控位置
4	总 镉/(mg/L)	0.05	车间或生产设施废水排放口
5	总 银/(mg/L)	0.3	车间或生产设施废水排放口
6	总 铅/(mg/L)	0.2	车间或生产设施废水排放口
7	总 汞/(mg/L)	0.01	企业废水总排放口
8	总 铜/(mg/L)	0.5	企业废水总排放口
9	总 锌/(mg/L)	1.5	企业废水总排放口
10	总 铁/(mg/L)	3.0	企业废水总排放口
11	总 铝/(mg/L)	3.0	企业废水总排放口
12	pH 值	6～9	企业废水总排放口
13	悬浮物/(mg/L)	50	企业废水总排放口
14	化学需氧量(COD_{Cr})/(mg/L)	80	企业废水总排放口
15	氨 氮/(mg/L)	15	企业废水总排放口
16	总 氮/(mg/L)	20	企业废水总排放口
17	总 磷/(mg/L)	1.0	企业废水总排放口
18	石油类/(mg/L)	3.0	企业废水总排放口
19	氟化物/(mg/L)	10	企业废水总排放口
20	总氰化物 C以 CN^-计)/(mg/L)	0.3	企业废水总排放口
单位产品基准排水量/(L/m^2 镀件镀层)	多层镍	500	排水量计量位置与污染物排放监控位置一致
	单层镍	200	

根据环境保护工作的要求，在国土开发密度已经较高、环境承载能力开始减弱，或环境容量较小、生态环境脆弱，容易发生严重环境污染问题而需要采取特别保护措施的地区，应严格控制设施的污染物排放行为，在上述地区的设施执行附表 5-2 规定的水污染物排放先进控制技术限值。执行水污染物特别排放限制的地域范围、时间，由国务院环境保护行政主管部门或省级人民政府规定。

附表 5-2 水污染物特别排放限值

序号	污染物	排放浓度限值	污染物排放监控位置
1	总 铬/(mg/L)	0.5	车间或生产设施废水排放口
2	六价铬/(mg/L)	0.1	车间或生产设施废水排放口
3	总 镍/(mg/L)	0.1	车间或生产设施废水排放口
4	总 镉/(mg/L)	0.01	车间或生产设施废水排放口
5	总 银/(mg/L)	0.1	车间或生产设施废水排放口
6	总 铅/(mg/L)	0.1	车间或生产设施废水排放口
7	总 汞/(mg/L)	0.005	企业废水总排放口
8	总 铜/(mg/L)	0.3	企业废水总排放口
9	总 锌/(mg/L)	1.0	企业废水总排放口
10	总 铁/(mg/L)	2.0	企业废水总排放口
11	总 铝/(mg/L)	2.0	企业废水总排放口
12	pH 值	6～9	企业废水总排放口
13	悬浮物/(mg/L)	30	企业废水总排放口
14	化学需氧量(COD_{Cr})/(mg/L)	50	企业废水总排放口
15	氨 氮/(mg/L)	8	企业废水总排放口
16	总 氮/(mg/L)	15	企业废水总排放口
17	总 磷/(mg/L)	0.5	企业废水总排放口
18	石油类/(mg/L)	2.0	企业废水总排放口
19	氟化物/(mg/L)	10	企业废水总排放口
20	总氰化物(以 CN^- 计)/(mg/L)	0.2	企业废水总排放口
单位产品基准排水量/(L/m^2 镀件镀层)	多层镍	250	排水量计量位置与污染物排放监控位置一致
	单层镍	100	

参 考 文 献

[1] 袁诗璞. 电镀知识三十讲 [M]. 北京：化学工业出版社，2009.
[2] 张立茗等. 实用电镀添加剂 [M]. 北京：化学工业出版社，2007.
[3] 冯立明等. 电镀工艺与设备 [M]. 北京：化学工业出版社，2005.
[4] 安茂忠. 电镀理论与技术 [M]. 哈尔滨：哈尔滨工业大学出版社，2004.
[5] 沈品华，屠振密. 电镀锌及锌合金 [M]. 北京：化学工业出版社，2002.
[6] 沈伟. 化学镀铜的沉积过程与镀层性能 [J]. 材料保护，2000，33(1)：33-37.
[7] 屠振密. 电镀合金原理与工艺 [M]. 北京：国防工业出版社，1993.
[8] 屠振密等. 防护装饰性镀层 [M]. 北京：化学工业出版社，2004.
[9] 刘仁志. 非金属电镀与精饰——技术与实践 [M]. 北京：化学工业出版社，2006.
[10] 张宏祥. 电镀工艺学 [M]. 天津：天津科学技术出版社. 2002.
[11] 陈亚. 现代实用电镀技术 [M]. 北京：国防工业出版社，2003.
[12] 刘鹏飞. 电镀工实用技术手册 [M]. 南京：江苏科学技术出版社，2004.
[13] 冒爱琴. 粉体表面化学镀的研究进展 [J]. 应用化工，2006，35(6)：458-461.
[14] 高志强. 化学镀铜的研究进展 [J]. 材料导报，2007，21 (专辑 VIII)：217-219.
[15] 田庆华. 化学镀铜的应用与发展概况 [J]. 电镀与涂饰，2007，26(4)：38-41.
[16] 郑雅杰. 化学镀铜及其应用 [J]. 材料导报，2005，19(9)：76-79.
[17] 杨防祖. 次磷酸钠和甲醛为还原剂的化学镀铜工艺比较 [J]. 电镀与精饰，2008，30(8)：185-188.
[18] 中国机械工业标准汇编. 金属覆盖层卷（上）[M]. 北京：中国标准出版社，2003，6.
[19] 吴芳辉，诸荣孙. 光亮锡镍合金电沉积新工艺 [J]. 腐蚀与防护，2006，27(5)：251-254.
[20] 马忠信. 焦磷酸盐 Sn-Ni 枪色电镀的研究 [J]. 电镀与环保，2002，22(1)：32-33.
[21] 杨燕等. 铝合金硫酸-硼酸阳极氧化工艺 [J]. 电镀与环保，2007，27(5)：31-33.
[22] 刘佑厚，井玉兰. 铝合金硼酸-硫酸阳极氧化工艺研究 [J]. 电镀与精饰，2000，22(6)：8-11.
[23] 杨燕等. 飞机铝合金零件阳极氧化处理的清洁生产工艺改进 [J]. 涂装与电镀，2008，(6)：45-48.
[24] 薛文斌. 有色金属表面微弧氧化技术评述 [J]. 金属热处理，2000，(1)：1-3.
[25] 熊仁章等. 铝合金微弧氧化陶瓷层的耐磨性能 [J]. 兵器材料科学与工程，2002，(3)：23-26.
[26] 龚建军. 铝及铝合金微弧氧化技术的特点及应用 [J]. 航天制造技术，2002，(4)：44-47.
[27] 王爱荣. 非金属材料电镀前预处理概述 [J]. 表面技术，2001，30(5)：11.
[28] 郑瑞庭编著. 电镀实践 600 例 [M]. 北京：化学工业出版社，2004.
[29] 胡文彬，刘磊，仵亚婷. 难镀基体的化学镀镍技术 [M]. 北京：化学工业出版社，2003.
[30] 郑环宇，安茂忠，赖勤志. 镀锌层无铬钝化工艺的研究 [J]. 材料保护，2005，38(9)：18-22.
[31] 吴海江，陈锦虹，卢锦堂. 镀锌层无铬钝化耐蚀机理的研究进展 [J]. 材料保护，2004，37(3)：43-46.
[32] 陈锦虹等. 镀锌层无铬钝化研究的进展 [J]. 腐蚀科学与防护技术，2003，15(5)：277-281.
[33] 王雷，张东. 镀锌层三价铬钝化研究进展 [J]. 电镀与精饰，2008，30(5)：15-19.
[34] 胡立新等. 镀锌层三价铬高耐蚀蓝白钝化工艺研究 [J]. 材料保护，2005，38(7)：25-28.
[35] 曾振欧，邹锦光等. 不同镀锌层的三价铬钝化膜耐蚀性能比较 [J]. 电镀与涂饰，2007，26(1)：7-9.
[36] 杨防祖，吴丽琼，黄令等. 以次磷酸钠为还原剂的化学镀铜 [J]. 电镀与精饰，2004，26(4)：7-9.
[37] 杨防祖等. 以次磷酸钠为还原剂化学镀铜的电化学研究 [J]. 物理化学学报，2006，22(11)：1317-1320.
[38] 傅绍燕编著. 电镀车间工艺设计手册 [M]. 北京：化学工业出版社，2017.
[39] 谢无极编著. 电镀工程师手册 [M]. 北京：化学工业出版社，2011.